Harald Gropengießer, Ute Harms (Hrsg.)

Fachdidaktik Biologie

Friedrich Aulis

Unter www.friedrich-verlag.de finden Sie Materialien zum Buch als Download.
Bitte geben Sie den achtstelligen Download-Code in das Suchfeld ein:
d63017fb

Bibliografische Information der Deutschen Nationalbibliothek
Die Deutsche Nationalbibliothek verzeichnet diese Publikation in der Deutschen Nationalbibliografie; detaillierte bibliografische Daten sind im Internet über http://dnb.d-nb.de abrufbar.

Impressum

Harald Gropengießer • Ute Harms
Fachdidaktik Biologie

2. Auflage

Friedrich Verlag GmbH
Luisenstraße 9
D-30159 Hannover

www.friedrich-verlag.de

Redaktion: Ingrid Peia
Druck: Beltz Grafische Betriebe GmbH, Am Fliegerhorst 8, 99947 Bad Langensalza
Printed in Germany

Für Fragen oder Hinweise zur Produktsicherheit unserer Publikationen wenden Sie sich bitte an folgende E-Mail-Adresse:
produktsicherheit@friedrich-verlag.de.
Unsere Produkte erfüllen die Anforderungen der EU-Produktsicherheitsverordnung (GPSR).

ISBN (print): 978-3-7614-3017-0
ISBN (E-Book): 978-3-7614-8000-7

Harald Gropengießer, Ute Harms (Hrsg.)

Fachdidaktik Biologie

FRIEDRICH Aulis

Inhalt

Vorwort

Das Lehrbuch *Fachdidaktik Biologie* ist seit mehr als 40 Jahren das Standardwerk für die erste und zweite Phase der Lehrkräftebildung. Es richtet sich an alle, die Expertise für das Lernen und Lehren der Biologie gewinnen wollen oder bereits besitzen, also an Studierende und Referendare für das Lehramt Biologie und an Biologielehrkräfte aller Schularten. Darüber hinaus ist es für Biologie-Studierende mit anderen beruflichen Zielen von Interesse, also auch für künftig Lehrende in außerschulischen Bildungsinstitutionen (beispielsweise in Museen), in Schulbuchverlagen, Organisationen oder Vereinen.

Für diese Neuausgabe wurde das Lehrbuch von 29 ausgewiesenen Fachleuten überarbeitet; in 44 Kapiteln wird das aktuelle Wissen der Biologiedidaktik dargestellt. In den letzten Jahrzehnten wurde das Fach Biologiedidaktik von einer internationalen Forschergemeinschaft vorangetrieben und zu einer rasant fortschreitenden, empirisch arbeitenden Wissenschaft weiterentwickelt. Dem wurde bei der Neuauflage Rechnung getragen ebenso wie der Kompetenzorientierung des Biologieunterrichts mit der daraus folgenden Hinwendung zum wissensbasierten Können, zu dem die Lernenden nach dem Unterricht fähig sein sollen.

Unser Dank gilt den bisherigen Autorinnen und Autoren (siehe Kapitel 46). Ihre Arbeit war die Grundlage für diese Neuausgabe. Nicht zuletzt möchten wir uns bei Ulrich Kattmann bedanken, der bis zur 12. Auflage dieses Werk als Herausgeber und Autor geprägt hat. Aus dem Trio der Gründungsherausgeber Dieter Eschenhagen, Ulrich Kattmann und Dieter Rodi bleibt uns Ulrich Kattmann als Autor erhalten.

Bremen und Kiel im Frühjahr 2026
Harald Gropengießer und Ute Harms

Zum Arbeiten mit diesem Buch

Wir laden Sie ein, mit der *Fachdidaktik Biologie* einen Einstieg in das zentrale Professionswissen für Biologielehrkräfte zu finden – in das Wissen über das Lernen und Lehren der Biologie. Dabei handelt es sich um ein komplexes und mit der Biologie, Pädagogik und Psychologie vielfach verbundenes Wissensgebiet. Sie können mit der *Fachdidaktik Biologie* Ihre Argumentationsfähigkeit, Handlungsfähigkeit und Reflexionsfähigkeit für den Biologieunterricht aufbauen und weiterentwickeln.

Die *Fachdidaktik Biologie* hilft Ihnen im Studium, im Referendariat und in der Praxis. Sie können die *Fachdidaktik Biologie* vielfältig nutzen: zum Lernen, zur Vorbereitung eines Referats, zum Schreiben eines Berichts oder eines Unterrichtsentwurfs für eine Lehrprobe, zur Anfertigung einer schriftlichen Arbeit oder zum Einstieg in eine biologiedidaktische Forschungsarbeit und nicht zuletzt für die theoretische Fundierung und Verbesserung Ihres Biologieunterrichts.

Die Kapitel 1 bis 12 (*Biologiedidaktisches Denken und Handeln* sowie *Kompetenzorientierung des Biologieunterrichts*) sind als Einführung gedacht und sollten in der vorliegenden Reihenfolge studiert werden. Für die folgenden Kapitel des Lehrbuchs gilt dies nicht. Sie können beispielsweise mit *Lernaufgaben entwickeln* beginnen oder sich genauso gut zunächst mit *Lerngelegenheiten planen und durchführen* beschäftigen. Das gilt für andere Kapitel in gleicher Weise. Allerdings empfehlen wir nachdrücklich die Lektüre aller Kapitel, wenn Sie sich als (zukünftige) professionelle Biologielehrkraft umfassend und auf wissenschaftlichem Niveau über die vielfältigen Facetten der Biologiedidaktik kundig machen möchten.

Die *Fachdidaktik Biologie* zeichnet sich besonders in den folgenden Punkten aus:

Expertinnen und Experten als Autoren

Die einzelnen Kapitel des Sammelwerks *Fachdidaktik Biologie* werden von Professoren und Professorinnen, an der Hochschule Dozierenden sowie Fachleiterinnen und Fachleitern verfasst. Die Kapitel sind namentlich gekennzeichnet und die Autoren stehen mit ihrem guten Namen für die Qualität des Inhalts und der Darstellung ein.

Sensible Sprache

Wenn Sie im vorausgehenden Absatz das generische Maskulinum entdeckt haben, dann ist das der besseren Lesbarkeit geschuldet. Selbstverständlich sind damit gleichermaßen alle Personen gemeint, seien sie weiblich, männlich oder divers. In den folgenden Kapiteln werden Ihnen meistens die Ausdrücke Lernende, Schülerinnen und Schüler oder Lehrende, Lehrperson, Lehrkraft, Lehrerinnen und Lehrer begegnen. Wieder sind wirklich alle Personen gemeint, welche die jeweilige Rolle einnehmen.

Für die Texte haben wir uns bemüht, einem lese- und verständnisfördernden Grundsatz zu folgen. Es gilt: ein Gedanke – ein Satz!

Orientierung an Konzepten

Mit der *Fachdidaktik Biologie* möchten wir Ihnen das Lesen, Studieren und Verstehen erleichtern. Jedes Kapitel der *Fachdidaktik Biologie* trägt eine kurze Überschrift, die den jeweiligen Bereich der Biologiedidaktik markiert. Die folgenden Unterüberschriften benennen nicht nur das Thema – sie sind als Konzepte formuliert, wie Sie sie möglicherweise aus führenden Lehrbüchern der Biologie kennen. Und Konzepte sind mehr als Überschriften – es sind Kernbotschaften. Es sind vorangestellte Strukturierungshilfen, im Sinne eines *advance organizers* nach dem Pädagogen David Ausubel (1918 – 2008). Sie bringen Zielklarheit über den Inhalt des folgenden Unterkapitels.

Die Konzepte bringen den Inhalt auf den Punkt und drücken von vornherein aus, worauf es in einem Unterkapitel ankommt. Konzepte lassen sich wie folgt beschreiben: *In einem Konzept wird ein Begriff mit mindestens einem anderen in Beziehung gesetzt.* Dies geschieht auf der gedanklichen Ebene. Angeregt zum Nachdenken werden Sie auf der sprachlichen Ebene durch beispielsweise den obigen, kursiv hervorgehobenen Satz. Dies ist aber an eine weitere Bedingung geknüpft: Ein Satz, der als Konzept gelten soll, muss in drei Sekunden sagbar sein. Denn das ist die Zeitspanne (der „Nu"), in der wir wahrnehmend und sprechend der Welt begegnen. Dieser Moment der subjektiven Gegenwart zeigt sich beim spontanen Sprechen und bei absichtlichen Bewegungen. Diese Beschränkung der Satzlänge auf drei Sekunden hilft beim Verstehen der Bedeutung eines Satzes.

Als Schlüsselsätze helfen Ihnen die Konzepte, einen leichten Zugang zur Kernbotschaft des jeweiligen Textes zu finden. Es lohnt sich also, die Überschriften zu lesen. Vor allem können Sie Ihr Lernen mit Hilfe der Konzepte selbst steuern, weil diese orientieren und Ihnen helfen, die Übersicht zu behalten. Das gilt auch für die Wiederholung des Gelernten: Sie können mit einem Blick erfassen, ob Sie den Inhalt eines Abschnitts verstanden haben oder besser noch einmal nachlesen.

Zusammenhänge erkennen

Zwischen den Themen und Kapiteln der *Fachdidaktik Biologie* bestehen inhaltliche Bezüge. Diese werden Ihnen durch Verweise deutlich, wie beispielsweise (→ 13.2), der zum Kapitel 13 und dem Unterkapitel 2 führt. Innerhalb des Kapitels wird durch (→ Kasten), (→ Tab. 7-1) oder (→ Abb. 3-1) auf Kästen, Tabellen und Abbildungen hingewiesen. Mit diesem Symbol (⬇ Abb. 1-1) wird auf digital zugängliche, zusätzliche Materialien verwiesen. Besonderen Wert haben wir auf Hinweise gelegt, die Ihnen für Unterricht oder Forschung nützlich sein können. Beispielsweise finden Sie digital in (⬇ Tab. 26-1) für den Einsatz im Unterricht empfohlene lebendige Tiere zusammen mit Anmerkungen zum Umgang und Literaturhinweisen. Oder (⬇ Tab. 13-1) weist auf Quellen zu Schülervorstellungen hin.

Eigenes Verstehen prüfen

Am Ende vieler Kapitel finden Sie biologiedidaktische Lernaufgaben. Das sind Aufgaben, die speziell auf das Lernen und Lehren der Biologie zielen, aber nicht auf allgemeindidaktische, pädagogische oder biologische Fähigkeiten. Damit können Sie lernen, Ihr neu erworbenes Wissen anzuwenden und Ihre biologiedidaktischen Kompetenzen unter Beweis zu stellen. In vielen Fällen können Sie sich durch die Lernaufgaben auch neues Wissen aneignen. Dies können Sie in den digitalen Zusatzmaterialien (⬇) überprüfen. Dort werden zu jeder Lernaufgabe (Muster-)Lösungen bereitgestellt. So können Sie sich auf Klausuren und Prüfungsgespräche gezielt vorbereiten.

Relevante Literatur finden

Das Lehrbuch *Fachdidaktik Biologie* zeichnet sich seit seinem Entstehen durch den umfassenden Nachweis der relevanten Literatur aus. Zu dem umfangreichen Literaturverzeichnis, welches sich an den Richtlinien der APA (American Psychological Association) orientiert, haben Sie digital Zugang. Dies erleichtert Ihnen das Verfassen von Qualifikations- und Forschungsarbeiten.

Digitale Zusatzmaterialien

Die Literaturliste, zusätzliche Materialien, Quellen und (Muster-)Lösungen der Lernaufgaben finden Sie im Downloadmaterial (⬇) zu diesem Buch.

Die Fachdidaktik Biologie zitieren

Wenn Sie das Gesamtwerk *Fachdidaktik Biologie* zitieren, schlagen wir die folgende Zitationsweise vor:
Gropengießer, H. & Harms, U. (Hrsg.). (2026). *Fachdidaktik Biologie*. Die Fachdidaktik begründet von Dieter Eschenhagen, Ulrich Kattmann und Dieter Rodi. Hannover: Aulis Verlag in Friedrich Verlag GmbH.

Wenn Sie ein Kapitel der *Fachdidaktik Biologie* zitieren, wäre eine gängige Zitationsmöglichkeit:
Gebhard, U. (2023). *Die Lernenden: Schülerinnen und Schüler*. In: H. Gropengießer & U. Harms, (Hrsg.), Fachdidaktik Biologie (S. 124-141). Hannover: Aulis Verlag in Friedrich Verlag GmbH.

Harald Gropengießer

1 Biologie lernen und lehren

Mit diesem Kapitel möchten wir Sie einladen, einen biologiedidaktischen Blick auf die Vermittlung von Biologie zu werfen. Dies soll am Beispiel des Themas *Blutkreislauf* geschehen und wird in den folgenden drei Kapiteln fortgeführt.

Sie haben schon viele Biologie-Unterrichtsstunden als Lernende erlebt und daher eine Vorstellung von der Vielfalt der Erscheinungsformen des Biologieunterrichts. Werden Sie vor die Aufgabe gestellt, selbst zu unterrichten, gehen Sie einen Schritt weiter – vom Lernen zum Lehren der Biologie. Zwar werden Sie dabei feststellen, dass das Lehren eine der wirksamsten Formen des inhaltlichen Lernens darstellt (Lernen durch Lehren), aber man lernt das Lehren nicht selbstverständlich und ganz nebenbei: Es ist eine Herausforderung, das Lehren der Biologie zu lernen. Zentral ist dabei die wissenschaftliche Disziplin der Biologiedidaktik.

1.1 Biologie lehren lernen heißt die Perspektive wechseln

Zunächst wird Sie die Frage nach Ihrer Eignung für den Lehrberuf umtreiben: Werde ich als Lehrperson von den Lernenden akzeptiert? Schenkt man mir Aufmerksamkeit, wenn ich als Lehrperson vor einer Klasse stehe? Kann ich schwierige Sachverhalte erklären? Damit stellen sich Fragen nach der persönlichen Eignung und der sozialen Kompetenz. Ein Selbsttest, wie ihn viele Universitäten bereitstellen oder fordern, kann Anhaltspunkte liefern. Aber auch kritische Freunde, die der Selbsteinschätzung eine Fremdeinschätzung entgegenhalten, sind hilfreich. Sehr empfehlenswert ist es, Gelegenheiten zu nutzen, um Kinder, Jugendliche und Gleichaltrige anzuleiten, beispielsweise in einem Verein.

Viele Menschen glauben, sie wüssten, was Lehrkräfte tun; schließlich haben sie es ja selbst jahrelang erlebt. Allerdings werden viele Intentionen und Handlungen einer Lehrperson nicht erkannt und lassen sich erst mit dem Auge des Wissenden entdecken. Unterricht ist eine Form des sozialen Lernens, die zwei verschiedene Rollen bereithält: Lernende und Lehrende.

Lernende erleben Unterricht oft so, dass es vor allem wichtig ist, dem zu folgen, was die Lehrperson sagt und tut. Das eigene Lernen kommt Lernenden dabei selten in den Blick, meistens nur dann, wenn es ein Verstehensproblem gibt. Selbst wenn es Zweierarbeit, Gruppendiskussionen und ein Plenum gibt: Aus Sicht der Lernenden ist die Lehrperson der wichtigste Akteur im Klassenraum. Man nennt diese Sicht auf das Unterrichtsgeschehen *lehrerzentriert* (Meyer 2003).

Die Rolle der Lehrperson ist vergleichsweise die komplexere und deshalb schwierigere. Sie kann nicht allein dadurch übernommen werden, dass man im Unterricht in anderer Funktion dabei war. Aus dem eigenen Erleben des Unterrichts als Lernende lässt sich die Lehrrolle nicht antizipieren. Wenig empfehlenswert ist die Idee, es mit der Imitation einer erlebten Lehrrolle zu versuchen. Biologie lehren zu lernen bedeutet somit einen Rollenwechsel. In die Rolle der Biologielehrerin, des Biologielehrers muss man hineinwachsen, bis man sie schließlich ausfüllen kann.

Auf dem Weg zur Expertin oder zum Experten für das Lernen und Lehren der Biologie ist ein Perspektivwechsel notwendig. Dazu genügt es nicht, perfekte Folien und Arbeits- und Informationsblätter herzustellen, Lehrmethoden zu wechseln und einen gelungenen Auftritt als Lehrperson zu schaffen. Richtig daran ist, dass Unterricht immer auch inszeniert wird und nichts gegen eine ansprechende Umgebung und Arbeitsmaterialien spricht. Aber Unterricht bliebe so ein Werk, welches von der Lehrperson und dem Lehren her gedacht und verstanden wird. Denn es bleibt die Frage, wozu Unterricht überhaupt veranstaltet wird. Zweifellos richtet sich der Unterricht primär an die Lernenden und soll deren Lernen unterstützen. Dies ist die Kernaufgabe und Grundlage der Existenz von Schule. Dazu antizipiert die Lehrperson Lernausgangslagen, vermutet lebensweltliche Vorstellungen und schätzt die Einstellungen und Interessen der Lernenden an bestimmten Aspekten des Themas ab. Sie plant relevante Lernschritte der Lernenden zur Erreichung eines Unterrichtsziels. Diese Perspektive wird *schülerzentriert* oder *Lernenden-zentriert* genannt.

Notwendig ist somit der Perspektivwechsel von einer Lehrenden- und lehrzentrierten Sicht hin zu einer Lernenden-zentrierten Perspektive. Die Handlungen der Lehrperson im Unterricht sollen an der Lernausgangslage und den Lernmöglichkeiten der Schülerinnen und Schüler ausgerichtet werden. Lehren ist Anregung und Förderung von Lernen – oder vergeblich. Der Unterricht erfüllt seine Funktionen dann, wenn Fragen wie die folgenden bedacht und die Unterrichtssituationen entsprechend gestaltet werden:

- Warum sollen sich Lernende für den Lerngegenstand interessieren?
- Welcher Sinn liegt für die Lernenden im Lernen dieses Gegenstandes?
- Wissen die Lernenden, was im Verlauf des Unterrichts auf sie zukommt?
- Was wissen, verstehen und können Lernende bereits, was sind deren Lernausgangslagen?

- Welche Lernangebote könnten den Lernenden helfen?
- Welche Lerntätigkeiten können die Lernenden ausführen?
- Wie viel echte Lernzeit steht den Lernenden zur Verfügung?
- Wissen die Lernenden, welche Leistungen erwartet werden?
- Welche Rückmeldungen zu ihren Verständnissen und Fähigkeiten bekommen die Lernenden?

Darüber hinaus wird von einer Lehrperson die Fähigkeit verlangt, sich in einen kritischen Zuschauer hineinzuversetzen, sich selbst und das eigene Tun kritisch zu reflektieren. Denn von Lehrpersonen wird die Fähigkeit zur kritischen und theoriegeleiteten Sicht auf den Unterricht und auf ihr eigenes Tun erwartet. Zentral für eine erfolgreiche Lehrperson ist also ihre Fähigkeit zur Reflexion.

1.2 Die Planung des Unterrichts ist eine zentrale professionelle Aufgabe

Der tatsächliche Verlauf eines Unterrichts wird meist allen Beteiligten deutlich – den vollständigen Unterrichtsplan und besonders die didaktischen Überlegungen kennt nur die Lehrperson. Die didaktische Strukturierung mit den Zielen und Überlegungen der Lehrperson, die zur geplanten didaktischen Struktur führen, wird üblicherweise nicht auf der Bühne des Unterrichts ausgebreitet. Deshalb soll hier im Folgenden bei einer kurzen Unterrichtssequenz Gelegenheit sein, über die Schulter einer Lehrperson zu schauen und die neue Lernenden-zentrierte Perspektive einzunehmen. Dazu wird eine Unterrichtssequenz zum Thema *Puls und Blutfluss* aus dem Bereich *Menschlicher Blutkreislauf* skizziert. Die Lernenden spüren an verschiedenen Stellen ihres Körpers den Puls. Sie schließen daraus auf Adern (Arterien) und die schubweise Austreibung des Blutes aus dem Herzen sowie den Verlauf des Blutflusses. Dies kann für Erste Hilfe und Gesundheitsbildung (→ 41) nützlich sein. Eine Schemazeichnung zielt auf Erfahrungen am eigenen Körper und deren Deutung. Die Darstellung der Befunde als Zeichnung kann den Lernenden helfen, Blutkreislaufschemata zu verstehen. Zudem sollen wissenschaftliche Vorgehensweisen wie Beobachten (→ 22) und Protokollieren durch Zeichnen (→ 27) geübt werden. Im Folgenden wird die Unterrichtssequenz dargestellt. In den Kästen wird beschrieben, wie sie sich den Lernenden darbietet. Rechts daneben werden didaktische Überlegungen und Absichten beschrieben (Gropengießer 1987), die die Planung leiten.

Zunächst soll die Absicht des Unterrichts verdeutlicht und damit den Lernenden Orientierung gegeben werden.

1) Einstieg

Nach der Begrüßung werden die Lernenden über den Unterrichtsgegenstand informiert: „Wo sich das Blut in eurem Körper bewegt – darüber könnt ihr heute einiges lernen." Es folgt die Frage: „Bei welchen Gelegenheiten lässt sich Blut beim Menschen beobachten?"

Erwartete Äußerungen:

- *Verletzung,*
- *Nasenbluten,*
- *rot werden,*
- *rote Äderchen der Bindehaut,*
- *Lippenrot,*
- *Zahnwechsel.*

Die Frage zielt dann auf lebensweltliches Vorwissen der Lernenden. Das sind die Lernausgangslagen für weiteres Lernen. Im späteren Unterricht wird das wieder aufgegriffen. Im Vergleich mit den Lernausgangslagen können die Lernenden dann auch ihren Lernfortschritt reflektieren. Die Äußerungen müssen deshalb gesichert werden.

Mit den „Verletzungen" kann zudem die lebensweltliche Relevanz des Themas hervorgehoben werden.

An diese didaktischen Überlegungen schließen sich methodische an, zum Beispiel: Wo werden die Beiträge der Schülerinnen und Schüler notiert, auf der (Weißwand-)Tafel, einem Plakat oder über einen Projektor? Welche Überschrift wird verwendet? Werden die Beobachtungen im Verlauf des Unterrichts noch ergänzt? (Dies ist bei der Entscheidung über den Ort des Anschriebs zu beachten.) Wann und unter welchen Bedingungen übernehmen die Lernenden das? An den Dauerauftrag des Mitschreibens muss erinnert werden.

2) Aufgabe

„Zeichne deine Vorstellung von der Bewegung des Blutes in den Körperumriss.
Beschrifte so, dass deine Nachbarin, dein Nachbar deine Zeichnung ohne deine Hilfe verstehen kann."

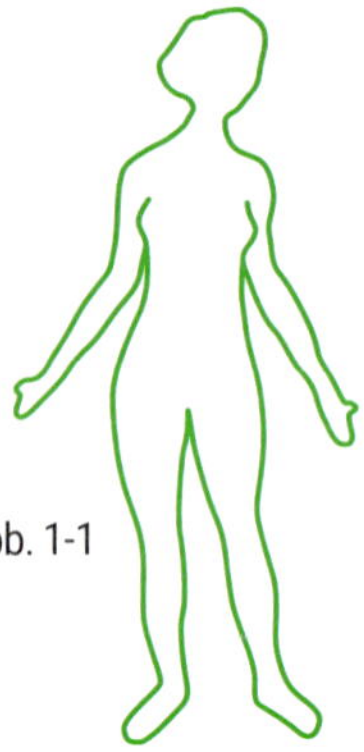

Abb. 1-1

In den Körperumriss (Abb. 1-1) zeichnen die Lernenden ihre Vorstellungen zur Bewegung des Blutes im Körper ein. Jeder Lernende stellt seine Vorstellung zeichnerisch und durch Beschriftung dar. Dies kann Grundlage sein für ein kurzes Gespräch mit den Sitznachbarn oder der Tischgruppe über die verschiedenen individuellen Vorstellungen und folglich deren Prüfung und Weiterentwicklung. Für Lehrende sind hier Forschungsbefunde zu den Vorstellungen (→ 3) hilfreich, um die Zeichnungen einordnen zu können. Daraus kann gezielt auf den Lernbedarf geschlossen werden. Am Ende der Unterrichtssequenz soll der Lernfortschritt durch den Vergleich der Schemazeichnungen deutlich werden.

3) Erarbeitung des Problems

„Eure Zeichnungen stellen Vermutungen dar. Wenn wir naturwissenschaftlich vorgehen wollen, müssen wir das am Gegenstand, dem Menschen, überprüfen."
„Welche Beobachtungen können Hinweise auf die Bewegung des Blutes geben?"
Erwartete Äußerungen:

- *Puls,*
- *spritzende Blutung bei Arterienverletzungen,*
- *…*

„An welchen Stellen des Körpers lässt sich der Puls spüren?"

Von den selbstgefertigten schematischen Zeichnungen, d. h. von den Darstellungen der Vorstellungen ausgehend, soll die Notwendigkeit der empirischen Prüfung der Vorstellungen deutlich werden. Mit dem Wechselspiel von Theorie und Empirie beginnt naturwissenschaftliches Denken und Arbeiten.

Viele der in den Zeichnungen dargestellten Vorstellungen sollen durch Beobachtungen korrigiert werden.

Auch die fachliche Seite ist zu beachten und zu klären: Falls das Wort „Pulsschlag" genannt wird, kann richtiggestellt werden, dass „Puls" bereits so viel wie „Schlag" heißt.

Erwartete Äußerungen:
- *Hals,*
- *Unterarm, nahe Handgelenk,*
- *...*

4) Untersuchung

Zeige- und Mittelfinger einer Hand werden auf bestimmte Stellen des eigenen Körpers gelegt und der Puls wird gespürt. Dies erfordert einiges an Fingerspitzengefühl. Einige Stellen sind den Lernenden bekannt: Hals und Unterarm, nahe dem Handgelenk. Weitere Beobachtungsstellen werden von der Lehrperson demonstriert, z. B. Bauchschlagader. Andere werden mit einer Tabelle auf einem Arbeitsblatt beschrieben.

„Ich kann meinen Puls auch ohne zu tasten spüren." Die Lernenden sollten angeleitet werden, ihrem Herzschlag nachzuspüren. Die Bewegungen der Hals-, Bauch-, Arm- und Beinarterien lassen sich erspüren.

Die umfassendere Fragestellung mündet in die engere nach den Pulsstellen ein. Die Wahl der damit verbundenen Methode sollte begründet werden: Wissenschaft ist eine Kunst des Machbaren. Es geht immer auch darum, welche Methoden verfügbar und dennoch zielführend sind.

Mit dieser Übung (Kasten 1-1) werden Erfahrungen am und mit dem eigenen Körper gestiftet. Es ist aus Gründen des Persönlichkeitsschutzes und der Gefahr von Übergriffen nur die Untersuchung des eigenen Körpers anzuraten.

Viele Schülerinnen und Schüler kennen ihren eigenen Körper wenig. Der Biologieunterricht kann dazu beitragen, den eigenen Leib bewusster wahrzunehmen und die Vorstellung davon weiterzuentwickeln.

Organkenntnis und Erste-Hilfe-Wissen sind nützliche Ansätze der Gesundheitsbildung. Zudem sind Gefühle beteiligt: Allein die Art und Weise, wie achtsam mit dem eigenen Leib als lebendiger funktionierender Ganzheit umgegangen wird, kann zu Faszination führen.

Relevant: Überall, wo der Puls zu spüren ist, kann eine Arterie bei notwendiger Erster Hilfe abgedrückt werden.

Weiterführend ist die Überlegung, was man da spürt. Zu spüren ist die Durchmesseränderung der Schlagader oder Arterie, verursacht durch die schubweise Austreibung des Blutes aus dem Herzen.

5) Dokumentation

„In der Wissenschaft werden Vorgänge wie der Puls erkundet. Die Befunde werden dargestellt, um sie anderen mitzuteilen."

Eine lebensgroße Umrisszeichnung wird hergestellt und an einer Tafel befestigt. Die Stellen, an denen der Puls zu spüren war, werden markiert, von der Lehrperson mit Strichen verbunden und beschriftet.

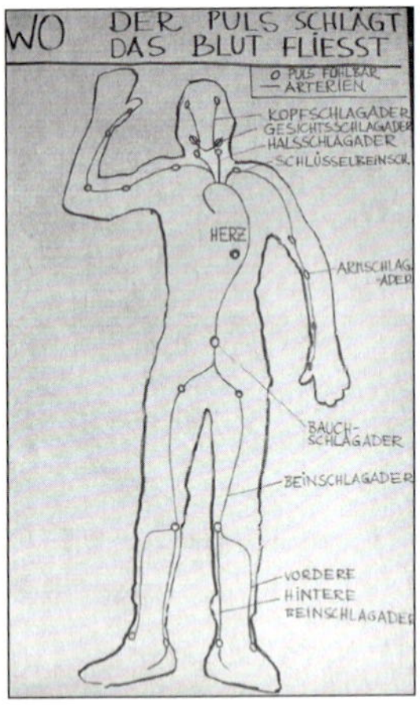

Die Dokumentation der Beobachtungen dient der Sicherung der Befunde. Mögliche alternative Formen der Kommunikation der Befunde können mit den Lernenden diskutiert und erarbeitet werden.

Hier wird eine Umrisszeichnung des menschlichen Körpers hergestellt, indem sich ein Lernender auf das am Boden ausgebreitete Makulaturpapier legt. Eine gleichgeschlechtliche Person umfährt die Körperkonturen mit dickem Filzstift. Dabei ist sorgfältig auf die Kleidung zu achten.

Wenn sich die Person vom Makulaturpapier erhebt, zeigt sich noch der individuelle Umriss dieser Person. An der Tafel aufgehängt und hochgezogen oder an die Wand geklebt, lässt sich darin schon eine Schemazeichnung sehen. Die schließlich entstehende Darstellung wichtiger Arterien kann später lernförderlich mit einem weitaus komplizierteren Schema der Arterien, Kapillaren und Venen des menschlichen Körpers im Schulbuch verglichen werden.

6) Auswertung/Reflexion

„Das Herz pumpt Blut in die Arterien. Aber wo bleibt das Blut?"

Erwartete Äußerungen:

- *Das Blut fließt zu den Organen.*
- *Das Blut fließt zu den Organen und wieder zurück.*
- *Das Blut fließt im Kreislauf.*
- ...

Wiederum ist gedankliche Arbeit notwendig: Welche Befunde wurden mit der Untersuchung erhoben und zu welchen neuen Fragen und Erarbeitungen führen sie?

Der Frage lässt sich eine andere Richtung geben: Woher kommt das Blut, welches in die Arterien gepumpt wird?

Daran kann eine der großen Ideen der Biologie deutlich werden: Das Blut wird in einem Kreislauf geführt.

Die vorgestellte Unterrichtssequenz kann weitergeführt werden, indem die Funktion des Blutkreislaufs in den Blick gerückt wird (Kattmann 2007; Gropengießer & Kattmann 2017). In der hier vorgestellten Unterrichtssequenz enthalten die Kästen zu den einzelnen Unterrichtsabschnitten die geplanten Lernangebote, also das, was für die Lernenden sichtbar werden kann. Aus der Sicht einer Lehrperson, die den Biologieunterricht plant, stehen dahinter didaktische und methodische Überlegungen. Die betreffen das Lernen und damit vor allem die Lernausgangslagen, die Lernbedarfe, die vermuteten Lernmöglichkeiten und die daraus zu entwerfenden Lernangebote und Lernwege. Auf dem Weg zur Expertin oder zum Experten für das Lernen und Lehren der Biologie soll man die Lehrenden- oder lehr-zentrierte von der Lernenden-zentrierten Perspektive auf Unterricht unterscheiden können und letzterer bei der Planung Priorität geben.

Die Planung von Lernangeboten, Lernsequenzen und Lernumgebungen, also die didaktische Strukturierung von Unterricht, steht und fällt allerdings mit mindestens zwei anderen zu bearbeitenden Aufgaben. Zum einen müssen die wissenschaftlichen Erkenntnisse, Methoden und Theorien, die den Unterrichtsgegenstand (hier: Blutkreislauf) fundieren, berücksichtigt werden. Sie müssen aus didaktischer Perspektive geklärt werden, weil nur fachlich korrekte Inhalte unterrichtlich zielführend sind. Ein Unterricht, der falsche fachliche Ziele verfolgt, gerät auf Abwege (→ 2). Es besteht die Gefahr, dass Veraltetes oder gar Falsches gelehrt und gelernt wird. Zum anderen geht es um die Kenntnisse, Fertigkeiten, Verständnisse und Kompetenzen, über die die Lernenden schon vor dem Unterricht verfügen. Dieses individuelle Lernpotenzial ist Ausgangspunkt für weiteres Lernen auf dem jeweiligen Gebiet (→ 3). Ein Unterricht, der Lernende unter- oder überfordert, führt nicht weiter.

Unterricht zu planen – und das heißt didaktisch zu strukturieren und als Ergebnis eine didaktische Struktur zu entwerfen – ist nur dann professionell, wenn die fachlichen Grundlagen geklärt werden (Analyse fachlicher Aussagen der Lehrbücher, → 2), und wenn möglichst gut fundierte Annahmen zu den Schülervorstellungen und Lernpotenzialen (→ 3) der Lernenden getroffen werden (Didaktische Rekonstruktion, → 4).

Lernaufgabe 1-1: Wer tut was?
In diesem Kapitel wurde eine einleitende Unterrichtssequenz aus dem Bereich Blutkreislauf vorgestellt.

Handlungsaufforderung 1-1: Benennen Sie tabellarisch entlang des Unterrichtsverlaufs, welche Tätigkeiten Lernende und die Lehrperson in den geplanten Phasen ausführen!

Harald Gropengießer & Ulrich Kattmann

2 Analyse fachlicher Aussagen in Lehrbüchern

Zunächst mag es Ihnen als reichlich kühn erscheinen, ein Schulbuch oder gar ein Hochschullehrbuch inhaltlich zu kritisieren und dann auch noch selbst korrekte und lernförderliche Formulierungen zu suchen. Und was denken die Lernenden über Sie, wenn Sie behaupten, dieser oder jener Satz im Lehrbuch sei falsch? Und wie kann die Benutzung dieses Lehrbuchs von der Lehrkraft dann überhaupt noch legitimiert werden?

Der Widerspruch zu Aussagen in Lehrbüchern ist eine gute Gelegenheit, um über die Biologie als Naturwissenschaft ins Gespräch zu kommen. In den Naturwissenschaften geht es immer auch um eine kritische Sicht auf Daten, Methoden und Theorien. Das naturwissenschaftliche Wissen, das aus einer solchen Haltung entstanden ist, ist das vernünftigste und verlässlichste, das wir haben. Mit dieser Haltung sollten die in Büchern oder anderen Medien als Wissen präsentierten Aussagen nicht ungeprüft für wahr gehalten, sondern im Biologieunterricht reflektiert, kritisiert, neu formuliert und damit für das eigene Lernen und Lehren geklärt werden.

2.1 Fachliche Aussagen sind darauf zu prüfen, welche Vorstellungen sie vermitteln

Fachliche Informationen finden Sie in Ihrem Studium und bei der Unterrichtsvorbereitung vor allem in Hochschullehrbüchern. Man erwartet darin verlässliche und verständliche Informationen zum gewählten Thema. Das kann man jedoch nicht voraussetzen. Lehrbücher für Studienanfängerinnen und Fortgeschrittene bieten einen überkommenen Stand des Wissens an. Ohne entsprechendes Vorwissen bleibt manches unverständlich. Außerdem werden historisch bedingte Fachwörter (Termini) verwendet und traditionelle Auffassungen vertreten. Achten Sie deshalb auf die „Fossilien alten Denkens" in den Lehrbuch-Texten. Für das eigene Verstehen und für den Unterricht müssen die fachlichen Aussagen interpretiert und neu formuliert werden. Es ist eine fachdidaktische Aufgabe zu prüfen, welche Vorstellungen die Aussagen vermitteln und ob sie fachliches Lernen behindern oder fördern können.

Zum Thema „Menschlicher Blutkreislauf“ (→ 1) sind in führenden Hochschullehrbüchern die im Kasten abgedruckten Texte zu lesen.

Lehrbuchaussagen zum Blutkreislauf

1. „Die Blutzirkulation zum und vom Herz erfolgt durch ein erstaunlich ausgedehntes Netzwerk von Gefäßen: Die Gesamtlänge der Blutgefäße bei einem durchschnittlichen Erwachsenen entspricht dem zweifachen Umfang der Erde am Äquator“ (Reece et al. 2016, 1232).
2. „Amphibien, Reptilien, Vögel und Säuger haben einen zweigeteilten Kreislauf, eine Anordnung, die man auch als *doppelten Kreislauf* bezeichnet [...]. Die Pumpen der beiden Kreisläufe dienen der Versorgung unterschiedlicher Gewebe, liegen aber in einem gemeinsamen Organ, dem Herzen“ (Reece et al. 2016, 1233).
3. „*Beachte*: Die Zuordnung der Bezeichnung Arterie oder Vene erfolgt nach dem Wandaufbau, Hoch- bzw. Niederdrucksystem und nicht nach dem Sauerstoffgehalt des Blutes, der hier dargestellt ist. Im Lungenkreislauf enthält folglich die Pulmonalarterie venöses Blut (= blau), während die Pulmonalvene das arterialisierte Blut (= rot) enthält“ (Schünke u. a. 2009, 10).
4. „Venöses Blut strömt über die V. cava superior und inferior über den Sinus venarum cavarum in den rechten Vorhof. [...] Arterielles Blut strömt von den Lungen [...] in den linken Ventrikel“ (Schünke u. a. 2009, 111).

Im ersten Zitat wird ein erstaunlicher naturwissenschaftlicher Befund mitgeteilt, der unseren Körper in einem völlig neuen Licht erscheinen lässt. Der Blick in ein Hochschullehrbuch hat sich als lohnenswert erwiesen, denn eine solche Aussage kann Interesse wecken und zu Fragen führen, die im Unterricht geklärt werden können:

- Wozu gibt es so viele Blutgefäße?
- Was für Blutgefäße sind das?

Das zweite Zitat hält dagegen einer fachdidaktischen Prüfung auf korrekte Vorstellungen nicht stand. Aus der unvoreingenommenen Perspektive der Lernenden wird behauptet, die genannten Organismen hätten *zwei* Kreisläufe. Dabei ist doch wohl auch den Verfassern klar, dass das Blut in einem Organismus wie dem unseren in *einem* Kreislauf zirkuliert. Aber die Lehrbuchautor:innen haben sich an die gebräuchlichen Fachausdrücke gehalten und damit die historisch bedingte Terminologie über die Klarheit der Darstellung gestellt. Die überkommene und allgemein gebräuchliche Terminologie ist aber in diesem Fall irreleitend und daher für einen verständnisfördernden Biologieunterricht nicht akzeptabel. Die entsprechend fachlich geklärte Vorstellung muss vielmehr lauten: Der Mensch hat *einen* Blutkreislauf.

Kritisch sind daher die in Hochschullehrbüchern (→ Kasten, Zitat 3) und Schulbüchern gebräuchlichen Termini „Lungenkreislauf" und „Körperkreislauf" zu betrachten. Sie sind historisch bedingt und nur verständlich, wenn man das Herz als ungeteilt ansieht. Dann würde das Blut in den beiden „Kreisen" jeweils zum Herzen und zurück fließen. Tatsächlich ist das Herz jedoch in eine rechte und linke Hälfte geteilt. Das Blut fließt also nicht zweimal an denselben Ort, sondern in die jeweils andere Herzhälfte. Fachlich geklärt handelt es sich demnach um einen Blutkreislauf, der vereinfacht in der Form einer kreuzungsfreien „8" darstellbar ist. Anstelle von zwei Kreisläufen kann man daher von einer Lungenpassage (Feigenspan 2017, 227) oder Lungenschleife und einer Körperpassage oder Körperschleife sprechen (→ Tab. 2-1; auch das ist nicht ganz eindeutig, denn die Lunge gehört ebenfalls zum Körper).

2.2 Fachdidaktisch geklärte Vorstellungen sollen das fachliche Lernen fördern

Die Darstellungen wissenschaftlicher Erkenntnisse, Methoden und Theorien, die den Unterrichtsgegenstand fundieren, müssen aus fachdidaktischer Perspektive geklärt werden, um sie für den Unterricht nutzbar zu machen (→ Tab. 2-1). Das heißt auch, dass Fachsprache in fachlich geklärte Unterrichtssprache zu überführen ist (→ 33). Erst wenn die Bedeutungen der Begriffe mit Hilfe förderlicher Wörter gelernt sind, sollten übliche Fachtermini (→ 33-2) genannt und zugeordnet werden, sodass die Lernenden die im Schulbuch und in anderer Literatur verwendeten Fachtermini verstehen und in ihr Wissen einordnen können.

Konventionelle, aber fehlleitende Termini	Fachlich geklärte lernförderliche Termini
zwei Kreisläufe doppelter Kreislauf	ein ungeteilter Blutkreislauf in Form einer kreuzungsfreien „8"
Lungenkreislauf Körperkreislauf	Lungenpassage oder Lungenschleife Körperpassage oder Körperschleife
ein ungeteiltes Herz	ein Herz mit zwei getrennten Pumpen: linke und rechte Herzhälfte
frisches Blut, arterielles Blut verbrauchtes Blut, venöses Blut	sauerstoffreiches Blut kohlenstoffdioxidreiches Blut
	Arterien führen Blut vom Herzen weg Venen führen Blut in Richtung Herz (→ Kasten)

Tabelle 2-1: Fehlleitende und lernförderliche Termini zum menschlichen Blutkreislauf

Dass es sich beim menschlichen Blutkreislauf um *einen* Kreislauf handelt, kann geklärt werden, indem die Lernenden den Weg einer Blutzelle verfolgen. Dafür müssen wir gedanklich an einer Stelle beginnen. Um zu zeigen, dass es sich tatsächlich um einen Kreislauf handelt, ist es günstig, die Reise der Blutzelle in einer Herzkammer oder in der Aorta beginnen zu lassen. Der Kreislauf ist einmal vollständig durchlaufen, wenn die Blutzelle wieder die Herzkammer oder die Aorta passiert. Lassen wir den Weg der Blutzelle in einer Kapillare des kleinen Fingers beginnen, dann ist es sehr unwahrscheinlich, dass sie beim nächsten Umlauf dieselbe Kapillare wieder passiert. Denn einer Blutzelle stehen sehr viele Bahnen für jeden neuen Kreislauf zur Verfügung. Das liegt an den Verzweigungen der Aorta, Arterien, Arteriolen und Kapillaren bis in alle Organe. Es sollte zudem die Formulierung „Die Blutzelle kehrt wieder zum Herzen zurück" vermieden werden. Denn ein Kreislauf hat zwar eine Laufrichtung und eine Bahn oder – wie hier – auch viele Bahnen, aber es gibt keinen Anfang und kein Ende – diese setzen wir nur gedanklich. Somit kann die Blutzelle zirkulieren oder an einem Punkt vorbeikommen.

Mit diesem kritischen Blick erscheint auch der erste zitierte Absatz (→ Kasten) klärungsbedürftig: „Die Blutzirkulation zum und vom Herz ...". Wenn es sich wirklich um einen Kreislauf handelt, dann ist ein Kreislauf gerade dadurch ausgezeichnet, dass er keinen Anfang und kein Ende hat (→ 3). Fachlich geklärt heißt das: Das Blut zirkuliert in Adern. Wie irreleitend historisch bedingte Termini sein können, zeigen die widersprüchlichen Termini Arterie vs. Arterielles Blut bzw. Vene vs. Venöses Blut (→ Kasten, Zitat 3 und 4).

Nimmt man die Funktion des *Gasaustauschs* in den Blick, dann steht nicht mehr das Herz im Mittelpunkt der Betrachtung, sondern die Wege von der Lunge zu den Organen und zurück. Ein Sauerstoffmolekül beginnt seinen Weg in einer Alveole, gelangt in eine der umliegenden Kapillaren und wird – von der linken Herzkammer angetrieben – zu einem Organ getragen. Aus einer Kapillare gelangt das Sauerstoffmolekül beispielsweise in eine Muskelzelle. Dieser Teil des Blutkreislaufs kann somit als *Versorgungsleitung* verstanden werden. Die Muskelzelle gibt gleichzeitig Kohlenstoffdioxid in die Kapillare ab. Dort beginnt gedanklich der Teil des Blutkreislaufsystems, der als *Entsorgungsleitung* verstanden werden kann (Kattmann 2007).

Wie man Lernende verwirrt

Es muss schon ein blutiger Anfänger gewesen sein, jener Experte, der auf die Idee gekommen ist, Blut als „venös" oder „arteriell" zu bezeichnen. Solange es in der Körperpassage fließt, befindet sich venöses Blut in Venen und arterielles Blut in Arterien. So weit, so gut. In der Lungenpassage fließt allerdings venöses Blut in Arterien und arterielles Blut in Venen. Alles klar?

Die Termini arterielles und venöses Blut sind historisch bedingt; sie stammen aus einer Zeit, als man die Lungenpassage des Blutes noch nicht kannte. Das Blut in den Arterien ist sauerstoffreich oder -arm, je nachdem, ob es über die linke Herzhälfte von der Lunge, oder über die rechte Herzhälfte beispielsweise von den Muskeln kommt.

Ohne diesen Hintergrund sind die beiden Termini nicht nur für die Lernenden verwirrend. Bei „arteriell" und „venös" könnte es nämlich eigentlich nur darum gehen, dass Arterien größere Blutgefäße sind, in denen Blut mit hohem Druck vom Herzen wegfließt und Venen größere Blutgefäße sind, in denen sich Blut mit niedrigem Druck zum Herzen hin bewegt.

Der Transport der Atemgase wird entsprechend symbolisiert: Rot üblicherweise das Blut – in Lungenvenen und Körperarterien –, das sauerstoffreich und kohlenstoffdioxidarm ist und tatsächlich eine hellrote Farbe hat. Blau symbolisiert sauerstoffarmes, kohlenstoffdioxidreiches Blut – in Lungenarterien und Körpervenen –, das in Wirklichkeit eine dunkelrote Farbe hat, mit einem Stich ins Blaue.

Der Prozess der fachdidaktisch kritischen Prüfung und Neuformulierung fachlicher Aussagen heißt *fachliche Klärung* (→ 4). Die fachliche Klärung teilt mit der „Sachanalyse" nach Wolfgang Klafki (1969, 18) eine gemeinsame Didaktik-Tradition und die fachwissenschaftliche Fragerichtung. Der Unterschied liegt vor allem im kritischen (und nicht nur rezeptiven) fachwissenschaftlichen Anspruch. Fachliche Theorien, die in einem Wechselspiel von Theorie und Empirie erarbeitet und von der Gemeinschaft der Wissenschaftlerinnen und Wissenschaftler skeptisch geprüft worden sind, sind eben auch nur Vorstellungen, wenn auch relativ verlässliche. Daher ist fachdidaktisch zu klären, inwiefern die Vorstellungen für das fachliche Lernen förderlich oder gar missverständlich formuliert sind. Die auf diese Weise fachdidaktisch geklärten Vorstellungen helfen, die Differenz zu lebensweltlichen Vorstellungen besser zu verstehen (→ 3; 4).

Lernaufgabe 2-1: Blutkreislauf

Sie möchten mit den Lernenden den menschlichen Blutkreislauf bearbeiten. Dazu sollen zwei aufeinander folgende Wege (Kreisläufe) einer Blutzelle in Form einer faktenbasierten Geschichte erzählt werden. Dabei geht es um ein prinzipielles Verständnis und nicht darum, nur Einzelheiten und Fakten abzufragen, wie es beispielsweise oft in Mehrfachwahlaufgaben der Fall ist. Aufgaben, die auf Verstehen zielen, bezeichnen wir deshalb auch als Verstehaufgaben.

Handlungsaufforderung 2-1:
Formulieren Sie eine Verstehaufgabe (→ 17) für Lernende der Mittelstufe und entwerfen Sie eine Musterlösung!

Harald Gropengießer & Ulrich Kattmann

3 Arbeiten mit Schülervorstellungen

Wenn Sie ein Thema wie „Menschlicher Blutkreislauf“ unterrichten, bringen die Lernenden ihre eigenen Vorstellungen mit in den Unterricht. Diese Vorstellungen sind deren Lernausgangslagen und können nützlich sein, um die fachlich geklärten Vorstellungen zu erreichen – sie können aber auch den Weg dorthin blockieren. Deshalb ist es so wichtig, fachliche Vorstellungen und Schülervorstellungen zu beachten.

3.1 Die Lernenden bringen Vorstellungen zu einem Thema in den Unterricht mit

Vorstellungen der Lernenden gründen meistens in tiefgreifenden individuellen lebensweltlichen Erfahrungen. Aus Informationsquellen wie Internet, Fernsehen oder Zeitschriften werden sie vorrangig dann übernommen, wenn diese den aufgrund eigener Erfahrung gebildeten Vorstellungen entsprechen, ähneln oder leicht assoziieren lassen.
Nun könnten Sie versucht sein, die fachliche Sichtweise nach vorn zu stellen und die verfügbaren lebensweltlichen Vorstellungen zu ignorieren oder gar als Fehlvorstellungen abzuwerten, die im Biologieunterricht keinen Platz haben. Allerdings sollten Sie bedenken, dass diese Vorstellungen den Lernenden bisher geholfen haben, sich die Prozesse in ihrem Körper zu erklären. Auch wenn sie aus fachlicher Sicht nicht akzeptabel erscheinen mögen, sind die Vorstellungen für die Lernenden bedeutsam (Hammann & Asshoff 2014; Kattmann 2015).
Sie meinen vielleicht, dass die Lernenden den Lehrstoff begreifen müssten, wenn Sie ihn nur klar und einfach genug darstellen. Das ist aber häufig nicht der Fall, weil Lernende an ihren eigenen, ihnen sinnvoll erscheinenden und fest eingeprägten Vorstellungen festhalten. Sie sollten daher bedenken, dass die Lernenden immer nur mit den kognitiven Strukturen weiter lernen können, die jeweils für sie verfügbar sind (→ 13.2). Die Vorstellungen der Lernenden zu (be-)achten, ist deshalb so wichtig, weil Sie daran erkennen können, warum manche Sachverhalte so schwer gelernt werden, obwohl Sie selbst

sie als leicht, klar und verständlich einschätzen. Das Wissen über solche bereichsspezifischen Vorstellungen von Lernenden ist für Sie als Lehrperson daher genauso wichtig wie das fachliche Wissen.

Als Lehrperson sollte man sich zunächst kundig machen, über welche Vorstellungen zum jeweiligen Thema die Lernenden verfügen. Eine gute Idee ist es zudem, einfache Erhebungsmethoden für Schülervorstellungen in den Unterricht zu integrieren und mit den so erhobenen Vorstellungen weiterzuarbeiten (→ Kasten).

Zum Thema Blutbewegung im menschlichen Körper sind Schülervorstellungen weitgehend erforscht und kategorisiert worden (→ Tab. 3-1).

Konzeptnamen	Konzepte
Durchblutung: Allgegenwart	Blut ist überall in und unter der Haut.
Blutbewegung	
zu den Organen	Blut fließt vom Herzen zu den Organen.
Hin und Zurück	Blut fließt vom Herzen zu den Organen und wieder zurück.
Kreislauf	
einfach,	Blut fließt im Kreislauf durch Herz und Körper.
doppelt,	Blut fließt im Körper- und im Lungenkreislauf.
gegliedert in 2-Schleifen	Blut fließt in einem Kreislauf mit Lungen- und Körperpassage.

Tabelle 3-1: Konzepte zur Blutbewegung (Riemeier u. a. 2010, verändert)

Wie können die Vorstellungen der Lernenden im Unterricht erkundet werden?

Auch wenn viele Vorstellungen bereits bekannt sind, ist es lohnenswert und lernförderlich, die Vorstellungen in einer Lerngruppe zu erheben. Denn welche der Vorstellungen wirklich als Lernvoraussetzungen für das Weiterlernen verfügbar sind, zeigt sich erst durch die Erhebung. Dabei ist es eher ungünstig, nur einzelne Lernende zu Wort kommen zu lassen, weil so die Vielfalt der Vorstellungen nicht deutlich wird. Zudem ist die fachlich angemessene Vorstellung erst wirklich zu verstehen, wenn andere Denkmöglichkeiten bekannt sind.

Kartenabfrage. Aus dem Unterrichtszusammenhang heraus wird eine Frage an der Tafel festgehalten. Beispielsweise: „Welche Funktionen hat das Herz?" Die Lernenden bekommen eine Karteikarte im Postkartenformat und werden aufgefordert, ihre Antwort aufzuschreiben. Den Teilnehmenden wird Anonymität zugesichert. Drei Minuten werden als Bearbeitungszeit vorgegeben und die Karten dann eingesammelt. Es werden zunächst alle Karten kommentarlos vorgelesen. Jeder wird damit in seiner Antwort gewürdigt. Dabei kann die Lehrperson schon kommentarlos auf einander widersprechende und besonders interessante Antworten achten, die im Anschluss in einer ausgewählten Reihenfolge zur Diskussion gestellt und geklärt werden.

Zeichnungen. Die Lernenden werden aufgefordert, einen vorgegebenen Körperumriss zu ergänzen: „Zeichne, wie sich das Blut im Körper bewegt!" Es sollte deutlich werden, dass keine perfekte Zeichnung erwartet wird, damit es nicht zu Blockaden kommt. Die Zeichnung sollte möglichst kontrastreich und groß angelegt werden. Wieder sollte eine bestimmte Zeit, z. B. 5 Minuten, vorgegeben werden.
Zeichnungen enthüllen eher ein Gesamtverständnis als Einzelheiten und sind ohne zusätzliche Beschriftung in besonderem Maße offen für Interpretationen. Sie sind als Gesprächsanlass geeignet.
Die Zeichnungen können gut sichtbar aufgehängt oder auf Tischflächen präsentiert werden. Eine methodische Variante sind Kleingruppen von vier bis sechs Lernenden, die sich gegenseitig ihre Vorstellungen von der Blutbewegung anhand ihrer Zeichnung erläutern und so verschiedene Verständnisse kennenlernen.

Wiederholter Einsatz. Mit Kartenabfragen und Zeichnungen lässt sich der Wandel und Wechsel von Vorstellungen veranschaulichen und dokumentieren, wenn sie vor, während und am Ende der Unterrichtseinheit eingesetzt werden. Die Aufmerksamkeit gegenüber veränderten Vorstellungen ermöglicht, den eigenen Lernfortschritt wahrzunehmen, und ist ein erster Schritt hin zu einer eigenverantwortlichen Lernprozesssteuerung.

Prognose. Eine Situation wird schriftlich wie folgt vorgestellt: Wir werden für 15 s eine Hand locker hängen lassen und die andere Hand hoch über den Kopf heben. Dann werden wir beide Handinnenflächen nebeneinanderhalten und deren Farbe vergleichen.
Notiere deine Voraussage und begründe diese!
Beschreibe deine Beobachtung!
Erkläre deine Beobachtung!

3.2 Die Vorstellungen der Lernenden sind Lernvoraussetzungen und Lernmittel

Im Biologieunterricht sollte schrittweise ein lernförderliches Klima geschaffen werden, welches es den Lernenden erlaubt, ihre Vorstellungen angstfrei zu äußern. Sie sollten eine Haltung entwickeln, die neugierig verfügbare Vorstellungen bewusst macht und als Lernvoraussetzungen und Lernmittel begreift. Die Vorstellung vom Kreislauf erscheint zunächst selbstverständlich. Aber das Denken in Kreisläufen bietet bei genauerem Nachdenken Überraschungen. Lehrenden erscheint der Blutkreislauf als selbstverständlich; den Lernenden jedoch nicht. Bei ihnen ist oft nur die Durchblutung der Organe und die Blutbewegung vom Herzen weg oder hin und zurück im Blick (→ Tab. 3-1). Der Blutkreislauf wird erst auf höheren Kompetenzstufen erkannt (Schmiemann 2010, 106 ff.). Ein ähnliches Bild ergeben Zeichnungen: Deutlich steht das Herz im Mittelpunkt (→ Abb. 3-1). Mit der linken Zeichnung wird ein mehrfacher Blutfluss hin zu den Organen und zurück zum Herzen dargestellt. Auf der rechten Zeichnung ist allenfalls ein Kreislauf entlang des Körperumrisses zu erkennen, der aber mehrfach zum ungeteilten Herzen mündet. Die Lunge ist nicht gezeichnet; der Blutkreislauf wird nicht auf den Gasaustausch bezogen. Die Konzepte der Tabelle 3-1 können helfen, die Zeichnungen zu interpretieren.

Abb. 3-1: Zeichnungen von Lernenden der 8. Klasse zur Blutbewegung im menschlichen Körper (Riemeier u. a. 2010)

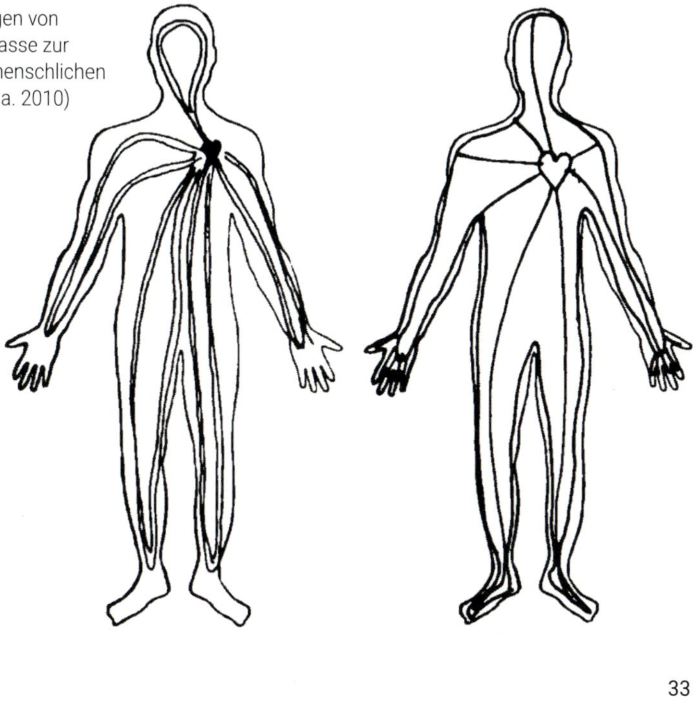

Und wie sollte man sich einen Kreislauf im Körper vorstellen? Ein Kreislauf hat keinen Anfang und kein Ende (→ Kasten). Steht das Herz im Zentrum, dann ist allein dadurch diese Vorstellung behindert. Das Arbeiten mit den Lernenden bedeutet für den Unterricht also dreierlei (Gropengießer & Kattmann 2017):

- Der Blutkreislauf ist nicht als leicht begreifbar vorauszusetzen, sondern anschaulich einzuführen (→ 1) und zu verdeutlichen (→ Kasten). Die verwirrende Rede von zwei Kreisläufen ist durch Verfolgen des Blutstroms zu korrigieren (→ 2.2).
- Die Fixierung auf das Herz als Mittelpunkt ist aufzulösen. Dazu wird den Lernenden mit der Funktion des Gasaustauschs eine neue Perspektive gegeben: von der Lunge zum Gewebe und zurück (Versorgungs- und Entsorgungsleitung).
- Damit werden die beiden Herzhälften zu zwei Pumpen: ein Kreislauf, zwei Pumpen (→ 2.2).

Wie diese grundlegenden Vorstellungen von Kreislauf und Zentrum auf den Blutkreislauf des menschlichen Körpers anzuwenden sind, ist so schrittweise mit Blick auf deren Funktionen zu entwickeln.

Gudruns Curriculum oder das Denken in Kreisläufen

Mit Gudrun, meiner kleineren Nachbarin und Freundin, spielte ich in meiner Kindheit oft auf ihrem Hof. Wir konnten auf einer Mauer um den Misthaufen laufen. Weil ich schneller war, konnte ich an den Ecken springend überholen. Wenn ich vorher *hinter* Gudrun hergelaufen war, befand ich mich nach einem Sprung über die Ecke *vor* ihr. Aber nicht lange, dann war ich wieder *hinter* ihr und musste sie wieder überholen. Mir machte das zu schaffen.

Wenn man in einem Kreis läuft (curriculum, lat. Kreislauf), verlieren vor und hinter, zuerst und zuletzt, ihre Eindeutigkeit. Wichtig ist nur die Richtung, in der der Kreis durchlaufen wird. Es ist eine Frage der Beschreibung, wo man gedanklich den Anfang setzt. Zum Zwecke einer linearen Beschreibung zerschneidet man diesen Kreis. Der Lauf beginnt an einem Startpunkt und endet am Ziel. Das Denken folgt dabei dem Start-Weg-Ziel-Schema. Wichtig ist es aber, den Kreis wieder zusammenzusetzen. Dann fallen Start und Ziel zusammen.

Ein Mensch hat einen Blutkreislauf. So lautet die grundlegende Aussage. Sie muss allerdings noch differenziert auf den ganzen Körper bezogen werden: Der Blutstrom muss alle Organe erreichen; nur wenn er sich jeder Zelle bis auf wenige Zellen Abstand nähert, kann die Diffusion der Atemgase ausreichend schnell erfolgen. Deshalb muss die Idee des Kreislaufs mit nur einer Bahn erweitert werden um die Idee der Verzweigung und des anschließenden Zusammenfließens. Das Blutgefäßsystem hat zentral durch die beiden Herzhälften in Form der Vorhöfe, Herzkammern sowie Lungenarterie und Aorta nur einen Weg, peripher in den Organen hingegen viele Wege (kleinere Adern und Kapillaren).

Lernaufgabe 3-1: Vorstellungen zum Blutkreislauf erschließen
In Kapitel 1 wird vorgeschlagen, den Lernenden einen Körperumriss vorzulegen und sie aufzufordern, ihre Vorstellungen einzuzeichnen (→ Abb. 1-1).

Handlungsaufforderung 3-1: Legen Sie einer Person, die mindestens 10 Jahre alt ist, eine Kopie oder eine Skizze der Abbildung 1-1 (⊕) vor und fordern Sie sie auf, ihre Vorstellung von der Bewegung des Blutes in den Körperumriss einzuzeichnen!
Schließen Sie auf der Grundlage der Tabelle auf die Konzepte der Person!

Harald Gropengießer & Ulrich Kattmann

4 Didaktische Rekonstruktion

In diesem Kapitel werden die bisherigen Überlegungen zum Thema „Menschlicher Blutkreislauf" fortgeführt und zu einem Abschluss gebracht. Mit der Didaktischen Struktur, der Fachlichen Klärung und dem Lernpotenzial haben wir es mit dem Kern dessen zu tun, was Sie in jeder Planung einer Unterrichtssequenz beachten und verknüpfen sollten.

4.1 Didaktische Rekonstruktion ist ein Weg zum guten Unterricht

Unser Planungsbeispiel „Menschlicher Blutkreislauf" haben wir mit einer Sequenz von Lernangeboten begonnen. Im zweiten Kapitel wird die fachliche Seite des Themas kritisch beleuchtet. Im dritten Kapitel haben wir uns mit der Lernausgangslage der Schülerinnen und Schüler, ihren Vorstellungen vertraut gemacht. Unter Berücksichtigung der jeweils verfügbaren Lernzeit lässt dies Vermutungen über die Lernmöglichkeiten zu. Lernausgangslage und die erreichbaren Lernmöglichkeiten nennen wir deshalb das Lernpotenzial. Die fachdidaktische Herausforderung besteht darin, diese drei Entscheidungsfelder der inhaltlichen Unterrichtsplanung – Didaktische Struktur, Fachliche Klärung und Lernpotenzial – zusammenzubringen und aufeinander zu beziehen, denn sie sind wechselseitig voneinander abhängig. So sind beispielsweise nur fachlich korrekte Inhalte auch unterrichtlich nützlich.

Aufgrund der linearen Struktur dieses Lehrbuchs scheint es so, als sei das schrittweise Vorgehen vorgegeben. Aber dem ist nicht so. Die Unterrichtsplanung kann bei jedem der drei Entscheidungsfelder beginnen und sollte immer wieder die jeweils anderen Überlegungen aus den anderen Entscheidungsfeldern einbeziehen. Das Vorgehen kann eher mit einer Gruppe von drei Diskutanten verglichen werden, die abwechselnd Überlegungen aus ihrem Feld vorbringen, die aus der Sicht der anderen geprüft, verändert oder verworfen werden. Von den unterschiedlichen Standpunkten der Entscheidungsfelder her wird so gemeinsam ein Thema für eine bestimmte Lerngruppe ausgehandelt. Der Unterrichtsgegenstand, hier „Menschlicher Blutkreislauf", wird damit vom Standpunkt der Lernenden, der Wissenschaft und des Unterrichts erarbeitet. Aus dem fachlichen Gegenstand entsteht in diesem Aushandlungsprozess mit Blick auf die Lernenden und den Unterricht ein passender Unterrichtsgegenstand. Der fachliche Gegenstand wird also so umgebaut, dass er für die Lerngruppe zugänglich und verständlich werden kann. Ein solcherart didaktisch rekonstruierter Unterrichtsgegenstand ist Voraussetzung für guten Unterricht. Wir nennen den Vorgang der Aushandlung Didaktische Rekonstruktion (Kattmann u. a. 1997; Duit et al. 2012). Die Entscheidungsfelder haben Sie schon in den vorangegangenen Kapiteln kennengelernt, ebenfalls die dafür zu bearbeitenden Teilaufgaben (→ Tab. 4-1).

Entscheidungsfelder	Fragestellung
Fachliche Klärung	Welche Genese, Funktion und Bedeutung haben die für ein Thema bedeutsamen biologischen Begriffe und in welchem theoretischen Kontext stehen sie? Sind die Fachwörter lernförderlich?
Erfassen der Lernpotenziale	Welche Vorstellungen verbinden die Lernenden mit dem Thema? Welche fachinhaltlichen, motivationalen und methodischen Lernvoraussetzungen bringen die Lernenden für das Thema mit?
Didaktische Strukturierung	Welche Lernwege sind bei Beachtung von Lernpotenzialen und fachlich geklärten Begriffen anzulegen bzw. zu wählen? Welche Möglichkeiten für das Lernen und Lehren des Themas eröffnen sich?

Tabelle 4-1: Die drei Entscheidungsfelder der Didaktischen Rekonstruktion

Im Modell der Didaktischen Rekonstruktion (→ Abb. 4-1) werden die Entscheidungsfelder wechselseitig mit Pfeilen verknüpft. Entlang der Pfeile möchten wir den Aushandlungsprozess auf dem Weg zu einem didaktisch rekonstruierten Unterrichtsgegenstand ansatzweise nachvollziehbar machen. Der große Pfeil weist von der Fachlichen Klärung auf die Didaktische Strukturierung und steht für das wissenschaftliche Fundament des Unterrichts ①. Pfeil 2 steht dafür, dass beispielsweise der Umfang der Fachlichen Klärung sich aus der Vermittlungsperspektive bestimmt. Beziehen wir nun beide Entscheidungsfelder inhaltlich aufeinander, erscheint der Blutkreislauf als eine recht komplexe Struktur, dessen Adern sich zudem verzweigen und wieder zusammenlaufen. Dadurch ist das Konzept des Kreislaufs in seiner Anwendung auf den Blutkreislauf durchaus schwierig zu verstehen, wie auch die kritisch beleuchteten Lehrbuchaussagen (→ 2.1, Kasten) belegen. Die Funktion des Blutkreislaufs erscheint leichter zugänglich, weil dabei nur das Start-Weg-Ziel-Schema zu beachten ist. Es liegt demnach nahe, unterrichtlich von der Funktion, also dem Gasaustausch, auszugehen (Gropengießer & Kattmann 2017; → 2.2). Noch ein weiterer Punkt sei selbstkorrigierend angemerkt: Die Abbildung der unterrichtlich erstellten Umrisszeichnung mit den Stellen, an denen der Puls ertastet wurde aus der Phase 5 (→ 1.2, S. 22), hat eine Überschrift, die besser „Wo der Puls zu tasten ist" heißen sollte.

Pfeil 3 (→ Abb. 4-1) steht für die Möglichkeit, die diversen Lernausgangslagen und Lernfortschritte der Lernenden im Unterricht zu erschließen. Unterrichtsnahe Formen des Sondierens von Vorstellungen (Gropengießer 2001) sensibilisieren sowohl Lernende als auch Lehrende über den Lernerfolg. ④ bedeutet hier, dass das vermutete oder erschlossene Lernpotenzial für die Didaktische Strukturierung leitend ist. Setzt man diese beiden Entscheidungsfelder in Beziehung, dann wird die Notwendigkeit des Sondierens von Vorstellungen deutlich, beispielsweise durch Zeichnungen, durch Lernaufgaben (→ 2-1) oder den gemeinsamen Entwurf einer begehbaren „Blutkreislaufbahn“ auf dem Schulhof. Solche Sondierungen markieren einerseits den individuellen Lernstand – sowohl für die Lernenden als auch für die Lehrenden. Den Lernenden können sie beim Verstehen helfen, gerade dann, wenn verschiedene Ergebnisse gegenübergestellt und diskutiert werden. Den Lehrenden dienen solche Diagnosen des Lernstands als Orientierung für das weitere unterrichtliche Vorgehen (→ 18).

Pfeil 5 (→ Abb. 4-1) macht darauf aufmerksam, dass auch Fachtexte fachlich falsche Formulierungen enthalten können (→ 2.1) und die Kenntnis der Schülervorstellungen (→ Tab. 3-1) gute Dienste bei deren Aufspüren leistet. Denn die Schülervorstellungen verschwinden meistens nicht, wenn fachlich korrekte Vorstellungen gelernt werden. Viele Schülervorstellungen bleiben auch Expert:innen noch verfügbar – neben den fachlichen Vorstellungen. Pfeil 6 verweist darauf, dass die fachlich geklärten Vorstellungen helfen, die Schülervorstellungen besser zu verstehen. Dies gilt auch umgekehrt. Als Beispiel mag die Vorstellung von der Allgegenwart des Blutes dienen. Diese hat eine Erfahrungsbasis: Wenn die Haut nur ein wenig geritzt wird und dabei die – nur mikroskopisch sichtbaren – Kapillaren verletzt werden, dann blutet es. Da hingegen die sichtbaren Venen nicht verletzt wurden, legt dies die Vorstellung von der Allgegenwart des Blutes nahe. Auf der anderen Seite hat es wissenschaftshistorisch lange gedauert, bis der Blutkreislauf entdeckt und erschlossen wurde, u. a. deshalb, weil die Kapillaren erst mit der Erfindung des Mikroskops sichtbar gemacht werden konnten. Indem wir Fachliche Klärung und Lernpotenzial-Diagnose in Beziehung setzen, wird ein fehlendes Glied in der Argumentationskette für die Strukturen und Funktionen des Blutkreislaufs erkennbar: Kapillaren sollten lernförderlich erfahrbar gemacht werden, beispielsweise durch Inspektion der Bindehaut des Auges und mit Mikrofotos.

Folgerungen aus der Didaktischen Rekonstruktion können zu Leitlinien für den Unterricht zusammengefasst werden. Die hier vorgestellte Didaktische Rekonstruktion des menschlichen Blutkreislaufs für Lernende der Sekundarstufe I führt zu folgenden Leitlinien:

Leitlinie 1: Die Bewegung des Blutes ertasten. Erste Annäherung an den Blutkreislauf: Überall da, wo der Puls tastbar ist, fließt das Blut in Adern vom Herzen zu den Organen.
Leitlinie 2: Versorgungs- und Entsorgungsfunktion vor der Struktur des Blutkreislaufs. Die Versorgung mit Sauerstoff und Entsorgung von Kohlenstoffdioxid kann als Start-Weg-Ziel-Prozess verstanden werden. Danach wird das schwieriger zu verstehende Kreislauf-Schema erschlossen.
Leitlinie 3: Die Kapillaren als Struktur und Ort des Gasaustauschs erfahrbar machen.
Leitlinie 4: Lernausgangslagen, Lernfortschritte und Lernergebnisse sondieren.

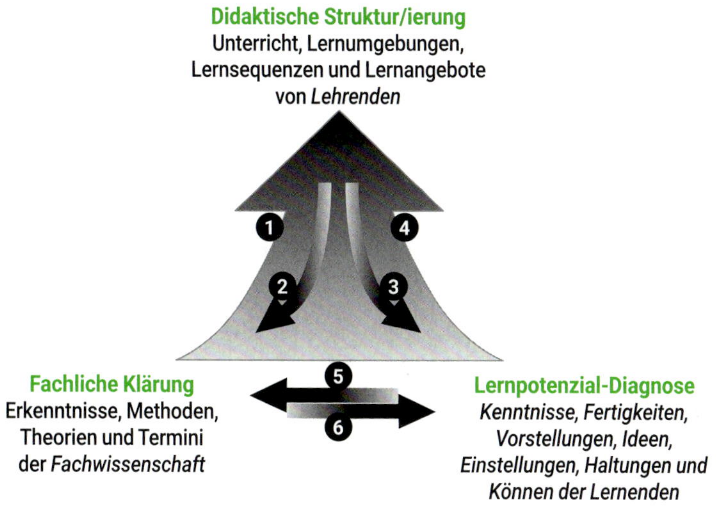

Abbildung 4-1: Modell der Didaktischen Rekonstruktion (Kattmann u. a. 1997, verändert)

Lernen ist eine aktive Handlung, sodass die Gedankenwelt der Lernenden als entscheidende Lernvoraussetzung zu beachten ist (→ 23). Durch die Didaktische Rekonstruktion wissenschaftlicher Inhalte rückt das Herstellen von Bezügen zwischen fachlichem und interdisziplinärem Wissen und der Lebenswelt der Lernenden, deren Vorverständnis, Anschauungen und Werthaltungen ins Zentrum (vgl. Kattmann u. a. 1997; Kattmann 2015).

Bei der Unterrichtsvorbereitung – und entsprechend zurückgewendet bei der Unterrichtsreflexion – können die Analysefragen zur Fachlichen Klärung, zu Schülervorstellungen und zur Didaktischen Strukturierung leitend sein (vgl. Kattmann 2004, → 26).

4.2 Lerngegenstände sind zu elementarisieren, fachlich zu rahmen und lebensweltlich einzubetten

Biologielehrkräfte und Lehrende der Biologiedidaktik sind sich im Allgemeinen darin einig, dass Erkenntnisse und Methoden aus dem Wissenschaftsbereich nicht unbesehen und unverändert in den Biologieunterricht übernommen werden sollten. Auch bei einem wissenschaftsorientierten Unterricht sind daher die Inhalte, Probleme und Verfahrensweisen nicht einfach aus der in den Fachwissenschaften vorhandenen Fülle auszuwählen. Die Gegenstände des Lernens sind nicht vom Wissenschaftsbereich vorgegeben; sie müssen vielmehr in pädagogischer Zielsetzung erst hergestellt, d. h. didaktisch rekonstruiert werden.

Elementarisierung

Neben den Leitlinien (→ 4.1), an denen sich die Unterrichtsgestaltung orientiert, sind die Lerninhalte als fachliche Kerngedanken zu formulieren. Dieser Vorgang heißt Elementarisierung, dessen Ergebnis sind elementare Konzepte. Für das Beispiel Blutkreislauf sind Beispiele gegeben (→ Kasten).
Innerhalb der Didaktischen Rekonstruktion hat die didaktische Vereinfachung die Aufgabe, komplizierte Sachverhalte auf wesentliche Teile bzw. Zusammenhänge zu konzentrieren. Diese Elementarisierung von Lerninhalten wird stets in viererlei Hinsicht ausgerichtet (vgl. Kattmann et al. 1997):

- Elementarisierung soll die fachlich grundlegenden, d. h. die wesentlichen Grundideen des Themas herausstellen (Ergebnisse der Fachlichen Klärung).
- Elementarisierung wird stets in Hinblick auf die Vorstellungswelt und die Bedeutung in der Lebenswelt der Schülerinnen und Schüler vorgenommen (Anschlussfähigkeit an Schülerperspektiven).
- Mit der Elementarisierung wird der Unterrichtsgegenstand zerlegt, indem Unterrichtselemente konstruiert werden, in denen die jeweils bedeutsamen fachlich geklärten Aussagen und lebensweltliche Vorstellungen aufeinander bezogen sind, sodass sie bedeutungsvoll und aufeinander aufbauend gelernt werden können (Grundlagen der Didaktischen Strukturierung).
- Unterrichtsinhalte werden gegenüber dem wissenschaftlichen Gegenstand vereinfacht. Wie sich am Beispiel des Blutkreislaufs gezeigt hat, wurde dieses auch nicht annähernd in seiner medizinisch-physiologischen Komplexität dargestellt. Ein Sachverhalt oder System kann vereinfacht werden, indem Teile oder Beziehungen zwischen den Teilen weggelassen werden. Traditionell bezeichnet man den Prozess der Vereinfachung von Sachverhalten für den Unterricht als didaktische Reduktion. Wilhelm Weber (1976) unterscheidet zwei Formen: strukturelle und sektorale Reduktion (→ Kasten).

Vereinfachung: sektorale und strukturelle Reduktion

Mit der strukturellen Reduktion wird eine Aussage „lediglich hinsichtlich der Kompliziertheit und des Umfanges ihrer Struktur, nicht dagegen in ihrer inhaltlichen Kernaussage vereinfacht" (Weber 1976, 7). Als Hauptverfahren der strukturellen Reduktion werden genannt (vgl. Staeck 2009):

- Weglassen von wissenschaftlichen Daten, die die Kernaussage nicht berühren;
- Überführen von verbalen Daten in einfache Diagramme;
- Entwicklung von Modellen (Modellbildung);
- Schematisieren, Zusammenfassen von Elementen und Beziehungen zu größeren Einheiten; *Black Box*-Methode.

Bei der sektoralen Reduktion wird ein kleinerer Ausschnitt des Systems oder des Phänomens gewählt, z. B. aus einem verzweigten Nahrungsnetz nur eine lineare Nahrungskette. Bei einer sektoralen Reduktion ist meist auch die Struktur des ausgewählten Ausschnitts vereinfacht, enthält also zusätzlich eine strukturelle Reduktion: Beispielsweise sind Darstellungen eines Nahrungsnetzes und einer Nahrungskette als vereinfachte Abbildungen der originalen Zusammenhänge bereits das Ergebnis einer Modellbildung.

Die didaktische Reduktion kann die kognitive und auch die psychomotorische Dimension von Unterrichtszielen betreffen, indem die Komplexität der zu lernenden Sachverhalte wie der zu übenden Techniken und Arbeitsschritte oder der im Experiment verwendeten Apparate reduziert wird. Die Vereinfachung betrifft also nicht nur Inhalte, sondern ebenso das Niveau der sprachlichen Darstellung und der wissenschaftsbezogenen Arbeitsweisen. Hat man diese unterrichtsmethodische Umwandlung von wissenschaftlichen Aussagen und Methoden im Blick, spricht man auch von „didaktischer" oder „methodischer Transformation".
Fraglich ist hingegen die Möglichkeit oder Wirksamkeit der Vereinfachung in der emotional-affektiven Dimension: Wenn z. B. lebende Asseln im Unterricht eingesetzt werden, so lassen sich die Abwehr oder der Ekel der Lernenden nicht „vereinfachen". Es gibt lediglich Methoden, um die Lernenden schrittweise näher an die Tiere heranzuführen (z. B. zunächst in geschlossenen Petrischalen betrachten). Dadurch wird das Unterrichtsverfahren nicht einfacher, sondern komplizierter – und die Gefühle werden nicht einfacher, sondern im günstigen Fall vom Lernenden besser beherrscht. Die mit einer Fragestellung, einem Sachverhalt oder einer Methode verbundenen Gefühle, Einstellungen und Interessen lassen sich also nicht in der gleichen Weise vereinfachen, wie das bezogen auf die kognitive und die psychomotorische Dimension angenommen werden kann. Dieser Umstand verweist darauf, dass die Didaktische Strukturierung allein mit den Prozessen der didaktischen Reduktion und Transformation nicht hinreichend zu beschreiben ist. Fast immer sind die Unterrichtsinhalte mit Blick auf die Lernausgangslagen lernförderlich zu ergänzen. Didaktische Reduktion und Transformation sind daher nur Teilaspekte der Didaktischen Rekonstruktion.

Als Ergebnisse der Elementarisierung ergeben sich zentrale inhaltliche Aussagen zum Gegenstand, die wir als Konzepte, in diesem Fall als elementare Konzepte bezeichnen.

Elementare Konzepte zum Blutkreislauf

Konzepte zur Bewegung des Blutes

Blut strömt nur in Adern (geschlossenes Kreislaufsystem).
Blut strömt in Adern nur in eine Richtung.
Blut strömt ständig in einem Blutkreislauf.
Blut strömt durch die Lungen- und die Körperschleife.
Blutumlauf: Rechtsherz – Lunge – Linksherz – Körper – Rechtsherz ...
Bewegt wird das Blut durch Herz, Skelettmuskulatur und Schwerkraft.
Herz- und Venenklappen kontrollieren die Richtung des Blutstromes.

Konzepte zur Struktur des Blutkreislaufsystems

Arterien sind Adern, die Blut vom Herz zu den Kapillaren leiten.
Venen sind Adern, die Blut von den Kapillaren zum Herzen leiten.
Kapillaren sind winzige Adern zwischen Arterien und Venen.
Arterien verzweigen sich zu dünneren Arteriolen und zu sehr dünnen Kapillaren.
Kapillaren vereinigen sich zu dickeren Venolen und die zu noch dickeren Venen.
Die sichtbaren Adern (z.B. auf dem Handrücken) sind Venen.

Konzepte zur Funktion des Blutkreislaufsystems

Blut transportiert Stoffe, Zellen und Wärme.
Stoffe, Zellen und Wärme werden hauptsächlich über Kapillaren ausgetauscht.

Fachliche Rahmung und lebensweltliche Einbettung

In der Didaktischen Rekonstruktion sind häufig solche fachlichen und fachübergreifenden Bezüge zu berücksichtigen, die Fachleute in ihren Arbeiten voraussetzen können, die den Nichtspezialisten und Lernenden aber nicht bekannt sind. Den Lernenden ist daher ein fachlicher Rahmen zu geben, der das fachliche Lernen fördert und zuweilen erst eröffnet. Der fachliche Rahmen kann sich auf Wissensinhalte und Verständnisse beziehen, die notwendig für weitergehendes Verstehen sind. In unserem Beispiel Blutkreislauf kann beispielsweise die Funktion der Körperkapillaren beim Gasaustausch und besonders die der Leukozyten bei der Immunabwehr erst verstanden werden, wenn man weiß, dass die Wand der Kapillaren aus nur einer Schicht Zellen besteht, durch die Gase leicht diffundieren, die Blutflüssigkeit hindurchgepresst wird und durch die weiße Blutzellen sich hindurchzwängen können. Die Zelltheorie rahmt hier also das Verstehen der Rolle des Blutkreislaufs beim Gasaustausch und der Immunabwehr in den Geweben.

Durch die fachliche Rahmung werden didaktisch rekonstruierte Lerngegenstände oft komplexer und nicht bloß vereinfacht, sie werden also nicht nur „didaktisch reduziert“, sie werden mit Blick auf die Lernbedarfe ergänzt. Das Lernen wird durch die Komplexität nicht behindert, sondern gefördert. Dieser Sachverhalt wird an einem weiteren lehrreichen Beispiel, dem Ordnen von Tieren, demonstriert (→ Kasten). Die fachliche Rahmung besteht hier in der Einführung des Evolutionsgedankens, der auf die Geschichte der Wirbeltiere angewendet wird (evolutionstheoretische Fundierung der Klassifizierung der Tiere). Das Verfahren des Ordnens wird dadurch komplexer als das einfache typologische Ordnen nach einer Merkmalskategorie (Hautbeschaffenheit). Das Bewerten der Merkmale wird durch die evolutionäre Sicht umgedreht, d. h. vom Kopf auf die Füße gestellt: Säugetiere sind nicht deshalb Säugetiere, weil sie Haare haben, sondern sie haben Haare, weil sie Säugetiere sind (und wenn sie keine Haare haben, wie Wale und Nacktmaus, bleiben sie dennoch Säugetiere).

Die durch die Rahmung hergestellte Komplexität ist nötig, um im Kontext des Faches und der Lebenswirklichkeit die Bildung angemessener fachlich geklärter Vorstellungen zu fördern und unangemessenen zu begegnen. Die fachliche Rahmung besteht also im Herausstellen von Bedingungen, die von Fachwissenschaftler:innen häufig nicht mitgeteilt werden, u. a.
- dem Verdeutlichen der zum Verständnis eines Prozesses nötigen Voraussetzungen;
- der Reflektion theoretischer Vorannahmen und kontroverser Auffassungen;
- dem In-Beziehung-Setzen von biologischen Aussagen zu vielfach nicht beachteten Ergebnissen anderer Disziplinen.

Während die fachliche Rahmung die Sichtweise fachlich orientiert und das fachlich zutreffende Verstehen eröffnet, stellt die Einbettung in außerfachliche Kontexte die Beziehungen zur Lebenswelt her. Im Fall des Ordnens der Tiere besteht der lebensweltliche Bezug in der Anschauung der großen (elementaren) Lebensräume Wasser, Luft, Erde, mit der eine lernförderliche Strukturierung gewonnen wird.

Generell kann die Einbettung das Lernen für die Lernenden bedeutsam machen, indem
- biologische Aussagen in Zusammenhänge gestellt werden, die sich auf Umwelt, Gesellschaft und Individuum beziehen.
- Entstehungs- und Verwertungszusammenhänge ethisch bewertet werden, d. h., wie bestimmte Ergebnisse biologischer Forschung gewonnen wur-

den bzw. wie und wofür sie verwendet werden (→ 12). Zur Vorbereitung und Durchführung eines didaktisch rekonstruierten Biologieunterrichts sind Sammelbände und eine Lernbuchreihe erschienen (Kattmann 2015; 2017a; 2019 ff.).

Tiere ordnen

Wirbeltiere werden in Schulbüchern für die Klassenstufen 5/6 nach Merkmalen der Hautbedeckung in systematische Gruppen eingeteilt: Säugetiere haben Haare, Vögel haben Federn usw. Dieses Vorgehen ist durch eine Didaktische Rekonstruktion zu revidieren:

Fragt man Lernende nach ihren eigenen Vorstellungen, wie sie Tiere ordnen, so bilden sie ganz andere Gruppen: vor allem Wassertiere, fliegende Tiere, kriechende Tiere. Ihre Kriterien sind Lebensräume (Wasser, Land, Luft) und entsprechende Fortbewegungsweisen (Schwimmen, Fliegen, Kriechen). Das ist das erhobene Lernpotenzial (Kattmann & Schmitt 1996).

Wissenschaftliche und lebensweltliche Kriterien des Ordnens erscheinen hier als Gegensätze, die nicht miteinander zu verbinden sind. Das Lernpotenzial ist scheinbar ein Lernhindernis. Doch der Schein trügt: Das typologische Ordnen (nach Merkmalen) hat ohne eine evolutionstheoretische Fundierung keine hinreichende fachliche Basis. Beachtet man nämlich, dass die systematischen Gruppen die phylogenetische Verwandtschaft widerspiegeln sollen, dann sind sie keine Merkmalsklassen, sondern Abstammungsgemeinschaften. Das ist das Ergebnis der Fachlichen Klärung.

Mit der Evolutionsgeschichte lassen sich die Fachliche Klärung und lebensweltliche Vorstellungen verbinden. Denn die Wirbeltiere haben im Laufe ihrer Geschichte vom Wasser her das Land besiedelt. Auf diese Weise werden wissenschaftliche Vorstellungen (ökologischer Aspekt der Evolution der Wirbeltiere) und lebensweltliche Vorstellungen (Ordnen der Tiere nach Lebensräumen) konstruktiv miteinander verbunden. Das Ordnen der Wirbeltiere erfolgt dementsprechend nach den Lebensräumen: Wasser (Fische), Übergang Wasser-Land (Amphibien), Land (echte Landtiere, Amnioten). Das ist die Didaktische Struktur der Unterrichtseinheit „Vom Wasser aufs Land und zurück". Zum korrekten Einordnen einiger Wirbeltiere (u.a. Wale, Krokodile) sind dann weitere Schritte innerhalb des naturgeschichtlichen Vorgehens nötig (Baumann u. a. 1996; Kattmann 2017 b).

4.3 Didaktische Rekonstruktion dient als Rahmen für fachdidaktische Forschung

Das Modell der Didaktischen Rekonstruktion ist ein alltäglicher Planungsrahmen für den Unterricht. Es können damit Lerngegenstände und eine entsprechende Strukturierung der Lernumgebungen rekonstruiert werden (Gropengießer & Kattmann 2009; vgl. Kansanen 2003; → 16).

Entwickelt wurde die Didaktische Rekonstruktion in erster Linie als fachdidaktischer Forschungsrahmen. Er hat sich u. a. für Dissertationen, Bachelor- und Masterarbeiten als fruchtbar erwiesen.

Biologiedidaktische Forschung hat das Lernen und Lehren von Biologie zum Gegenstand. Das Modell der Didaktischen Rekonstruktion strukturiert diese Arbeit durch drei Teilaufgaben (→ Tab. 4-1; vgl. Kattmann u. a. 1997; Gropengießer 2001; 2012; Duit, Gropengießer & Kattmann 2005; Kattmann 2007a; b; Komorek & Kattmann 2008; Reinfried, Mathis & Kattmann 2009; Duit u. a. 2012; Niebert & Gropengießer 2013).

Eine solche Vorgehensweise dient der fachdidaktischen Aufgabe, die Lernenden und Bereiche der Wissenschaft zusammenzubringen. Im empirischen Teil ist deshalb die Erhebung von Vorstellungen der Lernenden zentral (→ 13). Der analytische Teil betrifft vor allem die Klärung der für das jeweilige Thema wichtigen wissenschaftlichen Aussagen. Diese beiden Aufgaben bilden die Basis für die konstruktive Aufgabe: die Didaktische Strukturierung des Unterrichts (→ Kasten Forschungsfragen). Das Verhältnis der drei Aufgaben zueinander wird mit dem Modell der Didaktischen Rekonstruktion verdeutlicht (→ Abb. 4-1).

Im Sinne der Didaktischen Rekonstruktion sind wissenschaftliche Lehrbücher für die fachdidaktische Forschung keine optimalen Quellen. Damit wird nämlich oft die geforderte Einsicht in Zusammenhänge sowie in Komplexität und Geschichtlichkeit der Einzelphänomene durch eine verallgemeinernde Darstellung von Wissensbeständen verdrängt. Für die fachdidaktische Forschung gilt: Als Quellen der Fachlichen Klärung und für den Rückbezug zur Wissenschaft Biologie im Unterricht sind Originalarbeiten am besten geeignet (Kattmann 1992). Hochschullehrbücher eignen sich meist nur vor dem Hintergrund historischer Quellen, durch die die komprimierten und verallgemeinerten Aussagen des Lehrbuchs kritisch betrachtet und reflektiert werden können. Bei der Unterrichtsplanung sollten entsprechende fachdidaktische Forschungsergebnisse und darauf basierende Unterrichtsvorschläge zugrunde gelegt werden (⊕ Tab. 4-2).

Durch die Anbindung an die grundlegende Struktur fachlichen Lernens und Lehrens wird erreicht, dass fachdidaktisches Forschen unmittelbar für die Praxis der Vermittlung von Biologie relevant ist und direkt umgesetzt werden kann (⊕ Tab. 4-2; vgl. Duit 2004).

Ebenso bietet das Modell einen Rahmen zur Reanalyse der Aufgaben von internationalen Vergleichsstudien (Jelemenská 2007).

Das Modell ist von der Lehr-Lern-Forschung ausgehend auch auf Forschungen für die Lehrerbildung weiterentwickelt worden (vgl. Lohmann 2006; van Dijk & Kattmann 2007). Hier werden anstelle der Lernpotenziale der Lernenden die Lehr- und Lernpotenziale der Lehrenden erhoben und entsprechende didaktische Strukturen für die Lehrerbildung entwickelt (van

Dijk 2009; Jelemenská 2012; Kizil & Kattmann 2013; Dannemann, Heeg & von Roux 2021).

Forschungsfragen der Didaktischen Rekonstruktion

Die Forschungsfragen sollen die fachdidaktische Forschung leiten und somit in ihr systematisch verfolgt werden. Darüber hinaus sind sie in der Unterrichtspraxis bei Planung und Reflexion zu beachten.

Fachliche Klärung:

- Welche fachwissenschaftlichen Aussagen liegen zu dem jeweiligen Bereich vor, und wo zeigen sich deren Grenzen?
- Welche Genese, Funktion und Bedeutung haben die wissenschaftlichen Vorstellungen, und in welchem Kontext stehen sie?
- Welche wissenschaftlichen und epistemologischen Positionen sind erkennbar?
- Wo sind Grenzüberschreitungen sichtbar, bei denen bereichsspezifische Erkenntnisse auf andere Gebiete übertragen werden?
- Welche ethischen und gesellschaftlichen Implikationen sind mit den wissenschaftlichen Vorstellungen verbunden?
- Welche Bereiche sind von einer Anwendung der Erkenntnisse betroffen?

Lernpotenziale:

- Welche Vorstellungen entwickeln Lernende, bezogen auf fachlich relevante Phänomene?
- Welche Vorstellungen, also Begriffe, Konzepte und Denkfiguren, verwenden die Lernenden in fachbezogenen Kontexten?
- Welche Vorstellung haben die Lernenden von Wissenschaft?
- Welche Korrespondenzen zwischen lebensweltlichen und wissenschaftlichen Vorstellungen sind erkennbar?
- Welches sind die wichtigsten Elemente der Alltagsvorstellungen der Lernenden, die im Unterricht berücksichtigt werden müssen?

Didaktische Strukturierung:

- Welche Lern- und Lehr-Möglichkeiten eröffnen sich, wenn die Schülervorstellungen beachtet werden?
- Welche Lernchancen und -schwierigkeiten bieten die fachlich geklärten Vorstellungen für das Lernen?
- Welche Vorstellungen sind bei der Bildung von Begriffen und der Verwendung von Termini zu beachten?
- Welche der Alltagsvorstellungen von Lernenden korrespondieren mit wissenschaftlichen Konzepten dergestalt, dass sie für ein angemessenes und fruchtbares Lernen genutzt werden können?
- Wie müssen die Lernbedingungen (z. B. Motivation, Lernklima, Hierarchie im Klassenraum) gestaltet werden, um fachliches Lernen und Vorstellungsänderungen zu fördern?

Lernaufgabe 4-1: Gegenüberstellung der Vorstellungen und Konzepte
Eine Schülerin der 9. Klasse beschreibt ihre Vorstellungen von der Bewegung des Blutes im menschlichen Körper: „Das Blut, was in den Adern ist, das fließt. Und das Blut, was so im Gewebe ist, das bleibt - glaube ich - da. Ja, also das Blut in den Adern fließt. Ja, das Blut ist eigentlich überall.“

Handlungsaufforderung 4-1: Stellen Sie den Vorstellungen der Schülerin die fachlich geklärten Konzepte gegenüber!

Handlungsaufforderung 4-2: Entwerfen Sie ein didaktisch rekonstruiertes Lernangebot für die Schülerin!

Ute Harms & Ulrich Kattmann

5 Begründung des Biologieunterrichts

In diesem Kapitel geht es um die zwei zentralen Begründungslinien, warum Biologie ein Schulfach ist. Zum einen bildet Biologie gemeinsam mit Chemie und Physik die naturwissenschaftliche Fächergruppe an den weiterführenden Schulen, deren Aufgabe die Vermittlung naturwissenschaftlicher Kompetenzen ist. Jedes der drei Fächer leistet hierzu seine fachspezifischen Beiträge. Darüber hinaus hat das Fach Biologie weitere Aufgaben, die eng mit der individuellen, persönlichen Entwicklung der Schülerinnen und Schüler, beispielsweise der eigenen Gesundheit und Sexualität, zusammenhängen.

5.1 Biologieunterricht trägt zur Entwicklung naturwissenschaftlicher Kompetenzen bei

In unserer durch Technologie und Naturwissenschaften geprägten Welt ist eine naturwissenschaftliche Grundbildung zentral für jeden Einzelnen. Diese umfasst Sachwissen ebenso wie naturwissenschaftliches Methodenwissen und die Fähigkeit, aus Beobachtungen Theorien zu entwickeln, die überprüft, verifiziert oder widerlegt werden können. Darüber hinaus fördert naturwissenschaftliche Bildung Problemlösefähigkeit und trägt zu Technik- und Wissenschaftsmündigkeit bei (BMBF 2019). Der Begriff „naturwissenschaftliche Grundbildung" wurde bereits im „Strukturplan für das Bildungswesen" 1970 als Rahmen für den Sekundarbereich I in der Bundesrepublik Deutschland eingeführt (Deutscher Bildungsrat 1970). Die Grundbildung sollte wissenschaftsorientiert sein und in den allgemeinbildenden Schulen für alle Lernenden gelten. Dies trifft gleichermaßen auf das dem heutigen naturwissenschaftlichen Unterricht in Deutschland zugrunde liegende internationale Konzept der *Scientific Literacy* (OECD 1999; 2003; 2006; 2016; übersetzt: naturwissenschaftliche Grundbildung) zu. Es beinhaltet

- die Fähigkeit, sich mit naturwissenschaftlichen Fragen und Konzepten als reflektierender Bürger und reflektierende Bürgerin auseinanderzusetzen;
- die Bereitschaft, sich argumentativ mit Naturwissenschaften und Technologie zu befassen;
- Fähigkeiten, Phänomene naturwissenschaftlich zu erklären, naturwissenschaftliche Forschung zu bewerten und naturwissenschaftliche Untersu-

chungen zu planen sowie Daten und Evidenz naturwissenschaftlich zu interpretieren (OECD 2019).

Dieses Konzept bildet die Grundlage für die Bildungsstandards, die für den Biologieunterricht heute leitend sind (→ 8; KMK 2004; 2020). In diesen werden die auf die Biologie bezogenen Kompetenzen beschrieben, die der Biologieunterricht verbindlich zu vermitteln hat (→ 9 bis 12) und die zur Entwicklung einer naturwissenschaftlichen Grundbildung beitragen. Hierzu zählt, dass die Lernenden biologische Phänomene, die Sprache und die Geschichte der Naturwissenschaften verstehen, ihre Ergebnisse kommunizieren und sich mit ihren spezifischen Methoden der Erkenntnisgewinnung (→ Kasten) und deren Grenzen auseinandersetzen können. Die erlangte naturwissenschaftliche Grundbildung ermöglicht eine aktive Teilhabe an gesellschaftlicher Kommunikation und Meinungsbildung über Forschung und Entwicklungen in den Naturwissenschaften und ist deshalb wesentlicher Bestandteil der Allgemeinbildung. Der Biologieunterricht befähigt die Lernenden darüber hinaus, über die Folgen ihres alltäglichen Handelns zu reflektieren, um Handeln im Sinne der Bildung für Nachhaltige Entwicklung (BNE; → 43) aktiv zu fördern und um sachlich begründete Entscheidungen treffen zu können.

Die vier Modi der Weltbegegnung (nach Baumert 2002; Kropač 2013)

Mit den Fächern Biologie, Chemie und Physik lernen Schülerinnen und Schüler die Methoden der Erkenntnisgewinnung in den Naturwissenschaften kennen. Diese beruhen auf einem bestimmten Modus der Weltbegegnung, einer spezifischen Art und Weise des Denkens (Rationalität; → 37). Mit dem schulischen Fächerkanon werden unterschiedliche Modi der Weltbegegnung vermittelt.

Modus der Weltbegegnung	Fachliche Zuordnung
Kognitiv-instrumentelle Rationalität	Mathematik, Naturwissenschaften
Ästhetisch-expressive Rationalität	Sprache/Literatur, Musik, Malerei/Bildende Kunst, Sport
Normativ-evaluative Rationalität	Geschichte, Ökonomie, Politik/Gesellschaft, Recht
Konstitutive Rationalität	Religion, Philosophie

Diese verschiedenen Rationalitätsformen bieten dem Menschen jeweils eine besondere Perspektive, die Welt in ihrer Vielfältigkeit zu verstehen und sich in ihr zu orientieren. Diese Perspektiven werden durch die Vielfalt der Unterrichtsfächer vermittelt. So ist beispielsweise die Auseinandersetzung mit den normativ-evaluativen Grundlagen von Ökonomie und Gesellschaft den

Fächern Geschichte, Politik und Wirtschaft sowie Rechtskunde, die Rationalität des naturwissenschaftlichen Argumentierens den Fächern Biologie, Chemie und Physik zuzuordnen. Im ersten Fall geht es u. a. um Grundsätze gesellschaftlicher Ordnungen und um Gesetze, deren Auslegung und (vergleichende) Bewertung. In den Naturwissenschaften geht es vor allem um die Aufklärung von Ursache-Wirkungs-Zusammenhängen, basierend auf empirisch gewonnenen Daten.

Naturwissenschaftliche Kompetenzen werden im Biologieunterricht kontinuierlich entwickelt. Roger W. Bybee (1997) differenziert hierfür vier theoretische Niveaustufen, die den Lernprozess idealtypisch auf einer abstrakten Ebene abbilden sollen (→ Kasten).

Kompetenzstufen naturwissenschaftlicher Grundbildung nach Bybee (1997)

Kompetenzstufe 1 – Nominell: Die Kennzeichnung der Kompetenzstufe als nominell bezieht sich auf die alleinige Kenntnis der Wörter. Nominelle Kompetenz ist charakterisiert durch Alltagsvorstellungen, die in der fachdidaktischen Forschung als lebensweltliche Vorstellungen (implizite oder naive Theorien) und aus naturwissenschaftlicher Sicht häufig als „Fehlvorstellungen" (*misconceptions*) bezeichnet werden (→ 3; 13).

Kompetenzstufe 2 – Funktional: Auf dieser Kompetenzstufe werden naturwissenschaftliche Termini zutreffend gebraucht und z. B. in Tests fachlich richtig definiert sowie beim Lesen oder Hören von Sachtexten im speziellen Zusammenhang zutreffend verstanden. Die funktionale Kompetenzstufe ist eine terminologische und definitorische: Das Verständnis verbleibt vorwiegend auf der Ebene des Faktenwissens und des Vokabellernens. Die biologisch erfassbaren Zusammenhänge und Kontexte werden erst auf der nächsten Kompetenzstufe erfasst.

Kompetenzstufe 3 – Konzeptuell-prozedural: Die Lernenden verstehen den Zusammenhang zwischen naturwissenschaftlichen Begriffen und deren theoretischen Voraussetzungen innerhalb der naturwissenschaftlichen Disziplinen. Zu dieser Kompetenzstufe gehört die Fähigkeit, naturwissenschaftliche Methoden sachgemäß auf Probleme anzuwenden sowie ihren Erklärungswert und die Tragfähigkeit der Ergebnisse zu beurteilen (Methodenkompetenz). Die Erkenntnisse stehen in naturwissenschaftlich begrifflichen und theoretischen (konzeptuellen) sowie epistemologisch-methodischen (prozeduralen) Kontexten: Die Einzelkonzepte einer Naturwissenschaft werden durch übergreifende Theorien (*unifying conceptual schemes*) verbunden. In der Biologie stellt die Evolutionstheorie dieses einigende Band dar (→ 6.2).

Kompetenzstufe 4 – Multidimensional: Hier wird über die Einzeldisziplin hinausgegriffen; die naturwissenschaftlichen Konzepte und Prozeduren werden in wissenschaftsgeschichtliche, soziale und individuelle Kontexte gestellt. Die multidimensionale Kompetenzstufe ist fächerverbindend und fächerübergreifend, insbesondere indem naturwissenschaftliche Konzepte mit gesellschaftlichen Problemen und Erwartungen zusammen gedacht werden (→ 12).

Eine inhaltliche Konkretisierung von Lernprozessen, die die Entwicklung naturwissenschaftlicher Kompetenzen für den Biologieunterricht abbilden, sind unter der englischen Bezeichnung *Learning Progressions* in der internationalen Literatur zu finden (→ 18). Dabei handelt es sich um empirisch validierte Beschreibungen von Lernverläufen in Form von Kompetenzentwicklungsmodellen beispielsweise zur Genetik (Castro-Faix et al. 2021; Todd & Kenyon 2016; Duncan et al. 2009) oder zur natürlichen Selektion (Furtak 2012), die sowohl der Unterrichtsplanung (→ 16), der Diagnose und Rückmeldung von Lernständen sowie der Kompetenzmessung dienen können (→ 18).

5.2 Biologieunterricht hat einen spezifischen Bildungswert

Neben seiner Bedeutung für die Entwicklung naturwissenschaftlicher Kompetenzen besitzt der Biologieunterricht gleichzeitig einen Biologie-spezifischen Bildungswert. Im ersten Fall dient die Biologie als Kontext, im zweiten ist die Biologie „an sich“ (biologische Konzepte und Theorien) der konkrete Vermittlungsgegenstand. Biologie als Wissenschaft beschäftigt sich mit der belebten Natur auf allen Ebenen der biologischen Organisation vom Molekül bis zur Biosphäre. Der Mensch ist als Produkt der Evolution einerseits Teil der Natur, andererseits aber hat er im Rahmen seiner Ausbreitung über die gesamte Erde selbst Einfluss auf die Entwicklung der Biosphäre genommen. Er ist also gleichzeitig auch ein Gegenüber der Natur, das in der Lage ist, diese zu manipulieren. Dies äußert sich beispielsweise durch Zerstörung von Lebensräumen und die Verbreitung von invasiven Arten. Der Mensch verändert die Lebensbedingungen und stimuliert so Evolutionsprozesse bei Mikroorganismen sowie Tier- und Pflanzenarten. Gleichzeitig ist der Mensch in der Lage, sich die Natur zu Nutze zu machen, zum Beispiel durch den Einsatz von Mikroorganismen in der Nahrungsmittelproduktion und der Medizin. Der Biologieunterricht schafft die fachlichen Voraussetzungen dafür, dass Schülerinnen und Schüler in die Lage versetzt werden, sich sachlich fundiert mit diesen Problem- und Themenfeldern auseinanderzusetzen. Dies geschieht zum Beispiel durch Unterrichtsinhalte, die sich auf die Biodiversität (Gerhardt-Dircksen & Hurka 2005) und auf die Verwandtschaft der Lebewesen (Kattmann 2017) beziehen. Die Thematisierung der Stellung und des Handelns des Menschen in der Natur macht die Rolle der Biologie in der Gesellschaft transparent und zeigt ethische Fragen auf, die durch die Anwendung biologischer Erkenntnisse, zum Beispiel in der Biotechnik oder beim Einsatz von Versuchstieren in der medizinischen Forschung, entstehen (→ 39).

Auch auf diese, auf die Sachkompetenz ausgerichteten Aspekte von Biologieunterricht lassen sich die vier Kompetenzstufen naturwissenschaftlicher Grundbildung nach Bybee (1997) anwenden. Kattmann (2003), der den *Literacy*-Begriff als „Lesefähigkeit" übersetzt, veranschaulicht dies an seinem Beispiel „Vom Blatt zum Planeten" (→ Kasten).

Vom Blatt zum Planeten
Kompetenzstufen der naturwissenschaftlichen Lesefähigkeit am biologischen Beispiel

Kompetenzstufe 1 – Nominell: Das Wort „Blatt" wird als ein biologisches Wort erkannt, aber dessen Bedeutung nur im alltäglichen Sinn verstanden: Ein Blatt ist ein flaches Gebilde, wie ein Blatt Papier oder Blattgold. Während ein Blatt im biologischen Sinne unterschiedliche Formen annehmen kann und daher auch die Nadeln der Nadelbäume Blätter sind, ist dies im nominellen Alltagsverständnis nicht der Fall.

Kompetenzstufe 2 – Funktional: Das Wort „Blatt" wird z. B. im Zusammenhang mit dem Blattaustrieb und Blattfall oder dem „Blätterdach" der Bäume verwendet. Blätter werden zwar als Teile des Baumes definiert, aber sie werden z. B. nicht in ihrer Bedeutung für das Leben eines Baumes oder in ihrer Wirkung für die Wasserbilanz einer Landschaft erkannt.

Kompetenzstufe 3 – Konzeptuell-prozedural: Durch die Evolutionstheorie werden z. B. die Variation und Angepasstheit der Blätter und Pflanzen sowie die Koexistenz in Ökosystemen miteinander verknüpft und erklärt. Der Begriff „Blatt" trägt nunmehr zum Verständnis von Bäumen und des Ökosystems „Wald" bei, bzw. er wird jetzt in diesen Kontexten wissenschaftlich zutreffend verstanden und führt schließlich zur planetaren Sicht: Mit den Bäumen wird die Biosphäre der Erde – wenn man von Mikroben in den Wolken absieht – bis etwa 60 m hoch in die Atmosphäre erweitert.

Kompetenzstufe 4 – Multidimensional: Spätestens auf dieser Stufe führt der Weg vom Blatt zum Planeten. Die planetare Sicht wird u. a. durch die Vernichtung der tropischen Regenwälder mit den daraus folgenden Klimawirkungen erweitert. Mit dem Konzept der Erde als Bioplanet wird besonders die Verbindung zwischen Biologie und Geologie bedeutungsvoll (→ 38.3).

Da der Mensch als Teil der Natur Gegenstand des Biologieunterrichts ist, werden Schülerinnen und Schüler hier auch selbst zum Thema gemacht. Damit trägt der Unterricht nicht nur zur Entwicklung eines rational fundierten Welt-, sondern gleichzeitig zu einem rational fundierten individuellen Selbstverständnis bei und bereitet emanzipatorisches Handeln vor. So schafft der Biologieunterricht zugleich die Grundlage für ein gesundheitsbewusstes und umweltverträgliches Handeln sowohl in individueller als auch in gesellschaftlicher Verantwortung und leistet einen wesentlichen Beitrag zur Allgemeinbildung (u. a. Bögeholz 1997). Die vor allem durch den Humanbiologieunterricht grundgelegte Gesundheitsförderung (→ 41) schließt die Förderung der sexuellen Gesundheit ein. Damit hat der Biologieunterricht auch die Aufgabe, Schülerinnen und Schülern zu helfen, mehr Kontrolle über die eigene sexuelle Gesundheit zu erlangen und Verantwortungsbewusstsein für das eigene sexuelle Verhalten zu entwickeln (→ 42). Der biologiespezifische Bildungswert des Biologieunterrichts lässt sich nach Gropengießer (2010) verschiedenen Kategorien zuordnen (→ Kasten).

Der spezifische Bildungswert des Biologieunterrichts (Gropengießer 2010, verändert)

Lesbarkeit der lebendigen Natur

Die Lernenden erkennen und verstehen das Leben auf der Erde in seinen Formen, Wechselwirkungen und seiner Geschichte.
Sie entwickeln
- ein grundlegendes biologisches Verständnis der Natur;
- eine verantwortungsvolle und ethisch begründete Teilhabe an der Natur;
- Erlebensfähigkeit für die Sinnlichkeit und Sinnhaftigkeit der Natur.

Verständnis der eigenen (menschlichen) Natur

Die Lernenden nehmen ihren Körper und die menschliche Natur wahr. Sie gelangen zu einem Verständnis ihrer selbst, anderer und des sozialen Miteinanders. Sie verstehen und reflektieren folgende Fragen:
- Woher kommen wir?
  Dazu gehören Themen wie die Abstammung des Menschen, die Besiedelung der Erde und Elemente der Kulturgeschichte.
- Wer sind wir?
  Hier geht es um die Eigenart und Doppelrolle des Menschen als Teil und Gegenüber der Natur. Der Mensch wird verstanden als ein Kulturschaffendes Wesen in der Natur. Kultur wird damit zu einem spezifisch menschlichen Teil der Natur.
- Wie leben wir?

Stichworte sind: Liebe und Sexualität, Geburt, Wachstum und Entwicklung, Ernährung, Bewegung, Gesundheit und Krankheit, Aggression, Wahrnehmen, Lernen, Denken, Gefühle, Kommunikation, Technik als die wissenschaftsgestützte zweite Natur.

- Wohin gehen wir?
  Themen sind die Zukunft der Erde, des Lebens und der Menschen.

Biologie in der Gesellschaft

Die Lernenden ordnen die Biologie als Teil unserer Kultur ein. Sie lernen gesellschaftliche Anwendungen der Biologie kennen und können deren Folgen für das Leben und Überleben bewerten. Sie nehmen dabei eine pflegerische und verantwortliche Haltung ein. Als gesellschaftlich relevante Folgen der Biologie erkennen sie:

- die Anwendung und Nutzung biologischen Wissens in Berufen und Wirtschaftszweigen;
- die mit der Anwendung biologischer Kenntnis (z. B. Gentechnik, Fortpflanzungstechnik) verbundenen Chancen und Risiken;
- den Gebrauch und Missbrauch biologischer Aussagen durch ökonomische, politische und religiöse Interessengruppen (z. B. Rassismus, Genetizismus, Sexismus, Kreationismus)

Birgit Neuhaus

6 Auswahl und Verknüpfung der Lerninhalte

Tagtäglich sind Biologielehrkräfte damit befasst, Lerninhalte für den Biologieunterricht auszuwählen und so zu präsentieren, dass die Lernenden möglichst viele Inhalte verstehen, Zusammenhänge zwischen ihnen herstellen und sie das erlernte Wissen anwenden können. In diesem Kapitel wird Ihnen ein Überblick gegeben, wie man früher Lerninhalte ausgewählt und strukturiert hat, wie dies heute erfolgen sollte und wie man diese Auswahl – zum Beispiel bei Lehrproben oder gegenüber Eltern – begründen kann.

6.1 Auswahl, Strukturierung und Sequenzierung führen zu den Lerninhalten

Die Lebenswissenschaften (*Life Sciences*) bilden die fachwissenschaftliche Grundlage des Biologieunterrichts. Ein Kerngeschäft von Biologielehrkräften besteht darin, aus der Vielfalt ihrer Themen die für den Biologieunterricht relevanten Inhalte auszuwählen (Auswahl), sie in sinnvolle Einheiten zu gliedern (Strukturierung) und diese wiederum in eine lernwirksame zeitliche Reihenfolge zu bringen (Sequenzierung; → Abb. 6-1).

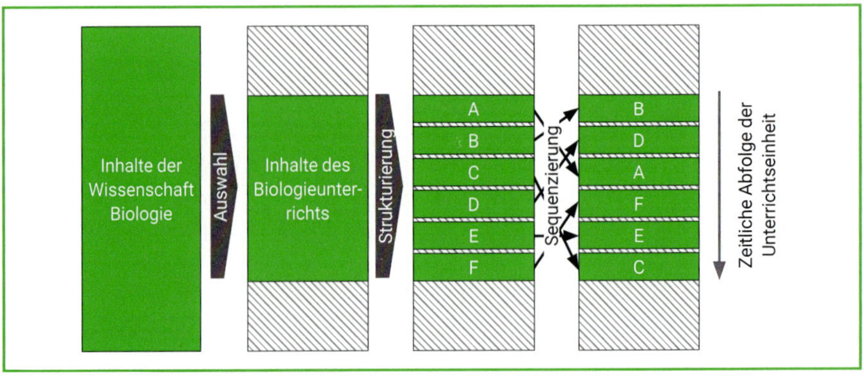

Abbildung 6-1: Modell zur Auswahl, Strukturierung und Sequenzierung von Unterrichtsinhalten (Graf & Berck 1998, S. 136, verändert)

Die Kriterien, nach denen die Inhalte ausgewählt, die Prinzipien, nach denen diese in logische Einheiten unterteilt und die Reihenfolge, nach der diese logischen Einheiten unterrichtet werden, verändern sich über die Zeit. Einige sollen im Folgenden beschrieben werden. Sie stellen eine Grundlage dar für die Gestaltung kompletter Lehrpläne, einzelner Unterrichtssequenzen und einzelner Unterrichtsstunden.

Allgemein-didaktische Ansätze können bei der Auswahl von Unterrichtsinhalten helfen

Seit den 1960er Jahren wurde vermehrt darüber nachgedacht, welche Inhalte in Lehrplänen und somit im Biologieunterricht Berücksichtigung finden sollten. Drei Ansätze aus dieser Zeit sollen hier exemplarisch beschrieben werden (→ Kasten): Robinsohn (1969) betonte, dass Inhalte ausgewählt werden sollten, die für Schülerinnen und Schüler, die Gesellschaft oder die zugrunde liegende Fachwissenschaft von Bedeutung seien. Klafki (1971) forderte, dass die Inhalte danach ausgewählt werden sollten, ob sie exemplarisch relevant und somit auf andere Themen übertragbar seien, ob sie für die Lernenden im Hier und Jetzt eine Bedeutung hätten oder ob sie für Schülerinnen und Schüler in Zukunft voraussichtlich einmal relevant werden würden. Wagenschein (1973) war der Meinung, dass Phänomene ausgewählt werden sollten, die Schülerinnen und Schüler innerlich bewegten und zu fachlich weitreichenden Fragen anregten (genetisches Lernen). Gleichzeitig sollten diese Inhalte exemplarisch auf andere Themen übertragbar und mit der sokratischen Methode erfassbar sein. Die sokratische Methode besagt, dass Lernende prinzipiell in der Lage sein sollten, durch geeignete Fragen der Lehrkraft eigenständig alle wesentlichen Aspekte des Lerngegenstandes zu erfassen.

Ansätze zur Auswahl von Unterrichtsinhalten

Robinsohn (1969):
- Schülerrelevanz
- Gesellschaftsrelevanz
- Wissenschaftsrelevanz

Klafki (1971):
- Exemplarische Bedeutung
- Gegenwartsbedeutung
- Zukunftsbedeutung

Wagenschein (1973):
- das Genetische
- das Exemplarische
- das Sokratische

Zwar können allgemein-didaktische Ansätze helfen, ausgewählte Unterrichtsinhalte zu legitimieren, biologiedidaktische Überlegungen müssen aber hinzukommen, um zu begründen, warum und mit welchen Schwerpunkten Biologie unterrichtet werden soll (→ 5).

Biologiedidaktische Ansätze strukturieren und fokussieren Unterrichtsinhalte

Nachdem Inhalte für den Biologieunterricht ausgewählt wurden, müssen sie für den Unterricht in einzelne Abschnitte untergliedert werden. Bis zum Zweiten Weltkrieg war es üblich, in der Biologie bedeutende, taxonomische Kriterien zur Auswahl und Strukturierung der Inhalte zu nutzen. Man spricht hier auch vom systematisch-taxonomischen Ansatz. Nach dem Zweiten Weltkrieg wandte man sich im Rahmen der sogenannten Curriculum-Reform anderen Strukturierungsprinzipien zu. Es folgte eine anhaltende Strukturierungsdebatte, wie der gesamte Biologieunterricht, aber auch einzelne Unterrichtssequenzen am besten strukturiert werden sollten (Kattmann & Isensee 1977; Berck 2005). Einige für den Biologieunterricht bedeutsame Strukturierungsansätze sollen im Folgenden exemplarisch beschrieben werden (→ Kasten).

Ansätze zur Strukturierung von Unterrichtsinhalten

- allgemeinbiologischer Ansatz
- systematisch-taxonomischer Ansatz
- Strukturierung nach Lebensgemeinschaften
- prozess- und methodenorientierter Ansatz
- naturgeschichtlicher Ansatz
- Strukturierung nach Kontexten
- Strukturierung nach Basiskonzepten

Allgemeinbiologischer Ansatz. Dieser Ansatz orientiert sich an den allgemeinen Kennzeichen von Lebewesen. Grundlegende Prinzipien, die für alle Lebewesen gleichermaßen gelten (z. B. Stoffwechsel, Weitergabe genetischer Information, Reizbarkeit), werden zum Unterrichtsthema und somit über die Artgrenze hinweg erarbeitet. Dieser Ansatz wurde nach dem Zweiten Weltkrieg in Deutschland in der Oberstufe an Gymnasien eingeführt. So finden sich dort im Lehrplan Halbjahresthemen wie Stoffwechselphysiologie, Genetik und Neurobiologie sowie Verhalten. Ende der 1960er Jahre ging man dazu über, auch Lehrpläne der Grund- und Hauptschule immer mehr nach diesen grundlegenden Prinzipien zu strukturieren.

Systematisch-taxonomischer Ansatz. Nach diesem Ansatz wird der Biologieunterricht entlang der systematischen Gruppen der Lebewesen unterrichtet. Bis in die 1960er Jahre hinein war dies vorherrschend für den Biologieunterricht der Unter- und Mittelstufe. Zumeist wurde mit den Säugetieren und Blütenpflanzen begonnen, um dann weitere systematische Gruppen abzuhandeln. Durch die Curriculum-Reform in den 1970er Jahren wurde dieser Ansatz nach dem Zweiten Weltkrieg weitgehend überwunden.

Strukturierung nach Lebensgemeinschaften. Als Gegenbewegung zum systematisch-taxonomischen Ansatz entwickelte sich mit der Entwicklung der Ökologie Anfang des 20. Jahrhunderts ein Ansatz, demzufolge biologische Inhalte nach Lebensräumen strukturiert werden. Die Schülerinnen und Schüler sollen sich als Teil einer Lebensgemeinschaft wahrnehmen. Vor allem in den Lehrplänen der Grundschule wurde dieser Ansatz nach dem Zweiten Weltkrieg sehr gerne umgesetzt und findet sich dort bis heute.

Prozess- und methodenorientierter Ansatz. Die Idee dieses Ansatzes ist es, Unterrichtsinhalte entlang der Erkenntnismethoden der Biologie (z. B. Beobachten, Untersuchen, Vergleichen, Experimentieren, Modellieren) und Arbeitstechniken (z. B. Sezieren, Präparieren, Mikroskopieren) zu strukturieren. Ab den 1970er Jahren fand dieser Ansatz vor allem Einzug in die Lehrpläne der Grundschule.

Naturgeschichtlicher Ansatz. Der von Ulrich Kattmann (1995) entwickelte Ansatz fordert eine besondere und durchgängige Berücksichtigung der evolutionären Sichtweise als Grundlage eines jeglichen biologischen Curriculums. Es geht unter anderem darum, dass Lernende biologische Phänomene als eine Folge der Naturgeschichte betrachten. Die Evolution zieht sich damit als grundlegendes Konzept durch den gesamten Biologieunterricht.

Strukturierung nach Kontexten. Nach diesem Ansatz sollen die Unterrichtsinhalte entlang einer Alltagssituation, wie zum Beispiel einem Kirmesbesuch, strukturiert werden (→ Kasten). Dieser Ansatz wurde ursprünglich für den Chemieunterricht in Großbritannien entwickelt (Bennet & Lubben 2006). Chemische Inhalte sollten durch Anwendungsbezüge interessanter gestaltet werden. Dieser Ansatz wurde mit dem Projekt Biologie im Kontext für den Biologieunterricht aufgegriffen (Bayrhuber et al. 2007).

Plan einer Unterrichtssequenz zum Thema Neurobiologie zum Kontext „Kirmesbesuch"

Thema	Ein Besuch auf der Kirmes
Reiz-Reaktions-Schema	Auf dem Weg zur Kirmes: Gestolpert.
Bau und Funktion des Auges, Sehvorgang	Am Schießstand: Wie funktioniert die Auge-Hand-Koordination?
Bau, Funktion und Schäden des Ohres	Lärm auf der Kirmes: Warum kann Dauerlärm dem Ohr schaden?
Bau der Nervenzelle	Betrunken: Wie verändert Alkohol die Erregungsleitung an der Synapse?
Reflexe	Autsch, in die Scherbe getreten: Reflexe und ihre Bedeutung.

Strukturierung nach Basiskonzepten. Nach diesem Ansatz werden Lerninhalte immer wieder auf dieselben grundlegenden Konzepte bezogen, z. B. werden sowohl Aspekte der Neurobiologie, der Immunbiologie und der Genetik auf das Basiskonzept „Information und Kommunikation" bezogen, indem herausgearbeitet wird, wo und wie Kommunikationsprozesse innerhalb der Zelle, zwischen den Zellen, zwischen Organen und zwischen Organismen ablaufen. Die grundlegende Idee hinter diesem Ansatz ist, dass es lernförderlich sei, das Gelernte kontinuierlich auf grundlegende fachliche Konzepte zu beziehen. Dies wurde insbesondere durch lernpsychologische Theorien begründet, die darauf hinweisen, dass Wissen in Form von Wissensnetzen besser behalten werden kann und dadurch auch die Verarbeitungstiefe der Inhalte erhöht wird (→ Abb. 6-3). Mit der Einführung der Bildungsstandards für das Fach Biologie (KMK 2005) hielt dieser Ansatz in Deutschland Einzug in die Lehrpläne der Unter- und Mittelstufe (→ 9).

Sequenzierungsansätze ordnen Unterrichtsinhalte im Verlauf einer Unterrichtssequenz

Sobald feststeht, wie die Unterrichtsinhalte strukturiert werden, muss entschieden werden, in welcher Reihenfolge die geplanten Inhaltsblöcke möglichst lernförderlich unterrichtet werden können. Allgemeine Sequenzierungsansätze können bei der Planung helfen (→ Kasten). Da sich die Ansätze teilweise zu widersprechen scheinen, sollten bei der Auswahl unbedingt folgende Aspekte berücksichtigt werden:

a) Die Sachstruktur des Inhalts: Welche Konzepte aus vorausgegangenen Themen werden für nachfolgende Themen benötigt?
b) Begriffsstruktur: Welche Fachbegriffe sind in der gesamten Unterrichtseinheit einzuführen, welche Fachbegriffe werden aus anderen Unterrichtseinheiten benötigt, in welcher Reihenfolge sollten die Fachbegriffe eingeführt werden? Graf & Berck (1998) empfehlen für diesen Zweck die Erstellung

Ansätze zur Sequenzierung von Unterrichtsinhalten

Ansatz	Beispiel
Vom Nahen zum Fernen	Zuerst ist der Lebensraum Wiese Unterrichtsthema, dann die Steppe oder die Savanne.
Vom Konkreten zum Abstrakten	Erst wird die Erregungsauslösung am Auge gelehrt, dann das allgemeine Prinzip.
Vom Allgemeinen zum Besonderen (Deduktion)	Es wird zuerst der Bau des Säugerherzens besprochen, bevor ein Schweineherz präpariert wird.
Vom Besonderen zum Allgemeinen (Induktion)	Verschiedene Frühblüher werden untersucht, bevor das Gemeinsame identifiziert wird.
Vom Bekannten zum Unbekannten	Zuerst sind die AB0-Blutgruppen Thema, dann andere Blutgruppensysteme.

von Begriffsnetzen, um sicherzustellen, dass zuerst die Themen behandelt werden, in denen die grundlegenden Begriffe eingeführt werden.

c) Die Interessenlage der Lernenden: Sollte mit den interessanten oder den weniger interessanten Themen begonnen werden? Wie ist die Interessenlage der jeweiligen Altersstufe, der jeweiligen Lerngruppe?
d) Der Entwicklungsstand der Lernenden: Können die Lernenden der jeweiligen Altersstufe mit dem geplanten Abstraktionsgrad der Lerninhalte umgehen oder ist dafür noch weniger abstraktes Vorwissen nötig?

6.2 Basiskonzepte sind eine lernförderliche Möglichkeit, Biologieunterricht zu strukturieren

Durch einen ständigen Rückbezug auf Basiskonzepte sollen Unterrichtsinhalte besser als bisher miteinander vernetzt und grundlegende Konzepte besser verstanden werden. Zudem soll das Gelernte tiefer verarbeitet und zugleich auch besser angewendet werden (→ Abb. 6-2). Basiskonzepte sollen Inhalte, die für Schülerinnen und Schüler zunächst zusammenhangslos nebeneinanderstehen, zu größeren Einheiten vernetzen. Indem die Lernenden fachspezifische Gemeinsamkeiten erkennen, die der Beschreibung der Sachverhalte zugrunde liegen, unterstützen diese das Entdecken gleicher Erklärungsmuster. Zu betonen ist, dass die Basiskonzepte nicht die Erklärungsmuster sind, sondern die Erklärungsmuster selbst noch hinter den Basiskonzepten liegen. Die Evolutionstheorie ist das bedeutendste Erklärungsmuster, das hinter den Basiskonzepten liegt.

Das Herausarbeiten grundlegender Konzepte scheint vor allem für den Biologieunterricht bedeutsam, da dort, anders als in der Chemie und Physik, die mangelnde Vernetzung der einzelnen Fakten immer wieder als besondere unterrichtliche Herausforderung beschrieben wird (vgl. Ballmann et al. 2002; Neuhaus et al. 2014).

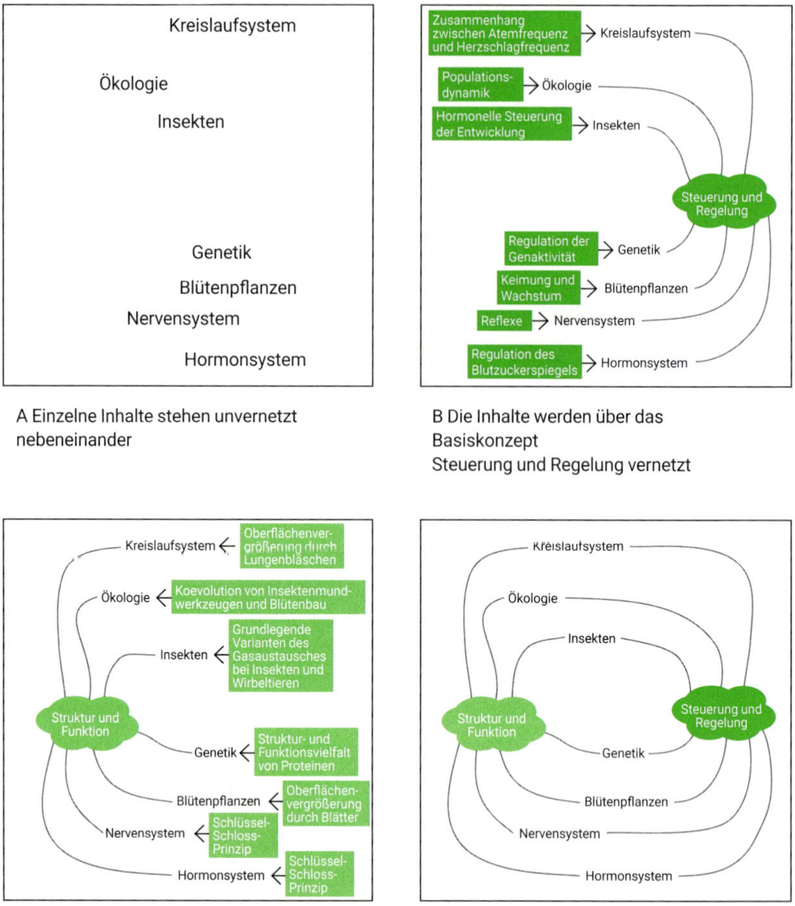

A Einzelne Inhalte stehen unvernetzt nebeneinander

B Die Inhalte werden über das Basiskonzept Steuerung und Regelung vernetzt

C Die Inhalte werden über das Basiskonzept Struktur und Funktion vernetzt

D Durch verschiedene Basiskonzepte wird ein komplexes Wissensnetz aufgebaut, das verschiedene Inhalte über verschiedene konzepte vernetzt

Abbildung 6-2: Aufbau einer Wissensstruktur durch Basiskonzepte am Beispiel Struktur und Funktion sowie Steuerung und Regelung

Die Bedeutung von Basiskonzepten für das Lernen biologischer Inhalte kann durch lernpsychologische Ansätze verdeutlicht werden. In der Lernpsychologie unterscheiden De Jong & Ferguson-Hessler (1996) fünf Wissensmerkmale, von denen für die Einführung der Bildungsstandards und die Begründung eines konzeptorientierten Biologieunterrichts vor allem die Struktur des Wissens und die Verarbeitungstiefe eine bedeutende Rolle spielen (→ Abb. 6-3). Es wird davon ausgegangen, dass ein konzeptorientierter Biologieunterricht dabei hilft, beim Lernenden eine vernetzte Wissensstruktur aufzubauen und dadurch die Verarbeitungstiefe zu erhöhen. Indem verschiedene Konzepte immer wieder auf unterschiedliche Phänomene angewendet werden, kann man zudem auf einen gewissen Automatisierungsgrad hoffen.

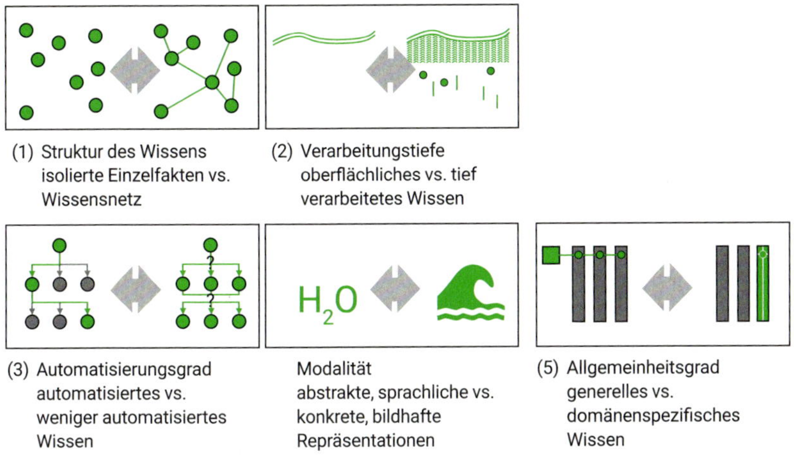

Abbildung 6-3: Grafische Darstellung der fünf Wissensmerkmale (nach De Jong & Ferguson-Hessler 1996)

Lernpsychologische Theorien, die sich mit dem *Erwerb von Wissen* beschäftigen, betonen ebenfalls die Bedeutung einer konzeptuellen Wissensbasis für nachhaltiges Lernen. Besonders bedeutsam sind in diesem Zusammenhang die Konzeptwechseltheorie (→ 13.4) und Ansätze zum kumulativen Lernen (→ Kasten).

Kumulatives Lernen

Unter kumulativem Lernen versteht man Lernprozesse, bei denen Lerninhalte systematisch miteinander vernetzt und hierarchisch geordnet werden, um so gut organisierte Wissensnetze zu bilden (vgl. u. a. Klieme et al. 2003; Harms & Bünder 1999). Das kumulative Lernen wird in diesem Zusammenhang häufig dem additiven Lernen gegenübergestellt, wobei unter additivem Lernen Lernprozesse verstanden werden, bei denen einzelne, unverbundene Wissenselemente nebeneinanderstehen (vgl. u. a. Shuell 1986).

Historisch betrachtet geht das Modell des kumulativen Lernens auf eine sehr grundlegende Idee von Gagné zurück (Weinert 1996). Gagné (1962) ging davon aus, dass der Erwerb komplexer Wissensstrukturen von der Verfügbarkeit relevanter Vorwissenselemente abhängt. Nach dieser Vorstellung vom Wissenserwerb müssen kleine Wissenselemente vorhanden sein, um größere Wissensstrukturen aufzubauen. Diese größeren Wissensstrukturen können wiederum zu noch größeren Strukturen verknüpft werden. Diese Hierarchie von sachlogisch aufeinander aufbauenden immer größer werdenden Wissensstrukturen bezeichnete Gagné seinerzeit selbst noch nicht als kumulatives Lernen (Gagné 1962). Sie wird aber heute vielfach als die Grundlage der Idee des kumulativen Lernens betrachtet.

Allen Theorien zum Erwerb von konzeptuellem Wissen ist gemein, dass sie die Bedeutung des Vorwissens für den Erwerb von neuem Wissen betonen. Zudem machen sie deutlich, wie wichtig eine gut vernetzte Wissensstruktur ist. Ziel von Unterricht sollte es daher sein, das Wissen der Schülerinnen und Schüler so gut wie möglich zu verknüpfen. Wie aber soll das im Biologieunterricht geschehen, wenn jedes Schuljahr ein anderes biologisch relevantes Thema behandelt wird, das scheinbar nichts mit der zuvor behandelten Thematik zu tun hat? Die Idee war, grundlegende Konzepte der Biologie zu identifizieren, die sich bei möglichst vielen Themen wiederfinden lassen. Die Frage, welche Konzepte die grundlegenden sein könnten, wurde teilweise sehr unterschiedlich beantwortet.

Basiskonzepte historisch und kulturvergleichend verstehen

Die Idee, biologische Inhalte immer wieder auf dieselben Konzepte zu beziehen, ist nicht neu; mit der Einführung der Bildungsstandards wurde diese Idee aber in Deutschland verbindlich implementiert. Während es bis zum Zweiten Weltkrieg üblich war, biologische Inhalte nach fachlichen Prinzipien zu gliedern, wandte man sich nach dem Zweiten Weltkrieg schließlich anderen Arten der Strukturierung zu (→ 6.1). In den 1990er Jahren setzte sich schließlich, basierend auf lerntheoretischen Grundlagen, die Idee durch, das Gelernte immer wieder grundlegenden Konzepten zuzuordnen (→ Tab. 6.1). Im Jahr 2004 wurden dann schließlich mit den Bildungsstandards Biologie für den mittleren Schulabschluss drei Basiskonzepte eingeführt (KMK 2005; → 9). 2020 wurden auch für die Allgemeine Hochschulreife Bildungsstandards eingeführt, die fünf Basiskonzepte benennen (KMK 2020; → 9). Im Jahr 2025 (KMK 2025) wurden die drei Basiskonzepte für den mittleren Schulabschluss durch sechs Basiskonzepte ersetzt (KMK 2024).

Ähnliche Entwicklungen wie in Deutschland gab es auch in anderen Ländern der westlichen Welt. In den USA wurden beispielsweise mit dem „Framework for K-12 Science Education“ (NRC 2012) Standards eingeführt, die sich für die Biologie auf vier grundlegende Konzepte (*Disciplinary Core Ideas*) beziehen. Ferner definieren diese Standards auch fächerübergreifende Konzepte, die für alle Naturwissenschaften gelten sollen, die sogenannten *Crosscutting Concepts*. Anders als in Deutschland wird in den Standards der USA in Zusatzmaterial ausführlich beschrieben, welchen Bezug die einzelnen Inhalte zu den grundlegenden Konzepten haben (NRC 2013).

Durch die historische und kulturvergleichende Betrachtung wird deutlich, dass es in den Biowissenschaften schwerfällt, sich auf allgemeingültige grundlegende Konzepte zu einigen. Wichtig erscheint aber, dass es sich bildungspolitisch überhaupt durchgesetzt hat, Biologieunterricht anhand grundlegender Konzepte zu strukturieren, um lerntheoretischen Forderungen gerecht zu werden. Die Evolution als grundlegendes Erklärungsmuster hinter den Basiskonzepten findet sich bisher in den aktuellen Dokumenten der KMK nur untergeordnet wieder (Nationale Akademie der Wissenschaften Leopoldina 2017).

Universelle Lebensprinzipien (Schaefer 1990)	Erschließungsfelder (Ballmann et al. 2002)	Basiskonzepte der Bildungsstandards für den Mittleren Schulabschluss (KMK 2005)	Basiskonzepte der Bildungsstandards für die Allgemeine Hochschulreife (KMK 2020)	Basiskonzepte der Bildungsstandards für den Mittleren Schulabschluss (KMK 2024)
Polarität Verwandlung/Fixierung Ordnung/Unordnung Selbstständigkeit/Abhängigkeit Grenzöffnung/Grenzschließung Verflechtung/Entflechtung Variabilität/Uniformität Anpassung/Beharrung Aufwertung/Abwertung Bewegung/Ruhe Bedeutungsbildung/Bedeutungsabbau Informationsspeicherung/Informationslöschung	Fortpflanzung, Vielfalt, Angepasstheit, Strukturen und Funktionen, Stoff, Energie, Zeit, Ebenen, Regulation, Wechselwirkung, Information sowie als eigenes Feld: Mensch	Struktur und Funktion, Entwicklung, System	Struktur und Funktion, Stoff- und Energieumwandlung, Information und Kommunikation, Steuerung und Regelung, individuelle und evolutive Entwicklung	Struktur und Funktion, Stoff- und Energieumwandlung, Information und Kommunikation, Steuerung und Regelung, individuelle Entwicklung, evolutive Entwicklung

Tabelle 6-1: Grundlegende Prinzipien der Biologie zur Strukturierung von Unterricht

Die Hinführungsphase ist für basiskonzeptorientierten Biologieunterricht besonders bedeutsam

Obgleich immer wieder betont wurde, wie wichtig ein auf Konzepten basierender Unterricht gerade im Fach Biologie ist (z. B. Beyer 2006; Schmiemann et al. 2012), war lange Zeit nicht klar, wie ein solcher Unterricht aussehen könnte, wie entsprechende Aufgaben entwickelt werden könnten und was bei der Planung eines basiskonzeptorientierten Biologieunterrichts berücksichtigt werden sollte. Drei Dinge scheinen vor dem Hintergrund der oben präsentierten lernpsychologischen Grundlagen vor allem wichtig zu sein (Förtsch et al. 2018):

- Das neue Wissen sollte mit bisherigem Wissen der Lernenden in Beziehung gebracht werden.
- Auf grundlegende Konzepte sollte immer wieder Bezug genommen werden.
- Das neu erworbene Wissen sollte immer wieder in neuen Situationen angewendet werden.

Für die Planung einer Biologiestunde, die sich an grundlegenden Konzepten orientiert, wurde ein Ansatz entwickelt, der auf die Hinführungsphase einer Biologiestunde fokussiert (Nachreiner et al. 2015). Er soll hier in abstrakter Form am Beispiel des Basiskonzepts „Variabilität und Angepasstheit" dargestellt werden (Neuhaus et al. 2014 beschreiben für unterschiedliche Basiskonzepte weitere abstrakte Beispiele):

- *Hinführungsphase*: Nutzung einer Abbildung, Erzählung oder eines Realobjektes, das einen Organismus in seinem ursprünglichen oder einem verfremdeten Lebensraum zeigt (Beispiel: Ente mit Schwimmhäuten, die auf einem Baum sitzt).
- *Fokusfrage der Lehrkraft*: In welcher Hinsicht liegt eine Angepasstheit dieses Tieres an den Lebensraum vor?
- *Arbeitsweise der Lernenden*:
  (1) Gezieltes Beobachten und Beschreiben des Organismus und seines Lebensraums.
  (2) Erklären, inwiefern eine Passung zwischen Organismus und Lebensraum vorliegt.
- *Mögliche Vertiefung*
  (1) Falls mit einer verfremdeten Situation eingestiegen wird, kann die verfremdete Situation aufgelöst werden.
  (2) Querbezüge zu anderen Beispielen herstellen, in denen Organismen an ihren Lebensraum angepasst sind.

Sobald das zugrunde liegende Konzept vom Lernenden anhand eines oder mehrerer Beispiele verstanden wurde, kann es auf andere Inhalte und Kontexte übertragen werden.

Hat man als zukünftige Lehrkraft durchdrungen, wie man verschiedene Hinführungsphasen für einen basiskonzeptorientierten Unterricht planen kann, ist es möglich, dieses Vorgehen auf eine komplette Unterrichtsstunde zu übertragen und dazu ein allgemeines Planungsmodell für einen an Konzepten orientierten Unterricht zu nutzen, das Schalenmodell (Nawani et al. 2018 a; Dorfner et al. 2019) (→ 16).

Schritte bei der Planung eines konzeptorientierten Biologieunterrichts

Für die Planung eines konzeptorientierten Unterrichts sind, gemäß dem Schalenmodell, der herkömmlichen Planung folgende Planungsschritte hinzuzufügen (→ 16):

1. *Identifikation eines Basiskonzepts, das besonders gut zu den Inhalten der zu planenden Biologiestunde passt.*
   - Zunächst sollte die Lehrkraft für sich die Konzepte des zu vermittelnden Inhalts herausarbeiten und sich überlegen, an welchem Basiskonzept sie die Unterrichtsstunde orientieren möchte.
2. *Identifikation von Lerninhalten, die typisch für das Basiskonzept sind und die exemplarisch an diesem Thema behandelt werden können.*
   - Es gibt verschiedene Leitfragen, die für ein Basiskonzept typisch sind und die immer wieder analysiert werden sollten, wenn man sich biologische Phänomene unter der Perspektive eines Basiskonzeptes anschaut (Spangler et al. 2021). Diese grundlegenden Leitfragen sollten von der Lehrkraft im Vorfeld identifiziert und beantwortet werden. Zum Basiskonzept „Struktur und Funktion“ sind dies zum Beispiel Fragen wie: Was macht die betrachtete Struktur besonders aus? Welche Funktion muss diese Struktur erfüllen? Wie würde die Funktion erfüllt werden, wenn die Struktur anders aussähe?
3. *Entwicklung einer Hinführungsphase, die in einer tragfähigen Fokusfrage mündet und die zu dem Basiskonzept passt.*
   - Für die Entwicklung einer Hinführungsphase eignet sich häufig die Verfremdung einer Situation als stummer Impuls. Dieser Impuls wirft bei den Schülerinnen und Schülern eine Fragehaltung auf, die in einer Fokusfrage münden kann. Diese Fokusfrage sollte im Unterricht immer wieder aufgegriffen werden und durch die gesamte Unterrichtsstunde tragen. Als Verfremdung kann beispielsweise ein selbst erstelltes Bild von einem Organismus genutzt werden, der in einen Lebensraum gesetzt wird, in den er nicht hineinpasst (z. B. die Sonnenblume in eine Schneelandschaft). Aus dem sich dann entwickelnden Unterrichtsgespräch sollte sich eine Fokusfrage entwickeln. Bei der Entwicklung der Fokusfrage (→ Kasten) ist darauf zu achten, dass diese (vgl. Nawani et al. 2018 b):
   - zu den Lernzielen der Unterrichtsstunde passt und das Basiskonzept aufgreift;
   - für die Lernenden verständlich formuliert ist;
   - inhaltlich so herausfordernd ist, dass die Lernenden sie zu Beginn einer Unterrichtsstunde noch nicht beantworten, sondern lediglich Hypothesen aufstellen können;

- sich auf konzeptuelles Wissen und nicht auf Faktenwissen bezieht;
- wenn möglich aus der Erfahrungswelt der Lernenden stammt;
- so formuliert ist, dass im Verlauf der Unterrichtsstunde immer wieder auf sie Bezug genommen werden kann;
- am Ende der Stunde mit dem in der Stunde erworbenen Wissen beantwortet werden kann.

Erst wenn alle diese Aspekte berücksichtigt sind, kann man von einer gelungenen Fokusfrage sprechen.

4. *Planung einer Vertiefungsphase, die sich auf die Hinführungsphase bezieht.*
Der stringente Rückbezug auf die anfangs aufgestellte Fokusfrage sollte gelingen. Ferner ist die Vertiefungsphase geeignet, um Transferaufgaben zu entwickeln, in denen das erlernte Wissen nicht nur auf die anfangs aufgestellte Fokusfrage, sondern auch auf andere Fragestellungen bezogen wird.

Beispiel für eine geeignete Fokusfrage (nach Dorfner & Neuhaus 2019, verändert)
Thema: Keimung (6. Jahrgangsstufe)

Basiskonzept: Entwicklung (der Samen als eigenes Entwicklungsstadium, das der Entwicklungsphase der fortpflanzungsfähigen Pflanze gegenübergestellt wird)

Hinführungsphase mit Fokusfrage:
„Ich war am Wochenende mit meiner Tochter im Baumarkt und habe dort Kressesamen gekauft. Meine Tochter hat mich dann Folgendes gefragt: Warum muss man die Samen eigentlich säen? Warum wachsen sie nicht da drin in dem Tütchen?
Da habe ich gedacht, ich stelle euch die Frage und sag dann meiner Tochter, was ihr gesagt habt.
Was denkt ihr: Warum fängt die Kresse in dem Tütchen nicht das Keimen an?"

Weiterer Verlauf der Unterrichtsstunde:
Vermutungen der Schülerinnen und Schüler werden gesammelt.
Experimente zur Überprüfung werden durch Lernende in Gruppen erarbeitet und durchgeführt.
Keimungsbedingungen werden festgehalten.

Rückbezug zur Fokusfrage in der Vertiefungsphase:
„Was soll ich meiner Tochter jetzt sagen: Welche Keimungsbedingungen sind bei der Kresse im Tütchen nicht vorhanden?"

Die Wirksamkeit eines basiskonzeptorientierten Biologieunterrichts kann empirisch belegt werden

Noch gibt es nur wenige empirische Studien, die sich im deutschsprachigen Raum mit der Wirksamkeit eines an Basiskonzepten orientierten Biologieunterrichts beschäftigen. Bisherige empirische Studien kommen aber zu dem Ergebnis, dass ein Biologieunterricht, der auf wesentliche Konzepte fokussiert ist, dazu beiträgt, bei den Lernenden eine vernetzte Wissensstruktur aufzubauen. In drei unabhängigen quantitativen Videostudien (eine in Nordrhein-Westfalen, zwei in Bayern) konnte gezeigt werden, dass ein Biologieunterricht, der stärker auf Vernetzung und Konzeptorientierung achtet, tatsächlich dazu führt, dass die Lernenden eine besser vernetzte Wissensstruktur und ein höheres Interesse am Lerngegenstand entwickeln (Wadouh et al. 2014; Förtsch et al. 2020). In zwei experimentellen Studien konnte zudem für das Gymnasium und die Grundschule gezeigt werden, dass die Lernenden nach einem mit Basiskonzepten geplanten Biologieunterricht ein besseres konzeptuelles Wissen hatten, das Faktenwissen aber nicht geringer ausgeprägt war (Förtsch et al. 2018; Kümpel 2019). Zudem zeigte sich, dass das fachdidaktische Wissen der Biologielehrkraft einen Einfluss darauf hat, wie stark sie die Konzeptorientierung in ihrem Unterricht aufgreift (Werner et al. 2016).

Harald Gropengießer & Ulrich Kattmann

7 Berufswissenschaft: Didaktik der Biologie

Wer wie Sie Biologie lehren, also deren Vermittlung als Beruf ausüben möchte, benötigt dafür bestimmte Voraussetzungen. Hierzu zählen fachlich-biologische, personale, soziale, pädagogisch-psychologische und biologiedidaktische Kompetenzen. Wenn Sie Biologieunterricht als das Kerngeschäft Ihres Berufs betrachten, dann steht das Lehren und Lernen der Biologie im Fokus. Letzteres ist Gegenstand der Biologiedidaktik, welche das Lehren und Lernen der Biologie erforscht und systematisch darstellt.

Die Biologiedidaktik oder Didaktik der Biologie ist die Wissenschaft, die Ihnen als Lehrperson der Biologie Expertenstatus verleiht und die Ihren (zukünftigen) Beruf zu einer Profession macht. Dazu verschafft Ihnen dieses Kapitel einen vertieften Überblick.

7.1 Didaktik der Biologie ist die zentrale Berufswissenschaft für Lehrende der Biologie

Als Experten für das Lehren und Lernen der Biologie haben Lehrpersonen mehr als nur einen Job oder einen handwerklichen Beruf – sie üben vielmehr eine Profession aus. Professionen werden aus soziologischer Perspektive als Dienstleistungsberufe betrachtet, die im Anschluss an eine Hochschulbildung und ein berufliches Training ausgeübt werden (Evetts 2013). Sie sind somit wissensbasierte Berufe, deren Ausübung ein Studium, berufsbezogenes Training und entsprechende Erfahrungen voraussetzt. Die Professionalisierung des Individuums ist dann das Hineinwachsen in die Rolle und den Status des Profis (Evetts 2003; Terhart 2011, 204). Die Lehrpersonen der Biologie befassen sich mit der komplexen und somit auch unsicheren und schwierigen Bildung ihrer Lernenden. Für die Professionalisierung der Lehrpersonen der Biologie ist damit der Terminus Lehrerbildung (und nicht Lehrerausbildung) angemessen.

Terhart (2011, 205) berichtet, dass der Status der Profession im Falle der Lehrberufe teilweise bezweifelt und oft noch an der fachlichen Wissensbasis, also allein an der biologischen Kompetenz festgemacht wird. Biologische

Kompetenz ist ganz sicher notwendig, aber sie gewinnt erst im Zusammenhang mit deren Vermittlungskompetenz an Bedeutung für die Profession einer Biologie-Lehrkraft (→ 14). Die Berufswissenschaft für Lehrende der Biologie muss eine Vermittlungswissenschaft, eine Didaktik sein (→ Kasten Didaktik), in diesem Falle eine Fachdidaktik. In der Fachdidaktik geht es also nicht nur um Anwendung von Fachwissen, sondern um die *Vermittlung* von Fachwissen und darüber hinaus um die *Vermittlung* biologischer und naturwissenschaftlicher Kompetenz. Vermittlung ist hier im diplomatischen Sinne gemeint. Sie umfasst zwei Komponenten. Erstens geht es darum, den Lernenden biologisches Wissen nahezubringen. Zweitens ist dieses Wissen in eine Beziehung zu den Lernenden zu bringen, zu deren Vorwissen, Anschauungen und Werthaltungen. In der Vermittlung von Biologie hat die Didaktik der Biologie nicht nur die Biologie zu vertreten, sondern auch und vor allem pädagogische Anforderungen an dieses Fach zu richten und nach dem spezifischen Beitrag der Biologie, ihrer Rolle und ihrer Bedeutung für das Individuum und die Gesellschaft zu fragen (vgl. von Wahlert 1977, 48; Messner 1980, 38; Kattmann 1980; 1994; Gropengießer & Kattmann 1994; Spörhase-Eichmann & Ruppert 2004). In der Funktion der Vermittlung hat die Biologiedidaktik auch kritische Fragen an das in wissenschaftlichen Quellen (z. B. in Lehrbüchern; → 2) vermittelte Fachwissen zu richten. In dieser Hinsicht ist Biologiedidaktik nicht nur Teil, sondern auch Gegenüber der Fachwissenschaft Biologie (→ 7.3). Durch die Anbindung der fachdidaktischen Forschung an die grundlegende Struktur fachlichen Lernens und Lehrens wird erreicht, dass sie unmittelbar für die *Praxis der Vermittlung* von Biologie relevant ist und konsequent umgesetzt werden kann (→ 4).

Schule ist nicht der einzige Ort, an dem Biologie vermittelt wird (→ 20). Didaktik der Biologie muss daher die Tätigkeit in anderen Bildungsbereichen berücksichtigen, z. B. Veranstaltungen der Hochschulen und des Freizeitbereiches, Massenmedien, Erstellung von Lehrbüchern (→ Abb. 7-1). Außerdem hat Fachdidaktik wesentliche Aufgaben in der *Lehrerbildung* (vgl. Kattmann 2003; Reinhold 2004; → 14).

Stichwort: Didaktik

Das Wort *Didaktik* wird im deutschen Sprachraum seit dem 17. Jahrhundert für den Bereich des Lehrens, Lernens und Unterrichtens verwendet (Johann Amos Comenius, Didactica magna, 1657; → 40.2). Das griechische Verb διδακτειν kann sowohl lehren wie einüben und lernen bedeuten. Das Adjektiv διδακτοσ kennzeichnet das Lehrbare und Lernbare. Die deutschen Wörter lehren und lernen stammen aus derselben sprachlichen Wurzel. Nach dem „Deutschen Wörterbuch" (Grimm & Grimm 1984, 559) stammt das Wort „lehren" aus der Jägersprache. Es bedeutet soviel wie „auf die Spur setzen", „lernen", „eine Spur verfolgen", was sehr schön das Verhältnis vom Lehren zum Lernen kennzeichnet: Lehren ist Anregung zum Lernen – oder vergeblich.
Didaktik beschreibt Bedingungen und Faktoren (Parameter), die für Unterricht für wichtig gehalten werden sowie in die Analyse und Planung des Unterrichts eingehen sollen (→ Abb. 7-2).

Abbildung 7-2: Bausteine zur (lehrerzentrierten) Unterrichtsanalyse (nach Heimann 1976, 105 f. und Jank & Meyer 2002, 185, verändert). Die Bausteine stehen in wechselseitiger Beziehung.

Der Didaktik wird häufig die *Methodik* gegenübergestellt. In diesem Begriffspaar wird die Didaktik auf die Fragen der Lernziele und Lerninhalte (das Was, Warum und Wozu des Lernens und Unterrichtens) beschränkt und die Methodik (das Wie des Lernens und Unterrichtens) als selbstständiger Bereich angesehen. Dies geschieht besonders in der Tradition der bildungstheoretischen Didaktik, bei der die Bestimmung der Lerninhalte (Didaktik) der Wahl der Unterrichtsformen (Methodik) vorgeordnet war (Primat der Inhalte). Durch den Einfluss der lerntheoretischen Didaktik und der Curriculumtheorien wird die Wechselbeziehung zwischen Lerninhalten und Lernformen stärker hervorgehoben und die Methodik als integraler Bestandteil der Didaktik angesehen.
Anhand der Gegenstände unterscheidet man allgemeine und spezielle Fachdidaktik. Dieses Buch ist im Wesentlichen der *allgemeinen Didaktik der Biologie* gewidmet. Sie beschäftigt sich mit den Fragen, die themenunabhängig den gesamten Biologieunterricht betreffen. Die *spezielle Didaktik der Biologie* betrifft bestimmte Unterrichtsthemen wie Sinneswahrnehmung oder Bewegung und daneben fächerübergreifende Aufgaben wie Umweltbildung und/oder Sexualbildung. Konkrete Umsetzungen von didaktisch begründeten Unterrichtsvorschlägen finden sich in Zeitschriften und Handbüchern für den Biologieunterricht (u. a. Eschenhagen, Kattmann & Rodi 1989 ff.).

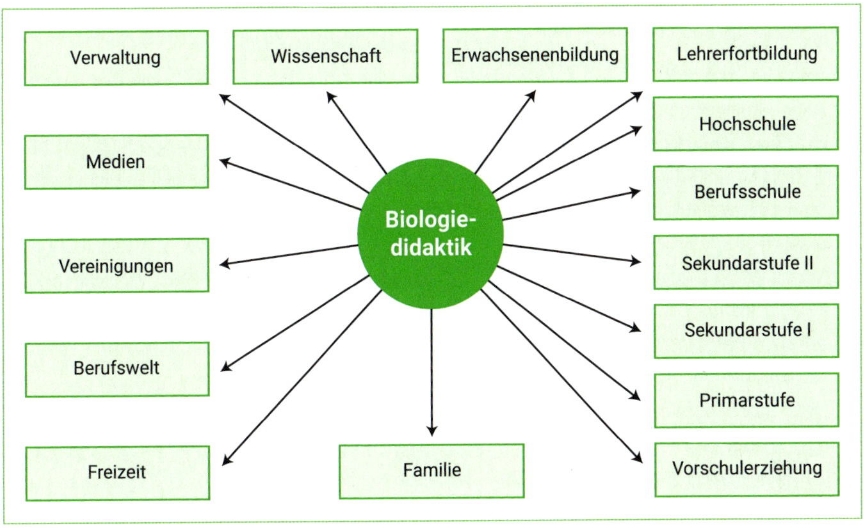

Abbildung 7-1: Praxisfelder der Biologiedidaktik

7.2 Die Didaktik der Biologie ist eine empirisch forschende Wissenschaft

Die biologiedidaktische Forschung besteht aus analytischen, konzeptionellen und empirischen Teilen. Der empirische Anteil ist in den letzten zwei Jahrzehnten verstärkt, theoretisch fundiert und zunehmend an die internationale Forschung angeschlossen worden. Wie in einer Nussschale lassen sich an dem Forschungsbeispiel Kennzeichen biologiedidaktischer Forschung deutlich machen (→ Beispiel im Kasten).

„Wie verstehen Lernende das Wurzelwachstum?" – ein Beispiel aus der Forschung (Riemeier 2005)

Drei Schülerinnen der 9. Jahrgangsstufe sitzen mit einer Versuchsleiterin im Labor für Lehr-/Lern-Forschung. In der Mitte des Tisches steht ein mit Wasser gefüllter Erlenmeyerkolben, auf dessen Öffnung eine Küchenzwiebel liegt. Deren Wurzeln ragen ins Wasser. Seitlich, etwas erhöht, steht eine laufende Videokamera. Die Schülerinnen beschreiben zunächst die Situation: „Da sind Wurzeln gewachsen" oder „Die Zwiebel ist dabei, Wurzeln zu kriegen, die wachsen halt." Aus den Äußerungen wird deutlich: Die Schülerinnen betrachten wachsende Wurzeln als selbstverständlich und nicht weiter erklärungsbedürftig.

Erst als sie aufgefordert werden, über ihre Vorstellungen zur Erklärung des Wachstums zu sprechen, beschreiben die Schülerinnen die Bedingungen für das Wurzelwachstum, z. B. das Vorhandensein von Mineralstoffen und Wasser. Erst dann nennen sie Zellvermehrung durch Zellteilung als Ursache des Wurzelwachstums. Sarah: „Zellteilung sieht man doch immer bei diesen Filmen in Sexualkunde. Dann ist da eine Zelle, dann teilt sie sich, dann sind das zwei, dann teilen sie sich noch mal [...] und irgendwann haben sie sich so oft geteilt, dass da ein Baby entsteht".

Auch aufgrund vorangegangener Vermittlungsexperimente wird deutlich: Lernende verstehen unter Zellteilung oft lediglich einen fortlaufenden Teilungsprozess. Das Wachstum der Wurzelzellen im Zeitraum zwischen den Teilungen wird dabei nicht mitgedacht – selbst wenn Sarah das korrekte (Fach-)Wort Zellteilung verwendet.

Diese Schülervorstellung kann mit Hilfe einer Theorie des erfahrungsbasierten Verstehens erklärt werden: Wir verfügen aufgrund unserer Alltagserfahrungen über Vorstellungen zur Teilung. Teilt man z. B. einen Kuchen, ist die Anzahl der Kuchenstücke nach der Teilung größer als vorher. Diese Bedeutung „Mehrwerden" der Stücke nutzt Sarah, wenn sie das Wachstum mit der Zellteilung erklärt. Ihr entgeht dabei, dass die geteilten Zellen kleiner als die Ausgangszellen wären.

Den Schülerinnen wird daraufhin ein *Lernangebot* gemacht. Sie sollen eine Tafel Schokolade teilen und den Vorgang erläutern. Sarah beschreibt die Situation und zieht eine Analogie: „Die Anzahl hat sich durch das Teilen verändert. [...] Aber wenn das jetzt bei der Zelle wäre, dann würde das ja gar nichts bringen, weil – dann wäre es ja genauso groß". Zusammen entwickeln die drei Schülerinnen daraufhin eine zutreffende Vorstellung vom Wurzelwachstum mit Teilung und anschließendem Wachstum der entstandenen Zellen.

Zunächst geht es um einen biologiedidaktischen *Forschungsgegenstand*: das Lehren und Lernen von biologischem Wissen. Im Forschungsbeispiel muss dazu u. a. geklärt werden, was unter Vorstellungen zu verstehen ist und was Lernen bedeutet. Es soll also eine *biologiedidaktische Frage* beantwortet werden: Über welche Vorstellungen zum Wachstum verfügen die Schülerinnen? Fachinhaltlich arbeitende Biolog:innen dagegen würden z. B. fragen: Wie wächst eine Zwiebelwurzel? Noch anders würden Erziehungswissenschaftler:innen oder pädagogische Psycholog:innen fragen, z. B.: Wie wirkt sich das Warten der Lehrperson nach einer Frage auf den Lernerfolg aus?

Fachdidaktische Forschung unterscheidet sich von der allgemeindidaktischen speziell dadurch, dass fachliche bzw. bereichsspezifische (hier: naturwissenschaftliche) Komponenten von Lernen und Lehren besonders beachtet werden (vgl. Eschenhagen 1977; Duit & Mayer 1999; Bayrhuber u. a. 1998; Häußler u. a. 1997; Duit 2004; Krüger & Vogt 2007). Zudem ist biologiedidaktische Forschung an den Erfahrungen mit dem Forschungsgegenstand orientiert: Im Forschungsbeispiel werden mit Hilfe der Videokamera die Äußerungen der Beteiligten dokumentiert. Diese Datenerhebung ist die Grundlage für die folgende Datenaufbereitung (Verschriften der mündlichen Äußerungen) und die Datenauswertung, bei der auf die Vorstellungen der Lernenden geschlossen wird (Gropengießer 2005).

Das Vorgehen biologiedidaktischer Untersuchungen muss - wie bei jeder empirischen Forschung der Fall - methodisch kontrolliert sein. Zur Durchführung ist ein *Untersuchungsplan* notwendig, der Untersuchungsaufgaben festlegt und deren Bezüge untereinander verdeutlicht. Im Forschungsbeispiel ist als *Methode* ein Vermittlungsversuch (teaching experiment) gewählt (vgl. Steffe & D'Ambrosio 1996; Wilbers & Duit 2001; Komorek & Duit 2004). In diesem Fall werden drei Lernende mündlich befragt, und es werden ihnen Lernangebote gemacht. Die Methode der qualitativen Inhaltsanalyse (Mayring 2002; Mayring & Gläser-Zikuda 2005) leitet das Vorgehen bei der Auswertung der Schüleräußerungen. Es wurden außerdem typische *Lernpfade* identifiziert, die den Unterricht strukturieren können. Ein kleines Teilergebnis besteht darin, - aufgrund der Alltagsvorstellungen zum Teilen - Zellteilung nur mehr als einen Teilprozess anzusehen und für den Gesamtprozess, den Zellzyklus (der das Zellwachstum einschließt), den Terminus „Zellverdopplung" einzuführen.

Die *Ergebnisse* didaktisch-empirischer Untersuchungen sind prinzipiell nur dann verallgemeinerbar und umsetzbar, wenn die Untersuchungen mit präziser Fragestellung unter definierten Bedingungen durchgeführt und mit klaren *theoretischen Grundlagen* konzipiert werden (Krüger & Vogt 2007; vgl. Kattmann 1983). Dazu wird hier eine *Theorie* benötigt, die erklärt, warum Schülerinnen und Schüler bestimmte Vorstellungen mitbringen und warum sie Lernschwierigkeiten bei einigen biologischen Konzepten haben und bei anderen nicht (Lakoff 1990; vgl. Gropengießer 2003; 2007).

Für die Durchführung einer solchen Studie ist es günstig, wenn sie in einem allgemeineren *Forschungsrahmen* stattfindet. Das Forschungsbeispiel ist im Rahmen des *Modells der Didaktischen Rekonstruktion* durchgeführt worden (→ 4; vgl. Kattmann u. a. 1997; Kattmann 2007; Duit u. a. 2012).

Die biologiedidaktische Arbeit soll den Lehrenden in allen Praxisfeldern helfen, in ihrem Unterricht rationale und wissenschaftlich begründete Entscheidungen zu fällen. In dem gewählten Forschungsbeispiel (→ Kasten) heißt dies, dass Lehrende aufgrund der Ergebnisse mit bestimmten *Vorstellungen* zur Zellteilung im Unterricht rechnen und entsprechende Lernangebote planen können.

Das Modell der Didaktischen Rekonstruktion dient daher nicht nur als Rahmen für Forschungsarbeiten, sondern auch für die Entwicklung von Unterrichtseinheiten und Lernbüchern (vgl. Kattmann 2019 ff.; 2021).

Die Entwicklung von Unterrichtselementen steht ganz im Vordergrund der sogenannten *Entwicklungsforschung* (*developmental research, educational design research*), die in Bezug auf Entwicklungsarbeit ähnliche Ziele verfolgt wie die Didaktische Rekonstruktion (Lijnse 1995; Boersma 1998; Krüger 2003; 2007; Andersson & Wallin 2006; Prediger u. a. 2012; Cobb u. a. 2004; Design-Based Research Collective 2003; van den Akker u. a. 2006; Kelly u. a. 2008; vgl. exemplarisch zu Unterrichtsthemen: Knippels 2002; Verhoeff 2003; Wolf & Graf 2013).

Andere biologiedidaktische Untersuchungen orientieren sich, wie in der Interessenforschung, eher an psychologisch-pädagogischen Modellvorstellungen (→ 13.5-13.8; vgl. Duit & Rhöneck 2000; Vogt 2007; Upmeier zu Belzen 2007; Harms 2007).

Die Schwerpunkte empirischer biologiedidaktischer Arbeit für den Unterricht liegen vor allem in den folgenden Bereichen (vgl. Bayrhuber 1999; Bayrhuber & Mayer 2001; Krüger & Vogt 2007; Asshoff & Hammann 2008; Harms 2021):

- Inhaltsstruktur und Bildungswert biologischer Themen (→ 5; 6);
- Evaluation von Bildungsstandards, Kompetenztests (→ 8);
- Kompetenzstruktur- und Kompetenzentwicklungsmodelle (→ 9; 10; 11; 12; 16; 18);
- Schülerwissen, -vorstellungen und Vorstellungsänderungen (→ 13.4; → 42; 43);
- Interessen, bezogen auf Biologie und Biologieunterricht (→ 13.6);
- Motivation im Biologieunterricht (→ 13.7);
- Entwicklung moralischer Urteilsfähigkeit (→ 12; 39);
- Evaluation von Entwicklungsprojekten zu verschiedenen Unterrichtsthemen;
- Wirkung von Medien und Unterrichtsmethoden (→ 23; 26; 30);
- Biologielernen in außerschulischen Umgebungen (→ 20).

Ein weiteres, junges Feld biologiedidaktischer Forschung bezieht sich auf die Disziplin selbst. So wurden Strukturmodelle biologiedidaktischen Wissens und biologiedidaktischer Kompetenzen theoriebasiert entwickelt (angestoßen durch Kattmann & Isensee 1977; Kattmann 1980) und empirisch überprüft (u. a. Jüttner & Neuhaus 2013; Harms & Riese 2018). Sie dienen als Grundlage für die Untersuchung der aktuellen Biologielehrkräftebildung an Universitäten und Pädagogischen Hochschulen und deren Weiterentwicklung (u. a. Schmelzing et al. 2010; Großschedl et al. 2015). Darüber hinaus bilden sie die Grundlage dafür zu untersuchen, welche Kompetenzfacetten von Biologielehrkräften tatsächlich Wirkungen auf die Entwicklung biologischer und naturwissenschaftlicher Kompetenzen seitens der Lernenden haben (u. a. Förtsch et al. 2016; Mahler, Großschedl & Harms 2017 a, b).

Die Forschungsarbeiten werden auf wissenschaftlichen Tagungen zur Diskussion gestellt sowie in Tagungsbänden, speziellen Fachzeitschriften und Reihen veröffentlicht (→ 44). Angaben zu vielen publizierten Arbeiten findet man in Literaturdatenbanken wie Fachportal Pädagogik oder ERIC (eric.ed.gov). Lehrende der Biologie sollten ihren Unterricht anhand dieser Veröffentlichungen weiterentwickeln. Hilfreich sind auch Unterrichtsentwürfe, die basierend auf biologiedidaktischen Forschungsergebnissen in Unterrichtszeitschriften veröffentlicht werden (→ 44).

Aufgrund der Bedeutung der fachdidaktisch-forschenden Haltung für die Praxis des Lehrberufes selbst und der damit verbundenen wissenschaftsbasierten Professionalisierung werden für Staatsexamens- und Masterarbeiten anstelle fachwissenschaftlicher zunehmend fachdidaktische Forschungsthemen vergeben.

7.3 Didaktik der Biologie ist zugleich Teil und Gegenüber der Biologie

Verbreitet wird die Ansicht vertreten, dass die Didaktik der Biologie (wie die anderen Fachdidaktiken) eine Brückenfunktion zwischen dem Fach (hier: Biologie) und der allgemeinen Didaktik habe. Die wissenschaftlich fundierte Verknüpfung beider Bereiche wird dann als die eigentliche fachdidaktische Aufgabe beschrieben (vgl. Schaefer 1971; Rüther 1978; Pick 1981; Wenk 1985). Die Zugehörigkeit der Didaktik der Biologie zur Biologie wird damit begründet, dass sie auf das Verstehen der fachwissenschaftlichen Aussagen ganz besonders angewiesen sei (vgl. Werner 1978, 84; 1980; Berck 1980, 89; 2010).

Ohne die Nähe zur Fachwissenschaft Biologie zu verneinen, ist herauszustellen, dass die Didaktik der Biologie grundsätzlich *erziehungswissenschaftlichen* sowie zunehmend *pädagogisch-psychologischen Charakter* hat (vgl. Ewers 1979; Kattmann 1994). Die Didaktik der Biologie hat einen Doppelcharakter, sie ist weder nur Biologie noch ausschließlich Erziehungswissenschaft oder pädagogische Psychologie. Bei der Vermittlung von Biologie ist sie *Teil* der Fachwissenschaft Biologie und zugleich ihr *Gegenüber*.

Diese Funktion geht in einem entscheidenden Punkt über die Beschreibung als Brücke zwischen Fach und Erziehungswissenschaften hinaus: Die Didaktik der Biologie steht nicht zwischen oder neben beiden Bereichen, sondern sieht die gesamte Biologie in der nur ihr eigenen Perspektive in Vermittlungsabsicht (vgl. Kattmann 1980, 164; 1994). Sie kann daher als *Metadisziplin* der Biologie betrachtet werden (→ Abb. 38-1). Didaktik der Biologie ist die mit dem Lernen und Lehren von Biologie befasste *Bildungswissenschaft* (→ 5). In diese Definition sind überfachliche Bildungsaufgaben eingeschlossen (→ 41; 42; 43).

Lernaufgabe 7-1: Fachdidaktische Fragen
Der Kasten „Wie verstehen Lernende das Wurzelwachstum?" trägt eine Überschrift mit einer fachdidaktischen Frage.

Handlungsaufforderung 7-1: Formulieren Sie zwei weitere fachdidaktische Fragen zu diesem Vermittlungsversuch!

Handlungsaufforderung 7-2: Formulieren Sie zu diesem Vermittlungsversuch je eine biologische, erziehungswissenschaftliche und pädagogisch-psychologische Frage!

Ute Harms

8 Bildungsstandards und Kompetenzen

Deutsche Schülerinnen und Schüler erreichten zur Jahrtausendwende in der internationalen Vergleichsstudie *Programme for International Student Assessment* (PISA) nur mittelmäßige Ergebnisse. Als eine Reaktion darauf wurden im Jahr 2004 von der Kultusministerkonferenz länderübergreifende Bildungsstandards für den Mittleren Schulabschluss in der Biologie verabschiedet (KMK 2005). 2020 erschienen die Bildungsstandards im Fach Biologie für die Allgemeine Hochschulreife (KMK 2020). Die Bildungsstandards sind in Form von Kompetenzen formuliert. Mit ihrer Festlegung war ein Paradigmenwechsel hinsichtlich der Vorgaben für Biologieunterricht in allen Bundesländern verbunden. Was das bedeutet und welche Konsequenzen dies für den aktuellen Biologieunterricht hat, darum geht es in diesem Kapitel.

8.1 Biologieunterricht zielt auf die Entwicklung von Kompetenzen

Wurde der Unterricht vor der Etablierung der Bildungsstandards durch Lehrpläne geleitet, so zielt er jetzt auf Standards. Lehrpläne gaben an, welche Ziele, Inhalte und Methoden im Unterricht vermittelt werden sollten, Standards legen die Lernergebnisse des Unterrichts fest (Klieme 2004 a). Das heißt, es wird nicht festgelegt, was in den Unterricht hineingegeben werden soll (*Input*), sondern das, was konkret an Wissen und Können am Ende eines Bildungsabschnitts bei Lernenden verfügbar sein soll (*Output*). Ähnliche Entwicklungen fanden zeitgleich zum Beispiel in der Schweiz statt (Metzger & Labudde 2007). Im Zusammenhang mit der Etablierung der Bildungsstandards wurde ein kontinuierliches Bildungsmonitoring für die Naturwissenschaften in Deutschland beschlossen. Dieses gibt in regelmäßigen Abständen über den Kompetenzstand der Lernenden am Ende des Mittleren Schulabschlusses Auskunft (MSA; vgl. KMK 2015). Die *Output*-Orientierung, die sich in den festgelegten Kompetenzen spiegelt, fokussiert den Biologieunterricht auf das Können als Ziel des Unterrichts. Die Bildungsstandards konkretisieren, was als Ergebnis des Biologieunterrichts zu einem bestimmten Zeitpunkt der Schullaufbahn, am Ende der Sekundarstufe I bzw. II, von Schülerinnen und Schülern gekonnt werden soll.

Bezugspunkt für die normativ festgelegten Standards ist insbesondere das Kompetenzkonzept der OECD (2000), das die naturwissenschaftliche Grundbildung für die Fächer Biologie, Chemie und Physik beschreibt (→ 5). Der entsprechende englische Begriff ist die *Scientific Literacy*. Die ist aber anders als in der deutschen Bildungstradition pragmatisch ausgerichtet und kann im Deutschen auch als naturwissenschaftliche Lesefähigkeit bezeichnet werden (→ 5.1; vgl. Kattmann 2003). Eine naturwissenschaftliche Grundbildung umfasst die Fähigkeiten:

- naturwissenschaftliches Wissen anzuwenden,
- naturwissenschaftliche Fragen zu erkennen
- und aus Belegen Schlussfolgerungen zu ziehen, um
- Entscheidungen zu verstehen und zu treffen, welche die natürliche Welt und die durch menschliches Handeln daran vorgenommenen Veränderungen betreffen.

Diese Fähigkeiten adressieren drei Ebenen:

- Zum einen wird die Ebene der *naturwissenschaftlichen Konzepte* angesprochen, deren Verständnis notwendig ist, um Vorgänge in der Natur sowie durch den Menschen bewirkte Veränderungen zu verstehen. Für die Biologie ist dies beispielsweise das Zellkonzept oder das Ökosystemkonzept.
- Die zweite fachliche Ebene stellt die Ebene der *naturwissenschaftlichen Prozesse* dar. Hier geht es darum, Fragestellungen zu erkennen, die naturwissenschaftlich untersucht werden können, Belege und Nachweise zu identifizieren, die in einer naturwissenschaftlichen Untersuchung benötigt werden, sowie Schlussfolgerungen zu ziehen (z. B. aus selbst erhobenen oder aus vorgegebenen Daten), sie zu bewerten und/oder zu kommunizieren.
- Die dritte Ebene betrifft *Situationen und Anwendungsbereiche*, für die Biologie zentral ist. Ihre Bedeutung kann dabei persönlich, lokal oder global sein; das heißt sie betreffen entweder das Individuum (die Lernenden direkt), eine Gemeinschaft (wie eine Kommune) oder die gesamte Erde. Beispiele für Themenfelder sind Kontexte wie Leben und Gesundheit, Erde und Umwelt, Naturwissenschaft und Technik. Beispiele für konkrete Unterrichtsthemen sind Ernährung, Trinkwasseraufbereitung oder Treibhauseffekt (→ 43).

Das Konzept der naturwissenschaftlichen Grundbildung ist also darauf gerichtet, die Lernenden zu befähigen, mit naturwissenschaftlichem Wissen umzugehen und es nicht – im Sinne eines „trägen Wissens“ (Renkl 1996) – anzuhäufen. Dieser Anspruch wird ebenfalls in der Kompetenzbeschreibung von Franz E. Weinert formuliert, die der Formulierung der Bildungsstandards zugrunde gelegt wurde. Er definiert Kompetenz (im Allgemeinen) als „die bei Individuen verfügbaren oder durch sie erlernbaren kognitiven Fähigkeiten und Fertigkeiten, um bestimmte Probleme zu lösen sowie die damit verbundenen motivationalen, volitionalen und sozialen Bereitschaften und Fähigkeiten, um die Problemlösungen in variablen Situationen erfolgreich und verantwortungsvoll nutzen zu können“ (Weinert 2001, 27). In dieser Definition werden Kompetenzen folglich in zwei Schritte zerlegt:

- kognitive und pragmatische Fähigkeiten, *Probleme zu lösen* sowie
- affektive Bereitschaft und Fähigkeiten, die gefundenen *Problemlösungen anzuwenden*. Der Ausdruck „volitional“ bezeichnet hier die Willenskomponente.

Bei den Bildungsstandards der KMK handelt es sich um Regelstandards, die angeben, welche Kompetenzen Lernende „in der Regel“ bzw. im Durchschnitt in einem Fach erreichen sollen.

Die hier formulierten Kompetenzen beziehen sich vor allem auf die kognitive Dimension des Lernens (vgl. Klieme & Leutner 2010). In der Bildungsforschung werden theorie- und empiriebasierte Modelle der Kompetenzstrukturen und deren Entwicklung beschrieben (Klieme 2004 b). Diese bilden die Grundlage für die Beschreibung und die Diagnose der entsprechenden Kompetenzen bei Schülerinnen und Schülern (→ 18).

8.2 Kompetenzen werden verschiedenen Kompetenzbereichen zugeordnet

Die Kompetenzen der Bildungsstandards werden für die Schulfächer Biologie, Chemie und Physik durch dasselbe Kompetenzmodell (→ 18) beschrieben, welches sie in vier Kompetenzbereichen bündelt (→ Tab. 8-1, → 8-2). Während der Kompetenzbereich Sachkompetenz die inhaltliche Dimension der Fächer abbildet (→ 9), richten sich die drei übrigen Kompetenzbereiche auf die prozessbezogene Dimension des Lernens in den naturwissenschaftlichen Schulfächern (Erkenntnisgewinnung, Kommunikation, Bewertung; → 10 bis 12). Die fachspezifische Beschreibung für die Biologie zeigt die Tabelle 8-1.

Kompetenzbereiche für Biologie, Chemie und Physik	Fachspezifische Beschreibung für Biologie
Sachkompetenz	Biologische Sachverhalte betrachten; Lebende Systeme betrachten
Erkenntnisgewinnung	Arbeitstechniken anwenden; Kriteriengeleitet beobachten, kriterienstet vergleichen und ordnen; Hypothesengeleitet experimentieren; Erklärend und voraussagend modellieren; Erkenntnisprozess reflektieren
Kommunikation	Informationen erschließen; Informationen aufbereiten; Informationen austauschen und diskutieren
Bewertung	Sachverhalte und Informationen kriteriengeleitet beurteilen; Kriteriengeleitet Entscheidungen treffen; Entscheidungen und deren Folgen reflektieren

Tabelle 8-1: Kompetenzbereiche der Bildungsstandards für den Mittleren Schulabschluss des Faches Biologie und ihre fachspezifische Beschreibung (KMK 2024)

Bis zum Jahr 2020 galten für die Ziele der Sekundarstufe II die Einheitlichen Prüfungsanforderungen in der Abiturprüfung (EPA; KMK 2008). Diese wurden durch die Bildungsstandards im Fach Biologie für die Allgemeine Hochschulreife (KMK 2020) abgelöst. Ebenso wie die EPA gehen diese von der übergreifenden Zielsetzung aus, dass der Unterricht in der gymnasialen Oberstufe eine vertiefte Allgemeinbildung, allgemeine Studierfähigkeit sowie wissenschaftspropädeutische Bildung vermittelt. Auch für die Bildungsstandards für die Allgemeine Hochschulreife wurde, wie für die Standards für den Mittleren Schulabschluss, versucht, über die Fächer Biologie, Chemie und Physik hinweg einheitliche Konzepte und Begriffe zu verwenden, um Gemeinsamkeiten über die drei naturwissenschaftlichen Fächer abzubilden, ohne dabei jedoch die Besonderheiten der Fächer zu vernachlässigen. So liegt auch hier allen drei Fächern dasselbe Kompetenzmodell zugrunde, das auf dem viergliedrigen Modell der naturwissenschaftlichen Kompetenz aus den Bildungsstandards für den Mittleren Schulabschluss aufbaut (→ Tab. 8-2). Auch hier werden vier Kompetenzbereiche unterschieden, denen die im Biologieunterricht zu erlangenden Kompetenzen zugeordnet werden (KMK 2020, 13-18).

Kompetenzbereiche für Biologie, Chemie und Physik	Beschreibung für die naturwissenschaftlichen Fächer
Sachkompetenz	Kenntnis naturwissenschaftlicher Konzepte, Theorien und Verfahren und die Fähigkeit, diese zu beschreiben und zu erklären sowie geeignete auszuwählen und zu nutzen, um Sachverhalte aus fach- und alltagsbezogenen Anwendungsbereichen zu verarbeiten
Erkenntnisgewinnungskompetenz	Kenntnis naturwissenschaftlicher Denk- und Arbeitsweisen und die Fähigkeit, diese zu beschreiben, zu erklären und zu verknüpfen, um Erkenntnisprozesse nachvollziehen oder gestalten zu können und deren Möglichkeiten und Grenzen zu reflektieren
Kommunikationskompetenz	Kenntnis von Fachsprache, fachtypischen Darstellungen und Argumentationsstrukturen und die Fähigkeit, diese zu nutzen, um fachbezogene Informationen zu erschließen, adressaten- und situationsgerecht darzustellen und auszutauschen
Bewertungskompetenz	Kenntnis von fachlichen und überfachlichen Perspektiven und Bewertungsverfahren und die Fähigkeit, diese zu nutzen, um Aussagen bzw. Daten anhand verschiedener Kriterien zu beurteilen, sich dazu begründet Meinungen zu bilden, Entscheidungen auch auf ethischer Grundlage zu treffen und Entscheidungsprozesse und deren Folgen zu reflektieren

Tabelle 8-2: Kompetenzbereiche der Bildungsstandards für die Allgemeine Hochschulreife in den naturwissenschaftlichen Fächern und ihre Beschreibung (KMK 2020, 9)

8.3 Kompetenzen werden bezüglich unterschiedlicher Anforderungsbereiche beschrieben

Die Bildungsstandards definieren, welche Kompetenzen Schülerinnen und Schüler bis zum Ende einer bestimmten Qualifikationsphase (Sek I, Sek II) erworben haben sollen. Sowohl zur Förderung der Kompetenzen im Unterricht als auch zur Erfassung des Kompetenzstandes sind Aufgaben notwendig (→ 27 und 28). Sie werden in den Bildungsstandards für den Mittleren Schulabschluss – in Anlehnung an die EPA – bezüglich ihres kognitiven Anspruchsniveaus drei Anforderungsbereichen zugeordnet (→ Tab. 8-3). Die Anforderungsbereiche beschreiben Stufen, die verschiedene Schwierigkeitsgrade innerhalb ein und derselben Kompetenz abbilden sollen (→ 18, → 28). Allerdings mangelt es an empirisch abgesicherten Kompetenzniveaustufenmodellen (→ 18; Klieme et al. 2007). Bei den Anforderungsbereichen handelt es sich somit nicht um Niveaustufen der jeweiligen Kompetenz. Vielmehr werden die Anforderungsbereiche abgeleitet aus Merkmalen von

Aufgaben, die verschiedene Schwierigkeitsgrade innerhalb einer Kompetenz abbilden.

Anforderungsbereich I	Wiedergeben von Sachverhalten und Kenntnissen im gelernten Zusammenhang; Anwenden und Beschreiben geübter Arbeitstechniken und Verfahren
Anforderungsbereich II	das selbstständige Auswählen, Anordnen, Verarbeiten, Erklären und Darstellen bekannter Sachverhalte unter vorgegebenen Gesichtspunkten in einem durch Übung bekannten Zusammenhang; das selbstständige Übertragen und Anwenden des Gelernten auf vergleichbare neue Zusammenhänge und Sachverhalte
Anforderungsbereich III	das Verarbeiten komplexer Sachverhalte mit dem Ziel, zu selbstständigen Lösungen, Gestaltungen oder Deutungen, Folgerungen, Verallgemeinerungen, Begründungen und Wertungen zu gelangen; dabei wählen die Lernenden selbstständig geeignete Arbeitstechniken und Arbeitsweisen zur Bewältigung der Aufgabe, wenden sie auf eine neue Problemstellung an und reflektieren das eigene Vorgehen

Tabelle 8-3: Anforderungsbereiche der Bildungsstandards für den Mittleren Schulabschluss (KMK 2024)

In den Bildungsstandards für die Allgemeine Hochschulreife werden Kompetenzen auf zwei Anforderungsniveaus beschrieben, dem grundlegenden und dem erhöhten Niveau. Sie unterscheiden sich im Umfang und in der Tiefe der erworbenen Kenntnisse und des Wissens über deren Verknüpfungen. Außerdem differenzieren sie nach dem Maß der Selbststeuerung bei der Bearbeitung von Problemstellungen und Aufgaben (KMK 2020, 12).

Neben den fachspezifischen Kompetenzen, die in den Bildungsstandards festgelegt wurden, ist es zugleich Aufgabe des Biologieunterrichts, gemeinsam mit allen anderen Unterrichtsfächern Schülerinnen und Schüler in der Entwicklung allgemeiner Methodenkompetenz, sozialer Kompetenz sowie Selbstkompetenz zu unterstützen.

Ute Harms

9 Fachwissen erwerben und anwenden

Im Biologieunterricht sollen biologische und weitere naturwissenschaftliche Kompetenzen erworben und eingeübt werden. Schülerinnen und Schüler sollen also durch den Biologieunterricht dahin geleitet werden, etwas zu *können*. Ohne biologisches Fachwissen aber kann sich dieses Können nicht entwickeln. Welches Wissen hier gemeint ist und welche Bedeutung die Anwendung dieses Wissens für das Biologielernen hat, darum geht es in diesem Kapitel.

9.1 Die Bildungsstandards legen fachliche Basiskonzepte für den Biologieunterricht fest

In den letzten anderthalb Jahrhunderten hat sich die Wissenschaft Biologie – nicht zuletzt durch die Entwicklung der Molekularbiologie – in zahlreiche Unterdisziplinen ausdifferenziert, die heute als *Lebens-* oder *Biowissenschaften* zusammengefasst werden (vgl. Sitte 1999). Die rasche und große Zunahme biologischen Wissens durch Forschung führte zu einer kontinuierlichen Ausweitung der Curricula in der schulischen und der universitären Lehre. Immer mehr Detailwissen wurde auf Kosten der Vermittlung von Zusammenhangswissen aufgenommen. Diese Tatsache führte verstärkt – insbesondere seit Beginn des 21. Jahrhunderts – zu Grundsatzdiskussionen darüber, *welches* Wissen im Biologieunterricht vermittelt werden sollte (→ 5, → 6; vgl. VDBiol o. J.). Parallel hierzu führten die mittelmäßigen Ergebnisse deutscher Schülerinnen und Schüler in den großen internationalen Vergleichsstudien wie der *Trends in International Mathematics and Science Studie* (TIMSS) und den PISA-Studien in den Naturwissenschaften zu der bildungspolitischen Entscheidung, für die drei naturwissenschaftlichen Fächer Bildungsstandards (Regelstandards; → 8) einzuführen. Einer der darin festgelegten Kompetenzbereiche ist der Bereich Sachkompetenz (→ 8; KMK 2024, 2020). Diesem Kompetenzbereich liegt die Idee zugrunde, dass ein vernetztes biologisches Wissen mit Bezug zu grundlegenden, Phänomen-übergreifenden fachlichen Konzepten erfolgreich erworben werden könne. Sie wird in den Bildungsstandards für den

Mittleren Schulabschluss und die Allgemeine Hochschulreife durch die Festlegung von *Basiskonzepten* umgesetzt (→ Tab. 6-1). Außerdem werden verbindliche Inhalte für den Mittleren Schulabschluss festgeschrieben (Tab. 9-1). Sie benennen einen einheitlichen Grundstock an Inhalten, anhand derer die in den Bildungsstandards für das Fach Biologie festgelegten Kompetenzen erworben und überprüft werden. Diese Inhalte sollen in Grundzügen behandelt oder an Beispielen ausgewählt zum Kompetenzaufbau beitragen. Präzisierungen können landesspezifisch vorgenommen werden. Auch für die Allgemeine Hochschulreife werden – differenziert für das grundlegende und das erhöhte Anforderungsniveau (→ 8) – Inhaltsbereiche und Inhalte benannt, an denen die festgelegten Kompetenzen aller vier Kompetenzbereiche erworben werden können (→ 10, → 11, → 12). Sie bilden gleichzeitig die Grundlage für die Erstellung von Aufgaben im Rahmen der Prüfung für die Allgemeine Hochschulreife (KMK 2020, Tab. 9-2).

Das Basiskonzept Entwicklung umfasst in den Standardfestlegungen für die Allgemeine Hoschschulreife sowohl die Ontogenese als auch die Phylogenese. An dieser Stelle ist allerdings kritisch zu hinterfragen, ob es für ein grundlegendes Verständnis der Biologie nicht hinderlich sein kann, die Evolution auf einer Ebene mit den anderen Basiskonzepten anzusiedeln, da die Evolution das übergreifende biologische Konzept ist, zu dem alle Inhalte und Phänomene der Biologie in Bezug stehen. Nur wer Evolution versteht, hat Biologie verstanden (→ 40). Fraglich erscheint außerdem, ob ein Basiskonzept Entwicklung, das Ontogenese und Phylogenese umfasst, tatsächlich den Erwerb eines vernetzten biologischen Wissens, das nach grundlegenden, Phänomen-übergreifenden fachlichen Konzepten strukturiert ist, fördern kann. Denn es ist so allgemein, dass es biologisch nicht weiterhilft.

Es wird angenommen, dass der kontinuierliche Bezug der einzelnen Fachinhalte auf Basiskonzepte kumulatives konzeptuelles Lernen begünstigt (→ 6.2). Mit den Konzepten sollen Schülerinnen und Schüler Anwendungssituationen analysieren, strukturieren und systematisieren. Sie sollen die Funktion einer „biologischen Brille“ erfüllen, durch die Kontexte gefiltert, Inhalte fokussiert, Wesentliches von Unwesentlichem unterschieden sowie fachliche Querverbindungen geknüpft werden können (→ 6.6). Durch die Verbindung der abstrakten Basiskonzepte mit konkreten biologischen Konzepten werden grundlegende biologische Prinzipien herausgearbeitet, die die Vernetzung der einzelnen fachlichen Inhalte (Phänomene, Fakten, Begriffe) unterstützen sollen. Die Basiskonzepte ziehen sich wie ein roter Faden durch die einzelnen Disziplinen und Themenbereiche der Biologie und sollen dazu dienen, den Lernenden die Einheit in der Vielfalt der biologischen Erscheinungen erkennbar zu machen.

Konzeptuelles Wissen und Wissensintegration

Der Terminus „Wissen" ist vieldeutig, er wird auch in der Alltagssprache verwendet. In wissenschaftlichen Kontexten muss dieser differenziert und möglichst eindeutig gefasst werden. Mit Bezug auf kognitionspsychologische Literatur ist hier, im biologiedidaktischen Kontext, mit dem Fachwissen konzeptuelles Wissen gemeint (De Jong & Ferguson-Hessler 1996). Es ist das Wissen über Fakten, Begriffe und Prinzipien (→ 33). Konzeptuelles Wissen in einem Inhaltsbereich oder einem Fach wie Biologie zeichnet sich dadurch aus, dass die einzelnen Wissenselemente untereinander vernetzt werden. Beispielweise werden die Wissenselemente *Drüsenzelle* und *Biomembran* durch strukturelle Beziehungen (Die Drüsenzelle besitzt eine äußere Biomembran.) und funktionale Beziehungen (Die Biomembran ermöglicht den kontrollierten Stoffaustausch der Drüsenzelle mit ihrer Umgebung.) vernetzt. Diese Vernetzung kann durch die Vermittlung grundlegender Konzepte des Faches (hier das Basiskonzept Struktur und Funktion) unterstützt werden, die in diesem Zusammenhang auch explizit vermittelt werden sollten (Schnotz 1994, 7). Dazu gibt es Hinweise aus der Expertiseforschung: Experten organisieren ihr Wissen um Schlüsselprinzipien ihres Fachgebiets herum. Diese nutzen sie bei der Analyse von Problemen und zur Problemlösung (Anderson 2013, 183, 204; Bransford et al., 2000, 36; Linn et al. 2004, 36). Studien mit Lehrkräften der naturwissenschaftlichen Fächer zeigen, dass auch sie nach mehreren Jahren im Beruf ihr fachliches Wissen restrukturieren und die zahlreichen Inhalte ihres Faches um dessen Basiskonzepte herum organisieren (Arzi & White 2007). Für Schülerinnen und Schüler konnte ebenfalls gezeigt werden, dass ihr Wissen sich über längere Lernphasen hinweg von unverbundenen Wissenselementen zu robusten Wissensnetzen entwickeln kann (Clark 2000). Allerdings kontextuieren sie ihr Wissen häufig, das heißt, sie beziehen das erlangte Wissen ausschließlich auf den Kontext, in dem sie dieses gelernt haben (Lancor 2015). Sie sind somit nicht in der Lage, das Wissen auf andere Kontexte und Probleme zu übertragen. Im obigen Beispiel Drüsenzelle/Biomembran hieße das, die Schülerinnen und Schüler können die strukturelle und die funktionale Beziehung zwischen der Drüsenzelle und der Biomembran nicht auf andere Kontexte wie beispielsweise die Bakterienzelle oder die Parenchymzelle im Gewebe eines Buchenblattes übertragen (Anderson 2013, 168; Bransford et al. 2000, 51; Pugh & Bergin 2006).

Verbindliche inhaltliche Aspekte	Inhalte
Lebewesen bestehen aus Zelle	Kennzeichen des Lebendigen; Zellen, Mitose, Meiose; Fotosynthese und Zellatmung; Enzymreaktion
Vielfalt und Veränderung von Lebewesen	Evolutionstheorie; Vererbung, genetische Variabilität; Angepasstheit, Artbildung, Verwandtschaft; Stammesgeschichte des Menschen
Der Mensch als Lebewesen	Organsysteme; Mechanismen der Immunabwehr, Impfung; Gesundheitsbildung, Ernährung, Suchtprävention; Sexualbildung und Diversität, Pubertät, Fortpflanzung
Lebewesen in ihrer Umwelt	Ökosysteme, Biodiversität, Naturschutz; Artenkenntnis, Wechselbeziehungen zwischen Lebewesen und ihrer Umwelt; Kohlenstoffkreislauf, Energiefluss und Trophiestufen; Klimawandel, Klimafolgen, Nachhaltigkeit

Tabelle 9-1: Verbindliche inhaltliche Aspekte für den Mittleren Schulabschluss (KMK 2024, 15)

Inhaltsbereich	Inhalt
Leben und Energie	• Grundlegende Zusammenhänge bei Stoffwechselwegen • Aufbauender Stoffwechsel • Abbauender Stoffwechsel
Informationsverarbeitung in Lebewesen	• Grundlagen der Informationsverarbeitung • Neuronale Plastizität
Lebewesen in ihrer Umwelt	• Strukturen und Zusammenhänge in Ökosystemen • Einfluss des Menschen auf Ökosysteme, Nachhaltigkeit, Biodiversität
Vielfalt des Lebens	• Molekulargenetische Grundlagen des Lebens • Entstehung und Entwicklung des Lebens

Tabelle 9-2: Inhaltsbereiche und Inhalte aus den Bildungsstandards im Fach Biologie für die Allgemeine Hochschulreife (KMK 2020, 19-22). Die Inhalte werden in den Bildungsstandards der KMK noch weiter ausdifferenziert. Außerdem werden für jeden Inhalt fachliche Verfahren angegeben, die Schülerinnen und Schüler bis zum Schulabschluss kennen sollten.

Der Bereich Sachkompetenz der Bildungsstandards adressiert die Kenntnis naturwissenschaftlicher Begriffe, Konzepte, Gesetzmäßigkeiten, Theorien und Verfahren. Es wird erwartet, dass die Lernenden, die Fähigkeiten entwickeln, diese zu beschreiben, zu erklären, sachgerecht zu nutzen und auf fach- und alltagsbezogene Sachverhalte zu übertragen. Hierzu gehört auch der Erwerb fundierten Wissens über biologische Sachverhalte und der Aufbau von Kompetenzen im Sinne einer Allgemeinbildung. So sollen die Lernenden auch in die Lage versetzt werden, theoriegeleitet Fragen zu stellen, Problemstellungen im Zusammenhang mit biologischen Sachverhalten zu bewältigen und Fragen aus dem alltäglichen Leben zu naturwissenschaftlichen Sachverhalten zu beantworten. Eine besondere Rolle spielt in diesem Zusammenhang auch der Umgang mit Systemen: Vernetzungen zwischen Systemebenen werden aufgezeigt, Biodiversität wird auf verschiedenen Systemebenen beschrieben und die Notwendigkeit von nachhaltigen Maßnahmen zu ihrem Erhalt und Schutz wird mit der Bedeutung von Vielfalt und Einheitlichkeit erläutert und auch an außerschulischen Lernorten erfahren. Aspekte der Evolutionstheorie werden zur Erklärung biologischer Phänomene genutzt (KMK 2024, 8).

9.2 Kohärenter Biologieunterricht soll den kumulativen Aufbau von Fachwissen unterstützen

Wenn vernetztes konzeptuelles Fachwissen das Ziel des Biologieunterrichts ist, so ist die zentrale Frage, wie der Unterricht aufgebaut und gestaltet werden muss, um dieses Ziel zu erreichen. Zur Beantwortung dieser Frage liegen – auch international – bisher kaum empirisch gesicherte Erkenntnisse vor (Harms 2021). Hinweise hierfür lassen sich derzeit daher nur aus psychologischen Theorien und theoretischen fachdidaktischen Überlegungen ableiten.

Kognitionspsychologisch wird Lernen als ein aktiver, konstruktiver Prozess der Lernenden aufgefasst (→ 37). Generatives, produktives und verständnisvolles Lernen ist ein Prozess, der von der verfügbaren Wissensbasis des einzelnen Lernenden abhängt (→ 3, → 13). Aus dieser Perspektive heißt Lernen also mehr als nur Information passiv aufzunehmen und mechanisch zu verarbeiten. Untersuchungen haben gezeigt, dass derart aufgenommenes Wissen „träge" bleibt und unter veränderten Bedingungen nicht angewendet werden kann (vgl. Renkl 1996; Weinert 1995). Dieses Wissen stellt kein anschlussfähiges Wissen dar, das in den nachfolgenden Lernschritten elaboriert und erweitert werden kann. Ein *kumulatives Lernen* (→ 6) kann nur erfolgen, wenn der Unterricht dazu beiträgt, dass eine qualitative Veränderung der Wissensstruktur der Lernenden stattfindet.

Dies kann kognitionspsychologisch begründet durch zwei Prozesse erfolgen: durch Integrationsprozesse einerseits und durch Differenzierungsprozesse andererseits (Aebli 1969, 160; Harms & Bünder 1999; Kattmann 2003). Im Zusammenhang mit der Entwicklung des biologischen Fachwissens entlang der Basiskonzepte ist hinsichtlich dieser Lernprozesse zweierlei denkbar. Das jeweilige Basiskonzept kann explizit zu Beginn eines Themas eingeführt werden. Im Unterrichtsverlauf wird das Konzept anhand konkreter biologischer Phänomene ausdifferenziert. Das Basiskonzept Struktur und Funktion beispielsweise kann anhand des Prinzips der Oberflächenvergrößerung und des damit verbundenen erhöhten Stoffaustauschs im Zusammenhang mit Verdauungsprozessen im Darm, mit dem Gasaustausch in der Lunge oder mit der Transpiration von Pflanzen thematisiert werden. Diese deduktive Vorgehensweise (→ 37) ist eher für ältere Lernende zu empfehlen. Bei einem induktiven Vorgehen, das kognitionspsychologisch gesehen zu Integrationsprozessen führt, wird ausgehend von den einzelnen biologischen Beispielen auf das Basiskonzept hingearbeitet – dieses wird nach und nach aufgebaut. Diese Vorgehensweise eignet sich, weil hier vom Konkreten zum Abstrakten vorgegangen wird, eher für jüngere Kinder. Empirische Belege dafür, dass das Lernen mit Basiskonzepten einen kumulativen Wissensaufbau fördert, sind bisher jedoch noch rar (Förtsch et al. 2018; s. auch Neuhaus et al. 2014; Schmiemann et al. 2012).

Biologisches Fachwissen wird im Schulunterricht über einen langen Zeitraum und über Schulwechsel (mindestens von der Grund- oder Primarschule zur weiterführenden Schule) hinweg von den Lernenden entwickelt. Um Schülerinnen und Schülern einen kumulativen Aufbau ihres Wissens in Biologie zu ermöglichen, ist die Kenntnis des Vorwissens, das die Lernenden in den Unterricht mitbringen, unerlässlich (→ 3, → 13). Bereits im Kindergarten und in der anschließenden Grundschulzeit werden im Bereich der naturwissenschaftlichen Bildung insbesondere biologische Themen herangezogen. Schon hier sollte ein Verständnis für die Basiskonzepte der Biologie angebahnt werden, denn nur so kann das anschließende Lernen in der Sekundarstufe gelingen (Harms 2011). Um kontinuierlich biologisches Fachwissen im Sinne der Bildungsstandards über die Schulzeit aufzubauen, ist daher auch die Kohärenz (von lat. *cohaerentia*, das Zusammenhängende) des Curriculums entscheidend (Sikorski & Hammer 2017). In diesem Zusammenhang geht es jedoch nicht nur um die Kohärenz des formal festgelegten Curriculums, sondern vielmehr auch um die Kohärenz des im Unterricht konkret umgesetzten Curriculums der Biologielehrkraft. Diese wird in der Literatur als instruktionale Kohärenz bezeichnet (Fortus & Krajcik 2012). In Anlehnung an die Autoren lassen sich vier Ebenen instruktionaler Kohärenz unterscheiden, die hierarchisch aufeinander aufbauen: 1) Kohärenz instruktionaler Aktivitäten, 2) Kohärenz innerhalb instruktionaler Einheiten, 3) Kohärenz zwischen instruktionalen Einheiten und 4) Kohärenz übergeordneter Ziele von Instruktion. Es wird angenommen, dass eine optimale Kompetenzentwicklung, einschließlich der Entwicklung des Fachwissens, instruktionale Kohärenz auf allen vier Ebenen voraussetzt.

Der nach Basiskonzepten strukturierte Aufbau von biologischem Fachwissen in der Sekundarstufe I sollte diejenigen Schülerinnen und Schüler, die nach diesem Bildungsabschnitt die allgemeinbildende Schule verlassen, befähigen, eine biologiebezogene Berufsausbildung erfolgreich zu absolvieren. Hierfür ist es jedoch notwendig, dass anschließende Bildungsgänge die mit dem Mittleren Schulabschluss erreichten Kompetenzen kohärent aufgreifen. Für die Ausbildung von Biologielaboranten wies eine erste Analyse der Rahmenpläne auf eine entsprechende Anschlussfähigkeit hin (Harms, Eckhardt & Bernholt 2013). Im Kontext der Beschreibung des kumulativen Aufbaus konzeptuellen Fachwissens hat sich in der internationalen Forschungsliteratur der Begriff der „*Learning Progressions*" etabliert (Duschl et al. 2007; Krajcik et al. 2012; → 18). Er beschreibt hypothetische, aus der Theorie abgeleitete Lernwege, die Lernende im Laufe ihrer Verständnisentwicklung zu einem (Basis-)Konzept ihres Faches beschreiten. Für die Biologie liegen *Learning Progressions* zu einzelnen Themen vor (Beispiele zur natürlichen Selektion: Furtak 2012; zur Genetik: Duncan et al. 2009; zum Kohlenstoffkreislauf: Mohan et al. 2009).

9.3 Der Umgang mit Fachwissen muss durch Anwendung geübt werden

Während im Fremdsprachen-, Mathematik- oder Deutschunterricht das Üben traditionell gängig ist, mangelt es im Biologieunterricht häufig an solchen Übungsphasen. Nach Renkl (2020, 7) führt das erfolgreiche Üben zur kognitiven Entlastung, sodass mentale Kapazitäten für das Erreichen anspruchsvollerer Lernziele zur Verfügung stehen. In einem Biologieunterricht, der primär auf der Phänomen-Ebene stattfindet, ergeben Übungsphasen auch wenig Sinn – sehr wohl dagegen, wenn die zugrunde liegenden biologischen bzw. naturwissenschaftlichen Prinzipien und Basiskonzepte adressiert werden, wie dies durch die Etablierung der Bildungsstandards und die Fokussierung auf Basiskonzepte gefordert wird. Sind beispielsweise die Phänomene Lichtreaktion I und II sowie die Dunkelreaktion der Photosynthese einmal verstanden, dann gibt es auch keinen Übungsanlass. Ist das Ziel aber die Entwicklung konzeptuellen biologischen Wissens, dann geht es in diesem Beispiel darum, das Prinzip des aufbauenden Stoffwechsels und – auf einer noch abstrakteren Ebene – das Energiekonzept zu verstehen (Harms & Bertsch 2018). Dies kann beispielsweise durch Übungsaufgaben erfolgen, die den aufbauenden Stoffwechsel auf den verschiedenen Systemebenen (z. B. Zelle, Organ, Organismus, Ökosystem) kontextuieren oder die einen Bezug zu dem in der Physikdidaktik etablierten Energiekonzept herstellen (Harms 2016). Ein weiteres Beispiel schließt an Erkenntnisse zu dem defizitären Wissen von Studierenden bzw. Schülerinnen und Schülern zu grundlegenden Konzepten der Evolution an (Nehm & Ha 2011; Opfer et al. 2012; Brennecke 2014). So gelang es Studierenden, die Konzepte Variation, Vererbung und individuelle Fitness in Aufgabenstellungen eher zur Erklärung anzuwenden, wenn es um den Erwerb einer Eigenschaft (z. B. den evolutiven Erwerb von Schwimmhäuten bei Enten) ging, als um den Verlust (z. B. der Verlust der Flugfähigkeit der Pinguine). Ähnliche Effekte zeigten sich bei Schülerinnen und Schülern eines siebten Jahrgangs an einem Gymnasium hinsichtlich des Aufgabenkontexts. In Aufgaben mit einem zoologischen Kontext wurde häufiger auf wissenschaftlich falsche Vorstellungen zur Erklärung evolutionsbezogener Szenarien zurückgegriffen als in Aufgaben mit einem botanischen Kontext (Großschedl, Seredeszus & Harms 2018). Diese Ergebnisse lassen den Schluss zu, dass es notwendig ist, die grundlegenden evolutionsbiologischen Konzepte in möglichst vielen variierenden Kontexten (Bakterien, Tiere, Pflanzen, Mensch) und hinsichtlich ihrer „Richtung“ (Erwerb oder Verlust) in Anwendungsaufgaben (→ 17) einzuüben. Darüber hinaus bieten sich noch weitere Möglichkeiten, um Fachwissen vertiefend einzuüben: die Vernetzung des Kompetenzbereichs Fachwissen mit den drei handlungsbezogenen Kompetenzbereichen der Bildungsstandards – der Erkenntnisgewinnung, der Kommunikation und dem Bewerten der Anwendungsfelder (→ 10; → 11; → 12).

Lernaufgabe 9-1
Stellen Sie sich die folgende Situation vor: Mit Ihrem Biologiekurs des 11. Jahrgangs behandeln Sie in der Neurobiologie den Aufbau des Alpha-Motoneurons. Ihr Ziel ist es, Ihre Schülerinnen und Schüler darin zu unterstützen, konzeptuelles neurobiologisches Wissen zu entwickeln. Aus Ihrem Studium der Biologiedidaktik wissen Sie, dass konzeptuelles Wissen sich dadurch auszeichnet, dass die einzelnen Wissenselemente des Themas durch strukturelle und funktionale Beziehungen untereinander vernetzt werden.

Handlungsaufforderung 9-1
a) Entwickeln Sie jeweils ein Beispiel für eine strukturelle und eine funktionale Beziehung zum gegebenen Thema!
b) Ihr übergeordnetes Ziel ist es, mit diesem neurobiologischen Thema das Basiskonzept „Information und Kommunikation“ zu fördern. Nennen Sie weitere Kontexte aus dem Biologieunterricht der Sekundarstufe II, die Sie hierfür nutzen können!

Jürgen Mayer

10 Erkenntnisse mit naturwissenschaftlichen Methoden gewinnen

Mit welchem Experiment kann eine bestimmte Hypothese geprüft werden? Wie sollen die gewonnenen Daten aufgezeichnet und ausgewertet werden? Wie sicher sind die Schlussfolgerungen aus den Daten? Solche Fragen kompetent zu beantworten, gehört zu den Standards naturwissenschaftlicher Bildung. Allerdings weisen fachdidaktische Untersuchungen und Schulleistungsstudien auf zahlreiche Verständnisprobleme der Lernenden in diesem Bereich hin. Zur Profession von Biologielehrkräften gehört es, die erwarteten Kompetenzen zu formulieren, die Lernausgangslagen zu antizipieren sowie Lernangebote auf der Basis evidenzbasierter Lernumgebungen zu entwickeln.

10.1 Die Erkenntnisgewinnung ist ein wesentlicher Teil naturwissenschaftlicher Bildung

Inhalte und Kompetenzen naturwissenschaftlicher Erkenntnisgewinnung gehören zum Kern naturwissenschaftlicher Bildung (→ 5; 8). Schülerinnen und Schüler sollen demnach lernen, wie naturwissenschaftliche Erkenntnisse gewonnen werden und was naturwissenschaftliche Methodik und Erkenntnisse charakterisiert. Traditionell werden diese Lerninhalte als wissenschaftliche Denk- und Arbeitsweisen sowie als Wissenschaftspropädeutik (Falkenhausen 2000) bezeichnet. Im Zuge der bundesweiten Bildungsstandards wurden entsprechende Kompetenzen als Kompetenzbereich *Erkenntnisgewinnung* in der Sekundarstufe I (KMK 2005) bzw. als *Erkenntnisgewinnungskompetenz* für die Allgemeine Hochschulreife (KMK 2020) beschrieben.

„Erkenntnisgewinnungskompetenz der Lernenden zeigt sich in der Kenntnis von naturwissenschaftlichen Denk- und Arbeitsweisen und in der Fähigkeit, dieses Fachwissen zu beschreiben, zu erklären und zu verknüpfen, um Erkenntnisprozesse nachvollziehen oder gestalten zu können und deren Möglichkeiten und Grenzen zu reflektieren“ (KMK 2020).

Der fachliche Inhalt dieser Kompetenz ist die empirische Methodik, das sogenannte hypothetisch-deduktive Verfahren (→ 36), mit dem die Naturwissenschaften zu einer kritischen, intersubjektiven und auf Theorien und Befunden basierenden Weltsicht gelangen. Charakteristika dieses Zugangs zur Welt sind z. B. die Prinzipien der Falsifizierbarkeit, der Reproduzierbarkeit, der intersubjektiven Nachvollziehbarkeit und Wertfreiheit, der logischen Widerspruchsfreiheit sowie der Vorläufigkeit.

Naturwissenschaftliche Erkenntnisgewinnung hat im Biologieunterricht nicht allein eine instrumentell-methodische Funktion zum besseren Verständnis der biologischen Konzepte, sondern stellt selbst ein bedeutsames und eigenständiges Bildungsziel dar (Hodson 2014):

- Schüler und Schülerinnen lernen durch das naturwissenschaftliche Arbeiten *Methoden und Techniken* kennen (z. B. genaues Beobachten, Isolieren von Faktoren), die sie befähigen, selbstständig neue Probleme zu lösen (→ 21; 22; 24).
- Die *fachtypischen Denk- und Arbeitsweisen* vermitteln den Lernenden – neben den Konzepten und Theorien – ein Verständnis für die Biologie als Wissenschaft (→ 36; 38).
- Die kritische Auseinandersetzung mit naturwissenschaftlichen Erkenntnismethoden bahnt ein aufgeklärtes Verhältnis zur *Beurteilung wissenschaftlicher Erkenntnisse* an (→ 12; 39).
- Wissenschaftliches Arbeiten ermöglicht selbstständigen Wissenserwerb und wirkt positiv auf die Lernmotivation und das Interesse an Naturwissenschaften (→ 5; 13).

10.2 Die Bildungsstandards fordern Kompetenzen im Bereich Erkenntnisgewinnung

Mit der expliziten Ausweisung von Kompetenzen der naturwissenschaftlichen *Erkenntnisgewinnung* haben die deutschen Curricula Anschluss an internationale Standards gefunden (KMK 2005; 2020). In angelsächsischen Curricula hat der Bereich naturwissenschaftlicher Erkenntnisgewinnung (*Scientific Inquiry* und *Nature of Science*) eine lange Tradition und hohe Bedeutung (Anderson 2007; NRC 2012; NGSS Lead States 2013).

Die für die Kompetenzen der Erkenntnisgewinnung ausgewiesenen Standards können verschiedenen Aspekten naturwissenschaftlicher Erkenntnisgewinnung zugeordnet werden (Mayer 2007; Wellnitz et al. 2012): den wissenschaftlichen Denk- und Arbeitsweisen (*Inquiry*), dem Wissenschaftsverständnis (*Nature of Science*) sowie den praktischen Arbeitstechniken (*Lab work*).

Im Zentrum des naturwissenschaftlichen Erkenntnisprozesses der Lernenden steht die Gewinnung von Daten mittels einer empirischen Untersuchung im Sinne eines hypothetisch-deduktiven Vorgehens. „Zunächst formulieren sie aus einem Problem heraus eine Fragestellung und stellen hierzu bezogene Hypothesen auf. Dann planen sie eine Beobachtung, einen Vergleich oder ein Experiment und führen diese Untersuchungsmethoden durch. Sie wenden dabei in der Biologie bestimmte Arbeitstechniken an wie das Mikroskopieren, das Bestimmen oder das Auszählen von Lebewesen. Schließlich werten die Lernenden die gewonnenen Daten aus und interpretieren sie hinsichtlich der Hypothesen" (KMK 2005, S. 10).

Innerhalb der Bildungsstandards werden als Untersuchungsmethoden das Beobachten, Experimentieren, Vergleichen sowie das Modellieren als grundlegende wissenschaftliche Arbeitsweisen besonders hervorgehoben (KMK 2005; 2020) (→ 22; 24; 25; 28). Jede zeichnet sich durch bestimmte Charakteristika aus und wird zur Untersuchung von spezifischen Fragestellungen eingesetzt. Bei aller Unterschiedlichkeit folgt jede dieser Methoden jedoch der hypothetisch-deduktiven Erkenntnislogik (→ 36; Wellnitz & Mayer 2012; Meier & Wellnitz 2013) (→ Tab. 10-1). Neben dieser theoriebasierten Forschung existieren weitere Forschungskonzepte, z. B. Hypothesen generierende Forschung, anwendungsorientierte Forschung und datengetriebene Forschung.

Arbeitsweisen / Denkweisen	Beschreiben / Beobachten	Vergleichen / Ordnen	Experimentieren	Modellieren
Fragestellung	Funktionale Zusammenhänge in und zwischen biologischen Systemen	Unterschiede, Gemeinsamkeiten und Kategorien von biologischen Systemen	Ursache-Wirkungs-Beziehungen in und zwischen biologischen Systemen	Zweckbezogene Modellierung über ein Original/ Phänomen
Hypothesen	Hypothesen zum Zusammenhang	Hypothesen zu Gemeinsamkeiten und Unterschieden	Kausalhypothesen	Hypothesen zu Zusammenhängen, Gemeinsamkeiten/ Unterschieden oder Kausalhypothesen
Planung und Durchführung	Systematische Beobachtung von Merkmalen und Veränderungen	Kriteriengeleiteter Vergleich, Kategorisierung und Systematisierung	Kontrolliertes Experiment (Variablenkontrolle)	Hypothesenprüfung am Modell durch Beobachtung, Vergleich, Experiment
Ergebnis	Erkenntnis über Merkmale, Strukturen und Veränderungen von Systemen	Erkenntnis über Objekte, Vergleichskriterien und Ordnungssysteme	Erkenntnis über Ursachen eines Phänomens	Erkenntnis über das Phänomen und ggf. Änderung von Modellen

Tabelle 10-1: Struktur der naturwissenschaftlichen Denk- und Arbeitsweisen im Sinne hypothetisch-deduktiven Vorgehens für die Biologie (nach Wellnitz & Mayer 2012, 2016; Hammann et al. 2020, verändert)

Im Unterricht sind die Denk- und Arbeitsweisen, z. B. bei einem Experiment zur Photosynthese, aufs Engste verknüpft mit dem Einsatz spezifischer Arbeitstechniken (z. B. Chromatografie) und der Reflexion über biologische Methoden und Erkenntnisse (z. B. Versuch von van Helmont), die das generelle Wissenschaftsverständnis (*Nature of Science*) fördern soll (Kremer et al. 2012; Heering & Kremer 2018; Dittmer & Zabel 2019) (→ 36).

Darüber hinaus ist die Verbindung von Erkenntnisgewinnung und Fachwissen (→ 9) zentral (Kampa & Köller 2016; Schwichow & Nehring 2018), insbesondere beim Aufstellen von Hypothesen sowie der Deutung von Versuchsergebnissen. Aber auch zu den weiteren Kompetenzbereichen bestehen Verknüpfungen, beispielsweise beim Umgang mit Abbildungen und Diagrammen (Nerdel, Nitz & Prechtl 2019) oder beim Argumentieren (Gresch & Schwanewedel 2019) sowie beim ethischen Bewerten der Anwendung von wissenschaftlichen Verfahren (→ 39).

10.3 Kompetenzmodelle beschreiben Wissen und Fähigkeiten der Lernenden

Kompetenzmodelle beschreiben die Struktur und Niveaus der Kompetenz der Lernenden (→ 8). Sie können im Unterricht z. B. zur Diagnostik der Lernausgangslage genutzt werden (Meier & Mayer 2011; Harms 2016), ebenso zum Schülerfeedback (Wollenschläger et al. 2011), zur Entwicklung von Lernaufgaben (Trendel & Lübeck 2019) sowie zur Leistungsbewertung im Unterricht (Emden & Sumfleth 2012). Im Rahmen der fachdidaktischen Forschung dienen Kompetenzmodelle im Bereich Erkenntnisgewinnung u. a. dazu, den Leistungsstand von Lernenden zu erheben (Ramseier et al. 2011; Wellnitz et al. 2012), spezifische Verständnisprobleme zu analysieren sowie die Lerneffektivität von Unterrichtsmodellen zu untersuchen.

Kompetenzen naturwissenschaftlicher Erkenntnisgewinnung lassen sich als Kenntnisse methodischer Konzepte (z. B. Blindprobe) sowie prozeduraler Fähigkeiten (z. B. Variablenkontrollstrategie) beschreiben. Innerhalb der fachdidaktischen Forschung werden diese beiden Aspekte vor dem Hintergrund verschiedener theoretischer Ansätze unterschiedlich gefasst (Übersichten z. B. Dunbar & Klahr 2012; Gut-Glanzmann & Mayer 2018):

- Die Vorstellungsforschung fokussiert vor allem auf das Verständnis der Methodenkonzepte (*concepts of evidence, procedural understanding*) (Roberts 2001; Hammann 2006; Kizil & Kattmann 2014; Übersichten in Hammann & Asshoff 2014; Kattmann 2015). Damit wird dem qualitativen Inhalt der methodischen Lernervorstellungen besonders Rechnung getragen.
- Im Kontext des Forschenden Lernens werden die Fähigkeiten der Lernenden als experimentelle Fertigkeiten beschrieben (*inquiry skills; science process skills*) (Kuhn & Pease 2008), die oft auch praktische Experimentierfähigkeiten berücksichtigt.
- Aus kognitionspsychologischer Perspektive werden Kompetenzen naturwissenschaftlicher Erkenntnisgewinnung als eine Form des wissenschaftlichen Denkens (*scientific thinking; scientific reasoning*) untersucht (Kuhn & Dean 2005; Zimmermann 2007). Dabei stehen primär generalisierbare Fähigkeiten wie Variablenkontrolle und Theorie-Evidence-Koordination im Mittelpunkt des Interesses.
- Im SDDS-Modell (*Scientific Discovery as Dual Search*) besteht der wissenschaftliche Erkenntnisprozess aus einer Suche in zwei Problemräumen, dem Hypothesenraum und dem Experimentierraum, sowie aus den drei Hauptkomponenten: Hypothesen generieren, Testen von Hypothesen sowie Analyse von Evidenzen (Klahr 2000; Hammann 2007; Hammann et al. 2007).

Die unterschiedlichen theoretischen Zugänge sind allerdings nicht trennscharf, sondern überlappen sich und sind miteinander kombinierbar. In Anlehnung an den Kompetenzbegriff kann wissenschaftliches Denken zusammenfassend als kognitiver, komplexer und bereichsspezifischer Problemlöseprozess verstanden werden, der durch spezifische Prozeduren charakterisiert ist und bei dem auf inhaltliches und methodisches Wissen zurückgegriffen wird (Mayer 2007; Kremer et al. 2019).

10.4 Die Lernausgangslagen liegen unter den Leistungserwartungen

Betrachtet man die Schülerleistungen im Kompetenzbereich Erkenntnisgewinnung im Rahmen von Schulleistungsstudien – z. B. der Evaluation der Bildungsstandards (Pant et al. 2013; Stanat et al. 2019) oder PISA (Reiss et al. 2016) – lässt sich Folgendes festhalten:

- Von den untersuchten Neuntklässler:innen erreichen 60 % den Regelstandard; zwischen 4 % bis 15 % jedoch nicht den Mindeststandard. Damit liegen die Kompetenzen im Bereich Erkenntnisgewinnung unter denen im Kompetenzbereich Fachwissen (71 % Regelstandard).
- Innerhalb der Bundesländer zeigen sich signifikante Leistungsunterschiede. So liegt zwischen dem niedrigsten und dem höchsten Landesmittelwert ungefähr das Doppelte des zu erwartenden Lernzuwachses von der 9. zur 10. Jahrgangsstufe.
- Im Vergleich der Jahre 2012 und 2018 zeigen sich zwar in einzelnen Bundesländern sowohl Zuwächse als auch signifikante Verringerungen der Leistungen, im Mittel aller Bundesländer bleibt der Kompetenzgrad der Lernenden jedoch stabil.

Die Forschungsliteratur beschreibt zahlreiche Befunde zu nicht angemessenen Vorstellungen, Denkfehlern und Kompetenzdefiziten beim naturwissenschaftlichen Erkenntnisprozess (Zusammenfassungen in Rieß & Robin 2012; Gut-Glanzmann & Mayer 2018; Kremer et al. 2019). Wesentliche Befunde sind:

- Lernende haben Probleme, eine *Fragestellung*, die mit naturwissenschaftlichen Methoden untersucht werden kann, zu formulieren (Hofstein et al. 2005; Kuhn & Dean 2005; Mayer, Grube & Möller 2008).
- Die Lernenden übergehen oft die *Formulierung einer Hypothese* (Schauble, Klopfer & Raghavan 1991; Hammann 2006; Meier 2016). Das Generieren von mehr als einer Hypothese fällt ihnen schwer (Klahr, Fay & Dunbar 1993), da sie als Ziel des Experiments weniger die Prüfung einer Hypothese

bzw. alternativer Hypothesen sehen, als dass sie vielmehr einen bestimmten Effekt erzielen wollen.

- Bei der *Planung eines Experiments* haben insbesondere jüngere Lernende lediglich eine Variable im Blick und verstehen nicht, dass beim Experimentieren Zusammenhänge von zwei Variablen untersucht werden (Schauble et al. 1995). Oftmals verändern sie mehrere Variablen gleichzeitig (Konfundierung) oder planen ein Experiment so, dass lediglich bestätigende Daten erhoben werden (*confirmation bias*).
- Bei der *Durchführung von Untersuchungen* erfolgen die Messungen vorwiegend qualitativ und teils ungenau. Die Notwendigkeit einer Messwiederholung wird nicht gesehen (Meier 2016).
- Bei der *Dateninterpretation* setzen die Lernenden die Ergebnisse des Experiments kaum mit ihrer Hypothese in Beziehung (Germann, Aram & Burke 1996; Meier 2016) und ziehen z. B. Schlussfolgerungen, die nicht zu den Daten passen (Schauble et al. 1991). Selbst bei Daten, die eine Hypothese widerlegen, wird an dieser festgehalten (Chinn & Brewer 1998).

10.5 Forschendes Lernen fördert Kompetenzen im Bereich der Erkenntnisgewinnung

Im Zentrum eines Unterrichts, in dem Kompetenzen naturwissenschaftlicher Erkenntnisgewinnung aufgebaut werden sollen, steht die Durchführung von Untersuchungen durch die Lernenden, wobei die praktische Durchführung von Schulversuchen allein keine hinreichende Bedingung für einen entsprechenden Kompetenzerwerb ist (Schreiber, Theyßen & Schecker 2014; Schmidt 2016; Schwichow et al. 2016 b).

Beim Forschenden Lernen (*inquiry learning*) folgen die Lernenden den Schritten des wissenschaftlichen Erkenntnisprozesses und eignen sich dabei gleichermaßen die biologischen Inhalte und Erkenntnismethoden an (Pedaste et al. 2015; Mayer 2018; Kremer et al. 2019).

Forschendes Lernen kann im Klassenraum erfolgen, in Schüler- (Zehren 2009; Meier & Wulff 2012, 2013) und Lehr-Lernlaboren (Priemer & Roth 2020), im Freiland (Wulff et al. 2015), mittels Computerunterstützung und virtueller Labore (de Jong & van Joolingen 1998; Kollar 2006; Langer 2013; Übersicht in Zacharia et al. 2015), in informellen Lernsettings (Paul, Carstensen & Groß 2018) sowie in der Lehreraus- und -fortbildung (Bruckermann & Schlüter 2017; Schlüter 2019).

Die Lerneffektivität des Forschenden Lernens wird durch Metaanalysen bestätigt (Furtak et al. 2012; Lazonder & Harmsen 2016; Engelmann et al. 2016; Schwichow et al. 2016 a). Zahlreiche Studien konnten zeigen, dass eine moderate Strukturierung und individuelle Lernunterstützung des Experimentierprozesses (*guided inquiry*) zu höheren Lernergebnissen führt als eine starke Offenheit (*open inquiry*) oder Lenkung (*structured inquiry*) (Blanchard 2010; Arnold, Kremer & Mayer 2014; Kaiser, Mayer & Malai 2018; Streich & Mayer 2020).

Als nachgewiesen wirksame Lernunterstützung beim Forschenden Lernen bieten sich an:

- die Schritte des experimentellen Vorgehens ausdrücklich zu erläutern, z. B. mittels Erklärvideos vor (Kaiser & Mayer 2019) oder durch Erklärungen während des Experimentierens (Zohar & Ben David 2008);
- korrekt durchgeführte Experimente zu präsentieren, bei denen sich die Lernenden auf den methodischen Aufbau des Experiments konzentrieren können (Strand-Cary & Klahr 2008; Schwichow et al. 2016 b);
- die kognitive Belastung zu mindern durch entsprechende Gestaltung des Lernmaterials, z. B. strukturierende Diagramme (Meier & Mayer 2011, Akkuzu & Uyulgan 2017), Forscherhefte (Krüger & Mayer 2006; Mayer & Möller 2010) und korrektives Feedback (Walpuski & Sumfleth 2007; Wollenschläger et al. 2011);
- Lernunterstützung hinsichtlich des methodischen Wissens durch gestufte Lernhilfen, z. B. in Form von Concept Cartoons (Arnold et al. 2016, 2017);
- einen kognitiven Konflikt durch unerwartete Ergebnisse eines Experiments zu erzeugen (Strand-Cary & Klahr 2008; Schwichow et al. 2016 b).

Lernaufgabe 10-1: Variablen kontrollieren
Ihre Lernenden sollen in einem Experiment die Hypothese prüfen, ob Pflanzen zur Photosynthese Lichtenergie benötigen. Im Schulbuch wird dazu folgendes Experiment vorgeschlagen: Sprosse der Wasserpflanze *Elodea canadensis* (Kanadische Wasserpest) werden in einem mit Wasser gefüllten Becherglas mit einer Lampe belichtet. Zugleich werden ähnliche Sprosse in einem parallelen Versuchsansatz möglichst dunkel gehalten. In beiden Versuchsansätzen werden die in einer Minute aufsteigenden Gasbläschen gezählt.

Handlungsaufforderung 10-1: Die Lernenden sollen im Versuchsprotokoll die unabhängige und die abhängige Variable sowie mehrere zu kontrollierende Variablen (Kontrollvariablen) notieren. Welche Aussagen bewerten Sie als richtig?

Handlungsaufforderung 10-2: Mit dem obigen Versuch möchten Sie auch die Schlussfolgerung absichern, dass Pflanzen bei der Photosynthese Sauerstoff abgeben. Sie geben den Impuls: „Was müssen wir tun, um diese Aussage sicher treffen zu können?“ Welche Antworten erwarten Sie von den Lernenden?

Ute Harms & Ulrich Kattmann

11 Kommunikation biologischer Phänomene und Erkenntnisse

Die KMK weist in ihren Bildungsstandards für den Biologieunterricht Kommunikation als einen Kompetenzbereich aus. Die Lernenden sollen im Unterricht Fähigkeiten entwickeln, die es ihnen ermöglichen, biologische Informationen zu erschließen und weiterzugeben sowie in biologischen Kontexten sachgerecht zu argumentieren; denn Kommunikation ist ein wesentliches Element von Wissenschaft. Biologinnen und Biologen kommunizieren untereinander ihre Beobachtungen, Methoden und Erkenntnisse und verwenden dafür spezifische Kommunikationsmittel. Zunehmend wird von der Wissenschaft gefordert, dass sie neue Erkenntnisse der Öffentlichkeit verständlich vermittelt. Dieser Bereich, die Wissenschaftskommunikation, wird zunehmend eine Aufgabe der Fachdidaktiken.

11.1 Kommunikation bedarf der Bedeutungsklärung

Eine Wissenschaft wird getragen von einer Gemeinschaft von Wissenschaftlerinnen und Wissenschaftlern, die miteinander kommunizieren. Dies geschieht bei der direkten Zusammenarbeit in Forschungsinstituten, durch Präsentationen und Diskussionen auf Tagungen sowie durch Beiträge in Fachzeitschriften. Diese Kommunikationsformen betreffen hauptsächlich die Forschung. Wissenschaft ist zugleich durch Lehre charakterisiert – durch die Kommunikation mit Studierenden in Lehrveranstaltungen. Lehrbücher sind dafür die überwiegende schriftliche Kommunikationsform. Über die Kommunikation untereinander und mit Studierenden hinaus sind Wissenschaftlerinnen und Wissenschaftler zur Kommunikation mit der Öffentlichkeit verpflichtet. Dies entspricht der Verantwortung der Wissenschaft (→ 39.1) sowie dem Interesse an der Verbreitung, Anwendung und gesellschaftlichen Akzeptanz ihrer Ergebnisse. Diesem Anspruch wird insbesondere durch allgemeinverständliche Beiträge in Wissenschaftsjournalen (u. a. Spektrum der Wissenschaft, Bild der Wissenschaft, Biologie in unserer Zeit, Naturwissenschaftliche Rundschau) und auf den *Homepages* von Forschungsinstituten zum Beispiel der Leibniz-Gemeinschaft oder der Max-Planck-Gesellschaft entsprochen. Kommunikation ist also originärer Teil wissenschaftlicher Tätigkeit. Teilhabe an Wissenschaft bedeutet deshalb auch, wissenschaftliche Ergebnisse angemessen erschließen, verständlich und adressatengerecht darstellen und argumentativ vertreten zu können.

Kommunikationskompetenz ist in den Bildungsstandards für den Mittleren Schulabschluss bzw. die Allgemeine Hochschulreife als eigener Kompetenzbereich ausgewiesen (KMK 2004, 2020). Fähigkeiten, die diesem Kompetenzbereich zuzuordnen sind, stehen in engem Zusammenhang mit allgemeinbildenden Zielen von Schule wie der Entwicklung von Mündigkeit und Selbstkompetenz. Im Biologieunterricht aber werden sie stets an biologische Inhalte gebunden entwickelt. Dabei besteht ein enger Zusammenhang zu den benachbarten Fächern Chemie und Physik (Ziepprecht et al. 2017). Lerngelegenheiten, die zur Förderung von Kommunikationskompetenz eingesetzt werden, sind häufig verknüpft mit den Kompetenzbereichen Erkenntnisgewinnung (z. B. bei der Interpretation experimentell gewonnener Daten, → 10) bzw. Bewertung (z. B. bei der Argumentation pro und kontra Tierversuche, → 12).

Kommunikation wird – im pädagogischen Bereich – häufig als Interaktion zwischen einem *„Sender“* und einem *„Empfänger“* verstanden. Diese Begriffe stammen aus der Informationstheorie von Claude E. Shannon und Warren Weaver (1949), die damit die Übertragung der Information in technischen Systemen beschreiben. Dabei wird die Bedeutung (der Inhalt) der Information nicht thematisiert, sondern es wird vorausgesetzt, dass sie für Sender und Empfänger identisch ist (semantische Übereinstimmung oder Geschlossenheit). Überträgt man die Begriffe Sender und Empfänger auf Lehrpersonen und Lernende, so werden sie – in Analogie zu Rundfunksender und Rundfunkempfänger – im Grunde als technische Apparate aufgefasst. Daher werden diese Begriffe hier vermieden. Stattdessen werden die Bezeichnungen *„Sprecher“* und *„Hörer“* verwendet. Die beiden Termini werden im übertragenen (metaphorischen) Sinne verstanden, sodass nicht nur Sprechen und Hören gemeint sind, sondern jede Form medialer Vermittlung und sinnlicher Wahrnehmung. In einem Experimentalvortrag beispielsweise, bei dem der Sprecher nicht nur redet, sondern Gesten, Bilder und Experimente zeigt, werden die Hörer nicht nur durch die Sprache (→ 33) „angesprochen“, sondern ebenfalls durch die Gesten, die Bilder ebenso wie durch Töne und Gerüche, die während des Experiments entstehen.

Der Prozess der Kommunikation zwischen Menschen ist im Gegensatz zu dem zwischen technischen Systemen semantisch, also hinsichtlich seiner Bedeutung nicht eindeutig und damit offen. Er wird zum einen von den Fähigkeiten des Sprechers und seinen Vorstellungen über die Hörer (Adressaten seiner Botschaft) und zum anderen von den Fähigkeiten und Vorstellungen der Hörer beeinflusst. Fachliche Vorkenntnisse sowie Alltagsvorstellungen sind dabei für das jeweilige individuelle Verstehen zentral (→ Tab. 11-1). Sprecher und Hörer legen der kommunizierten Botschaft zu dem Phänomen oder

Sachverhalt eigene Bedeutungen bei (Bedeutungszuweisungen). Zwischen den Gedankengängen des Sprechers und der Auseinandersetzung des Hörers mit der Botschaft liegen die Scheidewege des Verstehens. Nach der konstruktivistischen Sichtweise von Kommunikation, wie sie u. a. Watzlawick (1976) und von Glasersfeld (1995) vertreten, ist Bedeutung (semantische Information) also nicht von Person zu Person eins zu eins übertragbar, sondern wird stets rekonstruiert (→ Abb. 11-1; → 37). Mit dem Erstellen einer Antwort wird der Hörer zum Sprecher, der Sprecher der Botschaft zum Hörer, der sich mit den Antworten des Hörers auseinandersetzen muss. Dadurch wird deutlich, dass die Grundstruktur menschlicher Kommunikation nicht die Informationsübertragung ist, sondern das Gespräch. Die möglichen gemeinsamen Bedeutungszuweisungen sind kommunikativ auszuhandeln. Dies geschieht rational durch den Austausch von Argumenten (→ 11.4; → Abb. 11-1).

Handlungsaspekt	Sprecher	Hörer
Rezipieren und Interpretieren	Auseinandersetzung mit dem *Phänomen oder Sachverhalt:* Sie wird beeinflusst von Kenntnissen und Fähigkeiten des Sprechers zum Phänomen oder Sachverhalt (Vorerfahrungen); Vorstellungen zum lebensweltlichen Bezug des Phänomens oder Sachverhalts (allgemeine Relevanz).	Auseinandersetzung mit der *Botschaft:* Sie wird beeinflusst von persönlichen Kenntnissen und Fähigkeiten zum Phänomen oder Sachverhalt (Vorerfahrungen); Vorstellungen zum lebensweltlichen Bezug des Phänomens oder Sachverhalts (persönliche Relevanz); Fähigkeiten im Umgang mit Medien und Repräsentationsformen der Botschaft; Vorstellungen über Fähigkeiten und Absichten des Sprechers.
Rekonstruktion von Vorstellungen zum Phänomen oder Sachverhalt	*Bedeutungszuweisungen* aufgrund der Auseinandersetzung mit dem *Phänomen oder Sachverhalt*	*Bedeutungszuweisungen* aufgrund der Auseinandersetzung mit der *Botschaft*
Erstellen eines sinnlich wahrnehmbaren Objekts	Umsetzung der rekonstruierten Vorstellungen in eine *Botschaft*: Das Erstellen der Botschaft wird beeinflusst von Vorstellungen über die Fähigkeiten der Hörer (Adressaten); Fähigkeiten des Sprechers zur Auswahl und Anwendung der Medien und Repräsentationsformen (→ 38).	Umsetzung der rekonstruierten Vorstellungen in eine *Antwort*: Das Erstellen der Antwort wird beeinflusst von Vorstellungen über die Fähigkeiten und Erwartungen des Sprechers der Botschaft; Fähigkeiten des Hörers zur Auswahl und Anwendung der Medien und Repräsentationsformen.

Tabelle 11-1: Handlungsaspekte bei der Kommunikation in konstruktivistischer Sicht

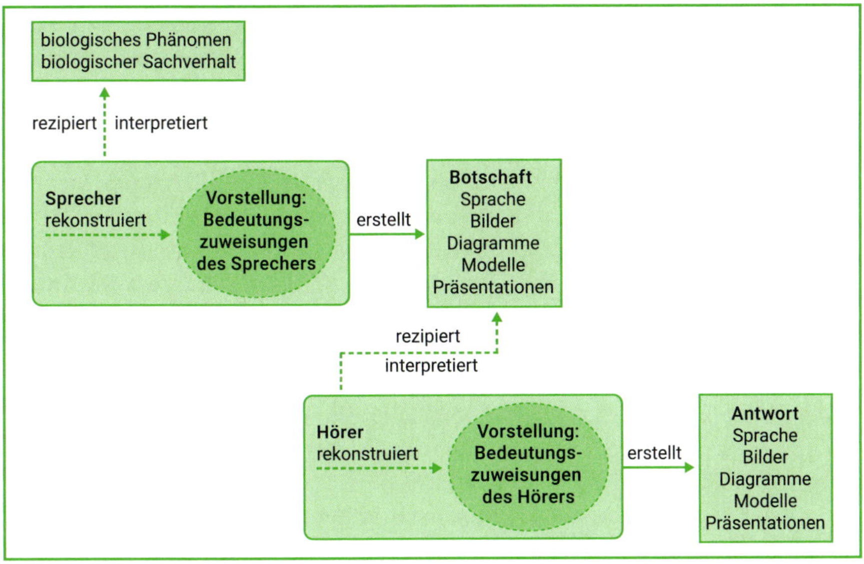

Abbildung 11-1: Konstruktivistisches Modell von Kommunikation, bezogen auf die Kommunikation über Biologie

Kommunikation umfasst für die Lernenden zwei Aufgaben: (1) Informationen fach- und sachbezogen zu erschließen und (2) Informationen an andere Personen zu vermitteln. Die Lernenden sind also einerseits Hörer, denn sie sollen aus Quellen relevante Informationen entnehmen, sie von unwichtigen unterscheiden und ihnen angemessene sachliche Bedeutung zuweisen (→ 11.2; 11.3). Andererseits sind die Lernenden Sprecher, denn sie sollen biologische Sachverhalte fachlich angemessen dokumentieren, anschaulich darstellen und präsentieren sowie für die jeweiligen Adressaten verständlich und argumentativ schlüssig erläutern (→ 11.4). In diesem Zusammenhang spielen Fähigkeiten mit der wörtlichen Sprache ebenso eine wichtige Rolle im Unterricht wie die Kenntnis und Fähigkeiten zur Anwendung weiterer fachlicher Repräsentationsformen wie Diagrammen, Bildern, Animationen und Simulationen (→ 33; 32; 31; 35).

11.2 Fachliche Quellen sind zu erschließen, Ergebnisse zu dokumentieren und zu referieren

Für den Biologieunterricht bieten sich vielfältige Quellen an. Diese müssen adäquat ausgewählt und bewertet werden. Besonders das Internet stellt viele unterschiedliche Materialien zur Verfügung, die ohne Kriterien der Auswahl in die Irre führen können (→ 35). Populäre, populärwissenschaftliche und wissenschaftliche Texte sind zu unterscheiden, ihre Aussagen entsprechend einzuordnen. Die gezielte Informationsentnahme muss gelernt werden, d. h. das Erschließen der Quellen zur Bearbeitung der gestellten oder selbst gewählten Aufgabe. Mitgeteilte und selbst erarbeitete Ergebnisse sind von Deutungen zu unterscheiden. Entsprechend ist die Wiedergabe der Argumentation in Texten von der eigenen Interpretation zu trennen (→ 33). Eine besondere Aufgabe besteht in der adäquaten Auswertung von Quellen, in denen verschiedene Darstellungsformen (wie Texte, Diagramme, Tabellen) kombiniert sind. International wird der Charakter dieser Quellen als „*multiple external representations*" (MER) bezeichnet (Treagust & Tsui 2013). Es wird als besondere Aufgabe des naturwissenschaftlichen Unterrichts angesehen, die Lernenden zu befähigen, solche komplexen Quellen auszuwerten sowie die verschiedenen Darstellungsformen für das eigene Lernen zu nutzen (→ 11.3; vgl. Yore & Treagust 2006).

Für alle Formen der wissenschaftlichen Kommunikation ist eine der wichtigsten Voraussetzungen die Wahl einer für die Adressaten angemessenen Sprache (→ 33). Die Lernenden sollten fähig sein, die Fachsprache sachgemäß anzuwenden und bei der Vermittlung in eigenen Worten zu umschreiben. Um sich verständlich zu machen, sind außerdem verbreitete Alltagsvorstellungen zu beachten und gemeinsam mit den Lernenden zu hinterfragen. Dazu müssen sie sich ihre eigenen Vorstellungen zunächst bewusst machen. Ziel ist eine „Zweisprachigkeit", die es ermöglicht, auf die Vorstellungen der Adressaten einzugehen und sie außerdem auf die wissenschaftlichen Vorstellungen zu beziehen (→ 13).

Das Dokumentieren wird besonders beim Protokollieren und dem Führen eines Arbeitsheftes bzw. der Anlage von Portfolios geübt (→ 18; 27). Das Protokollieren sollte als ein Mittel der Kommunikation vermittelt werden. Es sollte nicht allein der Ergebnissicherung dienen, sondern z. B. bei arbeitsteiliger Gruppenarbeit zur Information der größeren Lerngruppe genutzt werden.

Für den Einsatz von Bildern, Diagrammen und Modellen sowie den Umgang mit Präsentationstechniken gelten für die Lernenden dieselben Grundsätze wie für die Lehrenden (→ 28; 31; 32; 35). Die Schwierigkeiten, die sich für die Lernenden ergeben, lassen sich durch schrittweises Einüben überwinden (→ 11.5).

11.3 Argumentieren ist eine komplexe Fähigkeit für fachliche Kommunikation

Das Argumentieren ist eine Form der Kommunikation, die Lernende in alltäglichen Gesprächen und Auseinandersetzungen ebenso anwenden wie in den verschiedenen Schulfächern. Im Deutschunterricht ist sie in der Sekundarstufe I insbesondere in der schriftlichen Form der Erörterung Thema des Unterrichts. Beim Argumentieren werden die Gründe für eine Behauptung auseinandergesetzt. Im Biologieunterricht argumentiert ein Schüler beispielsweise zu der Frage, was zum Aussterben der Dinosaurier geführt haben könnte, wie folgt: „Auf der Halbinsel Yukatan wurde der Krater eines Einschlags gefunden, der ca. 65 Millionen Jahre her ist. So ein Einschlag hätte einen dramatischen Klimawandel zur Folge gehabt, der zum Aussterben der Dinosaurier geführt haben könnte."

Der Begriff *Argument* (lat. *argumentatio*, Beweisführung) beschreibt in seiner ursprünglichen Bedeutung eine sprachliche Handlung, deren Ziel es ist, durch eine begründende Beweisführung Erkenntnisse zu gewinnen oder Einstellungsänderungen zu bewirken (Bußmann 1983, 42). Dem Argumentieren kommt entsprechend in den Naturwissenschaften eine doppelte Funktion zu: zum einen als epistemische Methode zur Wissensgenerierung (→ 36) und zum anderen zur Bewertung gesellschaftlicher Fragestellungen, in denen neben den naturwissenschaftlichen Fakten soziale Normen und Werte berücksichtigt werden müssen (u. a. Mittelsten Scheid & Hößle 2008; Sadler & Zeidler 2005; Zohar & Nemet 2002; → 12; 39). Das Austauschen von Argumenten ist immer dann notwendig, wenn eine Situation strittig ist: „Argumentieren ist ein Verfahren, mit dem einer etwas, was strittig ist, mit Hilfe von Unstrittigem unstrittig machen will oder kann" (Nussbaumer 1995, 1).

Die Erkenntnisentwicklung in der Biologie erfolgt im Kern durch wissenschaftliches, auf Empirie gegründetes Argumentieren (epistemische Funktion des Argumentierens). Aus Beobachtungen und Experimenten werden Aussagen abgeleitet, die den bis zu diesem Zeitpunkt angenommenen Erklärungen bzw. (zeitgleichen) Aussagen anderer Biologinnen und Biologen widersprechen können. Ein historisches Beispiel hierfür ist die Erklärung der Entwicklung der Lebewesen durch Lamarck bzw. Darwin im Übergang vom 18. zum 19. Jahrhundert. Ein aktuelles Beispiel ist die Entwicklung der Priontheorie. Bevor empirisch gezeigt werden konnte, dass Prionkrankheiten durch ein bestimmtes, im Gehirn exprimiertes Protein ausgelöst werden, standen zwei Erklärungsansätze einander gegenüber. Eine Wissenschaftlergruppe vermutete einen Virus als Auslöser dieser Krankheiten, eine andere ein Protein. Durch den argumentativen Dialog, der auf Nachvollziehbarkeit und Schlüssigkeit der Behauptungen, Gegenbehauptungen, Erklärungen und Schlussfolgerungen beruht, die aus den gewonnenen Daten gezogen wurden, entstand neues biologisches Wissen (Harms & Bertsch 2022).

Beim Bewerten biologischer Erkenntnisse in gesellschaftlich relevanten Anwendungsfragen stützen Argumente sich sowohl auf deskriptiv-naturwissenschaftliche als auch auf normative Prämissen, die rational beurteilbar und kollektiv gültig sind (Toulmin 1975, 155 f.; Herbig 1992, 35, zit. bei Mittelsten Scheid & Hößle 2008, 148). Diese Form des Argumentierens spielt insbesondere im Zusammenhang mit der Entwicklung von Bewertungskompetenz im Biologieunterricht eine Rolle (→ 12).

Argumentationen weisen eine grundlegende formale Struktur auf (→ Abb. 11-2; vgl. Basel et al. 2013).

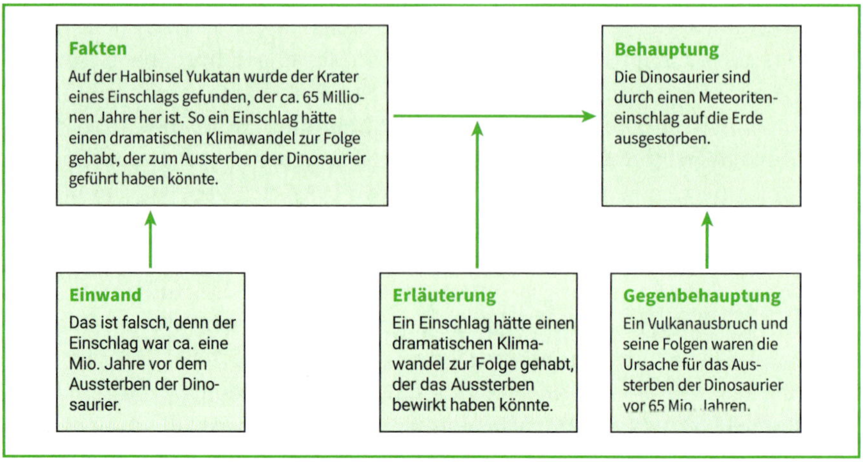

Abbildung 11-2: Argumentationsstruktur zu einem biologischen Problem (nach Toulmin 2003)

In der naturwissenschaftsdidaktischen Forschung wird „Argumentation" analog zu *argumentation* in der englischsprachigen internationalen Forschungsliteratur verwendet. Hierunter wird ein kommunikativer Prozess verstanden, in dem Behauptungen oder Schlussfolgerungen durch Evidenzen gestützt werden (vgl. Riemeier et al. 2012, 144; NGSS 2013). Osborne und Kollegen (2016) haben Lernwege (*Learning progressions* → 9.3; 16; 18) entwickelt, die eine empirisch validierte Basis liefern, um Teilkompetenzen des Argumentierens bei Lernenden anzubahnen.

Die Bildungsstandards für die Fächer Biologie, Chemie und Physik (KMK 2005; 2020) legen eine Vielfalt von Sprachhandlungen als Lernziele des naturwissenschaftlichen Unterrichts fest (vgl. Tajmel 2011). Hierzu zählt das Argumentieren, das als Lerngegenstand traditionell dem Bereich der geisteswissenschaftlichen Fächer zuzuordnen ist. Die Fähigkeit zu argumentieren wird so nun zu einem verbindlichen Lernziel nicht nur über Fächer- und Bereichsgrenzen hinweg. Argumentieren wird zugleich als Denk- und Arbeitsweise natur- und geisteswissenschaftlicher Erkenntnisgewinnung und Kommunikation aufgefasst. Diese Arbeitsweise ist im Unterricht als disziplinäre Methodik fachbezogen zu vermitteln und zu fördern, soll aber zugleich als „fächerübergreifendes Bildungsziel" den Lernenden für unterschiedliche Anwendungskontexte verfügbar gemacht werden.

Mit dem Begriff der Argumentationsfähigkeit werden die Fähigkeiten zusammengefasst, die notwendig sind, um eine Argumentation vorzubringen und zu bewerten. Argumentationsfähigkeit kann als gegeben angenommen werden (nach Blair & Johnson 1987; zitiert nach Jonasson & Kim 2010), wenn die vorgebrachten Argumente

- akzeptabel sind,
- für die Schlussfolgerung relevant sind,
- für die Schlussfolgerung ausreichen.

Untersuchungen zur Entwicklung von Argumentationsfähigkeit haben gezeigt, dass diese sich über Bereichs- und Fächergrenzen hinweg entwickelt. Das bedeutet für den Schulunterricht, dass die einzelnen Fächer zur Entwicklung dieser Kompetenz beitragen müssen (Heitmann et al. 2017). Im Fach Biologie geschieht dies beispielsweise bezogen auf biologische Phänomene, Theorien oder Anwendungsfragen biologischen Wissens. Um eine kohärente und kumulative Entwicklung von Argumentationsfähigkeit bei den Lernenden zu ermöglichen, ist eine fächerübergreifende Zusammenarbeit unerlässlich. Fachbezogene Merkmale domänenspezifischen Argumentierens sind jedoch bisher größtenteils ungeklärt (Sampson & Clark 2011).

Anlass für einen argumentativen Dialog ist das Vorliegen von Strittigkeit. Für die Unterrichtspraxis bedeutet dies, dass zur Förderung von Argumentationsfähigkeit strittige Aussagen oder Beobachtungen zum Ausgangspunkt gemacht werden. Dies bedingt einen problemorientierten Unterrichtsgang (→ 16). Zur Förderung der Argumentationsfähigkeit als Element des wissenschaftsimmanenten Diskurses können widersprüchliche historische und aktuelle biologische Theorien und Annahmen als Ausgangspunkt dienen. Zur Förderung der Argumentationsfähigkeit im Bewertungskontext bieten sich insbesondere solche normativen und gesellschaftlichen Fragestellungen an, zu denen die Lernenden einen persönlichen Lebensbezug herstellen können bzw. die ihnen bereits vertraut sind (Garrecht et al. 2021; → 12).

11.4 Wissenschaftliches Kommunizieren sollte schrittweise gelernt und differenziert beurteilt werden

Schritte, mit denen Fähigkeiten zur wissenschaftlichen Kommunikation erworben werden können, können sich an allgemeinen didaktischen Grundsätzen orientieren: vom Konkreten zum Abstrakten, vom Einfachen zum Komplexen und vom angeleiteten Nachvollziehen zum selbstständigen Konstruieren. Diese Prinzipien sind sowohl auf den Umgang mit Inhalten als auch auf Darstellungsformen anwendbar (→ Tab. 11-2 und → Abb. 11-3).

Charakteristika kommunikativer Fähigkeiten	**Umgang mit Inhalten**		**Verwendung von Darstellungsformen**		
	Fachlicher Aspekt	*Lebensweltbezug*	*Sprache*	*Bilder*	*Diagramme/ Modelle*
Vom Konkreten zum Abstrakten	Phänomene verstehen – Formeln, Gesetze, Theorien verstehen	sich auf Ereignisse, Erfahrungen beziehen – sich auf Regeln, Normen beziehen	in Umgangssprache, Fachsprache formulieren – in mathematischer Sprache formulieren	merkmalsaffine Bilder auswerten – merkmals-inaffine Bilder auswerten (→ 27.2)	ikonische Darstellungen deuten – Pfeile, Blöcke mathematische Symbole deuten
Vom Einfachen zum Komplexen	lineare Beziehungen verstehen – Rückwirkungen, Interaktionen, Systeme verstehen	auf individuale Probleme beziehen – auf soziale, globale Probleme beziehen	Schlagworte, Beschreibungen verwenden – Erläuterungen, Erklärungen verwenden	einfache Bildfolgen auswerten – komplexe Einzelbilder, Bildfolgen auswerten	einfache – komplexe Sachverhalte abbilden und modellieren
	anleitende Vorgaben				
nachvollziehend	Rezipieren des Inhalts und seiner Bezüge		Erkennen des Texttyps, der Gliederungspunkte	Auswertung der gezeigten Bilder	Lesen der gegebenen Diagramme und Symbole/ Umgang mit fertigen Modellen
	selbstständige Wahl				
konstruierend	Wahl eines Themas	Herstellen des Lebensweltbezugs	Auswahl des Texttyps, selbstständiges Formulieren	Bildrecherche und Auswahl	Wahl des Diagrammtyps, der Symbole/des Modelltyps, selbstständige Konstruktion von Diagrammen/ Modellen

Tabelle 11-2: Charakteristika, Aspekte und Teilkompetenzen von Kommunikationskompetenz im Biologieunterricht

Kommunikationskompetenz ist zusätzlich danach zu beurteilen, ob das Mitgeteilte in der Perspektive des Faches sachgerecht und in der Perspektive der Empfänger adressatengemäß ist (Kulgemeyer & Schecker 2009; 2012). Damit ergibt sich ein Kriterienraster zur Beurteilung der Kommunikationskompetenz von Lernenden und der Bewertung von entsprechenden Aufgaben (→ Abb. 11-3).

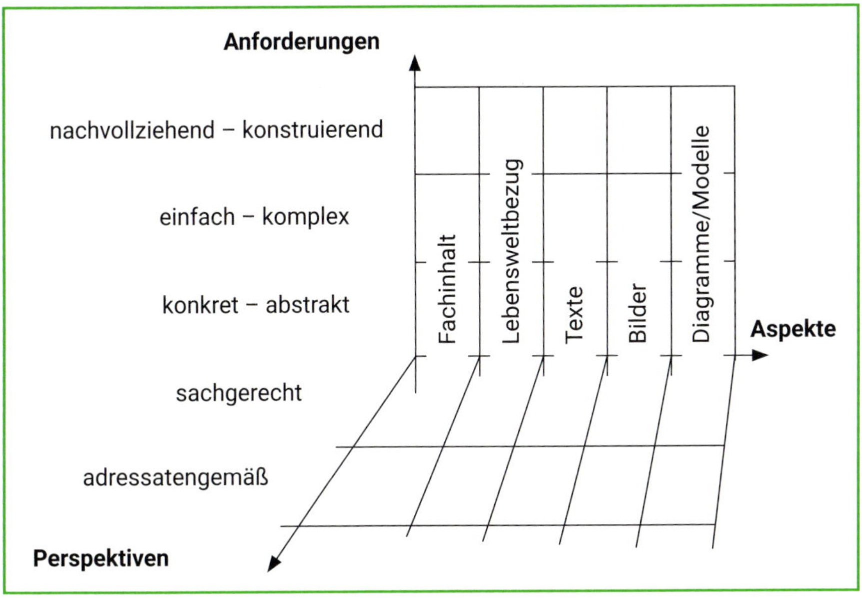

Abbildung 11-3: Raster zur Bewertung biologischer Kommunikationskompetenz (in Anlehnung an Kulgemeyer & Schecker 2012)

Lernaufgabe 11-1: Kommunikationskompetenz durch Aufgaben fördern
Die Bildungsstandards im Fach Biologie für den Mittleren Schulabschluss beschreiben für den Bereich Kommunikationskompetenz drei Teilbereiche: (1) Informationen weitergeben, (2) Informationen erschließen, (3) Argumentieren. In einer Aufgabensammlung für die Sekundarstufe I finden Sie die folgende Aufgabe:

Du möchtest feststellen, wie schnell die Pflanze, die Deine Mutter auf Deine Fensterbank gestellt hat, wächst. Deshalb misst Du die Höhe der Pflanze über einen bestimmten Zeitraum (s. Tabelle). Erstelle anhand der Tabelle ein Diagramm, das Deine Ergebnisse darstellt!

Zeit in Tagen	Höhe in cm
1	5
2	5,8
5	10,5
8	12,6
15	18,5
20	21,8
22	23,6

Handlungsaufforderung 11-1: Ordnen Sie die Aufgabe dem Teilbereich von Kommunikationskompetenz zu, der mit ihr gefördert werden kann!

Handlungsaufforderung 11-2: Formulieren Sie die Aufgabenstellung so um, dass Sie mit ihr einen der beiden anderen Teilbereiche von Kommunikationskompetenz adressieren können!

Susanne Bögeholz

12 Bewertung an der Schnittstelle von Biologie und Gesellschaft

Vor dem Ausbruch von COVID-19 um die Jahreswende 2019/20 gab es jahrelang Forschung zu Coronaviren. So konnte man bereits zu Beginn der Pandemie auf wissenschaftlich gesichertes Wissen zu Coronaviren aufbauen. Es war zu erwarten, dass 30 Sekunden Händewaschen mit Wasser und Seife verhindern, dass man SARS-CoV-2 über die Hände weitergibt. Händewaschen wurde Anfang 2020 weltweit zu einer der ersten empfohlenen Hygienemaßnahmen in der Pandemie. Offizielle Stellen rieten anfänglich Privatpersonen nicht dazu, eine Mund-Nasen-Bedeckung (Maske) zu tragen. Die Studienlage galt damals nicht als ausreichend – zumal medizinische Mund-Nasen-Bedeckungen für den Gebrauch in Krankenhäusern knapp waren. Insgesamt war Wissen über die Ausbreitung grippeähnlicher Infektionskrankheiten vorhanden. Damit wurden einschneidende Maßnahmen zur Eindämmung von SARS-CoV-2 gerechtfertigt. Die Politik stand 2020 vor der schwierigen Aufgabe, sich auf Basis eines begrenzten biologischen Wissens für geeignete Handlungsmöglichkeiten zu entscheiden, um die Pandemie zu bekämpfen. Die beschlossenen Maßnahmen schnitten tief in das gesellschaftliche und wirtschaftliche Leben ein und führten zu kontroversen Diskussionen. Hatten offizielle Stellen die Situation und die Handlungsoptionen „richtig“ bewertet?

12.1 Entscheiden und Handeln an der Schnittstelle von Biologie und Gesellschaft erfordert Bewertungskompetenz

Biologie als Wissenschaft ist oft durch gesellschaftliche Interessen beeinflusst – auch wenn Biologie im Kern keine normative Wissenschaft ist. Biologische Wissenschaft kann Erkenntnisse erzeugen, die für Medizin, Gesundheit, Landwirtschaft und Ernährung wichtig sind. Dieses Wissen kann für die Entwicklung von Produkten und Dienstleistungen genutzt werden. Es kann aber auch für informierte individuelle und gesellschaftliche Entscheidungen verwendet werden. So wurde 2020 durch den gesellschaftlichen Bedarf die bio-medizinische Forschung zu SARS-CoV-2 intensiviert, um COVID-19 zu bekämpfen.

Themenbereiche an der Schnittstelle von Biologie (bzw. Physik oder Chemie) und Gesellschaft werden im naturwissenschaftlichen Unterricht bearbeitet. Sie betreffen z. B. die angewandte Humanbiologie, die Anwendung von Gentechnik, Naturschutz und den Umgang mit dem Klimawandel (Bayrhuber et al. 2001; Jiménez-Aleixandre & Pereiro-Munoz 2002; Sadler & Zeidler 2004; Eggert et al. 2017; Bögeholz et al. 2018; Mittenzwei et al. 2019). Hierbei treten häufig gesellschaftlich-naturwissenschaftlich zu lösende Fragen (*socioscientific issues*, SSI) auf (Ratcliffe & Grace 2003; Sadler 2004; Zeidler et al. 2019). Sadler (2011, 4) definiert SSI als offene Probleme, die keine eindeutige Lösung haben. Oftmals gibt es verschiedene Lösungen, die plausibel erscheinen. Naturwissenschaftliche Analysen reichen hier oft nicht aus, um die „beste" Lösung zu bestimmen. Dies liegt daran, dass sowohl das Problem als auch die Lösungsmöglichkeiten von politischen, wirtschaftlichen und ethischen Faktoren geprägt sind.

Eine Quelle vieler SSI ist der Klimawandel. Der Klimawandel kann aber auch selbst als SSI bezeichnet werden. Typische SSI-bezogene Fragen sind: Welche Handlungsmöglichkeiten habe ich persönlich oder haben staatliche Akteure? Für welche Möglichkeit(en) soll ich mich oder soll sich der Staat entscheiden? Um solche Fragen kompetent zu beantworten, ist es erforderlich, naturwissenschaftliches Wissen systematisch und reflektiert mit individuell und gesellschaftlich verhandelbaren Werten und Normen in Verbindung bringen zu können (Bögeholz 2006; Bögeholz et al. 2018; Dittmer et al. 2019) – d. h. über Bewertungskompetenz zu verfügen.

12.2 Die Bezeichnungen Bewerten und Beurteilen werden unterschiedlich verwendet

Mit den länderübergreifenden Bildungsstandards wurde der Kompetenzbereich Bewertung für die Sekundarstufen I und II etabliert (KMK 2005, 2020). Inwiefern Bewerten im Bildungskontext mehrdeutig verstanden wird, zeigten 2012 Befragungen von Lehramtsstudierenden zu Beginn ihres biologiedidaktischen Studiums. Sie assoziierten damit a) Notenvergabe und Leistungsrückmeldung, b) Bewerten der Ergebnisse von Experimenten bzw. Versuchen oder Bewerten von Modellen, c) Bewerten von wissenschaftlichen Quellen, Diagrammen und Tabellen sowie d) Bewerten gesellschaftlich relevanter Themen wie Gentechnik, embryonale Stammzellforschung und Tierversuche (Bögeholz 2013). Zu den 2019/20 gesellschaftlich stark diskutierten Themen zählten der Klimawandel, Fleischkonsum, Verlust der biologischen Vielfalt (Insektensterben), Masern-Impfpflicht und Maßnahmen gegen COVID-19. Dieses Kapitel 12 widmet sich d), dem Bewerten bei Fragen angewandter Biologie.

Neben der Bezeichnung *Bewerten* ist die Bezeichnung *Beurteilen* bedeutsam. Dabei variiert das jeweils Gemeinte in der biologiedidaktischen Literatur. *Beurteilen* als Operator in den Curricula für die Sekundarstufen I und II ist definiert als „zu einem Sachverhalt ein selbständiges Urteil unter Verwendung von Fachwissen und Fachmethoden formulieren und begründen". *Bewerten* als Operator ist dort definiert als „einen Gegenstand an erkennbaren Wertkategorien oder an bekannten Beurteilungskriterien messen" (Niedersächsisches Kultusministerium 2015, 103; 2017, 41-42). Während *Beurteilen* hier eher naturwissenschaftliches Wissen betrifft, werden beim *Bewerten* auch ethische Reflexionen relevant. Teilweise wird jedoch auch beim *Beurteilen* das Abwägen von Werten mit einbezogen. Darauf folgt eine reflektierte Urteilsfällung (Reitschert et al. 2007, 47). Der Prozess bis zum Urteil wird dabei als *ethisches Bewerten* gefasst (Feigenspan & Hößle 2018, 256). Alfs et al. (2012, 86) erläutern, dass sie Bewertungskompetenz „synonym" zu „moralische[r] Urteilsfähigkeit" setzen. Damit sind im Kompetenzbereich Bewertung unterschiedliche Bezeichnungen anzutreffen. Die Begriffe sollten daher geklärt werden.

Unterschieden wird zudem zwischen *innerfachlichem*, naturwissenschaftlichem Bewerten (Schecker & Höttecke 2007) und *gesellschaftlich-handlungsvorbereitendem Bewerten*. Das sei an einem Beispiel verdeutlicht: Ein Test auf SARS-CoV-2-Antikörper soll möglichst alle Personen identifizieren, die tatsächlich Antikörper im Blut haben. Gleichzeitig sollen möglichst wenige Menschen „falsch-positiv" getestet werden, weil sie Antikörper gegen andere Coronaviren aufweisen. Bei vorgegebener Rate für falsch-positive bzw. falsch-negative Testergebnisse kann auf rein naturwissenschaftlicher Basis die Güte des Tests beurteilt werden. Wo aber kommen die Vorgaben her? Sie können bei gesellschaftlichem und individuellem Handeln nicht aus der Biologie stammen. Für *gesellschaftlich-handlungsvorbereitendes Bewerten* (→ Abb. 12-1) müssen daher zum fachlichen Wissen gesellschaftliche Werte und Normen hinzutreten (*überfachliches Bewerten*, vgl. Bögeholz et al. 2018).

12.3 Kognitive Kompetenzen sind für den Kompetenzbereich Bewertung zentral

Ein Ziel ist es, Lernende kognitiv zu befähigen, bei SSI-bezogenen Gestaltungsfragen informiert und begründet bewerten und entscheiden zu können. Das erfordert einen transparenten und reflektierten Umgang mit faktischer und ethischer Komplexität (→ Abb. 12-2; Bögeholz & Barkmann 2005). Betroffen sind Fragen nach der ethischen Zulässigkeit von Eingriffen in (nicht-)menschliche Genome oder medizinethische Probleme (Präimplantationsdiagnostik, Sterbehilfe, Organtransplantation; Hößle & Bayrhuber 2006; Dittmer et al. 2019). Die gesellschaftliche Diskussion richtet sich meist an der Frage aus: Soll eine bestimmte, technisch mögliche Handlung verboten, begrenzt oder erlaubt sein? Auch kann es darum gehen, Regeln für das Ob und Wann festzulegen. Die Bearbeitung derartiger Fragen sollte der gesellschaftlich geführten Diskussion Rechnung tragen und die „Urteilsfähigkeit" der Lernenden schärfen (Hößle 2001, 2007).

Weiterhin betroffen sind Fragen nach dem individuell und gesellschaftlich richtigen Umgang mit ökologischen Systemen (Hogan 2002; Ratcliffe & Grace 2003; Bögeholz et al. 2018). Wenn es etwa um das Aussterben von Arten geht, können kategoriale Fragen angesprochen werden. In der Regel liegen jedoch mehrere Handlungsoptionen vor (Bögeholz & Barkmann 2005; Sadler 2011), aus denen die geeignete(n) herausgefiltert werden soll(en). Dazu gehört ein „evidenzbasiertes Entwickeln von Pro- und Kontraargumenten" und ein Gewichten von Bewertungskriterien bzw. Argumenten zum „Vergleichen und Abwägen der Vor- und Nachteile von Handlungsoptionen" (Eggert 2016, 111; Eggert & Bögeholz 2010). Sind ergänzend zu ökologischen ökonomische und soziale Erwägungen erforderlich, handelt es sich um Gestaltungsfragen *Nachhaltiger Entwicklung* (Bögeholz et al. 2017).

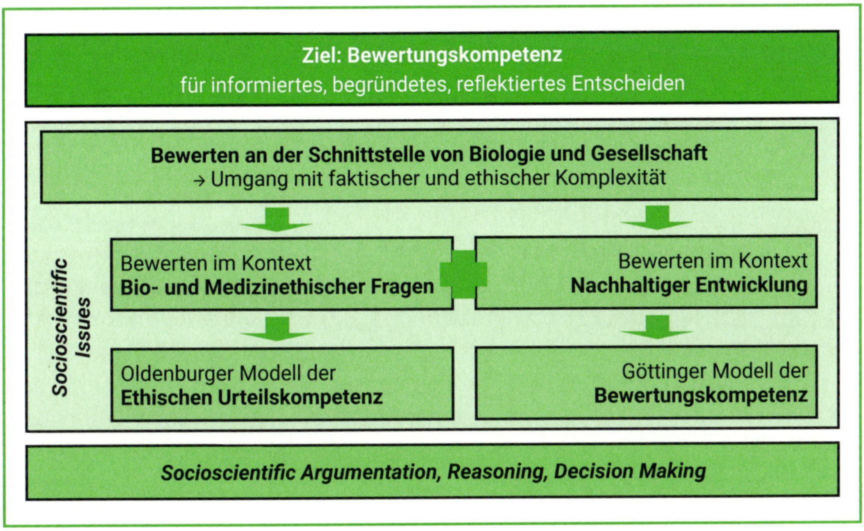

Abbildung 12-1: Forschungsansätze zu gesellschaftlich-handlungsvorbereitendem Bewerten für begründetes Entscheiden (vgl. Bögeholz 2013, 74)

Kompetentes Bewerten im Kontext bio- und medizinethischer Fragen hat mit kompetentem Bewerten im Kontext Nachhaltiger Entwicklung viele Gemeinsamkeiten (→ Abb. 12-1; → 43): Stets sind Argumente auf ihre fachbiologische Richtigkeit zu hinterfragen, ist der normative Gehalt der Argumente auf belastbare normative Grundlagen zurückzuführen, ist eine Übernahme von multiplen Perspektiven erforderlich und sind Werte und Normen zu reflektieren (Sadler et al. 2007; Eggert 2016; Bögeholz et al. 2018; Meisert & Böttcher 2019; Zeidler et al. 2019). Auch können größere Themenfelder – wie z. B. die COVID-19-Pandemie – konkrete Gestaltungsfragen aufwerfen, die beide Kontexte betreffen (+ Zeichen in → Abb. 12-1).

International werden gesellschaftlich-naturwissenschaftlich zu lösende Fragen unter SSI und *socioscientific argumentation, reasoning* und *decision making* bearbeitet (→ Abb. 12-1; Ratcliffe 1997; Sadler et al. 2007; Uskola et al. 2010; Zeidler et al. 2019). Dabei werden u. a. die Gewinnung des Wissens, deren Vorläufigkeit und Präsentation hinterfragt und die Tragfähigkeit von Wissen für Problemlösungen beurteilt (Sadler et al. 2007; Zeidler et al. 2019). Damit sind kognitive Kompetenzen für eine naturwissenschaftliche Bildung zur Lösung gesellschaftlicher Fragen zentral. Entsprechend fasst *SSI education* ein breites Spektrum von Fähigkeiten von Lernenden. Hierzu gehört in Bezug auf realweltliche Kontexte insbesondere, verschiedene Quellen (Daten, Informationen) zu analysieren und zu beurteilen, ethische Fragen zu berücksichtigen und informierte Entscheidungen zu treffen (Zeidler et al. 2019, 2).

12.4 Kompetenzmodelle ermöglichen es, Bewertungskompetenz gezielt zu fördern

Zum Kompetenzbereich Bewertung liegen kontextspezifische, curricular valide, theoretisch hergeleitete und empirisch fundierte Kompetenzstrukturmodelle vor: Für bio- und medizinethische Fragen wurde das Oldenburger Modell der Ethischen Urteilskompetenz entwickelt (→ Abb. 12-1; Reitschert et al. 2007). Es zielt auf eine „Befähigung zu einem sensibilisierten Zugang zum moralischen Problemgehalt moderner Biotechnologien und medizinischen Fortschritts sowie die Fähigkeit zu einer bewussten, reflektierten, kritisch hinterfragenden und argumentativ fundierten Urteilsfähigkeit" (Reitschert & Hößle 2007, 126). Reitschert (2009) konnte empirisch fünf Teilkompetenzen identifizieren: „Wahrnehmen und Bewusstmachen moralisch-ethischer Relevanz", „Beurteilen", „Wahrnehmen und Bewusstmachen der Quellen der eigenen Einstellung", „Folgenreflexion" und „Ethisches Basiswissen". Ergänzend zu diesem Modell „ethischer Bewertungskompetenz" (Alfs et al. 2012, 87) gehören das „Argumentieren" und der „Perspektivenwechsel" (Alfs et al. 2012, 90).

Für Fragen Nachhaltiger Entwicklung wurde das Göttinger Modell der Bewertungskompetenz ausgearbeitet (Eggert & Bögeholz 2006; Bögeholz et al. 2017, 2018; Böhm et al. 2016, 2020). Bewertungskompetenz meint hier die „Fähigkeit, sich in komplexen [Umwelt-]Problemsituationen begründet und systematisch bei unterschiedlichen Handlungsoptionen zu entscheiden, um kompetent am gesellschaftlichen Diskurs um die Gestaltung von Nachhaltiger Entwicklung teilhaben zu können" (Bögeholz 2007, 209). Das Kompetenzmodell (→ Abb. 12-1; Eggert & Bögeholz 2006; Bögeholz 2011; Bögeholz et al. 2014, 2017, 2018) fasst fünf Teilkompetenzen von Bewertungskompetenz (Stand 2020: → Abb. 12-2; Bögeholz et al. 2018; Böhm et al. 2020). Dabei wird die Teilkompetenz zur faktischen Komplexität (→ Abb. 12-2) auch als „Generieren und Reflektieren von Sachinformationen" bezeichnet (Gausmann et al. 2010). Beim „Bewerten, Entscheiden und Reflektieren" wird zwischen Qualitativem Argumentieren und Quantitativem Modellieren unterschieden (→ Abb. 12-2) – auch publiziert als Qualitatives Bewerten und Quantitatives Bewerten in Bögeholz et al. (2018).

Das Göttinger Modell bzw. dessen Modellkomponenten eignen sich für den Biologie- und naturwissenschaftlichen Unterricht (vgl. Hostenbach et al. 2011; Leubecher et al. 2020) sowie für Bildung für Nachhaltige Entwicklung (Schreiber & Siege 2016; UNESCO 2017; KMK 2020).

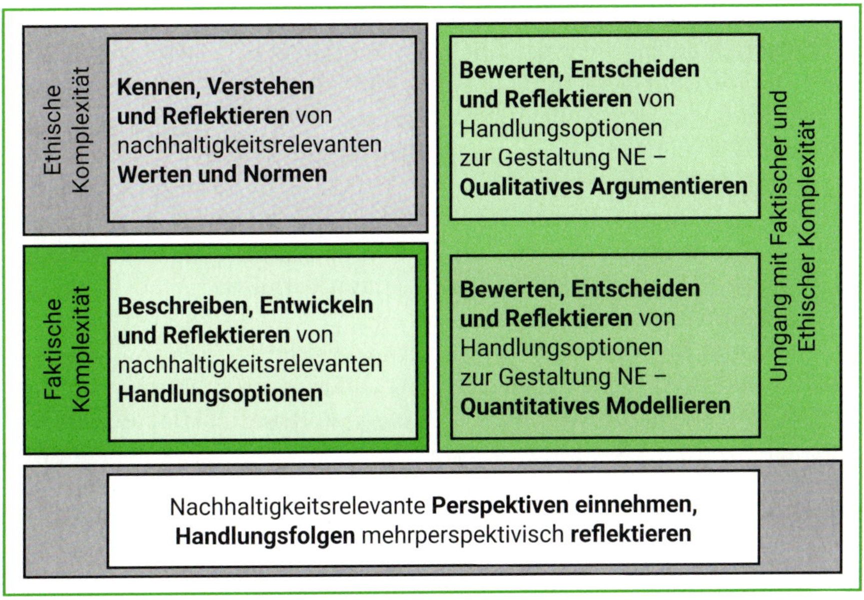

Abbildung 12-2: Komponenten des Göttinger Modells der Bewertungskompetenz für Gestaltungssituationen Nachhaltiger Entwicklung (NE) (vgl. Bögeholz et al. 2014, 2017, 2018; Böhm et al. 2020)

Wie Inhalte strukturiert auf Basis von Kompetenzmodellen gefördert werden können, zeigen erprobte Konzepte, prototypische Unterrichtseinheiten und Bildungsmaterialien (Eggert et al. 2008, 2011, 2018; Cirkel et al. 2017; Gresch 2017; Feigenspan & Hößle 2018). Zudem beschreiben Dittmer et al. (2019) auf welche Arten es in Interventions- und Begleitforschungsstudien gelang, Bewertungskompetenz gezielt zu fördern.

12.5 Wie Bewertungskompetenz gefördert werden kann

Einen Überblick über empirische Studien zur evidenzbasierten unterrichtlichen Förderung von Bewertungskompetenz geben Bögeholz et al. (2018, 270 f.). Gelistet werden dort Vorschläge zu unterrichtlichen Zielen wie Entscheidungssituationen analysieren, Handlungsoptionen entwickeln, Entscheidungsstrategien bzw. -routinen und habitualisierte Verhaltensweisen (er-)kennen und reflektieren sowie Diskursfähigkeit zur gesellschaftlichen Anwendung naturwissenschaftlicher Erkenntnisse für Partizipation fördern.

Flankierend wurden für die Erarbeitung von Bewertungskompetenz diverse Strukturierungs- bzw. Visualisierungshilfen entwickelt, u. a. eine Bewertungsmatrix (Bögeholz 2006; Eggert et al. 2008), Concept Mapping Verfahren (Eggert et al. 2017) und die „Zielmat" zum Sammeln, Begründen und Gewichten von Argumenten (Meisert 2018, 238; Meisert & Böttcher 2019). Auch kann ein Unterrichten von Argumentationsschemata bzw. -modellen, metakognitiven Strukturierungshilfen, Elementen selbstregulierten Lernens und von Entscheidungsstrategien Bewertungskompetenz für individuelles und gesellschaftliches Entscheiden unterstützen (Eggert 2016; Eggert et al. 2010, 2013, 2017, 2018; Ostermeyer et al. 2012; Gresch et al. 2013, 2017; Gresch & Schwanewedel 2019; Meisert & Böttcher 2019; Jafari & Meisert 2019; Garrecht 2020). Die vorgängigen Ansätze bereichern und ergänzen die in Bögeholz et al. (2004) publizierten Unterrichtsmodelle zum Bewerten, Urteilen und Entscheiden im biologischen Kontext.

Zudem gibt Reitschert (2012, 160) zur unterrichtlichen Behandlung bioethischer Themen mit „Ethisches 1x1 für naturwissenschaftliche Lehrkräfte" (Titel) wertvolle Anregungen: Verschiedene Reflexionsimpulse können Lernenden helfen, ethisch fragwürdige Begründungen zu überdenken. Weiterhin gibt sie Lehrkräften Ratschläge für den Umgang mit der eigenen Meinung, den Beginn eines ethischen Diskurses sowie für ein Erklären zentraler Fachwörter wie Moral, Wert und Norm. Viele dieser Anregungen sind auch in anderen bewertungsrelevanten Kontexten zur Förderung von Bewertungskompetenz anwendbar.

Schließlich können Ansätze anderer Fachdidaktiken für den Kompetenzbereich Bewertung für den Biologieunterricht adaptiert bzw. fruchtbar gemacht werden (z. B. Schecker & Höttecke 2007; Fuchs 2010; Heitmann & Tiemann 2011; Bögeholz et al. 2018). Dabei empfiehlt es sich, beim Kompetenzbereich Bewertung Unterricht fächerverbindend zu gestalten – beispielsweise zum Thema „Fledermausschutz und Windenergie" (Cirkel et al. 2017), fächerübergreifend an Themen der Medizin (Alfs et al. 2012, 109; Harms & Bertsch 2014; Harms 2018) oder projektartig zum Klimawandel (Eilks et al. 2011). Auch Teilnahmen an Wettbewerben wie der BundesUmweltWettbewerb können die Bewertungskompetenz bei Lernenden fördern (Garrecht et al. 2020).

Ulrich Gebhard

13 Die Lernenden: Schülerinnen und Schüler

Biologieunterricht, der die Lernenden mit ihrer Lebenswelt, ihren Vorstellungen und Interessen ignoriert, geht bestenfalls an diesen vorbei. Biologieunterricht muss deshalb von den Lernenden ausgehen, sollen die auch noch so überzeugend begründeten Bildungsintentionen im Biologieunterricht Chancen haben. Es geht in diesem Kapitel um Alltagsvorstellungen zu biologischen Phänomenen, um Interessen an Biologie und um die Frage, wie im Biologieunterricht die Schülerperspektive und die Perspektive der wissenschaftlichen Biologie sinnvoll in Beziehung gebracht werden können.

13.1 Der Unterricht soll sich zentral an den Lernenden orientieren

Für eine Pädagogik, die auf Selbstbestimmung, Mündigkeit und Aufklärung zielt, ist es eine Selbstverständlichkeit, dass im Zentrum ihrer Überlegungen die Autonomie von Lernenden steht. Aufklärung und Mündigkeit lassen sich nicht lehren, herstellen oder gar verordnen, wohl aber lassen sich mehr oder weniger günstige Lernmöglichkeiten organisieren, in denen die Lernenden Selbstaufklärung im Sinne einer Auseinandersetzung mit dem eigenen Selbst- und Weltverständnis betreiben können. Angesichts dieser bildungstheoretischen Rahmung (Fischler, Gebhard & Rehm 2018) sind hierfür nicht in erster Linie methodische Raffinessen nötig, um Lernprozesse möglichst effektiv zu machen, es geht eher um eine Haltung der Achtung angesichts der Interessen, Vorstellungen, Befindlichkeiten der Subjekte.

Biologieunterricht, der die Lernenden – ihre Lebenswelt, ihre Vorstellungen und Interessen – ignoriert, geht bestenfalls an diesen vorbei. Häufig bewirkt er auch, dass diesen ihre lebensweltlichen Vorstellungen und die korrespondierenden biologischen Konzepte als unversöhnlich erscheinen. In der Regel entscheiden sich die Lernenden bei entsprechenden Konflikten für ihre im Alltag bewährten lebensweltlichen Vorstellungen. „Unsere gleichsam natürliche Ansicht von der Natur ist dem Lehren der Wissenschaften nicht bloß widerständig, in den meisten Fällen überlebt sie auch das in der Schule kurzfristig erworbene wissenschaftliche Weltbild" (Künzli 1988, 80).

Die Kenntnis noch so detaillierter Studien über Interessen und Alltagsvorstellungen von Lernenden zu biologischen Themen ersetzt nicht die Aufmerksamkeit auf konkrete Hinweise und Signale, die von den Individuen ausgehen. Schülerorientierung wäre absurd, wenn sie sich vor allem auf wissenschaftlich-empirische Befunde bezöge und nicht oder auch nur weniger auf die lebendigen Personen im konkreten Unterricht. Schülerorientierung ist zuallererst eine Qualität der Beziehung zwischen Lehrenden und Lernenden. Dabei ist zudem zu berücksichtigen, dass das Lernen von Biologie nicht eine rein rationale Angelegenheit ist (Häußler u. a. 1998), sondern dass affektive und vorrationale Elemente eine kaum zu überschätzende Rolle spielen (Combe & Gebhard 2009, 2012; Gebhard 2007; Gebhard & Oschatz 2019; Thomson & Mintzes 2002; Alsop & Watts 2003). Das Ernstnehmen der Lernendenperspektiven (Interessen, Alltagsvorstellungen, lebensweltliche Bezüge, Sinnbedürfnis) trägt dem Rechnung.

Bereits 1835 schrieb der Pädagoge Adolph Diesterweg in seinem *Wegweiser zur Bildung deutscher Lehrer*: „Ohne die Kenntnis des Standpunkts des Schülers ist keine ordentliche Belehrung desselben möglich." Gut hundert Jahre später formulierte einer der auch heute noch anerkanntesten Lernpsychologen, David P. Ausubel, ähnlich: „Der wichtigste Faktor beim Lernen ist, was der Lernende schon weiß – man berücksichtige dies und lehre entsprechend" (Ausubel 1968). Diese Position charakterisiert eine zentrale didaktische Grundüberzeugung eines schülerorientierten Unterrichts und stellt auch einen wesentlichen biologiedidaktischen Forschungsschwerpunkt dar: die Erforschung der Vorstellungen der Schülerinnen und Schüler.

13.2 Die Lernenden kommen mit eigenen Vorstellungen in den Unterricht

„Dann haben die heute dunklen Falter bemerkt, dass die Baumstämme dunkler wurden und sie als helle Tiere darauf für Feinde gut zu erkennen waren. Ich stelle mir das jetzt irgendwie über die Gene vor, dass da eine Erkenntnis: ‚Ich muss schwarz werden' stattgefunden hat – und sich dann über mehrere Generationen verteilt in den Genen festgeschrieben hat – und die dann wirklich so schwarz geworden sind."

(Baalmann zitiert nach Kattmann 2007)

Diese im Evolutionsunterricht geäußerte Schülervorstellung zum Birkenspanner stammt aus dem 12. Jahrgang. Sie zeigt Vorstellungen zur adaptiven Erkenntnis, gezielten Veränderung der Gene und damit einer gezielten Anpassung. Bekanntlich sind die Aussagen der biologischen Evolutionstheorie andere. Eben aus dieser Spannung ergibt sich eine fachdidaktische Herausforderung.

„Kinder und Jugendliche, Schüler und Studenten kommen nicht als unbeschriebene Blätter in den naturwissenschaftlichen Unterricht hinein. Sie bringen vielmehr bereits Vorstellungen zu den Phänomenen, Begriffen und Prinzipien mit, die behandelt werden sollen. Diese Vorstellungen stammen aus alltäglichen Sinneserfahrungen, aus alltäglichen Handlungen, aus der Alltagssprache, aus den Massenmedien, aus Büchern, aus Gesprächen mit Eltern, Geschwistern, Freunden und natürlich aus dem vorangegangenen Unterricht" (Duit 1992, 47). Allgemein werden solche Vorstellungen als *Alltagsvorstellungen* bezeichnet. In der entwicklungspsychologisch ausgerichteten Konzeptforschung werden auch sogenannte „Naive Theorien" im Hinblick auf biologische Phänomene diskutiert, z. B. zur Verwandtschaft, zur Genetik, zum Lebensbegriff und zum Tierbegriff (Pauen & Zauner 1999; Mähler 1999).

Nicht allein Vorstellungen zu naturwissenschaftlichen Phänomenen, Begriffen und Prinzipien (Inhaltsebene) bestimmen das Lernen, sondern auch Vorstellungen, die über diese fachliche Ebene hinausgehen (Duit 1993; Gebhard 2007). Dazu gehören Vorstellungen zur Natur und Reichweite naturwissenschaftlichen Wissens (epistemologische Vorstellungen), Vorstellungen zum eigenen Lernen und auch Vorstellungen zur Sinnhaftigkeit (Gebhard 2015 a) naturwissenschaftlichen Wissens und des Lernprozesses.

Im Anschluss an metapherntheoretische Ansätze der kognitiven Linguistik (Lakoff & Johnson 2000) bringt Harald Gropengießer (1999; 2007) Alltagsvorstellungen in einen Zusammenhang mit Erfahrungen mit dem eigenen Körper, sozialen und umweltlichen Beziehungen. Als Theorie des erfahrungsbasierten Verstehens erlaubt dieser Ansatz, Alltagsvorstellungen angemessen zu erklären und zu interpretieren (Gropengießer 2006; 2001; Baalmann u. a. 2004; Kattmann 2005; Riemeier 2005; Schönfelder 2005; Groß 2007; Niebert 2010). Vor dem Hintergrund dieses theoriegeleiteten Verständnisses können begründete unterrichtliche Interventionen entwickelt und in Vermittlungsversuchen evaluiert werden.

Alltagsvorstellungen zu biologischen Phänomenen berühren auch Aspekte, die über die fachliche Ebene hinausgehen. Dies wird vor allem von Ansätzen hervorgehoben, die die subjektivierende, symbolische Bedeutung von biologischen Lerngegenständen zum Thema haben. Für diese Art von Alltagsvorstellungen hat Ulrich Gebhard (2007; 2015 b) den Terminus *Alltagsphantasien* vorgeschlagen. Alltagsphantasien treten eher als implizites denn als explizites Wissen in Erscheinung (Tytler & Prain 2010) und nehmen aufgrund ihrer Bedeutungstiefe (sie beinhalten Aspekte des Selbst-, Menschen- und Weltbildes) Einfluss auf Werthaltungen, Interessen und Verhaltensweisen (Gebhard 2004; 2007; Born 2007; Monetha 2009; Oschatz 2011; Dittmer & Gebhard 2015). Dabei wird angenommen und auch empirisch gezeigt, dass die Beschäftigung mit diesen Phantasien und damit auch die explizite Reflexion assoziativer und intuitiver Vorstellungen subjektiv bedeutsames, persönlichkeitswirksames Lernen ermöglicht. Indem subjektivierende Vorstellungen – Phantasien, Narrationen (Zabel 2009), Symbolisierungen (Gebhard 2015 b) – und objektivierende (beschreibende und erklärende Bestände der Biologie) Zugänge miteinander verknüpft werden, wird der vormals fremde Gegenstand zu einem persönlich bedeutungsvollen, sinnvollen Lerngegenstand (Gebhard 2007).

Viele Alltagsvorstellungen stehen in einem gewissen Spannungsverhältnis zu den jeweiligen wissenschaftlichen Konzepten. Das kann bisweilen zu Schwierigkeiten beim Lernen führen, weil neues Wissen nur unter Berücksichtigung der bereits vorhandenen Vorstellungen aufgebaut werden kann. Lernen ist immer Umlernen. Vor dem Hintergrund der konstruktivistischen Lerntheorie (s. u.) sind Alltagsvorstellungen grundlegende Bausteine für die Neukonstituierung von Wissensstrukturen. Wir müssen also an den Schülervorstellungen anknüpfen und zugleich die Lernenden für die neuen wissenschaftlichen Vorstellungen gewinnen.

Alltagsvorstellungen zu biologischen Phänomenen sind zudem nicht unangemessen oder gar falsch, wie der Ausdruck „misconceptions" suggeriert. Richtig und falsch sind Bewertungen, die immer nur innerhalb eines theoretischen Zusammenhangs oder einer bestimmten Perspektive gelten können. In lebensweltlichen Kontexten haben Alltagsvorstellungen eine wichtige, situationsadäquate Funktion und sind daher aus dieser Perspektive betrachtet richtig und sinnvoll. Der Terminus *alternative framework* (Driver & Easley 1978) trifft diesen Sachverhalt besser.

13.3 Alltagsvorstellungen sind Lernvoraussetzungen

Der Biologieunterricht sollte an die Vorstellungen, die die Lernenden in den Unterricht mitbringen, anknüpfen und auf diesen explizit aufbauen. Von diesem Grundsatz geht auch das Modell der *Didaktischen Rekonstruktion* aus, indem es sowohl lebensweltlichen als auch wissenschaftlichen Vorstellungen prinzipiell Sinn unterstellt und beide systematisch in Beziehung zueinander setzt (→ 4) (Kattmann 2007; Kattmann u. a. 1997).

Die im Alltag vorherrschenden Vorstellungen können die wissenschaftliche Begriffsbildung allerdings behindern – vor allem dann, wenn die Spannung und der Widerspruch, der sich zwischen wissenschaftlichen und lebensweltlichen Vorstellungen auftut, entweder gar nicht thematisiert wird oder aber in einer Weise, der die lebensweltlichen Vorstellungen abwertet. Die unterschiedlichen Vorstellungen können jedoch bewusst gemacht, geklärt und im dialektischen Sinne „aufgehoben" werden (Guzetti et al. 1993).

Es gilt, entsprechende Widersprüche nicht einzuebnen, sondern sie fruchtbar zu machen. Das Ziel ist insofern nicht die Eliminierung irgendwelcher Vorstellungen, sondern ein Bewusstsein der Differenz der unterschiedlichen Konzepte (Häußler u. a. 1998). Gelingt dies nicht, führen die Lernprozesse in der Schule oft lediglich zu „trägem Wissen“ (Renkl 1996; 2010), das im Alltag keine oder nur eine untergeordnete Rolle spielt. Es geht um die Befähigung, zwischen wissenschaftlichen Vorstellungen und Alltagsvorstellungen je nach Situation hin- und herzuwechseln (Jung 1987; Gropengießer 1997 a, b; Rincke 2010). Es geht nicht darum, die wissenschaftlichen Konzepte gegenüber den alltäglichen auszuspielen (oder umgekehrt), es geht um die Fähigkeit der *Zweisprachigkeit* (Gebhard 2005; Fleer 2011).

Insofern sollen die Schülerinnen und Schüler lernen, in welchen Kontexten welche Konzepte sinnvoll angewandt werden können. Es geht deshalb nicht um eine strikte Änderung des Wissens, sondern um die Situiertheit des Wissens (Caravita & Hallden 1994) in Kontexten (Larsson & Hallden 2010; Fensham 2009). Lernprozesse sind damit stets an die Situation des Lernens gebunden (Stern 2006).

Die Hoffnung, die alltäglichen Vorstellungen auszumerzen und sie durch die richtigen wissenschaftlichen Vorstellungen ersetzen zu können, ist völlig unrealistisch – das zeigen alle Erfahrungen. Zudem würde damit das Subjekt seiner alltagspraktischen Erfahrungen und Vorstellungen beraubt. Das ist verbunden mit einem Verlust an subjektiver Sicherheit und an subjektiven Sinnzusammenhängen. Dadurch werden die emotionalen Widerstände bei didaktisch verordneten Konzeptwechselstrategien und die Hartnäckigkeit der Alltagsvorstellungen zusätzlich verständlich.

Ein gutes Beispiel für den besagten Widerspruch zwischen biologischer Theorie und Alltagstheorie sind die oft diskreditierten *Anthropomorphismen*: Nicht nur jüngere Kinder beseelen häufig ihre Umwelt (Piaget 1974; Hedewig 1988; Gebhard, Billmann-Mahecha & Nevers 1997). Dabei haben Naturphänomene, vor allem Tiere, aber auch Pflanzen, eine besondere Bedeutung. In der Verhaltensforschung werden solche Beseelungen als Anthropomorphismen (Vermenschlichungen) mit guten Gründen kritisch betrachtet. Aus psychologischer und pädagogischer Perspektive ist dagegen die subjektive Beseelung und auch Anthropomorphisierung von Tieren und Pflanzen als eine beziehungsstiftende Fähigkeit zu verstehen (Gebhard 1990; 2020, S. 51 ff.). Diese ist mit dem verhaltensbiologischen Verdikt des Anthropomorphismus nicht abzutun. In anthropomorphen Weltdeutungen offenbart sich nicht nur eine kognitive Interpretation der Welt, sondern zugleich auch eine affektive Beziehung zu ihr, die ethisch begründete Einstellungen und auch Verhaltensweisen beeinflusst. Es sollte daher nicht angestrebt werden, derartige Vorstellungen rigoros abzubauen, sondern diese im Gegenteil pädagogisch und didaktisch zu nutzen (Gebhard 2009). Anthropomorphismen sind im Hinblick auf die ethische Urteilsbildung (Gebhard, Billmann-Mahecha & Nevers 2003) und ihre affektive Dimension zu beachten. Sie sind zudem aus lernpsychologischen Gründen bedeutsam: Anthropomorphe Vorstellungen sind ein „mental naheliegendes Instrument für das Lernen" (Kattmann 2005; 2008). Anthropomorphismen können also ein biologisches Verständnis oft (jedoch nicht immer) erleichtern.

13.4 Lernende konstruieren ihre Vorstellungen selbst – unter Umständen auch neu

Eine zentrale theoretische Grundannahme der meisten Studien zu Schülervorstellungen ist der *Konstruktivismus* (Luhmann 1990; Duit & Treagust 1998; Duit 1995; Gerstenmaier & Mandl 1995; Riemeier 2007; Terhart 1999; Widodo & Duit 2004; 2005; zum *Diskurs des radikalen Konstruktivismus* Schmidt, J. 1987; von Förster 1992). In didaktischer Hinsicht wird hier davon ausgegangen, dass Wissen nicht einfach verabreicht werden kann, dass Lernen kein passives Geschehen ist, sondern dass Wissen aktiv konstruiert werden muss. Im Zentrum der konstruktivistischen Sichtweise steht das konstruierende Subjekt, das auf der Grundlage von bereits entwickelten und somit bewährten Alltagsvorstellungen und -theorien, affektiven Gestimmtheiten und natürlich auch den jeweiligen äußeren Gegebenheiten (z. B. der Lernumgebung) seine Versionen über die Welt aufbaut und ständig ändert. Lernen ist danach stets aktiv, selbstgesteuert, konstruierend, situiert, sozial und emotional (Reinmann & Mandl 2006; Marsch, Hartwig & Krüger 2009; Baviskar u. a. 2009). Es geht dabei um den Aufbau anwendbaren Wissens, „um so die oft diskutierte Kluft zwischen Wissen und Handeln zu überbrücken" (Mandl 2006, 28). Diese Sichtweise vom Lernen hat übrigens auch Folgen für die Lehrerrolle: Die Lehrenden können Wissen nicht einfach weitergeben. Sie können auch durch noch so geschickte Arrangements den Lernenden nicht biologisches Wissen mit definierten Bedeutungen „verabreichen" – sie können lediglich zur Konstruktion von neuen Versionen der Wirklichkeit anregen (Duit 2000). Diese Grundauffassung vom Lernen ist keineswegs eine neue Erfindung als Folge konstruktivistischer Sichtweisen. Solche Überlegungen finden sich bereits bei reformpädagogischen Ansätzen, oder auch bei John Dewey und Martin Wagenschein (1973).

Bedingungen für die Erweiterung von Vorstellungen (Posner 1982)

Die Lernenden müssen die Grenzen ihrer bereits verfügbaren Vorstellungen erfassen können, die neue (fachwissenschaftliche) Vorstellung muss

- logisch verständlich sein,
- einleuchtend und plausibel sein,
- fruchtbar sein, d. h. sich in neuen Situationen als erfolgreich erweisen.

Diese Bedingungen für besagte Konzepterweiterung wird von Weitzel (2019, 87 ff.) am Beispiel des Industriemelanismus (Birkenspanner) durchdekliniert. Um zu unterstreichen, dass die Vorstellungswelten des Alltags nicht einfach durch die wissenschaftlichen Vorstellungen ersetzt werden können, haben sich neben der klassischen Bezeichnung „conceptual change" (Duit & Treagust 2003; Krüger 2007; Vosniadou 2008) die Termini „conceptual growth" oder auch „conceptual reconstruction" (Kattmann 2008) etabliert (Amin, Smith & Wiser 2014).

Die Bedingungen zur Erweiterung von Lernendenvorstellungen sind nicht leicht zu erfüllen, haben doch die Alltagsvorstellungen meist eine sinnvolle orientierende Funktion im Alltag, die nicht ohne Weiteres aufgegeben werden dürfte. Duit unterscheidet hier einen revolutionären, diskontinuierlichen Weg und einen evolutionären, kontinuierlichen Weg des Konzeptwechsels. Beim diskontinuierlichen Weg werden die Lernenden mit den eigenen Widersprüchen in Form eines „kognitiven Konflikts" konfrontiert. Damit verbundene Irritationen können zum einen bildungswirksam sein (Bähr u. a. 2018; für den Biologieunterricht: Lübke & Gebhard 2016), zum anderen natürlich auch zur Folge haben, dass die Alltagsvorstellungen im Sinne der „richtigen" fachlichen Konzepte revidiert werden. Beim kontinuierlichen Weg werden die Alltagsvorstellungen aufgegriffen und mit den wissenschaftlichen Vorstellungen verknüpft. Ziel ist hier nicht ein totaler Vorstellungswechsel, sondern ein reflektierter Umgang mit beiden Arten von Vorstellungen: eben conceptual growth (Krüger 2007; Widodo & Duit 2004, 2005; Schmidt & Parchmann 2011; Treagust & Duit 2008; Reinfried 2006).

Ein so verstandener reflektierter Konzeptwechsel kann vor allem dann gelingen, wenn die zu erwerbenden neuen Vorstellungen in sinnvolle Kontexte eingebettet werden. Diese sinnhafte Integration neuer Kenntnisse kann mit einem grundlegenden Sinnbedürfnis der Lernenden in Verbindung gebracht werden (Gebhard 2015 a). Die besagte sinnhafte Interpretation der Lerngegenstände wird insbesondere durch sogenannte situierte Lernprozesse (Stark & Mandl 2000) begünstigt.

Es gibt mehrere Werke, die eine Übersicht über konkrete Schülervorstellungen zu einer Vielzahl biologischer Themen bieten (Hammann & Asshoff 2014; Kattmann 2015; 2019). Eine Auswahl an Quellenangaben können Sie herunterladen (Tab. 13-1).

13.5 Das Interesse für einen Gegenstand kann effektives Lernen fördern

Interessen haben etwas mit unserer Person zu tun. Wofür wir uns interessieren, ist ein Teil unserer Identität, unseres Selbstkonzepts und ist insofern in einem noch viel tieferen Sinne bildungswirksam als nur im Hinblick auf die Effizienzsteigerung von Lernprozessen. Wenn wir uns mit etwas beschäftigen, wofür wir uns als Person interessieren, können wir diese Tätigkeit bzw. solche Momente als sinnvoll interpretieren (Combe & Gebhard 2007). Derartige Interessen wirken dementsprechend auch über die Schule bzw. die Schullaufbahn hinaus (Prenzel u. a. 2000).

Interesse (Scheersoi, Bögeholz & Hammann 2019) ist eine besondere Qualität der Beziehung zu bestimmten Sachverhalten und damit der gegenstandsorientierte, inhaltliche Aspekt der Motivation (→ 13.4). Andreas Krapp bezeichnet Interesse als eine „auf Selbstbestimmung beruhende motivationale Komponente des intentionalen Lernens“. „Interesse bezeichnet solche Person-Gegenstands-Relationen, die für das Individuum von herausgehobener Bedeutung sind und mit (positiven) emotionalen und wertbezogenen Valenzen verbunden sind“ (Krapp 1993, 202, vgl. auch Blankenburg & Scheersoi 2018; Krapp & Prenzel 1992; Krapp & Ryan 2002; Vogt 2007).

In der Person-Gegenstands-Theorie des Interesses (Krapp 1992; 1993) wird davon ausgegangen, dass die Aktivierung individuellen Interesses – als eine situationsübergreifende, motivationale Disposition – eine besondere Lernmotivation darstellt. Dieses *dispositionale Interesse* wird als ein relativ stabiles Personenmerkmal verstanden und ist somit ein wichtiger und zentraler Bestandteil des Selbstkonzepts. Krapp (1992) unterscheidet eine emotionale und eine wertbezogene Komponente des individuellen Interesses. Die emotionale Komponente bezieht sich darauf, dass während der Realisierung des Interesses überwiegend positive Gefühle erlebt werden. Die wertbezogene Komponente verweist darauf, dass der Gegenstand für die Person eine „herausgehobene, subjektive Bedeutung hat“ (Krapp & Ryan 2002, 69).

Menschen befinden sich in ständiger Interaktion mit *Gegenständen*, Sinn- und Bedeutungseinheiten aus ihrer Umwelt: Dinge, Lebewesen, Institutionen oder auch Sachverhalte. Diese Gegenstände sind für die Individuen unterschiedlich bedeutsam, sie sind unterschiedlich interessant und schaffen damit ein *situationales Interesse*. Die (fach-)didaktische Aufgabe in diesem Zusammenhang ist, zwischen der Interessantheit einer Situation oder eines Gegenstandes und der Interessiertheit einer Person Verbindungen herzustellen. Es ist davon auszugehen, dass aktuelles situationales Interesse das Entstehen von langfristigem individuellen Interesse fördern kann, und genau hier kann die aktive Tätigkeit der Lehrenden ansetzen: Man kann durch Anreizbedingungen in einer bestimmten Lernsituation bei den Lernenden ein situationales Interesse erzeugen, damit Interessehandlungen provozieren und so erfolgreich zur Entstehung von individuellen Interessen beitragen. Zur dauerhaften Ausbildung einer Disposition bedarf es jedoch weiterer Faktoren, wie Kompetenzerleben, soziales Eingebundensein und Erleben der Selbstständigkeit (Autonomie), wie sie in der Theorie der Selbstbestimmung der Motivation (s. u.) angeführt werden.

13.6 Der Interessenabfall ab Klasse 5 ist eine Herausforderung für den Fachunterricht

Eine Reihe von Untersuchungen belegt das ausgesprochen geringe Interesse vieler Schülerinnen und Schüler an naturwissenschaftlichen Themen (Prenzel u. a. 2007; Krapp & Prenzel 2011; Zusammenfassung: Merzyn 2008). Eine Metaanalyse von Potvin und Hasni (2014) zeigt einen Interessenabfall an den Naturwissenschaften im Laufe der Schulzeit. Das Fach Biologie schneidet dabei insgesamt noch am besten ab. Allerdings liegt das nicht daran, dass die Biologie besonders beliebt ist, vielmehr wird die Biologie weniger abgelehnt als andere Naturwissenschaften (Merzyn 2008). Insgesamt hat das Fach Biologie in der Beliebtheit der Schulfächer einen Platz im oberen Mittelfeld (Institut für Jugendforschung 2004).

Eine Reihe von empirischen Untersuchungen zu Interessen an biologischen Themen hat für die Biologiedidaktik differenzierte Befunde erbracht (Rolbitzki 1983; Noll 1984; Löwe 1990; 1992; Klein 1994; Upmeier zu Belzen 1998; Kögel u. a. 2000; Dietz, Gehlhaar & Klepel 2005; Jördens & Hammann 2019; Hasni & Potvin 2015; Übersicht bei Kattmann 2000).

Kleine Kinder wenden sich voller Neugier allem zu, was sich aktiv bewegt – also vor allem Tieren. Jedoch wird das Interesse an biologischen Erscheinungen im Laufe der Schulzeit deutlich geringer. Untersuchungen zur Abhängigkeit des Interesses an der Biologie vom Lebens- und Schulalter ergaben, „dass in den Klassenstufen 3 bis 5 nur geringe Alterseffekte auftreten, während ab Klassenstufe 6 bis zur Klassenstufe 8 (…) gravierende altersspezifische Veränderungen eintreten“ (Löwe 1987, 62; Hesse 1984). Das Biologieinteresse nimmt vom 6. Schuljahr an so deutlich ab, dass man von einem „Interessenverfall“ und von einem „5.-Klassen-Effekt“ spricht. Dieser Effekt tritt offenbar unabhängig vom Lebensalter auf und scheint mit dem Einsetzen des biologischen Fachunterrichts zusammenzuhängen. Nach der Klassenstufe 8 verlangsamt sich die negative Entwicklung; das Interesse an Biologie kann sich sogar am Ende der Sekundarstufe I erhöhen. Diese relativ alten Ergebnisse und deren Interpretation werden von der neueren Rose-Studie (Schreiner & Sjoeberg 2004) gestützt.

Dass das fachspezifische Interesse mit dem Alter bzw. mehr noch mit der Klassenstufe abnimmt, ist ein sehr gut belegter Befund und gilt für alle Schulfächer (Daniels 2008; Krapp 2010). Der Interessenabfall ist aber nicht notwendig eine Entwicklung zu einem zunehmend interesselosen Zustand. Interesse ist eine Personeneigenschaft, die sich mit dem Alter differenziert. Man kann sich eben nicht für alles interessieren.

Lernende sehen nach der Grundschulzeit dem Biologieunterricht durchaus freudig entgegen (Kögel u. a. 2000). Sie glauben zu 69 %, dass in Biologie interessante Themen behandelt werden (vor allem Humanbiologie), sie freuen sich auf praktische Arbeiten: Mikroskopieren (75 %), Experimentieren (63 %). Darüber hinaus sind Lebewesen (66 %) interessant, ebenso Exkursionen (59 %). Nicht zuletzt glauben viele Lernende (66 %), dass sie biologische Kenntnisse im Alltag gebrauchen können.

Der Interessenabfall, der dennoch auch in Biologie eintritt, wird von Schülerinnen und Schülern damit begründet, dass der Biologieunterricht immer theoretischer und komplexer wird (Prokop u. a. 2007). In diesem Zusammenhang wird häufig die Forderung erhoben, die Abstraktheit, die theoretische Orientierung und Formalisierung des naturwissenschaftlichen Unterrichts abzubauen. Dieser Forderung ist insofern zuzustimmen, als dass damit ein sinnentleerter formelorientierter Unterricht kritisiert wird. Problematisch wird ein derartiger Theorie- und damit auch Komplexitätsvorbehalt vor allem dann, wenn das Interesse nach wirklichem Verstehen und nach dem Erfassen von Komplexität von vornherein ausgeschlossen wird. Das Gegenteil ist der Fall. Der Ansatz des „kumulativen Lernens“ (Harms & Bünder 1999; Kattmann 2003) setzt genau hier an. So zeigt sich, dass eine längere und vertiefte Auseinandersetzung mit Lerngegenständen (wie z. B. in Leistungskursen oder Projekten) durchaus interessefördernd ist (Köller et al. 2006). Die Einstellungen zu den Naturwissenschaften sind insgesamt übrigens positiver als zum naturwissenschaftlichen Unterricht, ein Befund, den Jenkins und Nelson (2005) pointiert zusammenfassen: „Important, but not for me.“

Das *Umweltinteresse* ist schon im 3. Schuljahr höher als das Interesse an den traditionellen Gebieten des Biologieunterrichts, und es gerät – wie das Interesse an humanbiologischen Themen – nicht „in den Strudel des pubertären Motivationsabfalls“ (Löwe 1987, 63). Diese Befunde von Löwe – einem der Begründer der biologiedidaktischen Interessensforschung – werden durch die aktuelle Naturbewusstseinsstudie Jugend des Bundesamts für Naturschutz eindrucksvoll gestützt (BMU/BfN 2021). Sehr deutlich zeigt das die aktuelle „Fridays-for-Future"-Bewegung, die sich sehr eindeutig auf fachliche Kenntnisse und ein diesbezügliches Interesse stützt (Koos & Naumann 2019; Sommer et al. 2019).

Das Interesse der Lernenden hängt auch davon ab, unter welchem Aspekt das betreffende Unterrichtsthema behandelt wird (Streller 2009). Der Einfluss methodischer Varianten wird bei der Ausprägung des Interesses durch empirische Studien in verschiedenen Jahrgangsstufen bestätigt: Neben außergewöhnlichen oder besonders relevanten und emotional ansprechenden Themen (z. B. Wale, Sexualkunde) werden in der Sekundarstufe I insbesondere praktische Arbeitsverfahren (Mikroskopieren, Experimentieren) und Organisationsformen wie Gruppenarbeit als besonders interessant erachtet (Vogt u. a. 1999; Randler & Kunzmann 2005). Ähnliches gilt auch für die Grundschule (Kleine & Vogt 2002). Beliebt sind vor allem Arbeitsweisen, die der Eigentätigkeit weiten Raum lassen, zum Beispiel Experimentieren, Mikroskopieren, Halten von Pflanzen und Tieren (Löwe 1980; 1983; 1990; Hesse 1984; Meyer 1987, 51 ff.).

Entsprechende Tätigkeiten haben gemäß einer breit angelegten Studie im kanadischen Quebec sogar einen noch größeren Einfluss auf das Interesse als inhaltliche Akzente und Lernziele (Hasni & Potvin 2015; Potvin & Hasni 2014). In dieser Studie wurde das naturwissenschaftliche Interesse von 1882 Lernenden aus den Klassen 5 bis 11 untersucht, bezogen auf verschiedene Einflussfaktoren (Unterrichtsmethoden, Interesse an anderen Schulfächern und familiärer Kontext). Praktische Tätigkeiten sind danach besonders motivationsförderlich, aber nur, wenn sie auch reflektiert werden. Zudem sollten Unterrichtsmethoden gewählt werden, die Bezüge zur Lebenswelt ermöglichen. Besonders motivierend sind offene Untersuchungsmethoden, die die Erkenntnisgewinnung in den Fokus rücken. Dabei sind vor allem solche Aufgaben interessant, bei denen Forschungsfragen formuliert und Versuche geplant werden, wohingegen die eigentliche Durchführung von Versuchen weniger wichtig zu sein scheint.

Das geschlechtsspezifische Interesse an den Naturwissenschaften ist auch ein Thema für die Genderforschung (Buccheri, Gürber & Brühwiler 2011). So gibt es eine Reihe von Hinweisen, dass es typisch „männliche" Fächer (Physik, Technik, Chemie, Mathematik, Geographie) und „weibliche" Fächer (Religion, Biologie, Musik, Deutsch) gibt (Hoffmann & Lehrke 1986). Das zeigt sich auch bei entsprechenden Kurswahlen in der Sekundarstufe II und auch bei Berufswahlen. 2015/2016 studierten 51637 Menschen Biologie an deutschen Hochschulen. Davon sind 63 % Frauen (vgl. auch acatech & Körberstiftung 2020). Das MINT-Nachwuchsbarometer (vgl. acatech & Körberstiftung

2020) zeigt zwar, dass sich die Leistungen in den naturwissenschaftlichen Fächern von Mädchen und Jungen in der Mittelstufe zunehmend angleichen, trotzdem haben die Mädchen sowohl weniger Interesse an diesen Fächern und auch ein geringeres diesbezügliches Selbstvertrauen. Einzige Ausnahme hierbei ist das Fach Biologie: Hier haben die Mädchen sowohl mehr Interesse als auch ein höheres Selbstvertrauen.

Biologie ist also gewissermaßen ein „weibliches“ Fach (Tamir 1985). In besonderer Weise interessieren sich Mädchen für Ernährungsfragen, Krankheiten und Schwangerschaft (Elster 2007). Scharfenberg (2005) zeigt, dass Mädchen sich auch mehr für Anwendungen der Gentechnik am Menschen und damit für ethische Aspekte der Biologie interessieren. Jungen haben dagegen ein geringeres Interesse am menschlichen Körper, besonders wenig an Schwangerschaft und Geburt (Taber 1991).

Die europaweite Befragung „ROSE“ (*The Relevance of Science Education*, Schreiner & Sjoeberg 2004) bestätigt diese geschlechtsspezifischen Befunde auch im internationalen Bereich. Der deutsche Anteil der ROSE-Studie (Holstermann 2009) ist im Hinblick auf Geschlechtsunterschiede ausgewertet worden. Danach interessieren sich Mädchen besonders für humanbiologische Themen: Krankheiten, Epidemien, Körperfunktionen, Fortpflanzung, Körperbewusstsein. Im Hinblick auf den eigenen Körper sind die Jungen auffällig unbeteiligt. Zwar interessieren sich auch Jungen für humanbiologische Themen (Finke 1998; Kögel u. a. 2000; Löwe 1992), doch nicht so sehr für den eigenen Körper. Wichtig auch für Jungen sind jedoch Themen, die Schädigungen des Körpers betreffen. Die Mädchen in Schweden präferieren Themen wie Gesundheit, Fitness, Träume und Okkultismus, die schwedischen Jungen dagegen interessiert z. B., wie sich biologische Waffen auf den menschlichen Körper auswirken (Jidesjö & Oscarsson 2004).

Bei diesen Interessensunterschieden reproduzieren sich die klassischen Geschlechtsrollenstereotype. So wird in der fachdidaktisch orientierten Geschlechterforschung auch eine „genderreflexive Biologiedidaktik“ (Palm 2012) gefordert.

Die geschlechtsspezifischen Interessen werden vor dem Hintergrund der Selbstkonzeptforschung (Möller & Trautwein 2009) interpretiert, wonach das Selbstkonzept, vor allem das Fähigkeitsselbstkonzept der Mädchen, eine interessierte Beschäftigung mit den Naturwissenschaften zumindest nicht begünstigt (Kessels & Hannover 2006). Zusätzlich wird darüber nachgedacht, ob für die naturwissenschaftlichen Fächer die Monoedukation wieder eingeführt werden soll. Vielversprechender scheinen allerdings curriculare Änderungen und ein auf Aushandlung und Kommunikation gerichteter Unterrichtsstil zu sein. Für den Biologieunterricht spricht Palm (2012) in diesem

Zusammenhang von „epistemologischen Herausforderungen einer gendertheoretisch informierten Fachdidaktik".

13.7 Lernende sind von sich aus motiviert, sie wollen kompetent und wirksam sein

Durch Motivation wird menschlichem Verhalten Richtung, Ausdauer und Intensität verliehen (Urhahne 2008). Die Motivationsforschung unterscheidet zwischen intrinsisch (von innen kommender) und extrinsisch (durch externe Stimuli, wie Prüfungen, Belohnungen, soziale Anerkennung oder Missachtung) bedingter Motivation. Intrinsische Motivation führt zu interesseorientierten Handlungen (→ 13.3) und braucht keine externen Anstöße.

„Intrinsisch motivierte Handlungen repräsentieren den Prototyp selbstbestimmten Verhaltens. Das Individuum fühlt sich frei in der Auswahl und Durchführung seines Tuns. Das Handeln stimmt mit der eigenen Auffassung von sich selbst überein. Die intrinsische Motivation erklärt, warum Personen frei von äußerem Druck und inneren Zwängen nach einer Tätigkeit streben, in der sie engagiert tun können, was sie interessiert" (Deci & Ryan 1993, 226). Es kann empirisch gezeigt werden, dass die intrinsische Motivation untergraben wird, wenn durch extrinsische Belohnungen versucht wird, die Motivation aufrecht zu erhalten (Deci 1975). Das Gefühl der Selbstbestimmung wird dadurch in Frage gestellt.

Im Unterschied zu anderen Motivationstheorien betont die *Selbstbestimmungstheorie der Motivation* von Edward L. Deci und Richard M. Ryan (1993), dass nicht nur bei intrinsisch motivierten Handlungen ein hoher Grad von Selbstbestimmung vorliegt, sondern dass diese Selbstbestimmung auch bei extrinsisch motivierten Handlungen zumindest möglich ist. Diese Theorie differenziert motivierte Handlungen nach dem Grad ihrer Selbstbestimmung (bzw. ihrer Kontrolliertheit). Extrinsische Motivation kann verschiedene Stufen der Regulation von external über introjiziert und identifiziert zu integriert erreichen. Als Antriebsquelle für das Erzeugen und Erhalten von intrinsischer sowie extrinsischer Motivation nehmen Deci und Ryan drei psychologische Grundbedürfnisse des Menschen an, nämlich ein angeborenes, anthropologisch begründetes Streben nach Kompetenz, Autonomie und sozialer Eingebundenheit (Deci & Ryan 2000). „Wir gehen davon aus, dass der Mensch die angeborene motivationale Tendenz hat, sich mit anderen Personen in einem sozialen Milieu verbunden zu fühlen, in diesem Milieu effektiv zu wirken (zu funktionieren) und sich dabei persönlich autonom und initiativ zu erfahren" (Deci & Ryan 2003, 229). Für den Biologieunterricht konnte das Bedürfnis nach Autonomie bestätigt werden (Großmann, Fries & Wilde 2019). Für außerschulische Lernorte konnten die Grundbedürfnisse nach Deci und Ryan bestätigt werden (Scheersoi & Tunnicliffe 2016).

Oft werden intrinsisch motivierte (Lern-)Handlungen mit dem sogenannten „Flow-Erleben" (Csíkszentmihályi 2005) in Verbindung gebracht. Das ist ein beglückendes Aufgehen in einer Tätigkeit und das damit verbundene Gefühl der Hingabe an eine Sache, „als liefe das Geschehen gleitend wie aus einer inneren Logik" (Rheinberg et al. 2003, 263; zum Flow-Erleben im Biologieunterricht: Krombass et al. 2007).

13.8 Anregende und interessante Lernumgebungen können die Motivation fördern

Schülerorientierung wäre missverstanden, wenn damit eine Fixierung auf die vorgefundenen Interessen und Vorstellungen gemeint ist. Es geht schließlich auch darum, die Interessen der Lernenden zu entwickeln und ihre Vorstellungen zu erweitern (Kattmann 2000). Ein schülernaher Unterricht soll dazu inspirieren, die eigenen Perspektiven und Handlungsmöglichkeiten zu erweitern und gleichzeitig denunziert dieser Unterricht ihre Interessen und Vorstellungen nicht als das, was durch naturwissenschaftlichen Unterricht zu überwinden ist. Insofern hat das Interesse bzw. die Interessantheit eine große Bedeutung für die Motivation (O'Keefe, Horberg & Plante 2017; Renninger & Hidi 2016).

Wie gezeigt wurde, nimmt das Interesse an biologischen Themen im Verlaufe der Schulzeit ab. Dazu kommt, dass die meisten Schülerinnen und Schüler ihre Interessenausrichtung nicht primär auf die Schule zurückführen, sondern eher auf Einflüsse der Familie und des Freundeskreises (Fölling-Albers 1995). Vor diesem Hintergrund ist die Interessenförderung eine zentrale Herausforderung für den Biologieunterricht. Die Förderung von individuellen Interessen im Sinne einer situationsübergreifenden motivationalen Disposition befördert zum einen die Persönlichkeitsentwicklung und ist zum anderen als ein wichtiger Bezugspunkt für die intrinsische Motivation anzusehen. Dabei ist es wichtig, sich nicht mit der Inszenierung von möglichst interessanten Effekten zu begnügen, sondern das personnahe Interesse im Blick zu behalten. Für die Interessenförderung ist zwischen einer *catch-* und einer *hold-*Komponente zu unterscheiden. Mit Techniken der Aufmerksamkeitssteuerung wie z. B. der Auslösung von Überraschungs- und Diskrepanzerlebnissen lässt sich das Interesse von Schülern und Schülerinnen „einfangen". Damit das Interesse „gehalten" werden kann, sind weitere Faktoren, wie z. B. das Erleben der Sinnhaftigkeit des Lernstoffs, nötig. Eine gute Gelegenheit, sich Einblick in die Motivationslage der Lernenden zu verschaffen, bietet die sogenannte Fünf-Minuten-Biologie (Stichmann 1970; 1992). Walter Kleesattel (2000) hat neben der Fünf-Minuten-Biologie verschiedene Vorschläge für einen abwechslungsreichen Biologieunterricht zusammengestellt, der die Interessen der Lernenden berücksichtigt sowie die Möglichkeiten für praktisches Arbeiten in den Vordergrund rückt. Die wichtigste Methode in diesem Zusammenhang ist jedoch das Gespräch. Für eine entsprechend förderliche Gesprächsatmosphäre bietet sich die Methode des Philosophierens mit Kindern besonders an (Michalik & Schreier 2006). Diese Methode lässt sich auch für die Situation im Biologieunterricht gut nutzen (Gebhard 2005; Nevers 2005). Eine Reihe von Vorschlägen zur Erkundung der Ausgangssituation der Lernenden findet sich bei Gernot Strey (1982; 1986) und Harald Gropengießer (1997 c).

Entscheidend für die Förderung eines hohen Grades an intrinsischer Motivation im Unterricht ist die soziale Umgebung im Allgemeinen und die jeweilige Lernumgebung im Besonderen. In einer Reihe von Labor- und Feldversuchen sind motivationsfördernde Faktoren ermittelt worden (zur Erfassung der Motivation: Wilde et al. 2009). Es handelt sich dabei um eine Lernumgebung, die Selbstständigkeit fördert (Meyer-Ahrens et al. 2010; Bätz u. a. 2009 a; Erhart 2005), die Wahlmöglichkeiten lässt, anerkennend ist, auf die Lebensbezüge und Interessen der Schülerinnen und Schüler eingeht, die wirkliche Kompetenzen vermittelt, die weder unter- noch überfordert. Gemäß dem psychologischen Grundbedürfnis nach Kompetenz eignen sich am besten Herausforderungen, die etwas über dem Kompetenzniveau liegen, das bereits erreicht ist (Ryan & La Guardia 1999). Monetha (2009) konnte zeigen, dass durch eine konsequente Berücksichtigung von Alltagsvorstellungen bzw. Alltagsphantasien motivationale Faktoren günstig beeinflusst werden, und zwar in besonderer Weise das Erleben von sozialer Eingebundenheit und das situative Interesse (Monetha & Gebhard 2008). In diesem Zusammenhang ist auch die Entwicklung von Aufgaben für den Biologieunterricht (Langlet 2003) bedeutsam: Sie sollen nicht lediglich deklaratives Wissen erfordern, sondern zu komplexen und selbstbestimmten Lösungsversuchen animieren. Unterrichtsmethoden wirken allerdings nicht zwingend, nur weil man sie anwendet (Duffy & Jonassen 1991). Die Frage der Motivation und Motivierung ist zu guter Letzt weniger ein methodisches oder unterrichtspraktisches Problem als vielmehr eine Frage der pädagogischen Haltung.

Ein zentraler Motivierungsfaktor ist es, die Interessen, also den gegenstandsorientierten Aspekt der Motivation, ernst zu nehmen und zu entwickeln (→ 13.3). Ebenso wichtig ist eine explizite Bezugnahme auf die Alltagsvorstellungen der Schülerinnen und Schüler. Dazu gehört der genaue Blick auf diese Vorstellungen (zu Methoden zum Erfassen von Schülervorstellungen im Unterricht: Gropengießer 1996; 1997 c; Diagnoseaufgaben siehe Schrenk et al. 2019, 12). Weitere Methoden zur Erhebung von Alltagsvorstellungen im Unterricht finden sich bei Kattmann (2015, 17-19) (u. a. Kartenabfrage, Zeichnungen, Texte verfassen, Konzept-Cartoons).

Außerdem sind natürlich auch Konzepte gefragt, die diese Vorstellungen in den Unterricht integrieren („Denkpfade" zur Zellverdoppelung: Riemeier 2005; Unterrichtseinheiten zur Evolutionsbiologie: Baalman & Kattmann 2000; zum biologischen Gleichgewicht: Sander, Jelemenská & Kattmann 2004; Harms & Bertsch 2018 zum Energiebegriff).

Eine wichtige Bedingung für motiviertes Lernen ist, dass das lernende Subjekt das eigene Lernen und damit verbunden auch die Lerngegenstände als bedeutungs- und sinnvoll interpretieren kann (Gebhard 2003). Eine Möglichkeit hierzu ist das sogenannte *kumulative Lernen* (Rottländer 2001; VDBiol o. J.; Kattmann 2003). Biologische Sachverhalte sollen nicht reduziert, vereinfacht oder isoliert gelernt werden, sondern in breiter Komplexität, die die Lebenswelt ebenso einschließt wie wissenschaftliche und gesellschaftliche Dimensionen. Indem biologische Sachverhalte gewissermaßen „vom Blatt zum Planeten" (Kattmann 2003) durchdekliniert werden, erfassen die Lernenden das jeweils anstehende biologische Phänomen gleichzeitig in mehreren Dimensionen. Das biologische Wissen bleibt nicht isoliert und damit träge, sondern wird verbunden mit Alltagsvorstellungen, Vorwissen und gesellschaftlichen Bezügen (Wadouh, Sandmann & Neuhaus 2009). Das kumulative und bedeutungsvolle Lernen zeichnet sich durch folgende Schritte bzw. Dimensionen aus (nach Kattmann 2003, 124):

1. Erfahren von Komplexität (Erkennen von lebensweltlichen Bezügen, Mut zur Anwendung des Wissens auf Alltagsprobleme und -situationen);
2. Einsicht in die eigenen Vorstellungen (Reflektieren von Alltagsvorstellungen und wissenschaftlichen Vorstellungen);
3. Erkennen und Knüpfen von Zusammenhängen (Wiederholung und Erweiterung des Gelernten in neuen Kontexten, Aufbau einer komplexen Wissensstruktur);
4. Erfahren des eigenen Lernfortschritts und Anwendung des Wissens (Kompetenzerleben, Ausbildung von Interessen, Steigerung der Motivation).

Motivationsförderung

- Der Unterricht soll der *Erlebens- und Verstehensebene sowie den Denkformen* der Lernenden entsprechen. Zur Erarbeitung der Inhalte sollen möglichst alle Lernenden beitragen können.
- Die Schülerinnen und Schüler sollen möglichst häufig an der *inhaltlichen und methodischen Planung* des Unterrichts beteiligt werden. Die Bedeutung des Inhalts für ihr persönliches Leben soll erkannt werden.
- Der Unterricht sollte den psychologischen Grundbedürfnissen entgegenkommen: neben dem Autonomiebedürfnis dem Bedürfnis nach sozialer Eingebundenheit und dem Bedürfnis nach Kompetenz.
- Der *Unterrichtsinhalt* soll den Lernenden so vor Augen geführt werden, dass er ihnen fragwürdig oder problemhaltig erscheint. Dabei können auch Irritationen positive Wirkungen haben.
- Die gewählten *Unterrichtsmethoden* sollen die Eigenaktivität der Lernenden ermöglichen. Der Unterricht sollte in Bezug auf Methoden und Medien vielseitig und abwechslungsreich gestaltet werden. Besondere Beachtung verdienen die Methodenkonzepte und Sozialformen, die zu einer Binnendifferenzierung führen, z. B. durch Offenen Unterricht, Kleingruppenarbeit, Gruppenpuzzle.
- *Lebewesen* sollten nicht nur als Träger von Eigenschaften (Grundphänomenen des Lebendigen) behandelt werden, sondern immer auch als ganze Organismen erkennbar sein.
- Die *Lehrperson* soll ihr persönliches Engagement und Interesse am Unterrichtsgegenstand und die eigene Bereitschaft zu ständigem Weiterlernen erkennen lassen.
- *Kumulatives Lernen*: Biologische Sachverhalte sollen nicht reduziert, vereinfacht oder isoliert gelernt werden, sondern in breiter Komplexität, die die Lebenswelt ebenso einschließt wie wissenschaftliche und gesellschaftliche Dimensionen.
- Biologische Inhalte sollen in *Kontexte* eingebettet werden (*situierte Lernumgebungen*).
- Im Biologieunterricht soll auch diskutiert werden, um argumentative Kompetenzen zu fördern sowie auch um Vorstellungen, Erfahrungen oder kreativen Ideen Raum zu geben und eine diskursive Auseinandersetzung mit lebensweltlich und gesellschaftlich bedeutsamen Themen zu fördern. Die Bedeutung der Biologie für Individuum und Gesellschaft sollte bereits von der Grundschule an betont werden.
- *Alltagsvorstellungen* sollten explizit in den Unterricht einbezogen werden.
- Individuelle *Interessen* und deren Entwicklung sollten berücksichtigt werden.

Harald Gropengießer

14 Biologielehrerin und Biologielehrer

Unterricht ist die Kernaufgabe der Institution Schule. Dessen Gelingen hängt in starkem Maße von der Lehrperson ab. Wer den Lehrberuf ergreifen will, hat einen Bildungs- und Ausbildungsgang zu durchlaufen. Dafür kann ein Leitbild Orientierung, also Richtung und Zusammenhang geben. Deshalb ist ein Berufsbild als Selbstverständnis für Biologielehrerinnen und -lehrer notwendig.

14.1 Biologielehrkräfte sind Experten für das Lernen und Lehren der Biologie

In der Öffentlichkeit werden Lehrkräfte weniger als Fachleute oder Experten angesehen als Ärzte oder Ingenieure. Selbst Lehramtsstudierende billigen Hausfrauen eher einen Experten-Status zu als Lehrern (Bromme 1997). Vor dem Hintergrund eines so schwach ausgeprägten professionellen Selbstverständnisses erscheint es nützlich, das Berufsbild von Biologielehrkräften zu hinterfragen. Inwieweit ist das Lehren der Biologie eine Profession, ein Beruf, eine Beschäftigung oder nur ein Job? Es spricht durchaus einiges für eine Profession, also einem Beruf mit hohem Ansehen. Denn Lehren ist eine komplexe und herausfordernde Tätigkeit, die eigenständige Entscheidungen und Gestaltungen verlangt. Dabei wird mit intellektueller, emotionaler und organisatorischer Arbeit ein Dienst an der Gesellschaft geleistet (Corrigan, Gunstone & Dillon 2011, 2).

Um den Lehrberuf weiter zu professionalisieren, ist eine stärkere Standardisierung der Zugangsvoraussetzungen, der Qualifikation und der Entwicklung von Kompetenzen notwendig. Dazu gibt es bereits ländergemeinsame Empfehlungen und Standards. So empfiehlt die Kultusministerkonferenz (2013), die Eignung von Interessenten für den Lehrberuf selbstreflexiv abzuklären (vgl. dazu OECD 2015). Berufsorientierende Beratung, onlinebasierte Selbsteinschätzung und Eignungspraktika können Hinweise geben, inwieweit die erforderlichen Voraussetzungen für den Lehrberuf vorliegen.

Die Kultusministerkonferenz zeichnet ein Berufsbild für Lehrpersonen mit den als notwendig erachteten Anforderungen (KMK 2019 a, 3). Aus der Sicht der Bildungswissenschaften sind Lehrerinnen und Lehrer Fachleute für das Lehren und Lernen, die ihre Erziehungs-, Beurteilungs- und Beratungsaufgaben verantwortlich wahrnehmen, die sich fort- und weiterbilden und sich an der Entwicklung ihrer Schule beteiligen.

Die inhaltlichen Anforderungen an die Fachwissenschaften und die Fachdidaktik in der Lehrerbildung (KMK 2019 b) werden für das Studium wie folgt umrissen: Die Absolventen sollen über anschlussfähiges Fachwissen verfügen, über Erkenntnis- und Arbeitsmethoden der Fächer und über anschlussfähiges fachdidaktisches Wissen. Die mehr unterrichtspraktischen Kompetenzen sollen im Vorbereitungsdienst oder Referendariat vermittelt werden (dazu KMK 2012).

Das fachspezifische Kompetenzprofil (KMK 2019 b, 22) verlangt neben biologischen vor allem biologiedidaktische Kompetenzen. Als Studieninhalte werden Fachgebiete aufgelistet (KMK 2019 b, 23). Diese Standards und Anforderungen sind ein Schritt auf dem Weg zu einer echten Standardisierung der Lehrerbildung. In Anlehnung an Ewald Terhart (2000) ist das Berufsbild zu kennzeichnen: Biologielehrerinnen und -lehrer sind als Fachlehrkräfte Experten für das Lehren und Lernen von Biologie, d. h. für das Vermitteln und Aneignen von biologischem Wissen. Ihr Alleinstellungsmerkmal ist ihre biologiedidaktische Kompetenz (→ Kasten).

Als Rückschritt lassen sich dagegen die Sondermaßnahmen zur Gewinnung von Lehrkräften (KMK 2013) werten. Bei Bedarf gilt demnach ein fachwissenschaftlicher universitärer Abschluss als Zugangsvoraussetzung für den Vorbereitungsdienst. Dieser sogenannte Seiteneinstieg in das Lehramt kann ohne das Studium der jeweiligen Fachdidaktiken erfolgen. Diese Missachtung zentraler inhaltlicher Anforderungen, ja sogar des Alleinstellungsmerkmals von Fachlehrkräften, zeigt, wie weit der Weg zur vollen Professionalisierung des Lehrberufs noch ist. Eine Qualifizierung in Fachdidaktik und Pädagogik ist beim Seiteneinstieg unbedingt notwendig (VBIO 2019, 9).

Alleinstellungsmerkmal: Welche Kompetenzen zeichnen Biologielehrkräfte aus?
Fachliche Kompetenz?
Biologische Kompetenz ist unabdingbar – aber das gilt für professionelle Biologen genauso.
Personale Kompetenz?
Diese Kompetenz ist wichtig – aber das gilt für viele andere Berufe ebenso.
Soziale Kompetenz?
Diese Kompetenz ist notwendig – aber das gilt für viele andere Berufe ebenso.
Pädagogische Kompetenz?
Diese Kompetenz ist unerlässlich – aber das gilt für alle anderen Lehrenden genauso.
Fachdidaktische Kompetenz?
Biologiedidaktische Kompetenz ist zentral und bildet die Kernkompetenz, die sonst niemand hat. Diese Kompetenz verschafft Biologielehrkräften eine Alleinstellung.

14.2 Professionelle Entwicklung zielt auf Handlungskompetenz

Generell wird von Lehrenden der Biologie fachwissenschaftliches, fachdidaktisches und pädagogisches Wissen, zusammengefasst als Professionswissen, gefordert (→ 7). Diese Wissensbereiche lassen sich empirisch trennen, hängen aber zusammen, besonders fachwissenschaftliches und fachdidaktisches Wissen (Großschedl et al. 2015). Fachwissen ist notwendig, um fachdidaktisches Wissen zu entwickeln (Baumert & Kunter 2006). Die Dreiteilung des professionellen Wissens legt nahe, dass es die Lehrperson mit drei gleich wichtigen Bezugswissenschaften zu tun habe. Zusammengedacht und zusammengebracht werden die biologischen und die erziehungswissenschaftlichen Kompetenzen allerdings in der *Fachdidaktik*, denn die Biologiedidaktik ist die mit biologischem Lernen und Lehren befasste Vermittlungswissenschaft. Biologiedidaktik steht damit im Zentrum einer professionellen Biologielehrerbildung (Kattmann 2003 a; b). Eine solche Mitte ist notwendig, um dem Studium einen Zusammenhang zu geben. Denn das Lehramtsstudium kombiniert sehr unterschiedliche Studienteile zu einem Abschluss: Biologie, ein zweites (manchmal sogar noch ein drittes) Fach, Erziehungswissenschaften, Pädagogische Psychologie, zwei oder mehr Fachdidaktiken sowie Schul- und Unterrichtspraktika.

Shulman (1987) stellt das *fachdidaktische Wissen* (*pedagogical content knowledge*) in das Zentrum des Professionswissens von Lehrkräften (vgl. Berry, Loughran & van Driel 2008; Friedrichsen u. a. 2010). Damit ist mehr gemeint als lediglich die Summierung des fachlichen und pädagogischen Wissens.

Das fachdidaktische Wissen besteht vielmehr in der Verknüpfung von beidem in Hinblick auf Unterricht und Lernen. Zum fachdidaktischen Wissen von Lehrkräften gehören u. a. die Vorstellungen zur Biologie, zum Lehren und Lernen der Biologie und zu den Alltagsvorstellungen der Lernenden (→ 14.4). Die mit dem fachdidaktischen Wissen angesprochenen Kompetenzen stehen damit in engem Zusammenhang mit den Aufgaben der Didaktischen Rekonstruktion (vgl. Van Dijk & Kattmann 2007; Komorek, Fischer & Moschner 2013; → 4).

In einer Delphistudie zum Fachlehrer-Leitbild (Lohmann 2005) wurden die Vorstellungen von Doktoranden und Doktorandinnen der Fachdidaktik und von Fachleitungen an Studienseminaren für Gymnasien zum *Lehrkräfteleitbild* ermittelt. Fachlehrkräfte, so sehen es diese beiden Gruppen,

- analysieren Lernvoraussetzungen,
- beziehen Schülervorstellungen in den Unterricht ein,
- strukturieren Unterricht klar und transparent,
- leiten Lernende zur eigenständigen Erarbeitung an,
- befähigen Lernende, Inhalte und Methoden des Faches auf reale Probleme anzuwenden,
- vermitteln den Lernenden ein Kompetenzgefühl,
- strahlen Begeisterung für das Fach aus.

Die für Biologielehrerinnen und -lehrer spezifischen Teile des Berufsbildes lassen sich als Wissen und Kompetenzen beschreiben:

1. Im Zentrum steht die Kompetenz zur Gestaltung von Vermittlungs- und Aneignungsprozessen im Bereich der Biologie. Solche biologiedidaktische Kompetenz umfasst das Wissen um Vorstellungen, Interessen und Lernschwierigkeiten, die Kenntnis von Lehr- und Bildungsplänen und Lehrstrategien, die Kenntnis fachdidaktischer Konzeptionen und die Fähigkeit, Leistung zu diagnostizieren und zu beurteilen (vgl. KMK 2019 b, 22; Abell 2010; VBIO 2019).
2. Fundiertes und anschlussfähiges Wissen der Biologie, einschließlich ihrer Grundlagenfächer und Anwendungsgebiete, nimmt einen breiten Raum ein und stützt die biologiedidaktische Kompetenz (KMK 2019 b, 22). Hervorzuheben ist das *fachliche Wissen über Wahrnehmen, Gefühle, Denken, Lernen und Vergessen*.
3. Den Hintergrund bildet das *Wissen über Biologie und Naturwissenschaften*: Wissenschaftstheorie, Wissenschaftsgeschichte und Stellung der Biologie in unserer Gesellschaft (→ 36; VDBiol 1999). Konkreter geht es um analytisch-kritische Reflexionsfähigkeit, Methodenkompetenzen, Arbeits- und Erkenntnismethoden der Biologie, um hypothesengeleitetes Experimentieren und Vergleichen. Weiterhin sollen biologische

Sachverhalte in verschiedenen Kontexten erfasst, sachlich und ethisch bewertet werden (vgl. KMK 2019 b, 22). Daneben stehen *fächerübergreifende Aufgaben*, wie sie in gleichem Umfang in keinem anderen Fach zu finden sind: Gesundheitsbildung (→ 41), Sexualbildung (→ 42) und Umweltbildung (→ 43) haben in der Biologie einen Schwerpunkt; in der Friedenserziehung und der entwicklungspolitischen Bildung sind ebenfalls biologische Aspekte gefragt. Diese Aufgaben erfordern von den Lehrenden eine positive Einstellung zur Beachtung pädagogischer Fragen und der mit den genannten Erziehungsbereichen verbundenen ethischen Probleme.

4. Die Vermittlung von Biologie erfordert eine *Vielfalt von Unterrichtsmethoden*, wie sie in keinem anderen Unterrichtsfach vorkommt: Das Spektrum reicht von Freilandarbeit und Pflege von Pflanzen und Tieren über Mikroskopieren, naturwissenschaftliches Beobachten und Experimentieren bis zu Textinterpretationen, von der Reflexion naturwissenschaftlicher Erkenntniswege bis hin zum Einstimmen in Naturerleben. Auch das Betreuen und Nutzen biologischer Sammlungen ist für den Unterricht von großer Bedeutung. So hängt der Anteil von Experimenten und Beobachtungen im Biologieunterricht erheblich von der Ausstattung der Schule ab (Meffert 1980, 11 f.).

14.3 Die Struktur der Lehrkräftebildung muss den Anforderungen an den Lehrberuf entsprechen

Wer Biologielehrerin oder Biologielehrer werden will, sollte sich mit Blick auf das Lehrerbild Entwicklungsaufgaben setzen. Das sind subjektiv als notwendig empfundene Herausforderungen zum Aufbau didaktischer und methodischer Handlungskompetenz, die biografisch bedeutsam werden (Meyer 2001, 229). Für die Kompetenzentwicklung sind nach einer inhaltlichen Orientierung vor allem strukturelle Fragen zu beantworten: Es sind die Fragen nach den Orten, den Phasen und der Fachlichkeit der Lehrerbildung.

Als erster Ort der Lehrerbildung kommen Universitäten und ihnen gleichgestellte Hochschulen oder Fachhochschulen in Betracht. Hier ist ein gewisser Konsens bezüglich einer universitären Lehrerbildung für alle Lehrämter zu erkennen (z. B. KMK-Kommission 1999); dies vor allem wegen der hohen fachlichen Qualität der Ausbildung und wegen der Fachdidaktik als universitärer Disziplin (Ossner 1999). Zudem sprechen berufspolitische Gründe – Ansehen und Status im öffentlichen Dienst – für die Universität als Ort der Lehrerbildung.

Üblicherweise wird die Lehrerbildung in drei Abschnitte oder *Phasen* der Kompetenzentwicklung an unterschiedlichen Institutionen unterteilt: (1) die universitäre Phase, (2) den Vorbereitungsdienst und (3) das Lernen im Beruf (KMK-Kommission 1999, 11 f.). Wenn aber Hilbert Meyer (2001, 248) für eine einphasige Lehrerbildung plädiert, ist die Integration von 1. und 2. Phase gemeint. In jedem Fall bilden die beiden Phasen zusammen die Erstausbildung der Lehrerinnen und Lehrer. Weitere Unterscheidungen werden für die 3. Phase getroffen, wenn Berufseingangsphase und Fortbildung je eigene Funktionen zugewiesen werden (KMK-Kommission 1999). Mit der Errichtung eines europäischen Hochschulraumes (Bologna-Erklärung 1999) wird die 1. Phase in zwei Studienzyklen mit den universitären Abschlüssen Bachelor und Master gegliedert (→ Tab. 14-1). Gottfried Merzyn (2002) gibt einen Überblick über die geschichtliche Entwicklung der Lehrerausbildung für die Gymnasien, die wohl mit der heutigen Struktur kaum ihre endgültige Form gefunden hat. Dazu sind die Problem- und Mängellisten der heutigen Lehrerbildung zu lang (z. B. Wildt 2002; Reusser & Messner 2002; Wilson 2013; Wilson, Scheingruber & Nielsen 2015). So konnte Michael Germ (2009; Germ, Müller & Harms 2013) mit Lernaufgaben zeigen, dass Lehramtsstudierende Schwierigkeiten haben, ihr allgemein erziehungswissenschaftliches mit ihrem fachunterrichtlichen Wissen zu verknüpfen.

<table>
<tr><th colspan="3">Erstausbildung</th><th colspan="2">Beruf</th></tr>
<tr><td colspan="2">1. Phase</td><td>2. Phase</td><td colspan="2">3. Phase</td></tr>
<tr><td colspan="2">Universität,
Pädagogische Hochschule</td><td>Studienseminar und Schule</td><td colspan="2">Schule</td></tr>
<tr><td colspan="2">Lehramtsstudium</td><td rowspan="2">Vorbereitungsdienst/
Referendariat</td><td colspan="2">Lernen im Beruf</td></tr>
<tr><td>Bachelor-studium</td><td>Master-studium</td><td>Berufseingangsphase</td><td>Fortbildung, Weiterbildung</td></tr>
<tr><td colspan="5">zu erwerbende Kompetenzen</td></tr>
<tr><td colspan="2">anschlussfähiges Fachwissen, Erkenntnis- und Arbeitsmethoden der Fächer, anschlussfähiges fachdidaktisches Wissen, pädagogisches und psychologisches Wissen</td><td>fachliches Lernen planen und gestalten, Komplexität unterrichtlicher Situationen bewältigen, Nachhaltigkeit von Lernen fördern, fachspezifische Leistungsbeurteilung beherrschen</td><td colspan="2">sich fachlich, fachdidaktisch und persönlich in der Rolle als Lehrperson weiterentwickeln</td></tr>
</table>

Tabelle 14-1: Phasen der Lehrerbildung (vgl. KMK 2019 b, 3 f.)

Die heute übliche Ausbildung für zwei Fächer steht in der Kritik. Es erscheint sinnvoll, die durch Kombination äußerst unterschiedlicher Studienanteile geschaffene Komplexität zu vereinfachen und zunächst nur *ein* Fach zu studieren und darin eine Berufsbefähigung zu erreichen (z. B. Meyer 2001, 248). Sind aber zwei Fächer zu studieren, stellt sich die Frage nach einer günstigen Fächerkombination mit anderen Schulfächern. Dabei sind persönliche Neigungen, Einstellungschancen, aber auch Bezüge der Biologie zu anderen Bereichen in die Entscheidung einzubeziehen. Die häufig empfohlene Kombination Biologie/Chemie ist besonders für den Unterricht in der gymnasialen Oberstufe günstig (Welter et al. 2021), während in der Sekundarstufe I die Bezüge der Biologie zu Sozialwissenschaften, Geographie, Philosophie und Ethik für andere Fächerkombinationen sprechen. Lehrpersonen mit einem nicht-naturwissenschaftlichen Fach wird es näher liegen, biologisch bestimmte Themen von verschiedenen Zugängen und Gesichtspunkten her zu vermitteln (vgl. Hedewig 1990). Für eine professionelle Lehrerbildung sind aus biologiedidaktischer Perspektive folgende essenziellen Anforderungen zu nennen (vgl. Gropengießer & Kattmann 2002, 190; Kattmann 2003 b, 97):

- Die *Einheit der Lehrerbildung* soll durch universitäre Studiengänge für alle Schularten gewahrt bleiben.
- Das *Lehrerbild* „Experten für das Lehren und Lernen von biologischem Wissen" ist leitend.
- Der *Berufsbezug* soll von Anfang an durch eine Integration fachinhaltlicher, fachdidaktischer und erziehungswissenschaftlicher Studienanteile hergestellt werden.
- Studienbegleitende *schulpraktische Studien* und *fachdidaktische Forschungspraktika* sollen kontinuierlich die Perspektive und Reflexion der Vermittlung und Anwendung des fachlichen Wissens vermitteln.
- Die *Kooperation der 1., 2. (und 3.) Phase* der Lehrerbildung soll durch curriculare Abstimmung geklärt und verbessert werden.

14.4 Die Vorstellungen der Lehrenden beeinflussen das Lehren und damit das Lernen

Der Erforschung von Vorstellungen der Lehrenden liegt die Annahme zugrunde, dass die Vorstellungen, Einstellungen und Fähigkeiten der Lehrenden die Vorstellungen und Einstellungen der Lernenden beeinflussen (Lederman 1992). Dies ist plausibel, aber erst teilweise belegt. So konnte Sabine Marsch (2009) zeigen, dass die Vorstellungen der Lehrperson, die für das Lehren und Lernen verwendeten Metaphern und das unterrichtliche Handeln in einem engen Zusammenhang stehen. Uwe Maier (2002) bestätigte einen Zusammenhang zwischen dem von der Lehrperson abwechslungsreich und flexibel gestalteten naturwissenschaftlichen Unterricht und dem Interesse der Lernenden.

Bisher wurden von der Lehrervorstellungsforschung vier Bereiche untersucht (vgl. Fischler 2001; de Jong, Korthagen & Wubbels 2003):

1. *Vorstellungen zur Biologie*, also Theorien, Prinzipien, Konzepte und Begriffe, die biologische Gegenstände betreffen. Das Ergebnis solcher Untersuchungen wird in der Behauptung zugespitzt, Lehrkräfte verfügten oft über dieselben Alltagsvorstellungen wie ihre Schülerinnen und Schüler (Wandersee, Mintzes & Novak 1994, 189).
2. *Vorstellungen über Biologie*, d. h. vor allem Wissenschaftstheorie und Wissenschaftsgeschichte. Dazu gibt es eine reiche Forschungstradition, deren Ergebnisse in drei Punkten zusammengefasst werden können: a) Naturwissenschaftslehrkräfte verfügen oft nicht über adäquate wissenschaftstheoretische Vorstellungen; b) Lernangebote zur Verbesserung des wissenschaftstheoretischen Verständnisses erweisen sich dann als erfolgreich, wenn sie wissenschaftsgeschichtliche Aspekte enthalten oder die Aufmerksamkeit direkt auf die Wissenschaftstheorie lenken; c) die unterschiedliche akademische Bildung der Lehrkräfte korreliert nicht mit ihren wissenschaftstheoretischen Vorstellungen (Lederman 1992).
3. *Vorstellungen oder Einstellungen zum Biologieunterricht*. Hier geht es um das fachspezifische Vermittlungswissen oder fachdidaktische Wissen, welches allein Experten für das Lernen und Lehren der Biologie zukommt. Im englischsprachigen Bereich ist es als *pedagogical content knowledge* (PCK) (Shulman 1986; 1987; Abell 2010, 1107 f.) bekannt. Esther van Dijk (2009) hat das Vermittlungswissen von niedersächsischen Gymnasiallehrern zur Evolutionstheorie untersucht, gegliedert nach den Fragestellungen des Modells der Didaktischen Rekonstruktion (→ 4). Dabei zeigte sich, dass die Lehrkräfte sich hauptsächlich auf mikro-evolutionäre Prozesse wie Mutation und Selektion beziehen und Konzepte wie „letzter gemeinsamer Vorfahre“ oder Tiefenzeit, die die Geschichtlichkeit des Lebendigen verdeutlichen, in den Hintergrund treten. Lehrkräfte kennen einige vorunterrichtliche Vorstellungen der Schülerinnen und Schüler, beispielsweise deren Schwierigkeit, Variation in einer Population zu sehen, und setzen dafür gezielt Interventionen ein. Dieser integrative Forschungsansatz zielt auf die Verbesserung der Lehrerbildung (van Dijk & Kattmann 2007). Neele Alfs (2012) untersucht das fachdidaktische Wissen von Biologielehrkräften an Gymnasien zum Kompetenzbereich „Bewertung“ (→ 12) ausgehend vom Beispiel der Grünen Gentechnik. Dabei entsteht ein detailreiches Bild zu Themenbereichen, die

die Bewertungskompetenz fördern sollen, aber auch zu Schwierigkeiten bei der unterrichtlichen Umsetzung. Im Projekt „Messung professioneller Kompetenzen in mathematischen und naturwissenschaftlichen Lehramtsstudiengängen“ (KiL) wurden Instrumente entwickelt, die fachliches und fachdidaktisches Wissen von Lehramtsstudierenden in Biologie breit und valide erfassen (Großschedl et al. 2015).

4. *Vorstellungen über Lernen und Lehren.* Zukünftige Lehrpersonen haben seit der Grundschule Erfahrungen mit Unterricht und verfügen über robuste Vorstellungen zum Lehren. Die erweisen sich als resistent gegenüber den in der Lehrerbildung angebotenen fachdidaktisch fundierten Konzepten (Brown, Friedrichsen & Abell 2013). Inszenierte Rollenwechsel der Lehramtsstudierenden vom Lernenden zum Tutor und zum Lehrenden für Schülerinnen und Schüler könnten hier weiterführen (Scharfenberg & Bogner 2016). Viele Lehrkräfte verfügen über mehr als eine Vorstellung zum Lehr-/Lern-Prozess. Beispielsweise wird die Lehrperson als Quelle des Wissens angesehen; Lehren ist dann eine Sache des Eintrichterns und des Verinnerlichens und beeinflusst das Verstehen der Schüler. Wissen wird übertragen. Oder die Lehrperson ist der Führer auf einem Weg oder einer Reise, holt Schüler ab und weist den Weg. Lernen wird u. a. als Aufnahme von Wissen beschrieben, bei dem die Schüler aufsaugen, ansammeln und abspeichern (Marsch 2009). Schüler und Wissen werden mit Schwamm und Wasser verglichen. Unter den richtigen Bedingungen wird alles aufgesogen. Werden die Schüler aber zu hart bedrängt oder gedrückt, geht alles wieder verloren (Aguirre, Haggerty & Linder 1990). Alle Befragten drücken ihre Vorstellungen vom Lehr-/Lern-Prozess hauptsächlich in Bildern oder Metaphern aus. Es sind Metaphern wie die der Weitergabe, der Fütterung, des Verkaufens oder der Diplomatie, der gemeinsamen Reise, des Gärtnerns, Töpferns oder Bauens, die genutzt werden, um Verständnis an Lehr-/Lern-Prozesse heranzutragen (Gropengießer 2004; Marsch & Krüger 2008). Metaphern können bewusst oder unbewusst das Verständnis des Lernens und Lehrens beeinflussen (vgl. Ritchie & Cook 1994; Tobin & Tippins 1996). Anhand von Aussagen zu unterrichtlichen Themengebieten konnten Biologielehrertypen identifiziert werden: ein pädagogisch-innovativer, ein fachlich-innovativer und ein fachlich-konventioneller Typ (Neuhaus & Vogt 2005).

Lernaufgabe 14-1: Auf dem Weg zur Fachkraft für das Lernen und Lehren der Biologie

Im Kapitel 14.2 werden 5 Punkte des Berufsbilds einer Lehrperson für Biologie als Wissen und Kompetenzen beschrieben. Online sind die Punkte und die darunter aufgeführten Wissenskategorien und Kompetenzen als Tabelle dargestellt.

Handlungsaufforderung 14-1: Schätzen Sie ein, bis zu welchem Grad Sie über welches Wissen und über welche Kompetenzen bereits verfügen, indem Sie entsprechende Balken einzeichnen!
Wenn Sie sich in der ersten Phase der Lehrerbildung befinden: Prüfen Sie anhand Ihres Modulkatalogs, ob und wenn ja in welchen Modulen Sie das noch fehlende Wissen lernen werden! Diskutieren Sie Ihre Ergebnisse mit Ihren Kommilitoninnen und Kommilitonen!

Jürgen Mayer

15 Ziele formulieren

Nach der Lehrprobe in der 6b besprechen die Fachleiterin, der Mentor und die Referendarin die eben durchgeführte Unterrichtsstunde. Die Fachleiterin bittet die Referendarin, zu ihrer Biologieunterrichtsstunde Stellung zu nehmen. Dabei geht es zunächst um die langfristigen Zielstellungen im Sinne eines Kompetenzerwerbs, auf den die Unterrichtsstunde ausgerichtet war; es schließt sich ein Gespräch über die formulierten Unterrichtsziele an sowie darüber, welche davon in der Unterrichtsstunde verwirklicht wurden. Im Weiteren wird die Zielorientierung als roter Faden des Unterrichts sowie deren Transparenz für die Lernenden diskutiert. In dieser Unterrichtsbesprechung bilden Ziele den roten Faden. Ziele erfüllen dabei jeweils spezifische Funktionen und werden unterschiedlich formuliert.

15.1 Zielorientierung ist ein zentrales Element beim Unterrichten

Schulischer Unterricht zählt zum Bereich der intentionalen Erziehung, ist also eine Maßnahme, die auf absichtsvollem und planmäßigem sowie auf Ziele ausgerichtetem Handeln beruht. Ziele und Zielorientierung des Lehrens und Lernens haben daher eine zentrale Funktion im Biologieunterricht (→ Abb. 15-1):

- Sie beschreiben im Rahmen von Bildungsstandards und Lehrplänen normativ gesetzte Bildungsziele als *öffentlich-gesellschaftlichen Auftrag* an die Schule bzw. an den Biologieunterricht (Köller 2018).
- Sie dienen bei der Unterrichtsplanung den Lehrkräften zur Schwerpunktsetzung von Lerninhalten und -kontexten und fördern die Struktur und Kohärenz des Unterrichts (→ 16). Zielorientierung als roter Faden des Unterrichts ist daher ein wichtiges Element von Unterrichtsqualität (Hattie 2010; Helmke 2018; Meyer 2020).
- Mit ihnen kann der Lernprozess in Schritten und mit gestuftem sowie differenziertem Anspruchsniveau geplant werden. Sie haben dadurch einen positiven Einfluss auf den Lernerfolg (Seidel, Rimmele & Prenzel 2005).
- Sie können die Aufmerksamkeit der Lernenden auf wichtige Inhalte im Unterricht fokussieren, sofern die Lernenden explizit über die Ziele und den Ablauf der Unterrichtsstunde informiert werden.

- Zielorientierung ist auch ein Aspekt der Lern- und Leistungsmotivation der Lernenden (Wirthwein, Köller & Schiefele 2018). Sie sollte als Lernvoraussetzungen bei der Unterrichtsplanung berücksichtigt werden.
- Unterrichtsziele dienen als Kriterien für die Kontrolle des Lernerfolgs. Mit ihrer Hilfe lassen sich lernzielorientierte (kriteriumsorientierte) Tests erstellen (Mietzel 2017) (→ 18).

Entsprechend den vielfältigen Aspekten und Funktionen von Zielen im Unterricht existieren unterschiedliche Fachtermini wie Lernziel, Lehrziel, Bildungsziel, Unterrichtsziel und Kompetenzerwartung (Schott 2017). Obwohl sich die jeweiligen Bedeutungen teilweise überschneiden, sind es keine Synonyme; vielmehr werden mit ihnen jeweils spezifische Aspekte der Intention von Bildung und Unterricht betont. Diese Differenzierungen werden im Folgenden unter der Bezeichnung Unterrichtsziele zusammengefasst.

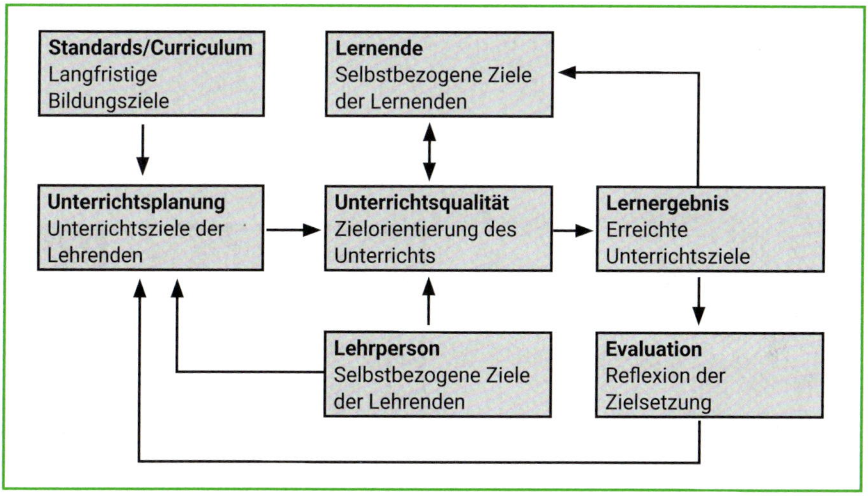

Abbildung 15-1: Darstellung der unterschiedlichen Zielperspektiven beim Unterrichten

Der Begriff der Zielorientierung beschreibt die Funktionalität von Zielen in unterschiedlicher Hinsicht. Bezogen auf Unterrichtsqualität wird darunter ein Aspekt erfolgreicher Klassenführung verstanden (Hattie 2010; Helmke 2018; Meyer 2020). So richten erfolgreiche Lehrkräfte die Lernaktivitäten der Lernenden auf ein Lernziel aus und vermögen es damit, den Unterricht kohärent zu strukturieren. Sie nutzen die Unterrichtszeit zielbezogen und achten darauf, dass möglichst wenig Zeit verloren geht (*time on task*) bzw. diese effektiv zur Zielerreichung genutzt wird (hoher Anteil effektiver Lernzeit). Darüber hinaus vermitteln sie den Lernenden die Lernziele klar und transparent (Zielklärung) und ordnen diese in einen übergeordneten Zusammenhang ein (sinnstiftendes Kommunizieren) (Meyer 2020).

Neben den unterrichtsbezogenen Zielen, die von der Lehrkraft formuliert und gegenüber den Lernenden kommuniziert werden, verfügen auch die Lernenden selbst über eine eigene, persönliche Zielorientierung. Diese selbstbezogenen Ziele gehören zur motivationalen Disposition von Lernenden. Es sind Ziele, die sie in leistungsbezogenen Kontexten, wie dem schulischen Unterricht, bevorzugt verfolgen (Wirthwein, Köller & Schiefele 2018). Dabei wird beispielsweise die Ausrichtung auf Lernziele sowie auf Leistungsziele unterschieden. Lernende mit Lernzielorientierung versuchen vorrangig, eigene Fähigkeiten zu erweitern. Die Orientierung am Ziel, hohe Fähigkeiten im Vergleich zu Mitschülerinnen und Mitschülern zu demonstrieren bzw. niedrige Fähigkeiten zu verbergen, bezeichnet man dagegen als Leistungszielorientierung. In zahlreichen Studien konnte gezeigt werden, dass vor allem die persönliche Orientierung an Lernzielen mit einem günstigen Lernverhalten im Unterricht einhergeht (Wirthwein, Köller & Schiefele 2018). Da die Zielorientierung von Lernenden in einer Unterrichtssituation variabel ist, hat nicht nur die jeweilige Klassenführung und das Klassenklima einen Einfluss darauf, sondern sie sollte auch als ein Aspekt der Lernvoraussetzungen von Lernenden bei der Unterrichtsplanung berücksichtigt werden (Fokkens-Bruinsma, van Rooji & Canrinus 2020).

Jedoch bringen nicht nur die Lernenden eine persönliche Zielorientierung ins Unterrichtsgeschehen ein. Auch Lehrkräfte verfolgen individuelle, übergeordnete Erziehungsziele sowie eine persönliche berufliche Zielorientierung (Daumiller 2018; Rheinberg et al. 2001). Zu Letzterer gehört beispielsweise das Streben nach Kompetenzerweiterung im fachlichen und fachdidaktischen Bereich sowie das Ziel, gegenüber Lernenden und dem Kollegium als möglichst kompetent zu erscheinen (Nitsche et al. 2017). Die berufliche Zielorientierung von Lehrkräften hat einen Einfluss auf die Art der angestrebten Unterrichtsziele sowie auf zentrale Dimensionen von Unterrichtsqualität wie Klassenführung, Unterrichtsklima und kognitive Aktivierung (Dresel et al. 2013). Damit ist letztlich erklärbar, dass die persönliche Zielorientierung von Lehrkräften auch einen Einfluss auf die Motivation und die Lernergebnisse der Lernenden hat (Nitsche et al. 2017).

15.2 Unterrichtsziele können nach Ebenen, Lerndimensionen und Stufen differenziert werden

Die Formulierung von Unterrichtszielen für eine Unterrichtsstunde oder -einheit ist ein zentrales Element der Unterrichtsplanung (Schott 2017) (→ 16). Die entsprechenden Theorien und Konzeptionen wurden vor allem im

Rahmen der Curriculumforschung der 1960er und 1970er Jahre auf behavioristischer Grundlage entwickelt (Mager 1974; Robinsohn 1969; Möller 1986). In späteren Jahren wurden sowohl die wissenschaftlichen Grundlagen als auch eine zu strikte Handhabung von Unterrichtszielen in der Unterrichtspraxis kritisiert (vgl. Mietzel 2017; Schott 2017). Fachdidaktische Forschung, ein konstruktivistisches Verständnis von Lernen (→ 4) sowie die Kompetenzorientierung des Unterrichts (vgl. → 8 bis 12) haben neue Impulse für die Beschreibung von Unterrichtszielen gegeben (Göldi 2011). Jedoch sind Unterrichtsziele nach wie vor fester Bestandteil der Unterrichtsplanung (→ 16) und der Evaluation von Schülerleistungen (→ 18).

Ziele des Biologieunterrichts können für einen Lehrplan, eine Unterrichtsstunde oder Lernsequenz beschrieben werden. Insofern müssen Unterrichtsziele hinsichtlich ihres Abstraktions- bzw. Auflösungsgrades konkretisiert werden (Schott 2017) (→ Abb. 15-2). Sogenannte *Leitziele* oder allgemeine Bildungsziele betreffen die Erziehung bzw. Schulbildung als Ganzes und werden in der Regel in den Präambeln der Lehrpläne oder den Schulgesetzen genannt. *Richtziele* beziehen sich auf die Bildungsbedeutung eines bestimmten Lernbereichs bzw. Unterrichtsfaches, stellen also eine fachbezogene Konkretisierung der Leitziele dar. Für den Biologieunterricht sind sie z. B. in den Bildungsstandards der Sekundarstufe I (KMK 2005), der Sekundarstufe II (KMK 2020), den Lehrplänen der Länder sowie in Konzeptionspapieren von Fachverbänden (MNU 2019; VDBiol 2019) beschrieben. Die Intentionen einer größeren Lerneinheit (z. B. Lehrplanthema oder Unterrichtseinheit) werden als *Grobziele* bezeichnet. Sie spezifizieren die Richtziele des Faches für das jeweilige Unterrichtsthema (Lernsequenz). *Feinziele* beziehen sich auf einzelne Lernschritte innerhalb einer Lernsequenz und sollten möglichst konkret formuliert werden.

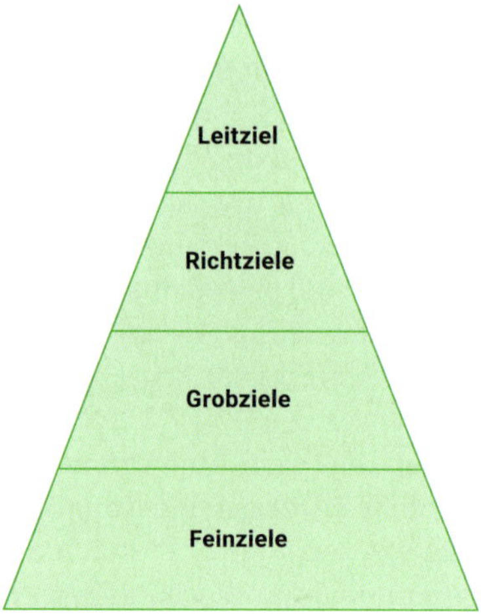

Beispiele

Leitziel: Fähigkeit zur Selbstbestimmung, Mitbestimmung, Solidarität (W. Klafki)

Richtziel: Naturwissenschaftliche Bildung ermöglicht dem Individuum eine aktive Teilhabe an gesellschaftlicher Kommunikation und Meinungsbildung über technische Entwicklung und naturwissenschaftliche Forschung und ist deshalb wesentlicher Bestandteil von Allgemeinbildung.

Grobziel: Die Lernenden sollen Wissen und Einsichten über komplexe Ökosysteme gewinnen und zum umweltverantwortlichen Handeln motiviert werden.

Feinziel: Die Lernenden sollen die Organe (Wurzel, Sprossachse, Blatt) einer Sprosspflanze vollständig aus dem Gedächtnis aufzählen können.

Abbildung 15-2: Ebenen von Unterrichtszielen mit Beispielen

Richt- und Feinziele sind ein zentrales Element der Unterrichtsplanung (→ 16). Ihre Formulierung sollte innerhalb der Zielebenen (Leit-, Richt-, Grob-, Feinziele) kohärent sein, d. h. jeweils eine inhaltliche Spezifizierung der jeweils höheren Ebenen von Unterrichtszielen zum Ausdruck bringen. Grundsätzlich ist es jedoch nicht möglich, speziellere Ziele (z. B. Feinziele) aus den allgemeineren abzuleiten (z. B. aus Richtzielen) (Schott 2017). Für die Formulierung spezieller Ziele sind vielmehr jeweils weitere Informationen und Entscheidungen nötig (z. B. über die Lerngruppe), die in den allgemeinen Zielen nicht enthalten sind (Meyer 1971; Schaefer 1973; Schott 2017).

Dimensionen und Taxonomien

Die im Biologieunterricht zu vermittelnden Kompetenzen basieren auf Wissen, Fähigkeiten und Fertigkeiten sowie auf motivationalen Orientierungen wie Interesse und Werthaltungen (→ 8). Um dem gerecht zu werden, müssen Unterrichtsziele entsprechend differenziert werden. Das gebräuchlichste System differenziert die Lernziele nach ihrer Zugehörigkeit zu psychischen Dimensionen; danach können kognitive, affektive (emotionale) und psychomotorische (pragmatische) Unterrichtsziele unterschieden werden. Ziele der kognitiven Dimension beziehen sich auf Wissen und Fähigkeiten. Unterrichtsziele der affektiven Dimension beziehen sich auf Interessen, Einstellungen und Werthaltungen. Psychomotorische Ziele beziehen sich auf die manipulativen und motorischen Fertigkeiten der Lernenden. Bei der Dimensionierung von kognitiven, affektiven und psychomotorischen Zielen handelt es sich um eine analytische Unterscheidung. Für die Lernenden sind die verschiedenen Dimensionen im Lernprozess unauflöslich ineinander verwoben. Daraus folgt, dass die drei Dimensionen nicht getrennt voneinander betrachtet werden dürfen. Allerdings stellt die sogenannte „multikriteriale Zielerreichung“, also das systematische Verfolgen sowohl kognitiver als auch affektiver Unterrichtsziele, durchaus eine Herausforderung für die Unterrichtsplanung und -durchführung dar (Baumert & Köller 2000; Leuders 2016; Renkl 2016).

Bei der *Stufung* werden Unterrichtsziele in eine hierarchische Ordnung gebracht. In dem bekanntesten Konzept einer Taxonomie der Unterrichtsziele, der „Taxonomy of Educational Objectives“ (TEO), werden die Unterrichtsziele der affektiven und der kognitiven Dimension in zwei getrennten Skalen angeordnet und jeweils ausdifferenziert (vgl. Krathwohl u. a. 1975; Bloom u. a. 1972). Die Stufung von Lernzielen nach steigendem Anspruchsniveau hat sich vor allem im Bereich der kognitiven Dimension bewährt und wurde von Anderson und Krathwohl (2001) in einer weiterentwickelten Version vorgelegt (→ Tab. 15-1; Tab. 15-3).

		Komplexität kognitiver Prozesse →					
		Wiedergeben	Verstehen	Anwenden	Analysieren	Bewerten	Erstellen
Wissensdimension	Faktenwissen						
	konzeptuelles Wissen		X				
	prozedurales Wissen					X	
	metakognitives Wissen						

…beschreiben den Bau einer Pflanzenzelle.

…bewerten experimentelle Daten hinsichtlich ihrer Aussagekraft.

Tabelle 15-1: Zweidimensionale Taxonomie der kognitiven Lernziele (Anderson & Krathwohl 2001)

Neben der *Taxonomie der Lernziele* existieren weitere Vorschläge zur Dimensionierung und Stufung von Unterrichtszielen (z. B. Tyler 1973; Ausubel et al. 1980; Marzano & Kendall 2008; Überblick in Anderson & Krathwohl 2001; zur Taxonomie von Wissensformen De Jong & Ferguson-Hessler 1996). Vor dem Hintergrund der Kompetenzbereiche des naturwissenschaftlichen Unterrichts (→ 8) werden Lernziele oftmals mit einer inhaltlichen Differenzierung nach den vier Kompetenzbereichen kombiniert.

In der Schulpraxis der Sekundarstufe II wird vielfach eine Stufung von Anforderungen bei Abituraufgaben für eine Stufung von Unterrichtszielen genutzt. Nach dem Grad der Selbstständigkeit bei der Bearbeitung der Aufgaben sowie dem Grad der Komplexität der gedanklichen Verarbeitungsprozesse werden Reproduktion (I), selbstständige Anwendung von Fachmethoden und die Herstellung neuer Kontexte (II) sowie eigenständige Planung und deren Umsetzung (III) unterschieden (KMK 2004). Diese Stufung wurde auch in den Anforderungsbereichen der Bildungsstandards aufgegriffen (KMK 2005; 2020) (→ Tab. 15-2).

Anforderungsbereich	Beschreibung
I	„Wiedergeben von Sachverhalten und Kenntnissen im gelernten Zusammenhang sowie das Anwenden und Beschreiben geübter Arbeitstechniken und Verfahren"
II	„Selbstständiges Auswählen, Anordnen, Verarbeiten, Erklären und Darstellen bekannter Sachverhalte unter vorgegebenen Gesichtspunkten in einem durch Übung bekannten Zusammenhang und das selbstständige Übertragen und Anwenden des Gelernten auf vergleichbare neue Zusammenhänge und Sachverhalte"
III	„Verarbeiten komplexer Sachverhalte mit dem Ziel, zu selbstständigen Lösungen, Gestaltungen oder Deutungen, Folgerungen, Verallgemeinerungen, Begründungen und Wertungen zu gelangen. Dabei wählen die Schülerinnen und Schüler selbstständig geeignete Arbeitstechniken und Verfahren zur Bewältigung der Aufgabe, wenden sie auf eine neue Problemstellung an und reflektieren das eigene Vorgehen"

Tabelle 15-2: Anforderungsbereiche zur Prüfungsaufgabe im Abitur (Biologie) (KMK 2020, 23)

Stufe	Operatoren	Beispiel: Die Lernenden sollen ...
Wiedergeben	angeben, benennen, beschreiben, zeichnen	... auf einer Abbildung alle Blütenbestandteile und ihre jeweilige Funktion *benennen* können.
Verstehen	ableiten, erläutern, erklären, interpretieren	... die verschiedenen Formen der Überwinterung bei Tieren mit dem Konzept der Angepasstheit *erklären* können.
Anwenden	anwenden, berechnen, durchführen, präsentieren	... einen Nährstoffnachweis auf Stärke eigenständig *durchführen* können.
Analysieren	auswählen, ordnen, untersuchen, vergleichen	... Vor- und Jetztmensch hinsichtlich der Gemeinsamkeiten und Unterschiede *vergleichen* können.
Evaluieren	auswerten, beurteilen, bewerten, deuten, diskutieren, reflektieren	... Maßnahmen zum Schutz und zur Nutzung der Biodiversität aus verschiedenen Perspektiven *beurteilen* können.
Erstellen	entwickeln, Hypothesen formulieren, planen, strukturieren	... ein Experiment zur Hypothesenprüfung der Lichtabhängigkeit der Photosynthese *planen* können.

Tabelle 15-3: Formulierung kognitiver Unterrichtsziele mittels Operatoren

Für die Formulierung von Unterrichtszielen und Lernaufgaben (→ 17) werden sogenannte Operatoren (⊕ Tab. 17-1) verwendet; dies sind spezifische Verben, die den Handlungsteil der Aufgabe möglichst exakt beschreiben. Mit ihrer Hilfe kann die Hierarchie der kognitiven Lernziele von Bloom u. a. (1972) und Anderson und Krathwohl (2001) ausgedrückt werden (→ Tab. 15-3). Die Hierarchisierung von Unterrichtszielen kann dazu verleiten, die verschiedenen Stufen einer Dimension getrennt und als hintereinander ablaufende Prozesse zu betrachten. Jedoch ist die Lernzielhierarchie nicht mit Lernschritten oder Lernentwicklung zu verwechseln.

Hinweise zum Formulieren von Unterrichtszielen

Ziele für eine Unterrichtsstunde (Grob- und Feinziele) sollten:

- im Einklang stehen mit den allgemeinen Bildungszielen bzw. dem Beitrag des Faches zur Allgemeinbildung, z. B. um eine aktive Teilhabe an gesellschaftlicher Kommunikation und Meinungsbildung über technische Entwicklung und naturwissenschaftliche Forschung zu ermöglichen (KMK 2004);
- Bezüge zum länderspezifischen Lehrplan und ggf. zu den Bildungsstandards aufweisen, z. B. indem sie auf die vier Kompetenzbereiche Bezug nehmen (→ 8 – 12) (KMK 2004, 2020);
- nicht allein auf die kognitive Dimension fokussieren (→ 15.3), sondern ebenso motivationale (→ 13), handlungsbezogene, soziale oder überfachliche Bildungsziele (→ 41 – 43) in den Blick nehmen; z. B. indem auch ein emotionaler Zugang zur Natur und Achtung vor dem Lebendigen angestrebt wird;
- eine angemessene Differenzierung aufweisen, z. B. bezogen auf Kompetenzstufen bzw. Anforderungsbereiche der Bildungsstandards (KMK 2004, 2020), kumulative Lernschritte oder Lernen auf unterschiedlichen Niveaus (→ Tab. 15-3);
- im Hinblick auf die Unterrichtsstunde realistisch sein; sie sollten nicht mehr beschreiben, als umgesetzt werden kann – aber auch nicht weniger;
- auf die Lerngruppe und ihre Lernvoraussetzungen bezogen sein (→ 3, 13) sowie den konkreten Lernkontext, z. B. Schule, Unterrichtsbedingungen oder Lernorte (→ 19, 20), berücksichtigen;
- möglichst eindeutig und präzise formuliert sein, damit sie als Grundlage für eine kriteriumsorientierte Leistungsmessung und Evaluation des Unterrichts dienen können (→ 18).

15.3 Im Unterricht werden fachspezifische sowie überfachliche Unterrichtsziele verfolgt

Neben den fachspezifischen Zielen verfolgt der Biologieunterricht überfachliche Ziele. Dazu gehören zunächst Ziele der Gesundheitsbildung (→ 41), der Sexualbildung (→ 42) und der Bildung für Nachhaltigkeit (→ 43), die dem Bildungsbeitrag des Biologieunterrichts besonders nahestehen.

Im Weiteren gehören dazu aber auch die Vermittlung von Kompetenzen im Umgang mit digitalen Medien (KMK 2017) (→ 35), die Sprachförderung im Fachunterricht (Tajmel 2011; Drumm 2016; Leisen 2020) (→ 33) sowie die inklusive Bildung (Abels 2015; Amrhein & Dziak-Mahler 2014; McGinnis & Kahn 2014; GFD 2015; HRK/KMK 2015; Zentel & Michaelys 2015).

Auch die für alle Fächer der gymnasialen Oberstufe geltenden Ziele der Studierfähigkeit und Wissenschaftspropädeutik (KMK 2020) können als überfachliche Unterrichtsziele angesehen werden.

Nicht zuletzt führen einige Lehrpläne allgemeine, überfachliche Unterrichtsziele auf, wie personale Kompetenz, Sozialkompetenz und Lernkompetenz. Konzeptionelle Basis solcher Unterrichtsziele sind sogenannte Schlüsselqualifikationen. Darunter versteht man relativ langfristig verwertbare Kenntnisse, Fähigkeiten, Fertigkeiten und Werthaltungen als überfachliche Qualifikationen zur Bewältigung beruflicher Anforderungen (Orth 1999). Alternativ heißen sie Interdisziplinäre Kompetenzen (Lerch 2017), Transversale Kompetenzen (KeySTART2Work 2019) und *Cross-curricular Competencies* (Peschar 2004; Ananiadou & Claro 2009).

Im schulischen Kontext werden sie insbesondere als Ziele der Studierfähigkeit und der Hochschulbildung diskutiert. Häufig genannte Schlüsselqualifikationen sind: Kommunikationsfähigkeit, Kooperationsfähigkeit, Denken in Zusammenhängen, Flexibilität, Kreativität, Selbstständigkeit, Problemlösefähigkeit, Transferfähigkeit, Lernbereitschaft und Durchsetzungsvermögen (Cambridge University Press 2019; Didi u. a. 1993; European Commission 2019; KeySTART2Work 2019; Rieckmann 2011; Weiss et al. 2020).

Mit Schlüsselqualifikationen sind Bildungsziele formuliert, die über die herkömmliche Klassifikation und den fachlichen Fokus der Unterrichtsziele hinausgehen. Allerdings werden deren mangelnde wissenschaftliche Fundierung sowie Definitions- und Überprüfungsprobleme kritisiert (Helmke 2015, 39). Dennoch konkretisieren Schlüsselqualifikationen Kompetenzen, die in Lehrplänen als Personale Kompetenz, Sozialkompetenz, Lernkompetenz und Sprachkompetenz beschrieben werden und unzweifelhaft für Unterricht und Bildung relevant sind.

Lernaufgabe 15-1: Die Fachleiterin hat sich für eine Beratungs-Hospitation angemeldet. Im Rahmen Ihrer aktuellen Unterrichtseinheit „Ernährung und Verdauung“ in der Mittelstufe planen Sie eine Unterrichtsstunde zum Thema „*Verdauung: Der Weg der Nahrung*“.

Handlungsaufforderung 15-1: Formulieren Sie das Grobziel der Unterrichtseinheit sowie kognitive und affektive Feinziele für die genannte Unterrichtsstunde; beziehen Sie sich dabei auf die Kompetenzbereiche Fachwissen und Bewertung!

Harald Gropengießer & Ute Harms

16 Lerngelegenheiten planen und durchführen

Die Unterrichtsplanung gehört zu den wichtigsten und zeitaufwendigsten Aufgaben von Lehrenden. Dabei werden die Bedingungen des zu gestaltenden Unterrichts geklärt, Entscheidungen über Ziele, Inhalte und Methoden getroffen; dies immer in der Absicht, möglichst fruchtbare Lernprozesse zu fördern. Gute Unterrichtsplanung trägt so zur Verbesserung des Unterrichts bei. Sie ist weiterhin ein Mittel, Lehrenden – insbesondere Anfängern – Sicherheit für die Durchführung des Unterrichts zu geben. Unterrichtsplanung kann dabei zu einem besseren Verständnis des Unterrichtsprozesses führen und bildet die Grundlage für die kritische Reflexion des Unterrichts nach dessen Durchführung.

16.1 Unterrichtsplanung ist ein mehrdimensionaler Entscheidungsprozess

Die Bezeichnung Unterrichts*planung* wird meist in demselben Sinne verwendet wie das Wort Unterrichts*vorbereitung* (vgl. Schulz 1981; Meyer 2004). Aber bei der Vorbereitung geht es zusätzlich zur gedanklichen Planung um das Bereitstellen von Medien, das Herrichten des Arbeitsraumes oder das Erkunden eines Exkursionsortes. Daneben spielt das Sich-Einstellen auf den Unterricht eine Rolle, und in einem weiten Verständnis kann man sogar das Bemühen um eine gute Atmosphäre in einer Lerngruppe als Bestandteil einer langfristigen Vorbereitung des künftigen Unterrichts betrachten. Im Folgenden wird bei rein gedanklicher Vorwegnahme des Unterrichts von Unterrichtsplanung, sonst von Unterrichtsvorbereitung gesprochen.
Unter dem Aspekt der Dauer lässt sich Unterrichtsplanung unterscheiden in:
- die langfristige, die sich vor allem auf Schuljahre, Schulhalbjahre und Semester bezieht;
- die mittelfristige, die Unterrichtseinheiten betrifft und sich meist auf mehrere Wochen bezieht und
- die kurzfristige, bei der es um die Planung einer einzelnen Unterrichtsstunde hinsichtlich der Ziele, der einzelnen Unterrichtsschritte, um methodische Entscheidungen und die Zeiteinteilung geht.

Weiterhin ist die *Planung* als Prozess zu unterscheiden vom *Plan* als Produkt, genauso wie das Entwerfen vom Entwurf. Der Unterrichtsplan oder Unterrichtsentwurf ist schließlich mit dem tatsächlichen Unterricht zu vergleichen. Dies wird in der Reflexion des Unterrichts geleistet. Sie geht meist direkt in die Planung des weiteren Unterrichts über.

Unterrichtsplanung geschieht am unteren Ende einer Hierarchie: Die Bildungsstandards (KMK 2004; 2005), hierauf aufbauende länderspezifische und schulische Lehrpläne bestimmen weitgehend die Planung für ein Schuljahr. Bei der mittel- und kurzfristigen Planung bleibt jedoch ein relativ weiter Entscheidungsspielraum für die Lehrperson.

16.2 Lehrpläne und Bildungsstandards sollen die Unterrichtsplanung steuern

Lehrpläne sind amtliche oder schulische Dokumente zur Regulierung des Unterrichts, in denen inhaltliche Vorgaben gemacht werden, und zwar für bestimmte Schularten, Schulstufen, Fächer oder Lernbereiche in bestimmten Jahrgangsstufen. Ist der Entscheidungsspielraum der Lehrenden groß, spricht man eher von „Richtlinien“ oder „Rahmenrichtlinien“. Bestehen dagegen die Vorgaben aus einem System von Lern- und Lehrelementen mit mehreren unterschiedlichen Teilen, wie Lernzielen, Lerninhalten, Angaben über Tätigkeiten von Lehrkräften, Schülerinnen und Schülern (Lehrverfahren, Arbeitsweisen, Unterrichtsorganisation) und Evaluationsverfahren (Tests), handelt es sich um ein *Curriculum* im Sinne der Diskussion um die Reform der Lehrpläne in den siebziger Jahren des vergangenen Jahrhunderts. „Ein Curriculum ist ein in allen seinen Teilen operationalisierter Lehrplan“ (Kattmann 1971, 114; → 6). Heute wird der Terminus jedoch auch für anders geartete Lehrpläne verwendet, wenn von „Kerncurriculum“ oder „Schulcurriculum“ oder von „curricularen Vorgaben“ die Rede ist. Darüber hinaus sind übergeordnet die Bildungsstandards für die Sekundarstufe I und II für die Unterrichtsplanung leitend (KMK 2004; 2020; → 8-12).

Die Biologielehrpläne sind von Bundesland zu Bundesland unterschiedlich und nicht immer zwischen den Schularten abgestimmt. Dies belegen die Dokumente der Lehrplan-Datenbank (KMK 2021). Schüler und Eltern, die das Bundesland wechseln, mag dies an Kleinstaaterei erinnern. Die Lehrpläne der Bundesländer sollten daher im Interesse der Freizügigkeit aufeinander abgestimmt werden. Dies gilt ebenso für die Bildungssysteme in Europa über die Staatsgrenzen hinweg (de Boer 2011). Ein Schritt in diese Richtung stellen die *Bildungsstandards* im Fach Biologie für den Mittleren Schulabschluss (KMK 2005) und für die Allgemeine Hochschulreife (KMK 2020) dar, in denen allgemeine Ziele und mit dem Biologieunterricht verbindlich zu erreichende biologische und naturwissenschaftliche Kompetenzen formuliert sind (→ 8, 15). Die Länder haben sich verpflichtet, diese Bildungsstandards zu übernehmen und ihre Lehrpläne, die Schulentwicklung sowie Lehreraus- und -fortbildung daran auszurichten (KMK 2004). Parallel dazu haben sich die Länder darauf geeinigt, kontinuierlich die Qualität der durch die allgemeinbildende Schule erreichten Leistungen der Schülerinnen und Schüler zu erheben (KMK 2016). Dies gilt auch für die im Biologieunterricht zu entwickelnden Kompetenzen. Dieses Bildungsmonitoring bedient sich der folgenden Verfahren und Instrumente:

1. Teilnahme an internationalen Schulleistungsstudien (PIRLS/IGLU, TIMSS-Grundschule, PISA);
2. Überprüfung bzw. Umsetzung von Bildungsstandards für die Primarstufe, die Sekundarstufe I und die Allgemeine Hochschulreife;
3. Verfahren zur Qualitätssicherung auf Ebene der Schulen;
4. gemeinsame Bildungsberichterstattung von Bund und Ländern.

Dabei bilden die Bildungsstandards die zentrale Leitlinie für die Ausgestaltung des Biologieunterrichts. Sie sind leitend für die Entwicklung landesspezifischer Lehrpläne, die in manchen Bundesländern außerdem durch schuleigene Lehrpläne konkretisiert werden.

Aufgrund gesellschaftlicher Entwicklungen, die die Biowissenschaften betreffen, Entwicklungen in den Biowissenschaften selbst und in der Biologiedidaktik sind von Zeit zu Zeit Überarbeitungen der Lehrpläne notwendig. Dazu haben Verbände wie der VBIO (früher: VDBiol) oder MNU mit Rahmenplänen oder Empfehlungen Anstöße gegeben (z. B. VDBiol 2000). Weiter geht die American Association for the Advancement of Science, die eine Art Werkzeugkasten für Lehrplanmacher entwickelt hat (Rutherford & Ahlgren 1990; Project 2061 1993). Konkrete Empfehlungen gibt die Kommission des National Research Council der USA an Lehrplanentwickler vom Kindergarten bis zur achten Klasse: Erstens sollen die Lernpotenziale der Schülerinnen und Schüler erkannt und genutzt, zweitens zentrale Ideen der Disziplin identifiziert und deren kumulativer Erwerb abgebildet und drittens soll ein modernes Bild der Naturwissenschaften präsentiert werden (Duschl, Schweingruber & Shouse 2007; NRC 2012; NGSS Lead States 2013).

In Deutschland hat sich der Erstellungsprozess von Lehrplänen kaum gewandelt. Meist tagen kleine Kommissionen, anfänglich unter Geheimhaltungspflicht. Anhörungen finden in der Regel erst statt, wenn die wesentlichen Entscheidungen bereits getroffen sind. Expertinnen und Experten aus der biologiedidaktischen Bildungsforschung werden nicht regelmäßig und oft erst bei der Begutachtung beteiligt. Vorschläge für ein transparentes partizipatorisches Vorgehen der Lehrplanentwicklung hat eine Arbeitsgruppe der Sektion Biologiedidaktik gemacht (Löwe & Gropengießer 1982; vgl. Staeck 2009).

16.3 Professionelle Unterrichtsplanung gibt Sicherheit, eröffnet Alternativen und ist Voraussetzung für Kohärenz

Gelegentlich gelingen nicht detailliert geplante Unterrichtsstunden gut, und manchmal hinterlässt ein gut geplanter Unterricht Unzufriedenheit. Daraus zu schließen, Unterrichtsplanung sei nicht notwendig, ist aber unprofessionell. Schulischer Unterricht ist prinzipiell zielorientiertes, absichtsvolles Handeln. Dieses kann nur durch eine professionelle Planung, das heißt durch die Anwendung fachlichen, fachdidaktischen und pädagogisch-psychologischen Wissens und Könnens der Lehrkraft gepaart mit Unterrichtserfahrungen erreicht werden.

Unterrichtsplanung gibt der Lehrperson Sicherheit in einem komplexen Geschehen. Indem im Planungsprozess der Unterrichtsverlauf antizipiert wird, können Gestaltungsmöglichkeiten gedanklich nebeneinandergestellt und in Ruhe auf ihre Vor- und Nachteile hin bewertet werden. Eine intensive Unterrichtsplanung führt zu einem vertieften professionellen Verständnis des Lehrens und Lernens und äußert sich im Gebrauch einer (fach-)didaktischen Fachsprache.

Schließlich dient vor allem der Unterrichtsentwurf als Produkt der Planung der *Evaluation* des Unterrichts und des Lehrenden – zum Beispiel in Prüfungssituationen während des Referendariats (vgl. Meyer 2012). Nur auf der Basis schriftlicher Planungsunterlagen lässt sich diskutieren, in welchem konzeptionellen Zusammenhang eine beobachtete Unterrichtsstunde steht und ob es dem Unterrichtenden gelungen ist, die Durchführung des Unterrichts in eine sinnvolle Beziehung zu seinen Intentionen zu bringen. Auch für die Lehrperson selbst ist die Dokumentation des Unterrichtsplans hoch relevant, denn für ihre kontinuierliche berufliche Weiterentwicklung und die Verbesserung ihres Unterrichts ist die Reflexion des gehaltenen Unterrichts in Bezug auf das vorab Geplante wesentlich (Helmke & Schrader 2006). Hinzu kommt, dass eine gute Unterrichtsdokumentation die Planung zukünftiger, thematisch identischer Unterrichtsstunden erleichtert.

Allerdings birgt die detaillierte Unterrichtsplanung auch Gefahren. So kann sie von der Lehrperson als einengend empfunden werden. Dies kann dazu führen, dass diese meint, sich an den fixierten Plan halten zu müssen, und sie deshalb spontane (Re-)Aktionen und notwendige Exkurse unterlässt. Eine weitere Gefahr besteht darin, dass die Lehrperson die Lernenden weder direkt an der Planung teilhaben lässt, noch in ausreichendem Maße berücksichtigt, welche Lernpotenziale in dieser Lerngruppe vorhanden sind (→ 4). Zu einer guten Unterrichtsplanung gehört, dass die Lernenden nicht zu Objekten der Belehrung degradiert, sondern als denkende und handelnde Subjekte einbezogen werden. Die Forderung nach sorgfältiger Planung wird durch Schülerorientierung nicht ausgeschlossen, vielmehr ist diese eines ihrer Kernelemente.

Beide beschriebenen Gefahren beruhen auf Missverständnissen über Aufgaben und Grenzen der Unterrichtsplanung. Eine professionelle Planung ist dadurch gekennzeichnet, dass sie nicht alle Lehrer- und Schülerhandlungen festlegt, sondern Alternativen aufzeigt und so mehrere unterrichtliche Wege bzw. Umwege überhaupt erst offenhält. Indem der Unterrichtsplan einen Rahmen und wesentliche Linien des Unterrichts vorgibt, ermöglicht er den Lehrenden Freiheit innerhalb der gesetzten Grenzen. Im Grunde besteht die Kunst der Unterrichtsvorbereitung darin, durch Planung eine größtmögliche, zielbezogene Offenheit des Unterrichts zu ermöglichen. Tatsächlicher Unterrichtsverlauf und Unterrichtsplanung müssen somit keineswegs vollständig übereinstimmen.

Ein weiteres wesentliches Argument für eine professionelle Unterrichtsplanung ist die Gewährleistung eines kohärenten Biologieunterrichts. Wissen und Kompetenzen können nur gelernt werden, wenn Schülerinnen und Schüler angeleitet durch den Unterricht kumulativ lernen können. Das heißt, dass die Lernenden neues Wissen nicht additiv an ihr Vorwissen anknüpfen, sondern mit diesem vernetzen (Harms & Bünder 1999). Zuvor Erlerntes soll hierfür kontinuierlich im Unterrichtsverlauf und über die einzelnen Jahrgänge fortschreitend als Basis für das weitere Lernen genutzt werden (Fortus & Krajcik 2012). Dies setzt voraus:

- ein kohärentes Curriculum,
- eine kohärente Unterrichtsplanung, d. h. aufeinander aufbauende Sequenzierung von Unterrichtszielen und -aktivitäten innerhalb einer Unterrichtseinheit und zwischen Unterrichtseinheiten, die sich auf die Entwicklung einer bestimmten Kompetenz beziehen und
- eine kohärente Umsetzung des Geplanten, d. h. die Passung der konkreten Unterrichtsaktivitäten zu den in der Planung gesetzten Zielen.

16.4 Unterrichtsplanung bezieht sich auf Ziele, Voraussetzungen, Lernpotenziale und fachliche Grundlagen

Allein schon wegen der vielen zu beachtenden Fragen und der wechselseitig voneinander abhängigen Entscheidungen (Fachdidaktisches Triplett, → 4) gibt es keine Handlungsvorschrift, keinen Algorithmus, nach der oder dem alle Planenden zum selben Ergebnis gelangen könnten. Aber es gibt eine Reihe von pragmatischen Vorschlägen zur *Unterrichtsplanung* (z. B. Klafki 1964; Heimann, Otto & Schulz 1977; Meyer 2012; Weitzel & Schaal 2012).

Den übergeordneten Rahmen für die Unterrichtsplanung stellen die Bildungsstandards (KMK 2005; 2020) dar, da sie verbindlich die Kompetenzen festlegen, die Schülerinnen und Schüler im Biologieunterricht entwickeln sollen. Festzulegen ist in der Planung daher zunächst, welche (Teil-)Kompetenz zu welchem biologischen Inhalt mit dem Unterricht kohärent entwickelt werden soll (→ 16.3). Hieraus ergibt sich das übergeordnete Unterrichtsthema. Zur konkreten Unterrichtsplanung einer Stunde wird hier im Folgenden ein Schema vorgeschlagen (→ Abb. 16-1), das, geleitet vom Modell der *Didaktischen Rekonstruktion* (Kattmann et al. 1997), die Planungsaufgaben strukturiert (→ 4; 6). Diese werden jeweils soweit vorangebracht, wie es die Abhängigkeit von den anderen Planungsaufgaben erlaubt. Die Aufgaben werden also abwechselnd (weiter-)bearbeitet. Das Schema ist besonders geeignet, die Unterrichtsplanung für Biologiestunden in Ausbildungs- und Prüfungssituationen zu leiten und die schriftlichen Unterrichtsentwürfe zu gliedern.

Konkretisierungen des Unterrichtsthemas werden unterstützt durch das Zusammentragen von bereits entwickelten Unterrichtsvorschlägen aus einschlägigen Zeitschriften und Handbüchern (→ 44). Die (vorläufigen) Überlegungen sollten sich an Kriterien der Inhaltsauswahl (→ 6) und an Methodenkonzepten orientieren (→ Kasten). Wesentlich für die Unterrichtsplanung ist die Orientierung an dem zu erreichenden Ziel, das mit dem Unterricht verfolgt werden soll. Das bedeutet, dass ein besonders attraktiv erscheinendes Material oder ein bestimmtes bevorzugtes Medium niemals Ausgangspunkt der Unterrichtsplanung sein können. Vielmehr ist primär zu überlegen, welche Denkschritte Schülerinnen und Schüler gehen müssen, um zu diesem Ziel zu gelangen. Dafür müssen die entsprechenden Lerngelegenheiten inszeniert werden. Dies kann beispielweise in Form eines problemlösenden Unterrichts geschehen oder aber durch einen Unterricht, der anschließend an die Theorie des bedeutungsvollen Lernens nach Ausubel (1960) gestaltet wird.

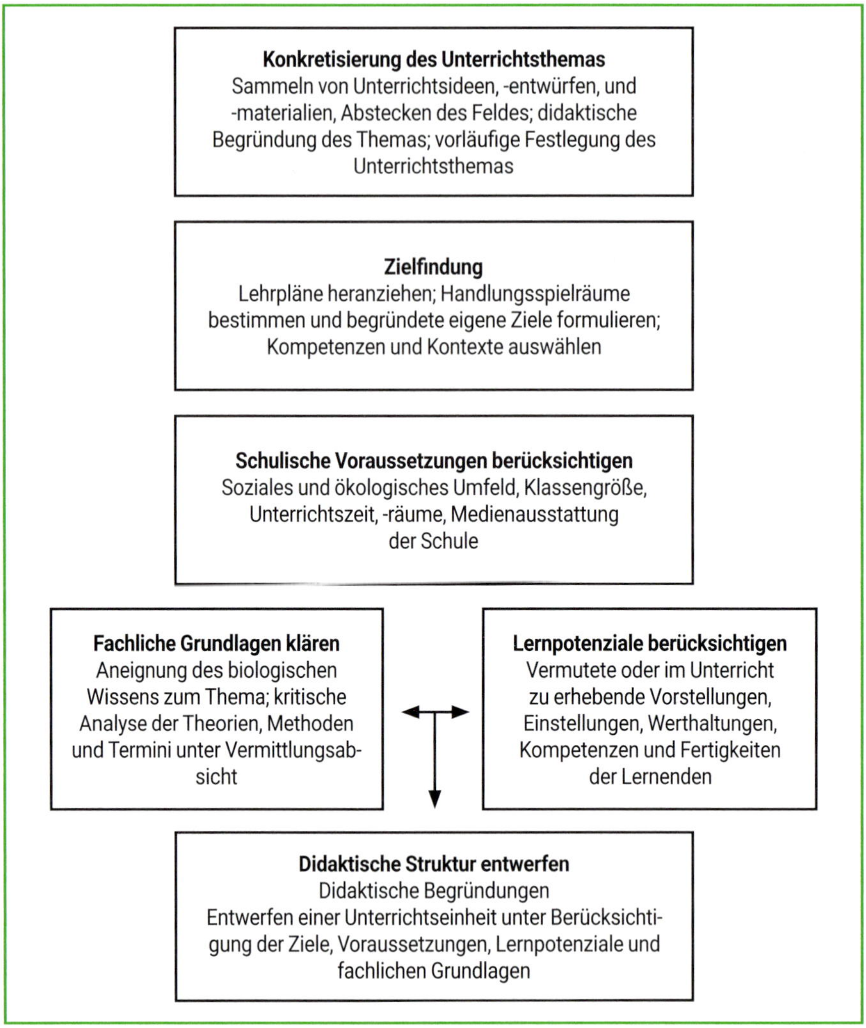

Abbildung 16-1: Schema zur Unterrichtsplanung (vgl. Meyer 2012; Kattmann et al. 1997)

Für die *Zielfindung* (→ 15) werden zunächst die entsprechenden Bildungsstandards und Kompetenzen (→ 8) bzw. Lehrpläne (→ 16.2) herangezogen. Sie können das Unterrichtsthema (formal) legitimieren, was aber eine eigene didaktische Begründung (→ 5) nicht ersetzt. Lehrpläne lassen in jedem Fall Gestaltungsspielräume für die Lehrenden.

Schulische Voraussetzungen kommen mit den folgenden Fragen in den Blick: Stehen Fachräume und Doppelstunden für experimentelles Arbeiten zur

Unterrichtsmethodik im Überblick

Wer Lerngelegenheiten plant, sucht nach einem Weg, wie das Lehren und Lernen ablaufen soll. Dieser Weg, der ja zu einem Unterrichtsziel führen soll, wird in der Didaktik *Methode* genannt, was etymologisch genau dies bedeutet. Nun können viele Wege zum Ziel führen. Die Unterrichtsmethodik ist dann die Kunst oder Technik der Auswahl und Anwendung von passenden Methoden. Allerdings ist der Wirrwarr der Termini und Konzepte zur Unterrichtsmethodik besonders groß. Im Folgenden soll es deshalb um eine Orientierung in dieser vielfältigen Landschaft gehen, angelehnt an Meyer (2004, 74 ff.).

Eine sehr grundsätzliche methodische Entscheidung gerät durch die alltägliche Routine manchmal aus dem Blick. Es ist die Wahl einer methodischen Großform. Hier werden vier Großformen des Unterrichts unterschieden, die allerdings nicht ganz trennscharf sind, weil es Übergänge und Zwischenformen gibt (Meyer 2004, 79):

Freiarbeit	**Lehrgänge**	**Projektarbeit**	**Gemeinsamer Unterricht**
individualisiertes Lernen, viel selbstorganisiert	durch Lehrende weitgehend gelenkt, oft Frontalunterricht	kooperatives Lernen im Team, Zielabsprachen im Plenum	Lerngruppen arbeitsfähig machen
Praktikum Facharbeit Stationenlernen Planarbeit	Fachunterricht Grundkurse Leistungskurse Arbeitsgruppe	Ausstellung Projekttag Projektwoche Exkursion	Organisatorisches Verabredungen Feste feiern

Die Großformen des Unterrichts sind wichtig, um den Überblick zu behalten. Sie gehen regelmäßig mit bestimmten Sozialformen, Verlaufsformen und Handlungsmustern zusammen. So ist die Freiarbeit meist Einzel- oder Partnerarbeit. Lehrgänge werden oft als Frontalunterricht geführt und Projektarbeit findet überwiegend in Gruppen und Teams statt. Der gemeinsame Unterricht umfasst, wie der Name schon sagt, alle Personen der Lerngruppe. Entscheidungen über Sozialformen, Verlaufsformen und Handlungsmuster betreffen die mittlere Ebene der Unterrichtsmethodik. Bei den Sozialformen ist es leicht, einen Durchblick zu erhalten – es gibt nur vier davon (Meyer 2004, 75):

Plenumsunterricht Klassenunterricht Frontalunterricht	Gruppenunterricht durch Lehrende weitgehend gelenkt, oft Frontalunterricht	Tandemarbeit Partnerarbeit	Einzelarbeit Stillarbeit Alleinarbeit

Die Verlaufsformen sind Muster und Phasen der inhaltlichen Arbeit im Unterricht, die logisch in eine Abfolge gebracht werden können: Auf den Einstieg folgt die Erarbeitung, die zu einer Ergebnissicherung führt. Oft werden die Erarbeitung und auch die Ergebnissicherung von Pausen unterbrochen, beispielsweise weil die Unterrichtsstunde endet. Es kann sich auch herausstellen, dass sich bei der Ergebnissicherung die inhaltliche Notwendigkeit ergibt, auf die Erarbeitung oder den Einstieg zurückzukommen (Meyer 2004, 75):

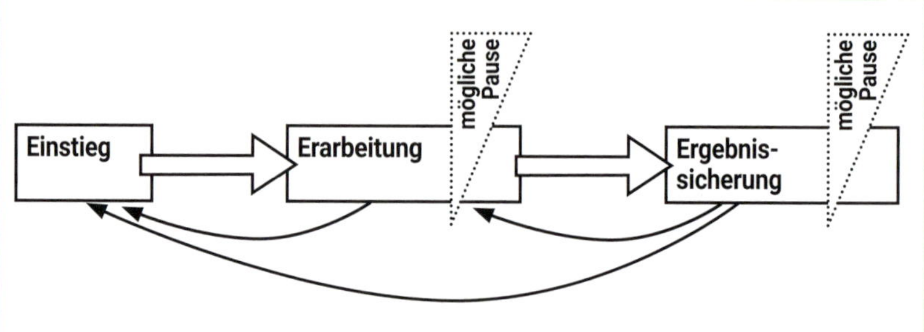

Die Verlaufsformen und die Sozialformen kommen in bestimmten Handlungsmustern vor. Handlungsmuster sind gewachsene, wiedererkennbare Formen des Anbietens und Aneignens von Lerninhalten. Beispiele für Handlungsmuster sind Schülerexperiment, Lehrerexperiment, Vortrag, Textarbeit, Exkursion, Tafelarbeit, Arbeit mit dem Schulbuch, Hausaufgaben, Recherchieren, Diagramme erstellen, Diskutieren, Erklären, Zeichnen, Konzeptkartierung, Pflanzen bestimmen und noch vieles mehr. Es soll etwa 250 solcher Handlungsmuster geben (Meyer 2004, 75).

Innerhalb und oft als Element der Handlungsmuster werden Inszenierungstechniken genutzt. Inszenierungstechniken sind kurzfristige Lehr-Lern-Situationen, die oft nur wenige Sekunden dauern und meistens routinemäßig eingesetzt werden. Sie können verbale, mimische oder körpersprachliche Formen annehmen und sowohl von Lehrenden wie Lernenden ausgehen. Beispiele sind Impuls geben, fragen, antworten, fragend schauen, zeigen, vergrößern, verkleinern, vormachen, provozieren, unterbrechen, skizzieren, widersprechen, sortieren, ordnen, sammeln, verteilen, identifizieren und vieles mehr (Meyer 2004, 76).

Unterrichtsmethoden lassen sich damit auf drei Ebenen betrachten und bei der Unterrichtsplanung berücksichtigen. Die Mikromethodik, als die untere Ebene, umfasst die Inszenierungstechniken. Die Mesomethodik, als die mittlere Ebene, betrachtet Sozialformen, Verlaufsformen und Handlungsmuster. Die Makromethodik, als die obere Ebene, erfasst die methodischen Großformen.

Diese Unterscheidungen eignen sich für die Orientierung in der unterrichtsmethodischen Landschaft. Die Auswahl der Unterrichtsmethoden bei der Planung muss viele Bedingungen beachten, beispielsweise die Lernausgangslagen und Lernpotenziale der Lernenden, die Eigenheiten des Unterrichtsgegenstandes oder die Unterrichtsziele. Dazu ist eine Methodenvielfalt notwendig und wünschenswert sowie anregend für Lernende und Lehrende. Methodenvielfalt ist aber kein Selbstzweck, Methoden sollten begründet werden. Es gibt keine optimalen Unterrichtsmethoden, aber es gibt mehr oder weniger angemessene und (zusammen-)passende.

Verfügung? Wie ist die Sammlung ausgestattet? Welche Naturobjekte können beschafft werden? Welche Geräte und Medien stehen zur Verfügung? Reicht die Ausstattung für die Klassengröße? Welche im weitesten Sinne biologischen Berufe sind in der Nähe der Schule vertreten? Welche biologischen Standorte sind lohnend und erreichbar?

Die *Klärung der fachlichen Grundlagen* ist notwendig, weil die Inhalte des Biologieunterrichts nicht von den Biowissenschaften vorgegeben sind; sie müssen vielmehr in didaktischer Zielsetzung erst hergestellt werden (→ 2). Die wissenschaftliche Sichtweise ist dabei immer der Primärliteratur oder wissenschaftlichen Lehrbüchern zu entnehmen – es genügt nicht, allein Schulbücher heranzuziehen. Hilfreich sind didaktische Veröffentlichungen zu verschiedenen Unterrichtsthemen, die neben sogenannten Unterrichtsmodellen ausführliche Sachinformationen enthalten (vgl. Basisinformationen der Themenhefte von Unterrichtszeitschriften sowie im Handbuch Eschenhagen, Kattmann & Rodi 1989 ff.). Diese Publikationen ermöglichen nicht nur eine relativ einfache Information über den Unterrichtsgegenstand, sondern über die meist ausführlichen Literaturverzeichnisse einen vergleichsweise leichten Zugriff auf weiterführende Publikationen. In diesem Zusammenhang sind besonders solche fachwissenschaftlichen Zeitschriften zu nennen, die aktuelle Berichte aus der Forschung in allgemeinverständlicher Form bieten (z. B. Spektrum der Wissenschaft, Bild der Wissenschaft, Biologie in unserer Zeit, Naturwissenschaftliche Rundschau). Eine allgemeingültige Sachstruktur, die einem Artikel oder einem Lehrbuch zu entnehmen und nur zu analysieren wäre, gibt es aber nicht; vielmehr muss sie mit Blick auf die Lernenden und die Lernsituation erst aufgebaut werden. In der fachlichen Klärung (→ 2) sind folgende Punkte zu beachten:

- *Elementarisierung*: Der Kerngedanke des biologischen Themas ist herauszuarbeiten.
- *Kritische Analyse*: Voraussehbar fehlleitende oder überflüssige Termini und Reste lebensweltlichen Denkens, welches sich in Wörtern und Ausdrücken zeigt (→ 33), sind zu markieren.
- *Fachliche Rahmung*: Die fachlichen Voraussetzungen zum Verständnis eines biologischen Phänomens oder einer Theorie sind zu identifizieren.
- *Lebensweltliche Einbettung*: Alltägliche Situationen, in denen die Lernenden mit dem jeweiligen biologischen Phänomen in Berührung kommen können, sind zu beschreiben. Die Bedeutung für unser Selbst- und Weltverständnis ist zu bedenken.

Die auf diese Weise gewonnene Sachstruktur ist also weder das Ergebnis einer Sachanalyse noch ein Abbild des wissenschaftlichen Gegenstandes, genauso wenig wie sie das Ergebnis einer didaktischen Reduktion ist. Vielmehr entsteht die Sachstruktur des Unterrichtsthemas im scharfen und kritischen

Durchdenken des wissenschaftlichen Gegenstandes unter Vermittlungsabsicht. Das Thema wird also fachlich geklärt. Der mit Rücksicht auf die Lernenden entworfene Unterrichtsgegenstand lässt sich dann als *didaktisch rekonstruiert* kennzeichnen (Kattmann et al. 1997; Gropengießer 2001; → 2; 3; 4). Die Sachstruktur lässt sich als Diagramm darstellen (Wüsten et al. 2010).

Die *Lernpotenziale* werden berücksichtigt, indem einerseits Vermutungen über die Lernausgangslage getroffen werden. Denn Lernen kann nur auf der Basis des schon Gelernten stattfinden. Lernen kann daher immer nur von den Vorstellungen, Einstellungen, Werthaltungen, Kompetenzen und Fertigkeiten der Lernenden ausgehen und sie dabei verändern. Zu vielen Themen liegen inzwischen empirische Befunde vor (→ 13). Oft ist es ausgesprochen lernwirksam, Unterrichtsabschnitte für die Bewusstmachung und Offenlegung der Vorstellungen, Einstellungen und Werthaltungen vorzusehen und bei der Erarbeitung von den unterschiedlichen Perspektiven der Lernenden auszugehen. Andererseits gilt es, Vermutungen über den möglichen Lernzuwachs anzustellen. Was können die Lernenden in der zur Verfügung stehenden Zeit erreichen?

In der *Didaktischen Strukturierung* laufen alle einzelnen Planungsaufgaben zusammen. Insbesondere durch In-Beziehung-Setzen der Lernpotenziale mit den fachlich geklärten Aussagen und unter Berücksichtigung der Ziele und Voraussetzungen wird der geplante Lernprozess strukturiert. Dieser Unterrichtsplan sollte auf *didaktischen Begründungen* ruhen, die – angelehnt an die *didaktische Analyse* (Klafki 1964) – Antworten auf die folgenden Fragen geben:

- die Frage nach der *Gegenwarts- und Zukunftsbedeutung* des Unterrichtsinhalts (Spielt der Inhalt bereits heute eine wesentliche Rolle? Ist er so bedeutsam, dass er eine größere Rolle im Leben der Lernenden spielen sollte?);
- die Frage nach der *Zugänglichkeit des Unterrichtsinhalts* (Ist der Gegenstand für alle Lernenden fassbar? Welche Rolle spielt er in ihren Vorstellungen? Welche Möglichkeiten gibt es, ihn für die Lernenden „fragwürdig" zu machen?);
- die Frage nach der *Exemplarität der Unterrichtsinhalte* (Warum wird gerade dieses Thema bzw. jener Einzelinhalt ausgewählt? Welches Phänomen, welcher allgemeine Sinn- oder Sachzusammenhang wird durch die unterrichtliche Behandlung erschlossen? Welche Bedeutung hat das Beispiel im wissenschaftlichen Zusammenhang?).

Der Unterrichtsplan kann nur fruchtbar werden, wenn die verfügbaren Vorstellungen und die erreichbaren Vorstellungsänderungen der Lernenden beachtet werden. Dafür sind im Rahmen einer Zeitplanung geeignete Kontexte

und Lernorte zu wählen. Es sind weiterhin Entscheidungen zur Unterrichtsmethodik (Meyer 2004, 74 f.; Spörhase & Ruppert 2010) notwendig über
- methodische Großformen (→ Kasten),
- Unterrichtsschritte, z. B. Einstieg, Erarbeitung und Ergebnissicherung,
- Handlungsmuster wie Problemstellung, Hypothesenbildung, Experimentieren, Exkursion, Vortrag, Lehrgespräch und Textarbeit,
- Sozialformen, z. B. Plenumsunterricht, Gruppenunterricht, Partnerarbeit und Einzelarbeit,
- Kriterien, die festlegen, wann eine Unterrichtssequenz als gelungen gilt, also Vorüberlegungen zur Evaluation (→ 16.7).

16.5 Der Unterrichtsentwurf wird als Verlaufsskizze prägnant und übersichtlich gestaltet

Das fixierte Ergebnis der Unterrichtsplanung, das vor allem in Prüfungssituationen von Bedeutung ist, wird meist als „schriftliche Unterrichtsvorbereitung" bezeichnet. Der Einfachheit halber wird im Weiteren der Ausdruck „Unterrichtsentwurf" verwendet.

Ein Unterrichtsentwurf ist nützlich, weil er die Gedanken klärt, die Entscheidungen festhält und für die Reflexion sowie zukünftigen Unterricht dokumentiert. Während des Unterrichtens ist die Darstellung des Unterrichtsverlaufs zumindest eine Gedächtnisstütze und kann manchmal zu einem Rettungsanker werden.

Dass Unterrichtsentwürfe nicht nur als Grundlage von Diskussionen, sondern auch als Grundlage von oft folgenreichen Prüfungen und Beurteilungen verwendet werden, gehört zu den Erfahrungen aller Lehrkräfte. Wenn die Unterrichtsplanung als wichtiges und unersetzbares Element der gesamten Lehrtätigkeit anerkannt wird, ist es nur folgerichtig, dass sich die Bewertung der Lehrfähigkeit hierauf erstreckt. Unterrichtsbeobachtern und Ausbildern verschafft der Unterrichtsentwurf notwendige Informationen über die Qualität der Planung, und er ist Grundlage des gemeinsamen Auswertungsgesprächs. Weiterhin wird mit dem Unterrichtsentwurf eine formale Forderung in Ausbildungs- und Prüfungssituationen erfüllt, und er kann selbst Gegenstand der Benotung sein. Anfänger beschreiben die Planungsarbeit als zeitfressend, weil eine Fülle von wechselseitig sich beeinflussenden Entscheidungen zu treffen sind.

Gelungene Unterrichtsentwürfe bilden oft die Grundlage für Publikationen und kommen in dieser Form einem größeren Kreis von Lehrenden zugute (vgl. z. B. Killermann 1980; Unterrichtsmodelle in biologiedidaktischen Zeitschriften). Sie können besonders Lehramtsstudierenden und Berufsanfängern als Hilfsmittel zur eigenen Unterrichtsvorbereitung dienen.

Für die Gliederung des Unterrichtsentwurfs gibt es viele verschiedene Vorschläge, aber keine Norm. Im Folgenden wird im Wesentlichen eine in der Praxis bewährte Gliederung in Langform aufgelistet (vgl. Youens 2005):

- *Formalia*: Name der Lehrperson, Schulort, Schule, Klasse bzw. Kurs, Fach, Tag, Stunde;
- *Thema* der Stunde bzw. Doppelstunde;
- Stellung der Stunde bzw. Doppelstunde im *Zusammenhang der Unterrichtseinheit*;
- eigene *professionelle Entwicklungsziele*;
- Auflistung der *Unterrichtsziele*;
- planungsrelevante *schulische Voraussetzungen*;
- *Lernpotenziale* zum Unterrichtsthema (vermutete Vorstellungen, Einstellungen, Werthaltungen, Kompetenzen und Fertigkeiten);
- *fachlich geklärte Grundlagen* des Themas (didaktisch rekonstruierte Sachstruktur);
- *didaktische Begründung* des Themas, Erläuterungen zu den Gründen für wichtige *Entscheidungen zur Unterrichtsmethodik*;
- Skizze des geplanten *Unterrichtsverlaufs* (Tabellenform), inhaltlich und zeitlich strukturiert mit ausformulierten Gelenkstellen: Einstieg, Überleitungen, Schlüsselfragen, wichtige Wörter;
- *Gefahreneinschätzung* wie Verletzungsgefahr, Giftigkeit, Allergiepotenzial und Maßnahmen;
- Überlegungen zur *Auswertung* und *Lernerfolgskontrollen*;
- eventuell *Hausaufgaben* formulieren;
- *Anhang*: Arbeitsblätter (mit Eintrag der Aufgabenlösungen), Informationsblätter, Entwurf des Tafelbildes (vgl. z. B. Bühs 1986), Vorlagen für Arbeitstransparente, Literaturliste, evtl. Sitzplan.

Während in den meisten Abschnitten des Entwurfs die Begründung von Entscheidungen im Mittelpunkt steht, geht es bei der Skizze des geplanten Unterrichtsverlaufs um die Ergebnisse dieser Planungsprozesse. Die *Verlaufsskizze* ist daher die wesentliche Orientierungshilfe für die Lehrperson während des Unterrichtens. An diesen Teil des Entwurfs sind vor allem zwei Forderungen zu stellen: Er soll prägnant und übersichtlich sein. Diesen Forderungen wird eine *tabellenartige Darstellungsform* gerecht. Die Ansichten darüber, welche Gesichtspunkte dabei zu berücksichtigen sind, gehen weit auseinander. Vielfach bewährt hat sich das als Tabellenkopf dargestellte Schema (→ Tab. 16-1).

Zeit	Handlungsmuster	Sozialformen	Medien
8:00	**Einstieg** (allgemein: Unterrichtsschritte)		
	(geplantes Lehrerverhalten und erwartetes Schülerverhalten werden beschrieben) z. B.: Der Behälter mit den (zirpenden) Grillen wird unter einem Tuch präsentiert. „Was hört ihr?" Die Lernenden beschreiben die Laute so genau wie möglich.	Plenumsunterricht	
8:10	**Erarbeitung**		
	Grillen in kleine, durchsichtige Behälter umsetzen und an den Tischen betrachten lassen ...	Gruppenunterricht	Karten zur Gruppen-einteilung

Tabelle 16-1: Anlage der Verlaufsskizze als Tabelle

Die *Unterrichtsschritte* (z. B. Einstieg, Problemstellung) bilden die Zwischenüberschriften der Tabelle und gliedern sie in größere Abschnitte. Die erste Spalte enthält die geplante *Zeit*. Dies soll gewährleisten, dass die wichtigsten Ziele am Ende der Stunde erreicht sind. Selbst wenn es kaum einmal gelingt, den Zeitplan exakt einzuhalten, spricht dies nicht gegen eine Zeitplanung. Es ist allerdings sinnlos, die einzelnen Unterrichtsschritte auf die Minute genau zu terminieren. Der Zeitplan soll einerseits das Ausufern einzelner Unterrichtsphasen verhindern, andererseits für Lerngelegenheiten offen sein. Es genügt also, den zeitlichen Ablauf der Stunde nur mit runden Zahlen, etwa in Fünf- oder Zehn-Minuten-Schritten, anzugeben. Als günstig hat es sich erwiesen, in der Verlaufsskizze die Angabe der Uhrzeit in der betreffenden Unterrichtsstunde aufzuführen, da dies die Kontrolle der Zeiteinhaltung während des Unterrichts erleichtert.

Die zweite Spalte enthält die *Handlungsmuster*. Für Biologie- oder Naturwissenschaftsunterricht spezifische Handlungsmuster sind vor allem fachgemäße Arbeitsweisen, wie Lehrer- und Schülerexperimente oder Exkursionen (→ Kasten; → 21-28). Dabei ist es oft nützlich, zentrale Anweisungen, Aufforderungen, Denkanstöße oder Fragen an den Gelenkstellen des Unterrichts als geplantes Lehrerverhalten wörtlich aufzuschreiben, ebenso das erwartete Schülerverhalten.

Bei aufkommender Unsicherheit im Unterrichtsgeschehen kann auf die Verlaufsskizze zurückgegriffen werden. Die Gefahr mangelnder Flexibilität lässt sich dadurch eingrenzen, dass man von vornherein jeweils unterschiedliche Reaktionen der Lernenden auf eine Lehrerhandlung ins Auge fasst.
In der dritten Spalte werden die *Sozialformen* notiert (→ Kasten). Hier zeigt sich auf den ersten Blick, ob es gelungen ist, die Stunde genügend abwechslungsreich zu gestalten. Wenn beispielsweise in dieser Spalte immer wieder „Plenumsunterricht" stünde, könnte dies Anlass geben, z. B. über

Einzel- oder Partnerarbeit nachzudenken. Selbstverständlich gibt es Unterrichtsstoffe, die nur eine begrenzte Variation der Sozialform erlauben, aber im Biologieunterricht sind solche Inhalte relativ selten.

Mit den Angaben zu den *Medien* in der vierten Spalte lässt sich jederzeit überprüfen, ob alle Unterrichtshilfen vorhanden und entsprechend der vorgesehenen Nutzung vorbereitet und geordnet sind.

16.6 Verlaufsformen gliedern den Unterricht nach inhaltlicher Folgerichtigkeit

Die Gestaltung des Unterrichts folgt einer mehr oder weniger expliziten Vorstellung über einen idealen oder konventionellen Verlauf, d. h., Unterrichtsschritte und Handlungsmuster werden in eine bestimmte Reihenfolge oder in einen Zusammenhang gebracht. Insgesamt gilt aber: Solche Gliederungsschemata und fachspezifischen Unterrichtsskripte sollten eher als Anregung, denn als Norm genommen werden. Ein Drehbuch für den „normalen“ Biologieunterricht beschreiben Jürgen Langlet und Thomas Freimann (2003): Hausaufgabenkontrolle, Stoffwiederholung, Themenstellung, Erarbeitung, Zusammenfassung bzw. Abbruch der Stunde. Anstelle solch stereotyper Ablaufmuster täte Fantasie und Abwechslung den Lehr-Lernprozessen im Biologieunterricht gut.

Große Bedeutung hat die Stufenfolge des naturwissenschaftlichen Erkenntnisprozesses (Problemgewinnung, Problemlösung) in den Methodenkonzepten, z. B. in einem *problemlösenden Unterricht*. Besondere Beachtung verdient der zu wählende Einstieg, und zwar sowohl in Hinblick auf die Motivation der Lernenden wie auch bezüglich der Konsequenzen für den nachfolgenden Unterrichtsverlauf (vgl. Berck 1992; Graf 1995). Ebenso wenig sollte die Ergebnissicherung vernachlässigt werden (vgl. Heinzel 1995).

Ganz auf Vorstellungsänderungen ausgerichtet sind sogenannte *konstruktivistische Unterrichtsstrategien* (Häußler et al. 1998, 214 ff.). Danach gliedert sich der Unterricht in sechs Schritte:

- Vertrautmachen mit einem Phänomen (Orientierung);
- Äußerung (Hervorlocken) der Vorstellungen der Lernenden;
- Einführung der wissenschaftlichen Sichtweise(n): Konfrontation mit den oder Anknüpfung an die geäußerten Vorstellungen;
- Deutung des Phänomens mit umgedeuteten (neuen) Vorstellungen;
- Bewertung und Anwendung der neu gewonnenen Vorstellungen;
- Reflexion des Gelernten durch Vergleich mit den ursprünglichen Vorstellungen.

16.7 Reflexion und Evaluation verbessern den Unterricht

Die *Selbst-Evaluation*, d. h. die Beobachtung, Analyse und Verbesserung des eigenen Unterrichts, gehört zu den wichtigen Aufgaben einer Lehrkraft. Sie wird allerdings nicht immer mit der notwendigen Intensität wahrgenommen. Gerade viele routinierte Lehrkräfte reflektieren die im Unterricht gewonnenen Erfahrungen nur sehr pauschal oder punktuell und verfehlen dadurch das Ziel, den eigenen Unterricht ständig weiterzuentwickeln. Unter den Ursachen für diesen Mangel wird von den Betroffenen die Zeitknappheit besonders häufig erwähnt. Tatsächlich kann keine Lehrkraft, die das volle Stundensoll zu erfüllen hat, jede einzelne Unterrichtsstunde sorgfältig nachbereiten. Aber es gibt mehrere sinnvolle Wege, durch Reflexion den Unterricht zu verbessern (Kattmann 2004).

- Zunächst kann der Unterrichtsentwurf und -verlauf kritisch auf *Merkmale guten Unterrichts* durchgesehen werden. Empirisch gut belegt sind die folgenden Ergebnisse der Unterrichtsforschung zu Maßnahmen mit hoher Effektivität (Häußler et al. 1998, 229; vgl. Hattie 2009). Die Maßnahmen betreffen allerdings nur eng begrenzte, einzelne Aspekte des Unterrichts. Sie werden in absteigender Wirksamkeit aufgezählt:
- *gute Leistungen verstärken* – aber nicht pauschal, sondern nur bestimmte Leistungen loben;
- *nach einer Frage genügend lange warten* – 10 Sekunden und mehr!
- *„Alle Schüler schaffen es“*, d. h., 90 % sollen bei regelmäßigen Tests 90 % der Aufgaben schaffen – sonst wird wiederholt und es werden individuelle Hilfen gegeben;
- *individuell zu den gelösten Hausaufgaben rückmelden;*
- *kooperatives Lernen in kleinen Gruppen,* die für den Lernerfolg der Gruppenmitglieder verantwortlich sind;
- *Schülerversuche und praktisches Arbeiten* – aber keine rein mechanischen Tätigkeiten („hands on – minds off“).

Aus der Sicht der Allgemeinen Didaktik hat Hilbert Meyer (2004) zehn Merkmale guten Unterrichts zusammengestellt (→ s. Kasten), die sich auf empirische Belege stützen und eine umfassende normative Orientierung bieten (vgl. Brophy 2000). Sie müssen jedoch fachdidaktisch konkretisiert werden. Die allgemeine Bildungsforschung hat durch zahlreiche empirische Studien drei Basisdimensionen guten Unterrichts herausgearbeitet: Klassenführung, kognitive Aktivierung und konstruktive Unterstützung (Kunter und Voss 2011), die von Praetorius und Kolleginnen (2020) für die Naturwissenschaften fachdidaktisch spezifiziert wurden.

Zehn Merkmale guten Unterrichts (nach Meyer 2004)

- *Klare Strukturierung des Unterrichts*, d. h. Prozess-, Ziel- und Inhaltsklarheit, Rollenklarheit, Absprache von Regeln, Ritualen und Freiräumen;
- *hoher Anteil echter Lernzeit* durch gutes Zeitmanagement, Pünktlichkeit und Auslagerung von Organisationskram sowie Rhythmisierung des Tagesablaufs;
- *lernförderliches Klima* durch gegenseitigen Respekt, verlässlich eingehaltene Regeln, Verantwortungsübernahme, Gerechtigkeit und Fürsorge;
- *inhaltliche Klarheit* durch Verständlichkeit der Aufgabenstellung, Plausibilität des thematischen Gangs, Klarheit und Verbindlichkeit der Ergebnissicherung;
- *sinnstiftendes Kommunizieren* durch Planungsbeteiligung, Gesprächskultur, Sinnkonferenzen, Lerntagebücher und Schülerrückmeldungen;
- *Methodenvielfalt*, d. h. Reichtum an Inszenierungstechniken, Vielfalt der Handlungsmuster; Wechsel der Verlaufsformen und Ausbalancierung der methodischen Großformen;
- *individuelles Fördern* durch Freiräume, Geduld und Zeit; durch innere Differenzierung und Integration; durch individuelle Lernstandsanalysen und abgestimmte Förderpläne; besondere Förderung von Schülerinnen und Schülern aus Risikogruppen;
- *intelligentes Üben* durch Bewusstmachen von Lernstrategien, passgenaue Lernaufgaben, gezielte Hilfestellungen und gute Rahmenbedingungen;
- *transparente Leistungserwartungen* durch ein an den Lehrplänen orientiertes, dem Leistungsvermögen der Lernenden entsprechendes Lernangebot und zügige förderorientierte Rückmeldungen zum Lernfortschritt;
- *vorbereitete Umgebung* durch gute Ordnung, funktionale Einrichtung und brauchbares Lernwerkzeug.

Auch aus den Forschungen zu Vorstellungen von Lernenden und deren Lernprozessen lassen sich für die Biologiedidaktik Regeln für einen guten Biologieunterricht ableiten (vgl. Häußler et al. 1998, 235):

- *Die jeweils verfügbaren Vorstellungen ernst nehmen;* von den diversen vorunterrichtlichen Vorstellungen ausgehen und deren Veränderungen systematisch in die Planung einbeziehen; Lernen und Leisten klar trennen.
- *Die intensive Auseinandersetzung mit dem Lerngegenstand fördern;* Lernumgebungen gestalten, die Lernenden an der Sache arbeiten lassen und sie zum Nachdenken über ihren Lernprozess anregen.
- *Leistungsmessung mit Diagnose und Lernberatung verknüpfen;*
- *Zeit für Vorstellungsänderungen geben;* das Lernen von wissenschaftlichen Vorstellungen, die den alltäglichen widersprechen, braucht Zeit und mehrere Gelegenheiten.

Für die Reflexion sollten neben den Merkmalen des Unterrichts dessen Ziele und Ergebnisse herangezogen werden. Dabei können die Ansprüche der

Didaktischen Rekonstruktion an die Planung als Maßstäbe für die Reflexion des Unterrichts dienen (Kattmann 2004, → 4).

Letztlich ist aber der Lernerfolg Maßstab der Unterrichtsplanung und des tatsächlichen Unterrichts (Ergebnisorientierung). Er kann u. a. mit *Aufgaben* (→ 17) oder allgemein durch *Evaluation der Schülerleistungen* (→ 18) im Vergleich zu Unterrichtszielen festgestellt werden. Die Auswertung kann aber auch in den Unterricht einbezogen und gemeinsam mit den Lernenden durchgeführt werden (Meyer 2012). Dazu können z. B. die Ergebnisse der Unterrichtseinheit als Ausstellung oder als Broschüre veröffentlicht werden oder die Lernenden können ein Portfolio gestalten, wobei die Beurteilungskriterien vorher geklärt werden. Im Unterrichtsentwurf sind dazu allerdings Vorüberlegungen zur Auswertung notwendig.

Verbesserungen der Unterrichtsplanung und -durchführung sind am ehesten von einer verstärkten Kooperation der Lehrpersonen untereinander zu erwarten. Gemeinsame Unterrichtsvorbereitung, Austausch von Unterrichtsentwürfen und Materialien, gegenseitiges Hospitieren mit anschließender Kritik oder Analysieren von videografierten Unterrichtsstunden oder Fallsammlungen (Dannemann et al. 2014) führen nicht nur direkt zur Optimierung des Unterrichts, sondern schärfen den Blick der Beteiligten für die Parameter des Unterrichts und wirken sich dadurch auf die Unterrichtsvorbereitung aus. Ergebnisse einer solchen Zusammenarbeit sind aus überregionalen Projekten dokumentiert (u. a. Duit, Gropengießer & Stäudel 2004; SINUS-Transfer 2005).

Eine noch zu wenig genutzte Möglichkeit zur Evaluation des eigenen Unterrichts sind anonym bleibende Äußerungen der Lernenden über den Unterricht. Wolfgang Zöller (1978) stellt einen Fragebogen mit zwölf vorgegebenen Aussagen zum Lehrerverhalten vor, zu denen sich die Schüler durch Ankreuzen auf einer Skala äußern können. (Beispielsweise: „Die Lehrperson ist freundlich; man hat leicht Zugang zu ihr; sie regt ihre Schüler zur Selbstständigkeit an".) Mit über 50 Fragen wesentlich umfangreicher und nicht nur auf Lehrkräfteverhalten beschränkt, ist der Schülerfragebogen „Wie hast du den Unterricht erlebt?" (SINUS-Transfer 2005).

Lernaufgabe 16-1: In Kapitel 1 dieses Buches wird ein Unterricht zum Blutkreislauf im menschlichen Körper skizziert.

Handlungsaufforderung 16-1: Formulieren Sie didaktische Begründungen für einen solchen Unterricht, angelehnt an die didaktische Analyse nach Klafki (1964)!

Philipp Schmiemann

17 Lernaufgaben entwickeln

Übungsaufgaben, Anwendungsaufgaben, Prüfungsaufgaben, Hausaufgaben ... – Aufgaben sind im Unterricht allgegenwärtig: Aber was ist eine „gute“ Aufgabe? Wie können Aufgaben Lernen anregen? Woher wissen die Lernenden, was zu tun ist? Wie können Aufgaben unterschiedliche Voraussetzungen berücksichtigen? Und wie komme ich eigentlich an die Lösung? Dieses Kapitel erklärt, wie Lernaufgaben für den Biologieunterricht gestaltet werden können.

17.1 Aufgaben prägen den Unterricht

So wie in den meisten Fächern spielen Aufgaben auch im Biologieunterricht eine wesentliche Rolle. Im Hinblick auf die Unterrichtsqualität (Müller & Helmke 2008) sind sie ein zentrales Mittel zur Aktivierung der Lernenden und zur Gestaltung von Lerngelegenheiten und schülerorientiertem Unterricht (Reusser 2014). Sie steuern und strukturieren ihn (Stadler 2009) und dienen damit als „Mittel der Lenkung“ (Scholz 1980, 28). Ihre Bedeutung spiegelt sich auch quantitativ wider, denn aufgabenbezogene Aktivitäten nehmen einen erheblichen Zeitanteil im Biologieunterricht ein (Jatzwauk et al. 2008). Dabei können Aufgaben verschiedene Funktionen erfüllen und in sehr unterschiedlichen Formen auftreten (Adamina & Hild 2019; Gropengießer 2018; Mayer 2004; Müller & Helmke 2008; Stadler 2009). Sie können als Lernaufgaben zur Aneignung, Festigung, Anwendung und Reflexion von Wissen und Können dienen. Als Leistungs- oder Testaufgaben ermöglichen sie das Erfassen von Lernständen und -fortschritten. Dabei können die Aufgaben erfordern, dass Wissen reproduziert, reorganisiert oder übertragen wird (Hammann 2006). Auch können sie in allen Phasen des Unterrichts vom Einstieg bis zur Reflexion vorkommen (Adamina & Hild 2019; Gropengießer 2018). Aufgaben sind also sehr vielfältig. Dies erschwert zugleich eine präzise Definition. Allgemein formuliert können Aufgaben verstanden werden als „inhaltsbezogene Denk- und Handlungsaufforderungen“ (Jatzwauk et al. 2008, 267) oder bezogen auf Unterricht als „wohldefinierte Probleme, die (mindestens) eine Lösung haben und deren Bearbeitung in relativ kurzer Zeit möglich ist“ (Häußler & Lind 1998, 3). Für die Unterrichtsgestaltung sind vor allem Lernaufgaben von Bedeutung. Lernaufgaben sind schriftlich oder mündlich formulierte, inhaltsbezogene Denk- und Handlungsaufforderungen, die Lernprozesse anregen (Bruder 2003; Thonhauser 2008) und mindestens einen Informations- und Aufforderungsteil beinhalten (Gropengießer 2006; 2018; Weitzel 2018). Da der Unterricht durch den Einsatz von Aufgaben wesentlich bestimmt wird, ist die konkrete Gestaltung von Aufgaben von besonderer Bedeutung.

Aufgaben können aus bis zu vier Bausteinen bestehen (Schmiemann 2013; Weitzel 2018): (1) aus einem Ausgangsphänomen, das die Aufgabe in einen Kontext einbettet, (2) aus einem Aufforderungsteil, der Art und Umfang der Tätigkeiten beschreibt, (3) aus einem Unterstützungsteil mit Informationen und Hilfestellungen sowie (4) einem Rückmeldungsteil bezüglich des Lernprozesses und -ergebnisses.

17.2 Ein Ausgangsphänomen lädt zum Lernen ein

Das Ausgangsphänomen einer Aufgabe bettet diese in einen Kontext ein. Auch wenn der Begriff des Kontexts in Bezug auf den Naturwissenschaftsunterricht nicht einheitlich verwendet wird (Gilbert 2006), so kann ein biologiebezogener Aufgabenkontext doch durch bestimmte Merkmale beschrieben werden, die nicht alle gleichzeitig verwirklicht sein müssen (Schmiemann et al. 2011): Erstens knüpft er an das Vorwissen und die Erfahrungswelt der Lernenden an. Zweitens stellt ein Kontext eine authentische und motivierende Anwendungssituation dar. Die Authentizität kann dabei aus einem Alltagsbezug (z. B. Beobachtung der Pulsfrequenz beim Sport → Kasten Aufgabenbeispiel), der Besonderheit (z. B. Weltraummission; Florian et al. 2011) oder der Aktualität resultieren (Habig et al. 2018). Drittens ermöglicht der Kontext Problemlöseprozesse durch die Nutzung biologischen Wissens und Könnens. Der Kontext ist dabei nicht einfach nur ein Etikett, sondern ergibt sich aus dem biologischen Lerngegenstand (Häußler et al. 1998).

Durch das Anknüpfen an das Vorwissen und die Erfahrungswelt der Lernenden kann die individuelle Wissenskonstruktion erleichtert werden, denn sinnstiftendes Lernen erfolgt durch die Integration des zu erwerbenden Wissens in bestehende Wissensstrukturen (Ausubel 1963; 2000). Das Vorwissen kann im Vorfeld durch geeignete Methoden erfasst werden (→ 18). Da die Vorstellungen von Lernenden durchaus von wissenschaftlichen Vorstellungen abweichen können, ist hier besondere Aufmerksamkeit erforderlich (→ 3).

Auch im Hinblick auf die Wahl einer authentischen und motivierenden Anwendungssituation sind die Lernenden zu berücksichtigen. Ihre Interessen sollten hier aufgegriffen und sie so motiviert werden, sich mit der Aufgabe auseinanderzusetzen (Holstermann & Bögeholz 2007; Krapp & Prenzel 2011). So interessieren sich Jugendliche relativ stark für den menschlichen Körper

(Holstermann & Bögeholz 2007), wozu auch Sport zählt (→ Kasten Aufgabenbeispiel). Authentisch wird der Kontext u. a. dadurch, dass er sich auf eine reale Situation bezieht. Eine realitätsnahe Anwendungssituation erleichtert den Transfer der erworbenen Kompetenzen auf ähnliche Situationen (Thorndike & Woodworth 1901). Außerdem verdeutlicht sie den Nutzen für aktuelle und zukünftige Lebenssituationen und kann so die Lernbereitschaft erhöhen.

Das im Ausgangsphänomen aufgeworfene Problem muss durch die Anwendung von biologischem Wissen und naturwissenschaftlichen Kompetenzen lösbar sein. Das erforderliche biologische Wissen bezieht sich dabei auf grundlegende biologische Konzepte (→ 6), wie beispielsweise die Regulation physiologischer Prozesse wie Herzfrequenz und Atmung (→ Kasten Aufgabenbeispiel). Außerdem sollte das Problem eine gewisse Komplexität haben, sodass unterschiedliche Perspektiven und Lösungsansätze möglich sind. In der Regel verfügen die Lernenden nicht über alle Kompetenzen zur Problemlösung, sondern erwerben oder erweitern diese erst bei der Bearbeitung und mit Hilfe des Unterstützungsteils.

17.3 Ein Aufforderungsteil präzisiert die Tätigkeiten

Die Handlungsaufforderung gibt die Art und den Umfang der Aufgabenbearbeitung an (Weitzel 2018). Dazu sollen Operatoren verwendet werden, die konkrete Tätigkeiten beschreiben (⊕ Tab. 17-1 Operatoren). Diese Tätigkeiten schließen auch die Anwendung prozessbezogener Kompetenzen wie naturwissenschaftliche Arbeitsweisen (→ 21-29) mit ein, z. B. das Aufstellen einer Hypothese (→ Aufgabenbeispiel). Häufig wird dieser Teil mit den Wörtern Aufgabenstellung (KMK 2020) oder Arbeitsauftrag überschrieben.

Die Handlungsaufforderung bezieht sich auf Informationen, die im Ausgangsphänomen oder im Unterstützungsteil bereitgestellt bzw. selbst beschafft oder gewonnen werden. Dabei sollten die Aufforderungen präzise formuliert werden und klar erkennbar sein. Es kann hilfreich sein, Lernende schon frühzeitig mit den Anforderungen, die die jeweiligen Operatoren beschreiben, vertraut zu machen (Gropengießer 2018). Die Handlungsaufforderung strukturiert den Bearbeitungsprozess und wird in der Regel mit ansteigendem Schwierigkeitsgrad dargeboten.

Die Anforderungen an die Lernenden ergeben sich u. a. aus den kognitiven Prozessen, die bei ihrer Bearbeitung erforderlich sind. Diese können anhand verschiedener Modelle geordnet und variiert werden. Ein Fundament bildet hier die Lernzieltaxonomie von Bloom (1956) und ihre Weiterentwicklungen (Anderson & Krathwohl 2001; Bloom et al. 1972). Im Modell zur Evaluation der Bildungsstandards für den Mittleren Schulabschluss in den Naturwissenschaften (ESNaS) werden vier kognitive Prozesse unterschieden (Kauertz et al. 2010; KMK 2013): (1) Das *Reproduzieren* beschreibt das Identifizieren von Informationen. (2) Beim *Selegieren* werden Informationen ausgewählt. (3) Der Prozess des *Organisierens* beschreibt das Strukturieren von Informationen und (4) das *Integrieren* die Einbindung von Informationen in bereits vorhandenes Wissen. Für diese Prozesse wird eine kumulative Hierarchie postuliert (Kauertz et al. 2010). Sie können sich auf alle Kompetenzbereiche (→ 8) beziehen (Sumfleth et al. 2019; Wellnitz et al. 2012; Ziepprecht et al. 2017). In der Schulpraxis ist vor allem die Einteilung der kognitiven Prozesse entsprechend der Anforderungsbereiche (AFB) der Bildungsstandards Oberstufe etabliert (KMK 2020). Diese werden kurz gefasst häufig bezeichnet als Reproduktion (AFB I), Anwendung (AFB II) und Transfer/problemlösendes Denken (AFB III) (Florian et al. 2015). In Abiturprüfungsaufgaben steigt die Schwierigkeit entsprechend dieser Anforderungsbereiche an (Florian et al. 2014). Weiter lässt sich die Schwierigkeit durch Anforderungen erklären, die auch fachspezifische Aspekte berücksichtigen. Die kognitiven Prozesse beziehen sich auf biologische Fachinhalte, die in den Handlungsaufforderungen spezifiziert werden. Dabei können verschiedene Grade an Komplexität angesprochen werden. Das ESNaS-Modell unterscheidet fünf Niveaus: ein Fakt, zwei Fakten, ein Zusammenhang, zwei Zusammenhänge und ein übergeordnetes Konzept (Kauertz et al. 2010; Sumfleth et al. 2019). Mit dem erforderlichen kognitiven Prozess und dem Komplexitätsgrad ist es also möglich, die Anforderungen zu variieren.

17.4 Ein Unterstützungsteil bietet den Lernenden Informationen und Hilfen

Der Unterstützungsteil bietet Informationen und Hilfen, die es den Lernenden ermöglichen, das im Ausgangsphänomen aufgeworfene Problem zu lösen bzw. die Aufgabe selbstständig zu bearbeiten. Hierfür kommen vielfältige Zugänge in Betracht.

Häufig werden die Informationen in Form von Fachtexten dargeboten. Diese zu lesen und zu verstehen ist eine überfachliche Kompetenz, die besonderer Aufmerksamkeit und Förderung bedarf (Leisen 2009). Dabei spielt die biologische Fachsprache eine wichtige Rolle (→ 33).

Gerade im Hinblick auf prozessbezogene Kompetenzen (→ 8) kann es auch sinnvoll sein, andere Repräsentationsformen einzubinden. Dies können Tabellen und Diagramme sein (→ 32), die beispielsweise experimentelle Daten zeigen, wenn selbst kein Experiment durchgeführt werden kann (→ Kasten Aufgabenbeispiel). Auch Bilder und Realobjekte können zusätzliche Informationen bieten (→ 31).

Die Unterstützung der Lernenden bei der Bearbeitung einer Aufgabe kann aber nicht nur durch zusätzliches Informationsmaterial erfolgen. Vielmehr können den Lernenden weitere Hilfen angeboten und die Lernaufgabe kann so weiter individualisiert werden. Eine im naturwissenschaftlichen Unterricht bewährte Unterstützung sind gestufte Lernhilfen (Freiman 2003; Stäudel et al. 2008; Wodzinski 2011). Sie ermöglichen den Lernenden, sich mit mehreren Hilfen, die häufig in Form von Karten angeboten werden, Schritt für Schritt der Lösung eines komplexen Problems anzunähern. Dazu erhalten sie einen zielgerichteten Impuls, etwa zur Aktivierung des Vorwissens (→ Kasten Aufgabenbeispiel). Zusätzlich enthält die Hilfe auch, z. B. auf der Rückseite der Karte, die entsprechenden Informationen zu dem Impuls. Die letzte der etwa vier bis sieben Hilfen beinhaltet die Komplettlösung (Stäudel et al. 2008). Damit orientieren sich die gestuften Hilfen am Lernprinzip der Lösungsbeispiele (*worked examples*; Hilbert & Renkl 2008; Neubrand et al. 2016; Schmidt-Weigand et al. 2008).

Gestufte Hilfen können eher fachlich-inhaltsbezogen oder eher lernstrategisch ausgerichtet sein, wobei beide Ausrichtungen gemeinsam eingesetzt werden sollten (Hänze et al. 2007). Die inhaltlichen Hilfen sollen vor allem Vorwissen aktivieren und fachliche Informationen bereitstellen. Dieses Wissen kann sich auch auf prozessbezogene Kompetenzen beziehen, z. B. wie man eine Hypothese formuliert (→ Kasten Aufgabenbeispiel). Diese Lernhilfen tragen damit Unterschieden in den Lernausgangslagen der Lernenden Rechnung. Hierzu kann auch eine Unterstützung der Lernenden in sprachlicher Hinsicht gehören. Beispielsweise können Fachbegriffe einfacher benannt und erklärt werden (Krischer 2007). Lernstrategische Hilfen hingegen unterstützen die Lernenden hinsichtlich ihres Vorgehens, indem sie die Elaboration von Unterzielen und die Nutzung von Strategien anregen, z. B. zur Texterschließung (Leisen 2013). Damit fördern sie auch eine allgemeine Problemlösefähigkeit. Eine entsprechende Hilfe wäre beispielsweise, die Handlungsaufforderung noch einmal zu lesen oder umzuformulieren (→ Kasten Aufgabenbeispiel).

Die Gestaltung des Unterstützungsteils ist eine wesentliche Gelegenheit, um Anforderungen zu differenzieren und so der Heterogenität der Lernenden zu begegnen. Die Entscheidung, ob, welche und inwieweit Hilfen in Anspruch genommen werden, kann dabei sowohl durch die Lehrperson als auch durch die Lernenden selbst erfolgen.

17.5 Ein Rückmeldungsteil regt die Reflexion über das Lernen an

Im vierten Baustein der Aufgabe erhalten die Lernenden eine Rückmeldung (→ 18). Diese kann während der Aufgabenbearbeitung (formativ) oder zum Abschluss (summativ) erfolgen (Hattie & Wollenschläger 2014), z. B. indem die Lernenden Zwischenschritte oder das Gesamtergebnis mit einer Musterlösung abgleichen. Diese beiden Beispiele sind Selbstbewertungen (internes Feedback; Wollenschläger et al. 2012). Hierdurch rückt der Lernprozess stärker in den Fokus und die Lernenden können diesen bewertungsfrei reflektieren. Bei der Fremdbewertung (externes Feedback) erfolgt die Rückmeldung durch andere, z. B. durch die Lehrperson in Form eines summativen Tests. Grundsätzlich kann sich die Rückmeldung sowohl auf die Richtigkeit und die Qualität der Aufgabenlösung als auch auf den Lernprozess selbst beziehen (Harms 2016). Die Reflexion des eigenen Lernprozesses, z. B. anhand der Art oder Anzahl der benötigten Hilfen, kann den Lernenden eigene Stärken und Schwächen aufzeigen und für zukünftige Lernprozesse genutzt werden (Adamina & Hild 2019).

Aufgabenbeispiel: Und das Herz rast ... (nach Czeskleba & Koska 2013, verändert)

Ausgangsphänomen:

Sarah und Max machen einen Wettlauf auf dem Schulhof. Am Ziel spüren beide, wie ihr Herz schnell schlägt. Beide atmen schnell ein und aus. Sie überlegen, welchen Zusammenhang es wohl zwischen dem Lauf und dem Herzschlag gibt.

Aufforderungsteil:

1. Nenne Beispiele für Situationen, in denen dein Herz schnell schlägt!
2. Stelle eine Hypothese auf, wie der Lauf mit dem Herzschlag zusammenhängt!
3. Überprüfe deine Hypothese, indem du ein passendes Experiment planst!
4. Erkläre den physiologischen Zusammenhang zwischen Herzfrequenz und körperlicher Aktivität!

Unterstützungsteil:

- Strategische Hilfe, z. B.: Wie könnte eine Hypothese lauten?
  → Formuliere die Überlegungen von Sarah und Max in eigenen Worten.
- Inhaltliche Hilfekarten zur naturwissenschaftlichen Erkenntnisgewinnung, z. B.:
  Wie formuliert man eine Hypothese?
  → Eine Hypothese kann als Wenn-Dann-Satz formuliert werden: Wenn man Pflanzensamen in feuchte Erde legt, dann keimen diese.
  → Wenn man schnell läuft, dann schlägt das Herz schneller.
- Informationen, z. B. ein Diagramm
  (→ Abb. 17-1) oder ein Text zum Blutkreislaufsystem.

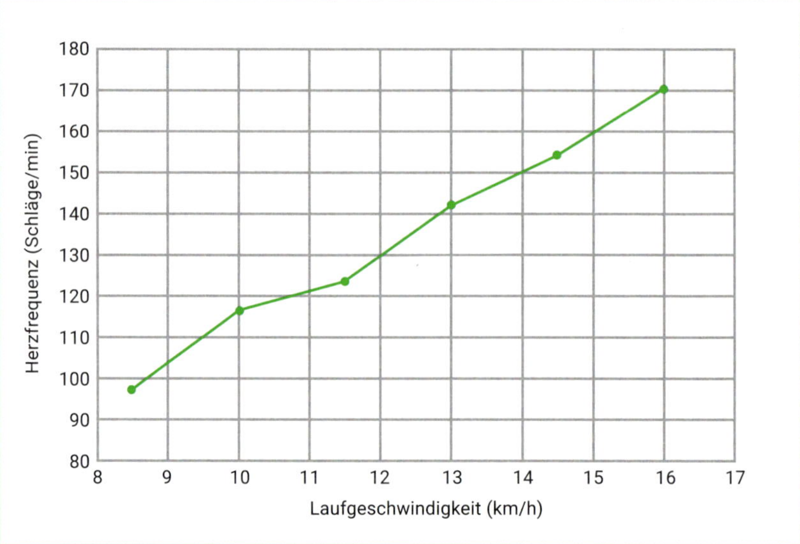

Abbildung 17-1: Herzfrequenz in Abhängigkeit von der körperlichen Belastung

- Sprachunterstützung mit Begriffserklärungen, z. B.: Hypothese ist eine begründete Vermutung; Herzfrequenz ist die Anzahl der Herzschläge pro Minute.

Rückmeldungsteil:

- Musterlösung zur Selbstüberprüfung, z. B. zu Aufgabenstellung (1):
  Wenn ich Fußball spiele ...
  Wenn ich zur Bushaltestelle laufe ...
- Reflexion des Lernprozesses, z. B.: Falls du Hilfen genutzt hast: Welche Tipps könnten auch für zukünftige Aufgaben nützlich sein?

Lernaufgaben entwickeln (nach Adamina & Hild 2019, verändert; Blömeke et al. 2006; Gropengießer 2018)

- Legen Sie fest, welche Kompetenzen die Lernenden durch die Bearbeitung der Lernaufgabe erwerben sollen (→ 8)!
- Wählen Sie ein biologisches oder naturwissenschaftliches *Ausgangsphänomen*, das möglichst viele Merkmale eines Kontexts erfüllt!
- Stellen Sie fest, welche biologischen und fachübergreifenden Voraussetzungen (Wissen und Können) zur erfolgreichen Bearbeitung der Aufgabe erforderlich sind! Bedenken Sie

Lernendenvorstellungen (→ 3) und den vorherigen Unterricht! Entwickeln Sie möglichst begründete Vermutungen, ob oder zu welchem Grad die Lernenden über die entsprechenden Voraussetzungen verfügen oder diese erarbeiten können!

- Stellen Sie Informationen für den *Unterstützungsteil* zusammen, z. B. Texte, Abbildungen! Berücksichtigen Sie dabei Ihre Überlegungen zu der Lernausgangslage!
- Formulieren Sie eine oder mehrere *Handlungsaufforderungen*! Geben Sie präzise an, was genau und in welchem Umfang zu tun ist! Verwenden Sie dabei Operatoren (Tab. 17-1)! Bilden Sie möglichst unterschiedliche Anforderungen ab!
- Lösen Sie die Aufgabe selbst und vergleichen Sie, ob Ihre Lösung mit der intendierten übereinstimmt! Optimieren Sie ggf. die Aufgabe!
- Ergänzen Sie im *Unterstützungsteil* angemessene und möglicherweise gestufte Lernhilfen! Diese können sich auf den biologischen Inhalt, Lösungsstrategien und andere Aspekte (z. B. Sprache) beziehen, bei denen Sie Lernschwierigkeiten erwarten. Dieser Teil ermöglicht eine Differenzierung und unterstützt individuell unterschiedliche Lernprozesse.
- Planen Sie eine *Rückmeldung* in Form einer (Selbst-)Kontrolle der Lösungen und die Reflexion des Lernprozesses mit ein!

17.6 Aufgaben können in jeder Phase des Biologieunterrichts lernförderlich sein

Aufgaben gelten als ein Schlüssel für die Qualitätsentwicklung des naturwissenschaftlichen Unterrichts (BLK 1997; Gropengießer 2018; Mayer 2004). Daher war und ist die Gestaltung von Aufgaben auch ein Element in Programmen zur Unterrichtsentwicklung wie SINUS, SINUS-Transfer (Prenzel et al. 2009), HarmoS (Labudde & Adamina 2008), Biologie im Kontext (Bayrhuber et al. 2007) sowie kom*dif* (Harms et al. 2016 b; 2016 c).

Im Rahmen der Unterrichtvorbereitung werden die Aufgaben von der Lehrperson entwickelt (→ Kasten Lernaufgaben entwickeln) bzw. ausgewählt und modifiziert (Andre 1979; Bromme 1981). Dazu gehört es, die Aufgaben als Lehrperson selbst zu lösen, um eventuelle Lernschwierigkeiten aufzudecken (Gropengießer 2018). Durch den Einsatz kompetenzorientierter Lernaufgaben werden biologisches Wissen und fachspezifische sowie überfachliche Kompetenzen erworben (Adamina & Hild 2019). Im Hinblick auf ein sinnstiftendes, vernetzendes und nachhaltiges Lernen ist eine reichhaltige Gestaltung von Lernaufgaben sinnvoll (→ Kasten Checkliste). Dabei müssen nicht alle Merkmale vollständig verwirklicht werden. Durch die Variation von Gegebenem und Gesuchtem ergeben sich verschiedene Aufgabentypen (→ Tab. 17-2). Ausgangspunkt für die Entwicklung von Aufgaben können biologische und biologiedidaktische Zeitschriften, Handbücher und Aufgabensammlungen für Lehrpersonen sowie das Internet sein (→ 44).

Aufgaben können entsprechend ihrer didaktischen Funktion prinzipiell in jeder Phase des Unterrichts eingesetzt werden (Gropengießer 2018; Luthiger et al. 2014). Sie können zum Einstieg motivieren, das Erschließen eines biologischen Phänomens ermöglichen, zur Übertragung auf Anwendungssituationen auffordern, zum Problemlösen herausfordern, Lernergebnisse sichern und überprüfen sowie zum Reflektieren über Lernergebnisse und -prozesse anregen.

Ausgangs-phänomen	Aufforde-rungsteil	Unter-stützungs-teil	Lösung	Aufgabentypus mit Erläuterung
X	X	X	?	Standardaufgabe: Ausgangsphänomen, Aufforderungs- und Unterstützungsteil sind gegeben. Eine Lösung soll erarbeitet werden.
X	X		?	Grundaufgabe/Testaufgabe: Ausgangsphänomen und Aufforderungsteil sind gegeben. Ohne Unterstützungsteil soll eine Lösung erarbeitet werden.
X	X	X	X	Beispielaufgabe: Alle vier Bausteine einer Aufgabe sind vorhanden und sollen nachvollzogen werden.
(?)	?	?	X	Gestaltungsaufgabe: Eine Lösung wird vorgegeben, der Lösungsweg soll erarbeitet werden.
	X	X	?	Methodenanwendungsaufgabe: Ein Vorgehen/eine Methode wird genannt. Die Lösung soll erarbeitet werden.

Checkliste für sinnstiftende Lernaufgaben (nach Adamina & Hild 2019; Blömeke et al. 2006; Gropengießer 2018; Luthiger et al. 2014; Maier et al. 2010)

Lernaufgaben können mehr oder weniger förderlich für sinnstiftendes, vernetzendes und nachhaltiges Lernen gestaltet sein. Mit der Checkliste kann abgeschätzt werden, wie reichhaltig lernförderliche Merkmale mit einer konkreten Aufgabe umgesetzt werden: von gar nicht (0) bis vollständig (5).

Die Lernaufgaben...

- ☐ ... regen zum Lernen an.
- ☐ ... eröffnen vielfältige Lern- und Lösungswege.
- ☐ ... ermöglichen eine aktive Auseinandersetzung.
- ☐ ... steuern und strukturieren Lernprozesse.
- ☐ ... unterstützen die Lernenden (individuell).
- ☐ ... ermöglichen Interaktionen der Lernenden.
- ☐ ... erfüllen verschiedene didaktische Funktionen im Unterrichtsverlauf.
- ☐ ... machen Lernergebnisse und -prozesse sichtbar.
- ☐ ... fordern zur Reflexion des eigenen Lernprozesses auf.

X	?	?	?	Aufgabenentwicklung: Ausgangsphänomen ist vorhanden. Die weiteren Bausteine sollen ausgearbeitet werden.

Tabelle 17-2: Aufgabentypen (X = gegeben, ? = gesucht; nach Gropengießer 2006, verändert)

Lernaufgabe 17-1: Aufgabentyp
Im Kasten *Und das Herz rast ...* finden Sie ein Aufgabenbeispiel.

Handlungsaufforderung 17-1: Ordnen Sie die obige Aufgabe einem Aufgabentyp (→ Tab. 17-2) zu! Begründen Sie Ihre Entscheidung!

Ute Harms

18 Schülerleistungen diagnostizieren, beurteilen und rückmelden

Lernen kann nur gelingen, wenn der Biologieunterricht an die vorhandenen Kompetenzen der Lernenden anschließt. Diese Ausgangsbedingungen müssen von der Lehrkraft diagnostiziert und beurteilt werden. Neben diesem Lernstand ist der dann anschließende Lernprozess der Lernenden Gegenstand von Beurteilung durch die Lehrkraft. Indem Lernstand und anschließende notwendige Lernschritte den Lernenden rückgemeldet werden, erhalten diese konkrete Hinweise für ihr weiteres Lernen. Die Beurteilungsergebnisse sind aber auch für die Lehrkraft selbst nützlich; sie sind Grundlage für die Selbstevaluation und die Evaluation des Unterrichts. Hierüber, ebenso wie über die vielfältigen Beurteilungsformen, die im Biologieunterricht angewendet werden können, gibt dieses Kapitel Auskunft.

18.1 Diagnostizieren und Beurteilen sind zentrale Aufgaben der Lehrkraft

Der Begriff der Diagnose ist uns vorwiegend aus der Medizin geläufig. Doch auch im Biologieunterricht ist das Diagnostizieren für die Lehrkraft eine zentrale Aufgabe, ohne die das Lernen der Schülerinnen und Schüler nicht professionell angeleitet und begleitet werden kann. Diagnoseaktivitäten (Fischer et al. 2014) sind die Voraussetzung dafür, dass die individuellen Schülerleistungen beurteilt und diese Beurteilungen an die Lernenden rückgemeldet werden können. Dies dient dem Zweck, den Lernprozess kontinuierlich gezielt zu fördern. Diagnostizieren bedeutet hier – analog zur Medizin – das zielgerichtete Sammeln und Integrieren von Informationen zum Treffen einer professionellen (hier biologiedidaktischen) Entscheidung. Es umfasst mehrere Schritte und setzt fundiertes biologisches und biologiedidaktisches Wissen seitens der Lehrkraft voraus. Diese Schritte sollen an einem Beispiel aus einer Unterrichtseinheit „Die Evolution des Menschen“ veranschaulicht werden: In einer Unterrichtsstunde zum Thema „Die Vielfalt des Menschen am Beispiel seiner Hautfarbe“ gibt die Lehrerin zu Beginn folgenden Impuls. Sie zeigt ein Foto, auf dem viele junge Menschen mit unterschiedlichen Hautfarben zusammen abgebildet sind. Darunter steht: „Die Ursache dafür, dass diese Menschen unterschiedliche Hautfarben haben, ist, ...". Die Schülerinnen und Schüler haben Karten erhalten, auf denen der Satz vervollständigt werden soll. Ein Schüler schreibt: „... dass Menschen sich entschieden haben, sich durch eine dunkle Hautfarbe gegen eine zu hohe UV-Strahlung zu schützen." Die Lehrerin muss nun erkennen, um welche Art von Vorstellung es bei der Antwort des Schülers geht, damit sie eine adäquate Rückmeldung, einen passenden Impuls geben oder eine Anschlussfrage stellen kann, die ein „Umlernen" von der geäußerten fachlich falschen Erklärung zu einer wissenschaftlichen ermöglicht. In diesem Fall ginge es um Lernhilfen, die weg führten von der intentionalen Vorstellung des Schülers hin zu der Erkenntnis, dass die Entstehung der Hautfarbe auf evolutive Prozesse, nämlich auf zufällige Mutationen und auf Selektionsprozesse zurückzuführen ist. Eine entsprechende Lernhilfe könnte darin bestehen, dass auf Beispiele aus dem Vorunterricht zurückverwiesen wird, bei denen dieses Wissen bereits vermittelt wurde. Möglicherweise ist das Problem hier, dass der Transfer auf das neue Beispiel nicht geglückt ist. Vielleicht wird hier aber auch ein grundlegendes Fehlverständnis deutlich, nämlich, dass das kontraintuitive Phänomen der Zufallsabhängigkeit evolutiver Prozesse nicht verstanden wurde. Die Tabelle 18-1 zeigt die Diagnoseaktivitäten bis hin zur Beurteilung und zu der Rückmeldung an den Schüler, die in der geschilderten Unterrichtssituation angemessen wären.

Diagnoseaktivität	Beispiel
Problem identifizieren	Schüler gibt eine fehlerhafte Antwort, nämlich: Ursache für die Vielfalt der menschlichen Hautfarbe sei eine absichtliche Anpassung an die Intensität der UV-Strahlung.
Fragen stellen	Lehrerin stellt sich die Frage, warum der Schüler gerade diesen Fehler macht.
Hypothesen bilden	Lehrerin vermutet ein bestimmtes Fehlkonzept, eine intentionale Vorstellung.
Maßnahmen entwickeln	Lehrerin sucht Aufgabenstellungen zur Analyse der vorliegenden falschen Vorstellung heraus oder formuliert neue.
Weitere Hinweise sammeln	Lehrerin lässt Schüler ähnliche Aufgaben bearbeiten.
Beobachtungen beurteilen	Lehrerin wertet die Lösungen des Schülers aus.
Schlussfolgerungen ziehen	Konkrete Beschreibung einer Fehlvorstellung wie beispielsweise über den Zusammenhang von genetischen Prozessen und der Herausbildung bestimmter Phänotypen
Folgemaßnahme rückmelden	Konkrete fachliche Fördermaßnahme für den Schüler wird von der Lehrerin ausgewählt und ihm erläutert (hier z. B. die Wiederholung des Themas „Mutation").

Tabelle 18-1: Aktivitäten des Diagnostizierens am Beispiel „Vielfalt der menschlichen Hautfarbe"

Beurteilungen durch die Lehrkraft können sich entweder auf den Lernprozess (formativ) oder den Leistungsstand (summativ) beziehen. In diesem Fall richtet sich die Beurteilung auf den Lernprozess. Im unterrichtlichen Zusammenhang bedeutet Beurteilen, dass die Leistung der Lernenden durch den Vergleich mit einer zuvor festgelegten Bezugsnorm bewertet wird (vgl. Rheinberg 2008). Im Unterricht kann dieser Vergleich gezogen werden mit:

- den Leistungen einer Bezugsgruppe (soziale Bezugsnorm);
- einem vorangegangenen Leistungsergebnis derselben Person (individuelle Bezugsnorm);
- einem fachlichen Standard – wie dem Erwartungshorizont der Lehrkraft (kriteriale oder sachliche Bezugsnorm).

Am Beispiel des Experimentierens (→ 24) wird dies im Folgenden veranschaulicht (→ Kasten). Dabei geht es hier um den Aspekt *Planung eines Experiments*. An diesem Beispiel wird deutlich, dass die Leistungsbeurteilung je nach Bezugsnorm unterschiedlich ausfallen kann.

Leistungsbeurteilung nach Bezugsnormen am Beispiel der Planung eines Experiments (vgl. Wollenschläger, Möller & Harms 2012)

Die *Planung eines Experiments* besteht im Kern aus fünf Schritten:

- eine Variable identifizieren (*Schritt 1*);
- diese verändern und mit einer anderen Variablen in Beziehung setzen (*Schritt 2*);
- Kontrollvariablen berücksichtigen (*Schritt 3*);
- die Stichprobe, die Messwiederholung und die Versuchsdauer beachten (*Schritt 4*);
- über die verwendeten Untersuchungsmethoden nachdenken und sie auf eventuelle Fehler hin überprüfen (*Schritt 5*).

Bezugs-norm	Vergleich Bei der Durchführung eines Experiments …	Beurteilung Die Leistung des Schülers …
sozial	hat ein Schüler Schritt 4 berücksichtigt. Im Mittel haben seine Mitschüler nur den Schritt 2 vollzogen.	liegt deutlich über dem Klassendurchschnitt.
individuell	hat eine Schülerin bereits Schritt 3 beachtet. Bei vorherigen Experimenten hatte sie nur die Schritte 1 und 2 vollzogen.	hat sich kontinuierlich weiterentwickelt.
kriterial / sachlich	hat ein Schüler lediglich Schritt 1 der fünf festgelegten Schritte vollzogen.	ist vor dem Hintergrund der intensiven Behandlung des Experimentierens im Unterricht als nicht ausreichend zu bewerten.

Die Beurteilung des Leistungsstandes erfolgt meist durch eine Note. Dies ist insbesondere der Fall bei der Beurteilung nach der sozialen und der kriterialen Bezugsnorm. Im ersten Fall wird die Leistung mit der mittleren Leistung aller Lernenden der Klasse in Beziehung gesetzt. Im zweiten Fall wird sie gemessen in Relation zu dem von der Lehrkraft festgelegten fachlichen Erwartungshorizont. Andere Formen der Beurteilungen sind z. B. auf einzelne Lernende bezogene schriftliche Erläuterungen oder Bewertungsbögen, die das zu bestimmten Fähigkeiten erreichte Niveau angeben. Bewertungsbögen sind im Zusammenhang mit der Kompetenzorientierung des Unterrichts (→ 8), insbesondere für Beurteilungen in der Sekundarstufe I, in der Unterrichtspraxis inzwischen üblich. Sie legen vorwiegend die individuelle Bezugsnorm zugrunde und werden zur Beurteilung des Lernprozesses eingesetzt.

18.2 Die Beurteilung des Leistungsstandes hat mehrere Funktionen

Die summative Beurteilung von Schülerleistungen hat besonderes Gewicht, da sie sich stark auf den weiteren Bildungsgang und Lebensweg der Lernenden auswirken kann (vgl. Avenarius 2001, 98 ff.). Lehrkräfte sind zur Leistungsbewertung verpflichtet. Allerdings ist die vergleichende Leistungsmessung an Schulen im Sinne der Bewertung des Leistungsstandes der Lernenden eine *umstrittene Selbstverständlichkeit* (vgl. Weinert 2002). Sie wird unter Pädagogen und in der Bildungspolitik kontrovers diskutiert. In der didaktischen Literatur werden verschiedene Erwartungen formuliert, die an Schülerbeurteilungen geknüpft werden (vgl. Kattmann 1997). Grundsätzlich werden Schülerbeurteilungen mehrere Funktionen zugeschrieben, die ihren Einsatz in der Schule legitimieren (→ Kasten).

Funktionen von Schülerbeurteilungen

Voraussetzung für die Rückmeldung an die Lernenden	Durch Lernerfolgskontrollen und Zeugnisse erfahren die Lernenden, wie ihre Leistungen eingeschätzt werden. Sie können daraus Konsequenzen für ihr eigenes zukünftiges Lernverhalten ableiten.
Hinführen zur Selbstevaluation	Kontinuierliche Rückmeldungen sollen die Lernenden zur Ausbildung eines realistischen Selbstbildes und eines belastungsfähigen Selbstbewusstseins führen. Voraussetzung hierfür ist, dass Leistungsbewertungen als „gerecht“ erfahren werden (vgl. Meyer 1997, 172).

Anreizfunktion	Lernende werden in ihren Lernbemühungen bestätigt oder zu größeren Anstrengungen angeregt. Jede Bewertung sollte Elemente der Ermutigung enthalten.
Berichtsfunktion	Eltern erfahren etwas über die schulischen Leistungen ihres Kindes. Je nachvollziehbarer eine Leistungskontrolle durchgeführt wird, desto weniger Konflikte mit dem Elternhaus sind zu erwarten; je differenzierter der „Bericht" ausfällt, desto angemessener kann die Reaktion der Eltern dem Kind gegenüber sein.
Disziplinierungsfunktion	Beurteilungen können zum Maßregeln der Lernenden missbraucht werden.
Auslese- und Berechtigungsfunktion	Aufgrund von Beurteilungen durch Lehrkräfte werden Lernende bestimmten Schultypen, Klassen oder Kursen zugeordnet, Schulabsolventen in bestimmte Studiengänge oder Berufe gelenkt.

Der Aussagewert der Leistungsmessung kann dadurch gesteigert werden, dass unterschiedliche Evaluationsformen im Unterricht eingesetzt werden (→ 18.5). So wird sichergestellt, dass Lernende nicht dadurch benachteiligt werden, dass sie mit einer bestimmten Evaluationsform nicht umgehen können (z. B. weil die vom Lehrer vorwiegend gewählte Evaluationsform eine hohe sprachliche Kompetenz voraussetzt; → 33).

Es ist zu überlegen, ob es im Biologieunterricht nicht möglich und sinnvoll ist, Verhaltensweisen der Lernenden in die Bewertung einzubeziehen, die nicht durch Tests abgefragt werden können (z. B. die Exaktheit bei der Durchführung eines Experiments oder die Genauigkeit bei Beobachtungen in der Verhaltensbiologie). Auch das Einbeziehen von „Schlüsselkompetenzen" oder „Schlüsselqualifikationen" in die Evaluation von Schülerleistungen und deren Gewichtung gegenüber einer „unabdingbaren Wissensbasis" sollte bedacht werden (Helmke 2003, 23 f.).

Bei Gruppenarbeiten sollten in der Regel die Leistungen aller Kleingruppenmitglieder einheitlich bewertet werden. Lernende können dadurch die wichtige Erfahrung machen, dass nicht nur die kognitive Einzelleistung zählt, sondern dass Leistung ebenso durch und in Teamarbeit erbracht werden muss. Hierdurch erhalten die Schülerinnen und Schüler gleichzeitig ein realistisches Bild des Arbeitens in den Biowissenschaften. Auch dort werden neue Erkenntnisse fast ausschließlich in Gruppen erarbeitet. Bei dieser Art von Bewertungen muss die Lehrkraft jedoch darauf achten, dass bei der Benotung über das Schuljahr hinweg keine Verzerrungen im Leistungsbild Einzelner erfolgen (vgl. Winter et al. 1997).

Die Relativität jeder Leistungsbeurteilung sollte den Lernenden und den Lehrenden ebenso wie den Eltern bewusst sein. Leistung wird immer nur zum Zeitpunkt der Leistungskontrolle bewertet. Deren Ergebnis erlaubt keine Aussage über die Leistungsfähigkeit in dem betreffenden Schulfach für das gesamte Schuljahr oder darüber hinaus. Leistungskontrollen im Unterricht messen meist nur kognitives Verhalten. Aus ihren Ergebnissen sind keine Aussagen über sonstige Fähigkeiten oder gar über die Persönlichkeit einer Schülerin oder eines Schülers ableitbar.

18.3 Beurteilungen im Lernprozess sollen orientieren und anleiten

Die Erhebung und Bewertung des Leistungsstandes der Lernenden zu einem bestimmten Zeitpunkt, z. B. durch Tests oder Klausuren, gibt Ihnen als Lehrkraft, den Lernenden selbst und den Eltern Auskunft über Wissen und Fähigkeiten bezüglich eines Lerngegenstandes am Ende einer Lernphase (→ 18.2). Derartige Leistungssituationen stellen herausgehobene Momente für die Lernenden dar; sie sind mit Anspannung und Druck verbunden. Den Hauptanteil des Unterrichts nehmen die Unterrichtsphasen ein, in denen Wissen und Fähigkeiten *gelernt* werden. Diese Lernphasen sollten für alle Lernenden klar ersichtlich von Leistungssituationen getrennt werden. Fehler während des Lernprozesses müssen als Lerngelegenheiten genutzt werden (Oser, Hascher & Spychiger 1999; Steuer & Dresel 2015; Wernecke et al. 2018). Sie sollten nicht sanktioniert werden, sondern als Ausgangspunkt für weiteres Lernen dienen. Beurteilungen der Lehrkraft im Lernprozess sollen den Lernenden ihren jeweiligen Lernstand bewusst machen und sie auf ihrem weiteren Lernweg konstruktiv begleiten. Entsprechende Rückmeldungen werden in der Literatur als *Feedback* bezeichnet (Hattie & Timperley 2007). Aus zahlreichen empirischen Untersuchungen geht hervor, dass Feedback einer der maßgeblichen Einflussfaktoren für erfolgreiche Lernprozesse ist (vgl. Kluger & DeNisi 1996; Hattie 2009; Hattie, Beywl & Zierer 2013). In einer umfangreichen Metastudie konnte Hattie (2009) zeigen, dass formatives Assessment mit Feedback, also die lernprozessbegleitende Leistungsmessung mit anschließendem Feedback, einen sehr großen positiven Effekt auf das Lernen zeigt.

Rückmeldung im Sinne von Feedback (→ Kasten) wird definiert als eine Information, die einer Person in Bezug auf ihr eigenes Handeln während oder nach einem Lernprozess gegeben wird, um regulierend auf das Lernen einzuwirken (vgl. Narciss 2006). Valerie J. Shute (2008) konnte zeigen, dass eine Rückmeldung auf den Lernprozess positiv wirkt, wenn

- die Lücke zwischen dem, was der Lernende zu einem bestimmten Zeitpunkt kann und dem, was er letztendlich lernen soll, verdeutlicht wird;

- sie die kognitive Belastung reduziert;
- sie aufgabenbezogen und detailliert formuliert wird;
- sie Informationen vor allem hinsichtlich der Frage enthält, wie die Aufgabenbearbeitung zukünftig verbessert werden kann.

Feedback zum Lernprozess „Planen eines Experiments" (vgl. Wollenschläger, Möller & Harms 2011)

Bei der Planung deines Experiments hast du …		Wenn du wieder experimentierst, solltest du darauf achten, dass du …	
… eine Variable identifiziert. (Schritt 1)	x	… eine Variable identifizierst. (Schritt 1)	
… eine Variable verändert und mit einer anderen Variablen in Beziehung gesetzt. (Schritt 2)	x	… nur eine Variable veränderst und mit einer anderen Variablen in Beziehung setzt. (Schritt 2)	
… Kontrollvariablen berücksichtigt. (Schritt 3)	x	… Kontrollvariablen berücksichtigst. (Schritt 3)	
… die Stichprobe, Messwiederholung und Versuchsdauer berücksichtigt. (Schritt 4)		… die Stichprobe, Messwiederholung und Versuchsdauer berücksichtigst. (Schritt 4)	x
… die verwendeten Untersuchungsmethoden, die Genauigkeit und Fehler berücksichtigt. (Schritt 5)		… die verwendeten Untersuchungsmethoden, die Genauigkeit und Fehler berücksichtigst. (Schritt 5)	

Die x auf der linken Seite geben den Lernstand, die auf der rechten Seite den nächsten durchzuführenden Lernschritt an.

Grundsätzlich sollte die Lehrkraft im Unterricht mit ihrer Rückmeldung den Lernenden die folgenden drei Fragen (Hattie & Timperley 2007) beantworten, um ein erfolgreiches, an den Lernstand anschließendes Weiterlernen zu ermöglichen:

- Was ist das Lernziel? (*Where am I going?*)
- Wo steht der Lernende in Relation zu diesem Lernziel? (*How am I going?*)
- Wie kann das Lernziel zukünftig besser erreicht werden? (*Where to next?*)

Um die zweite und die dritte dieser Fragen beantworten zu können, ist eine Vorstellung darüber notwendig, wie einzelne Lernschritte bis zum Erreichen des Lernziels aussehen können. Im angelsächsischen Raum hat sich hierfür der Begriff der *Learning Progressions* etabliert. Diese repräsentieren einen hypothetischen „Pfad", dem die Lernenden kognitiv folgen könnten, während sie ein neues biologisches Konzept oder eine naturwissenschaftliche Arbeitsweise lernen (Corcoran et al. 2009). Eine *Learning Progression*, am ehesten mit dem Terminus Kompetenzentwicklungsmodell ins Deutsche zu übersetzen, zeichnet sich durch einen unteren und einen oberen Festpunkt (engl. *anchor*) aus (NRC 2007). Ersterer gibt die Alltagsvorstellungen an, die die Lernenden über das zu lernende Konzept oder die zu lernende Arbeitsweise in den Unterricht mitbringen, letzterer beschreibt das wissenschaftliche Konzept bzw. die korrekte Arbeitsweise. Zwischen diesen beiden werden in einer *Learning Progression* intermediäre Lernschritte (engl. *precursor ideas*) beschrieben, die ein zunehmend elaboriertes Verständnis bis hin zum wissenschaftlichen Konzept darstellen. Die Beschreibung, wie Schülerinnen und Schüler von der untersten zur obersten Stufe gelangen können, erfolgt im Zusammenspiel von Aspekten, die sich z. B. aus der inhärenten Struktur des Faches Biologie als auch aus empirischer Forschung zum Lernen im Fach ableiten lassen (Duschl et al. 2007). Für einzelne biologische Konzepte und Inhalte liegen bereits empirisch validierte *Learning Progressions* vor (→ Tab. 18-2).

Biologisches Konzept	Quelle
Energie	Jin & Anderson (2012)
Evolution	Wyner & Doherty (2017); Zabel & Gropengiesser (2011)
Genetik	Duncan, Rogat & Yarden (2009); Elmesky (2013)
Kohlenstoffkreislauf	Jin, Zhan & Anderson (2013)
Regelkreis	Hokayem, Ma & Jin (2014)
Natürliche Selektion	Furtak (2012)
Wasser	Gunckel et al. (2012)

Tabelle 18-2: Beispiele für empirisch validierte ***Learning Progressions***

18.4 Zur Beurteilung von Schülerleistungen gibt es eine Vielfalt von Formen

Das Spektrum der Methoden zur Beurteilung des Leistungsstandes bzw. des Lernprozesses ist vielfältig. Die Tabelle 18-3 zeigt eine mögliche Zuordnung der gebräuchlichsten Beurteilungsformen zu diesen beiden Bereichen. Die notwendigen Informationen zur Beurteilung werden entweder durch das Beobachten von Verhalten (mündliche Äußerungen und Verhalten i. e. S.) oder durch die Analyse schriftlicher Dokumente gewonnen.

	Leistungsstand bewertet aufgrund von:	Lernprozess bewertet aufgrund von:
mündliche Äußerungen und beobachtbares Verhalten im engeren Sinne bei	Prüfung Bestimmungsübungen Mikroskopierübungen Betrachtungsaufgaben Beobachtungsaufgaben Untersuchungsaufgaben Experimentalaufgaben	Beteiligung am Unterricht Anwendung und Reflexion biologischer Arbeitsweisen Freilandarbeit Pflegen von Pflanzen und Tieren Zusammenarbeit mit Mitschülerinnen und Mitschülern
schriftliche Äußerungen	Klassenarbeit, Klausur, Test mit Aufgaben mit offener Antwort (Lückentext bis Aufsatz) Zuordnungs-/Umordnungsaufgaben Multiple-Choice-Aufgaben Begriffsnetze	Heft und Mappe Lerntagebuch Portfolio Facharbeit

Tabelle 18-3: Formen der Beurteilung von Schülerleistungen für die Bewertung des Leistungsstandes bzw. des Lernprozesses

Mündliche Prüfungen werden häufig zu Beginn einer Unterrichtsstunde oder zu Beginn eines neuen Lernabschnitts zur Wiederholung des vorangegangenen Unterrichtsstoffes eingesetzt. Sind Lernende dieses Vorgehen gewohnt und können sie sich darauf vorbereiten, so bietet dieser Unterrichtsbeginn eine sinnvolle Möglichkeit, ihr für die aktuelle Unterrichtsstunde relevantes Vorwissen zu reaktivieren. Sinnvoll ist dieses Vorgehen nur, wenn der Zusammenhang des abgefragten Wissens mit dem Inhalt der neuen Stunde für alle erkennbar und die Prüfungssituation auf wenige Minuten beschränkt wird. Andernfalls kann das Ritual der Prüfung zu Beginn der Stunde der Entwicklung eines auf den Lerngegenstand gerichteten Interesses und einem entspannten Lernklima zuwiderlaufen (vgl. u. a. Kattmann 1997, 4).

Bei der Beurteilung *mündlicher Mitarbeit* im Unterricht ist zwischen Quantität und Qualität der Beiträge zu unterscheiden. Sinnvoll ist es, für jede Unterrichtsstunde möglichst zeitnah nach deren Ende eine Kurznotiz zu jedem einzelnen Schüler festzuhalten. Dies kann zum Beispiel in Form eines einfachen Symbolsystems geschehen, das die Lehrkraft für sich festgelegt hat. Solche Aufzeichnungspraxis hilft dabei, die Lernenden ihren tatsächlichen Leistungen angemessen zu beurteilen.

Die Beurteilung von Schülerleistungen, die im Zusammenhang mit biologischen *Erkenntnismethoden* und *Arbeitsweisen* stehen, setzt voraus, dass die im Einzelnen durchzuführenden Tätigkeiten bzw. Denkprozesse vorab eindeutig beschrieben und in ihren einzelnen Schritten festgelegt werden (z. B.

→ 18.1, Kasten). Hierfür können in der biologiedidaktischen Literatur verfügbare Kompetenzmodelle herangezogen werden (→ 8).

Klassenarbeiten, Klausuren und *schriftliche Tests* (im Folgenden zusammenfassend als Test bezeichnet) sind Lernerfolgskontrollen, die meist aus einer Reihe von Testaufgaben bestehen. Auch praktische Aufgaben können hierzu gehören. Testaufgaben sind grundsätzlich nicht von den sogenannten Lernaufgaben zu unterscheiden (→ 17), werden aber mit einem anderen Ziel eingesetzt, nämlich der Erfassung und Bestimmung des Leistungsstandes. Sie sollten ebenfalls genaue Arbeitsanweisungen enthalten, die – außer bei Multiple-Choice-Aufgaben – mit Hilfe von Operatoren bezeichnet werden. Grundsätzlich sollten Aufgaben, die den Leistungsstand erfassen, möglichst drei grundlegenden Anforderungen genügen (→ Tab. 18-4; vgl. Berck 2001). Bei der Entwicklung einer schriftlichen Lernerfolgskontrolle sollten diese nicht aus dem Blick geraten.

Objektivität	Eine andere Lehrkraft kommt mit demselben Test zu gleichen Ergebnissen.
Reliabilität (Zuverlässigkeit)	Bei einer abermaligen Testanwendung kommt das gleiche Ergebnis heraus.
Validität (Gültigkeit)	Der Test erfasst genau das, was er messen soll.

Tabelle 18-4: Anforderungen an Lernerfolgskontrollen

Insbesondere offene Aufgaben erfüllen diese Anforderungen häufig nicht vollständig. Dennoch haben auch sie ihre Berechtigung im Biologieunterricht. Vor allem Unterrichtsinhalte, bei denen es nicht ausschließlich um biologisches Wissen und Verständnis geht, benötigen Aufgabenformate, die bis zum Verfassen eines Aufsatzes, der offensten Aufgabenform, reichen können. Dies ist zum Beispiel der Fall, wenn Aspekte von Bewertungskompetenz bei den Lernenden erfasst werden sollen (→ 12). Hier ist oft zur Aufgabenbeantwortung das Verfassen einer Erörterung notwendig. Insgesamt ist darauf zu achten, dass mit der Bearbeitung biologischer Testaufgaben in Klassenarbeiten und Klausuren nicht vor allem Kompetenzen abgefragt werden, die mit der Biologie an sich wenig zu tun haben – beispielsweise Schreibkompetenz. Darüber hinaus sollte ein Test weitere Merkmale besitzen (→ Kasten).

Merkmale von Tests zur Beurteilung des Lernerfolgs

Der Test soll ...
eng auf die Ziele der erfassten Unterrichtseinheit bezogen sein;
alle wesentlichen Lerninhalte der Unterrichtseinheit berücksichtigen;
in Bezug auf Aufgabenformen vielseitig und abwechslungsreich sein;
im Schwierigkeitsgrad der Lerngruppe angemessen sein;
Aufgaben unterschiedlichen Schwierigkeitsgrades enthalten (einzuschätzen durch Angabe der erreichbaren Punkte).

Die Forderung nach einer Mischung verschiedener Aufgabentypen in einem Test ergibt sich vor allem aus der Überlegung, dass jede Aufgabenart spezifische Fähigkeiten erfordert und daher unterschiedliche Lernende anspricht. Hinzu kommt die Erwägung, dass Abwechslung als solche die Lernenden motiviert.

Die exakte Formulierung und die Ausgestaltung einer einzelnen Aufgabe, die zur Erfassung des Leistungsstandes eingesetzt werden soll, erfordert die Beachtung verschiedener formaler Gesichtspunkte. Jede Aufgabe sollte sprachlich einfach, im Layout klar strukturiert, semantisch eindeutig und prägnant sein (→ Tab. 18-5). Gleiches gilt für die Formulierung von Lernaufgaben (→ 17).

Sprachliche Einfachheit	Verwenden einfacher Satzstrukturen Vermeiden von Fremdwörtern, Substantivierungen, doppelten Verneinungen
Strukturierung	Hervorheben zentraler Begriffe Gliederung in Sinnabschnitte funktionale Illustrationen logische Reihenfolge der Informationen
Textverständlichkeit	angemessene Informationsdichte wortwörtliche Wiederholung zentraler Termini
Prägnanz	Minimieren der Lesezeit durch kurze Texte angemessene Passung zwischen Sprachaufwand und Informationsziel

Tabelle 18-5: Hinweise zur formalen Gestaltung von (Test-)Aufgaben

Im Folgenden werden typische Formen von Schülerbeurteilungen, die insbesondere zur Erfassung des Leistungsstandes der Lernenden in schriftlicher Form eingesetzt werden (Tab. 18-3), durch Beispiele illustriert (→ Kasten).

Aufgabenbeispiele für schriftliche Tests

Kurzantwort-Aufgabe
Nenne die fünf Klassen der Wirbeltiere! (5 Punkte)

Ergänzungsaufgabe
Ergänze den folgenden Text! (1 Punkt)
Mit Iodkaliumiodid-Lösung kann man den Nährstoff __________ nachweisen.

Zuordnungsaufgabe
Ordne die folgenden Pflanzenarten ihren Familien zu!
Schreibe dafür die Buchstaben a bis f jeweils neben den korrekten Familiennamen!
(6 Punkte)
(a) Krokus; (b) Leberblümchen; (c) Hornklee; (d) Löwenzahn; (e) Weiße Taubnessel;
(f) Raps

Lippenblütler
Kreuzblütler
Hahnenfußgewächse
Schwertliliengewächse
Hülsenfrüchtler
Korbblütler

Umordnungsaufgabe
Ordne die folgenden Vorgänge der Eutrophierung eines Gewässers nach ihrer zeitlichen Abfolge! (6 Punkte)

a) Mangel an Sauerstoff
b) Verstärktes Wachstum von Wasserpflanzen
c) Anreicherung des Wassers mit Mineralstoffen
d) Sterben von Fischen und anderen Wassertieren
e) Absterben von Wasserpflanzen
f) Starke Vermehrung von Bakterien

Multiple-Choice-Aufgabe (Mehrfach-Wahl-Aufgabe)
Welche schädlichen Auswirkungen hat Tabakteer auf den Körper? Kreuze die zutreffenden Aussagen an! (3 Punkte)
a) Tabakteer verklebt die Flimmerhärchen in den Atemwegen.
b) Tabakteer behindert den Sauerstofftransport durch das Hämoglobin.
c) Tabakteer verengt die Blutgefäße.
d) Tabakteer kann Krebs erzeugen.
e) Tabakteer behindert den Gasaustausch in den Lungenbläschen.
f) Tabakteer macht süchtig.

Bei der Formulierung von Multiple-Choice-Aufgaben muss vermieden werden, dass die vorgegebenen falschen Antwortmöglichkeiten (Distraktoren) von vornherein als nicht zutreffend identifiziert werden können. Ein entsprechendes Negativ-Beispiel findet sich bei Schröder (1974, 148). Plant die Lehrkraft einen Multiple-Choice-Test nach dem ersten Einsatz in weiteren Lerngruppen zu verwenden, so sollte zuvor eine Distraktorenprüfung vorgenommen werden (→ Kasten).

Frage: Von welchem Insekt wird die Schlafkrankheit übertragen?
Auswahl: a) Moskito b) Termite c) Tsetsefliege d) Känguru
Da das Känguru kein Insekt ist, kommt Antwort d gar nicht in Betracht. Ein solcher „Känguru-Distraktor" ist überflüssig und erhöht lediglich die Wahrscheinlichkeit, die Aufgabe durch Raten zu lösen.

Beispiel und Regeln für die Distraktorenprüfung

- 30 Schüler haben den Multiple-Choice-Test beantwortet.
- Angegeben ist für jede Aufgabe die Zahl der jeweiligen Lösungen.
- Die Häufigkeit der richtigen Antworten ist mit einem * gekennzeichnet.

Aufgabe Nr.	Lösung a	Lösung b	Lösung c	Lösung d
1	1	25*	2	
2	16*	8	3	3
3	0	5	7	18*
4	4	12*	8	6

- Neben der richtigen Lösung sollten auch die Distraktoren für die Schüler eine gewisse Attraktivität haben (nicht gegeben bei Aufgabe 1 in der Tabelle).
- Kein Distraktor sollte mehr als 50 % der falschen Ankreuzungen auf sich vereinigen (nicht gegeben bei Aufgabe 2 wegen Antwort b).
- Kein Distraktor sollte weniger als 10 % aller falschen Lösungen aufweisen (nicht gegeben bei Aufgabe 3: a ist offenbar ein „Känguru-Distraktor").

Jede Aufgabe eines Tests – unabhängig vom Aufgabentyp – sollte im Hinblick auf ihren *Schwierigkeitsgrad* geprüft werden. Als Maß für die Schwierigkeit gilt der „Schwierigkeitsindex", der angibt, wie viel Prozent der Lernenden die richtige Lösung gefunden haben (vgl. Schröder 1974, 160 f.).

Berechnung des Schwierigkeitsgrades

$$\text{Schwierigkeitsindex } S = \frac{\text{Anzahl der richtigen Lösungen } r \cdot 100}{\text{Anzahl der beteiligten Schüler } n}$$

Für die in der obigen Tabelle aufgeführten Test-Aufgaben ergibt sich:

Aufgabe 1: S = 83,3	Aufgabe 3: S = 60,0
Aufgabe 2: S = 53,3	Aufgabe 4: S = 40,0

Ein hoher Schwierigkeitsindex entspricht einer leichten Aufgabe, ein niedriger zeigt eine schwierige Aufgabe an. Allgemein wird empfohlen, aus einem überprüften Test alle Aufgaben herauszunehmen, deren Schwierigkeitsindex höher als 80 oder niedriger als 20 ist. In dem gewählten Beispiel wäre also die Aufgabe 1 mit S > 80 zu leicht und sollte bei einem neuen Einsatz des Tests entfallen.

Neben den beschriebenen Aufgaben ist eine weitere Form der Lernerfolgskontrolle das *Begriffsnetz*, in der deutschsprachigen Literatur häufig mit seinem englischen Namen *Concept Map* bezeichnet. *Concept Maps* sind grafische Darstellungen, die Zusammenhänge abbilden. Sie bestehen aus eingerahmten Termini, die für Begriffe stehen, und aus beschrifteten Pfeilen, die sie in Beziehung setzen (vgl. Kattmann 1997, 12; Uihlein, Graf & Klee 2003).

Schulbuchverlage geben Aufgabensammlungen heraus, die zur Leistungserhebung im Biologieunterricht genutzt werden können. Unterrichtszeitschriften (→ 44) veröffentlichen Vorschläge für Aufgaben, die auch zum Erfassen des Lernerfolgs genutzt werden können. Die Bildungsstandards für den Mittleren Schulabschluss im Fach Biologie (KMK 2005) ebenso wie die Einheitlichen Prüfungsanforderungen in der Abiturprüfung (KMK 2004) geben eine Vielzahl von Beispielen für materialgebundene Aufgaben, die zur Kompetenzbeurteilung verwendet werden können.

Zur Beurteilung des *Lernprozesses* aufgrund schriftlicher Dokumente (→ Tab. 18-3) können Hefte und Mappen, Lerntagebücher, Portfolios und Facharbeiten herangezogen werden. Besonders jüngere Kinder geben sich häufig große Mühe mit der Gestaltung ihres Biologieheftes. Diese Anstrengungen sollten von der Lehrkraft gewürdigt werden. In allen Klassenstufen spiegeln Hefte und Mappen die Auseinandersetzung der Lernenden mit den Lerninhalten wider, weshalb sie von Zeit zu Zeit gesichtet werden sollten.

Das Anlegen eines *Portfolios* ermöglicht das Feststellen des Lernprozesses über einen längeren Zeitraum. Ein Portfolio ist eine Arbeitsmappe, in der selbst gewählte Problemstellungen im Rahmen vorgegebener Lernziele selbstständig zu Hause bearbeitet werden. Die Eigenverantwortlichkeit der Lernenden für ihren Lernerfolg wird durch diese Methode gestärkt. Die Bewertungskriterien wie fachliche Richtigkeit, Umfang und Niveau der selbstständigen Recherche, Originalität und Kreativität, Layout sollten den Lernenden vorher offengelegt werden (vgl. Duit & Häußler 1997; Häußler & Duit 1997, 24; Kattmann 1997, 13; Pheeney 1998; Garthwait 2003). Im Zusammenhang mit Portfolios ebenso wie mit anderen, in Hausarbeit anzufertigenden Dokumenten sollte die Lehrkraft genau prüfen, ob es sich jeweils tatsächlich um Eigenproduktionen handelt oder um nahezu unverändert übernommene Angebote aus dem Internet.

In einem *Lerntagebuch* dokumentieren die Lernenden ihren Lernprozess und ihr Lernverhalten. Darin werden fortlaufend nicht nur Lernfortschritte, sondern auch Erfahrungen mit dem Lernprozess an sich eingetragen, die in gewissen Zeitabständen vom Lehrenden begutachtet werden.

Die hier vorgestellten Formen der Leistungserhebung beziehen sich auf Schülerbeurteilungen, die im Rahmen des laufenden Biologieunterrichts stattfinden. Sie sind vom Zweck ihres Einsatzes her grundsätzlich zu unterscheiden von standardisierten Tests, wie sie zum Beispiel in internationalen (TIMSS, PISA) oder nationalen (PISA-E) Vergleichsstudien eingesetzt werden. Im Jahr 2006 verabschiedete die KMK eine Gesamtstrategie zum Bildungsmonitoring. Eine ihrer Facetten ist die Überprüfung der in den Bildungsstandards für den Mittleren Schulabschluss Biologie, Chemie und Physik festgelegten Kompetenzen. Für diesen Zweck werden unter der Leitung des Instituts für Qualitätsentwicklung im Bildungswesen (IQB) an der Humboldt-Universität Berlin auch Testaufgaben für das Fach Biologie entwickelt (vgl. Kremer et al. 2012).

18.5 Leistungstests bilden die Grundlage der Notengebung

Für die Auswertung schriftlicher Tests zum Zwecke der Notengebung und des *Leistungsvergleichs* der Lernenden untereinander gibt es unterschiedliche Methoden:

Analog zu standardisierten Tests kann man im Voraus festlegen, mit welcher Leistung (Punktanzahl bzw. Prozentzahlen, bezogen auf die erreichbare Höchstpunktzahl) welche Note erreicht wird. Beispiel für eine solche Festlegung: 100 – 95 %: sehr gut; 94 – 81 %: gut; 80 – 66 %: befriedigend; 65 – 51 %: ausreichend; 50 – 21 %: mangelhaft; ab 20 %: ungenügend. Diese *normorientierte* Auswertung kann dazu führen, dass zu einem hohen Anteil gute oder schlechte Noten vergeben werden. Dann ist kritisch zu prüfen, ob der Test „zu leicht“ oder „zu schwer“ war und ob entsprechende Lerngelegenheiten bereitgestellt wurden und genutzt werden konnten.

Eine vielfach geübte Praxis sind *verteilungsorientierte* (gruppenbezogene) Auswertungen. Von der Annahme ausgehend, dass in der Lerngruppe „normal verteilt“ gute und weniger gute Schüler und Schülerinnen vertreten sind, ermittelt man die durchschnittlich erreichte Punktanzahl und setzt die übrigen Noten gemäß der Gauß’schen Verteilungskurve fest. Die durchschnittlich erreichte Punktzahl markiert eine Leistung zwischen befriedigend und ausreichend. Dieses Vorgehen schöpft die Notenskala aus. Allerdings soll eine Leistungskontrolle die Leistung feststellen und nicht gute und schlechte Schüler „produzieren“. Biologieunterricht wird durchgeführt, weil die lehrplanmäßig vorgegebenen Leistungserwartungen von möglichst vielen Lernenden erreicht werden sollen. Wegen des intentionalen Charakters von Unterricht ist gerade keine Normalverteilung der Leistungen in der Lerngruppe zu erwarten. Viel eher könnte man argumentieren, dass ein Teil der Lernenden die Sache verstanden hat, die anderen aber nicht. Dann ist eher eine „Kamelhöckerkurve“ zu erwarten, also wenige Lernende im mittleren Leistungsbereich liegend.

Nahezu unmöglich ist es, durch Tests Lernergebnisse in der *affektiven Dimension* zu evaluieren. Ein Ziel wie: „Die Schüler sollen trotz Ekels vor Spinnen mit ihnen artgerecht umgehen“ könnte nur durch eine vom Unterricht unabhängige Verhaltensbeobachtung überprüft werden, die von den Lernenden nicht als Testsituation empfunden werden dürfte. Diese Schwierigkeit der Evaluation sollte jedoch auf keinen Fall dazu führen, bei der Planung von Unterricht auf die Reflexion und Festlegung affektiver Unterrichtsziele zu verzichten (→ 25).

Eine besonders wichtige und folgenreiche Form des Leistungstests stellt die Abiturprüfung dar. Orientierungsrahmen für Erstellung und Auswertung der schriftlichen Abiturprüfungen sind die von der KMK 2020 verabschiedeten „Bildungsstandards im Fach Biologie für die Allgemeine Hochschulreife“. Die Anforderungen an die Abiturprüfung sind für den gesamten Biologieunterricht der Sekundarstufe II leitend, d. h. der zum Abitur hinführende Unterricht und die entsprechenden Klausuren müssen die Schülerinnen und Schüler auf die Bewältigung dieser Anforderungen vorbereiten. Mit der Einführung des Zentralabiturs in immer mehr Bundesländern wird versucht, das Abitur länderübergreifend zu standardisieren.

18.6 Beurteilungsergebnisse dienen der Lehrkraft zur Selbstevaluation

Die Beurteilungsergebnisse über die Schülerleistungen in den verschiedenen Lerngruppen sollten von der Lehrkraft zur Selbstevaluation und zur Evaluation ihres Biologieunterrichts verwendet werden. Leistungs- bzw. Lernerfolgskontrollen geben Lehrenden *Rückmeldungen* über die „Qualität ihres Unterrichts" und damit Ansatzpunkte für die Revision ihrer Planung und für eine Überprüfung der dem Unterricht zugrunde liegenden Vorannahmen über die Leistungsmöglichkeiten der Schüler. Eine gemeinsame Fehleranalyse mit der Lerngruppe sollte von der Lehrkraft als Chance begriffen werden, zukünftige Lernangebote besser auf die Schüler abzustimmen (→ Kasten). Dabei geht es sowohl um eine realistische Einschätzung der fachlich relevanten Lernvoraussetzungen (vgl. Etschenberg 1984) als auch der Schülervorstellungen (vgl. Kattmann 1997). Ziel sollte es sein, Lehren und Lernen zu einem Erfolg für die Beteiligten werden zu lassen. Die internationalen Leistungsvergleichsstudien (u. a. TIMSS und PISA) haben zu diesem Punkt starke Impulse gesetzt (Helmke 2003, 31).

Fragenbeispiele zur Evaluation des Unterrichts durch die Lehrkraft

- Was kann ich besser machen?
- Habe ich genug mit euch geübt?
- War das Tempo für euch angemessen?
- Wann und wie oft hattet ihr das Gefühl, „da habe ich was nicht verstanden"?
- Habe ich euch verstanden?
- Welche Aufgaben haben euch am meisten beim Lernen geholfen?
- Sagt mal ehrlich, habt ihr die Aufgaben wirklich ernsthaft bearbeitet?

Lernaufgabe 18-1: Diagnostizieren
In Ihrem Unterricht zur Evolutionsbiologie stellen Sie die folgende Frage: „Der Grüne Baumgecko ist als tagaktiver Baumbewohner durch seine grüne Farbe im Laub gut getarnt. Im Gegensatz dazu ist der gräulich-braune Mauergecko im Dunkeln aktiv. Er wärmt sich tagsüber auf Felsen in der Sonne auf. Wie erklären Sie, unter Berücksichtigung evolutionsbiologischer Prinzipien, die unterschiedlichen Farben der Geckos?"
Eine Schülerin antwortet: „Die unterschiedlichen Färbungen hatten für die Geckos einen Nutzen. Je öfter die jeweilige Färbung genutzt wurde, um sich vor Fressfeinden zu verstecken, desto häufiger hat sich die Färbung entwickelt."

Handlungsaufforderung 18-1: Bitte diagnostizieren Sie die Schülerantwort entsprechend den in Tabelle 18-1 angegebenen Diagnoseaktivitäten!

Carolin Retzlaff-Fürst

19 Biologieunterricht im Lernraum Schule

Wenn Sie als Biologielehrerin oder -lehrer Ihre Schule wählen können, sollten Sie auf die Gestaltung der Fachräume und die Ausstattung der Sammlung achten; denn diese eröffnen und begrenzen zugleich Ihre Möglichkeiten, Biologieunterricht lernförderlich zu gestalten. Bei Um- und Neubauten sowie bei der Verteilung des Etats können Sie Ausstattungswünsche formulieren, die die Lehre und das Lernen verbessern. Im folgenden Kapitel finden Sie Grundlagen für Gespräche mit Kolleginnen und Kollegen sowie der Fachbereichs- und der Schulleitung.

19.1 Von naturwissenschaftlichen Fachräumen zu Lernumgebungen

Die Entwicklung des Biologieunterrichts ist in die Entwicklung des Schulsystems eingebunden. Zeitgemäßes Lernen der Lernenden findet in Ganztagsschulen mit inklusiven Klassen, in denen der Unterricht jedem Einzelnen gerecht wird, statt. Die klassische „Flurschule" mit von den Fluren abgehenden streng getrennten und abgeschlossenen Klassenräumen ist dafür nicht geeignet. Zukunftsfähige Schulen folgen also in ihrer Architektur dem Paradigmenwechsel im Schulsystem und haben dabei idealerweise auch die Zukunft vor Augen.

Naturwissenschaftliche Fachräume lösen bei Neubau oder Renovierung von Schulgebäuden die vorhandenen Biologiefachräume weitgehend ab – vor allem wegen der zunehmenden Vernetzung der naturwissenschaftlichen Fächer und der damit verbundenen Stärkung von Handlungsorientierung und Anwendungsbezug. Veränderung von Unterrichtspraxis, Digitalisierung unseres täglichen Lebens und die Gestaltung der Fachunterrichtsräume hängen eng miteinander zusammen.

In der Architekturpsychologie gibt es eine umfangreiche Diskussion über die Wirkung von Räumen als „Dritter Erzieher". Die ersten Erzieher sind nach dem italienischen Erziehungswissenschaftler Malaguzzi die Kinder und die Lehrenden die zweiten (Moss 2016). Bereits die reformpädagogischen Ansätze beispielsweise von Maria Montessori weisen auf die Einheit von Raum und Erziehung hin.

Der Schulverbund „Blick über den Zaun" beschäftigt sich mit der Frage „Was ist ein guter Schulbau?" und entwickelt daraus eine Arbeitshilfe für Pädagogen und Architekten. Für den naturwissenschaftlichen Unterricht sind daraus die Thesen von Otto Seydel relevant (→ Tab. 19-1; Montagstiftung 2012).

These	Anwendung auf naturwissenschaftliche Fachräume
Lernen braucht Ruhe, Licht und Luft.	• viel Licht, aber wenn möglich keine direkte Ausrichtung nach Süden, da sich eine zu starke Sonnenbestrahlung negativ auf das Gedeihen von Pflanzen und Tieren auswirkt • Verdunklung • große Bewegungsflächen • gute Belüftung • konsequente Schallreduktion
Lernen benötigt unterschiedliche Perspektiven und aktive Zugänge.	Der Raum bietet vielfältige Nutzungsmöglichkeiten: • Laborflächen zum naturwissenschaftlichen Arbeiten • Verfügbarkeit von Wasser, Strom, Belüftung/Abzug • Platz für Pflanzen- und Tierhaltung sowie für Langzeitbeobachtungen • Ausstellungsflächen • Lagermöglichkeit für Medien des naturwissenschaftlichen Unterrichts, Sammlungsraum
Gelernt wird allein, zu zweit, in der Kleingruppe und im Klassenverband.	flexibles Mobiliar Möglichkeit, Arbeitsräume unterschiedlicher Größe zu schaffen, z. B. durch mobile Stellwände/Präsentationsflächen Leseplätze, Ruhezonen
Förderung in einer inklusiven Schule geschieht in heterogenen Gruppen.	Barrierefreiheit Rückzugsräume
Schulbuch und Kreidetafel werden ergänzt bzw. ersetzt durch Tablet-PC und (interaktive) Weißwandtafeln.	Zugang zum Internet, WLAN mobile Ladestationen mobile Endgeräte, wie Tablets, PCs oder Smartphones Präsentationsflächen

Tabelle 19-1: Thesen zu Anforderungen an Schulbauten (Montagstiftung 2012) und ihre Anwendung auf naturwissenschaftliche Fachräume

Naturwissenschaftliche Fachräume sind also in einem modernen Schulareal ein gestalteter Erfahrungsraum mit viel Platz zum naturwissenschaftlichen Arbeiten, Recherchieren, Bewegen, mit kreativen Angeboten, Rückzugs- und Präsentationsmöglichkeiten. Dieser Raum schafft gute Voraussetzungen für das gemeinsame Arbeiten in kleinen und großen Gruppen ebenso wie für die Einzelarbeit und die Kommunikation verschiedener Akteure. Das können über die Gruppe der Lernenden und Lehrenden hinaus beispielsweise auch Eltern, Großeltern oder Expertinnen und Experten zu bestimmten Themen sein (Maurer-Dietrich 2007; Sprecher-Mathieu 2010; Opp 2015). Damit wird eine Entwicklung des Konzepts vom separaten *Fachraum* hin zur umfänglichen *Lernumgebung* vollzogen.

Vier architektonische Konzepte beschreiben die Organisation dieser naturwissenschaftlichen Lernumgebungen:

- spezialisierte Fachunterrichtsräume und getrennte Sammlungen;
- spezialisierte Fachunterrichtsräume und integrierte Schausammlungen;
- um eine offene Mitte sind Experimentierplätze angeordnet;
- Experimentierhalle: ein großer Raum mit Experimentierplätzen und Sammlungen, die von allen naturwissenschaftlichen Fächern genutzt werden.

Konkrete Vorschläge für die Gestaltung von „Lern- und Unterrichtsbereichen – Naturwissenschaften“ finden sich z. B. in den „Leitlinien für leistungsfähige Schulbauten in Deutschland“. Am Beispiel von drei Schulen wird hier die Umsetzung der architektonischen Konzepte vorgestellt (Bund Deutscher Architekten 2017, 31-32).

19.2 Zeitgemäßer Biologieunterricht benötigt eine spezielle Raumausstattung

Den modernen Konzepten naturwissenschaftlicher Lernräume, wie vom Bund Deutscher Architekten vorgeschlagen, stehen eine Vielzahl an Regelungen für Schulbauten in den Kommunen gegenüber (Bund Deutscher Architekten 2017). Zum Beispiel wird die Größe der Räume durch die Funktion und durch die Richtlinien für die Klassenbildung bestimmt. Für die Jahrgangsstufen 5 bis 10 sind Räume mit maximal 40 Plätzen einzurichten. Die Richtzahlen für die Oberwerte der Klassenbildung der einzelnen Bundesländer schwanken zwischen 25 und 33 Lernenden je Klasse (KMK 2021). Die Kultusminister der Bundesländer haben Richtlinien zur Sicherung der Fachräume, Einrichtungen und Geräte sowie zur Aufbewahrung der Geräte erlassen. Die vorgesehenen Unterrichtsräume sind für die Schultypen und -größen in den Schulbaurichtlinien der Länder festgelegt (ZNBW 2008).

Grundsätzlich lassen sich innerhalb dieser Regularien folgende Raumtypen unterscheiden (LEU 2009):

- *Fachunterrichtsräume*: Lehrsaal (Hörsaal, Demonstrationsraum, Vortragsraum), Lehr-Übungsraum, Praktikumsraum, Multifunktions- oder Universalraum;
- *Hilfsräume*: Vorbereitungsraum, Sammlungsraum (oft in einem Raum vereinigt), technischer Arbeitsbereich, Aufbewahrungs- und Sammlungsflächen.

Die Kombination dieser Raumtypen findet sich auch in den naturwissenschaftlichen Lernumgebungen in unterschiedlicher Größe wieder. Der *Lehrsaal* hat einen Lehrer-Experimentiertisch, große Tafel- und Projektionsflächen und ansteigendes, fest eingebautes Gestühl. Damit die Entfernung der Lernenden zum Experimentiertisch möglichst gering ist, sind die Tischflächen des Gestühls sehr schmal.
Vorteile: Der Saal kann auch für eine große Anzahl von Lernenden verhältnismäßig klein sein, er ist für den Demonstrationsunterricht optimal ausgestattet.
Nachteile: Arbeiten mit dem Naturobjekt, Schülerexperimente sowie kooperatives Lernen sind nicht möglich.

Der *Lehr-Übungsraum* enthält interaktive und klassische Tafeln, Präsentationsflächen, Pinnwände und ein Klemmschienensystem, einen Demonstrations-Experimentiertisch, Schränke für die Schüler-Arbeitsgeräte, einen Medienlift. Besonders empfehlenswert ist das Mobiliar entsprechend den Ideen des „mobilen Klassenzimmers". Kennzeichen sind: verschiebbare und von beiden Seiten nutzbare Tafeln, ergonomische Bestuhlung und leichte, rollbare, in Dreiecksform gehaltene Tische (Seitz & Scheid 2012).
Vorteile: Alle für den Biologieunterricht wichtigen Unterrichtsformen können im Lehr-Übungsraum durchgeführt werden.
Nachteile: Der Abstand der Lernenden zum Experimentiertisch ist größer als im Lehrsaal, sofern sie an ihren Plätzen bleiben.

Ein *Lehr-Übungsraum in Kombination mit einem Vorbereitungsraum* hat beispielsweise an Vorder- und Seitenwänden mehrteilige, flexible, interaktive und klassische Pylonentafeln, Pinnwände für Schreib- und Projektionsflächen sowie Klemmschienen. Für Versuche mit giftigen und ätzenden Gasen ist ein Abzug (fest eingebaut oder in Form eines mobilen Panorama-Abzuges) vorhanden. Zum Reinigen der Geräte bei Gruppenarbeit ist ein Waschtrog mit Tropfbrett und Ablauf installiert. Ein durchgehendes Fensterbrett ermöglicht die Aufstellung von Pflanzen und Vivarien sowie die Durchführung von Langzeitversuchen.

Der *Vorbereitungsraum* ist häufig in einen Sammlungsraum integriert. Er sollte folgende Einrichtungsgegenstände enthalten:
- Sitz- und Schreibgelegenheit mit Internetzugang;
- Regale für Literatur;
- Experimentiertisch mit Ablauf und Tropfbrett zur Vor- und Nachbereitung von Versuchen und Pflanzenausstellungen;
- Geschirrspüler;
- Stellflächen für fahrbare Tische.

Als weitere Hilfsräume und Sonderräume empfiehlt es sich, einen getrennten *Tierhaltungsraum* einzurichten, der für die betreuenden Lernenden zugänglich ist. Hinweise zum Umgang mit Lebewesen im Unterricht gibt die KMK (2019; → 26). Den Lernenden und Lehrenden sollte auch eine Werkstatt zur Herstellung von Versuchseinrichtungen, Käfigen für die Tierhaltung etc. zugänglich sein.

Checkliste für naturwissenschaftliche Lernumgebungen (Bund Deutscher Architekten 2017, 33, verändert)

- robuste, flexible Tische, geeignet für Experimente
- flexible, bequeme Sitzgelegenheiten
- Wasser-, Stromanschluss, Abzug
- Zugang zum Internet / WLAN-Verbindung
- digitale Grundausstattung (PC / Tablet / Mikrofon / Kamera)
- Präsentationsflächen, Tafel / Smartboard
- Möglichkeit der Vollverdunklung
- Zonen für langfristige naturwissenschaftliche Beobachtungen und Untersuchungen

Oft muss der Biologieunterricht im *Klassenzimmer* stattfinden. Ein Klassenzimmer, in dem Biologieunterricht durchgeführt wird, sollte verdunkelt werden können und mindestens ein Waschbecken enthalten. Experimentiergeräte werden auf einem fahrbaren Tisch, einem Tablett oder in einem Gerätekoffer transportiert. Als Wärmequellen dienen elektrische Kochplatten oder tragbare Kartuschen-Gasbrenner. Auch die meisten Objekte der Biologiesammlung lassen sich in das Klassenzimmer transportieren. Auf einen eigenen Vorbereitungs- und Sammlungsraum zur Biologie kann allerdings auf keinen Fall verzichtet werden. Biologieunterricht im Klassenzimmer ist nur als ein Notbehelf zu betrachten. Bereits bei nicht ausreichend ausgestatteten naturwissenschaftlichen Fachräumen verarmt in der Regel das experimentelle Arbeiten im Biologieunterricht (Weigelt & Grabinski 1992, 3). Verbindliche Sicherheitsvorschriften für den Biologieunterricht sind im Klassenraum häufig nicht einzuhalten, wodurch die Möglichkeiten des praktischen Arbeitens mit den Schülerinnen und Schülern stark eingeschränkt werden.

19.3 Die Biologiesammlung ist Voraussetzung für zeitgemäßen Biologieunterricht

Die *Biologiesammlung* ist eine unverzichtbare Einrichtung und Voraussetzung für die Durchführung eines zeitgemäßen Biologieunterrichts in der Schule.

Sie ist eine offene Sammlung vielfältiger Arten von Medien, die für die Gestaltung von Lehr-Lernprozessen mannigfach einsetzbar sind. Bei ihrer Ausstattung sollten sowohl Ziele und Inhalte als auch methodische Vorgehensweisen des Biologieunterrichts berücksichtigt werden. Sie sollte Naturobjekte, Modelle, speziell für den Unterricht hergestellte und vom Fachhandel angebotene Geräte und Anschauungsmaterialien, Bücher, Zeitschriften, selbsterstellte Portfolios (vgl. Winter 2003, 81; Häcker 2011) sowie lebende Pflanzen und Tiere, die im Schulgebäude gehalten werden, umfassen (→ 26). Die Biologiesammlung ist meist in einem eigenen Sammlungsraum oder in einem kombinierten Lehr-Übungsraum untergebracht. Die Biologiesammlung sollte den Notwendigkeiten folgen, die sich aus der Weiterentwicklung des Biologieunterrichts (inhaltlich und methodisch) ergeben.

Digitale Medien bieten weitere, teils noch zu erprobende Möglichkeiten zum Lernen und Lehren der Biologie (→ 35). Sie sind eine zeitgemäße Erweiterung zur klassischen Biologiesammlung – aber kein Ersatz zum *Original* mit den Möglichkeiten primärer Erfahrung (Monfils et al. 2017).

Die Nutzung der Biologiesammlung fördert die naturwissenschaftliche und biologische Kompetenzentwicklung der Lernenden (Retzlaff-Fürst 2008). Die in den Curricula beschriebenen Ziele, Inhalte und methodischen Vorgehensweisen setzen eine Biologiesammlung voraus. Sie ist daher für einen modernen Biologieunterricht unabdingbar.

Komplementär zur Nutzung der Sammlung für den Biologieunterricht ist für Schülerinnen und Schüler originale Begegnung mit der Natur notwendig. Nur diese ermöglicht beispielsweise primäre Erfahrungen mit biologischer Vielfalt und ökologischen Prozessen (vgl. Kreiselmaier 2002; → 20). Auch Themen der angewandten Biologie, wie beispielsweise Langzeitbeobachtungen zum Anbau von Nutzpflanzen, gehen über die Möglichkeiten der Sammlung hinaus.

19.4 Eine Biologiesammlung kann auf vielfältige Weise entstehen

Die Neueinrichtung der Biologiesammlung ist sehr kostenaufwendig. Zur Erhaltung und Ergänzung der Sammlung ist ein jährlicher Aufwand erforderlich, z. B. für die Anschaffung neuer Medien und von Ersatzteilen, ebenso wie für Wartung von Geräten, Neubeschaffung von Chemikalien und Glasgeräten sowie Futterkosten für gehaltene Tiere (vgl. Wagener 1992, 168). Meist ist eine Biologielehrkraft für die Verwaltung, die Pflege und den Ausbau der Sammlung verantwortlich (Sammlungsleitung).

Die Sammlungsobjekte lassen sich auf verschiedene Weise erwerben:

- Die meisten Sammlungsgegenstände werden *gekauft*. Angeboten werden sie in Katalogen der Lehrmittelfirmen, Lehrmittelausstellungen wie didacta und Interschul und Besprechungen in einschlägigen Zeitschriften. Man sollte prüfen, ob sie aktuellen wissenschaftlichen Erkenntnissen entsprechen, fachdidaktisch relevant und einfach aufzubewahren bzw. zu pflegen sind.
- Eine Reihe von Objekten lässt sich durch *Sammeltätigkeit* der Lehrpersonen und der Lernenden beschaffen. Viele dieser Objekte lassen sich in die Biologiesammlung eingliedern, indem sie beispielsweise herbarisiert (z. B. Algen; vgl. Kämmerer & Lindner-Effland 1997, 20 f.), präpariert (vgl. Entrich 1996), gehältert (z. B. Seesterne vgl. Jäger & Twenhöven 1993, 35 ff.; Miesmuscheln vgl. Brandstädter 2010; 10-16) oder einfach eingegliedert und zugeordnet werden (z. B. Sammelgut des Strandes; Schmidtke 1990). Für die Behandlung aktueller oder regionaler Themen ist das Sammeln und Katalogisieren von Bildern, von Zeitungs- und Zeitschriftenaufsätzen und digitalen Quellen nützlich.
- Zur *kostenlosen Beschaffung* von Sammlungsobjekten verhelfen manchmal Verbindungen zu bestimmten Personen und Institutionen, z. B. Arztpraxen, land-, fisch- und forstwirtschaftliche Einrichtungen, Forschungseinrichtungen, Botanische und Zoologische Gärten, Naturkundemuseen, Krankenkassen sowie Sponsoren (z. B. Banken, Versicherer).
- Eine Reihe von Sammlungsgegenständen kann von Lehrkräften und Lernenden *hergestellt* werden, z. B. Fotos, einfache Struktur- und Funktionsmodelle, Experimentiergeräte, ein „Natur-Tagebuch" (vgl. Baer & Grönke 1981, 304; Knoll 1981; Meier 1993, 28 ff.; Brucker, Flindt & Kunsch 1995; Berck 2001, 99; Gerl et al. 2017).
- Viele *Gegenstände des täglichen Lebens* können bei einfachen Versuchen anstelle teurer Laborgeräte benutzt werden (z. B. Joghurtbecher, Gläser, Dosen, Küchengeräte) (VanCleave 1993; 2003; Lucius 2000, 9).
- Digitale Medien ermöglichen den Zugang zu virtuellen Ressourcen. Es existiert zum Beispiel eine Vielzahl von Apps zu den Themen des Biologieunterrichts, die Medien aus der „originalen Sammlung" virtuell wiedergeben oder deren Einsatz modellieren (Tab. 19-2).

Wie Sammlungsobjekte aufbewahrt werden, hat Auswirkungen auf die Zugriffsmöglichkeit im Unterricht, auf den zu betreibenden Pflegeaufwand sowie auf die langfristige Erhaltung und Bewahrung oft wertvoller Sammlungsbestände. Die Sammlung sollte so strukturiert sein, wie es die tägliche Arbeit erfordert. Dabei sind die Richtlinien zur Sicherheit im Biologieunterricht zu beachten (vgl. GUV 2003; 2005; 2010; KMK 2019; → 24.6):

- *Kleinmaterialien und Arbeitsgeräte:* in verschließbaren Schränken im Fachraum, z. B. Lupen, Präparierbestecke, Glasgeräte wie Petrischalen und Bechergläser; Mikroskope; Monitore, Videokamera, Datenprojektor, Dokumenten-, Schwanenhals- und Wildtier-Kamera
- *Experimentier-Kits:* z.B. Genbaukasten, Gelelektrophorese von DNA, Experimentier-Kit zur Analyse der Vaterschaft
- *Naturobjekte:* als Klassensätze bzw. als Arbeitssätze für Kleingruppen im Sammlungsraum, z. B. Fellproben, Gewölle, Schädel und Knochen von Kleinsäugern, Schneckenhäuser. Empfehlenswert ist eine Aufbewahrung auf festen Regal- oder Schrankböden.
- *Präparate:* z. B. Kunstharzeinschlüsse und Flüssigkeitspräparate in getrennten Schränken im Sammlungsraum, beide vor Sonnenlicht geschützt
- *Modelle:* vorzugsweise in Vitrinen im Fachraum oder im Sammlungsraum
- *Digitale Medien:* Tablets

Unabhängig von der Größe der biologischen Sammlung sollte in jeder Schule ein einfaches Sammlungsmanagement eingeführt werden, um die Sammlung dauerhaft zu erhalten und effektiv für den Unterricht zu nutzen. Jedes Sammlungsobjekt sollte inventarisiert und katalogisiert werden:

- Inventarisierung: Eintragung der relevanten Daten in das Inventarverzeichnis der Schule (Benennung des Objekts, evtl. Herstellerinformationen, Datum der Anschaffung und ggf. Wartung)
- Katalogisierung: ausführliche fachliche Beschreibung und systematische Zuordnung

Die Aufbewahrungsorte der Sammlungsobjekte sollten aus der Beschriftung des Mobiliars hervorgehen und zugleich auch aus der *Sammlungskartei* zu ermitteln sein. Die Entwicklung eines schulinternen Katalogisierungssystems kann digital erfolgen (vgl. Terstegge 1988). Die Vorteile der digitalen Archivierung liegen in der Schlagwort-gestützten Suchmöglichkeit sowie der räumlichen Unabhängigkeit (Krämer 2001).

Die *Pflege* der Sammlungsobjekte wird durch ihre sachgemäße Unterbringung erheblich vereinfacht. Dicht schließende Schränke bewahren die Sammlungsobjekte vor Staub und Schädlingen, passende Behältnisse verringern Bruchschäden bei Glasmaterialien und Geräten, Abdunklung bewahrt die Präparate vor Ausbleichung. Dennoch sind Pflegemaßnahmen erforderlich, vor allem:

- regelmäßige Wartung der Großgeräte; Reinigung der Präparate
- jährliche gründliche Untersuchung auf Schädlingsbefall und Desinfektion: Herbarien, Stopfpräparate, Insektensammlungen, Federn, Nester
- Mottenschutzpapiere in den Sammlungsschränken bzw. Behältnissen anbringen

- Quarantäne für Präparate unbekannter Herkunft: Haltung unter Abschluss, Behandlung mit Schädlingsbekämpfungsmitteln
- Kontrolle der Klassensätze – Naturobjekte, Kleinmaterialien, Arbeitsgeräte – auf Vollständigkeit und Funktionalität

19.5 Die Biologische Sammlung hat Ausstellungscharakter

Bei Naturobjekten sollte der Ausstellungscharakter der Biologiesammlung beachtet werden. Dazu sollten in staubdichten Glasschränken gut erhaltene und aussagekräftige Objekte aufbewahrt werden. Alle Objekte müssen beschriftet werden. Die Beschriftung kann entweder am Objekt selbst angebracht oder dem Objekt in Form einer Karte oder eines Reiters aus festem Karton beigegeben werden. Die wichtigsten Elemente der Beschriftung (z. B. Karteinummer, Artname, Geschlechtsangabe) sollten an einer normalerweise nicht sichtbaren Stelle des Objekts angebracht werden. Wenn das Objekt im Unterricht ohne Beschriftung eingesetzt werden soll, wird diese zugeklebt oder verbleibt im Schrank.

Im Rahmen des Projektunterrichts oder im Zusammenhang mit offenen Unterrichtsformen können die Sammlungsobjekte von Lernenden und Lehrenden zur Gestaltung thematischer Schaukästen oder Vitrinen genutzt werden. Bei der Gestaltung sollten folgende Kriterien geprüft werden:

- Steht die Vitrine optimal – dort wo sie gut gesehen werden kann und wo sie trotzdem den Durchgang nicht stört?
- Dient die Vitrine Anschauungszwecken oder soll mit den Gegenständen handelnd, z. B. im Rahmen einer Stationenarbeit, umgegangen werden?
- Werden formale Kriterien eingehalten: wenig Text, Schriftgröße größer 16 pt, deutliche Kennzeichnung der biologischen Objekte?
- Gibt es eine bestimmte Zielgruppe, z. B. Jahrgangsstufe?
- Ist die fachliche Zielstellung klar erkennbar?
- Ist deutlich erkennbar, wer für die Gestaltung verantwortlich ist?
- Ist ein zeitlicher Rahmen für die Ausstellung vorgesehen, z. B. ein Schulhalbjahr?

Die Ausstattung einer Biologiesammlung

Für die Ausstattung einer Biologiesammlung sollten folgende Gegenstandsgruppen berücksichtigt werden (GUV 2003; 2005; 2010; KMK 2019):

- Grundgeräte für experimentelles Arbeiten, z. B. Brenner mit Zubehör, Heizplatten, Kühlschrank, Wärmeschränke, Zentrifugen, Wasserstrahlpumpen, Stromversorgungsgerät, Handwerkszeug
- Messgeräte, z. B. Waagen, Maßbänder, digitales Thermo- und Hygrometer, elektronisches pH-Meter, Windgeschwindigkeitsmesser
- Stativmaterial, Hebebühne, Universalklemmen
- Geräte für das Arbeiten mit Lupe und Mikroskop, z. B. Lehrermikroskope, Schülermikroskope, Lupen, Mikrotome, Aufsätze für digitale Mikroskopie, Smartphonehalter
- Glasgeräte und Laborkleinmaterial, z. B. Bechergläser, Erlenmeyerkolben, Messzylinder, Reagenzgläser, Standzylinder, Glasstäbe und -rohre, Deckgläser, Objektträger, Blockschälchen, Petrischalen, Pipetten, Mörser mit Pistill, Thermosflaschen, Porzellanschalen, Trichter, Marmeladengläser mit Deckel, Glasrohrschneider, Gummistopfenbohrer, Tiegelzangen, Holzzangen, Gummischläuche, Stangen, Draht-Keramik-Gitter, Reagenzglasständer, Kunststofflöffel, Kunststoffflaschen, Scheren, Pinzetten, Nadeln
- Spezialgeräte für Physiologie und Ökologie, z. B. Umweltmesskoffer mit diversem Zubehör
- Geräte für das Sammeln, Präparieren und Pflegen von Tieren, z. B. Kescher, Präparierbestecke, Aquarien und Terrarien mit Zubehör
- Chemikalien für Schüler- und Demonstrationsexperimente
- Ganzpräparate und Teilpräparate, einschließlich Skelette, z. B. Stoffpräparate, Einschlusspräparate, Anschauungskästen
- Mikropräparate, z. B. zur Allgemeinen Biologie, Zytologie, Botanik, Zoologie, Ökologie, Mikroorganismen
- Modelle zu allen Themengebieten der Biologie
- Beamer
- Materialien, Geräte und Einrichtungen zur Arbeitssicherheit, Unfallverhütung, Entsorgung, z. B. Sicherheitsschränke, Schürzen, Schutzhandschuhe, Schutzbrillen, Gasabzug, Etiketten für Entsorgungsbehälter
- Wandbilder, Poster
- Computer mit Zubehör, Datenlogger, digitale Ausstattung (Kamera, Wärmebildkamera, Mikrofon, Tablets, Greenscreen)

19.6 Ein lernförderlich gestaltetes Schulgelände ermöglicht vielseitigen Biologieunterricht

Ein Schulneubau oder -umbau sollte immer mit der Gestaltung der Außenanlagen verbunden sein (→ Tab. 19-3). Dabei ist es günstig, wenn die gesamte Schulgemeinde und vor allem die Biologielehrenden frühzeitig in die Planung eingebunden sind. Bereits vorhandene Schulhöfe können nach modernen Konzeptionen umgestaltet werden, indem versiegelte Flächen aufgebrochen und Naturräume gestaltet werden (Grün 2005; Köhler 2005; LEU 1995; NUA 2019). Hierfür ist ein 10-stufiges Modell der Nutzerbeteiligung bei Planung, Bau und Pflege vorgeschlagen worden (Pappler & Witt 2001). Um die verschiedenen Wünsche und Bedürfnisse der Lernenden, aber auch der anderen Beteiligten, zu ermitteln und um späteren Konflikten vorzubeugen, werden die Überlegungen zur Schulgeländegestaltung auf Räume für Ruhe und Erholung, Spiel, Kreativität und Natur bezogen. Für jüngere Lernende sollen zusätzlich Räume für sinnliche Erfahrungen, kurz *Sinnesräume*, eingeplant werden. Die einzelnen Bereiche sollten in Naturräume, Handlungsräume, Sinnesräume, Ruhe- und Kommunikationsräume sowie Spiel- und Bewegungsräume gegliedert sein (→ Kasten; Grün 2005). Vielfältige Anregungen für die Planungsphase liefert beispielsweise die Beratungsmappe „Naturnahes Schulgelände" (NUA 2019).

Modernes Schulgelände	Konventionelles Schulgelände
Ganztägig genutzter Spiel- und Aufenthaltsraum	Aufenthaltsraum in den Pausen
Raum für ganzheitliches Lernen	Durchgang auf dem Weg zum Schulgebäude
Raum zum Ausgleich motorischer und gesundheitlicher Defizite	Parkplatz
Raum für Integration und Gewaltprävention	
Öffentliche Freifläche eines Stadtteils	
Lebensraum für Pflanzen und Tiere	

Tabelle 19-3: Funktionen eines modernen und eines konventionellen Schulgeländes (nach Grün 2005)

Gestaltungselemente und Nutzung des Schulgeländes (nach Grün 2005; Köhler 2005; NUA 2019)

Naturräume: Hecke aus heimischen Sträuchern, Teich mit Steg, Trockenmauer, Obstbäume, artenreiche Wiese, Ruderalflächen am Rand des Schulgeländes
Nutzung: unmittelbare Erfahrungen mit Pflanzen und Tieren im Lebensraum, Beobachtungen, Untersuchungen, Experimentierfläche, kein Aufenthaltsraum für die Pausen

Handlungsräume: Flächen, auf denen Schülerinnen und Schüler selbstständig tätig werden können
Nutzung: z. B. Hochbeete, Kunstprojekte, unmittelbare Erfahrungen, Beobachtungen, Untersuchungen

Sinnesräume: Duft- und Tastgarten, Barfußweg, Klangelemente im Baum, Kräutergarten, Flächen mit verschiedenen Materialien
Nutzung: primäre unmittelbare Sinneserfahrung, Experimentierraum
Ruhe- und Kommunikationsräume: Bänke, Stammabschnitte, Natursteine, Mauern, Atrium, Grünes Klassenzimmer, Pergola
Nutzung: Sitzgelegenheiten, Versammlungsort, Aufenthaltsbereich, Unterrichtsort

Spiel- und Bewegungsräume: Rutsche, Seillandschaft, Tunnel, Ballspielflächen, bespielbare Bepflanzung, Balancierstämme
Nutzung: Spielbereich, Bewegungsschulung

Öffentlicher Freiraum: Pausenhof, Kommunikationsräume
Nutzung: nachbarschaftliche Nutzung des Schulgeländes für Präsentationen, Feste, Märkte usw.

Das Schulgelände kann mit allen Gestaltungselementen zur Vielfalt des Schullebens beitragen. Das umfasst die Vielfalt im Lernen, in der Gestaltung und im Erleben der Wechselbeziehungen zwischen Menschen und Umwelt.

Naturräume sind Bereiche mit möglichst *einheimischen, ungiftigen* Bäumen und Sträuchern, Hecken, naturnahen Wiesen und Kleinbiotopen. Sie bieten für zahlreiche Wirbellose und Wirbeltiere Nahrung und Unterschlupf. Im Biologieunterricht können hier Beobachtungen und ökologische Untersuchungen durchgeführt oder Naturobjekte für die Arbeit im Fachraum geholt werden. Folgende Bäume und Sträucher können aus ökologischen und didaktischen Gründen empfohlen werden (NUA 2019):

- *Bäume:* Spitz-Ahorn (*Acer platanoides*), Berg-Ahorn (*Acer pseudoplatanus*), Feld-Ahorn (*Acer campestre*), Schwarz-Erle (*Alnus glutinosa*), Grau-Erle (*Alnus incana*), Hänge-Birke (*Betula pendula*), Hainbuche (*Carpinus betulus*), Gewöhnliche Esche (*Fraxinus excelsior*), Winter-Linde (*Tilia cordata*), Sommer-Linde (*Tilia platyphyllos*)
- *Sträucher:* Wildrosen (*Rosa spec.*), Weißdorn (*Crataegus laevigata* und *C. monogyna*), Sanddorn (*Hippophae rhamnoides*), Purpur-Weide (*Salix purpurea*) (vgl. Altmann 1995)
- Obstbäume: Apfel (*Malus spec.*), Kirsche (*Prunus spec.*)

Sinnesräume und *Handlungsräume* regen zur Beobachtung von Pflanzen und Tieren an. Es können temporäre Biotope angelegt werden (Kloen & Zacharias 1984; Kleber & Kleber 1994; Winkel 1997). Sand- und Kiesflächen bilden Pionierstandorte. Steinhaufen, Totholzstapel, Lehmwände, Sandflächen sowie Wiesenflächen, die nur zweimal im Jahr gemäht werden, fördern den Artenreichtum auf dem Schulgelände (Kricke, Bamann & Betz 2014). Ein Feuchtgebiet mit einem einige Quadratmeter großen und an der tiefsten Stelle mindestens 1 m tiefen Teich (Wildermuth 1978; Winkel 1979; Zimmerli 1980) sorgt dafür, dass auch ein sonst in Schulnähe meist nicht vorhandener Feuchtbiotop für den Biologieunterricht verfügbar ist.

Tierhaltung auf dem Schulgelände kann durch die eigenen Erfahrungen für Themen der biologischen Vielfalt sensibilisieren und die Entwicklung ökologisch orientierter Werthaltungen unterstützen (Adelmann & Sturm 2014). Reizvoll und wichtig ist die Aufstellung eines Honigbienenstandes. Biologische Schädlingsbekämpfung wird durch Schaffen von Lebensgrundlagen für Nützlinge mit den Lernenden praktiziert (z. B. Bauen von Nistkästen für Vögel und Nisthilfen für solitäre Hautflügler; vgl. Eschenhagen, Kattmann & Rodi 1991, 7; Winkel 1997; Köhler & Koop 1999). Besondere Beobachtungskästen bieten Einblicke in die Fortpflanzungsbiologie der Tiere (Burger 2004; Lehnert 2002).

Die Anlage von *Naturräumen, Sinnesräumen* und *Handlungsräumen* an Projekttagen ist für alle Beteiligten eine reizvolle Tätigkeit im Sinne praktischer Umweltbildung. Nur wenn das selbst gestaltete Außengelände regelmäßig in den Schulalltag einbezogen wird, können langfristige Erfolge erzielt werden. Die Integration in den Schulalltag kann mit folgenden Hinweisen gelingen:

- *Stundenplan:* Die Arbeit auf dem Schulgelände sollte im Stundenplan fest verankert sein. Dazu können schuljahresübergreifende Fächer genutzt werden. Am besten geeignet sind Doppelstunden im Randbereich. Viele Themengebiete des Biologieunterrichts wie beispielsweise die Beobachtung der Artenvielfalt von Samenpflanzen, Experimente zu Keimungsbedingungen oder ökologische Untersuchungen können unmittelbar in den

Biologieunterricht einbezogen werden. Der Wahlpflichtunterricht eröffnet gute Möglichkeiten für die Arbeit im Schulgelände.

- *Kontinuität:* Eine kontinuierliche Nutzung des Außengeländes sollte durch Einbindung verschiedener Fächer erfolgen. Beispielsweise bieten sich Plätze für Zeichnen oder Musizieren im Freien an.
- *Gruppengröße:* Eine ideale Gruppengröße für das Arbeiten im Freien umfasst aus arbeitsorganisatorischen Gründen 10-15 Schülerinnen und Schüler (Birkenbeil, Ehrentreich & Molitor 2019). Diese ist selten realisierbar. Umso wichtiger sind die Kontinuität der Arbeit im Freien und gut vorbereitete Arbeitsaufträge.
- *Arbeitsraum:* Wenn möglich sollte ein mit Gartenbüchern, Bestimmungsbüchern und Lehrbüchern ausgestatteter Raum mit direktem Zugang zum Außengelände angelegt werden. Hier kann die Arbeit vorbesprochen und nachbereitet werden.
- *Wettbewerbe:* Die Teilnahme an Wettbewerben führt bei Lernenden zu einer hohen Motivation und kann so zusätzliche Impulse für Tätigkeiten auf dem Schulgelände geben. Auf regionaler und Bundesebene gibt es eine Vielzahl von Wettbewerben im Bereich *Umweltbildung* (NUA 2004). Ein Beispiel ist der Bundesumweltwettbewerb des Bundesministeriums für Bildung und Forschung, der den Fokus auf nachhaltiges Handeln legt (Eckhardt 2018).

19.7 Schulgelände und Schulgarten sind wichtige Lernorte für Biologieunterricht

Das *Schulgelände* umfasst den gesamten Bereich der Schule mit Schulgebäuden, Sporthalle, Sportplatz, Pausenhof und den dazwischen liegenden Flächen. Es erfüllt im Schulleben wichtige Funktionen. Es werden Naturräume, Handlungsräume, Sinnesräume, Ruhe- und Kommunikationsräume sowie Spiel- und Bewegungsräume unterschieden, die teilweise außerschulische Lernorte ersetzen können (→ 20). Ein entsprechend gestaltetes Schulgelände trägt zur Profilbildung einer Schule bei und sollte unter Beteiligung der Nutzenden und Beachtung ihrer Nutzungsinteressen geplant und gepflegt werden. Naturräume auf dem Schulgelände bieten Zugang zu lebenden Organismen und können im Biologieunterricht genutzt werden (→ 26).

Schulgärten können viele Formen annehmen. Im klassischen Sinne sind es begrenzte, innerhalb des Schulgeländes befindliche Bereiche, die intensiver bearbeitet werden. Die angelegten Beete werden regelmäßig von Lernenden und Lehrkräften gepflegt. Manchmal befinden sich Schulgärten auch in der Nähe der Schulen auf eigenem Gelände. Von einigen Autoren (Winkel 1997, 22; Birkenbeil 1999) wird unter *Schulgarten* das gesamte naturnah gestaltete Schulgelände verstanden. Eine weite Auffassung von Schulgarten lässt sich mit dem Ausspruch „jeder Topf ist ein Schulgarten" zusammenfassen. Schulisches Gärtnern kann auf kleinem Raum, an vielfältigen Orten und vor allem auch temporär erfolgen.

Schulgärten haben eine lange Tradition und gewinnen zunehmend an Bedeutung. Der Schulgarten geht in seiner Tradition bis auf die Klostergärten (z. B. St. Gallen um 800) zurück. Schulgärten gibt es in Deutschland seit etwa 300 Jahren. August Hermann Francke (→ 40) legte 1695 einen Schulgarten als Anschauungsmittel in Halle an. Kenntnisse über Nutzpflanzen zu vermitteln, war eine der wichtigsten Aufgaben von Schulgärten im 18. und 19. Jahrhundert. Nach dem 2. Weltkrieg nahm die Bedeutung der Schulgärten für die weitgehend kognitiv ausgerichteten Bildungsziele bis Ende der 1970er Jahre ab – Schulgärten waren in dieser Zeit eher schmückendes Beiwerk und erfüllten nur in geringem Maße unterrichtliche und erzieherische Funktionen. Mit Beginn der 1980er Jahre kam es mit dem Ziel der Umweltbildung und des Naturerlebens zu einer neuen Blüte naturnaher Schulgärten. Heute wird der Schulgarten als ein didaktisch aufbereiteter Lernort gesehen, der nachhaltiges, fächerübergreifendes Lernen anregen, die Entwicklung vielfältiger Kompetenzen fördern und einen wertvollen Beitrag zur Umweltbildung leisten kann – bei Kindern, Jugendlichen und sogar Erwachsenen (Birkenbeil 1999; aid 2005; Blair 2009; Hunter et al. 2020; Jäger 2013).

Es wird häufig empfohlen, einen Teil des Geländes oder Gartens naturnah zu gestalten bzw. als *Naturgarten* anzulegen (Winkel 1995; 1997; Birkenbeil 1999; NUA 2017). Dort sollten einheimische Bäume und Sträucher gepflanzt werden. An die Stelle des Zierrasens treten bunte und artenreiche Blumenwiesen. Wo es das Gelände erlaubt, werden auch Teiche angelegt und verschiedene Biotope geschaffen.

In einigen Städten gab es bereits im vorletzten Jahrhundert von den Stadtgärtnereien betreute *Zentralschulgärten*, aus denen sich zum Teil *Schulbiologiezentren* (z. B. in Hamburg, Hannover, Leipzig) entwickelt haben. In der DDR war der Schulgarten im Rahmen der polytechnischen Erziehung bedeutsam (vgl. Böhme u. a. 1987; Ministerrat der DDR 1988; Wittkowske o. J.). Fast jede Schule hatte einen Schulgarten. In den Klassenstufen 1 bis 4 gab es das Fach *Schulgartenunterricht* mit entsprechenden Lehrbüchern. Der Schulgarten war in erster Linie ein Nutzgarten; das fachgerechte Gärtnern mit dem Ziel einer guten Ernte stand im Vordergrund. Seit der Wiedervereinigung gab es tiefgreifende organisatorische und didaktische Veränderungen (Teutloff 1991; Schwier 1993). Der Schulgartenunterricht wurde nur in Thüringen als selbstständiges Schulfach in der Primarstufe beibehalten. In anderen Bundesländern ist der Schulgartenunterricht Teil des Sachunterrichts. Einen Studiengang *Schulgartenunterricht* gibt es an der Universität Erfurt.

Schulgärten erfüllen zahlreiche didaktische und pädagogische Funktionen: Sie sind *Lernorte* (Schweitzer 1988), Lieferanten von Lerninhalten mit hoher Erschließungskraft (Giest 2009) und Kompetenzentwicklungsräume (Jäckel 2010). Der Schulgarten als *Lernort* dient primär der Naturbegegnung, dem Gewinnen von Naturerfahrung und der Naturgestaltung. Daraus leitet sich auch seine große Bedeutung für die Umweltbildung ab. Der Schulgarten als Lieferant von Lerninhalten „ist eine *Miniatur der Wirklichkeit*" (z. B. für ein ökologisches System, einen Lebensraum, eine agrarische Produktionsstätte, ein Mensch-Natur-Verhältnis, den Umgang mit Komplexität und Unbestimmtheit). In kleinen Ökosystemen können ökologische Bildungsinhalte erarbeitet werden, z. B.:

- Räuber-Beute-Beziehungen (Marienkäfer-Blattläuse; Vögel-Schnecken oder blattfressende Raupen; Raubmilben zur Bekämpfung von Spinnmilben in Gewächshäusern);
- Einfluss abiotischer Faktoren auf die Entwicklung von Pflanzen (Experimente zur Photosynthese und Atmung);
- Stoffkreislauf im Ökosystem (Beobachtungen und Experimente mit Kompost).

Im Schulgarten als *Kompetenzentwicklungsraum* werden Schülerinnen und Schüler auf der Grundlage von naturwissenschaftlichem Wissen zum praktischen Handeln angeregt: Beispielsweise müssen in einem Nutzpflanzenbeet Kulturpflanzen von Wildkräutern unterschieden oder Arten entsprechend den Wachstumsbedingungen ausgewählt werden (Jäckel 2010). Im Schulgarten können vielfältige naturwissenschaftlich-biologische und gärtnerische Arbeitsweisen entwickelt werden (→ Abb. 19-1).

Ein Übersichtsartikel zu US-amerikanischen Untersuchungen zum Thema Schulgarten (Blair 2009) stellt weitere Funktionen heraus: Schulgartenarbeit führt zu einem erweiterten Verständnis der Komplexität von Ökosystemen und wirkt sich auf die Umwelteinstellung bis ins Erwachsenenalter aus. Das Lernen im Freien führt zu einem erweiterten Verständnis des Verhältnisses von Natur und Kultur; selbstständiger Gemüseanbau hat Auswirkungen auf die Einstellung der Lernenden zur industriellen Lebensmittelherstellung.

Mit der Schulgartenarbeit kann die Entwicklung überfachlicher und fachlicher Kompetenzen gefördert werden, beispielsweise Verantwortungsübernahme, Kooperationsfähigkeit beim Pflegen von Nutz- und Zierpflanzen (Pollin & Retzlaff-Fürst 2018) und das Handeln im Sinne nachhaltiger Entwicklung. Einen besonderen Beitrag kann der Aufenthalt im Schulgarten zur Gesundheitserziehung von Kindern und Jugendlichen leisten. Gut nachgewiesen sind die positiven Auswirkungen auf den Blutdruck und das Stressempfinden von Jugendlichen und Erwachsenen (Retzlaff-Fürst 2016; Shanahan et al. 2015).

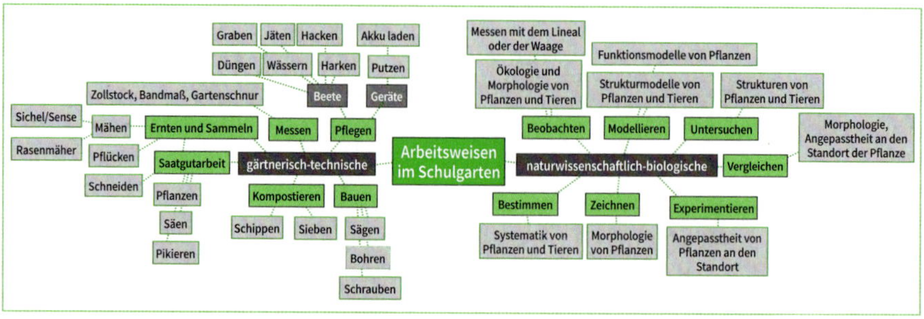

Abbildung 19-1: Übersicht zu gärtnerischen und naturwissenschaftlich-biologischen Arbeitsweisen im Schulgarten

19.8 Die Anlage des Schulgartens bedingt seine Einsatzmöglichkeiten

Die Einsatzmöglichkeit eines Schulgartens steht in engem Zusammenhang mit seiner konkreten Gestaltung. In der Biologiedidaktik werden drei Schulgartentypen unterschieden: der *Biotopgarten*, der *Arbeitsschulgarten* und der *ökologische Schulgarten* (Birkenbeil 1999).

Der *Biotopgarten* besteht aus einem Ensemble von Kleinbiotopen auf dem Schulgelände oder in Schulnähe. Die Biotope sind natürlichen Lebensräumen nachgestaltet. Sie können temporär als Handlungsräume oder langfristig als Naturräume angelegt werden. Ziele: Erhöhung der Artenvielfalt im Schulgelände und damit verbunden Artenschutz und Naturschutz, Einüben von ökologisch sinnvollem Handeln, naturwissenschaftliche Erkenntnisgewinnung durch Beobachten, Untersuchen, Vergleichen, Experimentieren, Protokollieren und Zeichnen.

Der *Arbeitsschulgarten* ist durch den naturnahen Anbau von Nutz- und Zierpflanzen gekennzeichnet. Lernende betreuen und beobachten die Entwicklung von Pflanzen, Bodenorganismen, Insekten und weiteren typischen Tierarten. Sie üben pflegerische Tätigkeiten. Ziele: Entwicklung von Ausdauer und motorischen Fähigkeiten durch pflegerisches Arbeiten über einen längeren Zeitraum hinweg, Artenkenntnis, sinnvolle Nutzung der Natur, Gesundheitserziehung, Ernährungserziehung, naturwissenschaftliche Erkenntnisgewinnung durch Beobachten, Untersuchen, Vergleichen, Experimentieren, Protokollieren und Zeichnen (McAleese 2007).

Der *ökologische Schulgarten* ist eine Mischform von Nutzgarten und Arbeitsschulgarten. Einzelne Biotope sind in ein Gelände mit Nutzbeeten integriert.

Wenn große Flächen vorhanden sind, sollten von einer Baumart mehrere Exemplare gepflanzt werden. So können beispielsweise morphologische und phänologische Beobachtungen durchgeführt werden. Für die Beurteilung von Wachstumsvorgängen spielen Klimafaktoren eine entscheidende Rolle. Daher ist die Errichtung einer *Wetterstation* auch für den Biologieunterricht sinnvoll (Winkel 1997).

19.9 Ein Schulgarten lässt die Schule aufblühen

Die Einrichtung und Pflege eines Schulgartens kann temporär in Form von bepflanzten Gefäßen, Kisten oder Hochbeeten erfolgen bis hin zu langfristigen Projekten auf dem Schulgelände oder beispielsweise in benachbarten Kleingartenanlagen. Je nach Art der Anlage sind der persönliche, zeitliche und finanzielle Einsatz unterschiedlich groß. Dem Bildungswert und der mit der Schulgartenarbeit verbundenen Freude stehen Schwierigkeiten gegenüber. Häufig genannt werden z. B. organisatorische Probleme wie Eingliederung in den Schulbetrieb, Motivation des Kollegiums und der Lernenden, Vandalismus und die Pflege in den Ferienzeiten (Müller & Müller 2003). Am besten gelingt Schulgartenarbeit, wenn sich möglichst viele Lernende und Lehrende engagieren und die Schulgartenarbeit Teil des Schulprofils ist.

Über die Anlage und Pflege von Schulgärten informiert umfassende fachdidaktische und fachliche Literatur (z. B. Winkel 1989; Birkenbeil 1999; aid 2005; 2010; NUA 2017; Treadwell et al. 2014); Lehnert, Köhler, & Benkowitz 2016; Benkowitz & Retzlaff-Fürst (2023).

Fragen vor Einrichtung eines Schulgartens

Akzeptanz: Welche Einstellung haben Schulaufsicht, Schulträger, Schulleitung, (Fach-)Kollegium, Hausmeister und Raumpflegepersonal zu einem Schulgarten?

Organisatorische Grundbedingungen: Wird die Arbeit im Schulgarten in den Biologieunterricht integriert oder wird eine Arbeitsgemeinschaft gegründet? Gibt es eine verantwortliche Leitung durch erfahrene Lehrkräfte und wie steht es um deren Fortbildungsmöglichkeiten? Gibt es eine Betreuung auch während der Ferien?

Finanzielle Voraussetzungen: Gibt es Finanzierungszusagen auch über die Zeit der Schulgartengründung hinaus?

Problem des Vandalismus: Besteht die Gewähr, dass die Anlage nicht mutwillig zerstört wird; dass Beschriftungstafeln für Beete und Einzelpflanzen erhalten bleiben?

Ziele der Schulgartenarbeit: Wird der Schwerpunkt auf einen Lehr-, einen Arbeits- oder einen Liefergarten gelegt? Soll der Arbeitsgarten von einer bestimmten Altersstufe betreut werden? Welches Verhältnis zwischen praktischer Arbeit und unterrichtlichem Ertrag wird angestrebt?

Inhaltliche Schwerpunkte: Liegt die Hauptbedeutung des Schulgartens auf der Systematik, der Ökologie oder der angewandten Biologie?

Raum für Gartengeräte: Können Geräte in einem Schuppen oder einem Abstellraum des Schulhauses untergebracht werden?

Eignung des Standorts: Eignet sich der Boden für die Anlage eines Schulgartens?

2002 wurde die Bundesarbeitsgemeinschaft Schulgarten (BAGS) gegründet. Diese fördert die Schulgartenarbeit durch den Aufbau eines bundesweiten Netzwerkes Schulgarten, durch Informations- und Erfahrungsaustausch und durch Öffentlichkeitsarbeit. In mehreren Bundesländern und auf regionaler Ebene haben sich Arbeitskreise gegründet, in denen sich Lehrpersonen gegenseitig unterstützen und weiterbilden. Weiterhin wird die Schulgartenarbeit durch regelmäßige Wettbewerbe, durch Gartenfachberater und Bildungseinrichtungen (Naturschutzzentren, Schulbiologiezentren, Hochschulen) gefördert.

Andrea Möller, Jürgen Mayer & Ute Harms

20 Biologie lernen außerhalb der Schule

Biologie lernen außerhalb der Schule soll ein nachhaltiges Lernerlebnis schaffen und nicht lediglich eine Abwechslung zum Lernen im Klassenraum sein. Doch welche Potenziale bieten außerschulische Lernorte und worauf ist aus fachdidaktischer Sicht bei deren Nutzung zu achten? In diesem Kapitel wird erklärt, wie sich außerschulisches von schulischem Lernen unterscheidet. Die für den Biologieunterricht zentralen Lernorte werden mit ihren jeweiligen Besonderheiten vorgestellt und Tipps zur Durchführung gegeben. Den Abschluss bilden konkrete Unterrichtsvorschläge für ausgewählte außerschulische Lernorte.

20.1 Außerschulische Lernorte sind Lernumgebungen außerhalb des Schulgeländes

Die Vielfalt außerschulischer Lernorte für den Biologieunterricht ist groß. Sie lassen sich in vier Kategorien unterteilen: 1) Naturräume wie Wald, Wiese oder Gewässer, die zum Teil als didaktisch gestaltete Naturlehrgebiete (z. B. Lehrpfad, Freilandlabor) zur Verfügung stehen oder mit integrierten Einrichtungen wie Naturschutz- und Umweltzentren verbunden sind, 2) Produktions- und Dienstleistungsbetriebe als Beispiele angewandter Biologie (z. B. Bauernhof, Forstamt, Kläranlage), 3) Schülerlabore, Lehr-Lern-Labore und *Science Center* sowie 4) Biologische Sammlungen (z. B. Botanischer Garten, Zoo, Naturkundemuseum) (⊕ Tab. 20-1). Für eine ausführliche Charakterisierung siehe → 20.3.

Als *außerschulischer Lernort* kann grundsätzlich jeder Ort verstanden werden, der zwecks organisierten Lernens außerhalb des Klassenzimmers gezielt aufgesucht wird (Favre & Metzger 2019). Eine allgemein anerkannte Terminologie für *außerschulischen Unterricht* gibt es jedoch nicht: Oft werden z. B. die Bezeichnungen Exkursion (Unterrichtsgang, Lerngang, Lehrwanderung), Freilandunterricht und außerschulischer Unterricht gleichbedeutend verwendet. International werden die Konzepte zur Nutzung außerschulischer Lernanlässe u. a. als „learning outside of school“ (Braund & Reiss 2004; 2006; Renni 2007), „out-of-classroom-activities“ (Turner 2005), „fieldwork/field trips" sowie „informal science learning" oder „outdoor education" (Hoftstein & Rosenfield 1996; Bell et al. 2009) bezeichnet. Die Vielfalt der Termini wird unter der Betrachtung der vielen verschiedenen Settings verständlich. In diesem Kapitel werden die unterschiedlichen Formen des Unterrichtens außerhalb der Schule als „außerschulischer Unterricht" zusammengefasst. Im Zentrum dieses Unterrichts „without walls" (Reinfried & Haubrich 2015) stehen authentische Begegnungen mit originalen Objekten und Phänomenen.

Obwohl die beiden deutschen Biologen und Pädagogen Friedrich Junge (1885) und Otto Schmeil (1905) sich bereits früh dafür einsetzten, den Biologieunterricht auch in freier Natur abzuhalten, hat in vielen anderen Ländern die Integration außerschulischer Lernanlässe eine längere Tradition. Besonders in Skandinavien sowie in Großbritannien und den USA wird „informal learning" oder „outdoor education" als erfolgreiche und ernstzunehmende Alternative zu eher kognitiv dominierten schulischen Lernformen verstanden und ist fester Bestandteil von Schulcurricula (Kuntze & Ralle 2020). Dies ergibt insofern Sinn, als dass „Informelles Lernen" pädagogisch, psychologisch, sozialisations-theoretisch, didaktisch und bildungspolitisch plausibel begründet werden kann (Kuntze & Ralle 2020; → 20.2, 20.3). Die Tatsache, dass außerschulisches Lernen in deutschsprachigen Ländern meist keinen festen Ort in formalen Schullehrplänen hat, lässt vermuten, dass es trotz der genannten Vorteile einen geringeren Stellenwert besitzt als in anderen westlichen Ländern (vgl. z. B. Meighan & Rubenstein 2018). Während in der deutschen Grundschuldidaktik außerschulische Lernorte seit Langem besonders geschätzt werden (Hellberg-Rode 2004; Keck & Feige 2005; Feige 2006; Salzmann 2007; Dühlmeier 2008; Jürgens 2008), weist eine Befragung von deutschen Biologielehrkräften der Sekundarstufe I und II aller Schulformen darauf hin, dass viele noch nicht alle Potenziale nutzen, die außerschulische Lernorte für die Vermittlung unterschiedlicher Kompetenzen bieten (vgl. Pohl 2008).

20.2 Außerschulische Lernorte ergänzen und erweitern schulischen Unterricht

Außerschulische Lernorte eröffnen für den Biologieunterricht besondere Lernchancen, denn sie ermöglichen die originale Begegnung (Roth 1957) mit Naturphänomenen und authentische Erfahrungen, wie beispielsweise beim Forschen in Schülerlaboren. Zudem eröffnen sich hier – durch weniger restriktive zeitliche und räumliche Reglementierungen – auch längerfristige Erfahrungen, z. B. bei Tagesexkursionen und Studienfahrten.

Ein besonderes Potenzial bietet außerschulischer Biologieunterricht durch mögliche unmittelbare Naturerfahrung, multisensorische Begegnung mit Lebewesen und biologischen Phänomenen sowie freilandbiologisches Arbeiten in Naturräumen – beispielsweise für den Erwerb von *Artenkenntnis, Ökologiewissen* und *Systemverständnis*. Dies dient den Zielen einer *Bildung für Nachhaltige Entwicklung* und *Umweltbildung* (→ 43). In diesem Kontext werden Exkursionen oft zur Erkundung von *anthropogenen Einflüssen auf Ökosysteme* (z. B. forst- oder landwirtschaftliche Monokulturen, begradigte und verschmutzte Wasserläufe, trockengelegte Moore usw.) genutzt. Hier werden Lernende für die Wichtigkeit des Schutzes von Biodiversität und Naturräumen sensibilisiert, um einen verantwortlichen Umgang mit der Umwelt zu fördern. Aber auch mithilfe von *positiven Naturerfahrungen* können konkrete Handlungsbereitschaften für ein umweltbewusstes Verhalten geschaffen werden (z. B. Collado et al. 2013; Überblick in Chawla 2020; Richardson et al. 2020). Studien zeigen, dass besonders ökologische, erkundende und ästhetische Primärerfahrungen zu einem gesteigerten (emotionalen) Interesse an Naturthemen führen. Zudem nehmen Lernende Umweltaspekte als bedeutsam wahr, wertschätzen die Natur und bilden ein Schutzbedürfnis sowie eine Naturverbundenheit aus (Lude 2001; Leske & Bögeholz 2008; Liefländer et al. 2013; Möller 2021; Überblick in Gebhard 2020). Je häufiger ein Naturaufenthalt erfolgt, umso positiver ist die Auswirkung auf die subjektive Wichtigkeit von Naturschutz (Hallmann et al. 2005; Richardson et al. 2020; zusammenfassend in Chawla 2020). Naturerfahrungen in der Kindheit gelten zudem als wichtigster Anregungsfaktor für späteres Engagement im Umwelt- und Naturschutz (z. B. Wells & Lekies 2006; Lude & Raith 2014). Freilandunterricht mit Naturerfahrung ist auch vor dem Hintergrund einer gesteigerten Nutzung digitaler Medien im privaten Leben wichtig, die oft mit einer Abnahme von Naturerfahrungen und -kontakten bei Kindern und Jugendlichen in Verbindung gebracht wird (Sauerborn & Brühne 2017; Moormann, Lude & Möller 2021).

Neben den genannten Möglichkeiten zur unmittelbaren Naturerfahrung können biologisch interessante Produktions- und Dienstleistungsbetriebe als außerschulische Lernorte zur Besichtigung von Aspekten der *angewandten Biologie* und des *Berufsbezugs* dienen, z. B. Forstbetrieb, Gärtnerei, Bauernhof, Hühnerfarm, Fischereibetrieb, Imkerei, Champignonzucht, Molkerei, Mühle, Bierbrauerei, Kläranlage, Müllkompostierungsanlage, Pflanzenschutzamt oder Hygiene-Institut. Bei einem Besuch auf dem Bauernhof kann z. B. der landwirtschaftliche Alltag sowie die Entstehung und Verarbeitung von Lebensmitteln für Lernende erlebbar gemacht und Verbraucherbildung betrieben werden (BAGLOB o. J.). Waldpädagogische Angebote von Forstämtern verknüpfen ökologische, wirtschaftliche, soziale und kulturelle Dimensionen des Waldes (SDW o. J.). An all diesen Lernorten können biologiespezifische Berufsmöglichkeiten aufgezeigt werden.

Potenziale außerschulischer Lernorte

Originale Begegnung: Bestimmte biologische Phänomene sind nur vor Ort über alle Sinne angemessen zu vermitteln, z. B. Lebensweise von Tieren/Pflanzen/Pilzen, jahreszeitliche Erscheinungen, Einfluss des Menschen auf Ökosysteme, Bioindikation.

Unmittelbare Naturerfahrungen erfüllen motivationale, interessens- und umweltbezogene Ziele von Unterricht und Bildung, z. B. Umwelt- und Artenwissen und naturschützende Handlungsbereitschaften im Kontext einer Bildung für nachhaltige Entwicklung.

Authentische Kontexte werden vor Ort aufgesucht und können anschaulich und praktisch erlebt werden, z. B. Einblick in biologische Berufsfelder an Forschungsinstituten oder in der Forst- und Landwirtschaft.

Biologische Arbeitsweisen und Verständnis von Wissenschaft: Einige Feldmethoden sind unabdingbar an die Arbeit im Freiland geknüpft, z. B. Freilandbeobachtungen von Tieren, Untersuchungen von Böden und Gewässern, Pflege von Schulteichen oder Bienenständen. Labortechnische Methoden, die in der Schule schwer oder nicht durchführbar sind, werden z. B. in (Forschungs-)Betrieben nachvollziehbar oder sind in Schülerlaboren selbst zu erproben.

Handlungsorientierung und *selbstständiges, praktisches Arbeiten* können stärker gefördert werden als im Regelunterricht. Die Eigentätigkeit der Lernenden spielt besonders in *Science Center* oder Schülerlaboren eine große Rolle. Dies kommt besonders Leistungsschwächeren zugute.

Projektartige Arbeitsvorhaben sind häufig leichter durchzuführen als im Klassenraum. Dies gilt besonders für Untersuchungen komplexer Sachverhalte, z. B. im Rahmen von Biotop-/Gewässeruntersuchungen oder Erkundungen von Landschaften wie Meer oder Alpen. Exkursionen selbst können projektartig angelegt werden, sodass selbstorganisiertes Lernen gefördert wird.

Soziales Lernen: Außerschulisches Lernen stellt im sozialen Bereich wertvolle Handlungs- und Erprobungsfelder bereit, z. B. durch Auflösung des Klassenverbandes, längere Aufenthalte in Landheimen, auf Klassenfahrten oder in ungeplanten Lernsituationen. Die ungezwungene Arbeitsatmosphäre vermindert Kommunikationsbarrieren. So kann auch die Entwicklung einer „Wissensbildungsgemeinschaft" verfolgt werden. Werden Lehrkräfte beim Besuch von außerschulischen Lernorten vorübergehend durch Expertinnen und Experten ersetzt, so werden sie durch den Verlust ihrer angestammten Rolle oft selbst zu Lernenden und rücken diesen damit näher.

Der *Veranschaulichung und Durchführung naturwissenschaftlicher Arbeitsweisen* dient der außerschulische Unterricht sowohl im Freiland als auch im Schülerlabor, Lehr-Lern-Labor und *Science Center*. Bei Letzteren stehen meist zeit- und geräteaufwendige Experimente, Untersuchungen an lebendigen Organismen, die in der Schule nicht verfügbar sind, sowie der authentische Einblick in die Arbeitswelt von Wissenschaftlerinnen und Wissenschaftlern im Zentrum. Auf einer Metaebene können in diesem Zusammenhang auch die Charakteristika der Naturwissenschaften reflektiert werden (Scharfenberg et al. 2019; Kapitza et al. 2020; → 10).

Biologische Sammlungen wie Botanische Gärten, Zoos, Museen und Aquarien präsentieren als wissenschaftliche, forschende Einrichtungen mit Bildungsauftrag ihre biologischen Objekte der Öffentlichkeit. Inhaltlich führen sie die biologische Diversität eindrücklich vor Augen, meist geografisch oder systematisch strukturiert, wie es am originalen Standort naturgemäß nicht möglich ist. Zudem bieten sich, ähnlich wie im Freiland, Möglichkeiten der Primärerfahrung, auch mit nicht heimischen oder bereits ausgestorbenen Organismen.

Biologieunterricht an außerschulischen Lernorten bietet zahlreiche Möglichkeiten und Vorteile (→ Kasten S. 231). Diese sind jedoch nicht an jedem außerschulischen Unterrichtsort gleichermaßen ausgeprägt.

20.3 Didaktische Empfehlungen leiten die Nutzung außerschulischer Lernorte

Naturräume

Im *Freiland* kann prinzipiell jedes Biotop als Lernort genutzt werden: Wälder, Wiesen, fließende oder stehende Gewässer, Parks oder Stadtbereiche. Areale, die von der Schule aus leicht erreichbar sind, haben den Vorteil, dass wegen der kurzen Wege eine tägliche Beobachtung möglich ist und die didaktische Gestaltung des Lernortes (z. B. Anlegen spezifischer Biotope, Stege an Gewässern, Gerätehütten usw.) sowie die Überwachung des Gebietes einfach sind. Die Nähe zum Schulgelände kann die Arbeit aber auch beeinträchtigen, indem z. B. Tierbeobachtungen durch Störungen erschwert werden.

Als *Freilandlabore* bezeichnet man weitgehend ursprünglich belassene, teilweise nach didaktischen Grundsätzen gestaltete Lebensräume, die für ökologische Freilandarbeiten mit Lernenden genutzt werden. Sie enthalten auf engem Raum unterschiedliche Biotope mit einer artenreichen Pflanzen- und Tierwelt und sind mit Einrichtungen versehen, die das Arbeiten der Lernenden erleichtern (Gröger et al. 2013; Wulff et al. 2015). Eine gute Anleitung zum Anlegen und Betreuen von Freilandlaboren findet sich bei Zimmerli (1980). Freilandlabore werden meist in Zusammenarbeit mit Hochschulen, Schulen, Naturschutzbehörden oder privaten Naturschutzverbänden angelegt und benötigen einen abschließbaren Raum für die Aufbewahrung von Geräten (z. B. Messgeräte, Mikroskope, Ferngläser) sowie Bestimmungsliteratur.

Schutzgebiete sind ausgewiesene Gebiete, die dem Schutz von Natur und Landschaft dienen. Je nach Schutzstatus unterscheidet man z. B. Nationalparks, Biosphärenreservate oder Naturdenkmäler. Vielfach sind zur Erfüllung der Forschungs- und Bildungsaufgaben Stationen eingerichtet, die der Erhebung von biologischen Daten, der Durchführung der Pflegemaßnahmen und der Erfolgskontrolle in den Schutzgebieten sowie der Öffentlichkeitsarbeit dienen. Der Besuch von Schutzgebieten mit Lernenden ist nicht unproblematisch, da ihr Wert darin liegt, seltene Tier- und Pflanzenarten zu beherbergen, die oft unscheinbar sind. Solche Arten sollten daher vorab im Unterricht vorgestellt sowie ihre Schutzbedürftigkeit deutlich gemacht werden (Berck & Graf 2018). Sehr gute Artenporträts gibt es in der Regel auf den Webseiten der Schutzgebiete. Ein Besuch eines Schutzgebietes kann genutzt werden, um Lernende zu motivieren, sich aktiv an Natur-, Klima- oder Artenschutz-Maßnahmen zu beteiligen (z. B. NAJU, Natur-Ranger, Bergwaldprojekt o. Ä.).

Naturlehrpfade sind Wanderwege, an denen durch Hinweise auf bemerkenswerte Naturerscheinungen aufmerksam gemacht wird (Ebers, Laux & Kochanek 1997). Naturlehrpfade beziehen sich auf unterschiedliche Inhalte: botanische (z. B. Baumlehrpfad), zoologische (z. B. Vogellehrpfad), geologische und Boden-Lehrpfade, Biotop-Lehrpfade (z. B. Waldlehrpfad), Lehrpfade zur angewandten Biologie (z. B. Weinlehrpfad, Waldschadenspfad, Imkerlehrpfad) sowie erweiterte Naturlehrpfade mit geschichtlichen, heimatkundlichen oder technikgeschichtlichen Objekten. Sinnespfade bieten Übungen zur sinnlichen Wahrnehmung und Bewegung in der Natur (z. B. Barfußpfad). Interaktive Pfade gehen über die reine Vermittlung von Fachwissen hinaus und binden handlungsorientierte Konzepte der Erkenntnisgewinnung ein (z. B. Vergleichen/Bestimmen, Beobachten, Erfassen von Messdaten). Oft sind Lehrpfade mit QR-Codes versehen, mit denen man zusätzliche Informationen über mobile Endgeräte abrufen kann. Notwendige Utensilien für die Benutzung des Lehrpfads werden meist am Ausgangspunkt angeboten, z. B. in einer Jugendherberge, einem Tourismusbüro oder einem Naturschutzzentrum. Schulklassen können auf Lehrpfaden geführt werden oder in Gruppen selbstständig an Aufgaben arbeiten. Besonders lernwirksam sind Lehrpfade für die Lernenden, wenn sie an Projekttagen gemeinsam mit Lehrkräften erstellt (vgl. Wessel 1992) oder auf dem Schulgelände eingerichtet werden.

Schullandheime und *Jugendwaldheime* eröffnen die Möglichkeit eines mehrtägigen Besuchs mit einer Schulklasse. Der Aufenthalt in einem Schullandheim kann an Lebensräume wie Gebirge, Seen oder Moore heranführen, die den Lernenden aufgrund eines längeren Anreiseweges sonst nur schwer zugänglich sind. Im Jugendwaldheim können die Lernenden unter Anleitung eines Försters praktische Waldarbeiten durchführen, z. B. Anziehen und Setzen von Jungbäumen oder Wildfütterungen.

Umweltbildungseinrichtungen umfassen Umweltakademien, Naturschutzzentren, Nationalpark(-häuser), Vogelschutzwarten, Naturparkzentren und Freiland- bzw. Freilichtmuseen, biologische Stationen sowie Ökologie- und Schulbiologiezentren. Zentrale Aufgaben sind die Vermittlung von unmittelbarem Naturerleben und charakteristischen Ökosystemen sowie deren Gefährdung und Schutzbedürfnis. Leitbild sind meistens eine Umweltbildung oder eine Bildung für nachhaltige Entwicklung, oft mit Möglichkeiten zu eigenständigen Umweltuntersuchungen (Giesel, de Haan & Rode 2002; Grimm 2003). Darüber hinaus werden Geräte ausgeliehen, Projekte organisiert (z. B. Tag der Artenvielfalt), ein freiwilliges ökologisches Jahr oder Fortbildungen angeboten.

Das spezifische Potenzial der o. g. Naturräume als außerschulische Lernorte liegt in ihren Möglichkeiten zur unmittelbaren Naturerfahrung, dem freilandbiologischen Arbeiten und der Vermittlung von Formen- oder Artenkenntnissen, insbesondere im Zusammenhang mit Zielen der Umweltbildung oder Bildung einer nachhaltigen Entwicklung (→ 43; 20.2). Zur Nutzung von Naturräumen für den Biologieunterricht lassen sich aus der biologiedidaktischen Forschung folgende Empfehlungen ableiten:

- Die Durchführung von Freilandaktivitäten zeigt positive Effekte auf Wissenserwerb und motivationale Faktoren bei den Lernenden (z. B. Interesse, Einstellungen, umweltbezogene Werthaltungen) (Demirbas 2017; Sontay & Karamustafaoglu 2018; Yildirim 2020).
- Länger andauernde Lernaktivitäten zeigen in der Regel stärkere Effekte als Kurzzeitaktivitäten (Bogner 1998).
- Bei Exkursionen sollte darauf geachtet werden, dass ein ausreichender Grad an Neuheit der Lerninhalte sich positiv auf den Wissenserwerb auswirkt, zu viel Neuheit den Wissenserwerb aber auch behindern kann (Boeve-de Pauw et al. 2019).
- Werden positive Naturerfahrungen im Freilandunterricht ermöglicht, so können naturbezogenes Interesse und Motivation, umweltbezogene Einstellungen und die Bereitschaft für ein umweltschützendes Verhalten gefördert werden (Überblick jeweils in Gebhard 2020; Chawla 2020; Richardson et al. 2020; Moormann, Lude & Möller 2021; → 20.2).

- Auch kognitiv weniger leistungsfähige Lernende können durch Freilandunterricht mehr gefördert werden als durch Klassenunterricht (Hampl 2000).
- Es ist darauf zu achten, dass die inhaltliche Wirkung von Lernorten nicht immer den Intentionen entspricht, die die Gestalter mit ihrem Lernort verbinden (Groß & Gropengießer 2005; Groß 2007; Boeve-de Pauw et al. 2019).
- Durch das Lernen im Freiland haben Lernende eine positivere Einstellung zur Schule, fühlen mehr Eigenverantwortung gegenüber der Schularbeit, zeigen mehr Selbstvertrauen und Selbstwertgefühl und ihre generellen Schulleistungsmerkmale verbessern sich (Dillon et al. 2006; Meighan & Rubenstein 2018).
- Mobile Endgeräte können in der außerschulischen Umweltbildung erfolgreich Verwendung finden, z. B. in Verbindung mit Natur-Rallyes oder zur Förderung der Formen- und Artenkenntnis durch Bestimmungs-Apps (Schaal & Lude 2015; Schmidt & Graf 2020; → 35).

Produktions- und Dienstleistungsbetriebe

Lehrbienenstände, wie sie z. B. von Imkerverbänden oder Universitäten eingerichtet werden, bieten eine Gelegenheit für originale Begegnung mit Bienen und Einblicke in die Imkerei. Honigbienen (*Apis mellifera*) dienen seit Langem als Modellorganismus für die Klasse der Insekten im Biologieunterricht und eignen sich als drittwichtigstes Agrar-Nutztier hervorragend zur Vermittlung ökologischer und systemischer Zusammenhänge im Kontext einer Bildung für nachhaltige Entwicklung (Möller & Pasch 2015, Möller 2017, 2021). Zudem gelten sie als „flagship-species“ und Symbol einer anthropogen veränderten Umwelt, insbesondere in Bezug auf das dramatische globale Insektensterben (Neurohr & Möller 2020; Aufleger & Möller 2020). Honigbienen zeigen zahlreiche interdisziplinär bearbeitbare Phänomene und bieten Gelegenheit zur fächerverbindenden Wissensvermittlung (Neurohr & Möller 2020). Etliche Lehrbienenstände oder Imkereien haben eine sogenannte „Schaubeute“, in der ein komplettes Bienenvolk zwischen zwei Glasplatten eingesetzt ist, wodurch spannende und stichfreie Einblicke in das Leben im sonst dunklen Bienenstock ermöglicht werden. Einige Standorte besitzen auch Bienenstöcke, die dank neuer technischer Möglichkeiten weitere faszinierende Einblicke gewähren: Sie sind z. B. mit Wärmebild- und Endoskopkameras, verschiedenen Sensoren und Waagen zur Ermittlung des Honigertrags ausgestattet. Die so gesammelten Daten sind teilweise frei zugänglich und können auch digital im Klassenzimmer abgerufen werden (z. B. Projekt Beebit; we4bee; Bee.ed). Mit sogenannten „Fotobeuten“, auf denen typische Szenen des Lebens in einem Bienenvolk abgebildet sind, kann der Besuch eines Lehrbienenstandes im Klassenraum gut vor- oder nachbereitet werden (Koch, Thiel & Möller 2020). Auch wenn eine Nahrungskonkurrenz besteht, so sollten an Lehrbienenständen trotzdem Nistmöglichkeiten für Wildbienen geschaffen werden. Damit können hohlraumbrütende Wildbienenarten, aber auch Solitärwespen und andere Insekten sehr gut beobachtet werden. Solche „(Wild)Bienen-Hotels" finden sich mittlerweile auch an vielen Lehrpfaden oder Parkanlagen, auch wenn viele durch Unkenntnis falsch gebaut und nur dünn besiedelt sind. Zu Wildbienen gibt es inzwischen ebenfalls sehr gutes Unterrichtsmaterial (z. B. Schaal & Schimpf 2020).

Unterricht am Lehrbienenstand zeigt sich sowohl auf kognitiver als auch auf affektiver Ebene dem Unterricht im Klassenzimmer überlegen, besonders für kognitiv schwächere Lernende (Hampl 2000). Im Gegensatz zum Unterricht im Klassenzimmer kann bereits der halbtägige Besuch am Bienenstand die Sichtweise von Lernenden zu Schutzbedürftigkeit, Interesse und Wertschätzung von Bienen nachhaltig fördern und bestehende Ängste abbauen (Möller 2021). Darüber hinaus kann die Präferenz der Lernenden, eine (Aus-)Nutzung der Natur durch den Menschen zu befürworten, im Sinne nachhaltiger Bildung reduziert werden sowie das Naturinteresse und die Naturverbundenheit kurzzeitig gesteigert werden (Pasch & Möller 2017; Möller 2021). Umweltrelevantes Wissen über Bienen sowie Interesse und die Einstellung zum Schutz von Bienen kann sowohl durch eine reale Begegnung als auch mit „Bienen eLearning-Tools" gefördert werden. Jedoch berichten Lernende, die den Lehrbienenstand besuchten, von einem höheren Wohlbefinden und weniger Langeweile im direkten Vergleich zur eLearning-Gruppe (Schönfelder & Bogner 2017). Alle Forschungsergebnisse zeigen, dass Bienen einen wichtigen Erfahrungsraum von originaler Natur darstellen und als Zugang einer Umweltbildung nutzbar sind.

Auf einem *Schulbauernhof* nehmen die Lernenden an der Arbeit am Hof teil und können sich mit den Beziehungen zwischen Landwirtschaft, Ernährung, Gesundheit und Umwelt auseinandersetzen (vgl. Landesinstitut für Schule und Weiterbildung 1992; Woydich, Tempel & Marks 1996). Sogenannte *Jugendbauernhöfe* und *Jugendfarmen* bieten meist in der Nähe von Großstädten die Möglichkeit, an Projekten zur Tierpflege, Gartenarbeit und anderen landwirtschaftlichen Arbeiten teilzunehmen (Probst 2008). Während bei Jugendfarmen und Schulbauernhöfen die authentische Begegnung mit Nutztieren und deren Pflege im Vordergrund stehen, bieten Schullandheime und Jugendwaldheime durch mehrtägige Klassenaufenthalte besondere Möglichkeiten für Unterricht. Dadurch kann Lernen in hohem Maße mit den sozialen Zielen des Zusammenlebens verbunden werden und Unterrichtsthemen können in projektartigem Unterricht erarbeitet werden.

Schülerlabore, Lehr-Lern-Labore und *Science Center*

Grundsätzlich sind *Schülerlabore* „außerschulische Einrichtungen, in denen sich Lernende durch eigenes Experimentieren im Rahmen schulischer Veranstaltungen mit modernen Naturwissenschaften, Ingenieurwissenschaften, Mathematik und Informationstechnologie auseinandersetzen können. Dazu zählen Angebote in Universitäten, Fachhochschulen, Forschungseinrichtungen, Museen, *Science Centern,* Technologie- und Gründerzentren und der Industrie, die in geeigneten Laboren Begegnungen mit diesen Feldern ermöglichen. Die Experimentiertage finden regelmäßig, täglich oder wöchentlich statt“ (Dähnhardt, Haupt & Pawek 2009, 8). Bildungspolitisch haben „Schülerlabore als außerschulische Lernorte (...) in den vergangenen Jahren zunehmend an Bedeutung gewonnen“ (Wanka 2015, 9). Sie werden als Teil „einer Bildungskette der MINT-Förderung“ (Pfenning 2013, 77) angesehen (Scharfenberg et al. 2019). Wesentlich für Schülerlabore ist die Authentizität der Lernumgebung (Glowinski 2007). Knapp 50 % der Labore bieten eine Form von „forschendem Experimentieren“ an (Haupt 2015), oft im Kontext von Gentechnik. Neben regelmäßigen Angeboten für Schulklassen gibt es Experimentiertage, Sommeruniversitäten, Betreuung von Facharbeiten/Vorwissenschaftliche Arbeiten für Lernende, aber auch Kurse für Lehrkräfte, Lehramtsreferendare sowie -studierende (Dähnhardt, Haupt & Pawek 2009). Die Schülerlaborlandschaft im deutschsprachigen Raum ist weltweit einzigartig: Beim Verband „Lernort Labor“ waren 2021 in Deutschland, Österreich, der Schweiz, Italien und Luxemburg bereits 423 Labore registriert (schuelerlabor-atlas.de). Sechs Typen von Schülerlaboren lassen sich unterscheiden: klassische Schülerlabore, Schülerforschungszentren, Schülerlabore zur Wissenschaftskommunikation, zum Unternehmertum und mit Berufsorientierung sowie Lehr-Lern-Labore (Haupt et al. 2013). Während die Übergänge zwischen den einzelnen Typen von Schülerlaboren oft fließend sind, sind Lehr-Lern-Labore stets eng an eine Lehramtsbildung gekoppelt. Lehr-Lern-Labore sind „didaktische Werkstätten“, in denen Lehramtsstudierende als Betreuende eingesetzt werden, um unterrichtspraktische Erfahrung zu sammeln. Oft findet in diesem Kontext auch fachdidaktische Forschung statt, häufig gekoppelt an Qualifikationsarbeiten (z. B. Masterarbeiten, Dissertationen) (Kaufmann, Scharfenberg & Möller 2018).

Schülerlabore haben folgende zentralen Ziele (Dähnhardt, Haupt & Pawek 2009; Scharfenberg et al. 2019):

- Förderung des Interesses an Naturwissenschaften und Technik
- unmittelbare Erfahrungen naturwissenschaftlicher Inhalte durch experimentelle Auseinandersetzung in einem authentischen Rahmen, mit projektartigen Arbeits- und selbstständigen Lernformen
- Vermittlung eines adäquaten Bildes der Naturwissenschaften (*Nature of*

Science) und der Technik sowie deren Bedeutung für die Gesellschaft
- aktive Auseinandersetzung mit aktuellen, auch kontrovers diskutierten Themen aus der naturwissenschaftlichen Forschung und Entwicklung
- kooperative Arbeitsformen
- authentischer Laborkontext durch (semi-)professionelle Laborausstattung sowie Einbezug von Expertinnen und Experten
- Kennenlernen von beruflichen Tätigkeits- und Berufsbildern im MINT-Bereich

Die Konzeption vieler *Schülerlabore* basiert auf der zentralen Annahme, dass das Durchführen von Experimenten das Interesse der Lernenden an den Naturwissenschaften fördert und das entsprechende Verständnis verbessert. Die erwarteten Effekte und die Gestaltung der Schülerlabore wurden in den vergangenen Jahren in mehreren Studien untersucht (Engeln 2004; Brandt 2005; Scharfenberg 2005; Glowinski 2007; Guderian 2007; Pawek 2009; Zehren 2009; Itzek-Greulich et al. 2015; Kaufmann, Chernyak & Möller 2016; Kaufmann, Schärfenberg & Möller 2018; Überblick in Scharfenberg et al. 2019; Reimann et al. 2020; Wegner & Schmiedebach 2020). Dabei stehen die Evaluation der intendierten Ziele und deren Zusammenhang mit der Ausgestaltung der Lernumgebung im Fokus des Interesses (Überblick bei Sommer et al. 2020 sowie Scharfenberg et al. 2019; Guderian & Priemer 2008 a, b).

Zur Nutzung von Schülerlaboren, Lehr-Lern-Laboren und *Science Centern* für den Biologieunterricht lassen sich aus der biologiedidaktischen Forschung folgende Empfehlungen ableiten:
- Durch den Besuch eines Schülerlabors kann die Ausprägung affektiver Merkmale (Fähigkeitsselbstkonzept, Selbstkonzept, Selbstwirksamkeit, Interesse, Motivation) unmittelbar gesteigert werden (Brandt 2005; Guderian 2007; Brandt et al. 2008; Weßnigk 2013; Nickolaus et al. 2018; Wirth 2019; Wegner & Schmiedebach 2020).
- Es ist darauf zu achten, dass das Interesse nach einem Besuch des Schülerlabors mittelfristig wieder absinkt (Glowinski & Bayrhuber 2011; Schwarzer & Itzek-Greulich 2015).
- Die Einbindung des Laborbesuchs in den Unterricht wirkt sich positiv auf das aktuelle Interesse der Lernenden aus (Guderian 2007; Glowinski 2007; Glowinski & Bayrhuber 2011). Eine stärkere Verknüpfung zwischen Unterricht in der Schule und außerschulischem Unterricht kann zudem die Nachhaltigkeit der positiven Effekte von Laborbesuchen erhöhen (Schwarzer & Itzek-Greulich 2015; Klees & Tillmann 2015).
- Auf den Wissenserwerb positiv wirkt sich nicht allein das Experimentieren in Laboren aus; auch experimentelle Vorerfahrungen sowie das Vorwissen aus dem vorangegangenen Unterricht spielen eine entscheidende Rolle (Scharfenberg 2005).

- Es ist zu beachten, dass beim Experimentieren im Schülerlabor sowohl in der Sek. I als auch in der Sek. II spezifische Aktivitätstypen (z. B. *Allrounder* und *High-Experimenter*) zu finden sind (Scharfenberg & Bogner 2011; Kaufmann, Scharfenberg & Möller 2018).
- Die Festlegung von Rollen (z. B. Zeitmanager/in, Materialbeauftragte/r) beim kooperativ Forschenden Lernen im Schülerlabor hat jahrgangsspezifisch einen positiven Einfluss auf die Schüleraktivitätstypen, auf die intrinsische Motivation der Lernenden und die Selbsteinschätzung des kooperativen Arbeitens in der Gruppe (Kaufmann, Chernyak & Möller 2016).
- Eine intensive Vor- und Nachbereitung des Laborbesuchs (Engeln 2004) sowie der Einbezug von Schülervorstellungen in den Laborunterricht sind jeweils lernförderlich (Franke & Bogner 2011).
- Lernförderlich sind ebenfalls die Vermeidung einer zu hohen kognitiven Belastung der Lernenden (Scharfenberg & Bogner 2011) sowie die Stärkung des offenen, selbstständigen Experimentierens (Scharfenberg 2005; Mayer & Ziemek 2006).

Science Center integrieren didaktische Konzepte klassischer Museen mit Anteilen von Schülerlaboren und Erlebnisparks und sind insbesondere auf Interaktivität angelegt. Sie enthalten in der Regel Ausstellungsteile, z. T. interaktive Exponate unter Einbeziehung neuer Medien sowie oftmals Experimentierstationen (Schliessmann 2006; Schlichting 2009). Sie beinhalten jedoch oftmals keine klassischen Experimente, sondern erlauben eher Beobachtungen oder Versuche. Ziel ist vor allem, Erfahrungen mit wissenschaftlichen Phänomenen zu ermöglichen. Mitmachen, Erleben und Staunen stehen dabei im Mittelpunkt der pädagogischen Konzepte. Grundlage der Konzeption sind die Förderung von Neugier und intrinsischer Motivation, die Nutzung multipler Lernformen, spielerische Erkundung und selbstbestimmtes Lernen (Rennie & McClafferty 1996). Das aus den USA stammende Konzept ist im deutschsprachigen Raum noch nicht weit verbreitet, die Tendenz ist aber steigend. Eine Einbindung in den Unterricht ist jedoch nicht einfach, da eine tiefgehende Beschäftigung mit einzelnen Themen meist nicht im Konzept angelegt ist.

Biologische Sammlungen

Botanische Gärten, Zoos und *Museen* haben als biologische Sammlungen im Spektrum außerschulischer Lernorte eine besondere Stellung. Sie sind wissenschaftliche, forschende Einrichtungen mit Bildungsauftrag. Diesem kommen sie nach, indem sie ihre biologischen Objekte der Öffentlichkeit präsentieren. In botanischen und zoologischen Gärten eröffnen sich den Lernenden vielfältige Möglichkeiten einer originalen Begegnung, allerdings – im Gegensatz zum Freiland – in weitaus stärker von Menschen gestalteten Umgebungen und Lebensräumen. Dies hat den Vorteil, dass auch Primärerfahrungen mit nicht heimischen Organismen gemacht werden können. So kann Biodiversität und Artenvielfalt erlebt und deren Schutz thematisiert werden. Im Naturkundemuseum begegnen den Lernenden bereits ausgestorbene Arten und es stehen besonders Aspekte der Evolution im Vordergrund. Vielerorts entwickeln hauptamtliche Lehrkräfte als Garten-, Zoo- oder Museumspädagoginnen und -pädagogen Bildungskonzepte für die jeweilige Einrichtung oder planen Bildungsveranstaltungen. Von den Institutionen werden meist unterschiedliche Formate (→ Kasten S. 244) angeboten. Botanische und zoologische Gärten sind insbesondere in Städten beliebte Erholungsräume (WAZA 2015; Winkel 1982; Schmidt 1996; Rauer 2000; Fischbeck-Eysholdt 2001); ein Besucherandrang bei schönem Wetter sollte berücksichtigt werden. Umgekehrt gilt das gleiche für Museen bei schlechtem Wetter. Vielerorts werden auch Aquarien als wissenschaftliche Sammlungen geführt und stellen eine Schnittstelle zwischen Naturkundemuseen und Zoos mit dem Schwerpunkt Meer dar.

Ein *Botanischer Garten* ist eine nach wissenschaftlichen Gesichtspunkten geordnete Anpflanzung krautiger Pflanzen, Bäume und Sträucher. Ergänzt wird sie häufig durch ein Alpinum, einen Steingarten mit meist (hoch)alpiner Flora oder durch Tropenhäuser. Eine besondere Form des Botanischen Gartens ist das Arboretum, das sich auf Bäume und Sträucher beschränkt. Botanische Gärten sind oft wissenschaftlichen Einrichtungen angegliedert. Forschungsarbeiten, die hier durchgeführt werden, beziehen sich u. a. auf Themen der Pflanzensystematik und -geografie, Vegetationsgeschichte, Ökologie oder auf anwendungsbezogene Themen wie Heilpflanzen. Angesichts des weltweiten Artensterbens steht auch die Forschung zu Biodiversitäts- und Artenschutz im Vordergrund. Hier haben Schutzsammlungen oder Samenbanken zur Erhaltung alter Kultursorten und gefährdeter Arten eine große Bedeutung. In den 94 deutschen botanischen Gärten sind etwa 50.000 unterschiedliche Pflanzenarten in Kultur (Rauer et al. 2000; Hurka, Neuffer & Friesen 2005). Als außerschulischer Lernort sind Botanische Gärten insofern von großer Bedeutung, als biologiedidaktische Studien zeigen, dass Lernende oft nur ein geringes Interesse an Pflanzen zeigen (vgl. Gehlhaar, Klepel & Fankhänel 1999; Urhahne et al. 2004). Pflanzen werden, insbesondere in hoch technisierten Ländern, kaum wahrgenommen. Diese sogenannte *„plant blindness"* wird oft wahrnehmungspsychologisch erklärt (Wandersee & Schussler 2001). Durch die Nutzung eines Botanischen Gartens als außerschulischen Lernort kann das Interesse der Lernenden an Pflanzen und damit im zweiten Schritt auch der fachliche Lernerfolg positiv beeinflusst werden. Grund dafür ist insbesondere die originale Begegnung mit Pflanzen und dadurch die veränderte Wahrnehmung ihnen gegenüber (Pany et al. 2019).

Zoos sind Einrichtungen, in denen einheimische und fremdländische Tiere in Gehegen, die vielfach als naturähnliche Biotopausschnitte gestaltet sind, gehalten werden. Der Übergang der Bezeichnungen *Tiergärten, Tier- und Wildpark* ist fließend. In Wildparks werden jedoch meist nur einheimische Tierarten gehalten. Die Bedeutung dieser Einrichtungen hat sich gewandelt: von Orten der bloßen Tierschau hin zu modernen, wissenschaftlich geführten Zoos, Tier- und Wildparks. Diesen kommen hauptsächlich vier wichtige Aufgaben zu: Artenschutz und Arterhalt, Umwelt- und Biodiversitätsbildung, biologische und tiermedizinische Forschung sowie Erholung (vgl. WAZA 2015; Flasskamp 1996; Weiser 2001). Die unmittelbare Begegnung mit Tieren im Zoo ermöglicht einen affektiven Zugang zu den Unterrichtsthemen und bietet sich darüber hinaus besonders für das Einüben der biologischen Arbeitsweise *Beobachten* (→ 22) an (Hartmann 2003 a, b). Der Lernort Zoo bietet auch Anknüpfungspunkte in den Bereichen Bildung für nachhaltige Entwicklung (→ 43) (z. B. Bedeutung und Bedrohung biologischer Vielfalt, invasive Arten, Auswirkungen von Klimawandel) und Evolution. Weiterhin können auch Kompetenzen im Bereich *Bewerten* (→ 12) bearbeitet werden, wie z. B. Konflikte zwischen Mensch und Wildtieren oder artgerechte Haltung/Tierethik.

Museen haben im Wesentlichen die folgenden Aufgaben: Sammeln, Bewahren, Forschen und Dokumentieren, Erschließen und Vermitteln. In modernen *Naturkundemuseen* werden Objekte ausgestellt, die eine Beziehung zur belebten Welt haben (Präparate, Nachbildungen, Modelle) oder von früher lebenden Organismen zeugen (Fossilien). Selten werden lebende Tiere und Pflanzen gehalten. Die Vielfalt der eingesetzten Medien ist groß: Texte, Bilder, Grafiken sowie Modelle, audiovisuelle Medien und Computerprogramme werden kombiniert (Krombaß & Harms 2006). Zunehmend werden Stationen integriert, die zum Anfassen und zu Tätigkeiten ermutigen und anregen (vgl. Schmitt-Scheersoi 2003). Ausstellungen werden so zu einem vielfältig nutzbaren Erlebnis- und Lernort (Gries 1996). So wird neben dem kognitiven auch ein affektiver Zugang zu den Lerninhalten eröffnet, der das Biologieinteresse fördern kann (Schmitt-Scheersoi, Vogt & Naumann 2003; Schmitt-Scheersoi & Vogt 2005; Scheersoi 2006). Ein neuer origineller Ansatz der Vermittlung biologischen Wissens außerhalb von Bildungseinrichtungen stellt die Präsentation biologischen Wissens an Orten dar, die eigentlich einem anderen Zweck als dem der Wissensvermittlung dienen, z. B. Möbelhäuser oder Einkaufspassagen (Scheersoi, Groß & Kattmann 2012).

Für *Biologische Sammlungen* wurde mit dem „Contextual Model of Learning" der Versuch unternommen, alle Kontexte und Facetten des dort stattfindenden Lernens zu erfassen. Laut Falk & Dierking (2000) gliedern sich diese Lernorte in drei Kontexte mit acht Faktoren: den personellen Kontext (Faktoren wie Motivation, Vorwissen, Interessen), den soziokulturellen Kontext (Faktoren: Vermittler außerhalb und innerhalb der Lerngruppe) und den gegenständlichen Kontext (Faktoren wie Strukturierungshilfen, Design der Ausstellung), die alle miteinander interagieren (Wilde 2007; Überblick bei Harms & Krombaß 2008). Zur Nutzung von Biologischen Sammlungen für den Biologieunterricht lassen sich aus der biologiedidaktischen Forschung folgende Empfehlungen ableiten:

- Jeder der drei Kontexte (personell, soziokulturell und gegenständlich) hat relevante Auswirkungen auf den Lernerfolg und ist daher zu beachten (Falk & Storksdieck 2005).
- Für den optimalen Lernerfolg sollte der Besuch im Schulunterricht vor- und nachbereitet sowie strukturiertes Arbeitsmaterial bereitgestellt werden, das an die Interessen, die Motivation und das Vorwissen der Lernenden anknüpft (Krombaß & Harms 2008; Walter & Wiesner 2009).
- Ein Besuch am Anfang der Unterrichtseinheit ist lernförderlicher als am Ende (Krombaß & Harms 2008; Waltner & Wiesner 2009). Dennoch wirkt sich ein Besuch nach der Unterrichtseinheit als „wiederholtes Bewusstmachen" im Vergleich zum bloßen Schulunterricht ebenfalls positiv aus.

20.4 Unterricht am außerschulischen Lernort sollte didaktisch gestaltet werden

Zur Umsetzung und Gestaltung von außerschulischem Unterricht gibt es viele praktische Unterrichtsvorschläge (Tab. 20-2). Aus den Erkenntnissen der biologiedidaktischen Forschung (→ 20.3) lassen sich folgende Hinweise ableiten:

- Lernende profitieren am meisten vom außerschulischen Unterricht, wenn die Interaktionen und Lernprozesse durch eine mittlere *Neuartigkeit* gekennzeichnet sind. Es gibt Anzeichen dafür, dass ein zu hoher Neuartigkeitsgrad den intendierten Lernprozess eher behindert. Wiederholte Besuche eines Geländes oder einer Einrichtung erzielen hohe Lernerfolge in allen Altersgruppen, insbesondere aber bei jüngeren Lernenden.
- Der Lernerfolg kann wesentlich gesteigert werden, wenn die Lernenden schon *Vorinformationen* über den Exkursionsort erhalten haben. Sie sollten gut vorbereitet und mit den Zielen der Exkursion vertraut sein. Selbstverständlich sollte die Lehrperson selbst ebenfalls mit dem Gebiet oder der Institution vertraut sein. Ebenso ist eine explizite Nachbereitung im Unterricht wichtig.

- Um einen größeren Lernerfolg als im Schulunterricht zu erreichen, sollte das *Lernmaterial geeignet strukturiert* sein (dies gilt besonders für biologische Sammlungen wie Museum, Zoo und Botanischer Garten).
- Die *Abstimmung mit dem Unterricht im Klassenraum* sollte möglichst eng sein. Im Klassenraum sollte in die Grundkenntnisse eingeführt werden. Am außerschulischen Lernort sollten diese durch sinnliches Erleben, Erkundungen und Untersuchungen vertieft und erweitert werden. Eine Festigungsphase im Klassenraum sollte sich anschließen.

Planung

Bei der Planung außerschulischen Unterrichts ist eine gewissenhafte Vorbereitung unabdingbar. Es empfiehlt sich, den Lernort in einer privaten Vorexkursion zu erkunden und Gespräche mit den Expertinnen und Experten vor Ort zu führen, um deren Einbindung zu planen. Jeder einzelne Schritt außerschulischen Unterrichts erfordert Vorbereitung, insbesondere die didaktisch begründete Dauer der Arbeitsabschnitte, die gleichzeitig aber flexibel auf die aktuellen (zuweilen nicht vorhersehbaren) Bedingungen vor Ort abgestellt werden muss (● Checkliste 20).

Durchführung am Lernort

Während des Aufenthaltes am Lernort sollte die Lehrperson in den Hintergrund treten und darauf achten, mögliche Lernhindernisse (z. B. Ablenkungen, Überforderung, geringe Strukturierung) zu minimieren, um die selbstständige Arbeit der Lernenden zu erleichtern. Bei der Freilandarbeit sind die Natur- und Tierschutzbestimmungen, in Schülerlaboren die Sicherheitsbestimmungen sowie in Gebäuden die jeweiligen Hausordnungen zu beachten. Ein erstes *Zusammentragen von Ergebnissen* während des außerschulischen Unterrichts sollte einerseits der Abrundung und Sicherung der gewonnenen Einsichten dienen, andererseits den Ausblick auf den folgenden Unterricht eröffnen. Fragen, die nicht gleich beantwortet werden können, sind zu notieren. Es ist zu entscheiden, welche Fundobjekte mit in die Schule genommen werden. Einige typische Unterrichtsformate an außerschulischen Lernorten finden sich im → Kasten.

Unterrichtliche Nutzungsformate außerschulischer Lernorte (Auswahl)

Führung: Die Führung einer Lerngruppe zu einem bestimmten Thema ist eine bewährte Form der Informationsvermittlung. Die präsentierten Objekte stehen dabei im Mittelpunkt. Führungen durch Personen von Einrichtungen wie Naturkundemuseen oder Nationalparks finden aus didaktischen Gründen meist in kleinen Gruppen mit nicht mehr als 15 Lernenden statt und besitzen den Charakter eines Gesprächs mit Interaktionsmöglichkeiten (Breimhorst 2001; Weiser 2001; Mallock 2002).

Trail, Rallye: Hier steht den Lernenden ein thematisches Arbeitsheft zur Verfügung, in das u. a. Informationen, Fragen und Aufgaben eingearbeitet sind. Alternativ werden elektronische Rallyes angeboten, die z. B. mithilfe von mobilen Endgeräten durchgeführt werden. Viele Einrichtungen bieten solche Arbeitsmaterialien zu verschiedenen Themen an. Mit Hilfe von Markierungen finden die Lernenden ihren Weg. Interessanter kann es sein, die Rallye mithilfe einer App (z. B. „Actionbound") selbst herzustellen oder von den Lernenden herstellen zu lassen. Einige Apps lassen sich bequem am PC konfigurieren, speichern und auch anderen zur Verfügung stellen. So lohnt es sich zu prüfen, ob für den Standort bereits Rallyes existieren. Hier können auch digitale Bestimmungstools eingebaut werden (→ 35). Diese Form ist gut geeignet, sich am Lernort zu orientieren und ihn mit seinen vielfältigen Angeboten kennenzulernen.

Themengebundener Unterricht, Stationenbetrieb: Wichtig für den Lernerfolg in Biologischen Sammlungen ist ein speziell zum Thema erstelltes strukturiertes Arbeitsmaterial (Krombaß & Harms 2008; Walter & Wiesner 2009). Da vor den einzelnen Exponaten für eine große Lerngruppe meist kein Platz ist, arbeiten die Lernenden arbeitsteilig eine festgelegte Zeit an einer Station selbstständig an ihren Aufgaben. Arbeitsblätter sollten objektbezogene Erfahrungen, praktische Arbeitsweisen und eigenständig forschendes Lernen unterstützen. Einige Arbeitsweisen der Erkenntnisgewinnung können so gezielt trainiert werden, in Zoos z. B. die Methode der Verhaltensbeobachtung (⊕ Tab. 20-2).

Arbeitsunterricht, Projektarbeit: Lernende erfahren hierbei durch eigene Tätigkeit, wie in den Einrichtungen gearbeitet wird. Beispiele sind Präparier- oder Bestimmungskurse im Museum, Tierpflege im Zoo oder Tierpark, Stecklingsvermehrung im Botanischen Garten. Dafür sind in der Regel Arbeitsräume, zusätzliches Material, Bücher usw. vorhanden (zur Projektarbeit im Zoo s. Beyer 2003).

Auswertung und Nachbearbeitung im Klassenraum

Zurück in der Schule müssen ausgeteilte Arbeitsmittel und Bücher eingesammelt, mitgebrachte Pflanzen und Tiere versorgt und die gewonnenen Erkenntnisse in größere Zusammenhänge eingeordnet werden. Rückbezüge zu ursprünglichen Untersuchungsfragen machen Lernfortschritte deutlich, offene Fragen werden gesammelt. Die Beobachtungen müssen zueinander und zu bereits vorhandenen Kenntnissen in Beziehung gesetzt werden. Beispielsweise können mitgebrachte Objekte beobachtet und untersucht (→ 22) oder Pflanzen herbarisiert werden (→ 29). Möglich sind auch Ergebnispräsentationen im Rahmen einer Ausstellung (→ 29) oder das Planen einer Folgearbeit.

Lernaufgabe 20: Besuch im Naturhistorischen Museum
Sie planen mit Ihrer Biologie-Klasse einen Besuch im Naturhistorischen Museum und möchten bei Ihren Schülerinnen und Schülern einen möglichst hohen kognitiven Lernerfolg (Fachwissen) erzielen.

Handlungsaufforderung 20:
Beschreiben Sie, ausgehend von den hier vorgestellten Befunden aus der fachdidaktischen Forschung, was Sie bei der Planung eines solchen Besuches beachten müssen!

Harald Gropengießer

21 Erkunden und Erkennen

Im Biologieunterricht begegnen den Lernenden Lebewesen und andere biologische Objekte. Um den spezifisch biologischen oder naturwissenschaftlichen Modus der Welterschließung zur Geltung zu bringen, werden fachgemäße Denk- und Arbeitsweisen eingesetzt. Das sind vielfältige Methoden des Erkundens und Erkennens wie Beobachten, Protokollieren, Mikroskopieren, Experimentieren, Vergleichen, Modellieren oder Sammeln. Damit sollten Sie im Biologieunterricht professionell umgehen können.

21.1 Erkunden und Erkennen sind eng verknüpft, müssen aber gedanklich getrennt werden

„Die Maus sitzt ängstlich am Rand" – wer so protokolliert, unterscheidet die *Beobachtung* „sitzt am Rand" nicht klar von deren *Deutung* „ängstlich". Es sind oft – aber nicht nur – Anfänger, die so formulieren. Erkunden und Erkennen sind zwar innig miteinander verknüpft, müssen aber zunächst getrennt werden. Erst diese gedankliche Trennung macht das Wechselspiel von Empirie und Theorie im wissenschaftlichen Erkenntnisprozess möglich. Erkunden und Erkennen sind untrennbar – aber mit je eigenem Charakter.

Das Wissen der Biologie wird in einem Wechselspiel von Empirie und Theorie gewonnen. Daten und Theorien sind Ergebnisse des Erkundens und Erkennens. Beides, Erkunden und Erkennen, hängt in einer Weise zusammen, die es unmöglich macht, sie getrennt voneinander zu betreiben, ohne den naturwissenschaftlichen Anspruch aufzugeben. Das wissenschaftliche Unternehmen steht auf zwei Beinen: verlässliche empirische Daten und kritische Vernunft. Dabei ist jedes Erkunden bereits theoriegeladen und jedes Erkennen erfahrungsbasiert.

Oft ist in diesem Zusammenhang von *der* naturwissenschaftlichen Methode die Rede. Aber es gibt *die* naturwissenschaftliche Methode genauso wenig, wie es *das* naturwissenschaftliche Vorgehen gibt. Vielmehr gibt es nur grundlegende Kennzeichen des naturwissenschaftlichen Vorgehens. Innerhalb der unterschiedlichen Problemstellungen und Teildisziplinen (→ 38) sind verschiedene Wege gangbar. Die jeweiligen Vorgehensweisen werden teilweise erst während der Untersuchungen selbst gefunden (Wong & Hodson

2008). Die Ausdrücke „Vorgehen“ und „Weg“ legen es nahe, diese für Schritte zu halten, die immer in einer bestimmten Abfolge zu gehen seien. Aber ein schematisches Vorgehen wird dem Erkenntnisprozess nicht gerecht, denn die Fragestellung und Methode naturwissenschaftlichen Arbeitens sind nicht unabhängig voneinander, sondern müssen kreativ aufeinander abgestimmt werden.

21.2 Arbeitsweisen konkretisieren das Forschen in einer Kultur der Naturwissenschaften

Wir leben in einer jener modernen Gesellschaften, die Jürgen Mittelstraß (1997, 15) als „wissenschaftsgestützte technische Kulturen“ kennzeichnet. „Wissenschaft [ist] Teil der Kultur, nämlich selbst Kultur“ (Mittelstraß 1997, 19). Deshalb sprechen wir hier von der *Kultur der Naturwissenschaften* (→ 36) und nicht von deren Natur, wie es im internationalen Bereich mit *nature of science* üblich ist. Was allerdings auch dort Kritik erfahren hat, die sich schon im Titel eines Buches ausdrückt: „The unnatural nature of science“ (Wolpert 1993). Diese Kultur der Naturwissenschaften gehört zur Allgemeinbildung und ist besonders gut im Biologieunterricht aufgehoben, weil hier die Vielfalt der naturwissenschaftlichen Erkenntnisgewinnung (→ 10) deutlich werden kann.

Neben dem Lernen der Biologie mit ihren Konzepten und Theorien über die lebendige Natur und die eigene Natur des Menschen ist das Verstehen der Kultur der Naturwissenschaften ein weiterer wichtiger Bildungsgehalt des Biologieunterrichts. Allerdings wird der Kultur der Naturwissenschaften von vielen Lehrpersonen ein geringerer Status eingeräumt. Dies mag daran liegen, dass Lehrkräfte typischerweise nicht über adäquate Vorstellungen dazu verfügen (Lederman & Lederman 2014, 614). Im Biologieunterricht sollen die Lernenden aber einen Einblick gewinnen, wie naturwissenschaftliche Erkenntnisse gewonnen werden und auf welchen Voraussetzungen sie beruhen. Die Einsicht in die Voraussetzungen und Bedingungen sowie in den Weg der Erkenntnisgewinnung ermöglicht erst ein Urteilen über Geltung, Tragweite und Grenzen biologisch bestimmter Aussagen. Dazu ist es hilfreich, den Prozess des Forschens aus vier Elementen bestehend zu betrachten (→ Tab. 21-1), die aber keine starre Reihenfolge vorschreiben sollen. Der Prozess des Forschens sollte methodisch kontrolliert durchgeführt werden. Es sind die Arbeitsweisen, die dabei das Vorgehen konkretisieren. Sie kommen besonders bei der Durchführung, aber auch bei der Reflexion zum Einsatz. Die Arbeitsweisen beschreiben, wie ein Forschungsprozess tatsächlich abläuft. Arbeitsweisen lassen sich damit auf der unteren, operationalen Ebene des Forschungsprozesses anordnen; sie sind über die naturwissenschaftliche Erkenntnisgewinnung mit der Kultur der Naturwissenschaften verknüpft.

Elemente	Aufgaben
Entwerfen und Planen	Forschungsfragen formulieren, Ziele klären, Hypothesen formulieren (falls notwendig), Untersuchungsmethoden ausarbeiten, Möglichkeiten der Datenerhebung auswählen
Durchführung	Materialien und Geräte bereitstellen und aufbauen, vorgesehene Arbeiten ausführen, Daten erheben und dokumentieren
Reflexion	Befunde kritisch betrachten und in Bezug auf verschiedene theoretische Perspektiven interpretieren, Schlussfolgerungen ziehen und dafür Begründungen formulieren und präzisieren
Schreiben und Berichten	Dokumentieren der Vorgehensweise und ihrer Logik sowie der verschiedenen Befunde, Interpretieren und Schlussfolgern für den persönlichen Gebrauch sowie in einem für die Gemeinschaft akzeptierten Kommunikationsstil, der für kritische Begutachtung geeignet ist

Tabelle 21-1: Elemente im Prozess des Forschens (Hodson 2014, verändert)

Arbeitsweisen sollten jeweils zielgerichtet, sach- und fachgemäß zur Erkenntnisgewinnung eingesetzt und kritisch betrachtet werden. Üblicherweise wird der Einsatz der Arbeitsweisen durch naturwissenschaftliche Fragen geleitet. Ein entdeckendes Vorgehen ist manchmal interessefördernd möglich, wie z. B. beim Mikroskopieren. Aber weder die Arbeitsweisen noch die Kompetenz in Erkenntnisgewinnung (→ 10), geübt an einigen Beispielen didaktisch aufbereiteter biologischer Forschung, führen direkt zum Verständnis der Kultur der Naturwissenschaften. Denn auch biologisch Forschende gewinnen durch ihre Forschung noch keine Kompetenz in Wissenschaftstheorie, Wissenschaftsgeschichte oder -soziologie. Um die Charakteristika der Kultur der Naturwissenschaften wie beispielsweise empirische Fundierung, durch Theorien geleitet, Vorläufigkeit und Veränderlichkeit des Wissens zu verstehen, sind explizite, metareflexive Unterrichtsabschnitte und Studien notwendig (Lederman & Lederman 2014, 614).

21.3 Arbeitsweisen sind didaktisch rekonstruierte Methoden des Erkundens und Erkennens

Arbeitsweisen, das sind zunächst Erkundungsmethoden zur Datenerhebung wie beispielsweise Betrachten, Beobachten, Messen, Horchen oder Betasten. Dazu kommen Methoden der Dokumentation wie beispielsweise Zeichnen oder Protokollieren. Weiterhin werden Methoden der Datenaufbereitung eingesetzt wie Listen, Tabellen und Diagramme anlegen (→ Tab. 21-2). Hinzu kommen Arbeitsweisen, die deutlich komplexer sind. Sie kombinieren Arbeitsweisen wie Erfassen, Dokumentieren und Aufbereiten zu einer sinnvollen Vorgehensweise, die es erlaubt, Phänomene zu deuten. Dies zeigt sich schon beim Bestimmen und besonders deutlich beim Modellieren und Experimentieren. Solche Arbeitsweisen sind durch ihre Komplexität voraussagbar schwieriger zu verstehen und zu verwenden.

Die für das Erkunden verfügbaren Sinne des Menschen werden zunehmend durch technische Geräte unterstützt. Das Erkunden mit Lupe, Mikroskop und Fernglas sind dafür klassische Beispiele. Mit Sonden für pH-Wert, Sauerstoff oder Kohlenstoffdioxid werden vorher nicht oder nur ungenau wahrnehmbare Bereiche erschlossen.

erfassen	dokumentieren	aufbereiten	deuten
betrachten	zeichnen	Listen anfertigen	bestimmen
beobachten	fotografieren	Tabellen anfertigen	vergleichen
messen	audiografieren	Diagramme zeichnen	mathematisieren
horchen	protokollieren	...	modellieren
betasten	...		experimentieren
untersuchen			...
explorieren			
...			

Tabelle 21-2: Auswahl naturwissenschaftlicher Arbeitsweisen, geordnet nach Kategorien im Prozess des Erkundens und Erkennens

Beobachten, Protokollieren, Tabellen anfertigen oder Experimentieren sind einerseits Formen naturwissenschaftlicher Methoden, also wissenschaftstheoretisch zu betrachten (→ 36). Andererseits werden sie zu didaktisch rekonstruierten Unterrichtsgegenständen, die als *fachgemäße Arbeitsweisen* von den Lernenden durchzuführen und zu reflektieren sind. Als unterrichtsmethodische *Handlungsmuster* sind sie allgemeindidaktisch zu betrachten.

Einige der fachgemäßen Arbeitsweisen zur Datenerfassung lassen sich in Beziehung setzen (→ Abb. 21-1). So betrachtet man beispielsweise eine Pflanze oder den Körperbau eines Tieres, während man Vorgänge wie die Blattbewegung bei der Mimose oder die Fortbewegung der Schnecke beobachtet. Sind beispielsweise Eingriffe in den Bau der Blüte notwendig, um ein Blattdiagramm zu erstellen, dann spricht man nicht mehr von betrachten, sondern von untersuchen. Untersucht man an einem (nicht mehr pulsierenden) Schweineherz die Aortenklappen, indem man versucht, Wasser in beide Richtungen hindurchströmen zu lassen, dann spricht man nicht gleich von experimentieren, sondern eher von versuchen, probieren oder präziser von explorieren (Hartinger et al. 2013). Grundlegende Erkundungsformen (→ Abb. 21-1) gehen oft dem Experimentieren (→ 24) voraus und werden dabei auch eingesetzt.

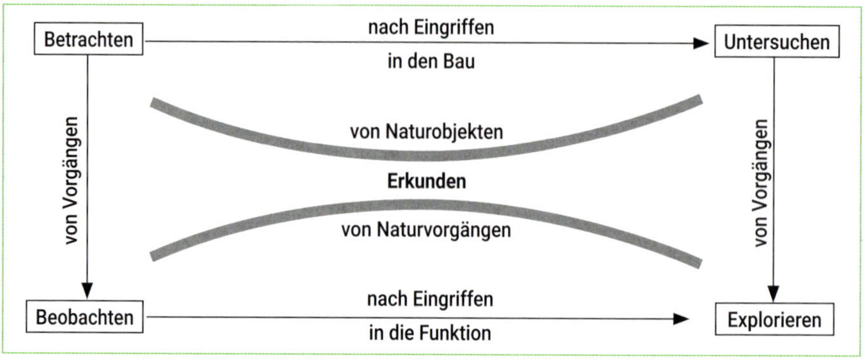

Abbildung 21-1: Grundlegende Erkundungsformen, deren Beziehungen und Benennungen (nach Uhlig et al. 1962, 175, verändert)

Unterrichtsvorschläge zum naturwissenschaftlichen Arbeiten erwecken oft den Eindruck, der Weg der Erkenntnis verlaufe vom Erkunden zum Erkennen, d. h., aus Daten lasse sich Allgemeingültiges erschließen (Grupe 1977, 231; Klautke 1990; 1997). Diese Vorstellung lässt sich als induktivistisch kennzeichnen (→ 36). Demgegenüber muss betont werden, dass wissenschaftliches Untersuchen, Beobachten oder Experimentieren schon von Anfang an immer durch Fragestellungen, Hypothesen und Theorien (Anschauungen) über den Gegenstand geleitet wird und auf vorhergehenden Erkenntnissen aufbaut. Allerdings sind Entdeckungen durch Zufall oder systematisches Suchen möglich.

Im Biologieunterricht kann wissenschaftliches Vorgehen meist nicht vollständig nachvollzogen oder nachgeahmt werden. Dies wäre zu langwierig und dem Vermögen der meisten Lernenden nicht angemessen. Untersuchungen zeigen, dass die Grundsätze wissenschaftlichen Vorgehens und die Logik der Schlussfolgerungen von den Lernenden nur schwer gelernt und verstanden werden (vgl. Kattmann & Jungwirth 1988; Jungwirth & Dreifus 1990). Aber es können einzelne Aspekte naturwissenschaftlichen Arbeitens hervorgehoben werden, wie Vermuten, Beobachten und Messen, Vergleichen und Ordnen, Modellieren und Mathematisieren oder Recherchieren und Kommunizieren. Wie eine Naturwissenschaftlerin, ein Naturwissenschaftler arbeitet, sollte mit leicht überschaubaren Fragestellungen deutlich werden, an denen das Experimentieren demonstriert und geübt wird (Mayer 2002; Duit, Gropengießer & Stäudel 2004; Gropengießer & Hauk 2005). Auf die Wechselbeziehungen zwischen wissenschaftlichen Erkenntnismethoden und den Sozialformen ist zu achten. Es ist zu vermuten, dass eine wissenschaftlich kritische Einstellung nur in einem Unterricht wächst, in dem die Lernenden auch selbstständig arbeiten können.

Lernaufgabe 21-1: Naturwissenschaftliche Fragen
Immer wieder kommt es zu Epidemien und Pandemien.

Handlungsaufforderung 21-1: Formulieren Sie zum Thema Grippe je drei naturwissenschaftliche, juristische, ökonomische und ethische Fragen!

Harald Gropengießer

22 Beobachten

Im Biologieunterricht sind Beobachtungen beim Erkunden und für das Erkennen biologischer Phänomene unerlässlich. Oberflächlich betrachtet erscheint das Beobachten als Tätigkeit recht einfach: Phänomene liegen vor oder ereignen sich, und sie werden beobachtet. Aber es wäre leichtfertig, die Komplexität dieser Arbeitsweise zu unterschätzen. Um ein tieferes naturwissenschaftliches Verständnis zu erlangen, ist gezielte Unterstützung der Lernenden notwendig. Dafür benötigen Sie als Lehrkraft wiederum professionelles Wissen zu der Arbeitsweise „Beobachten".

22.1 Beobachten ist kriteriengeleitetes Wahrnehmen

„Mein Experiment besteht darin, daß ich Sie auffordere, *zu beobachten*, hier und jetzt. Ich hoffe, Sie machen alle mit und beobachten alle! Ich fürchte aber, mindestens einige von Ihnen werden nicht beobachten, sondern ein starkes Bedürfnis verspüren, zu fragen: ‚*Was* soll ich denn beobachten?' Wenn Sie so reagieren, dann war mein Experiment erfolgreich. Denn ich möchte veranschaulichen, daß wir, wenn wir beobachten wollen, eine bestimmte Frage im Auge haben müssen, die wir vielleicht durch Beobachtung entscheiden können" (Popper 1984, 271).

Weder genügt es, Lernende aufzufordern „beobachte ganz genau", noch „beobachte diese Maus". Hingegen kann „beobachte die Ortsbewegung der Maus" ein sinnvoller Beobachtungsauftrag sein. Damit wird gleichzeitig festgelegt, was nicht beobachtet wird, z. B. das Nahrungsverhalten. Zudem werden Unterscheidungen verlangt, ob und wo sich die Maus bewegt, beispielsweise am Rand oder in der Mitte. Beim Beobachten haben wir es also mit Beobachtenden, Kriterien und Objekten oder Ereignissen zu tun. Als Ergebnisse der Beobachtung erhält man Daten zu Eigenschaften oder Prozessen.

Beobachten ist eine menschliche Handlung, bei der ein Kriterium darüber entscheidet, worauf Beobachtende ihre Aufmerksamkeit richten und damit, was überhaupt mit den Sinnen oder Instrumenten wahrgenommen wird, d. h., welche Daten erhoben werden. Mit einem solchen Kriterium ist die Erkenntnismethode des Beobachtens von Anfang an durch Hypothesen und Theorien geleitet (Bell 2006, 432; Lederman 2006, 306), also auf vorhergehende Erkenntnisse bezogen. Damit wird dem Mythos begegnet, Wissenschaft begänne mit Beobachtungen (Hodson 2003, 141).

Ein theoriegeleitetes Kriterium unterscheidet eine Beobachtung von einer *Entdeckung*, denn dabei fällt jemandem etwas auf, was vorher nicht bedacht wurde. Eine Entdeckung kann nachfolgende Beobachtungen durch neues Fragen anregen („Wem nichts auffällt, dem fällt auch nichts ein"). So fällt bei einer Exkursion eine Meise auf, die einen Nistkasten anfliegt. Dies gibt Anlass zu der Frage, wie oft die Jungen gefüttert werden. Mit Hilfe einer Uhr wird die Häufigkeit des Nistkastenbesuches erfasst. Solche Gelegenheitsbeobachtungen sind unterrichtlich meist nicht eingeplant.

Beobachtet wird oft mit den Augen. Beobachten bezieht sich aber nicht nur auf den Gesichtssinn. Je nach Kriterium kann das Objekt mit verschiedenen Sinnen beobachtet werden, z. B. durch Sehen, Hören, Fühlen, Schmecken oder Riechen. Vieles muss erst den Sinnen zugänglich gemacht werden. Zum Sichtbarmachen gibt es verschiedene Verfahren: Öffnen und Aufdecken, An- und Beleuchten, Durchleuchten, Trennen und Filtern, Anfärben, Wachsen lassen und Vermehren, Vergrößern (→ 23), Zeitdehnung und Zeitraffung (Etschenberg & Kremer 2000). Beobachtungen können also direkt erfolgen oder indirekt (Wellnitz & Mayer 2012) unter Verwendung von Instrumenten. Dies ist deshalb nützlich und notwendig, weil die Möglichkeiten unserer Sinnessysteme begrenzt sind. Durch Instrumente wie Lichtmikroskop oder Fernrohr kann die Leistungsfähigkeit unserer Sinne *quantitativ* erweitert werden. Andere Hilfsmittel wie Elektronenmikroskop oder Röntgengerät erweitern die Beobachtungsmöglichkeiten in Bereiche, für die wir keine Sensoren haben, also *qualitativ*.

Beobachtungen lassen sich oft quantifizieren. So zählen wir fünf Finger an der Hand eines Menschen oder vier Kronblätter bei der Mohnblüte. Solche einfachen Zähloperationen setzen Objekte oder Ereignisse voraus, die unterscheidbar sind. Beim Zählen wird sogar deren Nichtidentität zugelassen. Zwar kann man drei Äpfel und zwei Birnen nicht zu fünf Äpfeln addieren, aber sehr wohl zu fünf Stücken Obst oder zu fünf Früchten. Mit dem Zählen ordnet man also einem Kollektiv von Dingen eine Zahl zu.

Messen kann ebenfalls als Zählen betrachtet werden: Man zählt dabei jeweils die Anzahl der Basiseinheiten. Gemessen wird nach einer Messvorschrift mit Messwerkzeugen, z. B. Meterstab, Waage, Stoppuhr, Thermometer oder Belichtungsmesser, die das Zählen durch Ablesen von Marken oder Zeigerstellungen auf Skalen erleichtern oder sogar durch angezeigte Ziffern ersetzen. Die abgelesenen Beträge geben an, welches Vielfache der Basiseinheit gleich der zu messenden Größe des Dinges oder Ereignisses ist. Die *Basiseinheiten* sind normativ gesetzt; ihr Einheitenzeichen ist festgelegt, wie Meter (m), Kilogramm (kg), Sekunde (s), Kelvin (K) oder Candela (cd). Jede

Basiseinheit steht für eine bestimmte (Mess-)Größe, z. B. Länge, Masse, Zeit, Temperatur oder Lichtstärke. Messoperationen sind anfällig für Irrtümer. Nur durch Sorgfalt, Wiederholungen und kritische Überlegungen kann die mögliche Genauigkeit erreicht werden. Bei Messergebnissen sollten immer die (Mess-)Größe, der Betrag und das Einheitenzeichen angegeben werden. Das gilt ebenso bei der Darstellung in Diagrammen (→ 32).

Allen empirischen Erkenntnissen – ganz gleich mit welcher naturwissenschaftlichen Methode erworben – liegen letztendlich Beobachtungen zugrunde (Bell 2006, 432). Jede Beobachtung wird durch ein Verfahren erreicht, welches zu standardisieren und zu dokumentieren ist (Bortz & Döring 2006, 262). Beim Umgang mit Daten sollten die einzelnen Schritte von der Erhebung bis zur Auswertung sorgfältig beachtet werden. Es ist der Weg von der Beobachtung zur Deutung.

Schritte der Datengewinnung

- *Erheben* der Daten, also das eigentliche Beobachten;
- *Aufzeichnen* der Daten, also die Dokumentation der Beobachtung (z. B. Beschreibung, Zeichnung, abgelesene Messwerte, Fotos);
- *Aufbereitung* der Daten, z. B. das Anfertigen von Tabellen und Diagrammen;
- *Auswerten* der Daten, also deren Interpretation und das Ziehen von Schlussfolgerungen

Nach der Intensität und Dauer kann man folgende Beobachtungsarten unterscheiden:

- *Kurzzeitbeobachtungen* werden in einer Unterrichtsstunde abgeschlossen (z. B. Kriechbewegung einer Schnecke auf einer Glasplatte).
- *Langzeitbeobachtungen* bedürfen großer Geduld und wiederholter Anregungen von Seiten der Lehrperson (z. B. Sprosswachstum keimender Bohnen).

Geschieht das Beobachten mit Hilfsmitteln, erforscht man zielgerichtet innere Zusammenhänge durch Eingreifen in die Objekte oder ist das Beobachtungsprogramm umfangreicher, wird oft der Terminus *Untersuchen* verwendet (Grupe 1977; Dietrich et al. 1979). Wichtige Formen des Untersuchens sind z. B. das Sezieren und Präparieren oder Nachweisuntersuchungen sowie ökologische Untersuchungen biotischer und abiotischer Faktoren in Ökosystemen.
Nachdem durch Beobachten eines Lebewesens dessen morphologische Strukturen erkannt sind, geht es beim Sezieren und Präparieren (→ 31) um sachgerechte Eingriffe in die Struktur. Mit Hilfsmitteln, wie Pinzette, Messer, Schere, Präpariernadel, Mikrotom, werden die Objekte auseinandergenommen, beobachtet wird oft mit Lupe oder Mikroskop. Dadurch sind Einsich-

ten über den inneren Bau der Pflanzen oder Tiere möglich. Das Untersuchen von Lebewesen wird zunächst an Pflanzen geübt. Die Zergliederung von Blüten ist einfach und benötigt keinen großen technischen Aufwand. Wie beim Beobachten ohne Hilfsmittel werden die Lernenden auch beim Untersuchen durch gezielte Aufgabenstellungen angeleitet. Mit fortschreitender Übung werden sie immer mehr an der Problemlösung beteiligt (Weber 1976; Entrich 1996).
Schon das Zergliedern einer Pflanze wird aber von empfindsamen Kindern als brutaler Eingriff empfunden. Beim Sezieren von Tieren, z. B. Zergliedern von toten Insekten oder Untersuchen des inneren Baus von Schlachttieren, sind die emotionalen Schranken bei den Lernenden noch stärker (Bögeholz & Rüter 2004; → 31.1).
Beim Untersuchen sind die *Sicherheitsbestimmungen* zu beachten. Besonders zu berücksichtigen ist die Hygiene im Umgang mit den Pflanzen, Pilzen und Tieren sowie deren allergenes Potenzial (KMK 2019, 92).

22.2 Die Fähigkeit zum Beobachten kann systematisch gefördert werden

Entgegen der lebensweltlichen Vorstellung, dass Beobachten nicht viel mehr sei als bloßes Hinsehen, will Beobachten gelernt sein (Eberbach & Crowley 2009; Kohlhauf, Rutke & Neuhaus 2011). Nur wenige junge Schülerinnen und Schüler beginnen mit einer Hypothese oder lassen sich davon leiten, wenn sie beobachten. Einerseits beschreiben viele Lernende Gelegenheits-Beobachtungen (Entdeckungen) und einige versuchen, daraus Schlüsse zu ziehen (Tytler & Peterson 2004). Wenn wir andererseits Beobachtungen mit einer voreingenommenen Überzeugung oder einer bestimmten Absicht durchführen, dann besteht die Gefahr, dass wir sehen, was wir glauben. Wegen der Verzerrungsgefahr werden deshalb in Studien Blindversuche durchgeführt, bei denen die Handelnden die Zielstellung nicht kennen sowie Reaktionen anderer Beteiligter nicht erfahren. Besteht ein Widerspruch zwischen theoretischen Annahmen und Beobachtungen, dann kann dies zur Verzerrung der Beobachtungen führen (Nissani & Hoefler-Nissani 1992). Damit wird ein weiterer Wissenschafts-Mythos widerlegt, nach dem die Beobachtung direkt und verlässlich zu sicherem Wissen führt (Hodson 2003, 141).

Die Förderung der Beobachtungskompetenz kann auf einzelne Aspekte zielen und sie isoliert üben. Damit wird insgesamt ein schrittweises Vorgehen vorgeschlagen, welches die Schwierigkeiten isoliert. Ein Sinnzusammenhang wird aber erst mit einer naturwissenschaftlichen Frage hergestellt. Und für eine Antwort darauf benötigt man sowohl die Hände als auch die Sinnesorgane und nicht zuletzt den Kopf (AAAS 1993).

Vier Schritte zum Beobachten (vgl. Sturm 1974, 342)

- *Erkennen von Merkmalen* eines Objektes: Dazu werden die Fragestellung und entsprechende Gesichtspunkte (Kriterien) für das Erfassen von Merkmalen mündlich oder schriftlich als Arbeitsaufgaben genannt. Ein Beispiel liefert die Beobachtung einer Weinbergschnecke auf einer Glasplatte: „Wie bewegt sich die Schnecke fort? Achte auf die Spuren auf der Glasplatte!"
- *Kriterien für die Auswahl bestimmter Merkmale finden*: Zwar bestimmt die Fragestellung die Kriterien der Beobachtung, aber man kann auch neue Gesichtspunkte kreativ finden und dazu eine mögliche Fragestellung formulieren. Oft wenden wir aber bei der Beobachtung eines Gegenstandes die Aufmerksamkeit nur auf bestimmte Teile und Vorgänge (vgl. Rodi 1968, 128).
- *Dokumentieren der erfassten Merkmale*: Hier sind die Fähigkeiten zum Zählen, Messen, Zeichnen, Formulieren und Protokollieren zu erlernen und zu üben.
- *Eine naturwissenschaftliche Frage bearbeiten*: Dies ist der schwierigste Schritt, da der Untersuchungsplan komplexer ist. Beispielsweise könnte das Studium verwandter Vertreter zur Frage führen, wie homologe Merkmale innerhalb einer Verwandtschaftsgruppe abgewandelt sind.

Beim Beobachten setzen sich die Lernenden aktiv mit Gegenständen oder Ereignissen auseinander. Sie lernen zu unterscheiden und eignen sich Formenkenntnisse an, vor allem dann, wenn sie dazu Nachschlagewerke und Bestimmungsbücher benutzen.

Im Unterricht sollte die präzise Formulierung der Ergebnisse von Beobachtungen geübt werden. Dabei sollte deutlich werden, dass Beobachtungsergebnisse unterschiedlich formuliert werden können. Viele der von den Lernenden angebotenen Formulierungen enthalten bereits Deutungen. Im Unterricht sollten *Beobachtungen* und *Deutungen* stets streng unterschieden werden. Das Ringen um mehr oder weniger treffende Formulierungen für Beobachtungen ist ein wichtiger Teil des naturwissenschaftlichen Arbeitens. Bereits auf den unteren Klassenstufen der Sekundarstufe sollte man bei Textanalysen auf den Unterschied zwischen mitgeteilten Beobachtungen oder Versuchsergebnissen und deren Deutung achten (→ 33).

Viele Beobachtungen lassen sich nicht im Klassenzimmer durchführen, da Tiere sich dort anders verhalten als in der freien Natur. Solche Beobachtungsaufgaben lassen sich besser als Hausarbeit durchführen, z. B.: „Beobachte die Füße von Säugetieren! a) In wie viele Zehen gliedert sich der Fuß? b) Welcher Teil des Fußes berührt bei der Fortbewegung den Boden? c) Zu welchen weiteren Tätigkeiten wird der Fuß verwendet?" Die Notizen der Lernenden werden im Klassenunterricht ausgewertet und die Ergebnisse in Form von Sätzen, Tabellen oder Skizzen festgehalten.

Bei *Kurzzeitbeobachtungen* könnte die Unterrichtsstunde folgendermaßen ablaufen (vgl. Staeck 1972 a, 129):
- Fragestellung erarbeiten,
- Hypothesen aufstellen,
- Arbeitsanleitungen austeilen, Zeitbegrenzung angeben (noch besser sind gemeinsam mit den Lernenden entwickelte Arbeitsanleitungen, die aber länger dauern),
- Hilfsmittel erklären,
- Hilfsmittel und Beobachtungsobjekte verteilen,
- Beobachtung des Gegenstandes in Partner- oder Gruppenarbeit und Festhalten der Ergebnisse,
- Sammeln der Ergebnisse der einzelnen Gruppen und Festhalten in einem Tafelanschrieb.

Einfache *Langzeitbeobachtungen* richten sich auf das Eintreten und die zeitliche Aufeinanderfolge von Ereignissen im Jahreslauf, wie Laubentfaltung, Blühen und Fruchten von Bäumen auf dem Schulhof oder zu Hause, Aufblühzeit von Frühblühern, Eintreffen oder Wegzug von Singvögeln, Beobachtungen einer Wiese im Jahreslauf. Dazu bekommen die Lernenden ein Arbeitsblatt mit Beobachtungsaufgaben, das immer wieder an die Aufgabe erinnert. Die Zusammenfassung im Unterricht ist bei einheitlicher Darstellung wesentlich leichter. Derartige Beobachtungen bedürfen kaum der Anleitung und nehmen nur wenig Zeit in Anspruch. Sie sind jedoch geeignet, die Aufmerksamkeit der Lernenden für lange Zeit auf bestimmte Erscheinungen zu lenken und diese systematisch erfassen zu lassen.

Schwieriger sind Langzeitbeobachtungen, bei denen ein Vorgang kontinuierlich zu verfolgen und aufzuzeichnen ist. Beispiele sind: Keimvorgänge bei Pflanzen (Bohne, Kresse, Mais), Entwicklungsvorgänge bei Fröschen oder Insekten. Die Beobachtungen können von einzelnen Lernenden zu Hause gemacht werden. Bei noch ungeübten Lernenden oder bei empfindlichen Lebewesen empfiehlt es sich aber, die Beobachtungen angeleitet im Unterrichtsraum durchzuführen. Die Lernenden erhalten zu Beginn oder am Ende der Stunde Zeit, an ihrer Aufgabe zu arbeiten. Die Lehrperson hat dadurch die Möglichkeit, die Lernenden individuell anzuleiten. Vor der Beobachtung wird eine Tabelle entwickelt, in die die Ergebnisse eingetragen werden. Auch Skizzen sind erwünscht. Aber selbst wenn Lernende ein Phänomen gern beobachten, sollte doch klar sein, dass sie weniger Begeisterung für das Aufzeichnen und Dokumentieren zeigen (Eberbach & Crowley 2009, 51).

Viele Beobachtungen können an lebenden Pflanzen und Tieren und an den Lernenden selbst durchgeführt werden, aber tote Objekte sind ebenfalls geeignet, wie Stopfpräparate, Einschlusspräparate, Ganzpräparate, Skelette und Skeletttteile, Nester, Gewölle, getrocknete Pflanzenteile, Fraßspuren an Ästen und Rinden, Gallen. Dabei ist immer für einen hygienischen und sicheren Umgang zu sorgen (KMK 2019, 64; → 31).

Lernaufgabe 22-1: Beobachtungen an Goldfischen
In einer 5. Klasse soll die Fortbewegung von Goldfischen beobachtet werden. Ihnen stehen aus dem Schulteich oder dem Schulaquarium Goldfische zur Verfügung, die Sie für die Unterrichtsstunde keschern und in Plastikaquarien auf Tischen im Biologiefachraum verteilen können. Sie antizipieren den Ablauf der unterrichtlichen Beobachtungssituation und machen sich dazu Notizen.

Handlungsaufforderung 22-1: Formulieren Sie wichtige Punkte zu dieser unterrichtlichen Beobachtungssituation! a) Betrachtung der Morphologie eines Goldfisches, b) mögliche Fragestellungen, c) zu erwartende Hypothesen, d) Kriterien für die Beobachtung, e) Möglichkeiten der Dokumentation von Beobachtungen, f) mögliche Ergebnisformulierung/Auswertung.

Harald Gropengießer

23 Mikroskopieren

Mit einem Mikroskop wird eine neue Welt sichtbar – die Welt des winzig Kleinen, die der Zellen und Zellorganellen. Die Technik des Mikroskopierens hat einen kaum zu überschätzenden Nutzen für die Biologie – Zelltheorie und Keimtheorie wären ohne Mikroskopieren empirisch nicht zu belegen. Für den Blick in den Mikrokosmos sollten Sie sich deshalb das Staunen und die Begeisterung erhalten, selbst wenn der einführende Unterricht zum Mikroskopieren herausfordernd ist. Dazu erhalten Sie hier hilfreiche Hinweise.

23.1 Mit Lupe und Mikroskop kann man in die Welt des winzig Kleinen schauen

Beim Untersuchen mit der *Lupe* benutzt man eine Sammellinse, die eine zwei- bis fünfzehnfache Vergrößerung ermöglicht. Wenn man sie dicht vor das Auge hält, kann man einen Gegenstand sehr nahe an das Auge bringen und sieht ihn trotzdem noch scharf (Nahsichtgerät).

Unter *Mikroskopieren* versteht man das Beobachten von kleinen Objekten mit dem Mikroskop. Kleine Gegenstände werden dadurch so vergrößert, dass man sie sehen kann. Beim Lichtmikroskop werden die Objekte mit Lichtstrahlen beleuchtet (Auflicht) oder durchleuchtet (Durchlicht). Durch Linsensysteme werden die Lichtstrahlen so gelenkt, dass sie den betrachteten Gegenstand auf der Netzhaut des Auges bis tausendfach vergrößert abbilden. Beim Elektronenmikroskop werden die Lichtstrahlen durch Elektronenstrahlen ersetzt. Es vergrößert bis zu tausendmal stärker. Die Bilder entstehen auf Mattscheiben oder Fotoplatten. Wegen der hohen Kosten und der schwierigen Präpariertechnik werden Elektronenmikroskope in der Schule selten eingesetzt. Es können aber entsprechende Bilder im Unterricht ausgewertet werden (Graf, Gropengießer & Rensing 1978; Wanner 1985).

Durch Lupe, Lichtmikroskop und Elektronenmikroskop wird das Auflösungsvermögen des Auges verbessert: Ein normalsichtiger Mensch kann aus 25 cm Entfernung zwei Punkte gerade noch getrennt sehen, wenn sie ungefähr 0,1 mm auseinander liegen. Mit Hilfe der Lupe sind noch zwei Punkte unterscheidbar, wenn sie 0,01 mm voneinander entfernt sind, beim Lichtmikroskop 0,0002 mm und beim Elektronenmikroskop genügen 0,0000003 mm. Mit dem Mikroskop kann man in Durchsicht nur bei dünnen Schichten Einzelheiten erkennen. Will man die innere Struktur von Lebewesen genauer untersuchen, so müssen sie, sofern sie nicht durchsichtig sind, zunächst durch Schneiden oder Zerzupfen präpariert werden. Viele Objekte werden als Frischpräparate zur Untersuchung vorbereitet, z. B. Blattquerschnitte oder Wangenabstriche. Bei manchen Lebewesen kann man Einzelheiten nur erkennen, wenn man sie vorher fixiert, mit dem Mikrotom schneidet, sie färbt und als Dauerpräparate eingebettet hat.

Mit Hilfe des Mikroskops können Experimente durchgeführt werden. So kann man Veränderungen der Objekte hervorrufen und diese beobachten, z. B. den Vorgang der Plasmolyse oder Reaktionen von Einzellern auf Reize.

Durch die Lichtmikroskopie wurde im 17. Jahrhundert eine völlig neue biologische Dimension der Organismen entdeckt, die durch die Elektronenmikroskopie seit 1930 erweitert wurde. Viele Lebewesen sind so klein, dass sie überhaupt nur mit Hilfe der Mikroskopie entdeckt und erforscht werden können. Auch über Bau und Funktion der großen Organismen erhielt man mit Hilfe der Mikroskopie völlig neue Erkenntnisse. Die Mikroskopie ist eine der wichtigsten biologischen Forschungsmethoden. Sie ermöglicht im Biologieunterricht ein problemorientiertes, forschendes Lernen (vgl. Kurze, Müller & Schneider 1977). Bestimmte Erkenntnisse können nur mit Hilfe des Mikroskops erfahrbar gemacht bzw. vermittelt werden. Dies gilt z. B. für die Kernaussagen der Zelltheorie „Organismen bestehen aus Zellen“ und „Zellen entstehen aus Zellen“, die den Grund für das Verständnis von Fortpflanzung und Entwicklung der Organismen sowie für den Bau und die Funktion von Geweben und Organen legten (vgl. Kästle 1970; Groß 2002; Gropengießer & Zabel 2012).

23.2 Mikroskopieren erfordert kognitive Fähigkeiten und feinmotorische Fertigkeiten

Beim Mikroskopieren in Einzel- oder Partnerarbeit werden kognitive, affektive und psychomotorische Lernmöglichkeiten eröffnet (vgl. Günzler 1978): An mehreren Objekten bestätigen die Lernenden, dass alle Lebewesen aus Zellen bestehen. In einem zweiten Schritt lernen sie die wichtigsten Bestandteile der Zellen kennen. Das Abstraktions- und Vorstellungsvermögen der Lernenden wird gefördert. Sie müssen das zweidimensionale mikroskopische Bild in die dreidimensionale Vorstellung des Realobjekts übersetzen. Dazu sind räumliche Modelle als Vorstellungshilfen nötig (vgl. Kästle 1974; Bonatz 1980; Knoll 1987; Jungbauer 1990). Der Umgang mit dem Objekt und dem empfindlichen Gerät fördert die Feinmotorik und die Aufmerksamkeit für Details.

Die Beobachtungen lassen sich abhängig von der Erfahrung der Lernenden und dem Ziel der Untersuchung unterschiedlich repräsentieren und dokumentieren (→ Tab. 23-1). Bei der Beschreibung des Gesehenen wird die Ausdrucksfähigkeit geübt. Die Fähigkeit zur exakten Beobachtung wird durch das Zeichnen des Gesehenen unterstützt (vgl. Gropengießer 1987). Zeichnen fördert das Engagement der Lernenden; sie lernen Wissen zu repräsentieren, die gewonnenen Erkenntnisse zu kommunizieren und zu diskutieren (Ainsworth, Prain & Tytler 2011). Vor allem jüngere Lernende mikroskopieren am besten in Partnerarbeit. Sie helfen sich gegenseitig beim Herstellen der Präparate und Einstellen des Mikroskops. Die Erfahrung einer völlig neuen Dimension ist für die Lernenden ansprechend und anregend. Die Entdeckerfreude kann sich von der Lehrperson auf die Lernenden, aber auch von den Schülern auf die Mitschüler übertragen. Viele mikroskopische Präparate (z. B. Diatomeen) sind von großer Schönheit und sprechen die Betrachtenden auch emotional an (vgl. Knoll 1987).

Methode	Hinweise
Mündliche Beschreibung	Strukturen und ihre Eigenschaften werden entsprechend einer Fragestellung mündlich beschrieben.
Mikroskopische Zeichnung	Skizzen als Diskussionsgrundlage sind von vollständigen mikroskopischen Zeichnungen zu unterscheiden (→ 27.2). Sie können durch wiederholten Abgleich von Objekt und gezeichnetem Bild, einem Zeichenspiegel oder durch mentale Projektion hergestellt werden.
Mikroskopische Messung	Mit einem Vergleichsobjekt oder einem Okularmikrometer können Größen bestimmt werden, beispielsweise die Breite eines Haares.
Mikrofotografie	Mit einer Digitalkamera oder einer digitalen Okular-Kamera kann ein Objekt fotografiert werden. Es bleibt die Herausforderung der Deutung.
Mikrovideografie	Mit einer digitalen Okular-Kamera können Vorgänge wie Plasmolyse aufgezeichnet werden.

Tabelle 23-1: Möglichkeiten der Repräsentation und Dokumentation mikroskopisch untersuchter Objekte

23.3 Die Einführung des Mikroskopierens muss geplant werden

Die Auffassungen der Biologiedidaktiker vom richtigen Zeitpunkt der Einführung in das Mikroskopieren gehen weit auseinander. Folgende Bedenken bestehen gegenüber der Einführung des Mikroskopierens im 5./6. Jahrgang (vgl. Kruse 1976; Schulte 1978):

- Die Schüler des 5. Schuljahres werden durch die Arbeitstechnik überfordert. Sie sind nicht fähig, mit Skalpell, Rasiermesser und Mikroskop umzugehen.

- Sind Kinder des 5. Schuljahres kognitiv überhaupt in der Lage, aus der Untersuchung der einzelnen Präparate ein räumliches Bild der mikroskopischen Wirklichkeit zu gestalten?
- Sollten die Schülerinnen und Schüler nicht zuerst in die Arbeit mit der Lupe eingeführt werden?

Viele Autorinnen und Autoren sprechen sich dagegen für den Beginn des Mikroskopierens spätestens im 5./6. Schuljahr aus (z. B. AAAS 2009). Die Arbeit mit der Lupe wird bereits im Sachunterricht der Grundschule geübt. Im Biologieunterricht der Klassen 5 und 6 soll das Mikroskopieren als eine der wichtigsten Arbeitsmethoden an dem grundlegenden Sachverhalt, dass Lebewesen aus Zellen bestehen, erarbeitet werden. Die Fähigkeiten und Fertigkeiten der Schülerinnen und Schüler zum Mikroskopieren sind nicht nur nach ihrer Altersstufe, sondern auch mit Blick auf ihre Interessen und ihre Übung zu beurteilen (Bay & Rodi 1983). Als Kompromiss wird vorgeschlagen, das Thema Zelle im 5. Schuljahr nur unter Benutzung der Lupe und ergänzt durch die Mikroprojektion einzuführen (vgl. Thiessen 1978). Eine andere Lösung wäre, erst in der 6. bis 8. Klassenstufe mit dem Mikroskopieren zu beginnen (vgl. Knoll 1987).

Für die Einführung in das Mikroskopieren sollten etwa 6 bis 12 Stunden veranschlagt werden (vgl. z. B. Drutjons & Klischies 1987). Beobachtungen bei der Einführung des Zellbegriffs in der Klassenstufe 5 haben gezeigt, dass die Lernenden durchaus in der Lage sind, die Mikroskope zu bedienen und zu fruchtbaren Ergebnissen zu kommen. Schwierigkeiten gibt es vor allem bei der Deutung des Gesehenen, bei der die Lernenden Unterstützung benötigen (Marsh, Parkes & Boulter 2001). Dazu sind digitale Mikroskopkameras, mikroskopische Bilder und Modelle als Hilfen sinnvoll.

23.4 Für den Einsatz von Lupe und Mikroskop ist Praxiswissen zu nutzen

Lupen oder Fadenzähler sind keine teuren Geräte und sollten bereits für die Primarstufe in einem Klassensatz vorhanden sein (vgl. Hofmeister, Ellmers & Adam-Vitt 1987). Als besonders praktisch für den Unterricht erweisen sich Fadenzähler, die zum Zählen der Fäden bei Stoffgeweben benutzt werden. Sie werden auf das zu untersuchende Objekt gestellt. Man geht mit den Augen so nahe an die Linse heran, bis man das Objekt deutlich und scharf erkennen kann. Auf höheren Klassenstufen kann die Lupe als Messinstrument eingesetzt werden (vgl. Lahaune 1986).

Mikroskope sind komplizierte, empfindliche und teure Untersuchungsgeräte (Carlson 2005), die nicht immer im Klassensatz zur Verfügung stehen. Billige Geräte haben ein schlechtes Auflösungsvermögen. Man sollte daher für die Arbeit der Schülerinnen und Schüler einfache und robuste Markenmikroskope beschaffen (vgl. Kaufmann 1990). Bei der Beschaffung von Mikroskopen für Schulen sollte Folgendes beachtet werden:

- stabiles Stativ,
- robustes Triebwerk,
- eingebaute Beleuchtung oder Ansteckleuchte,
- Irisblende,
- zweilinsiger Kondensor mit verstellbarer Kondensorhöhe,
- Objektiv-Vergrößerung (in Revolver eingebaut), z. B. 3-, 10-, 40-fach (numerische Apertur 0,08; 0,25; 0,65),
- Okular 10-fach (Gesamt-Vergrößerung daher 30-, 100-, 400-fach),
- bei scharfer Einstellung möglichst großer Abstand zwischen Objektiv und Objekt, stark vergrößernde Objektive mit Federung, gut justierte Objektive,
- leicht beschaffbare Ersatzteile.

Für das methodische Vorgehen beim Mikroskopieren werden folgende Vorschläge gemacht:

- Kennenlernen und Beschreiben des Mikroskops durch Hantieren (Beleuchtungs- und Objektiveinstellung), Erarbeitung einer beschrifteten Abbildung (Krüger & Mayer 2006), Beschriftungen ablösbar aufkleben, Mikroskopführerschein, d. h. Nachweis der Fähigkeit, mit einem Mikroskop arbeiten zu können;
- Untersuchung eines einfachen Gegenstandes in Auf- und Durchlicht (Haar, Insektenbein, Feder) (Schneeweiß 1999; Bossert & Bossert 2000; Styer 2012) mit schwächster Vergrößerung (größter Objekt-Objektiv-Abstand, größtes Gesichtsfeld, größte Tiefenschärfe), langsame Steigerung der Vergrößerung (vgl. Eschenhagen 1987; Riemeier 2004) und der Schwierigkeit (Mathias 2004);
- Erkennen und Abstellen typischer und häufiger Fehler beim Mikroskopieren durch gezielte Übungen und Hilfen bei der Fehlersuche (vgl. Gropengießer 1997; 2013; → Tab. 23-2);
- Untersuchung pflanzlicher Gewebe mit und ohne Deckglas, Zeichnung eines Gewebes (vgl. Eschenhagen, Kattmann & Rodi 1989, 157);
- Studium, evtl. Zeichnung einfacher Strukturen pflanzlicher Zellen (vgl. Poenicke 1979);
- Erarbeitung der Zelle als räumliches Gebilde mit Hilfe eines räumlichen Zellmodells (vgl. Kästle 1974): Im Mikroskop sieht man in Durchsicht nur einen „optischen Schnitt";
- Untersuchung tierlicher und menschlicher Zellen;
- Vergleich der pflanzlichen mit der tierlichen Zelle.

	Fehler	Abhilfe
1	Deckglas schwimmt auf Flüssigkeit	Flüssigkeitsüberschuss mit Fließpapier aufnehmen
2	Objekt zu dick	dünneres Objekt
3	Objekt überstrahlt	abblenden
4	kein Strom	Stromquelle und Sicherung prüfen
5	Objektivrevolver nicht eingerastet	Objektivrevolver einrasten
6	Objektiv verschmutzt	Objektiv mit Mikrofasertuch reinigen
7	Filter- oder Kondensorhalterung im Strahlengang	Stellung der Halterung korrigieren
8	Transparenter Fremdkörper im Strahlengang	Tubus herausnehmen, Fremdkörper entfernen
9	Ölimmersionsobjektiv ohne Öl	Öltropfen auftragen
10	Grob- oder Feintrieb funktioniert nicht	Gerät muss zum Optiker

Tabelle 23-2: Häufig auftretende Fehler beim Mikroskopieren (Gropengießer 1997; 2013)

Aspekte zur *Gesundheit* und *Sicherheit* sind beim Mikroskopieren von vornherein zu beachten. Dies beginnt mit dem Aufstellen des Mikroskops so, dass eine unverkrampfte Körperhaltung beim Mikroskopieren möglich ist. Weiterhin sollten beim Mikroskopieren beide Augen geöffnet bleiben. Dabei sollte die Leuchtdichte so eingestellt werden, dass sie für beide Augen gleich groß ist. Direktes Sonnenlicht am Arbeitsplatz stört. Wird mit entspanntem Ziliarmuskel, d. h. mit Fernakkomodation, mikroskopiert, ermüdet man nicht so rasch (vgl. Gropengießer 1987). Auf Verletzungs- und Infektionsgefahren durch Präparierwerkzeuge, Objektträger und Deckgläser ist hinzuweisen. Schnitttechniken sind zu üben.

Zur Präparation von Pflanzen und Tieren werden vorteilhaft Stereo- oder *Präpariermikroskope* (Binokulare) verwendet. Sie haben schwache Vergrößerungen (10- bis 30-fach), die Arbeit erfolgt bei Auflicht. Durch zwei Objektive und zwei Okulare erhält man einen räumlichen Eindruck. Ein Präpariermikroskop sollte für Demonstrationszwecke an jeder Schule zur Verfügung stehen. Objektträger, Deckgläser, Pinzetten, evtl. Präpariernadeln, Spatel und Rasierklingen, bei denen eine Schneide mit Pflaster beklebt ist, sollten in ausreichender Anzahl vorhanden sein.

Im Übungsraum sind breite Schülerarbeitstische sowie Strom- und Wasseranschluss für die einzelnen Arbeitsgruppen vorzusehen (→ 19). Beim Einführen in das Mikroskopieren sollte die *Lerngruppe* nicht mehr als 20 bis 25 Schülerinnen und Schüler umfassen (vgl. Kästle 1970). Eventuell wird die Klasse dafür geteilt oder es wird für die Zeit der praktischen Arbeit eine zweite Betreuungsperson gefunden. Wenn Lernende schon Erfahrung mit dem Mikroskopieren besitzen, können sie bei Partnerarbeit ihren Mitschülern helfen. Zwei Lernenden steht dann ein Mikroskop zur Verfügung. Für die praktische Arbeit mit dem Mikroskop eignen sich besonders Blockstunden, da für die Vorbereitungs- und Aufräumungsarbeiten viel Zeit benötigt wird. Sind in der Schule nur wenige Mikroskope vorhanden oder ist die Zeit knapp, so können mit einer digitalen Okular-Kamera Objekte für alle sichtbar projiziert werden. Ebenso können besonders gut getroffene Objekte projiziert werden. Professionell hergestellte mikroskopische Abbildungen können das Mikroskopieren der Lernenden ergänzen, aber nicht ersetzen (vgl. Lüthje 1994). Dabei sollte man nicht versäumen, auf die Dimension der entstehenden Projektionsbilder hinzuweisen. Die Demonstration ist allerdings im Vergleich zur Eigentätigkeit der Schülerinnen und Schüler und der Begegnung mit den Originalobjekten (Lebewesen) häufig nur ein schwacher Ersatz (vgl. Killermann & Rieger 1996).

Tipps zur Deutung mikroskopischer Beobachtungen (vgl. Nott & Wellington 1997)

Lernende einer 7. Klasse mikroskopieren Moosblättchen sowie die Zwiebelhaut und fertigen dabei Zeichnungen an. Beim Rundgang zeigt sich, dass die Bilder von einer Pflanzenzelle im Lehrbuch ganz anders aussehen als die Zeichnungen der Lernenden.
Zur Klärung der Situation können folgende Aufgaben gestellt werden:

- Sind weitere Strukturen zu entdecken?
- Seht euch nacheinander verschiedene Zellen an, indem ihr mithilfe des Feintriebs verschiedene Ebenen scharf stellt und versucht, das Gemeinsame zu finden!
- Musterzeichnungen werden bereitgehalten und einzelnen Lernenden gezeigt.
- Abbildungen werden im Schulbuch oder als Folie gezeigt.
- Vergleiche mit dem mikroskopischen Bild werden angeregt.
- Nachdem die Mikroskope abgeräumt sind, wird mit den Lernenden über das Vorgehen von Wissenschaftlern gesprochen: Die beobachten nicht voraussetzungslos, sondern geleitet durch Hypothesen, Theorien und Vorstellungen anderer Wissenschaftler. Auch Wissenschaftler müssen zunächst lernen, eine gemeinsame Deutung der Beobachtungen zu finden.

Die Objekte für die Einführung in die Zellenlehre müssen leicht beschaffbar sein, die Zellen und ihre Inhalte müssen groß sein, die Präparate müssen leicht herstellbar sein (vgl. Schulte 1975). Zur Hervorhebung der Zellkerne sollte mit Iod-Kaliumiodid-Lösung oder mit Eosin-Lösung angefärbt werden.

Für die *Zellen-* und *Gewebelehre* eignen sich folgende Objekte (vgl. Hilfrich 1976; Scharl 1983; Eschenhagen, Kattmann & Rodi 1989):

- Oberhaut der Zwiebelschuppe, Moosblättchen (*Mnium*), Wasserpestblättchen, Zellen von Tomate und Orange, Stärkekörner der Kartoffelknolle,
- Fettgewebe (vgl. Thiessen 1978) und Lebergewebe (vgl. Dietle 1971) vom Schwein,
- Mundschleimhaut des Menschen,
- einzellige tierliche Lebewesen (Heuaufguss),
- einzellige und fädige Pflanzen (Algen),
- Stängelquerschnitt durch den Kriechspross des Hahnenfußes,
- Blattflächenschnitt und Blattquerschnitt der Nieswurz oder Schwertlilie,
- Wurzelquerschnitt der Schwertlilie.

Für Untersuchungen zur *Physiologie* und *Genetik*, vor allem in der Sekundarstufe II, sind folgende Objekte zu empfehlen:

- Epidermiszellen mit roter Vakuole, z. B. *Zebrina pendula*, *Rhoeo discolor* oder Rote Küchenzwiebel (Plasmolyse, Ionenfallenprinzip),
- Paramecien, Euglena (Reizerscheinungen),
- Paramecien, Amöben (Stoffwechsel),
- weiße Blutzellen der Miesmuschel (Phagozytose; Schneeweiß 1998),
- Seeigel (Befruchtungsexperiment; Carl Zeiss Microscopy et al. 2016),
- Zellen der Wurzelspitze der Küchenzwiebel (Mitose),
- Zellen der Mundschleimhaut des Menschen (Sexchromatin).

Harald Gropengießer

24 Experimentieren

Von Experimenten ist auch dann fälschlich die Rede, wenn es sich nur um Probieren, Sondieren, Testen und Untersuchen handelt oder wenn eine Versuchsanleitung kleinschrittig ausgeführt wird. Doch das Experimentieren verknüpft wissenschaftliches Denken und empirische Datengewinnung in besonderer Weise. Dieser Modus der Welterschließung begründet zudem das Selbstverständnis der Naturwissenschaften und das hohe Ansehen des so gewonnenen Wissens. Dieses Kapitel kann Sie unterstützen, das Experimentieren bei der Planung, Durchführung und Auswertung ihres Biologieunterrichts professionell in den Blick zu nehmen.

24.1 Mit Experimenten werden Hypothesen über Ursachen planmäßig getestet

„Eine Schülerin vermutet, dass Pflanzen zum gesunden Wachstum Mineralstoffe aus dem Boden brauchen. Sie stellt eine Pflanze in die Sonne [...].“ So beginnt eine freigegebene Beispielaufgabe aus der internationalen Vergleichsstudie TIMSS (Baumert et al. 1998, 54). Der Aufforderungs- und Unterstützungsteil der Aufgabe ist der Abb. 24-1 zu entnehmen. Als richtige Lösung wird D angegeben.

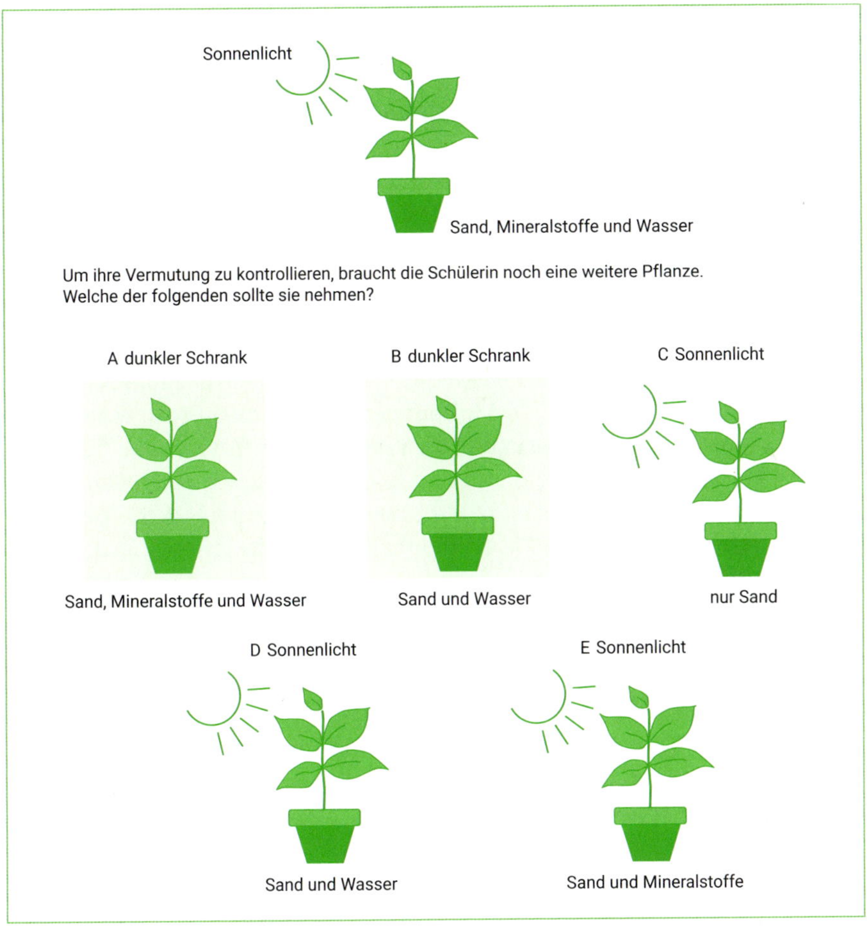

Abbildung 24-1: Beispielaufgabe, bei der nach dem Kontrollansatz gefragt wird. Aufforderungs- und Unterstützungsteil einer TIMSS-Aufgabe (Baumert et al. 1998, 54, verändert)

Hier geht es offensichtlich um naturwissenschaftliches Denken, bei dem eine Vermutung empirisch überprüft werden soll: Mineralstoffe sind notwendig für das Wachstum der Pflanzen. Diese Vermutung kann experimentell geprüft werden und ist damit eine naturwissenschaftliche Hypothese. Dazu müssen klare Unterscheidungen getroffen werden: Wachstum wird als Wirkung, deren Größe zu messen ist, oder als *abhängige Zielvariable* begriffen. Mineralstoffe werden als eine *Ursache* oder *unabhängige Testvariable* (genauer: zu testende Variable) angesehen. Alle übrigen notwendigen Bedingungen wie Sonnenlicht, Sand und Wasser werden nicht variiert, weil sie die zu messende Größe neben der zu testenden Variable verändern könnten. Diese möglichen Einflussgrößen (Störgrößen) werden entweder für alle Experimentdurchläufe gleich gehalten, minimiert oder ihr Einfluss wird ausgeschaltet. Somit wird die Wirkung der zu testenden Variable isoliert. Dafür sind die Experimente nach einem Untersuchungsplan durchzuführen, der einen *Kontrollansatz* enthält (Vorholzer et al. 2016; Gut-Glanzmann & Mayer 2018; → Tab. 10-2). Notwendig sind also Experimentreihen, in denen nur die Testvariable variiert, alle Störgrößen hingegen konstant gehalten werden. Genau danach fragt die Aufgabe (→ Abb. 24-1). Die erweist sich allerdings als sehr anspruchsvoll. Dies zeigt sich schon daran, dass weniger als die Hälfte der Lernenden des Jahrgangs 7 und 8 sich für den als richtig gewerteten Kontrollansatz entschieden hat. Aber selbst dieser als richtig gewertete Untersuchungsplan genügt den wissenschaftlichen Ansprüchen an ein aussagekräftiges Experiment (entgegen dem vereinfachenden Vorgehen in der Aufgabe) nicht. Denn ein Experiment mit nur einer Pflanze ist kein auswertbares Experiment. Schlussfolgerungen aus Einzelbefunden sind ein logischer Fehler (vgl. Kattmann & Jungwirth 1988). Erst eine ausreichende Anzahl von Wiederholungen minimiert die grundsätzliche Unsicherheit von Einzelbefunden. Ein Experiment muss wiederholt (repliziert) werden und es muss wiederholbar sein.

Zum Experimentieren als Teil des naturwissenschaftlichen Denkens und Arbeitens gehört es, dass Vermutungen durch die Bezugnahme auf Theorien begründet werden. Daraufhin kann eine Frage gestellt werden, die diese Hypothese überprüft. Durch Begründung und empirische Überprüfbarkeit wird aus einer Vermutung eine naturwissenschaftliche Hypothese (Hammann 2007; Horn & Meier 2020; → Tab. 24-1).

Alle Elemente eines Experiments müssen logisch aufeinander abgestimmt sein (vgl. Lehrer, Schauble & Petrosino 2001). Bei der Deutung werden die durch Beobachten der Messgröße erhobenen Daten des Testansatzes und des Kontrollansatzes verglichen. Der Vergleich mit der Prognose sichert zugleich den logischen Bezug und die Folgerung, ob die zugrunde liegende Hypothese bestätigt oder widerlegt wird. Das Formulieren einer Prognose ist daher von ausschlaggebender Bedeutung für die zutreffende Auswertung eines Experiments (Kizil & Kattmann 2013).

Fähigkeiten	Erläuterungen am Beispiel (→ Abb. 24-1)
Fragen, Hypothesen und Prognosen formulieren	
ein Phänomen in den Blick nehmen	Wachstum der Pflanzen
eine Ursache oder notwendige Bedingung vermuten	Mineralstoffe können notwendig sein.
einen Ursache-Wirkungs-Zusammenhang herstellen	Mineralstoffe beeinflussen das Wachstum der Pflanzen.
eine theoretische Begründung für den Zusammenhang geben	Pflanzen benötigen bestimmte Mineralstoffe (Justus Liebig).

eine Hypothese formulieren	Mineralstoffe verbessern das Wachstum der Pflanzen.
eine Fragestellung formulieren	Wachsen Pflanzen ohne Mineralstoffe?
die formulierte Frage als naturwissenschaftliche erkennen	Die Frage ist mit naturwissenschaftlichen Methoden zu beantworten.
Formulierung einer Vorhersage oder Prognose	Pflanzen der Ansätze ohne Mineralstoffe werden das Wachstum einstellen.
Das Experiment planen	
die Wirkung am Phänomen operationalisieren	Wachstum kann als Anzahl der Blätter gezählt oder als Länge der Sprossachse gemessen werden.
die methodischen Möglichkeiten und zeitlichen Beschränkungen abwägen	Wissenschaft ist die Kunst des Möglichen. Die schulischen Rahmenbedingungen sind zu beachten.
zu testende, zu messende und konstant zu haltende Variablen bestimmen	Die Wirkung von Mineralstoffen wird getestet, indem das Wachstum der Pflanzen gemessen wird. Sonnenlicht, Sand und Wasser sollen konstant sein.
nur die zu testende vermutete Ursache variieren	in einem parallelen Ansatz die Mineralstoffe weglassen
die Anzahl der parallelen Ansätze (Replikation) bestimmen	Wieviel Pflanzen sind notwendig, um genügend verlässliche Aussagen zu machen?
Das Experiment durchführen	
das Experiment aufbauen und ablaufen lassen	Pflanzen besorgen, in einzelnen Gefäßen an einem Ort aufstellen
die vermutete Ursache dosieren	Welche und wieviel Mineralstoffe sollen wie angewendet werden?
Beobachtungs- und Messzeitpunkt(e) bestimmen	Wann soll und kann gemessen werden? Einmal pro Tag oder zweimal die Woche?
beobachten und messen	die Länge der Sprossachse über dem Substrat mit einem Lineal messen
die Daten dokumentieren	Tabellen anlegen mit Pflanze, Zeitpunkt, Länge der Sprossachse und Person
Daten auswerten und interpretieren	
Daten aufbereiten	Mittelwerte berechnen, Diagramme zeichnen
Daten interpretieren	Aussagen formulieren wie: Durchschnittlich sind die mit Mineralstoffen versorgten Pflanzen länger gewachsen als die nicht versorgten.
Vorgehen kritisch betrachten	Warum zeigt sich der Längenunterschied erst nach einer Woche?
die Ergebnisse auf die Hypothese beziehen und einen Schluss folgern	Diese Pflanzen wachsen zunächst ohne Mineralstoffe. Die steigern aber das Längenwachstum der Pflanzen.

Tabelle 24-1: Fähigkeiten für das naturwissenschaftliche Experimentieren, erläutert mit Bezug auf die oben dargestellte Beispielaufgabe (→ Abb. 24-1)

24.2 Experimente haben im Unterricht verschiedene Bedeutungen und Funktionen

Wissenschaftshistoriker beschreiben, wie die experimentelle Methode entstanden ist, Wissenschaftstheoretiker erörtern die innere Logik dieses so erfolgreichen Weges und Wissenschaftssoziologen spüren den tatsächlichen Praktiken beim Experimentieren nach; Fachdidaktiker schließlich beschäftigen sich mit der Vermittlung der experimentellen Methode an Lernende. Der fachdidaktische Blick richtet sich hier zunächst auf die Verwendung des Wortes Experiment im Biologieunterricht (vgl. Höttecke & Rieß 2015; Metzger & Sommer 2010). Das Wort *Experiment* wird in unterrichtlichen Zusammenhängen meist weit gefasst. Man spricht selbst dann von „Experimentieranleitung“, wenn es sich eigentlich nur um die Beobachtung unter hergestellten Umständen handelt, z. B. Nachweisreaktionen von Nährstoffen oder Aufziehen von Kaulquappen in einem Aquarium. Die fachgemäßen Arbeitsweisen Beobachten, Untersuchen und Experimentieren werden zum unterrichtsmethodischen Handlungsmuster *experimentelles Arbeiten* oder *Schulversuche* zusammengefasst. Aus der Sicht einer Lehrperson werden in allen Fällen biologische Objekte, Materialien und Geräte benötigt. In diesem Sinne wird das Experiment häufig als eine „gezielte Frage an die Natur“ verstanden (vgl. Puthz 1988). Mit der „gezielten Frage“ wird aber kein spezifisches Abgrenzungskriterium des Experiments benannt, vielmehr kennzeichnet dies das Beobachten, Untersuchen und Experimentieren gleichermaßen (→ 21; → 22). Aus wissenschaftstheoretischer Perspektive handelt es sich dabei nur manchmal um experimentelle, immer aber um empirische Vorgehensweisen. Empirie umfasst als Oberbegriff alle Methoden, die Erfahrungswissen erzeugen. Es ist also immer zu klären, ob das Wort Experiment in wissenschaftstheoretischer oder unterrichtsmethodischer Bedeutung gebraucht wird.

Aus der Gegenüberstellung von Forschung und Vermittlung entspringen die Unterscheidungen von *Forschungsexperiment* und *Lern-* bzw. *Lehrexperiment*. Anders als beim Forschungsexperiment ist beim Lehrexperiment das Ergebnis bereits vor Beginn des Experiments bekannt. „Schulversuche können also nur bestätigenden Charakter haben“ (Mostler, Krumwiede & Meyer 1979, 217). Fachdidaktisch hat es aber Sinn, zwischen Experimenten zu unterscheiden, die allein einen den Lernenden bereits bekannten Sachverhalt bestätigen, und solchen, die auf der Grundlage selbstständiger, oft mühsamer Hypothesenbildung durch die Lernenden geplant werden. Experimente lassen sich daher nach ihrer Funktion im Erkenntnisprozess der Lernenden als bestätigend oder als forschend bzw. klärend kennzeichnen (vgl. Linsner 2009, 65; Arnold, Kremer & Mayer 2014). Das *bestätigende Experiment* soll Erfahrungen vertiefen. Das *klärende Experiment* enthält möglichst alle Aspekte naturwissenschaftlichen Arbeitens. Es wird auch als entdeckendes Experiment bezeichnet, jedoch ist dieser Terminus missverständlich, da mit jedem Experiment „Entdeckungen" gemacht werden können (→ 24.4). Mit dem klärenden Experiment können besonders gut Grundsätze des naturwissenschaftlichen Arbeitens und Einsichten in die naturwissenschaftliche Erkenntnis vermittelt werden (→ 24.3), wenngleich die Lernenden oft nicht alle Schritte selbstständig durchführen können. Häufig brauchen sie Hilfen bei der Planung des Experiments, insbesondere für die Auswahl und Handhabung des Experimentiermaterials.

Werden zu Beginn einer Unterrichtsstunde 1 cm dicke Apfelscheiben oberflächlich mit Zucker bestreut, andere hingegen nicht, um dann die Oberfläche nach einer Viertelstunde hinsichtlich der Feuchtigkeit zu beobachten, so lässt sich dies als ein *einführendes Experiment* kennzeichnen. Dies nimmt Bezug auf die Stellung des Experiments im Unterrichtsprozess. Das *einführende Experiment* dient dem Einstieg in ein neues Themengebiet, hier der Osmose. Die Lernenden sollen bestimmte Phänomene erfahren und zum Nachdenken angeregt werden. Allerdings sollten der Theoriebezug und die Hypothesenbildung nachgeliefert werden. Experimente als Einstieg sind eher die Ausnahme. Üblicherweise dient das Experiment der Erarbeitung, seltener der Ergebnissicherung. Das Einführungsexperiment kann den ersten Schritt eines klärenden Experiments darstellen, also dieselbe Funktion wie eine problemhaltige Lernerfrage, Zeitungsnotiz oder Beobachtung haben, die zur Hypothesenbildung und zu den folgenden Schritten anregt.Nach der durchführenden Person werden Schülerexperiment und Lehrerexperiment unterschieden. Einfache Experimente können einzelne Lernende, Tandems oder Kleingruppen durchführen, z. B. Experimente zur Änderung der Pulsfrequenz bei unterschiedlichen Tätigkeiten oder zum Verbrauch von Sauerstoff bei der Atmung. Schwierige Experimente bedürfen der Übung oder sie werden von der Lehrperson durchgeführt. Wird ein Experiment anderen Personen vorgeführt, spricht man von einem Demonstrationsexperiment.Nach dem Zeitaufwand unterteilt man Schulexperimente in Kurzzeitexperimente, die im Verlauf einer Stunde oder Doppelstunde abgeschlossen werden können, und Langzeitexperimente. Biologieunterricht ist durch einen hohen Anteil an Langzeitexperimenten gekennzeichnet. Im Hinblick auf den Exaktheitsgrad sind das qualitative und quantitative Experiment zu unterscheiden. Bei qualitativen Experimenten geht es allein um die Entscheidung der Frage, ob ein Faktor für eine Erscheinung eine Rolle spielt oder nicht (z. B. Ist Licht für die Photosynthese notwendig?). Die Antwort besteht in einem klaren Ja oder Nein. Bei *quantitativen Experimenten* wird stärker differenziert: Mehrere Einzelergebnisse werden in Zahl und Maß ausgedrückt und miteinander in Beziehung gesetzt (z. B. Welche Abhängigkeit besteht zwischen Sauerstoffproduktion und Lichtintensität bei der Photosynthese grüner Pflanzen?). Quantitative Experimente stellen oft hohe Anforderungen an das Experimentiermaterial, die Exaktheit des Arbeitens und das Verständnis der Beteiligten. Wird ein Experiment nicht am Original, sondern an einem Modell (→ 35) vorgenommen, spricht man von einem *Modellexperiment*, z. B. Pfeffer'sche Zelle oder Simulation der Selektion. Gedankenexperimente spielen im Rahmen eines klärenden Experiments eine wichtige Rolle: Auf die Schritte der Problemstellung und der Hypothesenbildung folgt die Versuchsplanung, also die gedankliche Vorwegnahme des eigentlichen Versuchs. Man kann ebenfalls von einem Gedankenexperiment sprechen, wenn im Unterricht ein Experiment nicht durchgeführt, sondern nur (durch einen Bericht der Lehrkraft oder mit Hilfe eines Informationsblattes) theoretisch dargestellt und ausgewertet wird. Im Biologieunterricht der gymnasialen Oberstufe spielt diese Form eine bedeutende Rolle (vgl. von Falkenhausen 1976, 127). Manche Gedankenexperimente sollen gar nicht ausgeführt werden, z. B. Extremalbetrachtungen. Im Ethikunterricht sollen konstruierte Situationen in der Diskussion helfen, geeignete Argumente und Grundsätze zu finden.

24.3 Experimentieren kennzeichnet einen Modus biologischer Welterschließung

Das Experiment gilt als *die* charakteristische und kennzeichnende Forschungsmethode der Naturwissenschaften. Aber die Biologie ist keine rein experimentelle Wissenschaft; empirische Belege beruhen in weiten Teilen auf Beobachtung ohne experimentelles Vorgehen (→ 21). Außerdem ist die Biologie in einigen Bereichen vorwiegend eine deskriptive und historische Disziplin. Ihre experimentellen Anteile sind im Laufe ihrer Geschichte jedoch immer stärker in den Vordergrund getreten und dominieren zurzeit eindeutig. Die wichtigsten Erkenntnisse der letzten Jahrzehnte sind auf experimentellem Wege gewonnen oder bestätigt worden. Dieser naturwissenschaftliche Modus der Welterschließung (→ 5.2) wird im Experimentieren besonders deutlich.

Im englischsprachigen Bereich spricht man von *nature of science* (→ 10), was im Deutschen treffender mit *Kultur der Naturwissenschaften* bezeichnet wird. Es ist Aufgabe des Biologieunterrichts, dass Experimentieren von den Lernenden als charakteristischer Teil der Kultur der Naturwissenschaften verstanden wird. Dazu müssen sie die Experimente selbst planen, durchführen und auswerten; denn man lernt „Experimentieren nur durch Experimentieren und nicht durch Anweisungen" oder „durch Zuschauen" (Kerschensteiner

1959, 126). Vor allem das klärende Experiment verlangt anhaltende gedankliche Auseinandersetzung und handelnden Umgang mit den Versuchsobjekten. Die Wirklichkeit des Experimentierens im Biologieunterricht fällt oft deutlich hinter dem hohen Anspruch zurück. Forschungsfragen werden nicht ausdrücklich formuliert oder von der Lehrperson vorgegeben. Über die Geräte, die zu sammelnden Daten, ja selbst über deren Darstellungsweise entscheidet allein die Lehrperson. Wiederholungen der Experimente werden meist durch paralleles Arbeiten verschiedener Gruppen ersetzt. Das ist zweckmäßig, aber die dadurch möglichen Fehlerquellen müssten reflektiert werden. Das als richtig gewertete Ergebnis ist bekannt, davon abweichende Ergebnisse werden häufig vernachlässigt. Dieses Experimentieren nach Rezept könnte durch weniger, aber dafür intensiveres Experimentieren an geeigneten Gegenständen dem biologischen Modus der Welterschließung näherkommen. Aber es sollte beachtet werden, dass Schulexperimente weitere Funktionen erfüllen – sie stiften Erfahrungen mit Phänomenen, die im Alltag nicht zugänglich sind (AAAS 1993). Wie oft Experimente tatsächlich im Biologieunterricht eingesetzt und wie sie eingebettet werden, ist nur ansatzweise empirisch erfasst. In nur vier von 45 untersuchten Biologiestunden zum Thema „Blut und Blutkreislauf" wurden Experimente durchgeführt. Fragenformulierung und Hypothesengenerierung konnten in zwei Unterrichtsstunden beobachtet werden, die Planung von Experimenten und Untersuchungen konnte nicht beobachtet werden (Jatzwauk 2007, 133). Dies deutet eher auf Abarbeitung der Experimente als auf eine gedankliche Durchdringung hin.Eine wesentliche und immer wieder diskutierte Frage ist, ob sich die naturwissenschaftlichen Unterrichtsfächer gegenseitig in der Vermittlung der experimentellen Arbeitsweise vertreten können, d. h., wie weit die Einsichten, Fähigkeiten, Fertigkeiten und Einstellungen, die beim Experimentieren in einem Bereich gewonnen werden, auf andere Bereiche übertragbar sind. Ein guter Chemie- und Physikunterricht kann sich zwar sehr günstig auf den Biologieunterricht auswirken, weil er den Lernenden eine allgemeine Wertschätzung des experimentellen Vorgehens, einen Einblick in den formalen Ablauf eines Experiments sowie gewisse grundlegende Denkverfahren und Handfertigkeiten vermittelt; er wird aber nie das Experimentieren im biologischen Bereich ersetzen können. Das gilt besonders für solche Experimente, die nur im Biologieunterricht vorkommen, also vor allem Experimente mit lebenden Organismen, und typische Langzeitexperimente, z. B. zur Entwicklung von Lebewesen unter unterschiedlichen Bedingungen (vgl. Berkholz 1973). Im Physik- und Chemieunterricht ist das Experimentieren viel selbstverständlicher als im Biologieunterricht. Der Sinn eines Experiments wird daher meist nicht besonders reflektiert. Entsprechend wird das Ziel, durch Experimentieren „Methoden wissenschaftlichen Denkens kennenzulernen", von Biologielehrkräften deutlich höher bewertet als von den Lehrenden der Fächer Chemie und Physik (Welzel u.a. 1998).

24.4 Lernende verstehen Experimente als Ausprobieren

Wenn Einstein behauptet, alle Wissenschaft sei nur eine Verfeinerung alltäglichen Denkens, dann scheint diese Verfeinerung mit Blick auf das Experimentieren recht grundlegend zu sein. Als Susan Carey et al. (1989) in 7. Klassen Brotteig und ein Brot vorlegen und fragen ließ, was den Teig aufgehen lasse, führte dies zu einer Liste mit Zutaten und zu einem Versuch, bei dem alle Zutaten in einen verkorkten Glaskolben gegeben wurden. Bald darauf bildeten sich Blasen und der Korken flog weg, was zu der tastenden Antwort führte, es seien die Gasblasen, die den Teig aufgehen lassen. Diese Antwort erklärt immerhin Eigenschaften des gebackenen Brotes. Allerdings ist die weitergehende Frage, warum Hefe, Mehl, Zucker, Salz und warmes Wasser Gas produzieren, nicht gelöst. Sind alle Zutaten notwendig? Die ersten Versuche der Lernenden sind unsystematisch. Sie protokollieren nicht, welche Zutaten sie verwenden und sie messen nicht; sie versuchen vielmehr, das Blubber-Phänomen zu erzeugen. Ihr vorunterrichtliches Verständnis vom Experimentieren lässt sie Dinge ausprobieren und schauen, ob es funktioniert. Zu den Schwierigkeiten, denen sich Lernende beim Experimentieren gegenübersehen, liegen inzwischen wesentliche Befunde vor (→ 10.4).

Wird Experimentieren so aufgefasst, dass ein bestimmtes Phänomen erzeugt oder ein bestimmter Zweck optimal erfüllt werden soll, dann entspricht dies eher der Vorgehensweise von Ingenieuren: Das Experimentieren ist auf den Effekt gerichtet. Für Naturwissenschaftler hingegen zielt Experimentieren auf das Identifizieren ursächlicher Variablen, also auf die Erklärung eines Phänomens. Kurz: Ingenieure zielen auf ein gewünschtes Ergebnis, Naturwissenschaftler auf Erkenntnis und Verstehen (Duschl, Schweingruber & Shouse 2007, 132 f.; Hammann & Mayer 2012). Der Ingenieurmodus sollte im Unterricht jedoch nicht abgewertet oder strikt vermieden werden. Die Absicht, einen Effekt zu erzeugen, kann vielmehr genutzt werden, um nach dessen Ursachen zu fragen. Die Lernenden können dann über den Effekt zur Erkenntnis gelangen (vgl. Kizil & Kattmann 2014). Eine andere Charakterisierung des Experimentierens betrifft zwei unterschiedliche Erkundungsstrategien. Beide starten zunächst mit Hypothesen, die experimentell untersucht werden. Wenn die Ergebnisse diesen Hypothesen widersprechen, stellen die sogenannten *Theoretiker* eine neue Hypothese auf und prüfen sie experimentell. Die sogenannten *Experimentatoren* dagegen erkunden mit Experimenten und stellen anhand der gewonnenen Daten eine Hypothese auf

(Dunbar 2002; Hammann 2007). Selbst unter Naturwissenschaftlern ist es üblich, Theoretiker und Experimentatoren zu unterscheiden. Im Unterricht ist jedoch bei mindestens ein oder zwei Experimenten zusammenzubringen, was zusammengehört: Denken, Handeln und Nachdenken über das Wechselspiel von Theorie und Empirie. Das Verständnis des Experimentierens kann schon in der 6. Klasse gezielt gefördert werden. Werden Variablenkontrolle und der Kontrollansatz beim Experimentieren in nur vier Schulstunden gedanklich durchgespielt und praktisch durchgeführt, so steigert dies das methodische Wissen und das Verständnis der Lernenden bereits erheblich (Ehmer 2008).

24.5 Regeln guter Experimentierpraxis erleichtern die Unterrichtsplanung

In der unterrichtlichen Praxis der Durchführung von Experimenten in der Schule haben sich die folgenden Regeln bewährt:

- *Je einfacher das Experiment, desto besser!* Wenn mehrere Experimentieranordnungen das gewünschte Resultat in der notwendigen Klarheit erbringen, so ist die weniger aufwendige Anordnung zu wählen. Bei gleichwertigen Möglichkeiten wählen die Lernenden aus.
- Der *Aufbau* des Experiments soll *gut überschaubar* sein. Gerade bei Demonstrationsexperimenten sollen die Apparaturen möglichst groß sein; ihre Bedeutung im Ganzen des Versuchs muss erkennbar sein (sorgfältige Beschriftung, Skizze des Experimentaufbaus, Ablauf aus Lernendensicht von links nach rechts); bei Demonstrationsexperimenten ist auf Beleuchtung, Hintergrund und Sichtbarkeit zu achten (evtl. Sitzordnung ändern).
- *Kontrollexperimente* sind in einem Untersuchungsplan zur Deutung der Ergebnisse notwendig (→ 24.1).
- Bei Experimenten mit Lebewesen, die unterschiedlich reagieren können, sind mehrere *parallele Messreihen* mit verschiedenen Individuen durchzuführen.
- Der Ablauf des Experiments soll *kritisch reflektiert* werden. Den Lernenden sollen die Komponenten des Experimentierens bewusst werden; besonders die Fragestellung, Hypothesen, mögliche Varianten des Experiments, Formen der Darstellung und die Kommunikation der Ergebnisse. Führt ein Experiment zu verschiedenen Ergebnissen, so werden die Fehlerquellen diskutiert und möglichst ergründet: Welche Gegenstände, Methoden, Bedingungen und Durchführungen waren anders als vorausgesetzt oder beabsichtigt? Wenn möglich, wird das Experiment mit verbesserten Methoden wiederholt.

- *Protokollführung*: Der Experimentablauf soll dokumentiert werden. Damit haben die Lernenden nach dem Unterricht die Möglichkeit, das durchgeführte Experiment gedanklich nachzuvollziehen (vgl. Wagener 1982; 1992; → 27).
- Experimente eignen sich für *innere Differenzierung*. Sofern es sich von der Sache her anbietet, können Kleingruppen mit unterschiedlichen Experimentieraufgaben betraut werden (arbeitsteiliges oder gemischt-arbeitsteiliges Verfahren).

Besonders für *Langzeitexperimente* gelten folgende Hinweise:
- Langzeitexperimente sollten so aufgestellt werden, dass die Lernenden sie häufig betrachten können. Gut geeignet ist der Klassenraum. Im Fachraum werden jeweils in den Biologiestunden Daten zu den Experimenten erhoben.
- Die Beobachtungen sind laufend für alle Schülerinnen und Schüler nachvollziehbar und sichtbar zu protokollieren. Dies kann beispielsweise eine Gruppe besonders interessierter Lernender übernehmen.
- Während des Experimentablaufs werden die Ergebnisse regelmäßig besprochen. Die jeweiligen Veränderungen werden beobachtet. Jeder Lernende sollte die Daten möglichst selbst erheben.

Soll mit einem Experiment naturwissenschaftliches Denken und Arbeiten deutlich werden, kann eine Prüfliste mit Fragen (→ Tab. 24-2) bei der Beurteilung helfen.

Kriterien	Fragen
Planbarkeit	• Können Lernende mögliche Einflussgrößen voraussehen? • Sind Störgrößen voraussehbar? • Können die Lernenden Daten voraussagen?
Erfahrbarkeit	• Ist das Untersuchungsobjekt oder der Veränderungsprozess direkt beobachtbar? • Ist die Variation der Einflussgröße erkennbar? • Motivieren die Objekte und/oder die Durchführung des Experiments?
Genauigkeit	• Ist eine quantitative oder qualitative Auswertung angemessen? • Wie genau sind die Ergebnisse? • Sind Fehlerquellen gering bzw. erkennbar?
Lernzuwachs	• Welche inhaltlichen Ziele (Verständnis biologischer Konzepte) werden erreicht? • Welche formalen Ziele (Einsicht in biologisches Arbeiten) werden erreicht? • Welche sozialen Ziele (Teamarbeit) werden erreicht?

Tabelle 24-2: Fragen zur Planung und Beurteilung von Experimenten (vgl. Mayer 2002)

24.6 Die Sicherheit und Gesundheit der Lernenden dürfen nicht gefährdet werden

Zur Sicherheit und Gesundheit der Lernenden gelten folgende *allgemeine Vorsichtsmaßnahmen*, die bei allen praktischen Arbeiten (also beim Beobachten, Untersuchen, Mikroskopieren und Experimentieren) einzuhalten sind. Hierzu sind die Erlasse der Bundesländer bindend (vgl. KMK 2019; DGUV 2019).

- Lernende dürfen Fachräume nur in begründeten Ausnahmefällen allein betreten. Sie sind über Lage und Bedienung der Not-Aus-Schalter für Strom und den zentralen Haupthahn für Gas zu informieren. Löscheinrichtungen wie Feuerlöscher, Löschdecke und Löschsand sind in ihren Funktionen zu erklären.
- Das Verhalten im Katastrophenfall ist zu üben (Fluchtwege).
- Auf mögliche Gefahren ist hinzuweisen.
- Wichtig ist ein Mindestmaß an Disziplin.
- Notwendige Schutzmaßnahmen wie Brille und Einmalhandschuhe sind zu erläutern, bei Nichtbeachtung anzumahnen.
- Grundlegende hygienische Anforderungen sind einzuhalten, z. B. nicht essen, trinken oder schminken. Arbeitsflächen und Geräte sind zu säubern, evtl. mit handelsüblichen Mitteln zu desinfizieren. Das abschließende Händewaschen mit Seife ist obligatorisch.
- Mögliche allergische Reaktionen Einzelner sind zu erfragen und zu beachten.

Experimente an *Lernenden* dürfen nur dann durchgeführt werden, wenn eine physische und psychische Schädigung ausgeschlossen werden kann und Hygieneregeln beachtet werden. Die Lernenden müssen mit ihrer Rolle einverstanden sein (Bretschneider 1994). Blutentnahme bei Menschen ist verboten (DGUV 2019). EKGs und EEGs dürfen nur mit Geräten vorgenommen werden, die der Medizingeräteverordnung entsprechen. Experimente mit berührungsgefährlichen Spannungen und ionisierenden Strahlungen sind verboten. Licht, Schall und Wärme dürfen nur in ungefährlichen Intensitäten eingesetzt werden. Eine Überreizung der Sinnesorgane ist zu vermeiden. Mundstücke müssen hygienisch einwandfrei sein: entweder Verbrauchsmaterial oder sterilisierbare Glasstücke verwenden.

Beobachtungen und Experimente mit *Tieren* sind grundsätzlich erlaubt, unterliegen aber besonderer Sorgfaltspflicht (KMK 2019):

- Bei der Entnahme von Tieren aus der Natur sind fischerei- und jagdrechtliche Vorschriften zu beachten. Naturschutzgebieten und anderen Schutzgebieten dürfen keine Tiere entnommen werden. Liegt hingegen ein vernünftiger Grund wie z. B. Förderung der Artenkenntnis vor, dann dürfen Tiere, die dem allgemeinen Artenschutz unterliegen, entnommen werden.

Bei besonders geschützten Arten (§ 44 BNatSchG) ist eine Genehmigung bei der zuständigen Naturschutzbehörde zu beantragen (KMK 2019). Die Organismen sind an der Entnahmestelle wieder auszusetzen.

- Im Biologieunterricht durchgeführte Beobachtungen und Experimente mit Tieren sind keine „Tierversuche" im Sinne des Tierschutzgesetzes. Die Haltungsbedingungen und die Experimente müssen so sein, dass den Tieren keine Schmerzen, Schäden oder Leiden zugefügt werden (Heimerich 1998; DGUV 2019). Das gilt auch für die Behandlung der Tiere nach Beendigung des Experiments.
- Giftige Tiere oder Tiere, die Krankheiten übertragen, dürfen in der Schule weder gehalten noch eingesetzt werden, d. h., Säugetiere aus dem Freiland dürfen nicht eingesetzt werden, sie sollten stets aus behördlich kontrollierten Zuchten (Zoohandel) bezogen werden; und es sollten nur solche Vögel gehalten werden, denen amtstierärztlich bescheinigt wurde, dass sie frei von Ornithose (Psittakose) sind.
- Hygienische Grundregeln sind zu beachten: Körperteile, die mit den Tieren in Berührung gekommen sind, werden gründlich gewaschen.
- Es ist zu bedenken, ob die im Experiment eingesetzten Tiere bei den Lernenden Ekel- oder Angstgefühle hervorrufen können (→ 35.1; vgl. Schanz 1972; Berkholz 1973; Bögeholz & Rüter 2004). Es hat keinen Sinn, Lernende zu zwingen, Experimente mit Tieren durchzuführen, wenn sie diese nicht mögen (z. B. Regenwürmer, Nacktschnecken, Spinnen). Es kann aber nützlich sein, Lernende solche Tiere freiwillig erkunden zu lassen und dabei das Ziel zu verfolgen, ihnen Möglichkeiten anzubieten, mit Ekel- oder Angstgefühlen umzugehen (Gropengießer & Gropengießer 1985; Polte & Wilde 2018).

Vor der Arbeit mit (Teilen von) giftigen *Pflanzen* sind die Lernenden über mögliche Gefährdungen wie Vergiftungen oder allergische Reaktionen zu informieren. Das heißt: Bei Arbeiten mit Pflanzen wie Christrose (*Helleborus niger*), Maiglöckchen (*Convallaria majalis*), Herbstzeitlose (*Colchicum autumnale*) oder Aronstab (*Arum maculatum*) ist vor Beginn auf die Gefahr hinzuweisen und ein sachgemäßes Verhalten einzufordern. Hilfreich sind Listen mit (sehr) stark giftigen Pflanzen (DGUV 2006); Hinweise finden sich auch in vielen Bestimmungsbüchern. Beim Umgang mit Mikroorganismen sind durch besondere Vorsicht und sorgfältiges Arbeiten Infektionen auszuschließen. Eine für die mikrobiologischen Experimente angemessene Ausstattung ist Voraussetzung (vgl. Lucius & Bayrhuber 1993; 1996). Man sollte bevorzugt mit Mikroorganismen aus der Nahrungsmittelproduktion arbeiten. Alle Kulturgefäße sind mit Namen bzw. Herkunft der Mikroorganismen, dem Nährmedium und dem Datum zu kennzeichnen. Die Arbeitsflächen sollen flüssigkeitsdichte und desinfizierbare Oberflächen haben. Alle Arbeitsgeräte, die mit Mikroorganismen in Berührung gekommen sind, müssen sterilisiert werden. Vor den Pausen werden die Hände gründlich mit Seife gewaschen, mit handelsüblichen und geprüften Desinfektionsmitteln desinfiziert und mit Einmalhandtüchern abgetrocknet (DGUV 2019). Solche Maßnahmen sollten aber nicht vor der Arbeit mit Mikroorganismen abschrecken, sondern vielmehr Anlass sein, sie aus biologischer Sicht zu begründen (Graf & Graf 1991). Nicht mehr benötigte Kulturen von Mikroorganismen sind sachgerecht zu entsorgen: Die verschlossenen Kulturgefäße werden in speziellen Beuteln gesammelt und bei 1 bar Überdruck, entsprechend 121°C, mindestens 20 Minuten autoklaviert. Wenn allein schon wegen der Herkunft von Mikroorganismen, z. B. aus Fäkalien, Abwässern, Kadavern oder dem Intimbereich, mit Krankheitserregern zu rechnen ist, sind sie für den Unterricht ungeeignet. Mikroorganismen von Fingerabdrücken, Klinken von (Toiletten-)Türen, aus Luft, Wasser und Boden sind vor der Inkubation auf Nährböden mit Parafilm oder Klebeband zu versiegeln und geschlossen zu halten. Offenes Mikroskopieren oder Überimpfen ist wegen der möglichen Anreicherung pathogener Keime zu unterlassen. Ein Heuaufguss sollte nur mit höchstens handwarmem Wasser als Sukzessionsexperiment angesetzt werden. Die Lehrperson kann dann jeweils einen Tropfen entnehmen, der von den Lernenden mikroskopiert wird. Als Reinkulturen dürfen nur definierte, nicht humanpathogene Mikroorganismen eingesetzt werden. Solche Stämme sind von der DSMZ (Deutsche Sammlung von Mikroorganismen und Zellkulturen) zu beziehen (vgl. Lucius 1992).

Aufgabe 24-1: Eine Kontroverse durch ein Experiment klären
„Mir hat jemand erzählt, dass Haare schneller wachsen, wenn man sie öfter schneidet." In der Regel reicht diese Behauptung aus, um eine Diskussion unter den Lernenden zu entfachen. Die spontanen Reaktionen auf diese Behauptung fallen kontrovers bis zweifelnd aus (Niebert & Gropengießer 2006).

Handlungsaufforderung 24-1: Formulieren Sie dazu eine im Kontext des Biologieunterrichts lösbare, naturwissenschaftliche Forschungsfrage!

Handlungsaufforderung 24-2: Arbeiten Sie einen Untersuchungsplan für Ihre Forschungsfrage entlang der notwendigen experimentellen Fähigkeiten (→ Tab. 24-1) aus!

Marcus Hammann

25 Vergleichen

Äpfel und Birnen kann man nicht vergleichen – behauptet der Volksmund. Gemeint ist, dass man beim Vergleichen darauf achten sollte, dass die Dinge, die verglichen werden sollen, wirklich vergleichbar sind. Selbstverständlich kann man aber auch unähnliche Vergleichsobjekte miteinander vergleichen, wenn dies die Fragestellung des Vergleichs erfordert. Denn es gibt neben den Unterschieden auch Ähnlichkeiten und Gemeinsamkeiten. Diese werden beim Vergleichen immer in Bezug auf Vergleichskriterien ermittelt. Man spricht auch vom kriterienbezogenen oder vom kriteriengeleiteten Vergleichen. Beim Vergleichen ist daher im Gegensatz zum einleitenden Sprichwort die begründete Auswahl von Vergleichskriterien – und nicht die Ähnlichkeit der Vergleichsobjekte – entscheidend. Und die Wahl der Vergleichskriterien hängt von der Fragestellung des Vergleichs ab. Somit erfolgt das Vergleichen in der Wissenschaft methodisch reflektiert unter begründeter Verwendung von Vergleichskriterien, und dies sollte in Ihrem Biologieunterricht auch deutlich werden.

25.1 Für das Vergleichen braucht man Kriterien

Wissenschaft lebt vom Vergleichen. Dieser Satz stammt vom Virologen Christian Drosten. Unter anderem forscht Christian Drosten am MERS-Coronavirus, das sein Reservoir im Dromedar hat, aber bereits mehrfach auf den Menschen übergesprungen ist und vereinzelt von Mensch zu Mensch übertragen wurde. Da eine MERS-Coronavirus-Pandemie aber nur entstehen kann, wenn eine anhaltende und unkontrollierte Mensch-zu-Mensch-Übertragung stattfindet, zieht der Virologe einen Wirtsvergleich, Dromedar gegen Mensch. Er stellt die Frage, was dem MERS-Coronavirus in Menschenzellen fehlt, was es im Dromedar vorfindet, um dort zu bleiben und sich weiter zu übertragen. Der Vergleich ist dabei eine wichtige Arbeitsweise zur Hypothesenbildung.

Anhand des eingangs beschriebenen Wirtsvergleichs des Virologen lassen sich wesentliche Merkmale des Vergleichens erläutern. Es wird hierfür die folgende Definition des Vergleichens zugrunde gelegt: Das wissenschaftliche Vergleichen ist eine Handlung, bei der eine Person unter Verwendung von Kriterien zwei oder mehr Objekte oder Ereignisse beobachtet, jeweils ihre

Eigenschaften erfasst und dann überprüft, ob die Eigenschaften gleich oder ungleich sind. Mit dieser Prüfung von Übereinstimmungen, Ähnlichkeiten und Unterschieden geht der Vergleich über die Beobachtung eines Einzelobjekts hinaus. Allerdings stellt die Beobachtung – wie auch beim Experimentieren – die Grundlage für diese Arbeitsweise dar.

Die wesentlichen Merkmale des Vergleichens sollen im Folgenden erläutert werden (siehe auch Eichberg 1972). Vergleiche werden durch ein *Motiv* oder eine *Motivation* ausgelöst. Ein Motiv ist beispielsweise ein Erkenntnisinteresse oder eine Fragestellung. Im vorliegenden Beispiel vergleicht Christian Drosten die MERS-Corona-Viren im Dromedar und im Menschen zur Gewinnung von Hypothesen über eine mögliche Pandemieentstehung. Weiterhin bezieht sich der Vergleich auf mindestens zwei *Vergleichsobjekte*, die über *Vergleichskriterien* in Beziehung gesetzt werden. Im geschilderten Beispiel wird untersucht, wie sich das MERS-Coronavirus, das vom Dromedar kommt, in den menschlichen Zellen verhält und ob die durch den MERS-Coronavirus verursachten Veränderungen krankmachender für den Menschen sind als beim Dromedar. Dabei stellt sich der Virologe die Frage, was dem MERS-Coronavirus in menschlichen Zellen fehlt, was es im Dromedar vorfindet, um dort zu bleiben und sich weiter zu übertragen. Zur Beantwortung der Frage werden bei den Vergleichsobjekten die Organisationsebenen der Zellen, Gewebe und Organe berücksichtigt. Die *Kriterien* des Vergleichs ergeben sich aus den Eigenschaften oder Merkmalen, nach denen verglichen wird (z. B. die Umstrukturierungen des Zellinneren durch das Coronavirus; Schäden, die das Coronavirus an Geweben und Organen auslöst). Schließlich hat ein Vergleich ein *Vergleichsergebnis*. Hierbei handelt es sich um die Antwort auf die auslösende Frage. Im vorliegenden Beispiel besteht das Ergebnis in Hypothesen über eine mögliche Pandemieentstehung, wobei die Hypothesenbildung durch das Herausarbeiten von Vergleichskriterien ermöglicht wurde. Bei anderen Vergleichen können die Vergleichskriterien bereits von Anfang an bekannt sein.

25.2 Vergleichen dient der Beantwortung von Fragestellungen

Im Biologieunterricht kommen Vergleiche zum Einsatz, bei denen die Eigenschaften der Vergleichsobjekte nicht nur beschrieben (deskriptive Vergleiche), sondern hinsichtlich der Fragestellung des Vergleichs erläutert werden müssen (erklärende Vergleiche). Die Fragestellung erklärender Vergleiche ist problemorientiert. Bei Vergleichen mit ökologischen Fragestellungen muss durch funktionelle Analysen beispielsweise erläutert werden, wie Organismen an unterschiedliche Umweltbedingungen angepasst sind.

Hierfür ist es notwendig, anatomisch-morphologische Merkmale auszuwählen (bzw. Merkmalsmuster zu erkennen) und die Eigenschaften von Organismen als Angepasstheiten an die Umwelt zu erläutern (Hammann 2004). Beispiele hierfür sind die Vergleiche von Feldhase und Wildkaninchen (Klahm 1982) bzw. von Hecht und Karpfen (Hammann 2004).

Andere problemorientierte Vergleiche dienen der Beantwortung der Fragestellung, ob Ähnlichkeiten von Organismen und ihren Merkmalen auf verwandtschaftlichen Beziehungen beruhen oder auf Angepasstheiten an ähnliche Umwelten. Beruhen die Ähnlichkeiten von Organen, Funktionen und Verhaltensweisen auf verwandtschaftlichen Beziehungen, werden diese als homolog bezeichnet. Andere Ähnlichkeiten lassen sich nur als Angepasstheiten an die jeweiligen Umweltbedingungen deuten – in diesem Falle spricht man von analogen oder konvergenten Strukturen und Funktionen. So lassen sich zum Beispiel durch einen Vergleich von Hai und Delfin viele Ähnlichkeiten feststellen (in Bezug auf Körpergestalt, Fortbewegungsweise usw.), nähere Verwandtschaftsbeziehungen der beiden Arten sind aber eindeutig auszuschließen. Zur Ermittlung von Verwandtschaftsbeziehungen werden nämlich andere Merkmale betrachtet (z. B. Milchdrüsen) als zur Erläuterung von Angepasstheiten (z. B. Stromlinienform). Der Vergleich führt zum Ergebnis, dass es sich um Fische bzw. Säugetiere handelt, die beide demselben Lebensformtyp (schnell schwimmende, räuberisch lebende Meerestiere) zugeordnet werden können (vgl. Eschenhagen, Kattmann & Rodi 1992; Hedewig, Kattmann & Rodi 1998). Darüber hinaus erkennen die Lernenden, dass das Vergleichsergebnis von der Wahl der Kriterien abhängt. Die problemorientierte Fragestellung für diesen Vergleich könnte also folgendermaßen lauten: Inwiefern beruhen die Ähnlichkeiten von Hai und Delfin auf Verwandtschaft oder auf Angepasstheiten an ähnliche Umwelten?

25.3 Vergleichen dient der Begriffsbildung

Im Biologieunterricht sind Vergleiche bedeutsam für die Bildung elementarer Begriffe. Wichtig ist dabei die *Auswahl* der Vergleichsobjekte. Der Vergleich innerhalb einer Gruppe von Objekten, die mit einem Terminus bezeichnet wird, leistet etwas anderes als der Vergleich zwischen Gruppen, die mit verschiedenen Termini bezeichnet werden. Man unterscheidet daher zweckmäßig den *Innergruppen-Vergleich* und den *Zwischengruppen-Vergleich*, denn anhand des Innergruppen-Vergleichs allein lassen sich allgemeine und unterscheidende Merkmale nicht trennen. Auf die missverständlichen Termini „innerartlicher" und „zwischenartlicher" Vergleich sollte man verzichten (Šula 1968; Memmert 1975, 32 ff.).

Bei der Bildung der Begriffe „Steinfrüchte“ und „Apfelfrüchte“ erhalten die Lernenden als Anschauungsmaterial für Ersteres Kirschen, Pflaumen und Aprikosen und für Letzteres Äpfel, Birnen und Vogelbeeren. Um die Begriffe auszuschärfen, sollten zwei Vergleiche gezogen werden: *Innergruppen-Vergleiche* (mehrere Steinfrüchte werden miteinander verglichen; mehrere Apfelfrüchte werden miteinander verglichen) und zusätzlich ein *Zwischengruppen-Vergleich* (Steinfrüchte und Apfelfrüchte werden miteinander verglichen) (vgl. Šula 1968, 25; Dietrich u. a. 1979, 140 ff.). Der Zwischengruppenvergleich rückt die allgemeinen Eigenschaften stärker in den Blick, nämlich die Zugehörigkeit beider Fruchttypen zu den Saftfrüchten. Anschließend werden die unterscheidenden Merkmale ermittelt und die Lernenden erkennen, dass Steinfrüchte einen Stein und Apfelfrüchte ein Kerngehäuse besitzen.

Eine entsprechende Rolle spielen die beiden Vergleichstypen bei der Begriffsbildung auf höheren Ebenen (z. B. fleischige Schließfrüchte – trockene Schließfrüchte; Schließfrüchte – Streufrüchte). Durch einen *Wechsel der Vergleichsebene*, d. h. durch Einbeziehen weiterer Objektgruppen, kann ein und derselbe Gegenstand als typischer Vertreter verschiedener Gruppen erkannt werden, z. B. die Kirsche als Steinfrucht im Gegenüber zu Apfelfrüchten und als fleischige Schließfrucht im Gegenüber zu trockenen Schließfrüchten (vgl. Müller & Kloss 1990).

25.4 Vergleichen dient dem Ordnen von Organismen

Vergleichen kann zu einer bestimmten Form des *Ordnens* führen. Alle Objekte, die eine Gleichheit bestimmter Eigenschaften zeigen, können zu Klassen oder Kategorien zusammengefasst werden (z. B. Pflanzenfresser – Fleischfresser – Allesfresser). Ein solches Ordnungssystem, welches sich auf ein übergeordnetes Vergleichskriterium (z. B. Ernährung) bezieht, lässt sich als *kriterienstet* kennzeichnen. In anderen, *kriterienunsteten* Ordnungssystemen wird das Kriterium gewechselt (z. B. Pflanzenfresser, Raubfische, Insekten, Haustiere).

Die Fähigkeit zum kriteriensteten Ordnen wurde untersucht, indem Schülerinnen und Schüler aufgefordert wurden, Tiere und Pflanzen zu ordnen. Dabei wurde die Methode des freien Ordnens verwendet, bei der die Lernenden das übergeordnete Ordnungskriterium eigenständig wählen sollten. Die Methode ist sinnvoll, da Organismen auf unterschiedliche Art und Weise klassifiziert werden können. Je nach Zielsetzung des Unterrichts lassen sich Organismen beispielsweise in Bezug auf Verwandtschaft (z. B. Wirbeltiergruppen), Stoffwechsel (z. B. gleichwarm, wechselwarm), Ernährung (z. B. Fleischfresser, Pflanzenfresser, Allesfresser), Lebensweise (Friedfische,

Raubfische) und Angepasstheit (z. B. Hygrophyten, Hydrophyten, Xerophyten, Mesophyten, Tropophyten) klassifizieren.

Verschiedene empirische Untersuchungen belegen, dass Lernende Organismen ordnen, ohne die gebildeten Gruppen auf ein übergeordnetes Vergleichskriterium zu beziehen. Weniger als 10 % der Gymnasialschüler in der 6. Klasse ordneten elf Fische in Bildern kriterienstet (Hammann 2002). Ungefähr ein Drittel der Gymnasialschüler in der 5. und 6. Klasse ordneten 15 Tiere in Bildern, 25 Tiere aus einer Wörterliste und elf Fische in Bildern kriterienstet (Hammann & Bayrhuber 2003). Nur 2 % der Schülerinnen und Schüler der Jahrgangsstufen 4 bis 12 ordneten elf Pflanzen aus einer Wörterliste und elf Pflanzen in Bildern jeweils nach einem übergeordneten Vergleichskriterium (Krüger & Burmeister 2005). In einer weiteren Untersuchung ordneten Schülerinnen und Schüler der 4. bis 8. Klasse bevorzugt nach Lebensraum und Fortbewegung (Kattmann & Schmitt 1996). Häufig wurden die Gruppen Wasser (Wassertiere, Schwimmen), Luft (fliegende Tiere, Flugtiere, Lufttiere), Boden (Kriechen, Krabbeln, Kriechtiere), Land (Landtiere, laufende Tiere, Vierfüßer, Haustiere, Wildtiere) gebildet (Kattmann & Schmitt 1996). Basierend auf dieser Untersuchung wurde argumentiert, dass eine wichtige Aufgabe des Biologieunterrichts darin bestehe, Wege vom Ordnen in Ähnlichkeitsgruppen zum Ordnen in stammesgeschichtliche Gruppen aufzuzeigen (Kattmann 2007; Baumann et al. 1996). Allerdings zeigten weiterführende Analysen, dass das Problem des kriterienunsteten Ordnens nicht an eine spezifische Art des Ordnens nach den Kriterien des Lebensraums und der Fortbewegung gebunden ist (Hammann & Bayrhuber 2003). Aufbauend auf diese Erkenntnis wurde ein Methodentraining zum kriteriensteten Ordnen entwickelt (Hammann 2004). Das Methodentraining fokussiert auf die Kompetenz des kriteriensteten Ordnens und besitzt die folgenden Aspekte:

- Förderung der Fähigkeit, zwischen unterschiedlichen Kriterien und ihren Ausprägungen zu unterscheiden,
- Förderung der Fähigkeit, bei der Bildung von Gruppen eines Klassifikationssystems ausschließlich die Ausprägungen eines einzigen Kriteriums zu verwenden,
- Förderung der Fähigkeit, bei der Bildung von Gruppen eines Klassifikationssystems die Ausprägungen eines Kriteriums so zu wählen, dass Gruppengrenzen eindeutig definiert werden können,
- Förderung der Fähigkeit, beim Ordnen von Organismen nach unterschiedlichen Gesichtspunkten verschiedenartige Kriterien festzulegen, diese aber innerhalb eines Klassifikationssystems nicht zu wechseln,
- Förderung der Fähigkeit, die eigene Vorgehensweise beim Ordnen zu überwachen bzw. die Ergebnisse des eigenen Ordnens zu überprüfen.

Diese Schwerpunkte wurden gesetzt, da sich Zusammenhänge zwischen Fähigkeiten beim Ordnen von Organismen, Metawissen über Vorgehensweisen beim Ordnen und Fehlerdiagnose belegen ließen (Hammann & Beyer 2007).

25.5 Vergleichen fördert die Wahrnehmung relevanter Details

In der Wissenschaft Biologie, die sich mit der Vielfalt biologischer Systeme auf den verschiedenen Organisationsebenen beschäftigt, spielt das Vergleichen eine grundlegende Rolle. Darauf weisen schon die Bezeichnungen einiger Teildisziplinen hin (z. B. Vergleichende Morphologie, Vergleichende Entwicklungsgeschichte). Die konsequente Anwendung des vergleichenden Verfahrens ermöglicht einerseits das Ordnen der Vielfalt und führt andererseits zu der Grunderkenntnis, dass alle Organismen in wesentlichen Eigenschaften übereinstimmen (Kennzeichen des Lebendigen).

Zwischen dem Vergleichen und der Wahrnehmung relevanter Eigenschaften besteht im Unterricht eine Wechselwirkung: Werden mehrere Vergleichsobjekte gleichzeitig präsentiert, die sich in relevanten Eigenschaften unterscheiden, und werden Lernende aufgefordert, die Eigenschaften dieser Objekte zu beschreiben, so beschreiben diese relevante Details auf detailliertere Art und Weise als bei der Präsentation eines Einzelobjekts (Bransford u. a. 1989). Ursächlich hierfür ist die Tatsache, dass relevante Details durch die Gegenüberstellung deutlicher hervortreten.

Dieser Befund ist bedeutsam für das Lernen relevanter Kontraste in einem Wissensbereich. Experten unterscheiden sich nämlich von Novizen in ihrer Fähigkeit, die relevanten Unterschiede zwischen Vergleichsobjekten zu benennen und sich nicht von oberflächlichen Ähnlichkeiten leiten zu lassen (Bransford u. a. 2000). Deshalb sind Lernumgebungen sinnvoll, in denen ähnliche Gegenstände gegenübergestellt werden, die sich in einigen Merkmalen deutlich voneinander unterscheiden, um den Blick der Lernenden auf die wichtigen Vergleichskriterien zu lenken. Beispiele sind die vergleichende Gegenüberstellung unterschiedlicher Angepasstheiten einer Organismengruppe oder auch die unterschiedlichen Realisierungen des Prinzips der Oberflächenvergrößerung oder des Prinzips des Gegenspielers.

25.6 Vergleichen dient dem Testen von Hypothesen

Ein wichtiges Anwendungsgebiet vergleichender Methoden ist die moderne evolutionsbiologische Forschung (Garamszegi 2014). Für den Biologieunterricht wurden entsprechende Unterrichtsmaterialien für den Außengruppenvergleich entwickelt, denn Ziel der phylogenetischen Systematik ist die Erstellung von Stammbäumen, die ausschließlich auf phylogenetischer Verwandtschaft basieren (Hammann & Scheffel 2005; Jördens et al. 2011). Phylogenetische Stammbäume basieren auf dem Nachweis gemeinsamer abgeleiteter Merkmale und der Bildung monophyletischer Gruppen. Diese enthalten alle Nachfahren einer Stammart sowie die Stammart selbst (Rösberg et al. 2020 a, b). Für die monophyletische Gruppe der Amnioten (Reptilien, Vögel, Säugetiere) ist beispielsweise die Eihülle ein abgeleitetes Merkmal und erlaubt deren Abgrenzung von den Anamnia (Fische und Amphibien).

Um zwischen ursprünglichen (evolutionär älteren) und abgeleiteten (evolutionär neu) Merkmalen zu unterscheiden, verwendet man den Außengruppenvergleich. Vertreter einer monophyletischen Gruppe (Innengruppe) werden einem Vertreter einer verwandtschaftlich weiter entfernten Organismengruppe (Außengruppe) gegenübergestellt. Beispielsweise kann man durch den Außengruppenvergleich die Frage klären, ob die Säugetier-Merkmale „eierlegend" (bei den Kloakentieren) und „lebendgebärend" (bei den Beuteltieren und den Plazentatieren) ursprünglich oder abgeleitet sind. Man testet also Hypothesen über den gemeinsamen letzten Vorfahren von Kloakentieren sowie Beuteltieren und Plazentatieren. Besitzt dieser das Merkmal lebendgebärend, so haben die Kloakentiere das Merkmal „eierlegend" evolutionär neu erworben. War der letzte gemeinsame Vorfahre eierlegend, dann haben die Beuteltiere und Plazentatiere das Merkmal „lebendgebärend" evolutionär neu erworben. Als Vertreter der Außengruppe können sämtliche andere Wirbeltiere dienen. Da diese Eier legen, besaß der letzte gemeinsame Vorfahre von Kloakentieren, Beuteltieren und Plazentatieren mit sehr hoher Wahrscheinlichkeit das Merkmal „eierlegend". Folglich ist das Merkmal „lebendgebärend" der Beuteltiere und der Plazentatiere das abgeleitete Merkmal.

Lernaufgabe 25-1: Vergleich von Hecht und Karpfen
Eine Lehrkraft zeigt Abbildungen von Hecht und Karpfen. Es geht um das Thema „Friedfisch und Raubfisch". Die Lehrkraft beginnt mit einem stummen Impuls. Die Lernenden beschreiben ausgewählte Merkmale von Hecht und Karpfen. Einige Aussagen der Lernenden sind vergleichend.

Handlungsaufforderung 25-1: Formulieren Sie einen Arbeitsauftrag für einen problemorientierten Vergleich!

Christoph Randler

26 Unterrichten mit Lebewesen

Janne war wegen des geplanten Biologieunterrichts sehr aufgeregt – schließlich wurden in der Stunde Regenwürmer und Schnecken beobachtet. Zuerst überwog der Ekel bei den Schülerinnen und Schülern, doch dann siegte ihre Neugier. Die Motivation in der Klasse war in der gesamten Stunde sehr hoch. Janne stellte fest, dass der Vorbereitungsaufwand sich allemal gelohnt hatte.

So oder ähnlich geht es vielen Lehrpersonen, wenn sie lebende Tiere im Unterricht einsetzen. In diesem Kapitel erhalten Sie grundlegende Informationen zum Biologieunterricht mit Lebewesen.

26.1 Lebewesen fördern die Lernmotivation und ermöglichen Primärerfahrungen

Die Bedeutung des Einsatzes lebender Tiere und Pflanzen für den Unterricht wird bereits seit 300 Jahren, seit *Johann Amos Comenius*, betont. Heute in einer zunehmend digitalisierten Welt erscheint der Einsatz von Lebewesen im Biologieunterricht umso wichtiger, weil er Primärerfahrungen ermöglicht, die Kinder und Jugendliche in ihrem Alltag häufig nicht mehr machen. Als weitere wichtige Funktionen werden in der Literatur vor allem in der frühen Sekundarstufe I die *Motivierung* der Lernenden für biologische Fragestellungen, das Entwickeln einer *positiven Einstellung* gegenüber Lebewesen, das Gewinnen von biologischen *Grunderfahrungen* (Randler 2016) sowie der Abbau von Angst und Ekel genannt (Randler et al. 2012). Eine besondere Rolle spielt deshalb die Pflege von Pflanzen und Tieren durch die Lernenden im schulischen Kontext. Auch können Lebewesen als „Medium“ im Biologieunterricht eingesetzt werden.

Unterricht mit Tieren wird von Schülerinnen und Schülern oft besser bewertet als ein Unterricht mit Pflanzen. In einer Studie, in der die Unterrichtsmethode „forschendes Lernen“ (→ 10) eingesetzt wurde, bewerteten Lernende den Unterricht zur Weinbergschnecke beispielsweise als interessanter und weniger langweilig als jenen zur Seerose; gleichzeitig zeigten sie ein höheres Wohlbefinden (Hummel et al. 2012). Aus verschiedenen Gründen ziehen viele Lernende Tiere den Pflanzen vor (Prokop & Randler 2018): Die Tiere bewegen sich mehr und meist schneller als Pflanzen. Zudem ist das Beobachten der Verhaltensweisen interessant und man kann Reaktionen beobachten und testen. Manche Tiere erscheinen den Lernenden als „Persönlichkeiten“, was auch moderne Studien zeigen, die sogar bei Wirbellosen Persönlichkeitsunterschiede nachweisen (Kralj-Fišer & Schuett 2014). Des Weiteren erscheinen bestimmte Tiere dem Menschen ähnlich und möglicherweise beeinflusst die phylogenetische Distanz – je näher mit dem Menschen verwandt, desto beliebter – die Bewertung (Bjerke et al. 1998). Es sind aber auch Angst und Ekelgefühle zu beachten (Bögeholz & Rüter 2004; Randler et al. 2012). Ekel kann sich negativ auf Motivation, Interesse, Flow-Erleben und Lernleistung auswirken (Holstermann et al. 2012; Polte & Wilde 2018; Randler et al. 2013). Erste Ansätze zeigen jedoch, dass Angst und Ekel sich durch eine Unterrichtsintervention, bei der mit lebenden Tieren umgegangen wird, verringern lassen (Randler et al. 2012). Neben Tieren und Pflanzen wird auch der *Mensch* als lebender Organismus für Beobachtungen und Experimente einbezogen. Diese Chance wird allerdings in vielen Fällen zu wenig genutzt.

26.2 Lebewesen im Unterricht können Interesse, Motivation und Lernerfolg bewirken

Hummel & Randler (2012) analysierten in ihrer wegweisenden Studie mithilfe einer Meta-Analyse alle Studien seit Düker & Tausch (1957) zum Einsatz von lebenden Tieren im Unterricht im Hinblick auf den kognitiven Lernerfolg. Dabei zeigte sich, dass Unterricht mit lebenden Tieren den Kontrollgruppen ohne Unterricht überlegen waren. In diesen Kontrollgruppen fand kein inhaltlicher Unterricht zu den Tieren statt oder sogar überhaupt kein Unterricht. Wenn keine Kontrolle, sondern eine Alternative, wie Tonband, Film, Computerpräsentation, untersucht wurden, zeigte sich nicht generell eine Überlegenheit des tiergestützten Unterrichts beim kognitiven Lernerfolg. In einzelnen Studien (Hummel & Randler 2010, 2012; Wilde et al. 2012) wurde allerdings gezeigt, dass Interesse und Motivation bei lebenden Tieren höher waren. Viel seltener wurde dies jedoch für den Lernerfolg gezeigt (Prokop & Fančovičová 2017; Wünschmann et al. 2017). Dies trifft allerdings nicht auf alle Tierarten und Studien zu. Hier ist noch Forschungsbedarf, insbesondere scheinen unterschiedliche Tierarten unterschiedliche Effekte zu zeitigen. Ebenso scheinen die Unterrichtsmethoden und die jeweils als Alternative getesteten Unterrichte einen bedeutenden Einfluss zu haben. Konstruktivistische Lernumgebungen scheinen hierbei einen Lernerfolg mit lebenden Organismen zu unterstützen (Meyer et al. 2011). Die voneinander abweichenden Untersuchungsergebnisse weisen insgesamt darauf hin, dass der Einsatz von Lebewesen keine hinreichende Bedingung für den Lernerfolg ist. Vielmehr verlangen die vielen und vielfältigen Informationen beim Einsatz von Lebewesen methodische Sorgfalt. Viele Tiere aber zeigen im Klassenzimmer häufig nicht die charakteristischen Verhaltensweisen. Dann ist ein didaktisch gut aufbereiteter Film dem lebenden Objekt vorzuziehen (Hummel & Randler 2012). Zur Häufigkeit des Einsatzes lebender Organismen im Biologieunterricht liegen nur einige alte Untersuchungsergebnisse vor (Randler 2016). Krell und Schmidt (2020) berichten, dass Lehrpersonen eher Pflanzen als Tiere einsetzen und Pilze am seltensten für den Unterricht verwendet werden.

Grümme (2007) untersuchte die Haltung, Pflege und den Einsatz lebender Tiere im Unterricht an Realschulen in Nordrhein-Westfalen. An 75 (48,1 %) von 156 Realschulen werden Tiere gehalten oder gepflegt. Davon wird in 60 der 75 Realschulen die Pflege und Haltung der Tiere hauptsächlich von den Lernenden übernommen. Die Motive für die Tierhaltung lassen sich folgenden Gruppen zuordnen: 1) aus unterrichtlichen Gründen, 2) zur Bereicherung des Schullebens, 3) aufgrund außerunterrichtlicher erzieherischer Aspekte sowie aus anderen Motiven, wie Tradition, Zucht oder Futter.

26.3 Für den Einsatz von Lebewesen im Unterricht sind praktische Hinweise nützlich

Lebewesen im Unterricht einzusetzen, benötigt eine entsprechende, zum Teil auch aufwendige Vorarbeit. Sehr motivierend ist die Kombination mit einer *Exkursion* oder mit sonstiger Freilandarbeit. Hier können die Lebewesen in ihrer natürlichen Umwelt beobachtet und besonders ökologische Fragestellungen erörtert werden (Randler et al. 2005). Dies scheint gerade für Pflanzen ein ideales Setting zu sein, aber auch für relativ bewegungsarme Lebewesen, wie z. B. Amphibien (Randler et al. 2005). Manche Tierarten lassen sich fast ausschließlich im Freiland beobachten, stellen dort aber interessante Lernmöglichkeiten dar, wie z. B. Wasservögel (Randler 2008).

Im *Klassenraum* können – meist wesentlich besser als im Freien – vor allem morphologische, verhaltensbiologische und physiologische Fragen mit den entsprechenden Hilfsmitteln durch Beobachten und Experimentieren geklärt werden (Ogilvie & Stinson 1995). Beobachtungen im Klassenraum sind leichter zu protokollieren und die Ergebnisse besser zusammenzufassen. Am intensivsten kommen die Schülerinnen und Schüler mit den lebenden Pflanzen und Tieren in Kontakt, wenn sie diese über einen längeren Zeitraum betreuen (→ 26.4).

Bevor die Lernenden in Kontakt mit den Lebewesen als Unterrichtsobjekte treten, sind Instruktionen zum Umgang mit den lebenden Organismen notwendig. Diese sollten sich auf die Handhabung beziehen (wie soll ich das Tier anfassen?) und das Erkennen von möglichen Störfaktoren, sodass die Tiere, die ein unnatürliches Verhalten zeigen, wieder an einen geschützten Ort im Klassenraum gesetzt werden (→ 39).

Zur *Auswahl von Tieren* für den Einsatz unter Schulbedingungen liegt eine Vielzahl von Erfahrungsberichten vor – einschließlich methodischer Hinweise zur Unterrichtsgestaltung (Tab. 26-1). Generell sollten in der Schule keine Arten gehalten werden, deren Vermehrung unter Haltungsbedingungen noch nicht im großen Maßstab gelungen ist (Pauksch 1987). Wichtigste Bedingung ist, dass eine Pflege der Lebewesen unter Schulbedingungen überhaupt möglich ist (Bay & Brenner 1984; Winkel 1987). Neben einheimischen Arten (Gesetze beachten, s. u.) sind dies Tiere, die seit Jahren regelmäßig nachgezüchtet werden und die im vielfältigen Angebot des Fachhandels vorhanden sind, wie beispielsweise Zwergkrallenfrosch (aquatisch), Axolotl, Spanischer Rippenmolch, Kornnatter, Leopardgecko und Schmuck-Wasserschildkröten (kleine Arten), exotische Zierfische, Insekten und Kleinsäuger.

Bei der Auswahl von *Pflanzen* sollte man solche Arten bevorzugen, an denen man im Laufe der Zeit deutliche Veränderungen beobachten oder die charakteristische Erscheinung deutlich zeigen kann (Verfürth 1987 a, 119). Bei der Verwendung von Pflanzen im Unterricht sollte auf die Allergieproblematik geachtet werden.

Lebewesen als Unterrichtsmedien

- Lebewesen sind charakterisiert durch das komplexe, zum Teil schwer fassbare Erscheinungsbild und die hohe *Informationsdichte*.
- Die *Fülle der Spontaneindrücke* und das in der Regel hohe Maß an emotionaler Zuwendung (z. B. bei Meerschweinchen) oder Angst und Ekel (z. B. bei Spinnen) können die Aufnahme und Verarbeitung von Informationen erschweren.
- Lebende Organismen sind besonders komplex, da sie *mehrere Sinne* beanspruchen. So werden z. B. beim Beobachten eines Meerschweinchens der Gesichts-, der Tast-, der Gehör- und evtl. der Geruchssinn angesprochen.
- Der Einsatz lebender Objekte ist immer dann gegenüber dem aller anderen Medien vorzuziehen, wenn besonders *affektive Unterrichtsziele* angestrebt werden.
- Das *Wissen* wird gefördert, wenn das Beobachten und Experimentieren der Lernenden mit Lebewesen erkenntnisgeleitet und nicht nur emotional begründet ist.
- Lebewesen ermöglichen *originale Begegnung* und setzen damit auch einen Kontrapunkt zu digital vermittelten Lerninhalten.

Auch beim Einsatz von Pflanzen im Biologieunterricht sind die *Richtlinien zur Sicherheit im Unterricht* (KMK 2019) zu beachten, beispielsweise dürfen keine Giftpflanzen eingesetzt werden; ebenso die *Naturschutzgesetzgebung* (BNatSchG), beispielsweise dürfen keine wild wachsenden Orchideen genutzt werden. Aber an mehreren Arten lebender und leicht beschaffbarer Pflanzen lassen sich die anatomisch-morphologischen wie auch physiologische und ökologische Besonderheiten anschaulich demonstrieren und erarbeiten (● Tab. 26-2).

Beim Einsatz von *Tieren* im Unterricht sind vor allem die Bestimmungen des Tierschutzgesetzes (TierSchG) hinsichtlich einer artgerechten Haltung zu beachten sowie das Bundesnaturschutzgesetz (BNatSchG) und die Bundesartenschutzverordnung (BArtSchV; Klingenberg 2009). Tiere müssen im Unterricht sachgemäß und artgerecht behandelt werden. Für Demonstrationszwecke (z. B. Erdkröte, Kaulquappen) erteilt entweder die Untere Naturschutzbehörde oder das Regierungspräsidium nach entsprechender Anfrage durch die Lehrkraft oft eine zeitlich befristete Ausnahmegenehmigung. Ebenso ist auf einen sorgsamen Umgang mit den Tieren zu achten, da bestimmte Tiere bei einzelnen Schülerinnen und Schülern Angst, Abwehr und Ekel hervorrufen können. Gleichzeitig soll aber auch der Umgang mit diesen Tieren erlernt werden. Wie gezeigt werden konnte, macht eine sorgfältig geplante Begegnung mit Ekel auslösenden Tieren den Umgang mit diesen für Lernende möglich und kann Ekelgefühle abbauen (Prokop & Randler 2018; Randler, Hummel & Prokop 2012). *Die Beschaffung der Tiere und Pflanzen* erfolgt vorrangig über zoologische Fachgeschäfte, Blumengeschäfte und Gartencenter. Auch Lernende bringen gern ihr Heimtier für Demonstrationen mit oder geben selbst gezogene Jungtiere (z. B. Kleinsäuger, Fische) für die Pflege in der Schule ab. Ebenso interessiert sind Lernende, ihre nachgezogenen Pflanzen der Schule für den Unterricht und die Raumgestaltung zur Verfügung zu stellen (→ 24-6).

Mikroorganismen werden im Biologieunterricht beispielsweise bei Untersuchungen von Heuaufgüssen eingesetzt. Beim mikrobiologischen Arbeiten ist besonders auf Hygiene und Sicherheitsvorschriften zu achten. Für die Arbeit mit Bakterien sind eine entsprechende Ausstattung und die Beschaffung von für den Unterricht geeigneten Reinkulturen angebracht (Bayrhuber & Lucius 1992).

26.4 Das Pflegen von Lebewesen fördert eine fürsorgliche und verantwortungsbewusste Haltung

Bei der Pflanzen- und Tierpflege geht es um eine längerfristige Beschäftigung mit Lebewesen. Dabei handelt es sich um Individuen in ihrer Ganzheit und nur ausnahmsweise um Teile (z. B. Baum- oder Strauchzweige, vegetative Vermehrung, Gewebekulturen). Statt *Pflege* wird häufig die Bezeichnung *Haltung* gebraucht. Durch die Verwendung des Wortes *Pflege* wird betont, dass es sich in der Schule nicht nur um das Bereithalten oder Bereitstellen von Untersuchungsmaterial handeln sollte, sondern um eine aktive Zuwendung, die von einer positiven Einstellung zu Pflanzen und Tieren bestimmt wird (Winkel 1978 a; 1987).

Das Pflegen von Pflanzen und Tieren wird als *biologische Arbeitsweise* bezeichnet, da sie überwiegend dem Biologieunterricht zukommt. Das Pflegen geht häufig über in das *Vermehren* von Lebewesen. Deutlich gegen das Pflegen abgrenzbar ist das *Züchten*, d. h. das auf eine Veränderung der Pflanzen und Tiere gerichtete Vermehren.

Werden an einer Schule Tiere an einer separaten Örtlichkeit (Freigehege, Tierraum) gehalten, bezeichnet man diese Einrichtung als *Schulzoo*.

Eine Grundaufgabe des Biologieunterrichts besteht darin, den Lernenden ein unmittelbares, tätiges Umgehen mit Pflanzen und Tieren zu ermöglichen. Da viele Lebewesen in der freien Natur nur zu bestimmten Zeiten und an bestimmten Orten zu finden sind, ist die langfristige Planung sehr schwierig. Deshalb bietet sich das Pflegen von Lebewesen als Ideallösung an (Bunk & Tausch 1980).

Die Pflanzen- und Tierpflege soll auch die *Umwelt der Lernenden* mit Lebendigem anreichern. Eine Schule, deren Gelände mit verschiedenartigen Bäumen, Sträuchern und Stauden bepflanzt ist und in der ständig Pflanzen und Tiere gepflegt werden, kann auch in einer biologisch wenig anregenden Umgebung den Lernenden wichtige Erfahrungen vermitteln, die im außerschulischen Bereich nicht mehr oder nur in eingeschränktem Ausmaß gewonnen werden können (→ 20).

Pflegen von Tieren und Pflanzen als Lerngelegenheit

Den Lernenden sollen die Umweltansprüche der verschiedenen Tiere und Pflanzen deutlich werden. Die Pflege von Pflanzen und Tieren ist eine günstige Gelegenheit, durch *direkte Erfahrung* (originale Begegnung) Einblick in die Lebensgewohnheiten von Organismen zu gewinnen. Die Pflanzen- und Tierpflege bietet viele Möglichkeiten, Fragen der Beziehung zwischen verschiedenen Lebewesen und unbelebter Umwelt zu behandeln. Sie fördert damit das *Verständnis ökologischer Zusammenhänge*.

Bei der Pflege von Tieren und Pflanzen können die Lernenden zudem *Beobachtungen* anstellen, die beispielsweise Struktur-Funktions-Beziehungen verdeutlichen, Fortpflanzungs- und Entwicklungsvorgänge aufzeigen und wesentliche verhaltensbiologische Einsichten vermitteln.

Tiere und Pflanzen, die für die Behandlung im Unterricht bereitgehalten werden, erfordern spezifische *Maßnahmen*. Eine pädagogisch bedeutsame Frage ist, ob die Lernenden durch das Pflegen von Tieren und Pflanzen emotional so beeinflusst werden können, dass sie allmählich eine *fürsorgliche Haltung* gegenüber allem Lebendigen, also auch dem Mitmenschen, gewinnen. Zu diesem schwierigen Problem gibt es keine empirisch gesicherten Aussagen. Allerdings üben Kinder und Jugendliche bei der selbstständigen Betreuung von Tieren und Pflanzen verantwortliches Handeln ein (Hemmer 1977; Bretschneider 1994 b). Interessanterweise nimmt der – möglicherweise unreflektierte – Haltungswunsch bei Fünftklässlern etwas ab, wenn sie in der Schule über mehrere Wochen Zwergmäuse halten. Dagegen nimmt der Haltungswunsch zu, wenn Lernende während des Unterrichts nur einmal kurzzeitig oder nur durch Medien Kontakt mit Zwergmäusen hatten (Wilde & Bätz 2009).

Soziales Verhalten wird durch das Pflegen gefördert, etwa dann, wenn beispielsweise eine Schülergruppe die Verantwortung für ein Vivarium übernommen hat. Gesunde Pflanzen und gut gepflegte Vivarien bieten einen ästhetischen Anblick und fördern die *Interessen* der Lernenden an biologischen Sachverhalten (Gehlhaar, Klepel & Fankhänel 1998). Durch die in der Schule gewonnenen Erfahrungen und Erkenntnisse sollen die Schülerinnen und Schüler auch in die Lage versetzt werden, Pflanzen und Tiere zu Hause sachgemäß zu pflegen. Positive Erfahrungen aus der Schulzeit können dazu beitragen, dass später im Erwachsenenalter Tier- oder Pflanzenpflege als Hobby betrieben wird.

Durchführung

Das Pflegen von Pflanzen und Tieren in der Schule ist eine besonders komplexe und verantwortungsvolle Aufgabe, die im Vergleich zu anderen Arbeitsformen des Biologieunterrichts an viele *Voraussetzungen* gebunden ist

(Probst 1999). Dies ist mit dafür verantwortlich, dass keineswegs an allen Schulen Pflanzen und Tiere gepflegt werden.

Checkliste für das Pflegen

Gesetzliche Regelungen beachtet?
Wichtige gesetzliche Regelungen müssen beachtet werden (vor allem Naturschutz-, Tierschutz- und Pflanzenschutzbestimmungen) sowie Erlasse zur Tierhaltung in der Schule (Klingenberg 2009).

Artgemäße Unterbringung garantiert?
Für das Pflegen sind geeignete Behälter für eine artgemäße Unterbringung der Lebewesen nötig. Sie sollten sonstige Geschehen in der Schule nicht negativ beeinflussen (z. B. durch Geräusche und Gerüche).
Die Pflanzenpflege erfordert Anzuchtschalen, Blumentöpfe oder -kästen, Zimmergewächshäuser, Freiflächen im Schulgelände und insbesondere Schulgärten. Für die Tierpflege benötigt man verschiedene Behälter: Vivarien wie Käfige, Aquarien, Terrarien und Aquaterrarien sowie Insektarien wie Bienenkästen und Formicarien (Behälter für Ameisen).

Finanzielle Mittel vorhanden?
Für die Pflege von Pflanzen und Tieren sind kontinuierlich finanzielle Mittel erforderlich. So müssen zunächst Behälter, Tiere und Pflanzen gekauft werden. Auch für Blumenerde, Dünger, Einstreu, Futter und manchmal für einen Tierarztbesuch sind Gelder erforderlich.

Betreuung in den Ferien sichergestellt?
Während der Ferienzeiten muss eine angemessene Betreuung durch Lernende, Hausmeister oder Lehrperson sichergestellt sein.

Verbleib von Tieren geklärt?
Es muss geklärt werden, was mit den Tieren geschehen soll, die nach einer gewissen Zeit der Pflege in der Schule nicht weiter gepflegt werden können (vor allem in der Schule geborene Jungtiere, aber auch Alttiere).

Für die *Auswahl* der Pflanzen und Tiere gilt: Lebewesen, die in der Schule gepflegt werden, sollen biologisch vielseitig interessant sein. Zudem sollen sie sich leicht und billig auch in größerer Anzahl artgerecht halten lassen, nicht zu hohe Ansprüche an die Pflegefähigkeit und -zeit der Betreuenden stellen, wenig Platz und keine Spezialräume erfordern sowie den Schulbetrieb nicht durch laute Geräusche oder unangenehme Gerüche stören (Winkel 1970 a, 26).

Die Auswahl der Lebewesen ist von den verfolgten Zielen abhängig (zum Lernen und Einsatz im Unterricht → 21.1). Bestimmte Tiere aus der freien Natur (z. B. Insekten, Spinnen, Asseln, Schnecken, Regenwürmer) sollten in der Regel nur eine kurze Zeit im Biologiefachraum gepflegt werden. Da viele Tierarten unter Naturschutz stehen, sind die *Naturschutzbestimmungen* (s. o.) zu beachten. Tiere, die in der Schule gepflegt werden, sollten schonend und möglichst vielseitig im Unterricht eingesetzt werden können (Winkel 1987).

Hinweise zur Pflege von Tieren

Tierpflege in der Schule sollte mit einfachen Arten beginnen (sogenannte Anfängerarten), dazu zählen beispielsweise Mehlkäfer und Stabschrecken, Guppys und Schwertträger sowie Labormäuse und Meerschweinchen.

Relativ einfach ist die Haltung der Tiere: Käfige für Kleinsäuger, Aquarien für Fische, Amphibien und wirbellose Tiere, Insektarien zur Haltung von Grillen, Käfern, Stab- oder Gespenstschrecken.

Käfige für Kleinsäuger werden in Fachgeschäften in verschiedener Größe und Ausstattung angeboten. Grundsätzlich sollte man die Käfige etwas größer wählen, als sie für die betreffende Tierart empfohlen werden. Denn den Tieren sollten günstige Lebensbedingungen geboten werden, damit sie ihr arteigenes Verhaltensrepertoire möglichst uneingeschränkt zeigen. Der Standort der Käfige ist zu bedenken. Lieber zu viel als zu wenig Aufwand gilt für die Ausstattung des Käfigs mit Spiel-, Kletter- und Bewegungsgeräten und die Reinigung.

Heute wird für jede Kleinsäugerart ein Standardfutter als Körnermischung aus verschiedenen Samen, Früchten und Pellets angeboten. Dabei erweist es sich jedoch als notwendig, eine größere Abwechslung vor allem durch Zufüttern von frischem, vitaminreichem Gemüse und Obst zu bieten. Über die jeweilige Idealkost kann man sich leicht durch Nachschlagen in der Spezialliteratur (z. B. „GU Tierratgeber") informieren.

Bei der Einrichtung von Aquarien sollte man auf jeden Fall an das Interesse von Lernenden als angehende Aquarianer anknüpfen. Zwar ist es erstrebenswert, ein Kaltwasseraquarium für einheimische Fischarten so zu gestalten, dass sich ein gewisses Gleichgewicht zwischen den Wasserpflanzen als Sauerstoffspendern und den Tieren als Sauerstoffverbrauchern einstellt, aber diese Absicht ist nicht leicht zu verwirklichen. Sehr empfehlenswert ist deshalb eine Filteranlage, weil sie das Wasser reinigt und belüftet. Auch empfiehlt sich eine Kunstlichteinrichtung mit einer Zeitschaltuhr und Futterautomaten, die es gestatten, ein Aquarium einige Tage lang sich selbst zu überlassen.

Im Schulgelände können unter bestimmten Bedingungen auch pflegeleichte Nutztiere wie Hauskaninchen und Haushühner gehalten werden.

In vielen Fällen wird es nicht möglich sein, ein Vivarium mit der ganzen Klasse gemeinsam einzurichten und zu pflegen. Günstig ist es, wenn die Lehrperson gemeinsam mit einigen interessierten Lernenden demonstriert, welche Einrichtungsgegenstände und Arbeitsschritte zur sachgemäßen Einrichtung und sorgsamen Pflege notwendig sind.

Die laufende Betreuung von Vivarien sollte von regelmäßig wechselnden Schülergruppen vorgenommen werden, die einander nach einem vorher festgelegten *Pflegeplan* ablösen (Hallmen 1997 a). Beim Aufstellen des Pflegeplans sind mehrere, gelegentlich widerstreitende Forderungen zu berücksichtigen. Zum einen muss eine gute Betreuung der Tiere sichergestellt sein; zum zweiten sollten viele Lernende an der Tierpflege beteiligt werden; zum dritten sollte dafür gesorgt werden, dass die Schülerinnen und Schüler sich mit ihrer Aufgabe identifizieren und einen gewissen Erfolg ihrer Bemühungen erkennen können. Folgende Lösung wird den verschiedenen Forderungen am ehesten gerecht:

- Die Klasse wird in *Pflegegruppen* eingeteilt; jede Gruppe umfasst drei bis vier möglichst unterschiedlich interessierte und erfahrene Lernende. Jede Gruppe ist im Laufe des Schuljahres einmal, und zwar drei bis fünf Wochen lang, für die Pflege eines Vivariums verantwortlich.
- Jede Gruppe führt während ihrer Pflegeperiode ein *Protokoll* über Veränderungen an dem betreffenden Vivarium bzw. an den Tieren und berichtet mindestens einmal über besondere Ereignisse (z. B. Geburten, Todesfälle, Krankheiten).

Die *Beschriftung von Vivarien* sollte neben einer Artbeschreibung die systematische Zugehörigkeit, wichtige Merkmale, Verbreitung, Lebensraumansprüche und Lebensweise beinhalten. Daneben können noch Angaben zur Haltung und Pflege gemacht werden (Temperatur, Standort, Reinigung ...).

Lernaufgabe 26-1: Versuche mit Tieren
In einer Biologiestunde zum Thema „Äußere Atmung“ setzen Sie eine Fauchschabe in ein Glasrohr von 2 cm Innendurchmesser. Durch das Rohr wird Luft hindurch geleitet, um das ausgeatmete Kohlenstoffdioxid zu messen. Wenig später schreibt Ihnen die Mutter eines Schülers zu diesem Vorgehen: „Das ist Tierquälerei und das ist ein Tierversuch, der in der Schule nicht gemacht werden darf.“

Handlungsaufforderung 26-1: Antworten Sie auf beide Vorwürfe sachlich! Belegen Sie die Argumente in Ihrer Antwort mit fachdidaktischem Wissen, das Sie u. a. diesem Kapitel entnehmen können!

Carolin Retzlaff-Fürst

27 Protokollieren, Zeichnen, Mathematisieren

In der Schule treffen Lernende auf verschiedene Protokollformen. Im Sprachunterricht gibt es das Gesprächsprotokoll, welches sich auf mündliche Kommunikationssituationen bezieht. Im naturwissenschaftlichen Unterricht ist das Versuchsprotokoll Gegenstand des Unterrichts. Beim Protokollieren wird der Sachverhalt durchdacht und strukturiert aufgeschrieben. Dies ist im Biologieunterricht in mehrfacher Hinsicht von Bedeutung für den Lernprozess.

27.1 Protokollieren ist eine Erfassungs- und Dokumentationstechnik

Bedeutung

„Zweck des Versuchsprotokolls [ist] eine allgemeine naturwissenschaftliche Schlussfolgerung, die durch die präzise, auf das Wesentliche reduzierte Darstellung des Versuchs belegt wird“ (Beese & Roll 2015, 58). Mit dem Protokollieren wird eine *Arbeitstechnik* gelernt, die in den Naturwissenschaften als unentbehrliches Mittel bei der Erkenntnisgewinnung und -sicherung gilt. Protokollierfähigkeit wird als eine zentrale Kompetenz im Erkenntnisprozess angesehen (Engl et al. 2015). Sie ist „die Fähigkeit zur Darstellung der wesentlichen Teilschritte in Form eines Erarbeitungsprotokolls“ (Schumacher & Roth 2014, 1124). In Erarbeitungsprotokollen werden „Vorgehensweisen und Ergebnisse während eines selbständigkeitsorientierten Erarbeitungsprozesses festgehalten“ (Engl et al. 2015). Die Lernenden werden durch das Protokollieren veranlasst, Aufgaben- und Problemstellungen zu erfassen oder zu entwickeln, das Vorgehen bei Beobachtungen, Untersuchungen und Experimenten exakt zu planen, gewissenhaft durchzuführen und unter Verwendung der Fachsprache sowie grafischer Darstellungen korrekt zu lösen. Die Ergebnisse werden hinterfragt, mit Literaturangaben verglichen und eventuell zur Entwicklung weiterführender Fragestellungen herangezogen. Dies trägt dazu bei, dass die Lernenden sich der einzelnen Denk- und Arbeitsschritte bewusst werden (vgl. Wagener 1992, 122 f.). Das Protokollieren kann dadurch das Verstehen der Prinzipien des Experimentierens und das naturwissenschaftliche Argumentieren fördern. Auf entsprechende Defizite in den Naturwissenschaftsleistungen bei deutschen Schülerinnen und Schülern haben die Dritte Internationale Mathematik- und Naturwissenschaftsstudie (TIMSS, vgl. Baumert, Lehmann u.a. 1997, 86) und die PISA-Studien (vgl. PISA-Konsortium 2001; 2004) aufmerksam gemacht. In der Folge wurden großangelegte Unterrichtsprogramme (z. B. SINUS 1998-2003 oder SINUS-Transfer bis 2007) zur Weiterentwicklung des mathematisch-naturwissenschaftlichen Unterrichts aufgelegt. Die PISA-Studien von 2015 und 2018 zeigen insgesamt eine über dem OECD-Durchschnitt liegende naturwissenschaftliche Kompetenz der Lernenden aus Deutschland. Aber ein Fünftel der Lernenden erfüllt die Mindestanforderungen naturwissenschaftlicher Grundbildung nicht (vgl. Reiss et al. 2019, 237).

Protokolle sind auch *Gedächtnishilfen*, was besonders bei Langzeituntersuchungen wichtig ist, weil nur auf diese Weise die Erinnerung an sämtliche Phasen des Versuchsablaufs gesichert werden kann. Als Gedächtnishilfen sind Protokolle auch für die *Evaluation* von Unterricht wichtig, da durch sie – angefertigt durch die Lehrperson oder durch Lernende – frühere Unterrichtssituationen rekonstruiert und auf Schwächen und Stärken hin überprüft werden können (vgl. Meyer 1987, 172 f.). Über Erarbeitungsprotokolle können beispielsweise einzelne Teilschritte im Erkenntnisprozess der Lernenden evaluiert werden.

Durchführung

Es sollte bereits während der Grundschulzeit gelernt werden, wie Beobachtungen, kleine Experimente und einfache Langzeitversuche in kurzen Texten, Zeichnungen oder Tabellen dargestellt werden können. Spätestens ab der fünften Jahrgangsstufe sollte für das Versuchsprotokoll ein einfaches Schema zugrunde gelegt werden (z. B.: Unsere Frage – Unsere Vermutungen – Der Versuch – Die Ergebnisse – Der Vergleich mit den Vermutungen – Die Antwort auf die Frage). Im darauf aufbauenden Biologieunterricht können anspruchsvollere *Protokollschemata* verwendet werden. Ein Versuchsprotokoll muss deutlich gegliedert werden (→ Tab. 27-1; eine beispielhafte Vorlage ⊕ Abb. 27-1). Es soll Ziel, Weg und Ergebnisse der naturwissenschaftlichen Erkenntnisgewinnung dokumentieren und eventuell diskutieren.

Versuchsprotokoll	Kommentierung
Thema: **Moose als Wasserspeicher** Name: Klasse: Datum:	

Vor dem Versuch

1. Fragestellung
Moose haben Rhizoide und keine Wurzeln wie andere Pflanzen. Wie können sie dann Wasser aufnehmen und speichern?

Wie lautet die Fragestellung des Versuchs?
- *den Zweck des Versuchs in Form einer Forschungsfrage formulieren*
- *den wesentlichen Vorgang wiedergeben*

2. Vermutungen
Die Rhizoide dienen der Verankerung im Boden; es müssen also andere Organe zur Wasseraufnahme und Speicherung genutzt werden, vermutlich die Moosblättchen.

Welche Vorhersagen über die zu untersuchende Fragestellung können getroffen werden?
- *möglichst mehrere begründete Vermutungen formulieren*
- *sachlich begründen*

3. Versuchsaufbau
a) Geräte und Materialien:
kleine Reagenzgläser, trockene Moospflanzen, Wasser, Waage (Genauigkeit 0,01 g)
b) Sicherheitsmaßnahmen: keine
c) Versuchsskizze

Welche Materialien werden benötigt?
- *eine Liste von Material zusammenstellen*
- *eine Skizze von dem Aufbau anfertigen, die Zeichnung beschriften*
- *eventuell notwendige Sicherheitsmaßnahmen bedenken*

4. Versuchsdurchführung
Von drei trockenen Moospflänzchen werden die unteren Blättchen entfernt. Moos 1 wird mit den oberen Blättchen ins Wasser gehängt, Moos 2 mit dem Rhizoid, Moos 3 ist die Kontrolle.
Zeit: 3 min

Was wird gemacht?
- *die Vorgehensweise für die Durchführung des Versuchs in einer sinnvollen Reihenfolge in unpersönlicher Form darstellen, 1. ..., 2. ... usw.*

Während des Versuchs

5. Versuchsbeobachtung

Moos Nr.	1	2	3
Masse am Beginn	0,038 g	0,051 g	0,049 g
Masse am Ende	0,605 g	0,081 g	0,049 g
Beobachtung	Blätter werden grün und dicker	keine Veränderung der Pflanze	keine Veränderung der Pflanze

Was ist zu beobachten?
- *beim Beobachten werden alle Sinne eingesetzt: Was sieht man? Was riecht man? Was fühlt man? Was hört man?*
- *Achtung: Geschmackstests sind im Unterricht verboten!*
- *eventuell Beobachtungstabelle zur Erfassung der Daten anlegen*

Nach dem Versuch	**6. Versuchsauswertung** Die Ergebnisse sind sehr unterschiedlich. Bei Moos 1 ist eine sehr deutliche, bei Moos 2 eine geringe, bei Moos 3 ist keine Veränderung der Masse zu beobachten. Die Massenzunahme bei Moos 2 liegt wahrscheinlich daran, dass nicht alle Blättchen entfernt wurden. Die Vermutung konnte bestätigt werden; Moose nehmen Wasser mit den Blättchen auf.	***Wie können die Beobachtungen ausgewertet werden?*** • *Schlüsse aus den Beobachtungen ziehen und diskutieren* • *Modelle zur Erklärung der Beobachtungen suchen* • *das Versuchsergebnis interpretieren*
	7. Diskussion der Ergebnisse und weiterführende Fragestellungen Es müssten noch mehrere Versuchsreihen durchgeführt und die Moospflänzchen genauer präpariert werden. Wie ist das Moosblättchen gebaut, sodass es Wasser aufnehmen kann? Kann es auch Wasser in Form von Wasserdampf aufnehmen?	***Können weiterführende Fragestellungen formuliert werden?***

Tabelle 27-1: Beispiel für ein Versuchsprotokoll (vgl. Ludwig et al. 2007; Spörhase & Ruppert 2010)

Protokolle können im Biologieunterricht als Diagnoseinstrument zur Erfassung wissenschaftsmethodischer Kompetenzen eingesetzt werden (Meier & Mayer 2011, 2013). Als Weiterentwicklung des Vee-Diagramms (Gowin 1981) ist das V-Diagramm „als begleitende[r] Arbeitsbogen (Antwortformat) für praktische Experimentieraufgaben" entwickelt worden (Meier & Mayer 2011). Im Mittelpunkt steht die Klärung der Forschungsfrage und des Vorwissens der Lernenden. In der Phase der Konstruktion stellen die Lernenden Vermutungen auf, planen das naturwissenschaftliche Arbeiten und führen die Versuche durch. In der Phase der Reflexion interpretieren die Lernenden die Ergebnisse und vergleichen die Ergebnisse mit den eingangs aufgestellten Vermutungen. Der Name „V-Diagramm" bezieht sich auf die optische Darstellung des Vorgehens. Ein stark vereinfachtes Schema des V-Diagramms ist in Abbildung 27-2 dargestellt (nach Meier & Mayer 2013, verändert).

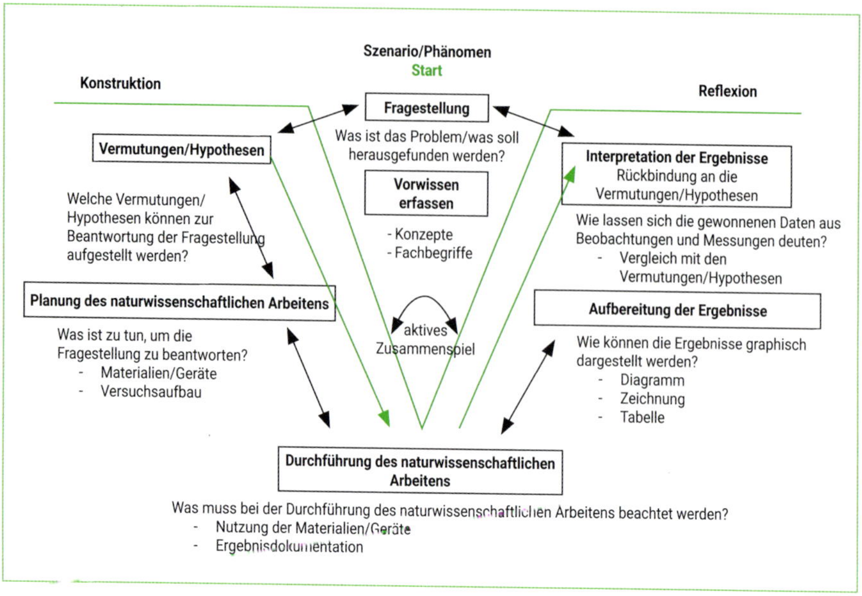

Abbildung 27-2: Beispiel für ein V-Diagramm (nach Meier & Mayer 2013, verändert)

Nach der zeitlichen Dimension können Protokolle in Kurzzeit- und Langzeitprotokolle unterschieden werden. *Kurzzeitprotokolle* werden im Verlauf einer Unterrichtsstunde oder einer Tagesexkursion angefertigt. Das können Ergebnisprotokolle oder Erarbeitungsprotokolle sein. Zu Protokollen, die als Lesetexte auftreten (Folie, Arbeitsblatt), können Aufgaben für den Unterricht entwickelt werden. Die Lernenden können aus den dargestellten Ergebnissen die Frage- bzw. Problemstellung für eine Beobachtung oder ein Experiment finden oder umgekehrt (Amthor 2002, 12).

Bei ökologischen Untersuchungen werden häufig *Feldprotokolle* geführt, in die zahlreiche Freilandbedingungen aufzunehmen sind (Barndt, Bohn & Köhler 1990, 49 f.).

Langzeitprotokolle werden bei Versuchen über die Dauer einer Unterrichtsstunde oder einer Tagesexkursion hinaus angefertigt. Schon vor dem Beginn sollte über eine angemessene Form des Protokollierens gemeinsam beraten werden. Beispielsweise kann ein großformatiges Protokollblatt im Klassenraum anbracht werden, in das die Beobachtungen – für die Lernenden deutlich sichtbar und über den gesamten Zeitraum hinweg – eingetragen werden. Digitale Werkzeuge wie *Explain everything* oder *Adobe Spark Video* sind kollaborative Werkzeuge, die innerhalb einer Schülergruppe zum Protokollieren genutzt werden können. Gegenüber dem klassischen Protokoll können problemlos Fotos oder Videos der Versuchsdurchführung eingebunden und gemeinsam erarbeitet, diskutiert und flexibel verändert werden. Der gemeinsame Prozess wird transparent und das Ergebnis nachvollziehbar. Wichtig ist die Einsicht in den Zweck des Protokollaufbaus. Sind die Lernenden mit dem Protokollieren vertraut, können sie das Protokollschema selbstständig zweckgerichtet abwandeln.

27.2 Zeichnen fördert Erkenntnisprozesse, dient der Dokumentation und der Kommunikation

Beim Zeichnen handelt es sich um das Darstellen von Objekten oder Zusammenhängen mit Linien und Strichen (Beckmann 2014). Die entstehende Zeichnung wird von der Malerei unterschieden, die Motive durch den Einsatz von Farben darstellt (Pignatti 2005). Im Biologieunterricht steht beim Zeichnen die künstlerische Qualität in der Regel nicht im Vordergrund. Zeichnungen übernehmen im Verlauf der Wissenschaftsgeschichte eine vermittelnde Rolle zwischen den Naturwissenschaften und dem jeweiligen kulturellen Kontext, in dem sie entstehen. Beispielsweise

- als Vermittler zwischen praktischem und theoretischem Wissen,
- bei der Organisation von Wissen,
- bei der Zusammenführung von Wissen aus verschiedenen Wissensdisziplinen,
- bei der prägnanten Darstellung komplexer Informationen und
- bei der verständlichen Darstellung von Informationen.

Im Biologieunterricht sind Zeichnungen von den Lernenden erstellte visuelle zweidimensionale Darstellungen biologischer Inhalte, Strukturen, Beziehungen oder Prozesse. Zeichnungen können auf verschiedensten Medien angefertigt werden: mit Bleistift/Farben auf dem Papier, Kreide an der Tafel, Stiften auf dem Whiteboard oder dem Tablet (Quillin & Thomas 2015, 14).

Zeichnen ermöglicht sowohl einen rationalen als auch einen emotionalen Zugang zur Konstruktion von Wissen. Im Kontext des Biologieunterrichts können Zeichnungen als Mittel zur Erkenntnis genutzt werden und Anschauungen, Ideen sowie individuelle Konstruktionen von Wirklichkeit wiedergeben (Grünewald 2000; Lefèvre, Renn & Schöpflin 2003; Hien & Rümpler 2008). Zeichnen fördert das Lernen von Biologie auf unterschiedlichen Ebenen. Es kann zu einer Aktivierung und stärkeren Beteiligung der Lernenden im Unterricht führen, das Verständnis von Wissenschaft und wissenschaftlichen Arbeitsschritten fördern, eine Lernstrategie sein oder beispielsweise die Kommunikation über Inhalte des Biologieunterrichts verbessern (Ainsworth, Prain & Tytler 2011; Retzlaff-Fürst 2021).

Formen

Nach zunehmendem Abstraktionsgrad ist die Detailzeichnung von der Skizze, dem Schema und dem Symbol zu unterscheiden (vgl. Spandl 1974, 105; Baer & Grönke 1981). Zeichnungskürzel entstehen als intuitive Abstraktionen aus Skizzen (Steiner 2006).

- Die *Skizze* gibt das Erscheinungsbild des originalen Objekts mehr oder weniger vereinfacht wieder, beschränkt sich auf das Wesentliche und ist erscheinungsaffin.
- Das *Schema* präsentiert anschaulich ein vereinfachtes Muster von einem Objekt oder Zusammenhang, umfasst wesentliche Merkmale, ist merkmalsaffin.
- Das *Symbol* ist ein Bild- oder Schriftzeichen mit verabredeter oder unmittelbar einsehbarer Bedeutung. Es wird zur verkürzten Darstellung eines Begriffs, Objekts oder Sachverhalts verwendet (z. B. Symbole für männlich und weiblich; Baum, Staude, einjährig, mehrjährig), wird als inaffin bezeichnet, weil hierbei von der Erscheinungsform und den Merkmalen natürlicher Objekte ganz abgesehen wird und bestimmte Zeichen an deren Stelle treten.
- Das *Kürzel* ist eine rational unreflektierte bildhafte Abstraktion, setzt die Kenntnis des Codes bei Sender und Empfänger voraus und ist ebenfalls inaffin, wie Strichzeichnungen von Tieren, die sehr stark abstrahiert sind (Steiner 2006).

Nach dem Inhalt werden funktionale Zeichnungen von mikroskopischen, illustrativen und struktiven Zeichnungen unterschieden.

- Die *funktionale* Zeichnung stellt mit zusätzlichen Linien und Pfeilen die Funktionsweise dar, z. B. Blutkreislauf oder Beuger und Strecker am Arm.
- Die *mikroskopische* Zeichnung stellt mikroskopierte Objekte detailgetreu dar. Sie wird von der mikroskopischen Skizze unterschieden.
- Die *illustrative* Zeichnung dient der Veranschaulichung eines Sachverhalts, z. B. verschiedene Arten von Blüten.
- Die *struktive* Zeichnung dient der Veranschaulichung einheitlicher Strukturen und Systeme, z. B. Grundbauplan der Samenpflanzen.

Concept cartoons sind illustrative Zeichnungen, die Gruppen von Personen zeigen, die zu bestimmten naturwissenschaftlichen Fragen wissenschaftliche oder alltägliche Antworten formulieren. Die Lernenden nehmen Stellung oder äußern Vermutungen zu den dargestellten Themen. Concept cartoons werden zur Erforschung von Alltagsvorstellungen eingesetzt (Arnold, Kremer & Mayer 2016; Steininger 2016), können aber auch von den Lernenden selbst entwickelt werden und im Unterricht zu Diskussionen und Reflexion der eigenen Vorstellungen anregen (Mathesius & Bösche 2018).

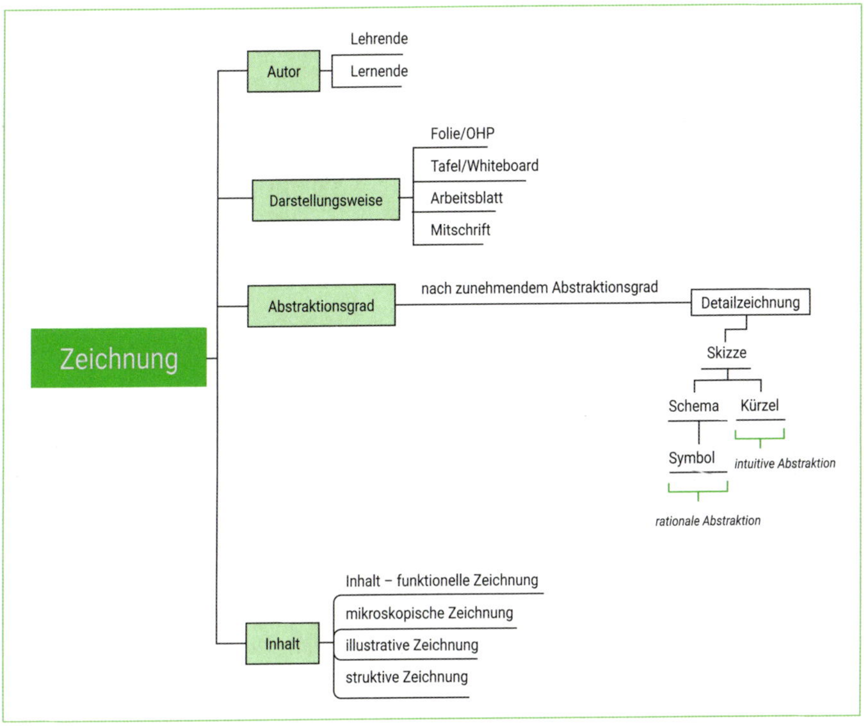

Abbildung 27-3: Aspekte von Zeichnungen

Bedeutung für den Lernprozess

In Zeiten der einfachen technischen Herstellbarkeit und ständigen Verfügbarkeit einer Vielzahl perfekter Bilder stellt sich die Frage nach der Sinnhaftigkeit und aktuellen Bedeutung des Zeichnens im Biologieunterricht. Die praktische und analytische Zeichenarbeit ist eine Kulturtechnik, die allgemeinen Bildungszielen dient. Die Lernenden können mithilfe von Zeichnungen *Fachkompetenz (inhaltliche Dimension)* entwickeln. Daneben ist das Zeichnen unter dem Aspekt der *Handlungsdimension* für die Entwicklung von Kompetenzen in den Bereichen Erkenntnisgewinnung, Kommunikation und Bewertung von Bedeutung (Scheiter, Schleinschok & Ainsworth 2017; Scherb & Nitz 2018).

Zeichnen dient *inhaltlich* vor allem dazu, Informationen über biologische Objekte (von der molekularen Ebene bis zur Ebene der ökologischen Vielfalt), ihre Eigenschaften, Merkmale sowie Zusammenhänge klar und knapp darzustellen. Die biologische Sachzeichnung führt über die verschiedenen Stufen zunehmend abstrakterer Darstellungsformen zu modellhaften und theoretischen Denkweisen (Verfürth 1987, 77; Quillin & Thomas

2015). Eine Skizze an der Wandtafel bzw. auf einem Arbeitsblatt lässt, wenn sie gut durchdacht ist, die Lernenden Strukturen der beobachteten Objekte (Baldwin 2010; Hay et al. 2013), das Wesentliche eines Phänomens, einer Experimentieranordnung oder eines Zusammenhangs oftmals auf einen Blick erkennen, wozu es sonst vieler erklärender Worte bedarf. Das Zeichnen bietet damit auch jenen Lernenden eine geeignete Ausdrucksmöglichkeit, die Schwierigkeiten haben, sich sprachlich zu äußern (Borsum 1987; Grünewald 2000). Während der Entstehung bzw. Vervollständigung einer Zeichnung haben Lernende genügend Zeit zum Beobachten und Mitdenken. Rückfragen können durch Abänderung der Zeichnung, durch Zusatzskizzen oder durch Farbgebung bestimmter Einzelteile geklärt werden. Farben schaffen Übersicht, können helfen zu unterscheiden, zu ordnen und ähnliche Dinge zu sortieren. Das Gefühl und der ästhetische Eindruck sind zwar nicht ganz ausgeklammert (Quillin & Thomas 2015), sind aber nachrangig (Winkel 1995, 260). Anfangs lassen sich Zeichnungen finden, in denen die Lernenden sich etwas hineinwünschen, d. h. Empfindungen und Vorstellungen in die Zeichnung einbringen, die deren sachlichen Wert mindern (vgl. Horn 1988, 168).

Die *Handlungsdimension* des Zeichnens: Zeichnungen, die nach und nach mit einer Lerngruppe erarbeitet werden, sind ein Bestandteil wissenschaftlicher Kompetenz (Ainsworth et al. 2011; Ridley & Rogers 2010). Das Beobachten ist eine grundlegende fachgemäße Arbeitsweise. Durch Zeichnen wird das genaue und kontemplative Beobachten gefördert (Ridley & Rogers 2010; Stagg & Verde 2019). Durch *Beobachten* und *Vergleichen* können Formen, Formmerkmale und Lagebeziehungen von biologischen Objekten besser erfasst werden. Das Zeichnen eines Weinblattes (Formenkenntnis) beispielsweise gelingt dann, wenn durch genaues Beobachten erkannt wird, wie die Ausbuchtungen sich nach den fünf Blattadern richten. Beim Zeichnen wird dann die Form des Blattes erarbeitet, indem die Richtung der Blattadern beachtet, ihre richtige Länge gefunden und dann die Außengrenze des Blattes markiert wird (vgl. Reindl 1997, 3). Beim *Experimentieren* können Experimentieranordnungen und Beobachtungsergebnisse zeichnerisch dargestellt werden. Vielen Lernenden fällt es schwer, das Beobachtungsergebnis von der Interpretation zu trennen. Wird das Beobachtungsergebnis zeichnerisch durch Skizzen, Schemata oder Symbole dargestellt, gelingt die Trennung leichter. Beim *Mikroskopieren* gehört die mikroskopische Skizze oder Zeichnung zum Prozess der Erkenntnisgewinnung. Zu den bildlichen *Modellen* gehören Symbole (z. B. Zeichen für Nährstoffe) und Diagramme. Das selbstständige Konstruieren von Diagrammen kann einen förderlichen Einfluss auf das Lernen ausüben (Stern et al. 2003; Retzlaff-Fürst 2014; Retzlaff-Fürst & Feike 2018).

Zeichnen durch die Lehrperson ist auch für Unterrichtseinstiege und die Lernmotivation bedeutsam. Zeichnungen eignen sich zur Pointierung von Problemen. Zeichnen ist im Biologieunterricht auch ein Mittel zur *Evaluation*. An Zeichnungen können Lehrende erkennen, inwieweit die Lernenden Sachverhalte und Zusammenhänge wirklich verarbeitet haben und ein angemessenes Verständnis erreicht wurde (Beispiele bei White & Gunstone 1993, 98 ff.). Bei der Beurteilung von Zeichenleistungen sind die manuellen Fertigkeiten der einzelnen Schülerinnen und Schüler zu berücksichtigen. Maßgeblich ist die sachliche Richtigkeit der Zeichnung und nicht der ästhetische Eindruck.

In der biologiedidaktischen Forschung wird das Zeichnen auch als ein Mittel zur *Erhebung von Schülervorstellungen* eingesetzt (vgl. White & Gunstone 1993; Holthusen 2002; 2004; Queren 2014).

Durchführung

Biologisches Zeichnen muss geübt werden. Es sollte angestrebt werden, bereits während der Grundschulzeit Techniken wie Zeichnen und Malen zum Themenbereich Umwelt und Natur kennenzulernen und einzuüben (Faust-Siehl u. a. 1996, 95 f.). Zunächst sollten alle Lernenden ein Objekt beobachten und Skizzen anfertigen. Dann werden diese Zeichnungen gemeinsam verglichen und beurteilt. Anhand gelungener Zeichnungen erfolgt eine ausführliche Besprechung. Nach einigen Übungen können Objekte direkt und frei gezeichnet werden.

Weitere Möglichkeiten des Zeichnens im Biologieunterricht sind das Abzeichnen, das Übertragen und das Durchzeichnen (Pausen). Besonders einfach ist dies mit digitalen Medien (⊕ Tab. 27-2). Das Abzeichnen nach Vorlagen kann für Übungen im Zeichnen sinnvoll sein. Das Durchzeichnen kann hilfreich sein beim Erfassen von Oberflächenstrukturen verschiedener Naturobjekte, z. B. Rindenstrukturen verschiedener Baumarten.

<table>
<tr><th>Schülerzeichnungen, allgemeine Hinweise</th><th>Mikroskopische Zeichnungen</th><th>Lehrerzeichnungen (Becker 2008)</th><th>Digitale Zeichnungen</th></tr>
<tr><td>eher zu groß als zu klein</td><td>Richtwert: handgroß auf weißem Papier</td><td>Zeichenfläche ausnutzen</td><td>technische Handhabung üben</td></tr>
<tr><td colspan="3">auf dem Blatt nur mit Bleistift ausführen, um ein Korrigieren zu ermöglichen,
an der Tafel mit verschiedenen Farben arbeiten</td><td>Geräte und Zeichenprogramme müssen zur Verfügung stehen</td></tr>
<tr><td colspan="2">stets mit einer Überschrift oder Unterschrift versehen</td><td colspan="2">stets mit einer Überschrift versehen</td></tr>
<tr><td colspan="2">soll Größenangaben enthalten, aus denen die Originalgröße der gezeichneten Objekte zu ersehen ist</td><td colspan="2">Zeichnung gliedern,
bedeutsame Punkte hervorheben</td></tr>
<tr><td colspan="4">Beschriftungen:
Fachwörter können auf Hinweisstriche geschrieben werden, so dass ein Schriftblock entsteht.
Hinweisstriche sollten gerade sein, möglichst horizontal verlaufen, sich nicht überschneiden und keine Pfeilspitze aufweisen (Pfeile werden in Diagrammen allein zur Kennzeichnung von Strömen und Relationen verwendet; → Tab. 32-2).
bei umfangreicher Beschriftung notfalls nur Zahlen oder Buchstaben und diese in einer Legende erläutern</td></tr>
<tr><td>Farbe:
sparsam verwenden,
symbolische Bedeutungen beachten</td><td>keine Farben:
Kennzeichnung von Flächen/Strukturen mit Punktierungen,
Bleistifte verschiedener Härtegrade</td><td>Farbe:
begründet einsetzen,
symbolische Bedeutungen beachten</td><td>Farbe:
ist in unendlichen Varianten verfügbar, d. h. Auswahl muss besonders sorgsam geprüft werden,
Handhabung der verschiedenen Werkzeuge üben</td></tr>
<tr><td>Weitere Hinweise:
auf Exaktheit achten</td><td>Angaben zur Zeichnung:
Artname in Deutsch und Latein,
Objekt, Schnittrichtung,
Art der Präparation oder Färbung,
Vergrößerung,
Name des Zeichners,
Datum</td><td>Weitere Hinweise:
zentrale Fachwörter anschreiben,
Perspektive deutlich machen,
auf Exaktheit achten,
zum Weiterzeichnen auffordern,
über die Zeichnung und Erklärung sprechen</td><td>Weitere Hinweise:
auf dem Bildschirm zeichnen ändert die Haptik der Zeichnung,
Zwischenzustände können gespeichert und verfügbar gemacht werden,
einfache Korrekturen</td></tr>
</table>

Tabelle 27-2: Hinweise für Schüler- und Lehrerzeichnungen

Mikroskopisches Zeichnen

Besondere Sorgfalt sollte auf das *mikroskopische Zeichnen* (Tab. 27-2) verwendet werden (vgl. Siedentop 1972, 77 f.; Poenicke 1979; Gropengießer 1987). Das mikroskopische Zeichnen fördert intensives Beobachten und das Verständnis des biologischen Objekts. Mikroskopische Zeichnungen sind allerdings zeitaufwendig herzustellen. Lernende neigen dazu, subjektive Darstellungen zu entwickeln oder Strukturen erwartungsgemäß darzustellen. Es empfiehlt sich, mit der einfachen Darstellungsmöglichkeit Skizze zu beginnen und über die Stufen Übersichtszeichnung, halbschematische Zeichnung, Zeichnung mit einfachen Konturen zu einer Zeichnung mit doppelten Konturen überzugehen (Lichtscheidl 2011).

- Eine Skizze als einfachste Form der Darstellung zeigt typische Merkmale.
- Eine Übersichtszeichnung (Schema) stellt Gewebestrukturen in ihren Umrissen dar, berücksichtigt Proportionen und Lagebeziehungen. Unterschiedliche Strukturen werden verschieden schraffiert.
- Eine halbschematische Zeichnung entspricht einer Schemazeichnung, bei der Einzelheiten in typischer und allgemeiner Form, aber *nicht zellgetreu* dargestellt werden.
- Eine Zeichnung mit einfachen Konturen ist zellgetreu. Zellwände werden meist als einfache Striche dargestellt, dickere Zellwände können mit dickeren Strichen hervorgehoben werden, Zellinhalte sind nicht zwingend einzuzeichnen.
- Eine Zeichnung mit allen Konturen ist detailliert und zellgetreu.

In den Vorgaben für den Biologieunterricht aller Bundesländer finden sich verbindliche Inhalte zum mikroskopischen Zeichnen. Mikroskopische Zeichnungen können nach folgenden gewichteten Kriterien bewertet werden (Carl Zeiss Microscopy GmbH; Hoßfeld, Müller & Wachtel 2016; → Abb. 27-4):

- Form und Gesamteindruck (10 %): Blatteinteilung, Sauberkeit, weißes Zeichenpapier, Bleistiftzeichnung
- Linienführung (20 %): klare, nicht gestrichelte Linien, angemessene Strichdicken durch Bleistifte mit verschiedenen Härtegraden, nicht schraffiert, nicht ausgemalt
- Angaben zur Zeichnung (20 %): deutscher und lateinischer Artname des Objektes, systematische Zuordnung, Schnittrichtung, Art der Präparation oder Färbung, Vergrößerung, Name des Zeichners, Datum, Beschriftung in ordentlicher Druckschrift
- Wissenschaftlichkeit der Zeichnung (50 %): Proportionen entsprechen dem mikroskopischen Bild, den beobachteten biologischen Strukturen, sinnvoller Ausschnitt des Bildes

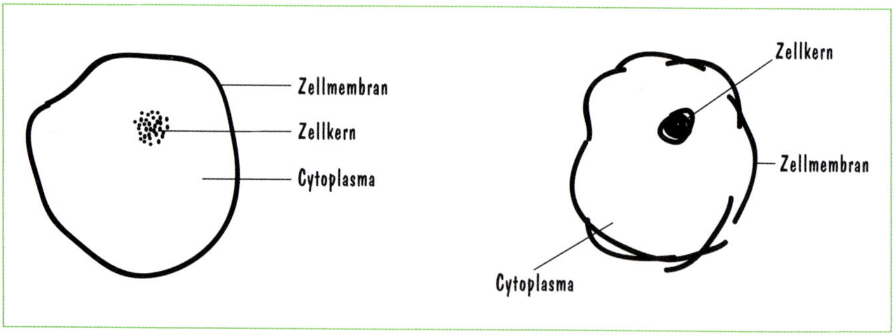

Abbildung 27-4: Beispiele für gute (links) und schlechte (rechts) mikroskopische Zeichnungen einer Zelle aus der menschlichen Mundschleimhaut

Lehrerzeichnungen

Für das Erstellen von *Tafelzeichnungen* bzw. Tafelbildern hat Wolfram Winnenburg (1993, 6 ff.) auf wahrnehmungspsychologische Grundsätze (Gesetze des Sehens) hingewiesen, deren Beachtung Lernprozesse fördern kann. Sie sind ebenfalls auf digitale Zeichnungen anwendbar.

- *Figur-Kontrast-Unterschied*: Die Konturen einer Figur sollten betont werden, sodass diese sich deutlich vom Untergrund abheben. Bei Farbgebungen ist auf den Kontrast zum Tafeluntergrund zu achten.
- *Nähe*: Zusammengehörende Dinge sollten nebeneinander in der Tafelzeichnung angeordnet werden.
- *Gleichartigkeit oder Ähnlichkeit*: In der Tafelzeichnung sollten gleiche oder ähnliche Dinge hinsichtlich ihrer Eigenschaften wie z. B. Größe, Farbe, Strukturierung übereinstimmen oder ähnlich symbolisiert werden.
- *Einfachheit*: Je einfacher eine Zeichnung angelegt ist, desto wirksamer.
- *Symmetrie*: In Zeichnungen sollten Symmetrien herausgearbeitet werden, da diese sich besonders gut einprägen (Hahn 1995; Sitte 1997).
- *Dynamik*: Im europäischen Kulturkreis ist die Leserichtung von links nach rechts und von oben nach unten. Dies ist beim Anfertigen, beim Beschriften sowie bei der Interpretation der Zeichnungen und des Tafelbildes zu beachten.

Zeichnungen spielen bei der Gestaltung von *Tafelbildern* und digitalen Präsentationen eine wichtige Rolle. Durch die Gestaltung von Tafelbildern oder Präsentationen werden Inhalte, Strukturen und Ergebnisse von Lernprozessen veranschaulicht. Ein gutes Tafelbild bzw. eine gute Präsentation sollte:

- auf sauberem Untergrund mit einer gut leserlichen Schrift geschrieben werden.
- eine hervorgehobene, beispielsweise fette Überschrift haben.
- eine ordnende Struktur aufweisen.

- aus einer Kombination von Text und grafischen Elementen bestehen.
- mit bekannten Symbolen und Abkürzungen arbeiten.
- als Lernhilfe unabhängig von der Stunde dienen (Matthes 2004).

27.3 Mathematisieren im Biologieunterricht heißt Formalisieren, Quantifizieren und Modellieren

Bedeutung für den Lernprozess

Das Mathematisieren wird allgemein als die Beschreibung eines Phänomens aus Natur, Technik oder Wirtschaft mit Hilfe von mathematischen Systemen verstanden (Eck et al. 2011). Im Biologieunterricht werden mathematische Operationen in den Kompetenzbereichen Erkenntnisgewinnung und Kommunikation genutzt, um gewonnene Daten zu analysieren, auszuwerten und eventuell auch statistisch abzusichern. Dazu dienen die Prozesse der Formalisierung und Quantifizierung von Aussagen sowie die mathematische Modellierung (→ Kasten).

Das Mathematisieren nimmt momentan vermutlich nur einen geringfügigen Platz im Biologieunterricht ein. So beträgt der Anteil von Aufgabenstellungen in Biologielehrbüchern, zu deren Bearbeitung mathematische Fähigkeiten benötigt werden, in der Sekundarstufe I unter 3 % und in der Sekundarstufe II 7,5 % (Feike & Retzlaff-Fürst 2017).

Formen der Mathematisierung

- *Formalisierung der Aussagen*: Mathematische Formalisierung beruht auf einem eindeutigen Symbolsystem. Dazu gehören auch die entsprechenden Darstellungen mit Symbolen in Diagrammen.
- *Quantifizierung der Aussagen*: Darstellung quantitativ erfassbarer Gesetzmäßigkeiten in Zahlen und Größensystemen, Anwendung von Rechenverfahren.
- *Mathematische Modellierung*: Übersetzung eines umgangs- oder fachsprachlich formulierten Denkmodells in ein mathematisches Modell. Das Modell kann einschließlich der auf der mathematischen Ebene erhaltenen Ergebnisse auf die Problemsituation rückbezogen werden. Mathematische Modellierung spielt insbesondere bei Computersimulationen eine große Rolle. Die Komplexität realer Fragestellungen kann durch mathematische Modellierung reduziert werden.

Durchführung

Mathematische Verfahren müssen für den Einsatz im Biologieunterricht so gewählt werden, dass die Lernenden nicht abgeschreckt werden und auch die Lehrenden die gewählten Verfahren kompetent beherrschen. Eine große Hilfe bei der Datenerfassung und -verarbeitung sind digitale Medien wie z. B. Datenlogger oder Computerprogramme zur Tabellenkalkulation oder Statistikprogramme. Die auszuwertenden Daten sollten gemeinsam erhoben und ausgewertet werden. Einen Überblick, über welche mathematischen Kompetenzen die Lernenden in den jeweiligen Klassenstufen verfügen sollten, um Daten aufzunehmen und auszuwerten, gibt Tab. 27-3. Weitere praxisnahe und erprobte Beispiele finden sich in „Mathe – ein Werkzeug für Biologen“ (Feike 2017).

Annette Upmeier zu Belzen & Dirk Krüger

28 Modellieren

Wenn Sie sich in der Biologiesammlung Ihrer Schule umschauen, fällt Ihr Blick auf einen Torso, auf Modelle des Herzens, auf Blütenmodelle, auf Modelle der Honigbiene oder der DNA. Solche gegenständlichen Modelle sind in fast jeder Sammlung zu finden, aber der Modellbegriff ist weitaus umfassender.

28.1 Modelle haben große Bedeutung in der Biologie und im Biologieunterricht

Biologinnen und Biologen befassen sich mit Phänomenen des Lebens. Dabei untersuchen sie Organismen, deren Teilsysteme sowie übergreifende Biosysteme (→ 38). Sowohl diese als auch ihre Elemente und die Beziehungen zwischen den Elementen werden als Realobjekte oder Originale bezeichnet.

Neben dem direkten Umgang mit solchen Originalen arbeiten Biologinnen und Biologen mit Modellen. Dabei sind Aspekte des Originals die Grundlage für die Herstellung eines Modells. Das Modell einer Blüte basiert auf Informationen über die Blütenbestandteile und deren Anordnung. Modelle von Räuber-Beute-Beziehungen beruhen auf dynamischen Eigenschaften von Systembeziehungen. In beiden Beispielen repräsentieren Modelle ihnen zugrunde liegende Originale. Modelle bilden somit originale (materielle und gedankliche) Realität ab (Stachowiak 1973).

Als Repräsentanten von Originalen werden Modelle für unterschiedliche Zwecke angewendet. Im Biologieunterricht dienen Modelle als Lern- und Lehrmittel. Der Lernprozess wird durch die Beschreibung der Blütenstruktur oder durch die Erklärung von dynamischen Räuber-Beute-Beziehungen unter Verwendung des jeweiligen Modells unterstützt. Bei dieser Nutzung von Modellen steht der Erwerb von Fachwissen im Vordergrund.

In der Wissenschaft werden Modelle ebenfalls zur Vermittlung von wissenschaftlichen Erkenntnissen eingesetzt. Im Rahmen des Forschungsprozesses dienen sie jedoch im Wesentlichen zur Klärung noch offener Fragen über das Original. So ermöglichen sie die Ableitung von Hypothesen über Systembeziehungen und deren Testung unter systematisch variierten und kontrollierten Bedingungen (Krüger et al. 2018).

Das Einbeziehen dieser Forschungsperspektive in den Biologieunterricht ermöglicht über fachliches Lernen hinaus den Erwerb von Kompetenzen im Bereich der Erkenntnisgewinnung mit Modellen (→ 10) und damit den Aufbau von Wissenschaftsverständnis.

28.2 Beim Modellieren wird ausgehend von einem Original ein Modell hergestellt

Grundlage von Modellen sind Denkmodelle, die wir aus denkökonomischen Gründen entwickeln: „So behilft sich das menschliche Bewusstsein damit, Teilbereiche der Wirklichkeit durch Denkmodelle abzubilden, um wenigstens in Teilbereichen erfolgreich denken zu können" (Steinbuch 1977, 10).

Der Ausgangspunkt beim Modellieren in der Biologie ist häufig ein gegenständliches Original (z. B. Blüte) bzw. die Vorstellung von diesem Original (z. B. die Vorstellung vom Aufbau der Biomembran). Originale bzw. die Vorstellungen davon haben unendlich viele Eigenschaften. Das Denkmodell enthält nur diejenigen Eigenschaften, die Modellierende für einen bestimmten Zweck als wesentlich erachten (→ Abb. 28-1). Die Entscheidung darüber, welche Eigenschaften als wesentlich betrachtet werden, erfolgt anhand der Annahmen (Theorien, Hypothesen), nach denen Modellierende die originale Wirklichkeit deuten und nach denen sie das Denkmodell bilden. Das Denkmodell entsteht also durch theoriebezogene Auswahl bestimmter Merkmale des Originals (Mahr 2015). Ein vorläufiger Endpunkt beim Modellieren ist das nach dem Denkmodell konstruierte (für den Biologieunterricht oft gegenständliche) Modell mit wesentlichen und unwesentlichen Eigenschaften (→ Abb. 28-1).

So kann beispielsweise die Anzahl der Kron- und Kelchblätter einer Blüte über ein Denkmodell (z. B. gedanklich modellierte Struktur der Blüte) zu einem oder mehreren anwendbaren Blütenmodellen (z. B. gegenständliches Strukturmodell der Blüte oder Blütenformel) führen. Begrifflich ist somit zwischen dem Original, dem Denkmodell und dem Modell (Modellobjekt, vgl. Mahr 2015) zu unterscheiden.

Das Original kann gegenständlich (z. B. Blüte) oder nicht gegenständlich (z. B. Systembeziehungen) sein, unmittelbar zugänglich (z. B. Blüte), mittelbar zugänglich (z. B. Systembeziehungen) oder nur mit technischen Hilfsmitteln zugänglich sein (z. B. Biomembran). Das Original kann also gegenständlich sein oder als Gegenstand gedacht werden. Solche gedanklichen (begrifflichen) Vorstellungen von Originalen werden hier nicht als Denkmodelle bezeichnet, denn sie können sowohl wesentliche als auch unwesentliche Eigenschaften des Originals enthalten, während ein Denkmodell nur wesentliche Eigenschaften des Originals abbildet. Auch Modelle können gegenständlich (z. B. Strukturmodell der Blüte) sowie nicht gegenständlich (z. B. Blütenformel) sein. Originale und Modelle können sich z. B. hinsichtlich des Materials, der Dimension (Verkleinerung, Vergrößerung) und der Abstraktion (Anzahl wesentlicher Eigenschaften) unterscheiden.

Darüber hinaus wird das Modell angewendet, um damit neue Erkenntnisse über das Original zu generieren. Diese Erkenntnisse beziehen sich auf die Eigenschaften, die bei der Herstellung des Modells in den Fokus genommen wurden. Dabei kann sich das Modell weiterentwickeln, während das zugrunde liegende Denkmodell unverändert bleibt. Durch wissenschaftliche Erkenntnisse kann auch das Denkmodell weiterentwickelt werden.

Bei einem Vergleich von Original und Modellen wird überprüft, inwieweit die abzubildenden Eigenschaften des Originals den abgebildeten Eigenschaften der Modelle entsprechen.

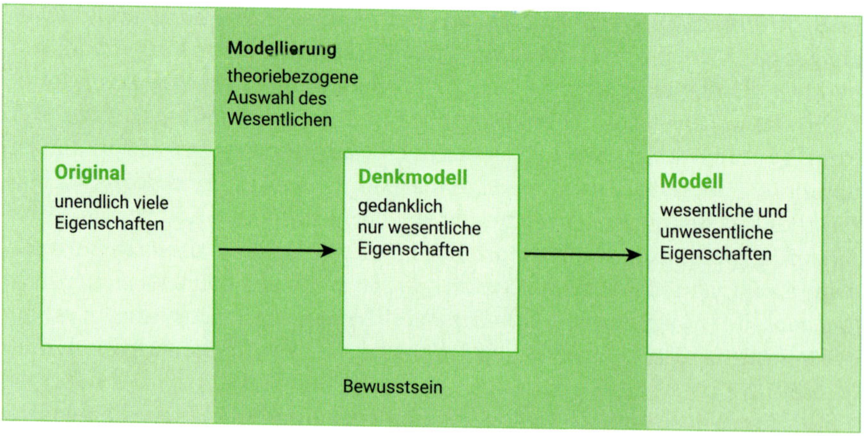

Abbildung 28-1: Die Modellierung eines Originals führt über ein Denkmodell zu einem Modell (nach Kattmann 2006, verändert)

Diese Fokussierung auf ausgewählte Eigenschaften bringt es mit sich, dass andere Eigenschaften nicht abgebildet werden (Verkürzung) und dass unwesentliche Eigenschaften (Beiwerk oder Überschuss) hinzukommen (Stachowiak 1973). Durch die Thematisierung von Verkürzungen und Überschüssen werden die Modellgrenzen deutlich (Upmeier zu Belzen & Krüger 2019 b).

28.3 Erkenntnisse beim Modellieren werden auf das Original übertragen

Beim Modellieren können zu einem Original mehrere alternative Modelle entstehen, die im Rahmen einer Anwendung genutzt und dabei überprüft werden können. Die Ergebnisse dieser Überprüfung können neben Erkenntnissen über das Original zur Weiterentwicklung der Modelle beitragen.

Dies geschah beispielsweise bei der Aufklärung der Struktur der Biomembran. Sukzessive wurden dabei verschiedene Denkmodelle mit dem Zweck der Aufklärung der Struktur in Modelle überführt und daran überprüft. Verschiedene Denkmodelle unterschiedlicher Forschergruppen konkurrierten dabei zeitgleich miteinander. Der Prozess führte zu der noch heute gültigen Annahme des dynamisch strukturierten Mosaikmodells. Ein anderes Beispiel ist die Rekonstruktion von Haut und Haaren des Neandertalers. Als Konsequenz aus solchen Untersuchungen mit Modellen kann die Vorstellung über das Original weiterentwickelt werden. In diesem Prozess werden mithilfe von Modellen Hypothesen über das Original getestet, diese bestätigt oder falsifiziert und die Modelle daraufhin gegebenenfalls geändert. Dieser Prozess kann zur vorläufigen Bestätigung eines Denkmodells führen.

Im Rahmen der Arbeitsweise *Modellieren* werden ausgehend von problemhaltigen Phänomenen Fragestellungen formuliert. Anschließend werden empirische Untersuchungen, z. B. Beobachtungen und Experimente, auf der Basis von Hypothesen aus Modellen durchgeführt. In der Phase der Planung wird das Denkmodell entwickelt und das Verhalten eines entsprechenden Modells unter bestimmten Bedingungen vorhergesagt. Die Herstellung des Modells und die empirischen Untersuchungen erfolgen im Rahmen der Durchführung unter Kontrolle der Bedingungen. In der Phase der Auswertung werden die Erkenntnisse aus der Untersuchung mit dem Verhalten des Originals verglichen sowie – mit Blick auf die zugrunde gelegten Hypothesen – Schlussfolgerungen aus der Modellierung gezogen und auf das Original übertragen. Dadurch können sich die Vorstellungen über das Original verändern. Hier ist besondere Sorgfalt notwendig, um richtig einschätzen zu können, ob die beim Modellieren gewonnenen Ergebnisse zur Beantwortung der Fragestellung beitragen (Fleige et al. 2012 a; Upmeier zu Belzen & Krüger 2019 a). Bei der abschließenden Reflexion wird geprüft, inwiefern das Modell für den intendierten Zweck genutzt werden kann und welchen Einfluss dies wiederum auf das Denkmodell hat. In der Folge werden das Denkmodell und das Modell gegebenenfalls geändert (Grosslight et al. 1991; Crawford & Cullin 2005). Solch grundlegende Schritte werden im Prozessmodell des Modellierens (Krell et al. 2016; vgl. Gilbert & Justi 2016) zusammengefasst (→ Tab. 28-1).

Das Modellieren und die zweckgebundene Anwendung von Modellen sind historisch gesehen schon lange grundlegend für die Biologie. Ein prägnantes Beispiel ist die Modellierung der Struktur der DNA durch James Watson und Francis Crick im Jahr 1953. Dieses Beispiel verdeutlicht, dass Modelle nicht Endpunkte des Modellierens sind, sondern sich durch ihre weitere Anwendung, d. h. durch Überprüfung weiterer Hypothesen weiterentwickeln können. Das Modell von 1953 war letztlich eine vorläufige Modellierung als Bestandteil einer langen Entwicklungskette (Giere et al. 2006). Für den naturwissenschaftlichen Unterricht sind authentische Beispiele der Wissenschaftsgeschichte eine geeignete Möglichkeit, um fachliche und wissenschaftsmethodische Inhalte zu verknüpfen (Kim & Irving 2010).

Schritte beim Modellieren	Beispiel DNA
Formuliere den Zweck des Modells!	Aufklärung der DNA-Struktur
Entwickle zum Zweck passende Denkmodelle und wähle ein Denkmodell zur Anwendung aus!	Doppelhelix
Stelle ein Modell her, mit dem du dein Denkmodell testen kannst!	Doppelhelix aus Draht und Pappe
Plane einen empirischen Test und führe ihn durch.	Optimierung des Modells mithilfe von Vorarbeiten zu Bindungslängen und Bindungswinkeln
Vergleiche die Daten mit dem Original und bewerte die Grenzen des Modells! → Ändere dein Modell! → Baue ein alternatives Modell! → Ändere dein Denkmodell! → Verwirf dein Denkmodell! → Nimm dein Denkmodell an!	Vergleich mit Röntgenstrukturbildern → Modell optimiert → Struktur der Doppelhelix angenommen

Tabelle 28-1: Schritte beim Modellieren am Beispiel DNA (nach Justi & Gilbert 2002, verändert)

Zum Modellieren gehört die Modellkritik. Sie ist besonders wichtig, um die wesentlichen (theoriebezogenen) Eigenschaften von Modellen zu erfassen und die Entsprechungen von Modell und Original genau zu erkennen. Vor dem Einsatz von Modellen sind daher Original und Modell einander gegenüberzustellen. Dabei sollte deutlich werden, dass mit einem Modell die Wirklichkeit nicht einfach nachgebildet, sondern im Sinne der Hypothese über das Original konstruiert wird. Da besonders Funktionsmodelle oft die anatomischen oder morphologischen Details der Originale nicht wiedergeben, ist es bei ihnen besonders wichtig, die Teile des Modells mit den entsprechenden Teilen des Originals genau zu parallelisieren und dabei Verkürzungen und Überschüsse festzustellen.

Die Aussagekraft der verwendeten Modelle und der mit ihnen durchgeführten Experimente sollte unter den Gesichtspunkten Leistungen und Grenzen diskutiert werden. Dabei sind die von der Theorie gesetzten Beschränkungen (Abstraktionen und Vereinfachungen) besonders zu beachten. Als Modell wird im besten Fall ein theoriegerechtes Abbild des Originals konstruiert. Das Modell kann der Wirklichkeit immer nur in der Weise entsprechen, wie es die zugrunde liegende Theorie tut. Außerdem begrenzt der Zweck, für den das Modell konstruiert wird oder hergestellt worden ist, dessen Geltungsbereich.

28.4 Modelle werden als Medien und als Arbeitsweise genutzt

Oft wird die Güte des Modells am Grad der Übereinstimmung mit dem Original bemessen. Ein gutes Modell ist jedoch keine Kopie, sondern eine theoriegeleitete, auf die wesentlichen Eigenschaften fokussierte (einfache) Abbildung des Originals. Man kann daher gerade in den Unzulänglichkeiten, die sich bei der Reflexion der Leistungen und Grenzen des Modells zeigen, das besondere Potenzial eines Modells erkennen (Gropengießer 1981). Dabei wird der durch den Zweck begrenzte Geltungsbereich des Modells als Lerngelegenheit aufgefasst und produktiv genutzt, indem beispielsweise Änderungen zur Weiterentwicklung eines Modells erarbeitet werden.

Heute spielt im Biologieunterricht neben der Funktion von Modellen als Medium zur Vermittlung von Fachwissen (Leibold & Klautke 1999) ihre Funktion im Prozess der Erkenntnisgewinnung eine bedeutende Rolle (KMK 2005; KMK 2020; Upmeier zu Belzen & Krüger 2010; Fleige et al. 2012 a; Upmeier zu Belzen & Krüger 2019 a; → 10).

Drei Perspektiven sind für das Verständnis von Modellen bedeutsam (Mahr 2015):

1. Modelle sind Träger von Wissen und Ideen (vgl. Stachowiak 1973). Dabei muss die Auffassung eines Gegenstands als Modell nicht immer gleich sein; sie kann über die Zeit variieren. Diese Möglichkeit macht es notwendig, zwischen dem Modell und dem zugrunde liegenden Denkmodell zu unterscheiden.
2. Die Herstellung beschreibt die Beziehung zwischen dem Denkmodell und dem Original (Modell von etwas). Die Herstellung ist an einen konkreten Zweck gebunden, weshalb das Modell spezifische Teile der realen Welt repräsentiert (Giere 2004).
3. Schließlich werden Modelle angewendet (Modell für etwas). Dies geschieht bei der Vermittlung von Erkenntnissen mit dem Modell oder dadurch, dass die mit dem Modell zu testenden Hypothesen entweder widerlegt oder gestützt werden.

Ein Unterricht, in dem Lernende beim Umgang mit Modellen angeregt werden, den Prozess des Modellierens sowie die Herstellung und die Anwendung explizit zu reflektieren, trägt zur Entwicklung von elaboriertem Fachwissen sowie zur Entwicklung von angemessenem Wissenschaftsverständnis bei (vgl. Giere et al. 2006).

Dass die Perspektive der Erkenntnisgewinnung beim Modellieren Bestandteil eines zeitgemäßen Biologieunterrichts ist, zeigt die Diskussion über die Ziele naturwissenschaftlicher Bildung seit den 1990er Jahren, die sowohl den Prozess der Erkenntnisgewinnung als auch dessen Reflexion explizit in den Blick nimmt (→ 10, 36 und 37). Hodson (2014) strukturiert *Science Education* entsprechend in *learning science* (Wissen über Konzepte, Modelle, Theorien), *learning about science* (Verständnis der korrespondierenden Philosophie, Geschichte und Methodologie) und in *doing science* (Tätigkeiten zum Erwerb naturwissenschaftlichen Wissens).
Modelle tragen zur naturwissenschaftlichen Bildung bei, indem

- in Auseinandersetzung mit ihnen Fachwissen erworben werden kann (*learning scientifc models*, Henze u. a. 2007; Modellwissen, Meisert 2008),
- Wissenschaftsverständnis entwickelt werden kann (*nature of models*, Henze et al. 2007; Modellverständnis, Meisert 2008),
- das Modellieren als Methode erlernt werden kann (*act of modeling*, Henze et al. 2007; Modellarbeit, Meisert 2008).

Mit Blick auf Modellieren zur Erkenntnisgewinnung fokussieren Upmeier zu Belzen und Krüger (2010) in ihrem Ansatz auf abstrakte Kenntnisse über Modelle und den konkreten Prozess der Modellanwendung. Auf dieser Grundlage definieren sie Modellkompetenz in Anlehnung an den Kompetenzbegriff von Weinert (2001; → 8) wie folgt: „Modellkompetenz umfasst die Fähigkeiten, mit Modellen zweckbezogen Erkenntnisse gewinnen zu können und über Modelle mit Bezug auf ihren Zweck urteilen zu können, die Fähigkeiten, über den Prozess der Erkenntnisgewinnung durch Modelle und Modellierungen in der Biologie zu reflektieren sowie die Bereitschaft, diese Fähigkeiten in problemhaltigen Situationen anzuwenden." Dabei zeigte sich in Anlehnung an Forschungsbefunde, dass prozedurale und epistemologische Gedanken über den Prozess des Modellierens im Bereich Erkenntnisgewinnung stärker im Fokus stehen als ontologische Aspekte zum Modellbegriff (Krell et al. 2016). Beim Modellieren geht es um eine weitere Arbeitsweise neben dem Beobachten und dem Experimentieren (Upmeier zu Belzen et al. 2019; Upmeier zu Belzen & Krüger 2019 a).

Viele Untersuchungen belegen allerdings, dass eine so verstandene Kompetenz bei Lernenden und auch bei Lehrenden nur selten ausgebildet ist (Artelt et al. 2001; Crawford & Cullin 2004; Prenzel et al. 2004). Nach internationalen Vergleichsstudien verfügen nur 3,4 % der deutschen Schülerinnen und

Schüler über die Wissensbasis für ein Denken in und Arbeiten mit Modellen (Artelt et al. 2001; Prenzel et al. 2004; Mathesius & Krell 2019). Der deskriptive Aspekt von Modellen (Anschauungsfunktion in der medialen Perspektive) steht beim schulischen Lehren und Lernen im Vordergrund. Die Rolle des Modellierens im wissenschaftlichen Erkenntnisprozess als Denk- und Forschungswerkzeug wird nicht hinreichend erkannt. Dies konnten Grosslight et al. (1991) für Schülerinnen und Schüler, Crawford und Cullin (2004) für angehende Lehrkräfte und van Driel und Verloop (1999) für Lehrkräfte zeigen.

28.5 Modelle lassen sich nach verschiedenen Gesichtspunkten klassifizieren

Nach dem oben beschriebenen Verständnis von Modellen können unzählige Objekte als biologische Modelle betrachtet werden. Deshalb ist eine von Kriterien geleitete Systematisierung in Modelltypen, insbesondere für die zielbezogene Unterrichtsplanung, sinnvoll und hilfreich. Für eine entsprechende Systematisierung gibt es zahlreiche Vorschläge (Harrison & Treagust 2000; Boulter & Buckley 2000; Meisert 2008). Beispielsweise zeigt ein pneumatisches Spaltöffnungsmodell eine Funktion, weshalb es sich den Funktionsmodellen zuordnen lässt. Ein Torso hingegen wird den Strukturmodellen zugerechnet. Kriterium für die Systematisierung ist in beiden Fällen die Frage, welcher Aspekt mit dem Modell abgebildet wird. Aus Ansätzen zur Klassifizierung, die für die Unterrichtsplanung relevant sind, lassen sich Kombinationsmöglichkeiten für den Modelleinsatz ableiten (→ Tab. 28-2).

Grundlegend bei der Klassifizierung ist die Unterscheidung zwischen virtuellen und materiellen Modellen. Zu den virtuellen Modellen gehören mathematische Modelle (Förster & Klingenberg 2017) und Computersimulationen (→ 35). Zu den materiellen Modellen zählen dreidimensionale, d. h. körperliche und zweidimensionale, bildliche Modelle (ikonische und symbolische Darstellungen). Zu den bildlichen Modellen gehören Diagramme und Symbolsysteme, die Strukturen oder Funktionen abbilden (z. B. chemische Formeln und Zeichen für Nährstoffe und deren Bausteine).

Nach dem Abbildungsaspekt wird zwischen Struktur- und Funktionsmodellen unterschieden. Strukturmodelle zeichnen sich dadurch aus, dass mit ihnen Baumerkmale möglichst originalgetreu wiedergegeben werden. Es sind meist Modelle der Morphologie und Anatomie (Högermann & Kricke 2012), die häufig zerlegbar sind. Sie eignen sich zur Darstellung von sonst nicht analysierbaren Organen und Organismen (z. B. menschlicher Torso) oder für die Beobachtung von Strukturen, die ohne Zusatzgeräte nicht zugänglich wären (z. B. Doppelhelix der DNA).

Kriterium zur Systematisierung	Modelltypen		
Herstellung des Modells	virtuelles Modell		materielles Modell • zweidimensional (bildlich) • dreidimensional (physisch)
Aspekt der Abbildung	Strukturmodell	Funktionsmodell	Struktur-/Funktionsmodell
Art des Konstruktionsprozesses	Analogmodell	Homologmodell	Konstruktmodell
Art der Anwendung	Lehr-/Lern-Modell		Forschungsmodell

Tabelle 28-2: Einteilung in Modelltypen nach verschiedenen Kriterien

Funktionsmodelle bilden den Verlauf von Prozessen ab und erlauben die Analyse von Funktionen und Mechanismen. Sie ermöglichen die Konstruktion und Revision von gegenständlichen Modellen. Dabei werden die anatomischen Verhältnisse in der Regel nur ungenau erfasst (Bewegung des Arms, vgl. Weitzel 2014 b; Gegenstromprinzip, vgl. Asshoff & Engbert 2014; Pfeffer'sche Zelle als Modell für Osmose, vgl. Gropengießer 1981; Bartsch et al. 1990; lebendes Funktionsmodell zur Atmungskette und ATP-Synthese, vgl. Schmiemann 2012). Daneben gibt es Modelle, die Struktur und Funktion in gleicher Weise abbilden. Zu diesen Struktur- und Funktionsmodellen gehören beispielsweise die Simulationen von ökologischen, populationsbiologischen und evolutionären Systemen (z. B. Mimikry-Modell, vgl. Gropengießer & Laudenbach 1987). Mit einem Blackboxmodell oder mit einem Puzzle kann das wissenschaftliche Vorgehen abgebildet und reflektiert werden (Frank 2005; Freese 2005; Upmeier zu Belzen 2014; Göhner & Krell 2018).

Diejenigen Modelle, die einem Original nachgebildet sind, heißen Homologmodelle. Sie geben das Original selten in den Dimensionen, häufig aber in den Proportionen und damit in der Gestalt wieder. Dies trifft vor allem auf Strukturmodelle zu. Bei Analogmodellen wird das Modell nicht eigens hergestellt, sondern das Original wird mit einem Gegenstand der vorgegebenen Realität in Beziehung gesetzt: Ein Gegenstand wird dem Original als Modell zugeordnet, wobei Funktionsanalogien betrachtet werden. Die Eigenschaften des Originals werden durch das zugeordnete Modell nur in einer bestimmten Anzahl von Eigenschaften widergespiegelt. Diese Eigenschaften lassen sich bei Original und Modell einander zuordnen (analogisieren), ohne dass eine Übereinstimmung (z. B. in der Gestalt) zwischen beiden vorhanden sein muss (z. B. Vergleich der Funktion des Stempels der Salbeiblüte mit dem Mechanismus des Schlagbaumes; der Zelle mit einem Unternehmen; eines Lebewesens mit einer Kerzenflamme, vgl. Kattmann 1980; 1990). Zu den Analogmodellen gehören auch Vergleiche zwischen biologischen und technischen Systemen (vgl. Gropengießer 1993).

Konstruktmodelle (Kattmann 2006) schließlich bilden kein Original ab, d. h. das Modellieren beginnt mit einem Denkmodell (→ Abb. 28-1). Sie beruhen somit vorwiegend oder ausschließlich auf (theoriegeleiteten) Rekonstruktionen und Konstruktionen (z. B. ein rekonstruierter Schädel eines Fossils, die Abbildung eines Bauplans). Zu solchen Konstruktmodellen gehören phantasievolle Modellorganismen, mit denen Evolution abgebildet werden soll, z. B. die Caminalcules (Sokal 1966), die Schrägen Hangnager (Kattmann & Gad 2007), Geschöpfe der Zukunft (Dixon et al. 1999; vgl. Krüger 2006), Lebewesen und Prozesse in Science-Fiction-Texten (vgl. Teutloff 2006) sowie die Nussgetiere (Beniermann et al. 2017).

Nach der Funktion im Erkenntnisprozess kann zwischen Forschungsmodellen sowie Lern- und Lehrmodellen unterschieden werden. Forschungsmodelle können zu Lern- und Lehr-Modellen werden, wenn sie im Lernprozess eingesetzt werden.

28.6 Modellieren wird schrittweise erlernt und im Unterricht gefördert

Teilbereiche zu Modellen, wie deren Eigenschaften, deren Zweck, Test oder Änderung (→ Tab. 28-3), bieten für den Einsatz von Modellen im Biologieunterricht Orientierung (vgl. Upmeier zu Belzen & Krüger 2010; Fleige et al. 2012 a; Meisert 2009; Weitzel 2014 a).

Über diese Teilbereiche kann man mit Lernenden ins Gespräch kommen, indem man ihnen entsprechende Reflexionsfragen stellt. Dies führt zur expliziten Thematisierung des Umgangs mit Modellen in der Biologie und im Biologieunterricht. Hilfreich sind dafür die Instruktionen der Tabelle 28-3, die sowohl abstrakt, aber auch bezogen auf ein bestimmtes Modell eingesetzt werden können. Dabei gelangen auch Alltagsvorstellungen über Modelle und das Modellieren in den Blick. Die Vorstellungen zu den Teilbereichen lassen sich ausgehend von einer einfachen und engen Vorstellung hin zu einer weiter gefassten und elaborierten gliedern (vgl. Chittleborough & Treagust 2007; Upmeier zu Belzen & Krüger 2010; Weitzel 2014 a). Eine weniger elaborierte Modellkompetenz drückt sich darin aus, das Modell ausschließlich als Modell von etwas zu erkennen. Der Blick ist dann reproduzierend vom Original auf das Modell gerichtet. Es geht darum, wie gut das Original durch das Modell vertreten wird. Es wird erkannt, dass das Modell als Modell von etwas eine Stellvertreterfunktion besitzt. Eine elaborierte Modellkompetenz zeigt sich darin, die in den Modellen steckenden theoretischen Annahmen ebenfalls erkennen und nutzen zu können, um weitere Hypothesen über das Original aufzustellen, sie zu testen und damit die entwickelte Vorstellung über die Natur zu überprüfen. Unter dieser Anwendung geht der Blick vom Modell zum Original zurück. Als Konsequenz werden unter Umständen die Vorstellung über das Original und schließlich das Denkmodell neu konstruiert (Krüger, Kauertz & Upmeier zu Belzen 2018). Der Unterricht zielt somit darauf, die Modellkompetenz bei den Lernenden über die mediale Perspektive hinaus hin zu einer wissenschaftlich-forschenden Perspektive zu entwickeln (Upmeier zu Belzen & Krüger 2019 b).

Teilbereich	Reflexionsfrage	Instruktion
Modellbegriff	Was ist ein Modell?	Erkläre, was du unter einem Modell verstehst!
Eigenschaften von Modellen	Wie ähnlich muss das Modell dem Original sein?	Beschreibe, worin sich Modell und Original ähneln/unterscheiden!
Alternative Modelle	Inwiefern kann es für ein Original mehr als ein Modell geben?	Begründe, warum es zu einem Original verschiedene Modelle gibt!
Zweck von Modellen	Welchen Zweck hat das Modell?	Beschreibe, welchen Zweck dieses Modell hat!
Testen von Modellen	Wie kann man ein Modell testen?	Erkläre, ob man das Modell für Zweck X einsetzen kann!
Ändern von Modellen	Unter welchen Bedingungen muss ein Modell geändert werden?	Begründe, was dazu führen könnte, dass das Modell verändert werden muss!

Tabelle 28-3: Theoretische Teilbereiche von Modellkompetenz, Reflexionsfragen sowie konkrete Instruktionen (vgl. Fleige et al. 2012 a) als Grundlage zur individuellen Förderung spezifischer Aspekte im Kontext Modellieren

Im Biologieunterricht sollen die Lernenden die Arbeit mit Modellen als ein Mittel erkennen, mit dem sie sich die komplexe Realität geistig verfügbar machen können (Giere et al. 2006). Beispiele zum Einsatz von Modellen zur Erkenntnisgewinnung zeigen, dass bereits Schülerinnen und Schüler der Mittelstufe elaboriert mit Modellen und dem Modellieren umgehen können (Meisert 2009; 2014; Schwarz et al. 2009; Fleige et al. 2012 a; Upmeier zu Belzen & Krüger 2019 b).

Zu der Fragestellung „Welche Form hat Euglena?“ stellen Fleige et al. (2012 a) eine Förderkonzeption bereit. Im Einstieg wird als Original ein Einzeller (Euglena) mit dem Mikroskop oder als Foto betrachtet. Unter der Fragestellung: „Welche Form hat Euglena?" erstellen die Lernenden mit Knete Modelle von Euglena. Diese Modelle werden von allen Seiten betrachtet, und es werden Schnitte durch die Modelle angefertigt. Daraus werden Hypothesen zur Gestalt von Euglena abgeleitet und dokumentiert. Die Hypothesen werden am Original durch erneutes Mikroskopieren oder die Betrachtung weiterer Fotos überprüft. Das führt unter Rückbezug auf die Hypothesen zu deren Stützung bzw. Falsifikation. Dabei wird die vorläufige Gültigkeit der Modelle deutlich oder die Notwendigkeit einer Änderung festgestellt. In der Reflexion wird das wissenschaftliche Arbeiten beim Modellieren expliziert (vgl. Anleitungen zum Selbstbau von begreifbaren Modellen, Schmidt & Byers 1995; Beispiele beweglicher Flachmodelle, Memmert 2009; Arbeitsmaterialien zum Umgang mit Modellen, Högermann & Kricke 2012; Schlüter & Kremer 2013; Unterrichtsreihen zur Entwicklung von Modellkompetenz, Fleige et al. 2012 b; unterrichtsergänzende Materialien, Meister et al. 2021). Wann im Unterricht Modelle und wann Originale eingesetzt werden, hängt von den Lernzielen, den Lernenden, der Lehrkraft und den Rahmenbedingungen ab und muss jeweils didaktisch sorgfältig abgewogen werden.

Der Einsatz von Originalen unterstützt in besonderer Weise einen emotionalen Zugang zur Biologie. Modellversuche werden durchgeführt, wenn das Original nicht verfügbar oder für bestimmte Untersuchungen ungeeignet ist, z. B. wenn Variablen nur in einem Modellexperiment, nicht aber in einem Experiment mit dem Original isoliert werden können (z. B. zur Erregungsleitung, vgl. Ducci & Oetken 1999; zur Osmose, vgl. Gropengießer 1981).

Beim Einsatz von Modellen zur Gewinnung von Erkenntnissen erarbeiten sich Lernende ein Verständnis über die Naturwissenschaft Biologie, in der zunehmend lebende Modellorganismen zum Einsatz kommen wie Maus, Drosophila oder Zebrafisch (Nick et al. 2019; Meister et al. 2021). Sie ermöglichen die Überprüfung des Denkmodells, wodurch der Fokus auf den relevanten Aspekt des Organismus gelenkt wird (Abel et al. 2020).

Lernaufgabe 28-1: Modellieren
Sie möchten am Beispiel eines Pollenflugkalenders spezifische Aspekte des Modellierens fördern.

Handlungsaufforderung 28-1:
Skizzieren Sie unter Berücksichtigung der Tabelle 28-3 eine entsprechende Unterrichtsidee! Benennen und erläutern Sie dabei die spezifischen Aspekte des Modellierens, die Sie mit diesem Unterricht fördern möchten!

Steffen Schaal

29 Sammeln und Ausstellen

Das Ausstellen bietet Lernenden und Ihnen als Lehrperson die Möglichkeit, Spuren zu hinterlassen und sichtbar zu werden. Die Ergebnisse des Biologieunterrichts werden in die Schulöffentlichkeit getragen und bereichern das Schulleben. Dazu arbeiten Lernende und Sie an einem gemeinsamen Produkt, das vorzeigbar sein soll und schon deshalb anspornt. Inhaltlich kann es sich um die Erarbeitung eines biologischen Themas wie Sehen, Verdauung oder Photosynthese handeln oder die Bestimmung und Dokumentation aller Bäume und Sträucher auf dem Schulhof.

29.1 Sammeln von Naturobjekten fördert das Vergleichen, Ordnen und Bestimmen

Sammeln bezeichnet lebensweltlich das Zusammentragen von Gegenständen. In Wissenschaft und Unterricht wird es als das systematische Suchen, Beschaffen und Aufbewahren einer abgrenzbaren Gruppe von Informationen oder Objekten verstanden. Dabei erfolgen die Auswahl und das Ordnen des Sammelgutes nach bestimmten Kriterien. Die Biologiesammlung in der Schule dient vor allem Lehr- und Lernzwecken (→ 19). Dieser Abschnitt ist dem Sammeln und Ausstellen durch Lernende gewidmet.

Das *Sammeln* ist eine grundlegende fachgemäße Arbeitsweise, welche wissenschafts- und naturhistorisch eine wichtige Rolle in Erkenntnisprozessen der Biologie spielt (Flannery 2009; Martin 2011; Eversole et al. 2019). Durch das Suchen von Naturobjekten, das genaue Beobachten, das Erfassen von Daten, Vergleichen, Bestimmen und Ordnen werden biologische Erkundungsformen und Erkenntnismethoden eingeübt (→ 21, 22, 25). Lernende befassen sich beim Sammeln nicht nur mit den Objekten als solche, sondern sie setzen sich auch mit den Eigenschaften und Wechselbeziehungen an Fundorten auseinander (Lucky, Branham & Atchinson 2019).

Sammeln ermöglicht Einblicke in die biologische Vielfalt, erweitert die Artenkenntnis und bahnt ein Verständnis für Ordnungsprinzipien und systematische Zusammenhänge an. Die Lernenden gewinnen ein persönliches Verhältnis zu den gesammelten Objekten, da jedes einzelne Stück etwas Besonderes darstellt und ihre Funde oft mit Erlebnissen verknüpft sind. Diese

Person-Gegenstands-Beziehung ist eine Voraussetzung für die Entwicklung eines persönlichen Interesses an Biologie (vgl. Vogt 2007). Über die *Förderung biologischer Arbeitsweisen* hinaus werden auch allgemeine *Persönlichkeitseigenschaften* gestärkt, wie Aufmerksamkeit, Ordnungssinn, Ausdauer, Gewissenhaftigkeit, Sachlichkeit, Urteilsfähigkeit sowie Hingabe an eine Aufgabe.

Das Verständnis von Naturobjekten kann auch auf deren digitale Repräsentationen (z. B. digitale Fotografien, Tonaufnahmen und Videos) ausgeweitet werden. Plattformen zum Teilen und Bestimmen der Fotografien von Naturfunden (z. B. ispotnature.org; naturgucker.info) oder *Citizen Science*-Projekte (z. B. biologisches Monitoring und Sammlung von Zeigerorganismen) leisten einen wichtigen Beitrag für die Bereitschaft Heranwachsender, sich an Naturschutzmaßnahmen aktiv zu beteiligen (Ansine et al. 2017; Ballard, Dixon & Harris 2017).

Sammeln kann auch als kulturaneignende Tätigkeit verstanden werden (Kremling 2010) und es hilft, traditionelle, kulturelle Wissensbestände über die Natur zu erhalten (Ramos de Robles, Garibay-Chávez & Curiel-Ballesteros 2019).

Interessierte Lernende legen Sammlungen für sich selbst an und oft stellen sie besonders schöne Sammlungsstücke in ihrem eigenen Zimmer aus (z. B. Muscheln, Versteinerungen, Schneckenhäuser). Lernende können aber auch zum Aufbau einer Arbeitssammlung angeregt werden oder bei der Vorbereitung einer Ausstellung mitwirken.

29.2 Die Gestaltung einer Ausstellung fördert Kommunikationskompetenzen und selbstständiges Arbeiten

Geordnete und kommentierte Sammlungen, die anderen Menschen zugänglich gemacht werden, heißen Ausstellungen. Ausstellungen können besucht und gezielt für unterrichtliche Zwecke als außerschulische Lernorte genutzt werden (→ 20) oder sie werden im Unterricht entwickelt. Der wesentliche Wert des *Ausstellens* im schulischen Kontext liegt in der Planung und Gestaltung einer Ausstellung durch Lernende und in deren vertiefter Auseinandersetzung mit dem Sammelgut. Auf diese Erfahrungen kann im weiteren Unterrichtsverlauf zurückgegriffen werden, wenn systematisches, kriteriengeleitetes Vergleichen und Ordnen in komplexeren Kontexten angewandt werden soll. Durch den regelmäßigen Umgang mit den Ausstellungsobjekten kann auch ein Wissenszuwachs und die Festigung des Gelernten erreicht werden.

Beim Ausstellen wird der Kompetenzbereich Kommunikation lebensweltnah und anwendungsbezogen gefördert. Die Lernenden entscheiden sich bei der Ausstellungsplanung für die Kernideen eines Inhalts und für eine klare Zielsetzung. Eine Ausstellung wird so gestaltet, dass die Betrachtenden das Anliegen unmittelbar nachvollziehen können. Dabei fließen in gleichem Maße folgende Überlegungen ein.

- Adressaten: *Wer* besucht die Ausstellung? *Welche* Alltagsvorstellungen und Vorerfahrungen bringen potenzielle Besucherinnen und Besucher mit, die in den Planungs- und Entscheidungsprozess einfließen sollten?
- Inhalt: *Was* ist am Inhalt besonders interessant oder relevant? *Welche* übergeordneten Konzepte und Prinzipien der Biologie lassen sich verdeutlichen?
- Darstellung: *Wie* können zentrale Ideen des Inhalts dargestellt werden? *Welche* Repräsentations- oder Visualisierungsformen sind geeignet? *Wie* können abstrakte Daten anschaulich gemacht werden? *Wie* werden komplexe Informationen vereinfacht? Dies ist insbesondere dann von Bedeutung, wenn reale Gegenstände durch informierende Poster ergänzt werden (Hubenthal, O'Brien & Taber 2011).

Aber auch ästhetische Aspekte werden berücksichtigt (vgl. Schomaker 2005). Durch die intensive Auseinandersetzung mit dem Sammelgut können beispielsweise ästhetische Urteile zu Tieren verändert werden, die im Alltag mit Angst und Ekel verbunden sind (Retzlaff-Fürst 2001; 2007). Ausstellungen können auch im Freiland gestaltet werden, um die Fauna und Flora der unmittelbaren (Schul-)Umgebung ins Bewusstsein der Betrachtenden zu rücken (Benkowitz 2009).

Bei der Gestaltung einer Ausstellung erleben die Lernenden den eigenen Kompetenzzuwachs, sie arbeiten gemeinsam und mit entwicklungsangepasster Eigenständigkeit an einer Sache. Damit sind sowohl grundlegende psychologische Bedürfnisse als Voraussetzung für die Entstehung intrinsischer Motivation berücksichtigt (Deci & Ryan 1993), aber auch die für eine positive Jugendentwicklung notwendigen Selbstwirksamkeitserfahrungen werden ermöglicht (Weichold & Blumenthal 2019).

Im Laufe des Planungs- und Gestaltungsprozesses verändert sich die Rolle der Lehrkraft weg von der Wissensvermittlung hin zur Lernbegleitung: Lehrende und Lernende verfolgen ein gemeinsames Ziel und arbeiten intensiv zusammen. Dadurch kann eine positive Lehrperson-Lernenden-Beziehung angebahnt werden und das persönliche Kennenlernen wird in besonderer Weise gefördert.

Aufgaben einer Ausstellung

Eine von Lernenden gestaltete Ausstellung kann

- die *Motivation* fördern, indem sie das Interesse der Lernenden an den Naturobjekten weckt.
- der *Unterrichtsvorbereitung* dienen, indem sie bestimmte Probleme aufwirft.
- der *Wiederholung* und *Vertiefung* dienen, indem die im Unterricht verwendeten Gegenstände für ein längeres und intensiveres Betrachten bereitstehen.
- den *Aufbau von vernetztem Wissen* fördern, da verschiedene Anschauungsmittel zu demselben Thema unterschiedliche, im Idealfall mehrperspektivische Zugänge zum Inhalt bieten.
- *selbstbestimmtes Lernen* ermöglichen, indem Lernobjekte in gewissem Rahmen selbst ausgewählt und eigene Lernwege verfolgt werden können und zum Beobachten individuell notwendige Zeit bleibt; entsprechende Arbeitsaufträge und Lernaufgaben (z. B. Arbeitsheft, Langzeitbeobachtungen) können dabei unterstützen.
- der *Evaluation* eines Lerninhalts oder einer Unterrichtsphase dienen, besonders eines Projektes.
- den Unterricht ergänzen, indem zusätzliche Objekte gezeigt und dadurch *Transferleistungen* gefördert werden.

Explizite empirische Untersuchungen zur *Wirksamkeit von eigenständig erstellten Ausstellungen* bei Lernenden liegen für den Biologieunterricht nicht vor. Studien aus dem Bereich der Museumspädagogik (z. B. Walser-Kuntz & Iroz 2016; Enright 2013; Koetsch 1994) legen jedoch nahe, dass insbesondere partizipative Methoden und die Beteiligung von Lernenden bei der Gestaltung von Ausstellungen sowohl den Wissensaufbau fördern wie auch Einstellungen gegenüber einem Lerngegenstand oder Inhaltsbereich positiv beeinflussen können.

Zur Wirksamkeit von *Ausstellungsbesuchen* und zur *Gestaltung von erfolgreichen Lernumgebungen* in Ausstellungen liegen einige empirische Befunde vor (z. B. Scheersoi, Groß & Kattmann 2012; Härting, Pütz & Wilde 2010; Damerau, Bätz & Wilde 2009; Wilde & Urhahne 2008; Krombaß & Harms 2006; Groß 2007), welche Indizien für die Planung und Umsetzung von Ausstellungen liefern können.

Trotz der dargestellten Vorzüge werden biologische Ausstellungen in der Praxis von Lernenden nur selten erstellt und durchgeführt. Oft wird dies mit der zusätzlichen Arbeit begründet, die sich vor allem dann nicht lohne, wenn ein Museum, Zoo oder Botanischer Garten in der Nähe ist. Bei dieser Begründung werden die besonderen Funktionen und der spezifische Wert selbst gestalteter Ausstellungen unterschätzt.

29.3 Sammeln und Ausstellen sollen zielgerichtet und kriteriengeleitet erfolgen

Praxis des Sammelns

Die Neugier und die Freude der Lernenden am Sammeln sollten für die Entwicklung von Interesse und für die Förderung von Lernprozessen genutzt werden. Das gelingt, wenn die Lehrperson zu erkennen gibt, dass sie die Sammeltätigkeit der Lernenden schätzt. Deshalb sollte im Unterricht genügend Zeit zur Verfügung stehen, um mitgebrachte Gegenstände zu betrachten, vorzustellen, zu besprechen und eventuell auch auszustellen.

Sammeln und Ausstellen muss allerdings nicht immer an gegenständliche Objekte gebunden sein. Digitale Technologien ermöglichen beispielsweise das Sammeln von Naturobjekten in Form digitaler Fotografien, die zu einer virtuellen Ausstellung zusammengefasst und entsprechend aufbereitet werden können (vgl. Schaal 2014; Schaal, Grübmeyer & Matt 2012). Die weitergeleiteten Inhalte sozialer Medien lassen beispielsweise erkennen, welche Naturräume als besonders attraktiv wahrgenommen werden (Fink, Hausmann & DiMinin 2020; Toivonen et al. 2019; Tenkanen et al. 2017). Vielfach werden Impressionen von Orten gesammelt, was bei gezielter Planung die biologische Auseinandersetzung mit dem jeweiligen Naturraum fördert (vgl. Lengen 2016). Kurzum – Posten, Teilen, Liken können Bestandteile einer modernen Praxis des Sammelns und Ausstellens darstellen. Mittels sozialer Medien können thematische Sammlungen angelegt und innerhalb der Klasse oder auch darüber hinaus geteilt werden.

Hinweise zum Sammeln

Die *Wahl der Sammelobjekte* geht von den Interessen der Lernenden sowie deren Lebenswelt aus und richtet sich nach den didaktischen Absichten der Lehrkraft. Die sollten insbesondere dann deutlich kommuniziert werden, wenn gezielt auf eine bestimmte Ausstellungsform hin gesammelt wird.

Wesentlich für den Erfolg der Sammeltätigkeit ist die Berücksichtigung der erreichbaren *Naturräume* und *Jahreszeiten*.

Für eine Dauersammlung sollten nur *leicht zu bearbeitende Objekte* gesammelt werden. Pflanzen und Pflanzenteile sind frisch in eine Pflanzenpresse einzulegen und nach dem Trocknen sorgfältig aufzubewahren. Schädel und Skeletteile, Vogelnester und Gewölle sowie Teile von Organismen können entsprechend geltender Gefährdungsbeurteilung nicht oder nur eingeschränkt im Unterricht genutzt werden. Bei der Präparation, Konservierung und Desinfektion von zoologischen Objekten sind die geltenden *Sicherheitsbestimmungen* einzuhalten. In man-

chen Bundesländern wird explizit darauf verwiesen, dass Lernende nicht zum Sammeln von Federn oder Knochen in der Natur angewiesen werden dürfen (vgl. MKJS 2019). Hier könnten digitale Sammlungen oder dreidimensionale Scans von Objekten erstellt und genutzt werden.
Bei allen Sammlungsobjekten sind genaue und möglichst vollständige *Angaben* wichtig, wie Funddatum und Fundort, Name des Objektes, eventuell die Zugehörigkeit zu einer taxonomischen Gruppe (Familie, Ordnung) oder zu einer Lebensgemeinschaft. Verweise zu Besonderheiten der Präparate, deren Anwendungsmöglichkeiten im Alltag oder andere interessante Aspekte dienen dazu, die Aufmerksamkeit der Betrachtenden einzufangen und zu binden.
Die Lernenden sollten auf keinen Fall zum Töten von Tieren angeregt werden (z. B. keine lebenden Schnecken, sondern nur leere Schneckenhäuser sammeln). Geschützte Pflanzen und Tiere dürfen nicht gesammelt werden, die geltenden *Naturschutz- und Sicherheitsbestimmungen* sind zu beachten.
Wollen Lernende eine *private Sammlung* anlegen, sollte man sie dazu anhalten, nicht wahllos zu sammeln, sondern sich auf ein Themenfeld oder Gebiet zu spezialisieren (z. B. Schneckenhäuser oder Muschelschalen).

Einige biologische *Themen* sind für Sammlungen besonders geeignet:

- *Morphologische und systematische Sammlungen:* Blütenpflanzen, Blattformen und Algen als Herbarien, Zweige und Knospen, Samen und Früchte, Zapfen, Borkenstücke, Holzschliffe, Moose, Flechten, Säugetier-Schädel, Schneckengehäuse, Muschelschalen.
- *Ökologische Sammlungen:* Pflanzen mit verschiedenen Bestäubungsarten, Frühblüher, Objekte mit Fraßspuren, Gewölle, Bioindikatoren.
- *Geologisch-paläontologisch-bodenkundliche Sammlungen:* Fossilien, Gesteinsarten, Bodentypen.
- *Aktuell-thematische Sammlungen:* Zeitungsberichte, Abbildungen, Fotos, Fallstudien, statistische Angaben zu aktuellen Themen.

Gestaltung von Ausstellungen

In der *Planungsphase* einer Ausstellung wird das Thema erarbeitet, und die *Zielsetzung*, der *Adressatenkreis* (Alltagsvorstellungen, Vorwissen, Alter), *Ausstellungsort* und *-zeit* sowie die *Ressourcen* der Beteiligten (zeitlich und finanziell) werden erörtert. Als oberster Grundsatz für eine Ausstellung gilt: *Beschränkung statt Fülle.*

Das *Thema der Ausstellung* wird durch eine prägnante Überschrift deutlich sichtbar gemacht. Die Objekte sind sorgfältig zu beschriften. Es empfiehlt sich, ein Objekt als Blickfang aufzustellen, das durch Farbe, Form, Größe oder Beliebtheit die Aufmerksamkeit auf sich zieht. Auch die vergleichende

Gegenüberstellung von Objekten kann einen solchen Anziehungspunkt bilden. Es sollte eine klare *Gliederung* der Ausstellung erkennbar sein, was beispielsweise durch eine Farbsteuerung zusammengehöriger Teile erreicht wird. Von Lernenden erstellte Zeichnungen und Informationstexte können die Aussagen der Exponate verdeutlichen (vgl. Meyer 1994).

Ausstellungsthemen

Pflanzen, Pilze als Lebend- oder Herbarmaterial: systematische (z. B. Pflanzenfamilien), ökologische (z. B. Standortbedingungen, Zeigerarten) oder ästhetische Aspekte (z. B. Formen und Farben bei Pflanzen und Tieren)
Tiermonographien, Tiergruppen: Haus- und Nutztiere, Lurche und Amphibienwanderung, Spechte, Insekten
Angepasstheit bei Tieren und Pflanzen: Land-, Flug- und Wassertiere, Pflanzen und Tiere extremer Lebensräume
Lebensgemeinschaften bzw. Ökosysteme: Wiese, Acker, Wald, Hecke, Gewässer
Vivarien: Kleinsäuger, Fische, Amphibien, Reptilien, Insekten, Krebse
Artenschutz: Nistkastenaktion, Flora und Fauna auf dem Schulgelände, Winterfütterung, geschützte Pflanzen und Tiere
Umweltbildung, Bildung für nachhaltige Entwicklung, Bildung für Nachhaltigkeit: regenerative Energien, ökologischer Fußabdruck, energetischer Rucksack, nachhaltige Landwirtschaft
Humanbiologie: Sinne, Atmung, Verdauung, bedarfsgerechte Ernährung, Heilkräuter
Gesundheitsbildung: Gefährdung durch Genussmittel, Stress oder Drogen, Ursachen von und Verhalten bei Herzinfarkt, Schlaganfall, Sport, Mikrobiom oder Epigenetik

Die *Dauer* einer Ausstellung hängt vor allem vom *Ziel* und der Wahl der Objekte ab. Eine *Wechselausstellung* sollte den Lernenden beispielsweise Gelegenheit geben, die Exponate mehrmals in Ruhe zu betrachten. Dazu ist eine *Dauer* von etwa vier bis sechs Wochen angebracht. Danach lässt das Interesse an der Ausstellung nach. Nach den Zielen und der Dauer lassen sich folgende Formen von Ausstellungen unterscheiden:

- *Kurzzeitausstellungen*: kleinere, zeitlich begrenzte, oft regelmäßig wechselnde Ausstellungen zu einem meist eng begrenzten Thema, z. B. Kennübungen für Pflanzen und Pilzexkursionen auf einem Tisch der biologischen Vielfalt vor dem Fachraum, Indikatoren für Umweltverschmutzung und Klimawandel (z. B. Luftgütekarten anhand von Flechten als Bioindikatoren, Ausbreitung von Neophyten wie Ambrosia, Indisches Springkraut, Kanadische Goldrute), Gesichter der Sucht (Suchtprävention), Verhütungsmittel-Tisch.
- *Langzeitausstellungen*: kleinere und längere Zeit bestehende Ausstellungen,

z. B. zur Pflege und zum Beobachten von Tieren (Aquarium mit einheimischen Fischarten oder mit verschiedenen tropischen Lebensräumen, Insektarium mit Stabschrecken, Terrarium mit Leopardgecko).

- *Sonderausstellungen*: kleinere Ausstellungen zur Bearbeitung sowie zu den Ergebnissen bestimmter Themen in Arbeitsgemeinschaften und Projekten, z. B. Schutz einheimischer Lurche, Anlegen eines Waldlehrpfades, Zoonosen und andere Infektionskrankheiten.
- *Dioramen* (Scheersoi & Tunnicliffe 2019; Arntanti, Sudargo & dan Rusyati 2017; Nottbohm 1996): Gestaltung von räumlichen Schaukästen mit Naturfunden in räumlich-szenischer Darstellung (z. B. Insekten der Magerwiese).
- *Große Ausstellungen*: Ausstellungen in mehreren Räumen zur Information der Öffentlichkeit über die biologische Arbeit an der Schule, z. B. Unsere Schule – eine umweltgerechte Schule oder eine gesundheitsfördernde Schule, Trinkwasser – der Weg vom Gewässer zum Haushalt ins Klärwerk.

Der *Ort der Ausstellung* richtet sich nach dem Kreis der Adressaten. Ist die Ausstellung nur für eine kleinere Gruppe gedacht, so wird sie im Klassenzimmer aufgebaut. Soll sie für die ganze Schule bedeutsam werden, so wird man sie vor dem Fachraum aufbauen. Noch besser ist eine zentrale Aufstellung in der Eingangshalle.

Für die *Unterbringung der Exponate* gibt es verschiedene Möglichkeiten. *Vitrinen* sind meist für eine Betrachtung der Exponate von mehreren Seiten gedacht. Dazu eignen sich besonders manche Präparate und räumliche Modelle. Das Anbringen von größeren Texten ist dort nicht so günstig, stattdessen können digitale Bilderrahmen oder Monitore genutzt werden. *Schaukästen* mit Glasschiebetüren sind für die Betrachtung von einer Seite zugänglich. Die Kombination eines *Tisches mit einer Stecktafel* bietet vielfältige Möglichkeiten der Ausstellung von botanischen und zoologischen Objekten. Von Vorteil ist, dass die gezeigten Gegenstände von verschiedenen Seiten betrachtet und auch weitere Unterrichtsmittel verwendet werden können. Lebende Objekte lassen sich leicht versorgen. Nachteilig ist, dass dann diese Objekte vor dem Anfassen nicht geschützt sind. Deshalb ist es ratsam, bei empfindlichen Gegenständen ein Hinweisschild anzubringen oder einen geschlossenen Extrabehälter zu verwenden. Auch in Kleinbehältern können Ausstellungsstücke attraktiv gestaltet werden (Nottbohm 1996).

Um eine Ausstellung abwechslungsreich und interessant zu gestalten, empfiehlt sich eine sinnvolle *Kombination* verschiedener Objekte und Darbietungsformen. Als Ausstellungsgegenstände eignen sich neben Originalen auch andere Medien (Tab. 29-1). Wenn es die Ausstellungsbedingungen zulassen, haben lebende vor toten Organismen und tote Lebewesen vor Nachbildungen den Vorzug. Modelle sind wegen ihrer räumlichen Struktur für Lernende mit geringem Vorwissen besser geeignet als Skizzen. Besonders attraktiv sind Funktionsmodelle, vor allem dann, wenn sie auch in Funktion gezeigt werden können. Die Nutzung mobiler Endgeräte wie Smartphone oder Tablet kann reale Objekte um weitere Informationen wie Bild-, Ton-, Filmdokumente sowie um interaktive Simulationen ergänzen (Arita-Kikutani & Sakamoto 2007). Hierzu können entweder optische Codierungen (z. B. QR-Codes oder optische Trigger für Augmented-Reality-Anwendungen), digitale Datenübertragung (z. B. NFC oder Bluetooth) oder die GPS-Position genutzt werden.

Lernaufgabe 29-1: Ausstellungen entwerfen und reflektieren
Nehmen wir an, Sie planen eine Ausstellung zu Bäumen und Sträuchern auf dem Schulhof Ihrer Schule mit Lernenden der Mittelstufe.

Handlungsaufforderung 29-1: Beschreiben Sie mindestens drei unterschiedliche Ideen für eine Ausstellung und reflektieren Sie jeweils, welche fachgemäßen Arbeitsweisen dabei gefördert werden!

Kirsten Schlüter

30 Vielfalt und Funktionen von Unterrichtsmedien

In einer 5. Klasse herrscht große Unruhe: Ein Schüler durfte seine Meerschweinchen in den Biologieunterricht mitbringen, und jetzt möchte sie fast jeder einmal anfassen und streicheln. In der Parallelklasse hat die Lehrkraft ein Arbeitsblatt zum Meerschweinchen verteilt, das mit einem Text über Lebensgewohnheiten und Ansprüche der Meerschweinchen informiert; die Lernenden arbeiten still und konzentriert, aber das zur Auflockerung auf dem Arbeitsblatt befindliche Bild eines Meerschweinchens beachten sie kaum. Wieder eine andere Klasse bekommt ein Arbeitsblatt mit einem Säulendiagramm über den Nahrungsbedarf von Meerschweinchen. Manchen Lernenden bereitet es Schwierigkeiten, das Säulendiagramm zu deuten (Kattmann 2013, 344).

30.1 Das Verständnis von Medien ändert sich mit der theoretischen Perspektive

Das Wort Medium leitet sich vom lateinischen *medius* ab. Dieses bedeutet Mitte oder in der Mitte liegend. Ein Medium befindet sich somit zwischen einem Sender und einem Empfänger und wird als Träger sowie Vermittler von Information beschrieben. Dieser sehr allgemeine Medienbegriff lässt sich aus vier verschiedenen Perspektiven konkretisieren (Schaumburg & Prasse 2019, 17-22):

Aus der *technischen Perspektive* betrachtet man ein Medium als Mittel zur Informationsweitergabe. Dabei unterscheidet man die nicht-technischen Kommunikationsmittel (*Primärmedien,* z. B. Sprache, Mimik, Gestik) von den technikbasierten Kommunikationsmitteln. Letztere wiederum werden danach unterteilt, wie die Informationsrezeption erfolgt, entweder direkt mit bloßen Sinnen (*Sekundärmedien,* z. B. ein Text auf Papier, ein Foto) oder aber indirekt mittels technischer Geräte (*Tertiärmedien,* z. B. ein Computer, der für die Ansicht einer Internetseite benötigt wird).

Aus der *wahrnehmungstheoretischen Perspektive* werden Medien nach den Sinnen kategorisiert, mit denen die zu vermittelnde Information aufgenommen wird. Je nachdem, ob diese gesehen, gehört oder auf beide Arten erfasst wird, unterscheidet man *visuelle, auditive* und *audiovisuelle Medien* (Weidenmann 1994, 10).

Aus der *semiotischen Perspektive* werden Informationen durch bestimmte Zeichen vermittelt, entweder verbal in Form von Sprache und Schrift oder nonverbal, z. B. durch Bilder, Tonfolgen, Mimik und Gestik (z. B. sich klein machen, wegschauen). In der Semiotik werden alle Träger von Signalen als Medien angesehen. Damit wird der Mensch genauso wie jedes andere Lebewesen, das als Anschauungsobjekt mit in den Unterricht gebracht wird, als Medium eingestuft (Schaumburg & Prasse 2019, 21).

Aus der *systemischen und kulturtheoretischen Perspektive* versteht man Medien als bestimmte in der Gesellschaft etablierte Nutzungsarten von Kommunikationsmitteln. Ein Medium entspricht aus dieser Perspektive einem sozialen Phänomen und ist damit in den Alltag der Menschen eingebunden und formt diesen (Mock 2006). Zu den gesellschaftlichen Nutzungsarten gehört u. a. das Briefeschreiben, das Zeitunglesen, das Sich-Bewegen in sozialen Netzwerken und das Theaterspielen. Diese können auch im Biologieunterricht umgesetzt werden, indem Schülerinnen und Schüler beispielsweise aus dem Unterricht heraus einen Leserbeitrag für eine Zeitschrift schreiben oder ein Rollenspiel inszenieren, in dem sie problematische Umweltzustände und darauf bezogene Handlungsmöglichkeiten aufzeigen.

30.2 Informationen lassen sich mit verschiedenen Medien transportieren

Unterricht dient dem Informationserwerb und ist damit per se immer medienbasiert. Die klassischen Unterrichtsmedien sind *Sprache* (z. B. in Form von Erläuterungen der Lehrkraft), *Texte* und *Bilder*. Meistens basieren Medien nicht nur auf einer Medienart, sondern es liegt eine Kombination verschiedener medialer Elemente vor. *Multimedialität* ist dabei immer dann gegeben, wenn die Medienelemente entweder durch unterschiedliche Sinneskanäle wahrgenommen werden (*Multimodalität*), wie z. B. Sprache und Bild, oder wenn sie in unterschiedlichen Kodierungsformen vorliegen (*Multikodalität*), wie z. B. als Text und Bild (Schnotz & Horz 2011). Damit sind ein *Lehrfilm*, ein *Schulbuch* und oftmals auch schon ein *Arbeitsblatt* ein multimediales Produkt. *Digitale Medien* gehen über diese Multimedialität meistens noch hinaus, indem sie zusätzlich die Möglichkeit zur *Interaktion* anbieten (Schnotz & Horz 2011).

Eine Besonderheit des Biologieunterrichts liegt in der Vielzahl weiterer Medien (Kattmann 2013), die seine Anschaulichkeit erhöhen. Hierzu gehören

u. a. *Natur-Objekte* im Original (z. B. lebende Tiere) oder aber in aufbereiteter Form (z. B. mikroskopische Präparate, Herbarien, Stopfpräparate), *Naturgeräusche* (z. B. Vogelstimmen), verschiedene *Modelltypen* (z. B. Struktur- und Funktionsmodelle), *Experimente* und *Versuche* (z. B. Auswirkungen veränderter Umweltfaktoren auf bestimmte Lebewesen) sowie *Rollenspiele* (z. B. Veranschaulichung abstrakter physiologischer Prozesse, wie dem Gastransport im Blut, s. Drutjons 1982).

Zusammenfassend kann man sagen, dass sämtliche Medien im Biologieunterricht *Träger von Informationen über die belebte Natur* sind.

30.3 Medien können unterschiedliche Funktionen im Unterricht erfüllen

Die zentrale Funktion von Medien ist es, den Lernprozess zu fördern. Dies lässt sich anhand von fünf einzelnen Funktionen konkretisieren: 1. Motivieren, 2. Präsentieren und Veranschaulichen, 3. Aktivieren und Vertiefen, 4. Differenzieren und Individualisieren und 5. Kommunizieren und Kooperieren (Schaumburg & Prasse 2019, 174).

Motivieren: Das Ziel von motivierenden Elementen bei der Gestaltung von Lernmaterialien muss sein, dass die Lernenden dazu angeregt werden, die Lerninhalte tiefer zu durchdenken. Je nach Art des Motivationselements fällt die Wirkung unterschiedlich aus (Mayer 2014): So ergab sich eine lernförderliche Wirkung für *emotional ansprechende Gestaltungselemente,* wie einer stimulierenden Farbwahl oder vermenschlichten Darstellungen (z. B. Immunzellen mit Gesichtern), sofern sich diese Gestaltungselemente auf wesentliche Lerninhalte bezogen. *Dekorative Bilder* alleine erhöhen zwar das Interesse, aber nicht den Lernerfolg (Mayer 2014). Der Grund hierfür ist, dass unser Arbeitsgedächtnis eine begrenzte Verarbeitungskapazität aufweist. Hiervon beanspruchen die dekorativen Bilder einen Teil und schmälern damit die Ressourcen für die inhaltlich relevanten Lernprozesse. *Filme* können sich aus motivationaler Sicht insofern als ungünstig erweisen, als dass die Lernenden den Inhalt allein aufgrund der Medienwahl als leichter einschätzen im Vergleich zu gedruckten Texten und sich insofern geistig weniger anstrengen (Salomon 1984).

Präsentieren und Veranschaulichen: Die Wiedererkennungsleistung von Bildern ist überragend: Sie liegt bei 98 % in Bezug auf ca. 600 kurzfristig gesehene Bilder bzw. bei 73 % in Bezug auf 10.000 Bilder. Wenn es dagegen um das Erinnern von Wortlisten geht, so bestehen diese Listen meist nur aus 30 bis 40 Wörtern, ohne dass diese sämtlich korrekt erinnert werden (Engelkamp 2017). Das Erinnerungsvermögen unseres Gehirns ist somit für Bilder wesentlich besser als für Wörter. Man spricht daher auch vom *Bildüberlegenheitseffekt* (Engelkamp 2017). Die Erinnerung ist dabei umso ausgeprägter, je sensorisch reicher die Bilder sind, d. h. je mehr Einzelheiten sie enthalten. So ist das Wiedererkennen von realen dreidimensionalen Objekten am besten und jenes von Fotos dem Wiederkennen von Zeichnungen überlegen (Engelkamp 2017). Überträgt man diese Aussage auf den Biologieunterricht, so sollte in diesem möglichst häufig mit Realobjekten oder aber gegenständlichen Modellen gearbeitet werden – und erst wenn dies nicht möglich ist, sollte auf Bilder zurückgegriffen werden.

Aktivieren und Vertiefen: Die Selbsttätigkeit und damit die Aktivierung der Lernenden ist ein wichtiges Kennzeichen konstruktivistischer Lernumgebungen bzw. -medien. Der *Anchored Instruction-Ansatz* kann hierfür als Beispiel dienen. Hier werden die Lerninhalte in realitätsnahe Videogeschichten verpackt, welche als Anker fungieren, an welchem die zu lösenden komplexen Probleme und die dafür notwendigen Daten angedockt sind (Scharnhorst 2001). Auch für den naturwissenschaftlichen Bereich gibt es ein solches Lernmaterial (*Scientists in Action*, Goldman et al. 1996). Darin geht es um einen verunglückten Tanklastwagen, aus dem eine Chemikalie austritt, die über einen Fluss evtl. in eine städtische Wasseraufbereitungsanlage gelangen kann. Die Videogeschichte zeigt ein naturwissenschaftliches Forscherteam, das den Vorfall untersucht. Die Geschichte wird dabei mehrfach unterbrochen und die Lernenden müssen verschiedene Fragen beantworten, die auch das Forscherteam zu lösen hat. Hierzu sind Recherchen, Versuche und Berechnungen notwendig. Wenn die Lernenden einen Aufgabenblock bearbeitet haben, so wird das Video weitergezeigt, sodass ein Abgleich der eigenen Vorgehensweisen und Ergebnisse mit jenen des Forscherteams möglich ist – bis zur nächsten Unterbrechung und dem nächsten Aufgabenblock. Evaluationsstudien zeigen, dass dieses Unterrichtsmaterial im Vergleich zu Nachrichten-Filmmaterial bei den Lernenden zu besseren Lernleistungen führt. Dies wird darauf zurückgeführt, dass Nachrichten zwar den Kontext angemessen beschreiben, aber die eigentlichen wissenschaftlichen Aktivitäten der Forschenden kommen dabei zu kurz (Goldman et al. 1996).

Differenzieren und Individualisieren: Im Unterricht wird eine möglichst optimale Passung zwischen den Lernvoraussetzungen der Schülerinnen und Schüler sowie dem Lehrangebot angestrebt. Bei einer *(Binnen-)Differenzierung* hat man unterschiedliche Gruppen eines Klassenverbands im Blick, bei der *Individualisierung* dagegen die Einzelpersonen (Helmke 2013). Text- und

Bild-Medien bieten u. a. folgende Binnendifferenzierungsmöglichkeiten:

Für aktuelle Themen wird im Unterricht gerne auf *Originaltexte* aus analogen oder digitalen Zeitungen und (Fach-)Zeitschriften zurückgegriffen. Ist das Anspruchsniveau zu hoch, kann die Verständlichkeit optimiert werden. So können Satzstruktur und Wortwahl vereinfacht, Erklärungen ergänzt, die Zahl der Fakten reduziert, der Text gekürzt sowie eine stärkere Textstrukturierung vorgenommen werden, z. B. durch optische Hervorhebungen (s. *Verständlichkeitskriterien* von Langer, Schulz von Thun & Tausch 2019).

Bilder lassen sich durch *Variation der Komplexität* an unterschiedliche Lernvoraussetzungen anpassen. So können z. B. zelluläre Zeichnungen in ihrer Detailliertheit einer elektronen- oder lichtmikroskopischen Abbildung entsprechen. Statt Diagrammen mit mehreren Messreihen können auch solche mit ausgewählten Messwerten (z. B. ein Wertepaar) eingesetzt werden. Um die Verständlichkeit zu verbessern, lassen sich weiterhin *Sequenzierungs-* oder *Signalhinweise* ergänzen (Weidenmann 1994, 67). So können Zahlen in einer Abbildung angeben, in welcher Reihenfolge die verschiedenen Bildelemente zu betrachten sind. Durch Markierungen (z. B. Pfeile, Einkreisungen) sowie Vergrößerungen (Lupen) können wichtige Bildelemente hervorgehoben werden.

Bild-Text-Kombinationen sind dann besonders lernförderlich, wenn der erklärende Text direkt in der Abbildung steht, sodass die Augen nicht zwischen Bild und Text hin- und herspringen müssen (Kalyuga & Sweller 2014). Dies gilt jedoch nicht für Lernende mit einem großen Vorwissen. Für sie ist die Erklärung im Bild überflüssig, belastet unnötig die Verarbeitungskapazität im Arbeitsgedächtnis und verbessert das Lernergebnis nicht. Dieses Phänomen bezeichnet man als *Expertise-Umkehr-Effekt* (Kalyuga & Sweller 2014). Er besagt, dass eine vorteilhafte Strategie (hier die Kombination von Bild und Text) bei Personen mit Expertise keine Wirkung mehr zeigt bzw. sich sogar nachteilig auswirkt.

Kommunizieren und Kooperieren: Entsprechend der Theorie des sozialen Konstruktivismus begünstigt der gemeinschaftliche Austausch, also das Kommunizieren und Kooperieren, den Lernprozess. Der Ansatz des *kooperativen Lernens* (Johnson & Johnson 1999) benennt hierfür didaktische Kriterien. So soll bei der Aufgabenbearbeitung eine *positive Abhängigkeit* zwischen den einzelnen Gruppenmitgliedern bestehen. Zu diesem Zweck erhält jedes Gruppenmitglied nur einen Teil der benötigten Informationen und Lernmaterialien, sodass Zusammenarbeit und gegenseitiger Austausch zwingend erforderlich sind, um das angestrebte (Aufgaben-)Ziel zu erreichen. Ein weiteres Kennzeichen ist die *persönliche Verantwortung*. Das bedeutet, dass jedes Gruppenmitglied für seine Leistungen einzustehen hat und sich nicht drücken kann, da das Erbringen dieser Leistungen kontrolliert wird. Weiterhin wird *unterstützende Interaktion* eingefordert, indem die Gruppenmitglieder sich gegenseitig helfen und assistieren. Zu diesem Zweck sind bestimmte Aufgabenteile so gestaltet, dass sie sich nur gemeinsam lösen lassen. Außerdem soll die Aufgabe Hilfestellungen beinhalten, welche die Lernenden bei der Ausbildung *sozialer Fähigkeiten* unterstützen und zur *Reflexion des Gruppenarbeitsprozesses* veranlassen.

Medien können dabei helfen, diese didaktischen Kriterien praktisch umzusetzen. Ein Beispiel hierfür ist die Anfertigung eines eigenen Medienprodukts in kleinen Arbeitsgruppen (Schaumburg & Prasse 2019, 200). So ließe sich ein Aufklärungsvideo für den Gesundheitsunterricht (zum Thema Rauchen, Alkohol, Impfen etc.) erstellen. Die Lernenden müssten sich gemeinsam auf den Inhalt und die Art des Films (Rollenspiel, Comic) einigen. Sie könnten arbeitsteilig das Drehbuch schreiben, für die Ausstattung sorgen und sich mit der (Aufnahme-)Technik vertraut machen (*positive Abhängigkeit, persönliche Verantwortung*). Bei den Vorarbeiten könnten die Gruppenmitglieder einander Ideen liefern sowie sich bei der Filmaufnahme gegenseitig praktisch helfen (*unterstützende Interaktion*). Die entstandenen Filmsequenzen würden sie dann zusammen kritisch durchsehen und in gemeinsamer Abstimmung entscheiden (*soziale Fähigkeiten*), ob bestimmte Szenen nochmals gedreht, geschnitten und neu zusammengesetzt werden müssen – und ob sie vielleicht ihr Arbeitsverhalten verändern sollten (*Reflexion*).

Lernaufgaben 30-1: Medieneinsatz
In einer 5. Klasse werden folgende Medien eingesetzt: a) ein Meerschweinchen, b) ein textbasiertes Arbeitsblatt mit Schmuckbild und c) ein Arbeitsblatt mit Säulendiagramm.

Handlungsaufforderung 30-1: Beurteilen Sie für jedes Medium, ob es sich um multimediale Informationsträger handelt! Begründen Sie Ihre Einschätzung mithilfe der medientheoretischen Perspektiven!

Handlungsaufforderung 30-2: Nennen Sie jeweils eine mögliche Funktion der drei Medien im Unterricht!
Prüfen Sie, ob die Medien diese Funktion auch erfüllen! Falls dies nicht oder nur bedingt der Fall ist, überlegen Sie sich, wie man die Medien bzw. ihren Einsatz optimieren kann!

Annette Scheersoi & Susanne Meyfarth

31 Präparate und Bilder

Gegenstand des Biologieunterrichts ist die Welt des Lebendigen. Diese allerdings ist vielfältig und weit. Sie steht auch nicht jederzeit und an jedem Ort für eine originale Begegnung zur Verfügung. Oft hilft da die gezielte Suche in der Sammlung. Für den professionellen Umgang mit und unterrichtlichen Einsatz von Präparaten und Bildern kann dieses Kapitel weiterhelfen.

31.1 Präparate, Abgüsse und Nachbildungen machen biologische Objekte jederzeit verfügbar

Präparate

Präparate sind Organismen(-teile) oder andere Naturobjekte, die durch verschiedene Techniken hergerichtet oder konserviert sind. Sie dienen zur unmittelbaren Betrachtung (Frischpräparate) oder zur längerfristigen Verwendung im Unterricht (Dauerpräparate) bzw. zur Erweiterung der schuleigenen Sammlung (→ 29). Mit ihnen können anatomische oder morphologische Kenntnisse oder auch gezielt Artenkenntnis vermittelt werden, indem z. B. Ordnungs- und Bestimmungsübungen (→ 25) mit laminierten Laubblättern oder in Gießharz eingeschlossenen Arthropoden durchgeführt werden. Gegenüber Bildern haben Präparate den Vorteil, dass sie dreidimensional sind, was die Anschaulichkeit erhöht. Abgüssen und Nachbildungen gegenüber zeichnen sich Präparate durch ihre Echtheit aus. Gerade beim Präparieren und Sezieren können bestimmte Strukturen und ihre Beschaffenheit an echten Organismen(-teilen) besser nachvollzogen werden (z. B. die Härte von Fasern). Je nach Vermittlungszweck sind Präparate lebenden Organismen vorzuziehen, da sie im Unterricht in Ruhe betrachtet, untersucht und ggf. auch auseinandergenommen werden können.

Frischpräparate dienen der unmittelbaren Untersuchung im Unterricht. Sie können meist von den Lernenden selbst hergestellt werden (z. B. mikroskopische Präparate wie Zwiebelhäutchen oder Mundschleimhautzellen). Je nach Untersuchungsobjekt ist eine gute technische Vorbereitung – zum Beispiel Handhabung von Präparierbesteck – wichtig. Darüber hinaus sind potenzielle Ekelgefühle oder ethische Bedenken bei den Schülerinnen und Schülern zu berücksichtigen (→ 26). Das Präparieren von Tieren sollte daher nicht nur technisch (Entrich 1996), sondern auch mental vorbereitet werden (Gropengießer & Gropengießer 1985). Niemand sollte zum Sezieren oder Präparieren gezwungen werden. Eine mögliche Alternative bietet ggf. das virtuelle Sezieren am Computer, die Protokollführung oder das Arbeiten mit thematisch passenden Texten oder Modellen. Wirbeltiere dürfen grundsätzlich nicht, andere Tiere sollten nicht für Unterrichtszwecke getötet werden. *Sicherheits- und Hygienevorschriften* sind beim Herstellen von Präparaten ebenso einzuhalten wie die Bestimmungen von *Naturschutz- und Tierschutzgesetzen*. In vielen Fällen ist zu überlegen, ob die angestrebten Einsichten in die Anatomie der Lebewesen nicht besser anhand von anatomischen Modellen (→ 28) oder Abbildungen vermittelt werden sollten. In jedem Fall sind gute Anleitungen eine wichtige Voraussetzung für das Gelingen der Präparation und eine gelungene Vermittlung.

Dauerpräparate lassen sich auf verschiedene Weise herstellen: *Trockenpräparate* sind wegen des Chitinpanzers von Insekten und anderen Arthropoden recht einfach anzufertigen. Knochen (auch Schädel-Präparate), Zähne, Federn, Fellproben, Panzer, Schalen von Muscheln oder Schnecken und Hornteile sind nach dem Säubern und Trocknen haltbar und robust; sie können daher leicht aufbewahrt und eingesetzt werden. Aus Gewöllen von Greifvögeln und Eulen lassen sich bisweilen gut erhaltene Skelette der Beutetiere isolieren und anschaulich in einem Schaukasten darstellen (Nottbohm 2001). Die Gewölle müssen jedoch vor der Präparation wegen der Infektionsgefahr autoklaviert werden.

Verschiedene Objekte, die man früher häufig in Alkohol konserviert hat (z. B. kleinere Tiere oder auch Früchte), können stattdessen auch in Gießharz eingebettet und als *Einschlusspräparate* oder Bioplastiken präsentiert werden. Auf diese Weise sind sie leichter zu handhaben.

Mikroskopische Dauerpräparate (fixierte Organismen oder Organismenteile) werden ebenfalls zu den Einschlusspräparaten gezählt. Die Objekte werden, falls nötig, sehr dünn geschnitten, dann meist gefärbt und zwischen Objektträger und Deckglas in Kunstharz eingebettet (→ 23).

Wegen der Gefahr des Milben- oder Mottenbefalls sind *Stopfpräparate* in der Regel mit Giften (Pestiziden) behandelt. Sie dürfen daher nur im geschlossenen Schaukasten im Unterricht eingesetzt oder nur mit Handschuhen berührt werden. Mögliche allergische Reaktionen sind zu beachten.

Hinweise zur Beschaffung von Tier- und Pflanzen-Objekten

Um die fachspezifische Arbeitsweise des Präparierens bei größeren Wirbeltieren durchzuführen, kann man auf Fische und Hühner sowie auf Organe von Schlachttieren zurückgreifen. Augen, Herzen und Lungen (z. B. von Schweinen oder Schafen) können frisch im Unterricht verwendet werden. Schweinehirne lassen sich hingegen besser handhaben, wenn sie in 4%iger Formalinlösung fixiert und gründlich gewässert wurden (Sicherheitshinweise beachten, Lindner-Effland et al. 1998).

Pflanzen können meist leicht frisch beschafft werden, sodass nur selten Dauerpräparate für den Unterricht nötig sind. Empfehlenswert ist es dennoch, eine Sammlung von getrockneten Pflanzenteilen (Holzstücke mit Rinde, Zapfen, Früchte und Samen) anzulegen. Das Laminieren von gepressten Pflanzen oder Teilen von Pflanzen ist eine gute Methode, um eine lange Haltbarkeit zu gewährleisten (Dasbeck 2002). Von Pilzfruchtkörpern können mit einer einfachen Methode gefriergetrocknete Dauerpräparate angefertigt werden (Steffens & Storrer 1995; Krüger, Forêt & Meyfarth 2005).

Abgüsse und Nachbildungen

Abgüsse sind vor allem von Fossilien käuflich erhältlich, sie können aber auch im Unterricht hergestellt werden (Lammert & Graf 2008; Hamdorf & Graf 2008). Gipsabgüsse von Pilzfruchtkörpern beispielsweise, die koloriert werden (Lüder & Probst 2015), oder Knetgummi-Abdrücke von Baumrinden, die mit Gips ausgegossen werden, können Lernende leicht selbst anfertigen.

Nachbildungen sind dreidimensionale naturgetreue Abbildungen von Naturobjekten (z. B. Kunststoffnachbildungen von Schädeln oder ganzen Skeletten, inneren Organen, Pflanzen und Tieren sowie von Fossilien). Sie werden häufig als *Modelle* bezeichnet. Da ihnen aber die Orientierung an einer Theorie und einem der Theorie entsprechenden Denkmodell fehlt, sind sie als körperliche Naturbilder anzusehen.

Von Pflanzen und Pflanzenteilen, Pilzen, Muscheln, kleinen Säugerschädeln, ja sogar lebenden Tieren, lassen sich erstaunlich scharfe naturgetreue *Scans* erzeugen. Dabei können Teile vergrößert und verkleinert, Beschriftungen eingefügt, Wachstumsprozesse verfolgt und Details wie Behaarungen, Stängelmuster und Gallen herausgestellt werden (Probst 1999; Weiershausen & Graf 2002). Für Abgüsse und Nachbildungen können darüber hinaus auch 3D-Drucker genutzt werden (z. B. „Blütenmodelle", Meinders & Papenbrock 2019).

31.2 Abbildungen und Fotos fördern genaues Hinsehen, Nachdenken und Verbalisieren

Bilder bieten vielfältige Lernimpulse und Kommunikationsanlässe, die vom einfachen Benennen und Beschreiben bis hin zum Konstruieren von Bedeutung reichen können (Lieber 2010, 57 ff.).

Innerhalb der Bilder (= depiktionale Repräsentationen, Schnotz 2001) lassen sich zwei Grundtypen unterschieden: Realistische Bilder sind vergleichsweise konkret und weisen eine hohe Ähnlichkeit mit dem repräsentierten Objekt oder Sachverhalt auf (Naturfotos, bildhafte Zeichnungen, Schemazeichnungen, Blütendiagramme, Landkarten etc.), während logische Bilder abstrakt sind und keine sichtbare Übereinstimmung mit dem Gegenstand zeigen (z. B. Diagramme → 32) (Krey & Schwanewedel 2018). Bewegten Bildern (Filmen, Videos, s. u.) gegenüber haben stehende Bilder den Vorteil, dass sie aufgrund ihrer Unbeweglichkeit lange von den Lernenden betrachtet und auch Einzelheiten und Details entsprechend wahrgenommen werden können. Auf diese Weise wird es leichter möglich, Besonderheiten zu erfassen oder Zusammenhänge herzustellen. Über Bildfolgen können selbst Prozesse und Abläufe Schritt für Schritt dargestellt werden.

Naturbilder (Naturfotos, bildhafte Zeichnungen) können Naturobjekte zugänglich machen, die gar nicht oder nicht in dem für die Behandlung notwendigen Entwicklungszustand verfügbar sind. Durch Nahaufnahmen und Mikrofotografie zeigen sich den Betrachtenden morphologische und anatomische Einzelheiten, die normalerweise dem Auge verborgen bleiben. Rasterelektronische Aufnahmen werden häufig nachträglich koloriert, um Einzelheiten hervorzuheben oder die Bilder für Laien attraktiv und verständlich zu machen.

Nicht nur die Lehrpersonen, auch die Lernenden können durch selbst hergestellte Naturfotografien den Biologieunterricht beleben. Schülerinnen und Schüler können sich mit mobilen digitalen Endgeräten durch Fotografie leicht selbst Naturobjekten und biologischen Phänomenen aus unterschiedlichen Perspektiven nähern, sie ergründen und gezielt ins Blickfeld rücken (Meier et al. 2020). Durch gezielte Arbeitsaufträge (z. B. Dokumentation von Langzeitbeobachtungen bei der Entwicklung von Lebewesen) wird das entdeckende Herangehen an die Naturobjekte gefördert. Neben dem Endprodukt steht dabei der Prozess des Lernens im Vordergrund.

Beim Verstehen eines Bildes konstruieren die Betrachtenden ein mentales Modell des dargestellten Sachverhalts. Ob dies gelingt, hängt sowohl vom repräsentationsbezogenen und konzeptuellen themenbezogenen Vorwissen der Lernenden als auch von der Auswahl und Gestaltung des Lernmaterials ab. Realistische biologische Bilder (s. o.) werden beispielsweise durch ihre Nähe zum

Original und ihren Detailreichtum als komplex angesehen und können somit die Selektion und Organisation von biologisch relevanten Merkmalen und Eigenschaften erschweren (Nerdel, Nitz & Prechtl 2019). Die ästhetische Wirkung von Bildern spielt für das Lernen ebenfalls eine Rolle; sie kann förderlich, aber auch hinderlich sein (Retzlaff-Fürst & Horn 2000). Besonders bei komplexen Bildern ist ein genaues Betrachten notwendig. Um einer oberflächlichen Verarbeitung entgegenzuwirken und die Konstruktion eines adäquaten mentalen Modells zu erleichtern, können bestimmte Komponenten in den Vordergrund gestellt werden, indem sie durch Einrahmungen, durch Vergrößerung (sog. Lupentechnik) oder durch direktive Zeichen, z. B. Pfeile, in den Mittelpunkt der Aufmerksamkeit gerückt werden (Schnotz 2002).

Unterschiedliche Darstellungsformen und deren Kombination sind Merkmal der biologischen Fachsprache (Nitz, Nerdel & Prechtl 2012). Es gehört daher zu den Zielen des Biologieunterrichts, Lernende in die Lage zu versetzen, diese multiplen externen Repräsentationen fachlich angemessen zu interpretieren, sie miteinander in Beziehung zu setzen und zu verstehen (Nerdel et al. 2019; Krey & Schwanewedel 2018). Das Verstehen von Bild-Text-Kombinationen hat sich in Studien als kognitiv besonders herausfordernd gezeigt und bereitet sogar Studierenden noch Schwierigkeiten (Magnus, Schütte & Schwanewedel 2020). Texte und Bilder sollten daher sorgfältig aufeinander abgestimmt sein.

Eine besondere Form der Bild-Text-Kombination stellen Comics dar. Gerade bei leistungsschwächeren Lernenden können sie sich eignen, fachliche Inhalte erfolgreich zu vermitteln und die Behaltensleistung zu fördern (Wenning et al. 2018).

Bildrechte sind zu beachten

Im Biologieunterricht werden gern Bilder eingesetzt, beispielsweise für die Erstellung von Präsentationen. Bei der Nutzung von Bildern aus Büchern oder aus dem Internet ist es jedoch wichtig, die *Bildrechte* zu beachten, da andernfalls rechtliche Konsequenzen drohen. In Abhängigkeit von der Lizenz können Bilder entweder problemlos in Unterrichts- und Bildungskontexten verwendet werden oder unterliegen klaren Regeln. Diese sind nicht nur für Lehrpersonen relevant, sondern natürlich auch für Lernende, die Bilder beispielsweise für Referate verwenden möchten. Daher ist es wichtig, sich jeweils zu den aktuellen Vorgaben verlässliche Informationen einzuholen (z. B. beim Schulträger). Selbst wenn ein Bild „lizenzfrei" ist, sind die Bedingungen zu beachten.

Grundsätzlich muss für jede Verwendung eines Bildes die Erlaubnis des Urhebers eingeholt werden. Es reicht nicht, nur die Quelle zu nennen. Im Urheberrecht gibt es jedoch speziell „zur Veranschaulichung von Unterricht" eine Sonderregel (UrhG § 60a): Abbildungen dürfen inner-

halb von Bildungseinrichtungen zu nicht-kommerziellen Zwecken genutzt werden. Wenn die Präsentation im Unterricht, also nur vor der Klasse, oder im schulinternen Intranet erfolgt, können Bilder entsprechend auch ohne die Zustimmung des Rechteinhabers genutzt werden. Nicht erlaubt ist jedoch jede Form von Verbreitung oder öffentliche Wiedergabe, beispielsweise auf Handouts oder der Schulwebsite. Auch die Vervielfältigung von Abbildungen in Form von Kopien ist nur für den eigenen Unterricht und die eigenen Klassen erlaubt. Dies betrifft auch Abbildungen aus Schulbüchern.
Bilder mit Lizenzen der Non-Profit-Organisation „Creative Commons" sind zwar nicht frei von Beschränkungen, lassen aber unter bestimmten Bedingungen (z. B. Nennung des Urhebers) eine umfassende Nutzung zu (→ creativecommons.org).

Typen von Hörbildern

Aufnahmen von Naturgeräuschen, häufig mit Kommentar (z. B. Stimmen von Amphibien oder Vögeln). Lernende können Vogelstimmen oder andere Naturgeräusche sowie Geräuschcollagen auch selbst aufnehmen.
Bei *Dokumentationen* (Features) handelt es sich meist um Interviews und Gespräche mit Fachleuten oder Betroffenen, z. B. HIV-infizierten Personen (Staeck 2002).
Hörspiele enthalten eine Spielhandlung. Sie konzentrieren die Aufmerksamkeit auf das gesprochene Wort und wirken motivierend, indem sie das Vorstellungsvermögen anregen (Skiba, Spieler & Kivilip 2000). Sie können z. B. zur Darstellung biologiegeschichtlicher Ereignisse eingesetzt werden (Hörporträts berühmter Wissenschaftlerinnen und Wissenschaftler).
Audio-Podcasts sind meist Serien von Mediendateien, die über das Internet verbreitet werden. Sie werden zunehmend für die Wissenschaftskommunikation genutzt und können beispielsweise als Diskussionsanlass eingesetzt werden. Darüber hinaus gibt es auch Lern-Podcasts zu unterschiedlichen Themen des Biologieunterrichts. Audio-Podcasts können von der Lehrkraft selbst als Einstieg zur Motivation oder zusammen mit den Lernenden hergestellt werden (Werner 1997; Miehe 1998).

31.3 Hörbilder vermitteln im Biologieunterricht vor allem Tierstimmen

Als Hörbilder werden in diesem Kapitel unterschiedliche auditive Darstellungsformen verstanden. Das Angebot an auditiven Medien für den Biologieunterricht ist eher gering, da die meisten akustischen Informationen bei Filmen mitgeliefert werden. Von Bedeutung für den Unterricht sind meist nur Aufnahmen von Vogelstimmen, Amphibien und Insekten (z. B. Heuschrecken).

Texte können den Lernenden im Unterricht visuell oder auditiv dargeboten werden. Bei einem schriftlichen Text, der durch einen stabilen Zeichenträger (z. B. ein Printmedium) dargeboten wird, kann der Lesende bei Bedarf zurückgehen, um Nicht-Verstandenes erneut zu lesen (→ 33). Bei einem auditiv dargebotenen Text ist eine solche Wiederholung schwieriger und daher eine kontinuierliche Aufmerksamkeit erforderlich (Schnotz 2002). Das Erkennen wichtiger Mitteilungen wird beim Hören erleichtert, wenn mitgeteilt wird, worauf besonders zu achten ist oder eine Frage gestellt wird, die durch das Hören des Textes beantwortet werden soll.

31.4 Filme besitzen ein vielgestaltiges Vermittlungspotenzial

Filme und Videos sind bei Lernenden sehr beliebt (Jördens & Hammann 2021) und können daher besonders motivierend wirken. Im Vergleich zum statischen Bild kommt bei dynamischen Repräsentationen die Dimension der Zeit hinzu. Filme im Biologieunterricht dienen daher besonders zur Darstellung von Bewegungs- und Entwicklungsvorgängen. Durch Filme können auch biologische Prozesse verfolgt werden, die mit bloßem Auge oder aufgrund von zeitlichen oder räumlichen Einschränkungen in dieser Form sonst nicht sichtbar sind. So können beispielsweise schnelle Bewegungen, wie das Aufplatzen von Samenkapseln, durch Zeitlupenaufnahmen dokumentiert und genauer untersucht werden. Zeitrafferaufnahmen erlauben hingegen die Beobachtung sehr langsamer Bewegungen, wie Schließbewegungen von Blüten oder Keimungs- und Wachstumsbewegungen bei Pflanzen. Spezielle Kameras und Objektive (Infrarot, Unterwasser, Tele/Makro etc.) gestatten Einblicke in besondere Lebensräume und Situationen, wie den Einblick in einen Nistkasten, um das Brutverhalten bestimmter Vögel zu verfolgen.

Unterrichtsfilme im Schulfernsehen werden speziell für Lernzwecke und den unterrichtlichen Einsatz gestaltet. Alle Sendungen des Schulfernsehens dürfen nach § 47 UrhG für Schulen aufgezeichnet und – bis zum Ende des auf die Ausstrahlung folgenden Schuljahres – im Unterricht eingesetzt werden. Die Schulfernsehsendungen der Bundesländer orientieren sich in Themenauswahl und Aufbereitung an den Lernenden und am Lehrplan. Häufig gibt es begleitendes Informationsmaterial oder das Sendungsmanuskript zum Herunterladen. Einen Überblick über das in den Bundesländern verfügbare Angebot bietet der Deutsche Bildungsserver (→ bildungsserver.de).

Im Unterschied zu klassischen Unterrichtsfilmen bieten die *Sendungen* und *Video-Clips* aus dem Internet neben einer Fülle von Naturdokumentationen

Filmtypen

Die Aufgabe der meisten biologischen Filme liegt zwischen Dokumentieren, Lehren und Unterhalten. Die Einteilung in Filmtypen gilt daher nicht streng.

Der *Dokumentationsfilm* (z. B. Tierbeobachtung zum Verhalten) hält Vorgänge, z. B. Verhaltensabläufe in der Natur, fest. Der Dokumentationsfilm ist oft recht langatmig und daher für den Schulunterricht nicht immer brauchbar. Stattdessen wird gerne auf kurze Video-Clips aus dem Internet zurückgegriffen.

Der *Unterrichtsfilm* ist in seiner inhaltlichen und didaktischen Bearbeitung auf den Unterricht zugeschnitten – oft sogar für eine bestimmte Altersstufe.

Der *Spielfilm* ist lang, spricht in oft sehr kurzen Szenen vielerlei Themen an und hat eine meist auffällige Begleitmusik. Der reine Unterhaltungsfilm wird im Unterricht selten verwendet.

Der *Erklärfilm* (Erklärvideo, Tutorial) ist meist in Eigenproduktion entstanden und erläutert, wie etwas funktioniert bzw. wie man etwas macht oder erklärt fachliche Konzepte oder Zusammenhänge. Erklärvideos sind zu zahlreichen Themen im Internet zu finden; sie können aber auch von Lehrkräften (Mahler & Bruckermann 2020) oder Lernenden selbst erstellt werden.

auch Lebensweltbezüge und aktuelle Themen mit Diskussionen und Interviews mit Fachleuten an.

Auch zahlreiche *Spielfilme und Fernsehserien* verarbeiten biologische Inhalte. Aufgrund ihres Unterhaltungswertes können sie im Unterricht helfen, die Lernenden für den jeweils gewählten Unterrichtsgegenstand zu interessieren. Beim Einsatz von Spielfilmen im Unterricht sollten Lehrkräfte jedoch beachten, dass sowohl der Inhalt, beispielsweise Erkrankungen der Filmfiguren oder gefährliche Situationen, als auch die Art der Darstellung (beispielsweise Musik) Emotionen auslösen und je nach persönlichem Hintergrund sensible Lernende überfordern können. Die Herausforderung für Lehrkräfte liegt darin, mögliche Reaktionen innerhalb der jeweiligen Lerngruppe bei der Filmauswahl zu antizipieren (Schaal & Weitzel 2016). Durch die gezielte Nutzung von Spielfilmen im Biologieunterricht eröffnen sich zahlreiche Lernchancen (Schaal & Weitzel 2016): Anhand von realistischen Darstellungen biologischer Phänomene lässt sich durch Filme und Serien das Wissen der Lernenden zum gewählten Unterrichtsgegenstand erweitern. Fiktive Darstellungen bieten das Potenzial, sich kritisch mit dem Film auseinanderzusetzen und neben der fachlichen Kompetenz auch die Medienkompetenz der Lernenden zu fördern: Fiktion und Fantasie sollten hierzu gezielt kenntlich gemacht und der fachlichen Wirklichkeit gegenübergestellt werden, um Mögliches von Unmöglichem zu unterscheiden. Neben der Gefahr, dass Filmkonsum falsche Vorstellungen zu biologischen Fachinhalten vermittelt, wird durch die Darstellung in Filmen auch das Bild von Naturwissenschaften und Forscherinnen und Forschern geprägt. Da die wissenschaftlichen Aspekte und Rollenbilder beim Filmkonsum in der Freizeit nur selten hinterfragt werden, kann die Aussprache im Unterricht helfen, differenzierte Vorstellungen zu entwickeln.

Immer häufiger kommen im Biologieunterricht auch *Erklärvideos* als Lernhilfe zum Einsatz. Für die lernförderliche Wirkung sind neben technischen Aspekten (Aufnahmequalität, Nutzungsrechte etc.) besonders auch die Repräsentationsqualität (Abstraktionsgrad, narrative Elemente etc.) und die Instruktionsqualität (Themenfokussierung, didaktische Strukturierung etc.) zu beachten (Mahler & Bruckermann 2020).

Der Einsatz von Filmen im Unterricht erfordert eine sorgfältige Vorbereitung. Die Lehrperson sollte sich den Film vorher anschauen und je nach Zielsetzung prüfen, ob sie ihn ganz oder in Teilen, mit oder ohne Ton – eventuell mit eigenem Kommentar – vorführen will. Um die Aufmerksamkeit der Lernenden auf zentrale Aspekte zu fokussieren, können Leitfragen formuliert und Beobachtungsaufgaben gestellt werden.

Durch das eigenständige Vertonen von kurzen Sachfilmen (3 bis 5 Minuten) treten Lernende aus der passiven Betrachterrolle heraus und können sich aktiv am Unterricht beteiligen. Neben dem Fachwissen können hierbei auch Kommunikationsfähigkeit und Kreativität gefördert werden (Knauer 2016). Mit einer Digitalkamera oder dem Handy können Filme heute leicht selbst hergestellt werden (Meier et al. 2020). Neben Beobachtungen von Lebewesen bietet sich dies z. B. für Interviews, Experimente, Dokumentationen von Gruppenarbeit oder außerschulischem Arbeiten an. Die digitale Überarbeitung (Schneiden, Überblendung, Titelgestaltung, Einfügen von Texten etc.) ist mit ein wenig Übung und frei verfügbaren Programmen durchführbar.

31.5 Bildprojektionen und Tafelbilder ermöglichen die Arbeit mit Bildern im Plenum

Bildprojektionen

Mit Hilfe unterschiedlicher Projektoren können Bilder vergrößert auf einer Wandfläche präsentiert werden. Die Projektion ermöglicht eine Konzentration der ganzen Lerngruppe auf den Unterrichtsgegenstand. Dabei sollten die Lernenden genügend Zeit für die Betrachtung haben.

Obwohl Dia- und Tageslicht-Projektoren in vielen Kontexten bereits durch Dokumentenkameras mit digitalen Beamern ersetzt wurden, bieten diese analogen Präsentationsgeräte durchaus eigene Möglichkeiten der Bildprojektion.

Der *Diaprojektor* kann beispielsweise zur Projektion von Naturobjekten eingesetzt werden. Bei einer Küvetten-Projektion bringt man anstelle des Dias eine Küvette in den Strahlengang des Projektors. Das Bild steht allerdings auf dem Kopf. So kann man z. B. Kleinlebewesen des Wassers zeigen. Füllt man eine Küvette mit Roh-Chlorophylllösung, so ermöglicht ein in den Strahlengang gebrachtes Gitternetz oder Prisma die Demonstration der Absorption von rotem und blauem Licht bei der Photosynthese.

Der *Tageslichtprojektor* (Arbeitsprojektor) kann genutzt werden, um zur Vorentlastung beim Mikroskopieren (→ 23) die verschiedenen optischen Ebenen beim Aufbau der Zelle zu visualisieren (Staeck 1998): Zwischen mehrere Objektträger werden an den Rändern „Abstandshalter" gelegt (z. B. Streichhölzer oder Knetgummistücke). Die Objektträger werden mit einzelnen Bildelementen oder mit Buchstaben versehen, die in ihrer Gesamtheit ein komplettes Bild oder Wort ergeben. Durch Herauf- oder Herunterdrehen der Projektionsoptik werden die einzelnen Ebenen (Objektträger) jeweils scharf gestellt. Eine weitere Nutzungsmöglichkeit stellt die Projektion von Naturobjekten als Schattenriss dar, deren Umrisse auf diese Weise nachgezeichnet werden (Rüther 1980).

Tafelbild

Schultafeln dienen vor allem dazu, den Unterrichtsablauf in Stichworten und Skizzen Schritt für Schritt festzuhalten. Es handelt sich um Wandtafeln und mobile Tafeln, Klapp- und Schiebetafeln in dunkler oder weißer Farbe, die entweder mit Kreide oder speziellen Faserschreibern zu beschriften sind. Zunehmend werden sie durch interaktive Whiteboards (s. u.) ergänzt, in manchen Schulen sogar vollständig ersetzt.

Die methodischen Funktionen des Tafelbildes sind vielfältig, z. B.

- Information über Verlauf, Ziele und Schwerpunkte des Unterrichts
- Sammeln von Beiträgen der Schülerinnen und Schüler
- Darstellen von Versuchsanordnungen
- Darstellen von Sachverhalten in Skizzen, Schemata, Übersichten, Tabellen etc.
- Zusammenfassen von Arbeitsergebnissen
- Kontrollieren von Arbeitsergebnissen
- Vorbild für die Heftgestaltung und den Hefteintrag
- Gedächtnisstütze, Notizen

Die Qualität der Tafelarbeit wird wesentlich durch die Exaktheit und Sauberkeit bzw. Lesbarkeit des Tafelbilds bestimmt. Farben im Tafelbild dienen der Hervorhebung oder der Darstellung realer Gegenstandsfarben, häufiger jedoch als Symbole für Sachverhalte. Die Farbsymbolik sollte gezielt gewählt und eingesetzt werden, z. B. sollte für homologe Strukturen immer dieselbe Farbe verwendet werden. Beim Zeichnen an der Tafel sollte darauf geachtet werden, dass die Zeichnung links angefertigt wird und die Beschriftungslinien nach rechts zeigen. So wird vermieden, dass die Lernenden in die Zeichnung hineinschreiben (zur Konzeption von Tafelbildern z. B. Jungbauer, Gerundt & Hertlein 2005).

Neben dem gezeichneten Tafelbild können Strukturen, Funktionen und vor allem Prozesse auch über sogenannte Aufbausätze an der Tafel dargestellt werden. Es handelt sich um zusammensetzbare Bilder, die üblicherweise aus magnetischen Bestandteilen bestehen. Die Erarbeitung kann von den Lernenden vorgenommen werden. Die Beschriftung der Teilbilder auf der Tafel ist zusätzlich möglich.

Interaktives Tafelbild

Im Unterschied zur analogen Tafel und zu Bildprojektionen, ermöglicht das interaktive Whiteboard (IWB) dynamische Eingriffe und unterstützt auf diese Weise interaktive Lernsettings. Das IWB ähnelt dem berührungsempfindlichen Bildschirm (Touchscreen) eines Computers. Die Interaktivität bezieht sich dabei sowohl auf die technische Interaktion mit dem IWB (z. B. Variation einer Simulation durch Berührung der Tafeloberfläche) als auch die pädagogische Interaktion zwischen der Lehrperson und den Lernenden sowie den Lernenden untereinander (Sieve 2015; Bruckermann 2018). Schülerarbeiten und Gruppenarbeitsergebnisse können direkt präsentiert werden, und die Lernenden können mit Hilfe entsprechender Eingabegeräte oder durch Vernetzung mit Notebooks aktiv an der Entwicklung von Tafelbildern beteiligt werden (Aufenanger & Bauer 2010). Im Unterricht erarbeitete Informationen und Tafelbilder können außerdem gespeichert werden und stehen dadurch für Organisatorisches (Drucken, Versenden per E-Mail), aber auch für verschiedene Aufgaben (Lesen und Überarbeiten, Weiterentwickeln etc.) zur Verfügung.

Lernaufgabe 31-1: Gewölle als Fundstücke

Im Sammlungsraum finden Sie einen Haufen Gewölle in einer Plastiktüte. Thematisch passt die Untersuchung von Gewöllen gut zur anstehenden ökologischen Unterrichtseinheit.

Handlungsaufforderung 31-1: Beschreiben Sie, wie Sie aus dem Naturobjekt Gewölle ein Präparat herstellen!

Handlungsaufforderung 31-2: Welche Hygienemaßnahmen müssen Sie für den Einsatz im Unterricht beachten?

Ulrich Kattmann, Dirk Krüger & Annette Upmeier zu Belzen

32 Diagramme

Wenn Lernende das Wachstum von Bohnen beobachten und jeden Tag deren Länge messen, dann können sie berichten: „Am ersten Tag war die Bohne x cm hoch gewachsen; am zweiten Tag x + y cm ... etc." Sie können die Werte in einer Tabelle mit zwei Spalten präsentieren, die Tag und Bohnenlänge geordnet nebeneinander stellt. Daraus kann ein Diagramm entwickelt werden, das eine Wachstumskurve darstellt. Diagramme dienen allgemein dazu, Daten anschaulich und möglichst einfach darzustellen.

32.1 Diagramme sind logische Bilder mathematischer Abbildungen

Daten werden nicht nur mit verschiedenen Verfahren erhoben, sie werden auch unterschiedlich verarbeitet und in unterschiedlichen Darstellungen repräsentiert. Unter Diagrammen werden diejenigen bildlichen (zweidimensionalen) Darstellungen verstanden, in denen durch Konvention mathematische und logische Größen bzw. Operationen (Relationen, Mengen, Anzahlen und Ausmaße) als logisches Bild dargestellt werden. Diagramme besitzen somit keine Ähnlichkeit mit dem dargestellten Sachverhalt, es besteht jedoch durch eine Analogiebeziehung eine strukturelle Übereinstimmung zwischen dem Diagramm und dem dargestellten Gegenstand. Diagramme sind also *logische Bilder*, in denen Merkmale des Gegenstandes durch abstrakte, hochkonventionalisierte Strukturen abgebildet werden (Schnotz 2001).

Vereinfachende Skizzen (Schemata), wie Blütengrundrisse oder Körperumrisse von Lebewesen, zählen zu den realistischen Bildern, die eine Ähnlichkeit im Aussehen mit dem Gegenstand aufweisen. Sie werden hier nicht weiter berücksichtigt (→ 27). Die angemessene Auswahl eines Diagramms hängt davon ab, was dargestellt werden soll, welcher Aufgabe es beim Lernen dienen soll sowie welchen Adressaten es beim Lernen helfen soll (Cox 1999). Die in Diagrammen enthaltenen mathematischen Größen und Beziehungen zwischen den Sachverhalten dienen generell dazu, Ausmaße und Zusammenhänge herauszustellen und die gewonnenen Daten aus Beobachtungen und Experimenten sinnvoll zu ordnen. Sie helfen somit auf der einen Seite dabei, Daten zu verarbeiten, auf der anderen Seite unterstützen sie, die dargestellten mathematischen Zusammenhänge sachgerecht zu verstehen, z. B. Funktionen in einem Liniendiagramm.

Die Darstellung in Diagrammen soll helfen, Gleichartiges leichter zu erkennen und Verschiedenartiges leichter zu unterscheiden. Durch die Darstellung werden Beobachtungen und Versuchsergebnisse nicht nur veranschaulicht, sondern auch interpretiert (zum Beispiel durch das Konstruieren einer Kurve aufgrund von Messergebnissen). In der ordnenden, verdeutlichenden und interpretierenden Funktion liegt die wesentliche fachdidaktische Aufgabe von Diagrammen. Ihr Einsatz als Medien und logische Repräsentation ist mit dem von Modellen vergleichbar: Sie müssen wie diese theoriebezogen konstruiert bzw. ausgewählt und interpretiert werden. Die enge Verbindung zum Modellieren (→ 28) wird insbesondere beim Liniendiagramm deutlich, wenn es nicht nur aus bestehenden Informationen konstruiert wird, sondern genutzt wird, um zukünftige Entwicklungen vorauszusagen (Meister & Upmeier zu Belzen 2018). In diesem Sinne sind Diagramme als zweidimensionale Modelle zu verstehen (vgl. Schnotz 2002; Beck & Nerdel 2019). Das Interpretieren von Diagrammen wird offenbar am besten gelernt, indem sie von den Lernenden selbst angefertigt werden (Ainsworth, Prain & Tytler 2011). Dabei sollen die Lernenden rechtfertigen können, welchen Diagrammtyp sie zur Darstellung auswählen (Stern, Aprea & Ebner 2003; Bell 2004). Sie sollen üben, Diagramme nach eigenen Vorstellungen zu konzipieren, gemeinsam zu analysieren und zu interpretieren (→ 32.4).

32.2 Diagramme quantifizieren und strukturieren

Mit verschiedenen *Diagrammtypen* werden Sachverhalte dargestellt. Grundsätzlich können Diagramme quantifizierend oder strukturierend sein (→ Tab. 32-1). In der Literatur werden entsprechend Diagramme für quantitative solchen für qualitative Zusammenhänge gegenübergestellt (Schnotz 2001). Im Englischen heißt das dann mit etwas anderer Bedeutung: *graph* bzw. *diagram*. Die beiden Funktionen sind jedoch nicht streng zu trennen; auch quantifizierende Diagramme strukturieren die dargestellten Sachverhalte in geringem oder großem Ausmaß. Strukturierende Diagramme können durch Differenzierung der verwendeten Symbole außerdem quantifizieren (z. B. durch die Verwendung unterschiedlich breiter Pfeile).

	Diagrammtypen	Erfasste Kategorien	Beispiele
Quantifizieren	***Achsendiagramme*** Bei diskreter Verteilung: *Punkt- und Streudiagramm* *Säulen- und Balkendiagramm* *Histogramm* *Sterndiagramm* Bei kontinuierlicher Verteilung: *Linien- oder Kurvendiagramm*	Anzahlen, Ausmaße	 Abb. 32-1 Abb. 32-2 Abb. 32-3 Abb. 32-4 b Abb. 32-3
	Kreisdiagramm (Kreissektorendiagramm)	Anteile an einer Gesamtheit	Abb. 32-4 a
Strukturieren	*Baumdiagramm* (Dendrogramm)	Klassen, Ähnlichkeitsgruppen	
	Pfeildiagramm	Relationen	Abb. 32-5
	Blockdiagramme	Systeme und Prozesse	
	Abfolgediagramm Die Pfeile stellen Relationen dar, in Blöcken stehen Prozesse.	Prozesse	Abb. 32-12 Abb. 32-11 b
	Flussdiagramm Die Pfeile stellen Ströme oder Flüsse und deren Richtungen dar, in Blöcken stehen Speicher oder Apparate.	Systeme, Prozesse	Abb. 32-6 Abb. 32-13
	Spezielle biologische Diagramme		
	Familiendiagramm (Familienstammbaum)	Generationenfolge	Abb. 32-7
	Erbgangsdiagramm (Kreuzungsdiagramm)	Kreuzung, Erbgang	Abb. 32-8
	Phylogramm (*Stammbaum*; Diagramm phylogenetischer Vererbung): Angeordnet auf einer Zeitachse, stellen Linien, Stammeslinien, dar; einfachster Fall: Gabeldiagramm	Verwandtschaftsgruppen Abstammung, letzter gemeinsamer Vorfahr	Abb. 32-9
	Reiz-Reaktions-Diagramm	*Black Box* zum Verhalten Handlungsketten	Abb. 32-10 Abb. 32-11
	Trapez-Abfolgediagramm *Regelkreis-Pfeildiagramm* *Regelkreis-Blockdiagramm*	Regelung	Abb. 32-11 Abb. 32-12 Abb. 32-13

Tabelle 32-1: Diagrammtypen

Übersicht über quantifizierende Diagramme

Achsen- und Kreisdiagramme dienen hauptsächlich dazu, Quantitäten zu erfassen. *Achsendiagramme* dienen dem Erfassen von *Messwerten.* Dabei ist der Unterschied zwischen diskreter bzw. kontinuierlicher Verteilung der Werte zu beachten. Aus der Eintragung von Messwerten in ein Achsenkreuz ergibt sich in jedem Fall zunächst ein *Punktdiagramm.* Reichen zwei Achsen nicht, weil man Anteile mehrerer Gesamtheiten vergleichen möchte, so ist das Eintragen der Werte in ein *Sterndiagramm* günstig (→ Abb. 32-4 b).

Werden die Messungen in der Auswertung im Sinne eines gesetzmäßig ablaufenden Prozesses oder einer regelhaften Verteilung gedeutet (kontinuierliche Verteilung), so wird durch Konstruktion einer Kurve anhand der Messwerte das Punktdiagramm in ein *Liniendiagramm* überführt (→ Abb. 32-1, 32-3). Das Kurvenbild bildet dann meist eine mathematische Funktion ab (z. B. Proportionalität durch eine Gerade, Normalverteilung durch die Gauß'sche Glockenkurve). Die eingezeichnete Kurve zwischen Messpunkten oder an diesen entlang basiert auf Interpolationen und gilt – aufgrund theoretischer Annahmen – als wahrscheinliches Ergebnis (z. B. eine Wachstumskurve oder eine Regressionsgerade). Die mit der Kurve gegebene Interpretation ist besonders zu beachten: Das Eintragen der ermittelten Messwerte und das Zeichnen des Kurvenbildes sollen daher stets klar unterschieden werden (→ Abb. 32-1, 32-3).

Ist eine Deutung der Messwerte als Kurve nicht möglich (diskrete Verteilung), bleibt die Darstellung als Punktdiagramm angemessen. Da eine Kurvenlinie einen kontinuierlichen Prozess nur vortäuschen kann, ist das Zeichnen von Verbindungslinien zwischen den Messwerten in diesem Fall zu vermeiden. Solche Linien verleiten zur Fehlinterpretation, auch wenn der Verlauf der Messergebnisse dadurch leichter erkennbar wird.

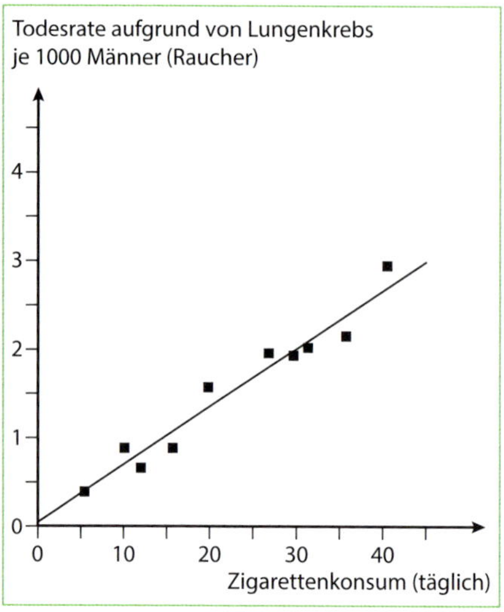

Abbildung 32-1: Punktdiagramm und Liniendiagramm. Abhängigkeit der jährlichen Todesrate aufgrund von Lungenkrebs durch Zigarettenkonsum. Eingezeichnet ist die Regressionsgerade.

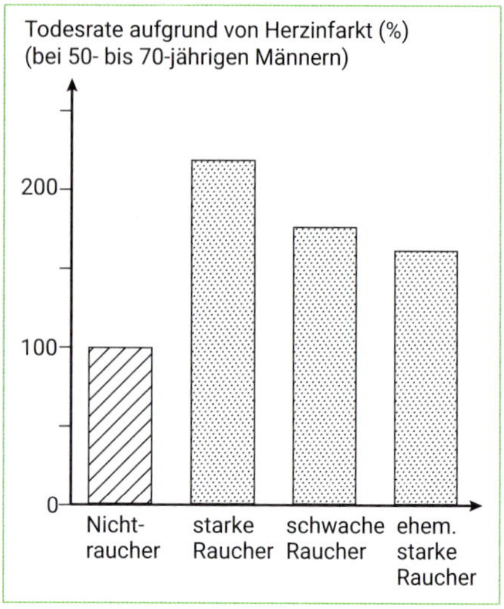

Abbildung 32-2: Säulendiagramm. Relative Todesraten aufgrund von Herzinfarkt bei Männern. Die Nichtraucher sind gleich 100 % gesetzt.

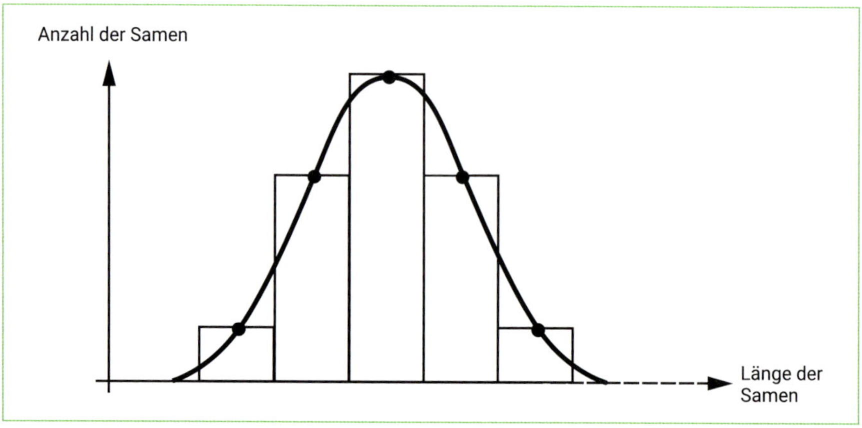

Abbildung 32-3: Überführen eines Säulendiagramms in ein Liniendiagramm (Normalverteilung von Samenlängen)

Werden gleiche oder ähnliche Sachverhalte durch *verschiedene Diagrammtypen* dargestellt, so werden die Informationen und die Anschauung durch die Wahl des Diagrammtyps geprägt. Dies zeigt der Vergleich von Liniendiagramm und Säulendiagramm (→ Abb. 32-1, 32-2). Für die Darstellung und die Interpretation von Messwerten sind *Säulendiagramme* immer dann besser geeignet als ein Liniendiagramm, wenn die Werte nicht kontinuierlich erhoben wurden. Anstelle von Säulen können auch waagerechte Balken verwendet werden (Balkendiagramm). Bei kontinuierlicher Skala werden die Säulen eng aneinandergerückt (Histogramm; → Abb. 32-3).

Eine besondere Form eines waagerecht angelegten Balkendiagramms ist das *Altersklassendiagramm* einer Bevölkerung (sogenannte Alterspyramide). Der Nullpunkt liegt bei dieser Darstellung in der Mitte, die Balken sind nach links und rechts für die Geschlechter getrennt gezeichnet. Dieser Diagrammtyp eignet sich immer dann, wenn Werte zweier verschiedener Gruppen einander gegenübergestellt werden sollen, z. B. beim Vergleich von Geschlechtsgruppen, von Daten aus verschiedenen Jahren, Jahreszeiten oder Regionen.

Zur Darstellung von Anteilen an einer Gesamtheit eignet sich besonders das *Kreisdiagramm* (→ Abb. 32-4 a). Die Darstellungen im Kreisdiagramm und im Sterndiagramm (→ Abb. 32-4 a; b) demonstrieren, wie derselbe Sachverhalt unterschiedlich strukturiert wahrgenommen wird. Während mit dem Kreisdiagramm jeweils ein Nahrungsspektrum gut erfasst wird, erleichtert das Sterndiagramm demgegenüber den Vergleich der beiden Nahrungsspektren. Die Diagramme haben hier neben der quantifizierenden eine erheblich strukturierende Funktion.

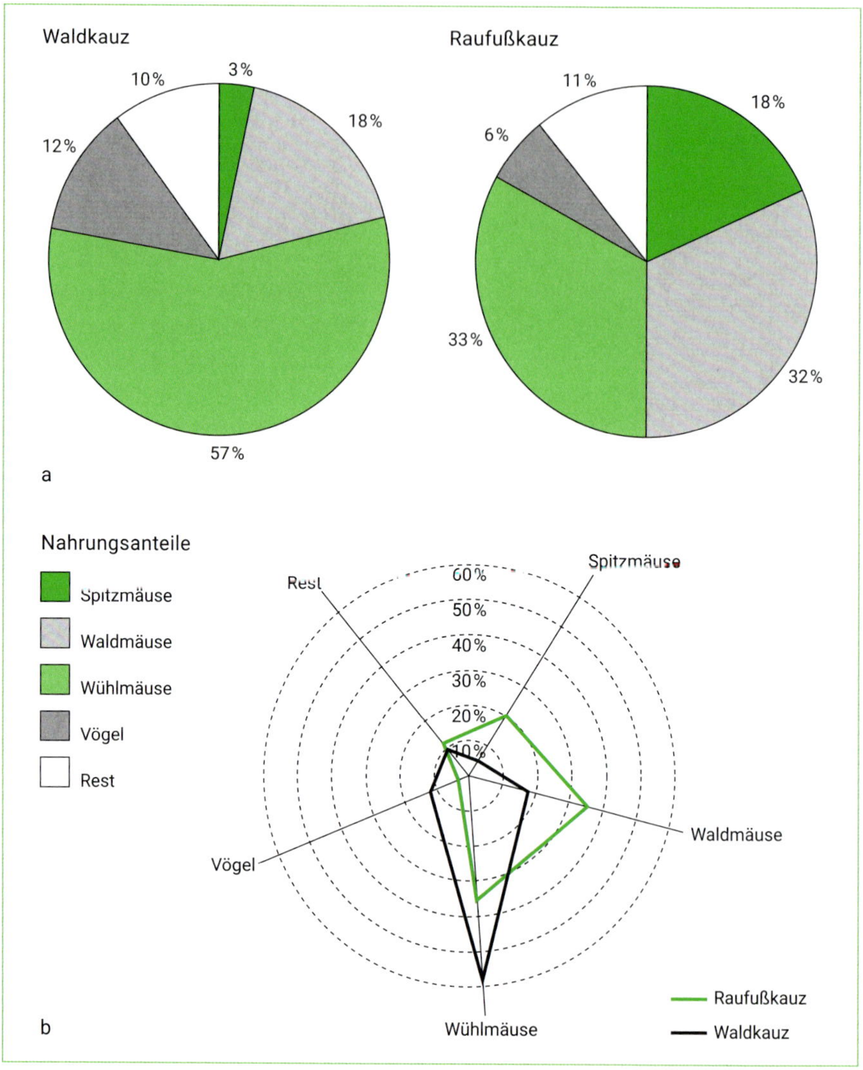

Abbildung 32-4: Nahrungsanteile beim Waldkauz und Raufußkauz; a) Kreissektorendiagramm; b) Sterndiagramm

Übersicht über strukturierende Diagramme

Baum-, *Pfeil-* und *Blockdiagramme* dienen vor allem zur Strukturierung.

Das Baumdiagramm klassifiziert, d. h. es ordnet eine Anzahl von Gegenständen in *Ähnlichkeitsklassen*. Der Prozess und das Ergebnis der Aufgliederung einer Gesamtmenge kann in einer Folge binärer Entscheidungsschritte, einem Baumdiagramm, dargestellt werden, wie es den meisten Bestimmungstabellen zugrunde liegt. Am Baumdiagramm sind also die Entscheidungsschritte abzulesen, die zu einer gewählten Klassifikation in Ähnlichkeitsgruppen führen. Es soll vor allem dann verwendet werden, wenn die einzelnen Entscheidungsschritte mit dem Diagramm von den Lernenden selbst konstruiert oder zumindest nachvollzogen werden können.

Baumdiagramme werden in Lehrbüchern fälschlich als Stammbäume bezeichnet. Ein Baumdiagramm enthält lediglich Angaben über die Ähnlichkeit zwischen Gruppen (Ähnlichkeitscluster), die mit Hilfe bestimmter Klassifikationskriterien ermittelt wurden (Kattmann 2007, 19). Ein Stammbaum, besser Phylogramm, enthält hingegen immer eine Zeitachse (→ Abb. 32-9). Um ein Baumdiagramm von einem Stammbaum abzugrenzen, legt man beim Baumdiagramm die Richtung der Entscheidungsschritte (Aufspaltungen) am besten von oben nach unten fest.

Alternativen zum Baumdiagramm sind das *Mengendiagramm* (Kreise, Venn-Diagramm) oder eine *Kasten-Tabelle* (Carrol-Diagramm).

Diagramme sollen stets so angelegt sein, dass sie ohne Rückgriff auf einen erläuternden Text direkt gelesen werden können. Dazu müssen die verwendeten Symbole (z. B. Pfeile, Kästen, Buchstaben, Wörter) eindeutig festgelegt sein. Dies gilt insbesondere für *Pfeile*, da ihnen viele verschiedene Bedeutungen zugewiesen werden können (→ Tab. 32-2).

Im *Pfeildiagramm* symbolisieren die Pfeile *Relationen* (→ Abb. 32-5). Relationen sind regelmäßig vorhandene Beziehungen zwischen Gegenständen oder Größen. In konkreten Systemen sind sie empirisch feststellbar. Es ist sorgfältig darauf zu achten, dass die Pfeile innerhalb eines Diagramms immer nur ein und dieselbe Relation abbilden. In einer Nahrungskette und einem Nahrungsnetz wird durch die Pfeile stets die Relation „... wird gefressen von ..." oder „... dient als Nahrung für ..." symbolisiert. Der Pfeil symbolisiert damit nicht das Ergreifen der Beute, sondern im ökologischen Sinne den Transport der Energie. Im Diagramm zur Rangordnung steht jeder Pfeil für die Relation „... dominiert über ...", im Diagramm zur ökologischen Nische für die Relation „Das Lebewesen ... benötigt ..." (→ Abb. 32-5).

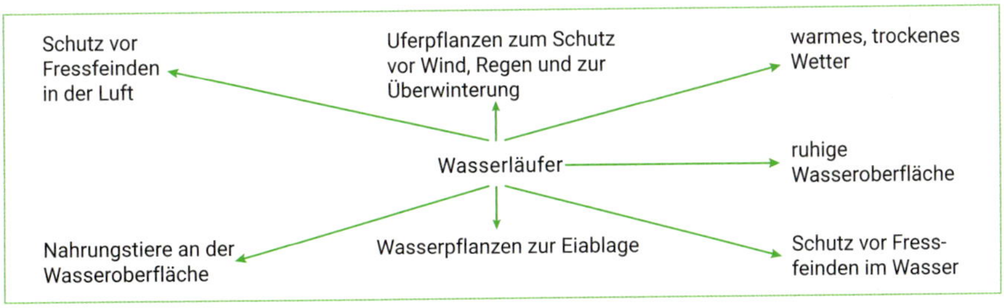

Abbildung 32-5: Pfeildiagramm: Pfeile sind Symbole für Relationen. Beispiel: ökologische Nische des Wasserläufers. Jeder Pfeil bedeutet die Relation: „Diese Organismenart benötigt ...".

Pfeiltyp	Bedeutung
	Pfeile symbolisieren Relationen in Pfeil- und Abfolgediagrammen
	einzelne Relation (z. B. „... darauf folgt", „... wird gefressen von")
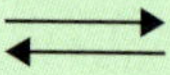	wechselseitige Relation (nicht notwendig gleichzeitig wirkend)
	stets gleichzeitig (synchron) wirkende Relation
	Pfeile symbolisieren Flüsse in Flussdiagrammen
	Informationsstrom (z. B. Reiz, Sollwert)
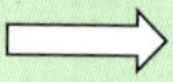	Materiestrom (Massestrom, z. B. Wasser, Mineralstoffe)
	Energiestrom (z. B. Wärme, Licht)
	Massestrom von energetisch nutzbaren Stoffen (z. B. Nahrung)
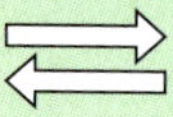	entgegengesetzte Ströme (stets zwei Pfeile zeichnen, nicht einen Pfeil mit Doppelspitze: Ströme können nicht gleichzeitig in zwei Richtungen fließen!)

Tabelle 32-2: Bedeutung von Pfeilen

In den Pfeildiagrammen nach Schaefer (1972 a; vgl. Bayrhuber & Schaefer 1980) symbolisieren die Pfeile jeweils positive (fördernde) und negative (hemmende) Kausalbeziehungen zwischen Größen. Sie werden vor allem im Zusammenhang mit Regelungsprozessen verwendet (→ 32.3).
Prozesse und Systeme werden meist in Form von *Blockdiagrammen* erfasst. Darin sind Blöcke (Kästchen, Ovale, Rhomben etc.) durch Pfeile verbunden.

Im *Abfolgediagramm (Verlaufsdiagramm)* haben die Pfeile die Bedeutung der Relation „darauf folgt ..." (→ Abb. 32-11 b, 32-12 b). Differenzierte Abfolgeprogramme sind *Verhaltensprogramme* mit End- und Entscheidungsgliedern. Sie spielen in der Ethologie zur Beschreibung von Handlungsketten eine Rolle. Für Abfolgediagramme werden oft die missverständlichen Namen Fließdiagramm und Flussdiagramm verwendet. Diese Namen sind zu vermeiden, da mit den Pfeilen im Abfolgediagramm keine Flüsse, sondern *Relationen* dargestellt werden (→ Abb. 32-6, 32-7, 32-10, 32-11 c).

Im *Flussdiagramm* symbolisieren die Pfeile keine Relationen, sondern Flüsse. Blöcke symbolisieren z. B. Organismen, Organe, Speicher oder Apparate. Es empfiehlt sich, ihre Bedeutung in einer Legende anzugeben (→ Tab. 32-2). Sie werden im Biologieunterricht vor allem als *Ökosystemdiagramm* und *Regelkreisdiagramm* eingesetzt (→ Abb. 32-6; → 32.3).

Die Pfeile in qualitativen Diagrammen müssen jeweils inhaltlich interpretiert werden. Während die quantitativen Diagramme eine durch Konvention festgelegte Form besitzen, können die Beziehungen in den qualitativen

Diagrammen nicht kontextunabhängig auf andere Diagramme übertragen werden (Heiser & Tversky 2006). Eine Relation kann im Abfolgediagramm auf eine zeitliche Folge hinweisen, in einem Stammbaum auf eine verwandtschaftliche Beziehung, in einem Diagramm zur ökologischen Nische auf Umweltbeziehungen.

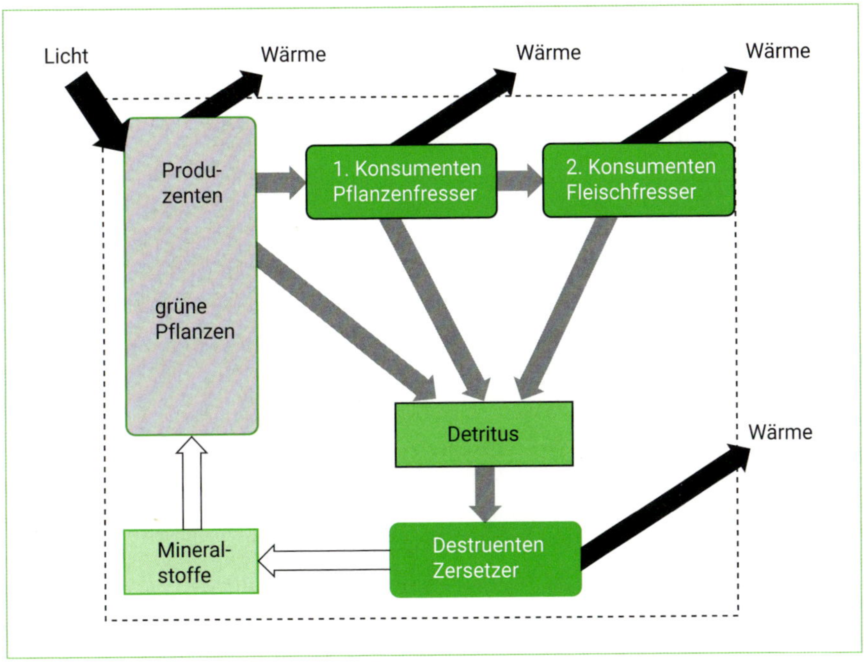

Abbildung 32-6: Flussdiagramm: Modell des Stoffkreislaufs und des Energieflusses in Ökosystemen (nach Eschenhagen, Kattmann & Rodi 1991, 73)

32.3 Spezielle biologische Inhalte erfordern besondere Diagramme

Vielfalt des Lebens – Genetik

In der Genetik sind aufgrund der fachlichen Unterscheidung von Genen und Merkmalen sowie Prozessen der Vererbung besondere Diagrammtypen üblich, die von der Symbolik der oben beschriebenen abweichen.

Besonders in der Humangenetik werden *Familiendiagramme* verwendet. Sie werden auch Familienstammbaum genannt, was oft zur Verwechslung mit einem Stammbaum (Phylogramm!) führt. Darin werden weibliche Personen durch Kreise, männliche durch Kästchen symbolisiert; Personen unbekannten Geschlechts werden durch einen Rhombus, Merkmalsträger durch ausgefüllte Personensymbole gekennzeichnet. Abstammungsverhältnisse werden durch Striche angegeben: Eltern werden durch waagerechte, Eltern und Kinder durch senkrechte Striche verbunden. Geschwister werden durch waagerechte Striche verknüpft, die sich senkrecht verzweigen. Zweieiige Zwillinge werden durch eine Λ-artige Verzweigung symbolisiert, bei eineiigen wird das Symbol zusätzlich waagerecht verbunden. Alle anderen Verwandtschaftsbeziehungen ergeben sich aus der Stellung der Personensymbole im Diagramm. Familiendiagramme mit Angabe der Merkmalsträger erlauben Schlüsse auf den Erbgang eines Merkmals (→ Abb. 32-7).

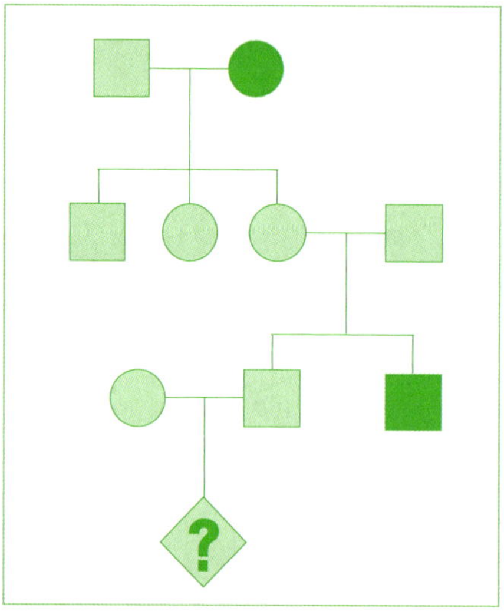

Abbildung 32-7: Familiendiagramm

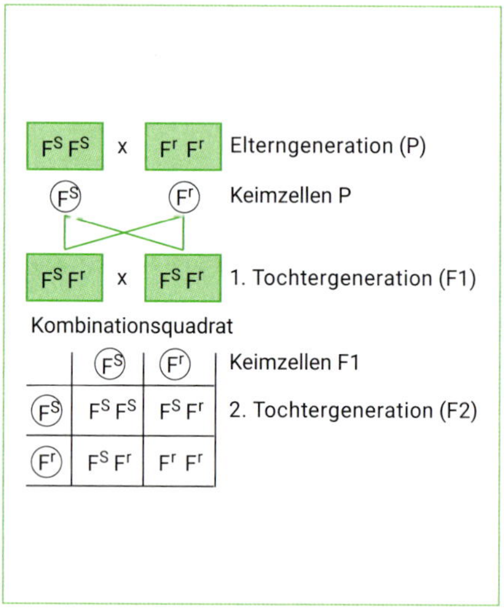

	F^S	F^r
F^S	$F^S F^S$	$F^S F^r$
F^r	$F^S F^r$	$F^r F^r$

Abbildung 32-8: Erbgang roter und weißer Blütenfarbe bei der Erbse mit Gensymbolen nach (Tille 1991; → Kasten Gensymbole)

Im *Erbgangsdiagramm* wird die Verteilung der Allele bei der Fortpflanzung und damit das statistische Auftreten von Merkmalen in einem Erbgang mit Gensymbolen dargestellt. Nach einer Untersuchung zu Gensymbolen werden diese von Lernenden nur oberflächlich verstanden und angewendet. Um eine vertieft verstandene Anwendung zu erreichen, muss das System der Symbole den Lernenden ausführlich erläutert werden (Livni-Alcasid, Haskel-Ittah & Yarden 2018). Zu einer derart eindeutigen Symbolik führt Weninger (1981, 161) aus: „Es wäre ein Irrtum zu glauben, dass die (komplexe) Schreibweise den Lernenden zusätzliche Schwierigkeiten bereitet. Das Gegenteil ist der Fall: Wenn sie sorgfältig eingeführt wird, bringt sie den Schülern Erleichterung. (Die Symbole) sind nichts anderes als eine genaue Kurzschreibweise für das, was tatsächlich gemeint ist. Und das tatsächlich Gemeinte müssen die Schüler auffassen, wenn sie die formalisierten Aussagen wirklich verstehen sollen."

Des Weiteren ist zu betonen, dass die Symbolik auf Mendel'sche Erbgänge beschränkt ist, die ihrerseits Sonderfälle der Vererbung sind. In ihnen wird eine monogene Vererbung und eine Unabhängigkeit der Merkmale von Umwelteinflüssen angenommen, was keineswegs für die Wirkung von Genen verallgemeinert werden darf. Andernfalls begünstigen die Gensymbole und Erbgänge die Vorstellungen von einem genetischen Determinismus (Genetizismus), nach dem die Gene die Eigenschaften eines Individuums uneingeschränkt bestimmen (Jamieson & Radick 2017; Kattmann 2018).

Gensymbole

In sogenannten Mendel'schen Erbgängen ist es üblich, die Genversionen (Allele) mit großen und kleinen Buchstaben zu symbolisieren. Diese übliche Schreibweise (Aa-System) ist fachdidaktisch nicht vertretbar, und zwar auch dann nicht, wenn der genannte eingeschränkte Geltungsbereich der Darstellung betont wird. Die Darstellung hat nämlich folgende Mängel:

- Das rezessive Merkmal erscheint als schwache (kleine) Ausgabe des dominanten Merkmals: Das rezessive Merkmal wird bei dieser Repräsentation üblicherweise mit dem klein geschriebenen Anfangsbuchstaben des dominanten Merkmals abgekürzt, beispielsweise R für rote Blütenfarbe, r für weiße Blütenfarbe.
- Dabei sind nicht die Blütenfarben selbst gemeint, sondern die Allele, die die jeweilige Blütenfarbe bewirken. Der Unterschied zwischen Merkmalen und Genen wird in dieser Schreibweise nicht deutlich. Merkmale und Gene werden vielmehr gleichgesetzt, wie es vielfach auch in Alltagsvorstellungen geschieht (→ 13.3). Deshalb ist diese leider übliche Schreibweise als Repräsentation der genetischen Verhältnisse ungeeignet und irreführend.

Ein Ausweg bietet die von Tille (1991) vorgeschlagene Schreibweise mit einem Großbuchstaben und zu ihm hochgestellten Buchstaben. Für den Fall des Erbgangs roter und weißer Blütenfarbe bei der Erbse (→ Abb. 32-8) ergeben sich folgende Symbole:

B: Genort Blütenfarbe

B^R: Allel für die Merkmalsausprägung rot

B^w: Allel für die Merkmalsausprägung weiß

R: Merkmal Blütenfarbe Rot (Großbuchstabe: Merkmal ist dominant)

w: Merkmal Blütenfarbe Weiß (Kleinbuchstabe: Merkmal ist rezessiv)

Die dreisinnige Schreibweise (Genort, Allel und Merkmal) ist unumgänglich, wenn es für eine Merkmalsausprägung (Phänotyp) mehrere Allele gibt, wie es bei den Blutgruppen der Fall ist. Andernfalls werden Allele und Phänotypen mit demselben Buchstabensymbol gekennzeichnet, was in Schulbüchern beim Blutgruppensystem AB0 leider weithin üblich ist.

In der hier vorgeschlagenen Schreibweise werden die Symbole zu den Erbgängen der Blutgruppen folgendermaßen gewählt:
Der *Genort* der Blutgruppenallele wird nicht mit dem Buchstaben B bezeichnet, da nicht derselbe Buchstabe für den Phänotyp (Blutgruppe B) und den Genort eingesetzt werden soll. Hier wird G (als Abkürzung für Gruppe) vorgeschlagen.
Die *Allele* werden durch G^A, G^B und G^0 symbolisiert. Die Großbuchstaben geben Dominanz der Merkmale, die kleine 0 gibt die Rezessivität des Merkmals an.
Die *Merkmale* sind die Blutgruppenmerkmale A, B und 0. Dem entsprechen die Blutgruppen A, B, AB und 0.
Die *Genotypen* für die Blutgruppen A und B können homozygot (G^A, G^A bzw. G^B, G^B) oder heterozygot sein (G^A, G^0 bzw. G^B, G^0). Der Genotyp der Blutgruppe AB ist stets heterozygot, die Merkmale A und B sind kodominant (G^A, G^B). Der Genotyp der Blutgruppe 0 ist stets homozygot (G^0, G^0).

Man sollte diese Form der Gensymbole nicht erst bei mehr als zwei Allelen (multiple Allelie) einführen, sondern von Anfang an, da die Lernenden die Bedeutung dieser Gensymbole bereits gelernt haben und somit leicht auf den komplexen Fall der Blutgruppen anwenden können.

Vielfalt des Lebens – Evolution

Die Linien eines *Phylogramms* symbolisieren genetisch gegeneinander isolierte Stammeslinien. Phylogramme enthalten stets eine *Zeitachse.* Sie sind theoretisch (hypothetisch) begründete Modelle über den Verlauf der Stammesgeschichte (Phylogenie). Ohne fachliche Erläuterung kann die Anwendung von Phylogrammen zu Verständnisschwierigkeiten führen (Gregory 2008).

Die Zeitachse verläuft in der üblichen Darstellung von unten nach oben. Alle heute lebenden Organismen stehen entsprechend oben auf gleicher Höhe im Stammbaum. Sie dürfen nicht an Gabelungen in den Stammbaum eingezeichnet werden, da dies hieße, dass heute lebende Organismen voneinander abstammen. Die Anordnung auf gleicher Höhe demonstriert außerdem, dass alle rezenten Lebewesen gleich weit entwickelt sind. Das Interpretieren und das Aufstellen von Stammbäumen ist daher besonders zu üben (Kong, Anderson & Palaez 2016; Kattmann 2019, 38 f.; Rösberg, Rodemer & Heyduck 2020).

Stammbäume sind anhand von Vergleichen hypothetisch zu konstruieren (vgl. Hammann 2005). Den einfachsten Fall eines Stammbaums stellt das *Gabeldiagramm* dar. Damit lassen sich (alternative) Hypothesen zum letzten gemeinsamen Vorfahren stammesgeschichtlich verwandter Lebewesen thematisieren, beispielsweise ob der letzte gemeinsame Vorfahr von Mensch und Schimpanse schimpansenähnlich oder menschenähnlich war (→ Abb. 32-9; zur Anwendung des Gabeldiagramms vgl. Kattmann, Janßen-Bartels & Müller 2005 a; b; Kattmann 2019, 7, 31, 55).

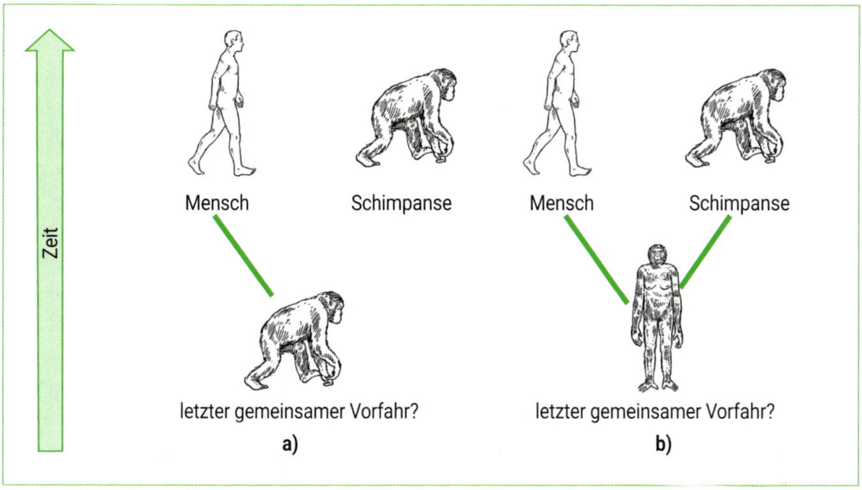

Abbildung 32-9: Gabeldiagramme zur Abstammung von Mensch und Schimpanse (nach Kattmann 2019, 55)

Informationsverarbeitung bei Lebewesen – Verhalten

Das *Reiz-Reaktionsdiagramm* ist ein Flussdiagramm, in dem der Organismus (gezeichnet als Block) als *Black Box* angesehen wird. Die Pfeile symbolisieren ausschließlich Informationsströme. Die eingehenden Reize (*Input*) und die erfolgenden Reaktionen (*Output*) werden entsprechend als (einfache) Pfeile gezeichnet. Dabei ist es günstig, die Pfeile für Reize und die für Reaktionen zu unterscheiden. Dies kann dadurch geschehen, dass ein Reaktionspfeil gestrichelt wird. Außerdem wird meist das empfangende Sinnesorgan als Halbkreis oder als nach innen gerichtetes Dreieck symbolisiert (→ Abb. 32-10).

Durch das Hintereinanderschalten mehrerer Reiz-Reaktionsdiagramme können Handlungsketten dargestellt werden, auch solche, die – wie bei der Stichlingsbalz – zwischen mehreren Individuen ablaufen. Ein solches Diagramm zeigt das Ineinandergreifen von Reaktionen und Auslösern deutlicher als (das übliche) Abfolgediagramm. (→ Abb. 32-11 c; zur Anwendung des Diagramms auf das Verhalten von Maulbrütern vgl. Kattmann & Klein 1989; auf Bestäubung der Fliegen-Ragwurz, vgl. Bay & Rodi 1991, 24).

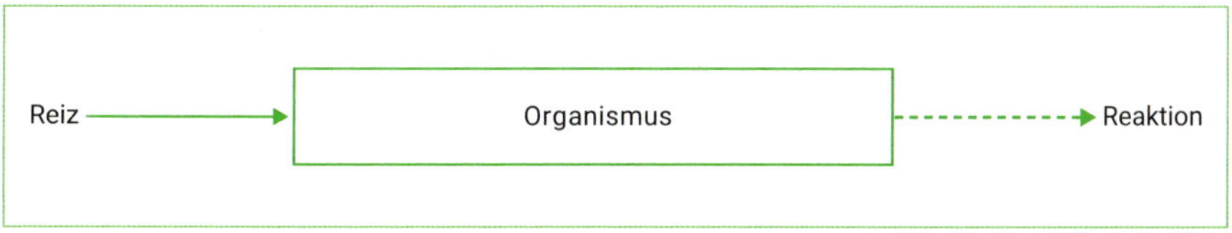

Abbildung 32-10: Reiz-Reaktionsdiagramm für Verhalten (nach Kattmann, Palm & Rüther 1982, 133)

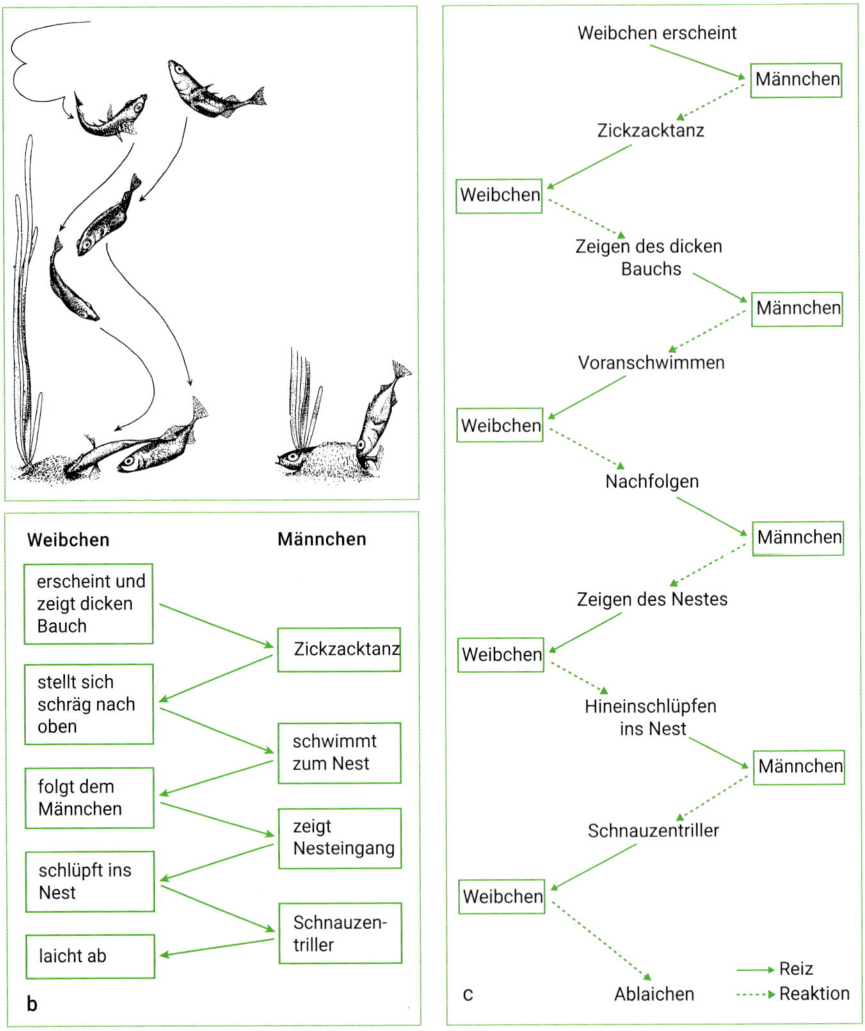

Abbildung 32-11: Abfolgediagramm und Flussdiagramm am Beispiel der Stichlingsbalz (Tatsächlich ist das Balzverhalten des Stichlings nicht so eindeutig fixiert, wie es die isolierte Handlungskette nahelegt.) a) bildlich-realistisches Diagramm (nach Tinbergen) b) Abfolgediagramm: Jeder Pfeil bedeutet die Relation „darauf folgt …" c) Kette von Reiz-Reaktionsdiagrammen (vgl. Abb. 32-10; nach Kattmann, Palm & Rüther 1983)

Informationsverarbeitung bei Lebewesen – Regelung

Unter Regelung wird ein Verhalten verstanden, bei dem ein System sich selbst so steuert, dass nach einer Einwirkung der vorherige Zustand (Normalzustand) mindestens einer Größe annähernd oder vollständig wiederhergestellt wird (vgl. Hassenstein 1977). Kybernetisch definiert bedeutet

Regelung die Selbststeuerung mit negativer Rückwirkung (Regelkreis, vgl. Schaefer 1972 b). Im Biologieunterricht werden hauptsächlich drei Bereiche von Regelungen beschrieben: die Regulation

- des Verhaltens;
- des Stoff- und Energiewechsels;
- der ökologischen Beziehungen und des Populationswachstums.

Eine allgemein anwendbare Beschreibungsform für Regelungsprozesse ist das anschauliche *Abfolgediagramm* nach Hardin (1966; → Abb. 32-12). Damit werden Prozesse beschrieben, bei denen nach einer Abweichung der Regelgröße vom Ausgangszustand dieser wiederhergestellt wird. Die einzelnen Prozesse sind durch die Relation „darauf folgt …" verbunden, hier in der Regel durch eine Kausalbeziehung. Dabei können die Einzelprozesse unterschiedlich sein, je nachdem, ob vom Ausgangszustand nach oben oder unten abgewichen wird. Daraus ergeben sich zwei Prozessfolgen, je eine für die beiden sogenannten Störungsfälle. Das Abfolgediagramm kann auf alle möglichen Typen und Bereiche von Regelungsprozessen angewendet und dabei sinnvoll differenziert oder erweitert werden. Im Bereich des Verhaltens lassen sich damit zum Beispiel eine einfache Kompensationsreaktion (z. B. Pupillenregelkreis) oder das komplexe Verhalten einer Eidechse bei der Wärmeregulation beschreiben. Schließlich lassen sich mit Abfolgediagrammen Regelungen von Populationen und ökologischen Gefügen veranschaulichen. Bei der Anwendung des Diagramms auf die Wärmeregulation des menschlichen Körpers wird deutlich, wie das Diagramm für komplizierte Fälle differenziert werden kann (vgl. Eschenhagen, Kattmann & Rodi 1995, 140 ff., 165). Das Diagramm setzt allerdings voraus, dass auch dann von einem Ausgangszustand gesprochen wird, wenn die Regelgröße, wie häufig in physiologischen und ökologischen Prozessen, periodisch um einen Mittelwert schwankt. Mit der Festlegung auf einen Ausgangszustand wird im Diagramm also von derartigen periodischen Abweichungen abstrahiert.

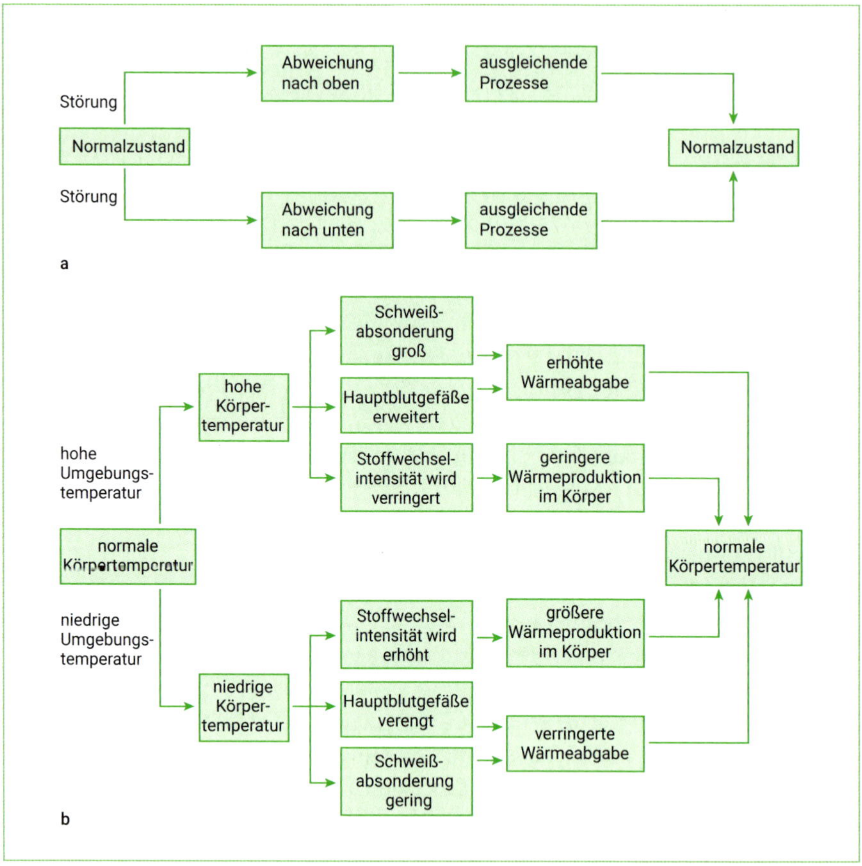

Abbildung 32-12: Abfolgediagramm zur Beschreibung von Regelungsvorgängen (nach Hardin 1966; verändert); a) allgemeines Diagramm; b) Diagramm der Wärmeregulation im Körper des Menschen (nach Kattmann & Rüther 1990)

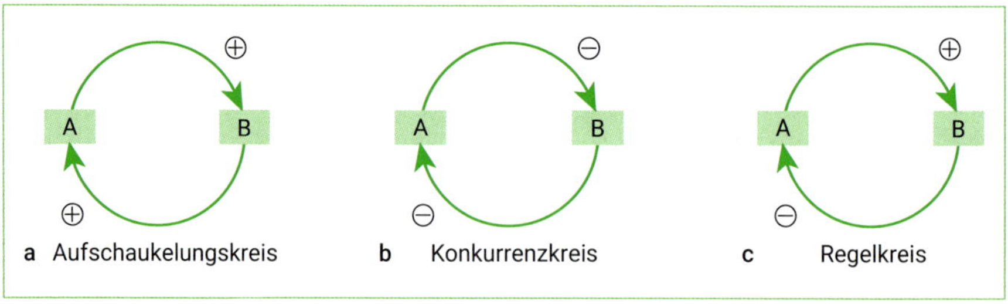

Abbildung 32-13: Drei Typen von Kausalkreisen, dargestellt im Pfeildiagramm. Die Pfeile sind zu lesen: (positive Wirkung): „je mehr, desto mehr" (a) und: „je weniger, desto weniger" (b); (negative Wirkung): „je mehr, desto weniger" und: „je weniger, desto mehr" (c) (nach Schaefer 1972 a)

Demnach gibt es drei Typen von Kausalkreisen zwischen zwei Größen, den Aufschaukelungskreis, den Konkurrenzkreis und den Regelkreis (→ Abb. 32-13). Der hohe Abstraktionsgrad, der mit dieser Darstellung erreicht wird, zeigt sich besonders deutlich darin, dass auf diese Weise strukturell unterschiedliche Typen von Regelungssystemen gleichartig dargestellt werden (z. B. kybernetische Apparate und ökologische Durchflusssysteme). Dieses hohe Abstraktionsniveau kann Lernende und Lehrende dazu verführen, das Pfeildiagramm allzu schematisch ohne Rücksicht auf die tatsächlich nachweisbaren Zusammenhänge, ggf. sogar Kausalgefüge, anzuwenden (z. B. im ökologischen Bereich). Aus diesem Grund ist fragwürdig, ob mit der umfangreichen Anzahl verschiedener Pfeildiagramme angemessene Einsichten in ökologische und soziale Zusammenhänge bzw. vernetztes Denken erreicht werden (vgl. Kattmann 2004, 13).

Auch mit der Verwendung des Flussdiagramms zur Regelkreisdarstellung wird angestrebt, Regelungsphänomene möglichst allgemeingültig zu beschreiben. Dabei stellt sich das grundsätzliche Problem der Verallgemeinerung. Die an technischen Systemen gewonnenen kybernetischen Vorstellungen und Diagramme sind allenfalls auf physiologische Regelungen in Organismen zu übertragen, nicht jedoch auf Regelungen in Populationen oder Ökosystemen.

In der fachwissenschaftlichen und fachdidaktischen Literatur ist jedoch genau diese Übertragung zu finden, nämlich Regelkreis-Flussdiagramme auf Vorgänge in Ökosystemen anzuwenden. Die Autoren übersehen dabei, dass die in den Blöcken dieser Diagramme symbolisierten Elemente (Speicher, Apparate, Glieder) sowie Informationsbahnen (also von Masse- und Energieströmen getrennte Informationsströme) in Ökosystemen überhaupt nicht vorhanden sind. Solche Flussdiagramme sind also nicht angemessen auf Ökosysteme anzuwenden (vgl. Schaefer & Bayrhuber 1973).

In Schulbüchern wird für physiologische Vorgänge am häufigsten ein Flussdiagramm verwendet, das auf Hassenstein (1977) und Schäfer (1972 a) zurückgeht. Dieses Diagramm stellt die durch Apparate (Organe) bewirkte Regulation zutreffend dar. Der Gleichgewichtszustand, zu dem eine solche Regulation führt, wird Homöostase genannt.

Neben der auf Organismen beschränkten Homöostase gibt es jedoch in allen Biosystemen Regulationerscheinungen, die auf direkter Wechselwirkung zwischen den Elementen und Prozessen beruhen. Der sich dabei einstellende Gleichgewichtszustand wird erreicht, wenn sich Zuflüsse und Abflüsse aus dem System die Waage halten. Dieser Gleichgewichtszustand heißt daher Fließgleichgewicht oder steady state.

Ein Regelkreisdiagramm, in dem sowohl die zur Homöostase führenden Mechanismen wie das Fließgleichgewicht berücksichtigt sind, ist das Diagramm zum homöostatisch gesicherten Fließgleichgewicht (Kattmann 1980 b, 199; → Abb. 32-14).

Es veranschaulicht, dass Einströme und Ausströme in Biosystemen keine Störungen sind, sondern dass sie im Gegenteil zur Herstellung des organismischen Fließgleichgewichts unbedingt notwendig sind (vgl. die Anwendungen des Diagramms bei Hedewig 1990, 22; Eschenhagen, Kattmann & Rodi 1995, 165 ff.). In den von technischen Regelungssystemen abgeleiteten Regelkreisdiagrammen werden dagegen Einflüsse auf die Regelgröße als sogenannte „Störgrößen" betrachtet.

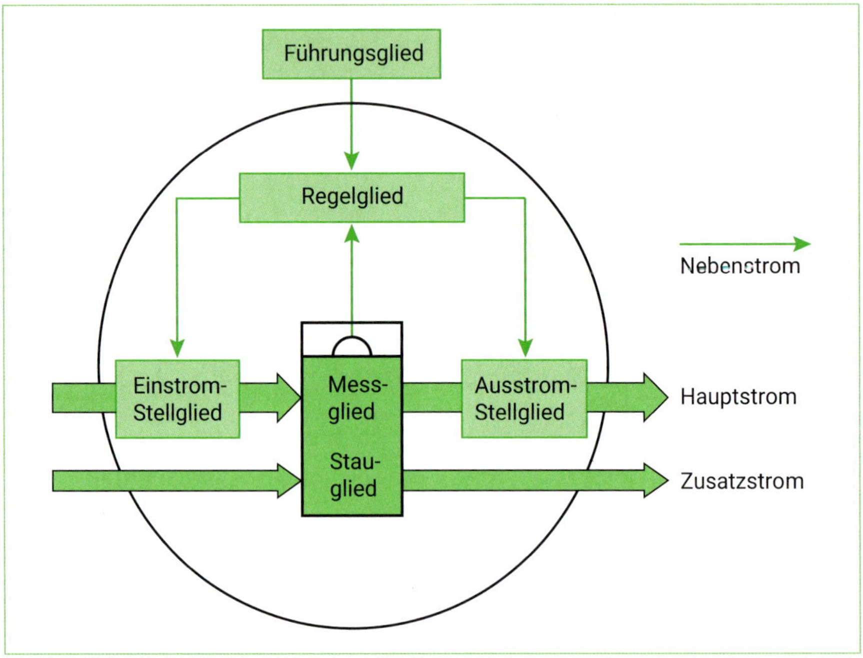

Abbildung 32-14: Flussdiagramm: Regelkreissystem (nach Kattmann 1980 b)

32.4 Den Umgang mit Diagrammen lernen

Nach den Bildungsstandards der KMK für den mittleren Schulabschluss sowie für die gymnasiale Oberstufe (2005, 2020) ist der Umgang mit Diagrammen eine wichtige Komponente des Kompetenzbereichs Kommunikation (→ 11).

Die Art der Verwendung von Diagrammen hat wesentlichen Einfluss darauf, in welchem Verständnis und mit welcher Interpretation wissenschaftliche Daten vermittelt werden (Nieder 2000; Roth 2003). Sie können Schlussfolgerungen erleichtern und Erklärungen verdeutlichen.

Schwierigkeiten beim Arbeiten mit Diagrammen

Psychologische und biologiedidaktische Untersuchungen zeigen, dass Lernende Schwierigkeiten haben, Diagrammen die bedeutsamen Informationen zu entnehmen oder sie angemessen zu konstruieren (→ Tab. 32-2). Zuweilen werden nur Oberflächenmerkmale beachtet. Die Verknüpfung von Text und Bild gelingt oft nur schwer (Kotzebue et al. 2015). Zum fachlichen Verstehen von Diagrammen und für das angemessene Konstruieren von Diagrammen scheint vor allem die Vertrautheit mit der Darstellungsform ausschlaggebend zu sein (vgl. Lachmayer 2008; Lachmayer, Nerdel & Prechtl 2007; von Kotzebue & Nerdel 2015; Beck & Nerdel 2019; für Phylogramme: Gregory 2008). Für den Lerneffekt von Diagrammen spielt das Vorwissen der Lernenden eine erhebliche Rolle, wie für Flussdiagramme nachgewiesen wurde (Hildebrandt & Bayrhuber 2001, 2003).

Die Ergebnisse der Studie weisen darauf hin, dass das selbstständige Konstruieren das fachlich angemessene Verstehen von Diagrammen fördern kann (und umgekehrt). Das Konstruieren von Diagrammen ist auch unabhängig vom thematischen Inhalt anspruchsvoll, weil nur mit dem notwendigen Wissen über Konventionen die Auswahl des passenden Diagrammtyps gelingt. Selbst nach der Wahl eines passenden Diagrammtyps, z. B. einem Liniendiagramm, müssen die Achsenbelegung, -beschriftung und -skalierung in Abhängigkeit der darzustellenden Werte berücksichtigt werden. Es liegen Lernangebote (z.B. Beck & Nerdel 2016) und Beispiele für Modellierungsaufgaben zu qualitativen und quantitativen Zusammenhängen vor (Meister & Upmeier zu Belzen 2017). Ebenso gibt es Beobachtungsraster, um die Fähigkeiten von Lernenden beim Konstruieren und Interpretieren von Diagrammen in drei Niveauabstufungen zu bewerten und entsprechende Lernaufgaben zu entwickeln (Nitz et al. 2018).

In den Forschungen zur Text-Bildverschränkung gibt es Hinweise, dass Bilder durchaus das Erfassen der Informationen erschweren können, wenn Text und Bild nicht gut aufeinander abgestimmt sind (Magnus, Schütte & Schwanewedel 2020).

Die Interpretation von Diagrammen soll unabhängig von der Konstruktion besonders geübt werden. Ein Beispiel dafür ist die Interpretation von sich überschneidenden *Kurven zweier Normalverteilungen* (Kattmann 2009; → Kasten). Die Kurven werden üblicherweise spontan und dem Augenschein nach interpretiert. Sie lassen aber keine Rückschlüsse auf individuelle Merkmale der Gruppenmitglieder zu. Diese Einsicht ist im Unterricht für das Erreichen von sozialen und pädagogischen Zielen zu nutzen (vgl. Etschenberg, Erber & Kattmann 1993; Kattmann 2009).

Schließlich ist noch zu beachten, dass sich Daten in den messbaren Eigenschaften, ihrem Skalenniveau, unterscheiden, was die Repräsentation in geeigneten Diagrammen beeinflusst. Das Skalenniveau ist eine wichtige Eigenschaft von Variablen und damit von Daten. Das Geschlecht als Variable liefert zum Beispiel nur Informationen über die Häufigkeit von gleichen oder unterschiedlichen Gruppen. Das Skalenniveau solcher Daten ist nominal, die Daten sind grundsätzlich diskret und nicht stetig. Kann man dagegen Daten wie zum Beispiel Schulnoten oder den erreichten Schulabschluss in eine Rangfolge bringen, spricht man von ordinal skalierten Daten. Da die Abstände zwischen den Werten bei ordinalen Skalen (z. B. Schulnoten) nicht gleich sein müssen, sind Mittelwerte hier nur bedingt aussagekräftig.

Entsprechen sich wie bei der Temperatur auch noch die Abstände zwischen den Daten, liegen intervallskalierte Daten vor. Hier ist die Berechnung von Mittelwerten aussagekräftig, Aussagen über Verhältnisse sind jedoch unverständlich (z. B. 20 °C ist doppelt so heiß wie 10 °C). Schließlich gibt es Daten wie Blutdruck, Länge oder Alter, die einen echten Nullpunkt besitzen und die man verhältnisskaliert nennt. Bei solchen Daten ist es sinnvoll, von doppelt so alt oder halb so groß zu sprechen.

Konstruktion von Diagrammen

Auswahl des Diagrammtyps: Die Art der grafischen Darstellung soll stets sorgfältig bedacht werden. So kann verhindert werden, dass ungewollt – allein durch den ausgewählten Diagrammtyp – Unterschiede oder Gemeinsamkeiten vorgetäuscht werden, die in der Sache gar nicht vorhanden sind.

Überschrift: Jedes Diagramm erhält eine prägnante, zutreffende Überschrift, die den Diagrammtyp und den Inhalt des Dargestellten angeben sollte.
Durchgängige Verwendung der Symbole: Alle Symbole sollen im Diagramm dieselbe Bedeutung haben.

Beschriftung und Legende: Größen und Dimensionen sind exakt anzugeben (z. B. in der Beschriftung eines Achsenkreuzes). In der Legende ist die Bedeutung der verwendeten Symbole anzugeben.

Wenn die Lehrperson Diagramme konsequent konstruiert und verwendet, kann deren Bedeutung von den Lernenden leichter erkannt werden, und sie können Diagramme dann angemessen auswählen und gezielt in eigenen Arbeiten anwenden (z. B. bei Protokollen und Aufgaben; → Kasten).

Studien zum Erwerb von Diagrammkompetenz

Der Umgang mit Diagrammen oder anderen Repräsentationen gilt als erweiterte Lesekompetenz und gehört damit zum Kompetenzbereich Kommunikation (KMK 2005; KMK 2020; → 11). Die Diagrammkompetenz zeigt sich in den Dimensionen Entnahme von Information aus Diagrammen, Konstruktion von Diagrammen nach entsprechenden Konventionen sowie Integration von Diagramm und verbaler Beschreibung (Lachmayer et al. 2007; → Tab. 32-3). Anhand der beiden quantifizierenden Diagrammtypen Liniendiagramm und Säulendiagramm wurde ein Modell zur Entwicklung von „Diagrammkompetenz" erstellt (Lachmayer 2008). Darin wird unter Integration das Aufeinanderbeziehen von Informationen aus dem Diagramm und dem zugehörigen Text verstanden (zur Bild-Textverschränkung; → 34). Hürden beim Umgang mit Diagrammen können auf der sogenannten syntaktischen Ebene liegen, d. h. durch ein mangelndes Verständnis der Konventionen (Kotzebue et al. 2015) oder auf der semantischen Ebene, d. h. auf der Bedeutungsebene (Nitz et al. 2018).

<table>
<tr><th colspan="3">Informationsentnahme</th><th colspan="2">Konstruktion</th></tr>
<tr><td rowspan="5">Identifizierung</td><td colspan="2">Erkennen der dargestellten Relation</td><td>Wahl des passenden Diagrammtyps</td><td rowspan="5">Aufbau des Rahmens</td></tr>
<tr><td colspan="2" rowspan="2">Zuordnung der Variablen zu den Achsen</td><td>Zuordnung der Variablen zu ihren Achsen</td></tr>
<tr><td>Beschriftung der Achsen</td></tr>
<tr><td colspan="2">Zuordnung der Datenreihen zu den Symbolen („Legende")</td><td>Zeichnen einer Legende</td></tr>
<tr><td colspan="2">Beachten der Skalenreichweite</td><td>Zeichnen der Skalen</td></tr>
<tr><td rowspan="4">Ablesen</td><td>1. Ordnung</td><td>Ablesen eines „Funktionswertes"</td><td>Eintragen der Punktwerte</td><td rowspan="4">Eintragen der Daten</td></tr>
<tr><td>2. Ordnung</td><td>Vergleich zweier Werte oder Erkennen eines Trends (qualitativ/quantitativ)</td><td>Skizzierung einer Verbindungslinie zwischen Punkten* oder freie Skizzierung einer Trendlinie</td></tr>
<tr><td>3. Ordnung</td><td>Vergleich zweier Werte oder Erkennen von Trends (qualitativ/quantitativ)</td><td>freie Skizzierung mehrerer Trends*</td></tr>
<tr><td></td><td>Extrapolieren/Vorhersagen</td><td></td></tr>
<tr><th colspan="5">Integration</th></tr>
</table>

Tabelle 32-3: Kompetenzmodell beim Gebrauch von Linien und Säulen-Diagramm
* Gilt nur für Liniendiagramme (Lachmeyer et al. 2007)

Interpretation gegen den Augenschein

Normalverteilungskurven veranschaulichen die Verteilung von Merkmalen zwischen zwei Gruppen (z. B. Geschlechter, „Rassen"). Der Kurvenverlauf täuscht größere Unterschiede zwischen den Gruppen vor, als tatsächlich erhoben wurden: Aufgrund der Gestaltwahrnehmung wird nur die Fläche, die von beiden Kurven gemeinsam eingeschlossen wird, als Überschneidungsbereich angesehen (scheinbarer Überschneidungsbereich). In Wahrheit ist der gesamte Bereich, in dem für die Gruppen gleiche Messwerte auftreten, als Überschneidungsbereich (Schnittmenge) zu definieren (tatsächlicher Überschneidungsbereich). So befinden sich im gewählten Beispiel auch die Mittelwerte der beiden Gruppen im Überschneidungsbereich (→ Abb. 32-15). Wegen der Varianz der Merkmale und der großen Überschneidungsbereiche lassen sich daher aus den Mittelwerten für die dargestellten Gruppen keine Aussagen über die Eigenschaften und das Verhalten der Individuen erschließen.

Die in der Abbildung dargestellten Indizes werden anhand von psychologischen Tests (M-F-Index nach Terman und Miles) mit Angaben zu Wortassoziationen, Wissensinformationen, emotionalen und moralischen Reaktionen auf im Test beschriebene Situationen erhoben. Die Reaktionen werden nach überkommenen Einschätzungen als männlich oder weiblich bewertet. Als feminin bewertete Antworten erhalten negative, als maskulin bewertete positive Punkte (!). Nicht nur die Messmethode dieses Tests ist fragwürdig, sondern unabhängig davon auch die Interpretation der so erhaltenen Verteilungskurven.

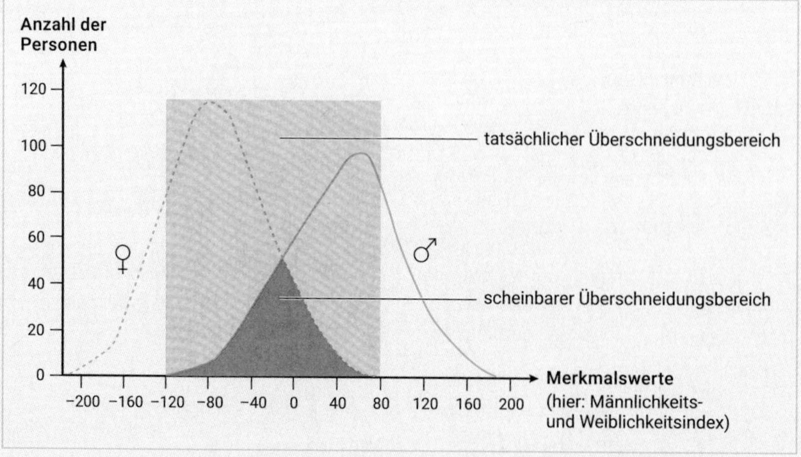

Abbildung 32-15: Interpretation von sich überschneidenden Normalverteilungskurven am Beispiel der Verteilung von „Weiblichkeits-" und „Männlichkeitsindizes" auf Männer und Frauen (Kurven gestrichelt bzw. durchgezogen; Kurven nach Schwidetzky 1971)

Ute Harms & Ulrich Kattmann

33 Sprache

Sprache ist das zentrale Medium für das Lehren und Lernen der Biologie. Sie kann gesprochen oder geschrieben eingesetzt werden und hat dabei vielfältige Funktionen.

Im Biologieunterricht kommunizieren wir über Biologie mit dem Ziel der Vermittlung wissenschaftlicher Aussagen sowie Denk- und Arbeitsweisen an unsere Schülerinnen und Schüler. Dabei verwenden wir unterschiedliche Sprachvarianten wie zum Beispiel Fachsprache und Alltagssprache. Für einen gelingenden Biologieunterricht ist es notwendig, Sprache reflektiert einzusetzen. Dabei sind sowohl allgemeine als auch biologiespezifische Aspekte von Sprache zu beachten.

33.1 Sprache ist das zentrale Medium für das Lehren und Lernen der Biologie

„Lest euch bitte zunächst den Einführungstext zur aktiven und passiven Immunisierung auf dem Arbeitsblatt durch! Interpretiert anschließend das darunter abgebildete Diagramm zur Entwicklung der Antikörperkonzentrationen! Schreibt euer Ergebnis in einem kurzen Text auf!“ So könnte eine Aufgabe einer Biologielehrerin an ihre Klasse lauten. Der vielfältige Einsatz von Sprache ist in diesem Beispiel für den Unterrichtsgang zentral: Die gesprochene Sprache der Lehrkraft vermittelt den Lernenden die Aufgabenstellung. Der Einführungstext stellt in verbaler Form das notwendige Wissen zur Bearbeitung der Aufgabe bereit und muss von den Lernenden zunächst rezipiert werden. Nach der Interpretation des Diagramms soll das Ergebnis – das Ausgesagte – in die eigene Sprache übertragen werden. Texte – als sprachliches Medium – werden hier also zuerst als Interpretationsgegenstand, im zweiten Schritt als Konstruktionsgegenstand eingesetzt. Empirische Forschung zeigt, dass für die Entwicklung eines biologischen Verständnisses gerade letztere, die konstruktiven Prozesse, besonders förderlich sind (u. a. Ainsworth 2006). Sprache ist das Medium, das im Unterricht am häufigsten verwendet wird. Daneben werden weitere Repräsentationsformen im Biologieunterricht eingesetzt, die in bildlicher oder symbolischer Form Wissen kommunizieren, wie in der Aufgabe beispielsweise das Diagramm (→ 11, → 40). In diesem Kapitel geht es ausschließlich um die sich Worten bedienende, die verbale Sprache.

Sprache besitzt vielfältige Funktionen. Grundsätzlich dient sie der Kommunikation, also der Verständigung zwischen Menschen. Auch im Unterricht steht diese Verständigungsfunktion bei der Verwendung gesprochener und geschriebener Sprache im Vordergrund. Lehren und Lernen fachlicher Inhalte ist maßgeblich an verbale Sprache gebunden. Gleichzeitig trägt der Biologieunterricht auch zur allgemeinen Sprachbildung bei (Gogolin 2011; Leisen 2015). Diese Forderung adressiert insbesondere die sogenannte Bildungssprache, die in der weiterführenden Schule in Deutschland in der Regel vorausgesetzt wird. Sie ist dort zwar meist nicht explizit Unterrichtsgegenstand, besitzt aber eine hohe Relevanz für die individuellen Lernchancen und Lernleistungen der Schülerinnen und Schüler im Unterricht (Mecheril & Quehl 2015; → Kasten). Von der Bildungssprache lassen sich nach sprachwissenschaftlichen Kategorisierungen die Fachsprache und die Alltagssprache abgrenzen.

Die im Biologieunterricht verwendete Fachsprache gründet in der Wissenschaftssprache, die Biologinnen und Biologen untereinander zur Kommunikation nutzen und die der wissenschaftlichen Disziplin in erster Linie zur Entwicklung neuen fachlichen Wissens dient (Riebling 2013). Der Biologieunterricht hat die Aufgabe, Lernende in diese Fachsprache einzuführen und ihre Verwendung einzuüben. Für sie ist die Fachsprache – ebenso wie für andere Laien – anfangs häufig unverständlich und fremd, denn Fachsprache beruht auf Konventionen der Wissenschaftsgemeinschaft des jeweiligen Fachgebiets und erschließt sich ohne explizite Einführung nur schwer. Eine besondere und zentrale Eigenschaft einer Fachsprache ist ihre Fähigkeit zur Objektivierung. Das Ausgesagte soll möglichst unabhängig vom Sprecher intersubjektiv nachvollziehbar und überprüfbar gelten. Die höchste Form der Objektivierung ergibt sich aus der Überführung einer verbalen Fachaussage in die Repräsentationsform der mathematischen Symbolsysteme (Mathematisierung; → 27.3). Durch ihre Definition gewinnen fachsprachliche Termini Eindeutigkeit, damit werden sie für den wissenschaftlichen Gebrauch nutzbar. Ein weiteres Merkmal von Fachsprache ist ihre Situations- und Kontextunabhängigkeit. Fachwörter sollen auch in unterschiedlichen Zusammenhängen zuverlässig ein und denselben Begriff bezeichnen. Das heißt, Fachwörter und Fachaussagen sollen so normiert und formalisiert werden, dass sie für alle möglichen Situationen und Kontexte verwendbar sind, auf die sie überhaupt zutreffen. Gleichzeitig bedient sich die Fachsprache der Worte, die auch im Alltag verwendet werden, hier aber eine abweichende Bedeutung haben (z. B. Nische, Anpassung). Insbesondere Definitionen und Merksätze, aber selbst Schulbuchtexte zeichnen sich durch eine hohe Dichte an Fachwörtern aus. Dies muss bereits in der Unterrichtsplanung berücksichtigt werden, denn der expliziten Einführung von Fachbegriffen muss im

Unterricht entsprechend Raum gegeben werden. Wissenschaftliche, original in Fachsprache verfasste Texte, sollten im Oberstufenunterricht gezielt genutzt werden. Sie sollten aber eher am Ende der Vermittlung eines bestimmten biologischen Inhalts eingesetzt werden, nämlich wenn die entsprechenden Fachwörter bereits eingeführt wurden, damit das Lernen nicht behindert wird (Leisen 2013). Über die genannten Funktionen hinaus kann Fachsprache auch zur Abgrenzung oder gar Einschüchterung (z. B. Wissenschaftler gegenüber Laien, Lehrkraft gegenüber Schülerinnen und Schüler; Tajmel & Hägi-Mead 2017) eingesetzt werden. Der Einsatz von Fachsprache zu diesen zweifelhaften Zwecken sollte im Unterricht durchgehend vermieden werden. Dies erfordert einen reflektierten und umsichtigen Umgang mit Sprache seitens der Lehrkraft. Dieser sollte zugleich Vorbildcharakter im Umgang mit sprachlichen Äußerungen für Schülerinnen und Schüler haben.

Die Alltags- oder Umgangssprache ist die Sprache, die im Alltag verwendet wird. In dieser sind die verwendeten Wörter und Sätze im Unterschied zur Fachsprache oft mehrdeutig.

Die Alltagssprache bildet die Grundlage für die unterrichtliche Kommunikation und damit auch für das Lernen. Oberflächlich betrachtet scheint es sich bei ihr um eine ähnlich homogene Sprache zu handeln, wie dies bei der Fachsprache der Fall ist. Allerdings ist zu berücksichtigen, dass sich die Alltagssprache je nach familiärem und sozialem Hintergrund sehr wohl unterscheidet. Lernende aus bildungsfernen Elternhäusern haben dadurch häufig einen Nachteil im Unterricht. Im Alltag der Schüler und Schülerinnen muss darüber hinaus auch nicht zwingend eine deutsche Alltagssprache gesprochen werden. Auch prägen Dialekte und die sich zunehmend durch Anglizismen auszeichnende Jugendsprache die Alltagssprache der Jugendlichen und können Verständigungsschwierigkeiten auf fachlicher Ebene hervorrufen (Tajmel & Hägi-Mead 2017). Einführende Texte in Schulbüchern für den Biologieunterricht nutzen häufig Alltagssprache, um durch die Beschreibung von Alltagserfahrungen auf fachliche Fragestellungen hinzuführen.

Die genannten Eigenschaften von Sprache unterscheiden zwar die Alltags- von der Fachsprache, aber Fachsprache beinhaltet zugleich immer auch alltagssprachliche Anteile. Umgekehrt gehen Worte der Fachsprache in die Alltagssprache ein, allerdings meist mit einer vom Fachlichen abweichenden Bedeutung (vgl. Rincke 2010). Die Fachsprache wurzelt in der Alltagssprache, indem immer wieder Wörter aus dieser entnommen und im Sinne der Fachaussagen umgedeutet werden. Die Fachsprache weicht dabei von den durch die Alltagssprache geprägten Vorstellungen ab, präzisiert sie oder geht über sie hinaus. Alltagssprache und Fachsprache haben gemeinsam, dass sie der Verständigung dienen sollen. Damit ist die Fachsprache, trotz der angestrebten, von Personen unabhängigen Objektivität, immer an das Verstehen der Adressaten gebunden.

33.2 Bildungssprache ist Teil der Unterrichtssprache und beeinflusst das Lernen

Unterricht ist kein Abbild von Wissenschaft. Sprache im Biologieunterricht ist daher auch nicht eine reduzierte Version der biologischen Fachsprache, des Soziolekts der Wissenschaftlerinnen und Wissenschaftler. Fachsprache kann nicht direkt in den Unterricht übernommen werden. Vielmehr überwiegt im Unterricht eine Mischform von Fach-, Alltags- und Bildungssprache. Hierfür hat sich die Bezeichnung „Unterrichtssprache" etabliert. Sie verwendet – mündlich wie schriftlich – Vokabular und Formulierungen, die allgemein typisch sind für Lehr-Lern-Kontexte (z. B.: in Aufgabenstellungen; für Berichte über Handlungen, wenn eine Schülerin ein durchgeführtes Experiment beschreibt; für handlungsbegleitende Sprache der Lehrkraft in einem Demonstrationsexperiment), dabei verwendet sie Fachsprache (z. B. Operatoren in den Aufgabenstellungen), Wörter der Alltagssprache (z. B. Wörter wie „Licht", „bilden" bei der Beschreibung eines Experiments zur Photosynthese) und Bildungssprache (z. B. bei der Formulierung der Hypothesen zum Demonstrationsexperiment an der Tafel) (nach Leisen 2015). Das handlungsberichtende und -begleitende Sprechen und Schreiben fällt Lernenden meist nicht schwer. Es ist geprägt von großen Anteilen an Alltagssprache. Das Verstehen und Anwenden der Bildungssprache hingegen bereitet insbesondere Lernenden mit bildungsfernem Hintergrund ernstzunehmende Probleme, da sie mit dieser außerhalb der Schule meist gar nicht in Berührung kommen. Bildungssprache wird definiert als ein „übereinzelsprachliches Phänomen in Wissensgesellschaften" (Riebling 2013, 110). Sie zeichnet sich durch hohe Genauigkeit und Abstraktheit im Ausdruck sowie durch komplexe grammatische Strukturen aus. Nur hierdurch kann die Komplexität der Bildungsinhalte präzise abgebildet und kommuniziert werden (Behling, Förtsch & Neuhaus 2019). Damit hat Bildungssprache zweierlei Bedeutung für den Biologieunterricht: zum einen als Lernvoraussetzung, zum anderen als Lernziel. In diesem Zusammenhang formuliert Leisen (2015; 133) drei Grundannahmen:

- Sprache im Fachunterricht lernt man durch sprachliches Handeln (Sprechen, Lesen, Schreiben) in Anforderungssituationen.
- Sprache entwickelt sich langsam und kumulativ über mehrere Stufen und braucht Zeit.
- Sprache entwickelt sich durch die erfolgreiche Bewältigung von sprachlichen Handlungssituationen.

Der Biologieunterricht verwendet Fach- und Bildungssprache und bietet zugleich Lerngelegenheiten für sowohl fachsprachliches als auch bildungssprachliches Lernen. Aufgabe der Lehrkraft ist es, Lernschwierigkeiten, die das Lernen Einzelner behindern, zu diagnostizieren, zu beurteilen und an diese so zurückzumelden (→ 18), dass sie auch ihre sprachlichen Fähigkeiten in beiden Bereichen weiterentwickeln können. Nur so ist gleichzeitig ein kumulativer naturwissenschaftlicher Kompetenzaufbau mit dem Fokus auf biologische Inhalte seitens der Lernenden im Biologieunterricht möglich. Dies setzt jedoch voraus, dass Biologielehrkräfte sich der Bedeutung von Sprache für den Unterricht und das Lernen der Schülerinnen und Schüler bewusst sind. Leisen (2013) fordert in diesem Zusammenhang den sprachsensiblen Fachunterricht. Markic (2014) zeigt jedoch, dass Lehrkräfte der naturwissenschaftlichen Fächer ihre Verantwortung für die Sprachbildung häufig nicht erkennen und entsprechend auch nicht wahrnehmen. Dies aber ist eine verbindliche Aufgabe jeder Biologielehrkraft, denn auch die Bildungsstandards der Sekundarstufe I und II fordern in allen vier Kompetenzbereichen sprachliche Fähigkeiten der Schülerinnen und Schüler ein (→ Tab. 33 1).

Kompetenzbereich	Standards	
	Sekundarstufe I Die Schülerinnen und Schüler ...	Sekundarstufe II Die Lernenden ...
Fachwissen / Sachkompetenz	... beschreiben verschiedene Formen der Fortpflanzung.	... erläutern biologische Sachverhalte, auch indem sie Basiskonzepte nutzen und fachübergreifende Aspekte einbinden.
Erkenntnisgewinnung	... beurteilen die Aussagekraft eines Modells.	... widerlegen oder stützen eine Hypothese.
Kommunikation	... beschreiben und erklären den Bedeutungsgehalt von fachsprachlichen bzw. alltagssprachlichen Texten.	... unterscheiden zwischen Alltags- und Fachsprache.
Bewertung	... erörtern Handlungsoptionen einer umwelt- und naturverträglichen Teilhabe im Sinne der Nachhaltigkeit.	... unterscheiden deskriptive und normative Aussagen.

Tabelle 33-1: Sprachliche Fähigkeiten als Elemente der Bildungsstandards in der Sekundarstufe I (KMK 2005, 13-15) bzw. Sekundarstufe II (KMK 2020, 13-18)

33.3 Fach- und Alltagssprache müssen fachdidaktisch reflektiert zur Unterrichtssprache verknüpft werden

Unterrichtssprache ist ein Konglomerat aus Alltags-, Bildungs- und Fachsprache. Während die beiden erstgenannten fachunspezifisch sind, macht die Fachsprache „das Biologische" an der Sprache des Biologieunterrichts aus. Die Fachsprache enthält aber auch Elemente, die auf der Oberflächenebene für Schülerinnen und Schüler identisch sind mit Wörtern und Formulierungen, die sie aus dem Alltag kennen, die hier jedoch eine andere Bedeutung besitzen. Ein Beispiel ist das Wort „Nische". Die alltagssprachliche Bedeutung von Nische als einem Raum kann dazu führen, dass Lernende die ökologische Nische ebenfalls und ausschließlich als einen Raum interpretieren. Der biologische Fachbegriff umfasst aber die Gesamtheit aller biotischen und abiotischen Umweltfaktoren, die für die Existenz einer Art wichtig sind, also nicht nur den Lebensraum, sondern alle ihre Umweltansprüche und die Form ihrer Umweltnutzung. Die alltagssprachliche Bedeutung kollidiert hier mit der fachsprachlichen Konnotation, wodurch ein Lernhindernis bei Schülerinnen und Schülern entstehen kann, das zu Lernschwierigkeiten führt (Pfundt 1981). Um diese zu überwinden, sollte der Begriff umschrieben werden, beispielsweise als Gesamtheit der Umweltbeziehungen einer Art (Kattmann 2001). Dieses Beispiel zeigt, dass die im Unterricht verwendete gesprochene und geschriebene Sprache fachdidaktisch reflektiert eingesetzt werden muss. Die Entwicklung der Unterrichtssprache bedarf einer sorgfältigen didaktischen Rekonstruktion der Fachsprache (→ 4), um Schülerinnen und Schülern fachliches Lernen zu ermöglichen (Nitz, Nerdel & Prechtl 2012). Während alle Lernenden grundsätzlich vergleichbare Probleme mit der Einführung von Fachbegriffen haben, die kein alltagssprachliches Pendant besitzen (z. B. Chloroplast, Endosymbiont), zeigen sich bei Wörtern der Alltagssprache, deren biologische fachsprachliche Bedeutung im Unterricht erlernt werden soll, Unterschiede. Sprachlich stärkeren Lernenden fällt es leichter, die neue Konnotation im fachlichen Kontext zu erlernen als sprachlich schwächeren (Drumm 2016). Das heißt, dass ohne eine gründliche fachdidaktische Rekonstruktion der Begriffe sprachlich schwächere Schüler und Schülerinnen in ihrem Biologielernen benachteiligt werden (Drumm 2016; Lemke 1990).

Das Beispiel der (ökologischen) Nische zeigt, dass das Lernen der Fachsprache durch ihren Überlapp und ihre Nähe zur vieldeutigen Alltagssprache behindert werden kann, weil sie alltagsweltliche Vorstellungen bei Schülerinnen und Schülern hervorruft. Aufgabe einer Fachsprache ist es, Begriffe und Sachverhalte durch Termini und Aussagen möglichst eindeutig zu bezeichnen (→ Kasten). Aber auch das Fachwort selbst kann verhindern, dass ein angemessenes fachliches Verständnis entwickelt werden kann. Beispiele hierfür sind euphemistische Umschreibungen aus der Umgangssprache (z. B. „Artenschwund“ statt „Ausrottung von Arten“), ebenso wie Formulierungen, die vom Nützlichkeitsstandpunkt geprägt sind (z. B. „Unkräuter“ statt „Wildkräuter“) und die den gemeinten biologischen Phänomenen nicht gerecht werden (vgl. Friedmann 1981; Gigon 1983; Trommer 1990; Chew & Laubichler 2003). Auch können Fachwörter, die im wissenschaftlichen Kontext ein Phänomen zwar präzise bezeichnen, das Lernen von Schülerinnen und Schülern behindern. Ein Beispiel hierfür ist das Fachwort „Zellteilung“. Zellteilung ist in der Biologie die Grundlage für Wachstum. Etwas zu teilen, bedeutet in der Alltagssprache aber, dass der Gegenstand, der geteilt wird, kleiner wird. Riemeier (2005 a, b) schlägt daher vor, im Unterricht Zellteilung mit „Zellverdopplung“ zu umschreiben. Auch in der Systematik finden sich Beispiele für ungünstige Bezeichnungen in der Fachsprache. So werden mit den Namen Kriechtiere und Weichtiere jeweils alle kriechenden bzw. weichen Tiere assoziiert und den anders definierten biologischen Taxa zugeordnet. Beim Verwenden des lateinischen Namens Reptilien werden diese falschen Zuordnungen nicht gemacht (Kattmann & Schmitt 1996; vgl. Kattmann 2001). Auch aus historischen Gründen passen Fachwörter manchmal schlecht zu dem bezeichneten Begriff. Am Beispiel der Zellenlehre lässt sich gut zeigen, wie aufgrund der verwendeten Terminologie widersprüchliche Vorstellungen von Lernenden gebildet werden können. Beispielsweise suggeriert der Terminus „Doppelmembran“ bei Chloroplasten und Mitochondrien, dass die beiden Membranen gleich seien. Tatsächlich handelt es sich um zwei Membranen, mit unterschiedlichen Eigenschaften und Funktionen sowie unterschiedlicher Herkunft (vgl. Kattmann 1993). Dies zu verstehen, ist beispielsweise eine Grundvoraussetzung für das Verständnis der Endosymbiontentheorie. Beim Terminus Nährstoff zeigen sich die fachliche Mehrdeutigkeit und die unkorrekte oder missverständliche Verwendung bei Tieren und Pflanzen (vgl. Hedewig 2003). Wie ein Begriff benannt wird, hängt vielfach von den in einer Wissenschaft herrschenden Konzepten ab. Ein Beispiel für ein etabliertes evolutionsbiologisches Konzept ist das der Anpassung bzw. Angepasstheit der Organismen an ihre Umwelt (Weitzel & Gropengießer 2009). Unangemessene und überholte wissenschaftliche Konzepte stehen hinter Bezeichnungen wie Fehlanpassungen und Voranpassung oder Präadaptation (vgl. Kattmann 1992; Baalmann et al. 2004). Ebenso sind genetische Termini wie Erbkrankheit durch überholte Vorstellungen von Vererbung geprägt und sollten durch angemessene genetische Termini ersetzt werden, z. B. genetisch bedingte Krankheit statt „Erbkrankheit“ (vgl. Kattmann, Frerichs & Gluhodedow 2005).

33.4 Termini sind Mittel zum Zweck des Begriffslernens im Biologieunterricht

Die im Unterricht eingesetzte Sprache hat zum Ziel, den Lernenden biologische Begriffe (→ Kasten) zu vermitteln. Die dafür verwendeten Termini (Fachwörter) sind hierbei Mittel zum Zweck. Termini, mit deren Hilfe eindeutige fachliche Vorstellungen entwickelt werden, können Hilfen zum Lernen sein, weil sie die oben beschriebenen Lernhindernisse zu vermeiden helfen. Dies belegen u. a. Untersuchungen zur logischen Verknüpfung von Begriffen und zu Begriffsnetzen (Graf 1995; Brezmann 1992). Begriffe und deren korrespondierenden Termini sollten nicht isoliert betrachtet werden, denn ihre schematische Übernahme oder Festlegung führt im Unterricht leicht zu einem Verbalismus. Das heißt, es würden lediglich die Wörter wie Vokabeln auswendig gelernt. Folglich wären Lernende zwar in der Lage, die Wörter (Termini und z. B. Definitionen) zu reproduzieren, die Begriffe – das biologische Wissen – aber würden sie nicht entwickeln. Wörter sind für sich genommen keine Bedeutungsträger. Termini werden erst dann für die Lernenden bedeutsam, wenn der sprachliche und begriffliche Kontext über bloße Definitionen hinaus hergestellt und die mit der Fachsprache verknüpften Vorstellungen erkannt werden. Daher sollte im Unterricht erst der Begriff, dann das Fachwort eingeführt werden. Die mit manchen Fachwörtern verbundenen Ungenauigkeiten und assoziierten möglichen Missverständnisse (→ 3.3) sollten im Unterricht angesprochen werden, um einen kritischen Umgang mit der Fachsprache zu fördern. Widersprüchliche Konzepte und unterschiedliche Betrachtungsweisen können beispielsweise durch das Kennenlernen verschiedener wissenschaftsgeschichtlicher Konzepte bewusst gemacht werden (→ 38; Kattmann 1993).

Biologieunterricht sollte auch sprachlich an die Erfahrungen und Vorstellungen der Lernenden anknüpfen. Fachsprache kann beim Lernen sinnvoll nur insoweit verwendet werden, als es gelingt, die Begriffe und Sachverhalte auf das Vorwissen zu beziehen und auf dem Hintergrund der gemachten Erfahrungen zu verstehen. Auf diese Weise wird vermieden, dass Fachwörter unverstanden nachgesprochen werden, weil sie nicht mit Anschauung verbunden werden. Dem Aufdecken von Zusammenhängen zwischen Alltagserfahrungen und Fachsprache dienen u. a. Untersuchungen zum Verhältnis des logischen Kerns zum assoziativen Umfeld eines Begriffs. Es zeigt sich, dass affektive Faktoren die Vorstellungen zu einem Fachbegriff stark beeinflussen können (Schaefer 1992).

Vielfach wird beklagt, dass der Biologieunterricht mit Begriffen überladen sei. Im Fremdsprachenunterricht werden maximal 20 neue Vokabeln pro Unterrichtsstunde empfohlen (Reinisch 2013). Berücksichtigt man, dass biologische Fachwörter häufig komplexe Begriffe bezeichnen, so lässt sich hieraus schließen, dass in Texten, die im Biologieunterricht eingesetzt werden – aber auch im Unterrichtsgespräch – die Zahl der Fachbegriffe in einer Unterrichtsstunde deutlich unter 20 liegen sollte.

Ein Begriff ist mehr als ein Wort

Beim Begriffslernen ist klar zwischen drei Bereichen zu unterscheiden: den sprachlichen Ausdrücken (*Zeichen*), den gedanklichen Konstrukten (*Vorstellungen*) und den bezeichneten Teilen der Wirklichkeit (*Bezugsobjekte* oder *Referenten*) (→ Tab. 33-2). Zwischen der Verwendung von Sprache, der Begriffsbildung und dem Erfassen der Wirklichkeit besteht ein enger Zusammenhang; die Unterscheidung der Bereiche ist jedoch wesentlich für die Interpretation von Erkenntnisprozessen und die Analyse von Texten. *Begriffe* gehören zum gedanklichen Bereich. Begrifflich heißt demnach nichts anderes als „gedanklich". Begriffe werden sprachlich durch *Termini* (Wörter, Symbole) bezeichnet; ihre Bedeutung wird durch Definitionen oder Umschreibungen vermittelt. In der Biologie werden Individuen ebenso wie als systematische Gruppen von Lebewesen erkannte Einheiten (Taxa) durch *(Eigen-)Namen* bezeichnet (Artnamen, etc.). Namen und Termini können als *Fachwörter* zusammengefasst werden.

Zeichen	Vorstellung	Referent
Aussagengefüge	Theorie	Wirklichkeitsbereich
Satz, Aussage	Konzept	Sachverhalt
Terminus	Begriff	Klasse von Dingen, Ereignissen
Eigenname	Individualbegriff	Individuum

Tabelle 33-2: Sprachlicher, gedanklicher und referenzieller Bereich: Zuordnung von Termini auf verschiedenen Komplexitätsebenen (nach Gropengießer 2007, 26; verändert)

33.5 Anthropomorphe Metaphern können lernförderlich, aber auch lernhinderlich sein

„Das Immunsystem ist das *Abwehrsystem* unseres Körpers. Immunzellen *bekämpfen* eindringende Krankheitserreger." Kaum eine Darstellung kommt bei der Wirkung des Immunsystems ohne die anthropomorphe Kampfmetapher aus. Anthropomorphe Vorstellungen und Redeweisen sind ein Grundelement des Denkens und Sprechens. Sie sind folglich auch in der Fachsprache enthalten. Grundsätzlich sollte in allen Lebensaltern, besonders aber bei jungen Lernenden, an diejenigen anthropomorphen Sichtweisen angeknüpft werden, bei denen die Umwelt beseelt und vermenschlicht wird.

Diese Vorstellungen sollten im Unterricht respektiert werden, um emotionale Beziehungen nicht zu beeinträchtigen (vgl. Gebhard 2005; Kattmann 2005). Beim Biologielernen kann die jeweils angesprochene anthropomorphe Anschauung dem Lernen förderlich sein, sie kann aber auch zu einem Fehlverständnis führen (Legare, Lane & Evans 2013; Harms & Reiss 2019). Daher sollten biologische Aussagen mit besonderer Sorgfalt formuliert werden, wenn die Gefahr besteht, dass menschliches Erleben und menschliche Handlungsweisen unreflektiert auf das Naturgeschehen übertragen werden könnten (Friedmann 1981). Auch finale Ausdrucksweisen sind häufig nicht eindeutig und verführen leicht dazu, zweckgerichtete Faktoren und planvolles Handeln anzunehmen. „Jeder Satz, der sich auf Lebewesen bezieht und die Wörter ‚weil', ‚damit' oder ‚um zu' enthält, sollte kritisch geprüft werden" (Eschenhagen 1976, 6). Geprüft werden sollte, ob die Aussagen eine biologische Ursache angeben (kausale Erklärung), die biologische Bedeutung eines Sachverhalts beschreiben (funktionale Beschreibung) oder ob sie die Annahme zielgerichteter Faktoren (teleologische Erklärung) nahelegen (→ 36). Finale Ausdrucksweisen können meist leicht in Folgeaussagen umformuliert werden („sodass" anstelle von „damit").

Auch die Personifizierung von biologischen Strukturen oder Prozessen kann zu Fehlverständnissen führen. Hierzu gehören Wendungen wie „Die Natur als Erfinder" oder Mutation und Selektion als „Konstrukteure des Artenwandels" (Konrad Lorenz; vgl. Eschenhagen 1976, 6). In der Humanbiologie zum Beispiel ist darauf zu achten, dass nicht einzelne Körperteile personifiziert werden. Die Personifizierung kann hier schon allein darin bestehen, dass Organe grammatisch als Subjekte auftreten und somit als Handelnde erscheinen. So ist beispielsweise die Formulierung „das Auge sieht" fehlleitend, denn der Mensch „sieht mit den Augen".

Fachwörter machen gegenüber ihrer anschaulichen Verwendung in der Alltagssprache notwendigerweise einen Bedeutungswandel durch. So enthält Fachsprache zahlreiche Metaphern, die in ihrer Bedeutung über das fachlich Gemeinte hinausgehen und so zu biologisch falschen Vorstellungen führen können. Ein Beispiel sind die Assoziationen, die lebensweltlich mit dem Terminus Kartoffelstärke (wegen des Wortteils Stärke) verbunden sind und zu nicht vorhergesehenen Lernhindernissen führen können (vgl. Langlet 1999). Weitere Beispiele sind die Metaphern vom „Kampf ums Dasein" und von „der Vererbung". Derartige Metaphern können durch das Mitschwingen ihrer umgangssprachlichen Bedeutung auf das Gelernte einen stärkeren Einfluss haben als das mit dem Fachbegriff Gemeinte. Gleichzeitig lassen sich aber auch Metaphern finden, die gleichermaßen von Lernenden sowie in der Wissenschaft zur Erklärung naturwissenschaftlicher Phänomene herangezogen werden (z. B. für den Treibhauseffekt; Niebert & Gropengießer 2014).

Mit anthropomorphen Vorstellungen werden unanschauliche Objekte und Prozesse veranschaulicht. Sie sind daher ein mentales Mittel zum Lernen. Anthropomorph gestaltete Texte können das Lernen fördern und für die Reflexion über die fachlichen Vorstellungen geeignet sein (Cypionka & Cypionka 2004). Gezielt ausgewählte Metaphern können zu Werkzeugen werden, mit denen das Lernen von Biologie eingeleitet, verstetigt und verbessert werden kann (vgl. Ritchie & Cook 1994; Tobin & Tippins 1996; Ohlhoff 2002; Kattmann 2005). Andererseits können Metaphern auch Missverständnisse provozieren (Wernecke, Schwanewedel & Harms 2018). Es ist eine *Metaposition* anzustreben, bei der die vermenschlichende Sprache und die verwendete Metapher in ihren Grenzen und Stärken reflektiert werden. Ziel ist es, dass anthropomorphe Vergleiche und Metaphern im Sinne eines „als ob" begriffen, als Anschauungsmittel und Lernhilfe verwendet und nicht als buchstäbliche Beschreibungen verstanden werden. Dies kann beispielsweise erreicht werden, wenn Metaphern auf ihre ursprüngliche Bedeutung zurückgeführt oder aus ihrem Verwendungskontext gelöst werden (Langlet 2004, 56).

33.6 Der Einsatz der Sprache im Unterricht sollte fachdidaktisch reflektiert werden

Während des Studiums lernen zukünftige Biologielehrkräfte, sich sowohl im Mündlichen als auch in schriftlichen Äußerungen der biologischen Fachsprache zu bedienen. Die jahrelange Auseinandersetzung mit dem Fach auf fachsprachlichem Niveau während der Studienzeit führt häufig dazu, dass dann eine adressatengerechte Sprache bei Eintritt in die berufliche Laufbahn schwerfällt. Daher ist es hilfreich, bewusst Sprachformen zu entwickeln und zu üben, die auf die sprachlichen Fähigkeiten der Lernenden abgestimmt sind. Gesprochene Texte sollten daher präzise vorbereitet werden, indem wesentliche Fragen sowie kurze Lehrkräftevorträge und die zu erarbeitenden Merksätze vor dem Unterricht schriftlich formuliert werden. Dadurch kann deren sachliche Richtigkeit vorab geprüft und die Verständlichkeit abgeschätzt werden. Im Unterrichtsgespräch sollte die Bedeutung der verwendeten Fachwörter konsequent geklärt werden. Dies kann beispielsweise dadurch geschehen, dass Schülerinnen und Schüler sich gegenseitig korrigieren und unterstützen. Die Lehrkraft sollte auf sachgemäße Formulierungen achten, aber vermeiden, dass lediglich diejenigen Wörter aus den Lernenden herausgefragt werden, auf die die Lehrperson hinaus möchte. Soweit es sachlich noch vertretbar ist, sollte man eine nicht so elegante, aber sachgemäße Formulierung der Lernenden übernehmen. Gruppenarbeit kann das freie Reden fördern.

Fachunterricht ist immer auch Deutschunterricht und hat so auch zum Ziel, die bildungssprachlichen Fähigkeiten der Lernenden zu fördern (→ 33.2). Die sprachliche Ausdrucksfähigkeit der Lernenden kann durch das Formulieren von Merksätzen, das Zusammenfassen der Ergebnisse einer Stunde, das Protokollieren (→ 27) sowie durch kurze (5 bis 10 Minuten dauernde) Vorträge und in höheren Jahrgängen durch längere Referate (bis zu 30 Minuten) geübt werden. Der Vortragstext sollte nicht auswendig gelernt, sondern anhand von Stichwörtern vorgetragen werden. Den Lernenden sollten Hilfen gegeben werden, die an das freie Sprechen und genaue Formulieren heranführen. Dazu gehören das übersichtliche Notieren der Stichwörter, die Gliederung der Aussagen und das Hervorheben des Wesentlichen. Das eigene Formulieren kann gefördert werden, indem man die Schritte der Textanalyse entsprechend anwendet (→ 33.7).

Das Definieren von Begriffen dient im Biologieunterricht dem Klassifizieren und Vernetzen durch Begriffsbeziehungen (Berck & Graf 2010). Um Verbalismus zu vermeiden, sollten die Lernenden die vorgeschlagenen Schritte zum Definieren von Begriffen mitgestalten können (→ Kasten). Verfahren, die in der Begriffsforschung zur Überprüfung des Begriffslernens angewendet werden, eignen sich im Unterricht zur Aneignung und Festigung, wenn sie von den Lernenden selbst durchgeführt werden. So bilden die Lernenden beispielsweise nach der Mapping-Methode aus vorgegebenen Termini und Relationen „Begriffsnetze“ (*Mind Maps, Concept Maps*; Lumer, Picard & Hesse 1998; Großschedl, Langeheine & Harms 2011; Großschedl & Harms 2013).

Definieren von Begriffen

Schritte des Lernens von Begriffen lassen sich beispielsweise wie folgt beschreiben (Ussowa & Plötz 1985):

- Ermitteln der wesentlichen Merkmale des Begriffs durch Beobachtung oder Experiment; Vergleiche mit Texten, Grafiken, Bildern etc. (z. B. im Schulbuch)
- Definieren des Begriffs, womit die wesentlichen Merkmale erfasst werden
- Übungen zur Unterscheidung von wesentlichen und unwesentlichen Merkmalen des Begriffs; die Angabe von unwesentlichen Merkmalen wird durch die Lehrperson variiert.
- Abgrenzung des Begriffs gegenüber früher gelernten Begriffen; wesentliche ähnliche bzw. abweichende Merkmale werden verglichen. Allgemeines und Besonderes werden unterschieden.
- Ermitteln der Beziehungen zwischen den neuen und früher gelernten Begriffen (Teil-Ganzes, Oberbegriff-Unterbegriff-Relationen)
- Anwendung des neuen Begriffs beim Lösen von Aufgaben, wobei der Begriff weiter veranschaulicht und eingeprägt wird
- Klassifizieren und Systematisieren der gelernten Begriffe (z. B. durch *Concept Maps*)

33.7 Fachdidaktisch unterstützte Textarbeit fördert Biologieverständnis

Texte spielen in den Naturwissenschaften eine wichtige Rolle. Sie werden insbesondere verwendet für die Dokumentation wissenschaftlicher Arbeiten (z. B. in Form des Protokollierens; → 27), für deren Publikation und Diskussion (wissenschaftliche Originaltexte) und für die Vermittlung wissenschaftlicher Erkenntnisse an die Öffentlichkeit (Lehrbuchtexte, populärwissenschaftliche Texte). Der Umgang mit Texten erfordert von den Lernenden Lese-, Schreib- und Sprachkompetenz. Dies sollte bei der Auswahl von biologischen Sachtexten und Aufgaben für den Unterricht immer berücksichtigt werden (Philipp 2012). Insbesondere hinsichtlich der Verwendung der Fachsprache, aber auch bezüglich des Einsatzes von Bildungssprache ist eine sorgfältige Auswahl der Texte – der jeweiligen Altersstufe und der konkreten Lerngruppe angemessen – wichtig.

Wissenschaftliche Originaltexte und fachlich korrekte populärwissenschaftliche Texte können vor allem dazu dienen, einen Einblick in dasjenige wissenschaftliche Arbeiten zu geben, das durch eigenes Beobachten und Experimentieren nur schwer zugänglich ist (z. B. Arbeiten mit kompliziertem apparativem Aufwand oder gesundheitlichen Risiken, Feldbeobachtungen, Ausgrabungen). Texte zur Geschichte der Biologie vermitteln darüber hinaus Erkenntniswege der Biologie (→ 38). Nicht vergessen werden sollte die motivierende Wirkung von anschaulich schildernden literarischen Texten oder von problemhaltigen aktuellen Texten.

Die Biologie bietet eine Vielfalt von Themen (z. B. Fallbeispiele zu genetisch bedingten Krankheiten, Entwicklung von Pandemien, Rückgang der Biodiversität), zu denen emotional ansprechende Texte im Unterricht verwendet werden können. Ein solcher Einsatz von Texten kann beispielsweise der Motivation der Lernenden dienen, sich mit dem entsprechenden Thema auseinanderzusetzen. Zum präzisen Verständnis eines Textes ist jedoch eine methodisch kontrollierte Textanalyse notwendig. Die Schritte der Textanalyse (→ Kasten) können die Lernenden bei genügender Einübung selbstständig durchführen und variieren. Eine weitere Form der Textarbeit ist das Gruppenpuzzle (Schmiemann 2018). Weitere Methoden zur (fach-)sprachlichen Unterstützung der Lernenden im Biologieunterricht zeigt Tabelle 33-3.

Bei Texten, die die persönliche Sichtweise der Autorin oder des Autors oder gegensätzliche Gesichtspunkte behandeln, sollte die Textanalyse zum Ausgangspunkt fachlich fundierten Argumentierens gemacht werden (→ 11). Die Aufgabe der Lehrperson ist es dann, sich bei der Leitung des Gesprächs zurückzuhalten und dafür zu sorgen, dass der Text selbst zum Sprechen kommt. Dies geschieht durch Nachfragen, Verstärken von Aussagen der

Lernenden und Vermeiden von Kommentaren oder Beurteilungen einzelner Äußerungen oder Textaussagen.

Die Textanalyse im Biologieunterricht kann einer Vielzahl von Zielen dienen. Die Unterscheidung von Beobachtung und Deutung lässt sich besonders gut an Texten zum Verhalten der Tiere einüben, wie sie häufig in populärwissenschaftlichen Schriften zu finden sind. Hier sind vor allem anthropomorphisierende Interpretationen tierlichen Verhaltens zu beachten. Als Quellen für diesen Zweck sind zum Beispiel Texte aus Brehms Tierleben (vgl. Friedmann 1981) geeignet, aber auch Erlebnis- und Forschungsberichte, beispielsweise von Anthropologen über Entdeckungen zur Abstammung des Menschen (z. B. Robert Broom, zitiert bei Kattmann & Pinn 1984). Daneben können Texte aus dem Alltag analysiert werden, die einen Bezug zur Biologie haben, um eine Hilfe zum Verstehen und kritischen Umgang zu geben (z. B. Texte von Werbeanzeigen, Beipackzettel zu Medikamenten, Zeitungsmeldungen, Artikel in Zeitschriften und Lexika; Beyer 1995; Hesse & Lumer 2000; Dreesmann, Ballod & Weidemann 2005). Die Arbeit mit historischen Quellentexten ermöglicht es Lernenden, die Entwicklung der lebenswissenschaftlichen Forschung nachzuvollziehen (→ 10, 38). Anhand von Texten kann die Auseinandersetzung mit philosophischen, weltanschaulichen und ethischen Fragen erfolgen, um unterschiedliche Positionen zu verdeutlichen und Argumentationen nachzuvollziehen (→ 11, 12). Zu diesem Zweck können auch literarische Texte herangezogen werden, wobei Texte aus Science-Fiction-Romanen zugleich als hypothetische Modelle der Wirkungen von Wissenschaft betrachtet werden können (vgl. Teutloff 2006). Anthropomorph gestaltete Texte können zur Evaluation des fachlich Gelernten dienen (Nissen & Probst 1997).

Methode	Beschreibung
Wortliste	Liste wichtiger Wörter und Fachbegriffe
Wortgeländer	Wort- und Satzelemente zur Textkonstruktion (z. B. legen auf – fertiges Präparat – Objekttisch)
Lückentext	Fachtexte oder Zeichnungen mit gezielt eingebauten, fach- und sprachdidaktisch sinnvollen Lücken
Worträtsel	Spiele zur Wiederholung und Übung von Fachbegriffen und Fakten
Gruppenpuzzle	Experten vermitteln anderen Gruppen Fachwissen

Tabelle 33-3: Methodenbeispiele zur sprachlichen Unterstützung in einem sprachsensiblen Biologieunterricht (Leisen 2013)

Schritte der Textanalyse (nach Dulitz & Kattmann 1990, verändert)
Klären der im Text verwendeten *unbekannten Wörter*, insbesondere der Fachwörter. Da in Textanalysen ungeübte Lernende nur bemüht sind, den allgemeinen Sinn eines Textes zu erfassen, ist ein Nachfragen der Lernenden und notfalls der Lehrkraft nach den für das genaue Verständnis wichtigen Begriffen nötig.

Nachvollziehen des *Gedankenganges* des Textes. Durch diesen Schritt wird gesichert, dass alle Lernenden die Hauptaussagen des Textes vor der Weiterarbeit erfasst haben:

- Schreiben einer kurzen *Zusammenfassung*;
- *Gliedern* eines längeren Textes in Abschnitte;
- *Finden von Überschriften* für die einzelnen Abschnitte des Textes;
- *Formulieren der wichtigsten Schritte* und *Folgerungen* des Textes in eigenen Worten.

Unterscheidung von *Beobachtung und Deutung*: Für eine kritische Einstellung und ein eigenständiges Beurteilen eines Textes ist es wichtig, zwischen den nachprüfbaren Beobachtungen und Versuchsergebnissen einerseits sowie den Deutungen und Urteilen einer Autorin oder eines Autors andererseits zu unterscheiden. Diese Aufgabe stellt sich besonders bei populärwissenschaftlichen Texten. In Einzelarbeit werden diejenigen Teile eines Textes unterstrichen, die Deutungen enthalten. Da es Grenzfälle gibt, werden kontroverse Meinungen über die Anteile von Beobachtung und Deutung diskutiert.

Nennen und Erörtern der *Vorannahmen* (epistemische Position, Sichtweise) der Autorin bzw. des Autors: Anhand der formulierten oder der versteckt im Text enthaltenen Hypothesen wird der theoretische, geschichtliche oder weltanschauliche Zusammenhang hergestellt, in dem ein Text steht. Es wird geprüft, ob die *Folgerungen* des Textes schlüssig sind, ob und wie die Vorannahmen die Fragestellung und die Ergebnisse beeinflussen und ob (interne) Widersprüche feststellbar sind (aber nicht, ob man anderer Meinung ist!).

Vergleich des Textes mit *gegenteiligen Auffassungen*: Die Aussagen eines Textes können mit dem Vorwissen der Lernenden oder aber mit einem parallel bearbeiteten Text in Widerspruch stehen. In beiden Fällen ist wichtig, die Texte zunächst in ihrer eigenen Argumentation zu verstehen, bevor sie anhand abweichender Anschauungen beurteilt werden. Die Lernenden können auf diese Weise Teile von wissenschaftlichen Kontroversen in der Diskussion nachvollziehen.

Texteinordnung: Texte unterschiedlicher literarischer Form bzw. mit unterschiedlichen Argumentationsebenen werden anhand ihrer Merkmale charakterisiert und in eine Kategorie eingeordnet (z. B. naturwissenschaftlicher Sachtext – Propagandatext – religiöser Lehrtext; aktuelle Meldung, historische Quelle).

33.8 Biologie ist vorteilhaft in der „Sprache der Naturwissenschaften" zu vermitteln

Bilingualer Unterricht ist Fachunterricht, der zum Teil in einer Fremdsprache (häufig in Englisch) durchgeführt wird. Fremdsprachige und deutschsprachige Phasen können einander abwechseln. Englisch im Biologieunterricht ist aus pädagogischen und fachlichen Gründen interessant (Duske 2017):

- Englisch ist die Wissenschaftssprache der Naturwissenschaften. Englisch im Biologieunterricht erweitert daher das Fachverständnis durch Einsicht in die Bedeutung von Fachwörtern und durch die Analyse von originalen Fachtexten.
- Biologieunterricht auf Englisch erfasst Sachverhalte sprachlich neu, d. h. aus der Sicht des Englischen (interkultureller Aspekt).
- Für Lernende mit hoher kommunikativer Kompetenz im Englischen wird der bilinguale Biologieunterricht (auch bei bisher geringem Biologieinteresse) attraktiv gemacht.
- Der Unterricht nutzt und fördert die Sprachkompetenz besonders derjenigen Lernenden, deren Muttersprache nicht Deutsch ist.
- Englisch wird durch Reisen ins Ausland und internationalen Austausch sowie das Internet zur allgemeinen Verkehrssprache, die als Basiskompetenz für berufliche Qualifikation und private Tätigkeiten unverzichtbar wird.

Die Didaktik des bilingualen Unterrichts stellt spezifische Anforderungen an die Lehrkraft und an die Lernenden (vgl. Hemmelgarn & Ewig 2003; Richter 2004; Dahnken 2005). Generell gelten für die fachdidaktische Gestaltung des bilingualen Biologieunterrichts dieselben Regeln wie für den deutschsprachigen Unterricht. Als Hilfen liegen einige ausgearbeitete Unterrichtseinheiten vor (vgl. Knust & Müller-Schrobsdorff 2001; Richter 2004, 2011; Laupenmühlen 2012; Leykum, Heinze & Gropengießer 2012).

Lernaufgabe 33-1: Lernschwierigkeiten durch Termini
Manche Fachwörter können zu einem nicht beabsichtigten Verständnis führen.

Handlungsaufforderung 33-1: Lernschwierigkeiten durch Termini
Nennen Sie einen alltagssprachlichen und einen fachsprachlichen Terminus, der zu Lernschwierigkeiten führen kann und begründen Sie, weshalb!

Harald Gropengießer

34 Schulbücher

Ihre Schülerinnen und Schüler werden im Biologieunterricht in aller Regel über ein Schulbuch verfügen. In diesem Kapitel erfahren Sie, welche Möglichkeiten für dessen Einsatz offenstehen. Zudem erhalten Sie Hinweise, wie ein Schulbuch zu beurteilen ist.

34.1 Schulbücher sind vielfältig verwendbare Medien im Biologieunterricht

Als Schulbuch kann jeder gedruckte oder digitale Text bezeichnet werden, der in der Schule als Lehr- und Lernmittel eingesetzt werden kann. Im Biologieunterricht haben wir es weniger mit Lesebüchern als vielmehr mit Lehr-, Lern- und Arbeitsbüchern zu tun. Manchmal werden auch noch weiteren Medien hinzugezählt (Bölsterli, Wilhelm & Rehm 2015). Schulbücher sind jeweils an den Anforderungen bestimmter Schulstufen, oft bestimmter Schultypen, orientiert. Gegenüber anderen Büchern zeichnen sich Schulbücher durch eine Reihe spezieller Gestaltungsmerkmale aus, z. B. durch einen hohen Anteil an Abbildungen, Arbeitsanleitungen, Aufgabenstellungen und manchmal durch Lehrerbegleittexte. Die Bedeutung des Biologie-Schulbuchs dürfte allein aufgrund seiner Verfügbarkeit größer sein als die jedes anderen im Biologieunterricht eingesetzten Mediums.

Als einziges Medium wird es einem staatlichen Genehmigungsverfahren unterzogen. Dabei prüfen die vom zuständigen Ministerium bestellten Einzelgutachter oder Kommissionen das Schulbuch. Immer mehr Bundesländer geben diese Praxis aber entweder ganz oder nur für bestimmte Schulstufen auf. So ist in den Bundesländern Berlin, Hamburg, Saarland und Schleswig-Holstein die Zulassungspflicht abgeschafft (Georg-Eckert-Institut 2021).

Ein Biologie-Schulbuch kann von Lernenden und Lehrkräften in vielfältiger Weise genutzt werden (→ Kasten; vgl. Weber 1992; Wiater 2003; Aufdermauer & Hesse 2006 a; Gropengießer 2010; Heitzmann & Niggli 2010). Lehrkräfte der naturwissenschaftlichen Fächer möchten auch digitale Medien einsetzen – 2013 waren das über 85 % der Befragten (Ulrich et al. 2014). Viele Schulbücher liegen inzwischen auch digital vor. Wie ein Biologie-Schulbuch tatsächlich genutzt wird, ist kaum bekannt. In der 4. Jahrgangsstufe im Fach Naturwissenschaften setzen Lehrende Schulbücher bei 28 % der Lernenden als Grundlage und bei 48 % als Ergänzung für den Unterricht ein (Martin et al. 2012).

Funktionen des Schulbuchs

für Lernende	für Lehrkräfte
Lernbuch: Das Buch kann zu einer sprachlichen und gedanklichen Aneignung von Biologie anregen. Damit können Fakten, Konzepte und Theorien gelernt werden. Angeleitet durch die Lehrkraft kann darüber hinaus eine kritische Haltung gegenüber Lehrbuchtexten gebildet werden („Lesen gegen den Strich“). **Arbeitsgrundlage:** Fachliches Wissen und Methoden der Erkenntnisgewinnung können mit Aufgaben gezielt erarbeitet werden. **Selbstständig Lernen:** Unabhängig von der Lehrperson kann eigenverantwortlich (weiter-)gelernt werden. Damit kann ein Stück Lernautonomie verwirklicht werden. **Kommunikationsanlass:** Durch gemeinsames Erarbeiten von Inhalten können Lernende über einen Text oder eine Abbildung ins Fachgespräch kommen. **Wiederholen:** Das Buch bietet die Möglichkeit, Inhalte zu wiederholen. **Vertiefen:** Ein im Unterricht nur oberflächlich behandeltes Thema kann mit dem Buch vertieft und neu (kritisch) durchdacht werden. **Orientieren:** Die Darstellung im Buch markiert das Anspruchsniveau hinsichtlich Umfang, Tiefe und Qualität des Wissens. Es kann Sicherheit bei der Vorbereitung auf Prüfungen geben. **Vernetzen:** Ein Buch, welches durch Konzepte strukturiert ist und darauf verweist, bietet die Voraussetzungen zum Aufbau von vernetzten Wissensstrukturen. **Nachbereiten:** Inhalte können zu Hause zusammen mit Aufzeichnungen im Heft nachbereitet und gesichert werden. **Vorbereiten:** Klausuren und mündliche Prüfungen sowie Kurzvorträge, Präsentationen und Situationen des Lernens durch Lehren können u. a. mit dem Buch vorbereitet werden. **Nachholen:** Versäumter Unterricht kann inhaltlich nachgearbeitet werden.	**Lehrbuch:** Verlangt wird fachlich verlässliches, geordnetes und strukturiertes Wissen. Aber alle Schulbücher enthalten Fehler – sie sind deshalb in wissenschaftlicher, d. h. kritischer und nachfragender Haltung zu lesen. **Materialquelle:** Für den Unterricht werden Texte, Bilder, Grafiken und Diagramme bereitgestellt. **Vorbereitung:** Das Buch kann Informationen zu einer ersten inhaltlichen Vorbereitung auf den Unterricht liefern. **Inhaltsauswahl:** Mit dem Buch können Phänomene angesprochen und Beispiele veranschaulicht werden. **Methodischer Baustein:** Das Lehrbuch kann in vielfältiger Weise in das methodische Konzept des Unterrichts eingebaut werden und Möglichkeiten zum Methodenwechsel anbieten. **Sichern:** Das angestrebte und zu lernende fachliche und fachdidaktische Wissen kann mit Lehrer-Begleitbüchern erweitert und gesichert werden. **Entlasten:** Die Lehrperson wird beim Vortragen und Darbieten entlastet. Ihr Redeanteil am Unterricht kann geringer ausfallen. **Intensivieren:** Das Buch dient als Grundlage und Ausgangspunkt für Aufgaben, die zur intensiven inhaltlichen Auseinandersetzung führen sollen. Sinnvoll sind Aneignungsverfahren wie Begriffs- und Konzeptkartierungen. **Differenzieren:** Texte und Abbildungen können die individualisierte und differenzierte Kompetenzentwicklung in heterogenen Lerngruppen unterstützen.

34.2 Erforscht werden hauptsächlich Schulbücher selbst, kaum ihre Wirkung

„Heavy books light on learning“ – schwere Bücher, fürs Lernen zu leicht befunden: Mit diesem harten Urteil über die in den USA verfügbaren naturwissenschaftlichen Schul-Lehrwerke ging die American Association for the Advancement of Science (AAAS), die größte wissenschaftliche Organisation der Welt, an die Öffentlichkeit. Das Urteil gründet in einer breit angelegten Schulbuchforschung im Rahmen des Project 2061 (Roseman u. a. 1999; Kulm, Roseman & Treistman 1999; Stern & Roseman 2004). Darin werden die Lehrwerke, d. h. die Schulbücher zusammen mit ihren Arbeitsheften und Lehrerbüchern, einer Inhaltsanalyse unterzogen. Es wird nicht nur untersucht, ob die Themen lehrplankonform sind, vielmehr wird geprüft, ob die spezifischen und wesentlichen Ideen des Themas deutlich werden und ob sie altersgerecht dargeboten werden. Darüber hinaus wird eine didaktische Analyse der Lehrwerke durchgeführt, die sich auf die Ergebnisse der Lehr-/Lern-Forschung stützt (→ Kasten).

Kriterien zur Evaluation von Lehrwerken (Roseman et al. 1999, verändert)

- *Angaben zu Sinn und Bedeutung*
  - Sinn der Einheit darlegen
  - Sinn der Lektion/Stunde darlegen
  - Rechtfertigung der Lernsequenz
- *Schülervorstellungen berücksichtigen*
  - notwendiges Vorwissen und vorausgesetzte Fertigkeiten angeben
  - Lehrkräfte auf Lernervorstellungen aufmerksam machen
  - Lehrkräfte beim Erheben von Lernervorstellungen unterstützen
  - auf verbreitete Schülervorstellungen eingehen
- *Lernenden relevante Phänomene anbieten*
  - eine Reihe verschiedener Phänomene anbieten
  - lebendige und anregende Phänomene anbieten
- *Wissenschaftliche Ideen entwickeln und anwenden*
  - Aufbau einer erfahrungsgestützten Argumentationsstruktur
  - Fachwörter sinnvoll einführen
  - Schlüsselkonzepte verständlich und fachlich richtig einführen
  - Verbindungen zwischen Konzepten aufzeigen
  - die Anwendung des Wissens zeigen
  - Anwendungen üben, Übungsaufgaben anbieten

- *Das Denken über Phänomene, Erfahrungen und Wissen fördern*
  - Lernende darin bestärken, ihre Ideen zu erklären
  - Lernende in ihrer Interpretation und Argumentation anleiten
  - Lernende beim Nachdenken über ihren Lernprozess bestärken
- *Fortschritte bewerten und beurteilen*
  - inhaltliche Übereinstimmung der Kontrollaufgaben mit dem Lehrplan
  - Verständnis (und nicht Gedächtnis) prüfen
  - durch Wissensermittlung vermitteln
- *Verbesserung der Lernumgebung*
  - Unterstützung der Lehrkräfte durch fachlich geklärtes Wissen
  - Bestärken der Neugier und Fragehaltung
  - Unterstützung aller Lerner durch unterschiedliche Anforderungen

Deutlich ist bei diesem Forschungsprojekt die Orientierung an den Produkten, den Lehrwerken, zu erkennen. Es werden Kriterien aufgestellt, an denen das Schulbuch gemessen und beurteilt wird. Diesem Typus einer produktorientierten Schulbuchforschung (Weinbrenner 1995) lassen sich die meisten Untersuchungen zuordnen (z. B. Unterbruner 1984; Rauch & Wurster 1997; Nehm et al. 2009; Calado, Scharfenberg & Bogner 2015; Wernecke et al. 2016).

Bei der Beurteilung von (Biologie-)Schulbüchern ist das Kriterium der *Sachrichtigkeit* allgemein anerkannt. Verbreitet ist die Ansicht, dass Sachfehler in Biologie-Schulbüchern der Sekundarstufe I kaum vorkommen (vgl. Stansfield 2006). Diese Behauptung hält aber einer Überprüfung nicht stand (Barrass 1984; Storey 1989; 1990; 1991; 1992; Odom 1993; Abimbola & Baba 1996; Rees 2007; Clifford 2002). Roland Hedewig und Ina Wenning (2002) haben in einer Analyse von 14 eingeführten Schulbüchern der Sekundarstufe I und II, die von insgesamt fünf Verlagen aus den Erscheinungsjahren 1991 bis 2000 stammen, zahlreiche Fehler nachgewiesen. Anhand von konkreten Beispielen vor allem aus Humanbiologie und Ökologie kritisieren sie die Wiedergabe eines veralteten Forschungsstandes, unkritische Verwendung und falsche Gleichsetzung von Termini, unzulässige Verallgemeinerungen, unzutreffende bildhafte Vergleiche und das Fehlen wesentlicher Details in Abbildungen und Erklärungen.

Vielfach werden Biologie-Schulbücher als normative, nicht kritisch zu beurteilende Medien betrachtet, die lediglich zur Unterstützung und Entlastung schulischer Lehr- und Lernprozesse zu nutzen sind (Stein 2003, 235; vgl. Loidl 1980). Sie sind aber in Hinblick auf ihren *ideologischen Gehalt* zu beurteilen. Erika Hasenhüttl (1997) entdeckte in einer Analyse von Kapiteln zur

Sexualerziehung in Biologie-Lehrbüchern anti-emanzipatorische Werthaltungen (z. B. hinsichtlich Rollenverteilung und Darstellung der Sexualität). Selbst das Bild der Wissenschaft wird ideologisch verzerrt dargestellt (Knain 2001): Individuelle Wissenschaftler entdecken durch Experimente die Wahrheit. Wissenschaftliche Erkenntnisse – so legen es die Darstellungen in den norwegischen Naturwissenschafts-Schulbüchern nahe – entspringen aus Methoden des Erkundens und nicht aus der Argumentation und Debatte in einer Wissenschaftlergemeinschaft. Gerhard Gamm (1989) stellt hinsichtlich des vermittelten Naturbildes ideologische Hintergründe fest. Ideologiekritik an Schulbüchern kann Elemente eines „heimlichen Lehrplans" (Zinnecker 1976) zutage fördern, d. h. unbeabsichtigte oder nicht offen gelegte mögliche Wirkungen aufdecken. Lehrkräfte sollten sich nicht scheuen, ideologiekritische Schulbuch-Analysen gemeinsam mit ihren Schülerinnen und Schülern durchzuführen (Marquardt & Unterbruner 1981; Stein 2003).

Texte in Biologie-Schulbüchern enthalten im Vergleich zu vielen anderen Fächern deutlich mehr Fachwörter (Graf 1989; Kelterborn 1994; Groves 1995) – allerdings nicht mehr als Fremdsprachen-Schulbücher (Thonney 2016). Analysen von Richard Bamberger u. a. (1998) zeigen, dass in Biologie-Schulbüchern im Gegensatz zu Schulbüchern aus Physik oder Chemie allzu informationsdichte, beschreibende Texte dominieren.

Die tatsächliche Text-Verständlichkeit von Biologie-Schulbüchern wurde mit Fragen getestet, die Schülerinnen und Schüler nach dem Lesen zu beantworten hatten (Koch 1977 a, b). Für das Fach Mathematik in der Grundschule gibt es empirische Befunde, die die Relevanz der Qualität von Schulbüchern für das Lernen zeigen (Sievert et al. 2019; Sievert, van Ham & Heinze 2020). Damit vertreten diese Untersuchungen den relativ selten vorkommenden Typ einer wirkungsorientierten Schulbuchforschung (Weinbrenner 1995).

Lernaufgabe 34-1: Schulbuch kopieren

In der Fachkonferenz Biologie spricht Sie eine Kollegin an: „Ich habe zufällig gesehen, dass Sie ein Kapitel aus einem (bei uns nicht eingesetzten) Schulbuch digital an Ihre Lernenden weitergegeben haben. Ist das denn erlaubt? Und falls ja, können Sie mir das dann auch weiterleiten?"

Handlungsaufforderung 34-1:

Bitte informieren Sie sich dazu beim Verband Bildungsmedien (2025) unter www.schulbuchkopie.de über die Bedingungen für Kopien und beantworten Sie die Frage der Kollegin!

Jorge Groß & Holger Weitzel

35 Digitale Medien im Biologieunterricht

Ob die Simulation dynamischer Prozesse in Ökologie oder Evolution, die digital gestützte Artbestimmung, digitales Feedback durch den Einsatz von Künstlicher Intelligenz (KI) oder Chatbots, das Produzieren eines eigenen Erklärvideos: Digitale Medien haben das Potenzial, die methodischen Möglichkeiten von Biologieunterricht zu erweitern.

35.1 Mit digitalen Medien kann Biologieunterricht optimiert werden

Der Ausdruck „Digitale Medien" beschreibt alle computerbasierten Technologien, über die Unterrichtsinhalte präsentiert werden können und die eine Interaktion mit den Inhalten oder über die Inhalte erlauben (Stegmann 2020). Die Bandbreite des Lernens mit digitalen Medien im Biologieunterricht ist groß: Beispiele für diese Vielfalt sind die digitale Darstellung biologischer Objekte mittels einer Dokumentenkamera (Visualizer), die digital gestützte Artbestimmung, die Visualisierung biologischer Prozesse über Animationen oder Simulationen, die Nutzung computerbasierter Lernprogramme, den Einsatz von KI oder Chatbots zu biologischen Fragestellungen, die Produktion digitaler Medien zu biologischen Phänomenen durch Lernende oder die Organisation computerbasierter Lehr-/Lern-Szenarien in Präsenzphasen oder im Online-Unterricht. Die Beispiele zeigen, dass digitale Medien im Biologieunterricht damit zum Teil andere Medien lediglich ersetzen, aber mit digitalen Medien auch neue Unterrichtsmöglichkeiten geschaffen werden, die ohne sie nicht machbar wären. Dazu zählt beispielsweise die Möglichkeit zur Gestaltung rein digitaler, zeit- und ortsunabhängig zu organisierender Lehr/-Lern-Szenarien. Digitale Medien haben damit das Potenzial, Biologieunterricht grundlegend zu verändern.

In der Biologiedidaktik erfolgt die Diskussion um den Einsatz und Nutzen digitaler Medien häufig unter der Fragestellung nach dem *Mehrwert* für das Erlernen inhalts- und/oder prozessbezogener Kompetenzen (z. B. Kuhn, Ropohl & Groß 2017; Schaal 2017). Ob ein digitales Medium im Biologieunterricht genutzt wird, wird folglich unter den Vorbehalt eines besseren Lernerfolgs im Vergleich zu einem herkömmlichen Medium gestellt. Auf Basis dieser Grundannahme sind über die letzten Jahrzehnte Studien mit heterogenen Ergebnissen entstanden, die unterschiedliche analoge und digitale Medien einander gegenüberstellen und auf ihre Lernwirksamkeit untersucht haben (vgl. Hattie 2009; Tamim et al. 2011). Eine Bewertung der resultierenden Forschungsergebnisse wird dadurch erschwert, dass nicht das Übertragungsmedium darüber entscheidet, ob ein Lerninhalt besser oder schlechter verstanden wird. Vielmehr ist es die Qualität der (fach-)didaktischen Überlegungen, die über die Art der Nutzung des Mediums befindet. Diese wiederum gründen auf der Basis lerntheoretischer Annahmen, unterrichtlicher Zielsetzungen und vielem mehr. Mit anderen Worten: Entscheidend für die Beurteilung der Wirksamkeit eines (digitalen) Mediums ist, wie durch dessen Einsatz aus lerntheoretischen Annahmen ableitbare und empirisch überprüfte Qualitätskriterien für Biologieunterricht adressiert werden können. Ein solches Qualitätskriterium ist die kognitive Aktivierung der Lernenden (Baumert et al. 2010; Steffensky & Neuhaus 2018).

Mit digitalen Medien im Biologieunterricht kognitiv aktivieren

Mit Blick auf die kognitive Aktivierung können Lernende durch digitale Medien zum Denken herausgefordert werden, etwa wenn eine Aufgabe von ihnen verlangt, einen biologischen Inhalt von einer Repräsentationsform (z. B. Schulbuchtext) in eine andere (z. B. ein Erklärvideo) zu überführen. Zur Einschätzung des Ausmaßes kognitiver Aktivierung unterscheidet das ICAP-Modell vier Formen von Lernaktivitäten (Interactive, Constructive, Active, Passive), die eine abnehmende Verarbeitungstiefe von Fachwissen erfordern (Chi 2009; Chi & Wylie 2014). Aktivierende Lernaktivitäten werden zunächst von passivem Lernen (das P im ICAP-Modell) abgegrenzt. Das ist beispielsweise dann gegeben, wenn ein Video betrachtet wird ohne die Aufforderung zur Verarbeitung der darin präsentierten Vorstellungen. Aktives Lernen (A) erfordert zusätzlich den Bezug des digitalen Mediums auf das Vorwissen der Lernenden, beispielsweise durch konkrete Beobachtungsaufgaben zum Betrachten eines Videos. Bei konstruktivem Lernen (C) wird die Anwendung der präsentierten Vorstellungen auf eine konkrete biologische Frage- oder Problemstellung verlangt. Kognitiv am stärksten herausfordernd ist das interaktive Lernen (I), das dann erreicht wird, wenn konstruktive Lernprozesse kollaborativ mit anderen Lernenden ausgeführt werden und damit eine kommunikative Auseinandersetzung über den Lerninhalt erforderlich wird.

Der Erwerb von vertieftem Verständnis durch das Lernen mit digitalen Medien ist eher dann gegeben, wenn durch das Medium kognitiv höhere Lernprozesse angeregt werden, die konstruktiv und interaktiv sind. Dies zeigen erste Wirksamkeitsstudien zum ICAP-Modell (z. B. Chi et al. 2018) oder die Auswertung von Metaanalysen (Stegmann 2020) zur Wirksamkeit des Einsatzes digitaler Medien. Das ICAP-Modell gibt Lehrenden für das Qualitätskriterium *kognitive Aktivierung* Hinweise zur Auswahl und zum Einsatz eines digitalen Mediums für den Biologieunterricht an die Hand (Kasten; → Tab. 35-1).

Anwendung des ICAP-Modells

An einem biologischen Beispiel, adaptiert für die Kompetenzbereiche Fachwissen und Erkenntnisgewinnung (auf Basis von Nerdel & Kotzebue 2020, 168), wird das ICAP-Modell dargestellt:

Interaktiv: Lernende planen als Hausaufgabe ein Experiment zu den Bedingungen der alkoholischen Gärung. Sie diskutieren über Online-Tools (Messenger, Chat, Forum), ob wichtige Kriterien von Experimenten für die Durchführung eingehalten werden (z. B. Variablenkontrollstrategie). Im Unterricht werden die Experimente mithilfe digitaler Sensoren durchgeführt und am Tablet direkt als Diagramm dargestellt.

Konstruktiv: Lernende erstellen eine Animation zum Prozess der alkoholischen Gärung, z. B. in der Stop-Motion-Technik auf der Grundlage eines digitalen Textes, der zusätzlich Bilder und für Fachwörter Hyperlinks zu einem Glossar bereithält.

Aktiv: Lernende erarbeiten sich – angeleitet durch Aufgaben – den Prozess der alkoholischen Gärung mithilfe eines digitalen Textes.

Passiv: Lernende betrachten als Hausaufgabe ein Erklärvideo zum Prozess alkoholischer Gärung ohne darauf bezogene Aufgabenstellung.

Mit digitalen Medien Authentizität und Situierung des Biologieunterrichts ermöglichen

Aus Perspektive der Kognitionspsychologie können digitale Medien Formen des situierten Lernens erleichtern. Insbesondere die Authentizität im Sinne des Alltagsbezugs sowie die Authentizität der zum Lernen verwendeten Medien besitzen einen positiven Einfluss auf Lernleistung und Motivation (materiale Situierung; siehe Kuhn & Vogt 2015). Viele Studien nehmen ein verstärktes Autonomieerleben (vgl. Ryan & Deci 2000) der Lernenden im Umgang mit Smartphone und Tablet an. In der Regel werden typische Nutzungsszenarien genannt, wie beispielsweise das selbstständige Aufnehmen und Vorführen von Videos: Lernende können beispielsweise biologische Phänomene mithilfe von selbst angefertigten Zeitlupen-Videos erläutern oder für andere Personen innerhalb oder außerhalb der Schule verfügbar machen (→ 35.4).

Digitale Medien stellen Inhalte meist über mehrere Repräsentationsformen (Text, Audio, Tabellen, Diagramme, Simulationen usw.) dar und können dadurch unterschiedliche Sinnesmodi ansprechen (Multicodalität und Multimodalität). Dadurch können sie im Unterschied zu „konventionellen" Unterrichtsmedien Schülerinnen und Schüler im Lernprozess unterstützen, wie beispielsweise mit Animationen im Mikrokosmos der Zelle oder Einblicken in das Innenleben des Körpers anhand interaktiver Modelle (→ 28).

Digitale Medien anhand ihrer funktionellen Erweiterungen auswählen

Die Dokumentenkamera (oder die Kamera des Tablets) kann im Biologieunterricht dazu genutzt werden, ein biologisches Objekt über den Beamer oder das interaktive Whiteboard für alle sichtbar zu machen. In diesem Sinne ersetzt (substituiert) sie damit lediglich die Funktion eines analogen Overheadprojektors oder Episkops. Darüber hinaus kann sie den Unterricht aber auch modifizieren, denn Produkte (nicht nur schriftliche) der Lernenden können direkt präsentiert und je nach verwendeter Technik gefilmt, gespeichert, vergrößert und zum Beispiel über Tablets geteilt werden.

Das SAMR-Modell zielt darauf, digitale Medien anhand ihrer funktionalen Erweiterung gegenüber analogen Medien zu klassifizieren und unterscheidet hierzu vier Stufen (Puentedura 2006; Wilke 2016; → Tab. 35-1). Auch wenn diese Stufung aufgrund ihrer Vereinfachung, der mangelnden Kontextualisierung und weitgehend fehlender empirischer Belege in der Kritik steht (Hamilton, Rosenberg & Akcaoglu 2016), so gibt das SAMR-Modell ebenso wie das ICAP-Modell Lehrenden konkrete Kriterien an die Hand, mit denen sie gezielt ein digitales Medium für den Biologieunterricht aussuchen können (Groß et al. 2022).

Funktion	Definition und Beispiel	Mehrwert	Lehr-/Lernprozess
Substitution	Analoges Medium wird digital angeboten (z. B. PDF-Dokument, eReader)	Keine funktionale Verbesserung (Mehrwert durch bspw. weniger Kopien, Speichervolumen in digitalen Bibliotheken, etc.)	Unterstützung und Verbesserung; Digitale Medien als Werkzeuge im „klassischen" Unterricht sorgen für Unterstützung
Augmentation	Digitale Medien sorgen für Verbesserungen (z. B. eBook mit Audio, Video & Animation, Handschrift-Notizen mit Schrifterkennung auf Tablet, Aufgaben bearbeiten in Learningapps.org, Versuchsdokumentation mit Smartphone-Kamera)	Geringe funktionale Erweiterung (z. B. nicht-linearer Informationsabruf, Online-Aufgaben mit direktem Feedback)	

Modifikation	Digitale Medien sorgen für grundlegende Veränderungen des Unterrichtens (z. B. kooperatives Erarbeiten von Referaten, digitale Gruppenpuzzle mit Padlet, Modellierung biologischer Sachverhalte mit Simulationssoftware, Nutzung von mobilen Kartendiensten für Exkursionen)	Individualisierte, kooperative und produktorientiert-konstruktive Erweiterung	Transformation; Digitale Medien als Werkzeuge eröffnen neue Möglichkeiten
Redefinition	Einsatz digitaler Inhalte oder Medien ermöglicht neue Unterrichtsformen (z. B. Arbeiten mit digitalen Gen-Datenbanken, Simulationen oder virtuellen Laboren, Aufgabenkonstruktion durch Lernende mit learningapps.org, mobile Datenaufnahme und -verarbeitung, Arbeiten mit originalen Daten, Smartphone-Exkursionen und ortsbezogenes Lernen mit mobiler Datenaufnahme)	Lehr- und Lernangebote, welche mit analogen Medien nicht umsetzbar sind	

Tabelle 35-1: Eine Planungs- und Entscheidungshilfe für die Integration digitaler Medien in den Biologieunterricht (nach Groß et al. 2022, verändert)

35.2 Digitale Medien können den Biologieunterricht transformieren

Ausgehend von kognitionspsychologischen, mediendidaktischen und fachdidaktischen Überlegungen können digitale Medien anders als analoge Medien den Biologieunterricht sehr weitgehend verändern (Kerres 2013): Digitale Medien können zeitlich, räumlich und sozial hoch flexibel eingesetzt werden, erweitern die Möglichkeiten zur Kommunikation zwischen Peers, Eltern und Lehrkräften und erhöhen zumindest potenziell die Feedback-Möglichkeiten zwischen den Gruppen. Zusammenfassend können nach

Schulz-Zander (2005) die folgenden vier Potenziale des Lehrens und Lernens mit digitalen Medien benannt werden:

- individualisiertes Lernen,
- forschendes Lernen,
- kollaboratives Lernen und
- produktorientiertes Lernen.

Diese vier Lernmöglichkeiten lassen sich wie folgt charakterisieren: Das (1) individualisierte Lernen zielt auf die schülerspezifische Förderung des Wissens- und Kompetenzaufbaus bei der Nutzung digitaler Medien innerhalb und außerhalb des schulischen Kontextes. Dabei wird angestrebt, Lernenden entsprechend ihrer Lernpotenziale und Interessen möglichst individuelle Lernumgebungen bereitzustellen. Das (2) forschende Lernen zielt auf das selbstständige Forschen, beispielsweise durch geeignete digitale Unterstützung wie digitale Messwerterfassung beim Experimentieren. Kollaboratives Lernen (3) wird angeregt durch paralleles gemeinsames Arbeiten von Teams an einem Text oder Gegenstand. Die Lernprozesse sind durch die Nutzung von digitalen Medien orts- und zeitunabhängig und damit theoretisch global zu organisieren. Dies kann beispielsweise durch den Einsatz kollaborativer Zusatz-Module für Lernplattformen (wie MEBIS oder Moodle) initiiert werden. Hiermit soll es Lernenden ermöglicht werden, Lerngemeinschaften mithilfe von digitalen Medien zu bilden. Durch die dabei stattfindende Zusammenarbeit kann eine gemeinsame Wissensbasis und damit geteiltes Wissen hergestellt werden. Beim (4) produktorientierten Lernen wird insbesondere auf die Präsentation und Veröffentlichung von Arbeitsprodukten in digitaler Form gezielt. Im Biologieunterricht können das beispielsweise Lernangebote zur Artansprache oder zu ortsbezogenen Geogames sein. Solche Arbeitsprodukte können dann intern (Schulumfeld) und extern (andere Schulen, außerschulischer Lernort) geteilt und damit auch einer Reflexion zugänglich gemacht werden.

35.3 Der Einsatz digitaler Medien erfordert Anpassungen auf allen Ebenen der Schule

Auch wenn das Lehren und Lernen mit digitalen Medien eine Weiterentwicklung des Unterrichts ermöglicht, so zeigen fast alle bestehenden Studien, dass dieses Potenzial kaum oder gar nicht erschlossen wird (Bertelsmann Stiftung 2017). Gründe hierfür lassen sich auf allen Ebenen des Systems Schule identifizieren (→ Abb. 35-1). Gerade das durch die Corona-Pandemie 2020 ausgelöste Distanzlernen machte mit Blick auf digitale Technologien eine soziale und ökonomische Bildungsschere evident. Lernende aus Haushalten mit mehreren Kindern etwa können benachteiligt werden, wenn nicht alle zeitgleich Zugang zu einem digitalen Gerät haben (Anderson & Perrin 2018; van Ackeren, Endberg & Lücker-Grütjen 2020). In manchen Haushalten verfügen Lernende lediglich über ein Smartphone und haben keine Notebooks oder andere Arbeitsrechner. Während an Arbeitsrechnern vermehrt gearbeitet wird, fördern Smartphones eher das Abdriften in andere Formen der Mediennutzung (Harris, Straker & Pollock 2017). Zugleich wird die Möglichkeit zur Nutzung digitaler Medien auch dadurch eingeschränkt, dass schulspezifische Software (etwa Simulationen) nur auf bestimmten Betriebssystemen lauffähig ist und damit auf Smartphones nur eingeschränkt oder gar nicht verwendet werden kann.

Auch auf der Ebene der Schulen zeigt sich ein heterogenes Bild. Zumindest teilweise verfügen diese immer noch nicht über eine ausreichende medientechnische Infrastruktur – trotz der verstärkten finanziellen und organisatorischen bildungspolitischen Bemühungen der letzten Jahre (KMK 2017; Digitalpakt Schule, BMBF 2019). Um beispielsweise Tablets für die digitale Artbestimmung einzusetzen, müssen genügend funktionierende Geräte und die notwendige Software rechtzeitig zu Beginn der Biologiestunde bereitstehen. Hilfreich ist es zudem, wenn jede Lehrkraft über ein eigenes Tablet verfügt, um bei der Unterrichtsvorbereitung genügend Möglichkeiten zu haben, mit der Software zu arbeiten und damit Sicherheit im Umgang aufzubauen. Zudem sind ein stabiles WLAN und häufig eine Internetverbindung die Grundvoraussetzung für den Einsatz von mobilen Endgeräten.

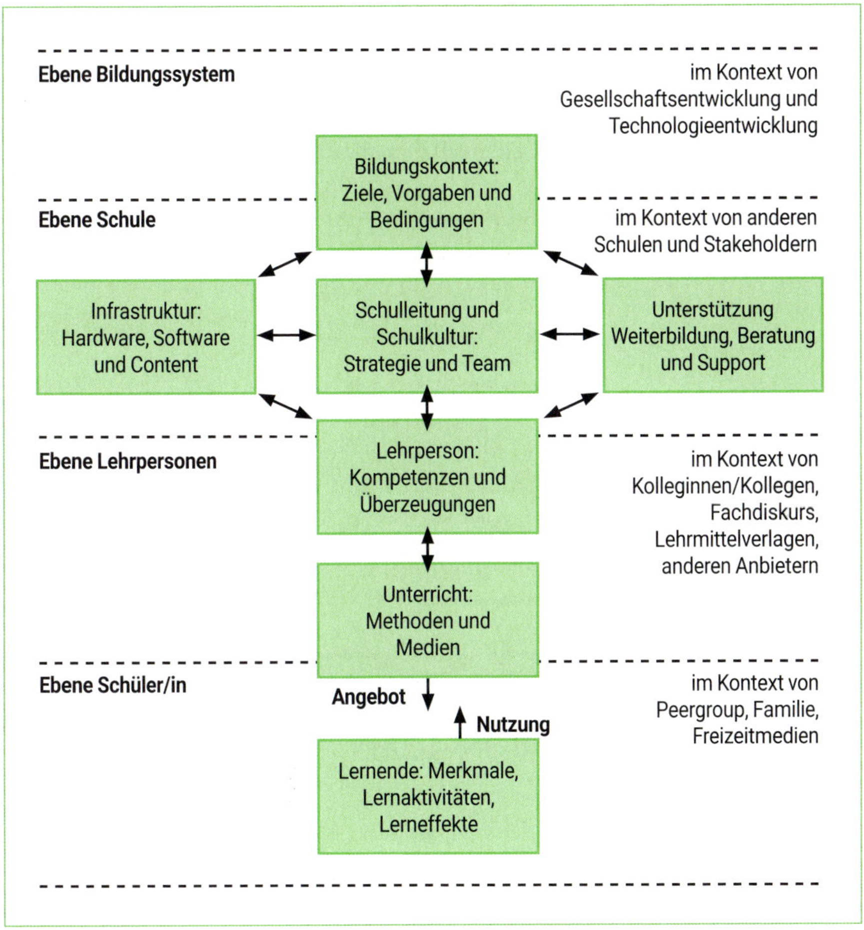

Abbildung 35-1: Die Ebenen des Schulsystems und Bereiche der Integration digitaler Medien (nach Petko 2014, 136)

Auf der Ebene der Lehrkräfte zeigt sich, dass digitale Medien im Unterricht bislang vor allem zur Präsentation von Inhalten, seltener zur Dokumentation oder zur Medienproduktion verwendet werden (Kramer et al. 2019; Sung, Chang & Liu 2016; Sailer, Murböck & Fischer 2017). Ein möglicher Grund für die vergleichsweise einseitige Verwendung ist darin zu sehen, dass die zielgerechte Nutzung digitaler Medien neue Kompetenzen erfordert, da Fachinhalte, Aufgaben, Medien und die Kommunikation zwischen den Lernenden sowie die Überprüfung des Kompetenzstandes nun auch noch unter Berücksichtigung der Potenziale digitaler Medien aufeinander abgestimmt sein müssen. Wenn beispielsweise Möglichkeiten zur Bestimmung von Lebewesen vermittelt werden sollen, gibt es hierfür ganz unterschiedliche Wege, z. B. herkömmliche Bestimmungsbücher, bild- oder textbasierte Apps zur Artansprache oder Erklärvideos (vgl. Voogt et al. 2016, S. 37; Groß et al. 2019). Wenn eine Lehrkraft zwischen diesen Möglichkeiten eine Entscheidung treffen muss, benötigt sie im Vergleich zu anderen Medien zusätzlich technologiebezogenes fachdidaktisches Wissen (TPCK). Dies ist eine kontextualisierte Form des Wissens über das Unterrichten mithilfe digitaler Medien (→ Abb. 35-2).

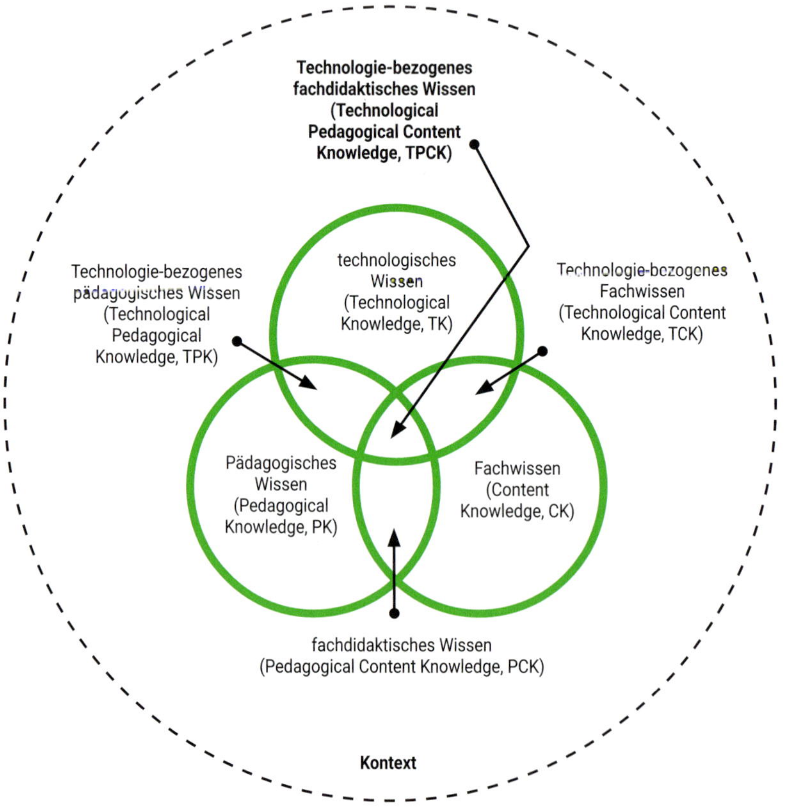

Abbildung 35-2: Modell des mediendidaktischen Wissens; zentral ist das technologiebezogene fachdidaktische Wissen (TPCK) (nach Angeli, Valanides & Christodoulou 2016, 16, verändert)

Digitale Kompetenzen für das Lehramt in den Naturwissenschaften

Das international ausgerichtete TPCK-Modell alleine bedenkt jedoch keine länderspezifischen oder gar fächerspezifischen curricularen Kompetenzanforderungen. Auf der Grundlage des TPCK-Modells (→ Abb. 35-2) wurde daher für den naturwissenschaftlichen Unterricht in Deutschland ein Orientierungsrahmen entwickelt (Becker, Meßinger-Koppelt & Thyssen 2020). Damit werden – unter Berücksichtigung der Zielsetzungen und Möglichkeiten des Einsatzes digitaler Medien im naturwissenschaftlichen Unterricht – die notwendigen Kompetenzen der Lehrkräfte beschrieben. DiKoLAN unterscheidet hierfür sieben Kompetenzbereiche und benennt für jeden Kompetenzbereich relevante TPCK-Facetten. Der Blick auf den DiKoLAN-Rahmen (→ Abb. 35-3) weitet zudem den Blick auf die unterrichtlich bislang wenig genutzten Potenziale digitaler Medien.

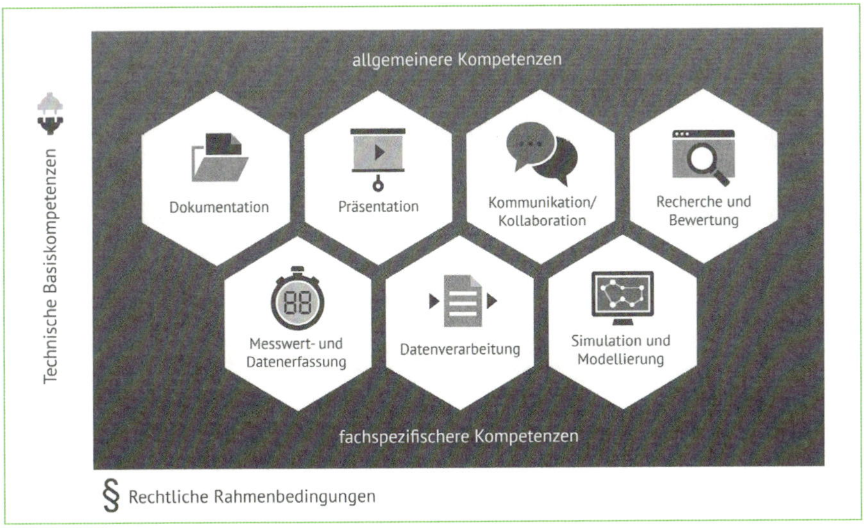

Abbildung 35-3: Orientierungsrahmen Digitale Kompetenzen für das Lehramt in den Naturwissenschaften, Darstellung der Basiskompetenzbereiche (DiKoLANKI" von Sebastian Becker, Till Bruckermann, Alexander Finger, Johannes Huwer, Erik Kremser, Monique Meier, Lars-Jochen Thoms, Christoph Thyssen und Lena von Kotzebue (Arbeitsgruppe Digitale Basiskompetenzen) ist lizenziert unter CC BY-SA 4.0 (https://creativecommons.org/licenses/by-sa/4.0/deed.de)

35.4 Beispiele digitaler Medien für den Biologieunterricht

Die Anwendungsmöglichkeiten digitaler Technologien, Medien und Tools für den Biologieunterricht steigen und erfahren insbesondere im internationalen Kontext eine zunehmende Differenzierung in verschiedene Erscheinungsformate (● Glossar 35). Exemplarisch für diese Formate sollen anhand von drei Anwendungsbeispielen Chancen und Herausforderungen erläutert werden.

Digitale Artbestimmung

Die Bestimmung von Lebewesen ist eine genuin biologiedidaktische Aufgabe, die aufgrund des weltweiten Artensterbens und Klimawandels an Bedeutung gewinnt. Im Biologieunterricht wurden bislang Lebewesen mit Bildbänden oder dichotomen Bestimmungsschlüsseln bestimmt, was aber sehr zeit- und arbeitsintensiv ist. Digitalen Medien wird daher ein großes Potenzial zugesprochen, weil sie die Artansprache durch Nutzung großer Datenbanken mit bilderkennenden Verfahren oder anhand polytomer Bestimmungsschlüssel drastisch vereinfachen können. Im *bild-erkennenden Verfahren* wird ein Foto des biologischen Objekts an einen Server gesendet, der anhand aufwendiger Berechnungen (KI) die Art bestimmt und an den Nutzer wieder zurücksendet. Diese Methode wird aus biologiedidaktischer Perspektive kritisch betrachtet, da sie den eigentlichen Lernprozess verhindert, indem die Lernenden keine Artansprache selber mehr durchführen und somit der Erkenntnisprozess außerhalb der Wahrnehmung der Lernenden erfolgt. Zudem ist diese Methode auf einige Artengruppen kaum anwendbar und besitzt Defizite in der Verifikationsmöglichkeit. Größeres Lernpotenzial wird daher der Entwicklung von computergestützten, *polytomen Bestimmungsschlüsseln* zugesprochen (Groß 2018). Anders als bei dichotomen Bestimmungsschlüsseln folgt die Berechnung keiner herkömmlichen Systematik, sondern basiert auf den sichtbaren Merkmalen. Durch ein Frage- und Antwortsystem erfolgt eine schrittweise Eingrenzung der gesuchten Art anhand multifaktorieller Eigenschaftsräume. Vorteil dieser lernerorientierten Methode ist, dass einerseits für Lerner gut zugängliche Merkmale (wie Größe, Form etc.) abgefragt werden und damit taxonomische und evolutionsbiologische Aspekte berücksichtigt werden können. Andererseits erfolgt die Bestimmung deutlich schneller und in fortgeschrittenen Systemen fehlertoleranter. Systeme wie beispielsweise die App „ID-Logics“ bieten mit der digital implementierten Logik nur diejenigen Eigenschaften als Antworten an, die aufgrund der verbleibenden Arten noch in Frage kommen, was eine Antwort erheblich vereinfacht (Groß et al. 2019). Zudem ermöglicht die Logik freie Eingaben des Gesehenen, um damit Arten auch direkt zu verifizieren. Darüber hinaus können polytome Bestimmungsschlüssel in weiterführende ökologische Projekte eingebunden werden, wie beispielsweise im Projekt BioDiv2Go/FindeVielfalt (Schaal et al. 2018).

Eine selbstinstruierende Lernumgebung zu nutzen, d. h. prinzipiell ohne direkte Unterstützung durch einen Vermittler auszukommen, ist ein hoher Anspruch. Studien zeigen, dass Lernende weiterführende Hilfestellungen benötigen (vgl. Groß, Affeldt & Stahl 2019).

Mit Simulationen komplexe biologische Prozesse verstehen

Computersimulationen dienen dazu, Realität nachzubilden und dadurch modellierbar zu machen. Dazu wird die Komplexität der realen Zusammenhänge auf eine kleinere Zahl von Einflussgrößen reduziert und an ihnen zielgerichtet experimentiert. Die in der Arbeit mit der Simulation erhaltenen Ergebnisse können zur Erklärung eines Systems oder zur Prognose seines Verhaltens verwendet werden. Im Biologieunterricht können Computersimulationen genutzt werden, um ein Verständnis von komplexen und dynamischen Prozessen zu erlernen, zum Beispiel in der Ökologie SimBioSee oder Monash Simple Climate Modell (Mittenzwei 2019), in der Evolution PhET (https://phet.colorado.edu/de/), in der Zellbiologie Concord Consortium (https://learn.concord.org/connectedbio) oder in der Genetik Virtual Biology Lab (https://virtualbiologylab.org). Die Bandbreite der Online-Angebote ist recht groß, liegt überwiegend in englischer Sprache vor und ist von recht unterschiedlicher Qualität; mittlerweile wächst zudem die Zahl der kommerziellen Anbieter (z. B. eduMedia).

Im Unterschied zu Animationen sind Simulationen durch ihre Interaktivität charakterisiert. Sie ermöglichen den Lernenden, an unterschiedlichen Stellen in das System einzugreifen, Einflussgrößen zu verändern und die Auswirkungen ihres Handelns auf das System zu erfassen (Pfligersdorfer 2013). In der Stufung des ICAP-Modells ist die Arbeit mit Simulationen demnach im Bereich der konstruktiven und interaktiven Lernaktivitäten anzusiedeln. Studien zur Wirksamkeit der Arbeit mit Simulationen im Biologieunterricht berichten zum Teil von deutlich höheren Lernzuwächsen beim Einsatz von Simulationen verglichen mit Unterricht ohne Simulation (Whitworth et al. 2018; Thisgaard & Magransky 2017). Gleichwohl ist für den Lernerfolg von Simulationen die begleitende instruktionale Unterstützung durch die Lehrkraft von hoher Bedeutung (Urhahne & Harms 2006). Nur wenige Simulationen bieten für die Lehrkraft bereits über die Software oder die Software begleitenden Materialien Hilfen zur Gestaltung von instruktionaler Unterstützung an (z. B. SimBioSee).

Simulationen können zudem zum Erlernen prozessbezogener Kompetenzen eingesetzt werden, zum Beispiel wenn am Computer Experimente simuliert werden, die aus Zeit-, Kosten- oder Sicherheitsgründen nicht im Unterricht durchgeführt werden können. Virtuelle Experimente können beliebig oft wiederholt werden, was die Identifikation und Behebung von Fehlern beim Experimentieren erleichtert. Wenn die virtuellen Experimente zugleich webbasiert sind, dann können sie zeit- und ortsunabhängig genutzt (vgl. Go-Lab) und zum Beispiel für Hausaufgaben verwendet werden.

Noch einen Schritt weiter geht Software, die die Konstruktion von Modellen ermöglicht (z. B. Insight Maker). Hier können Lernende einfache Modelle bauen oder nachbauen und auf diesem Wege selbst herausfinden, welche

Einflussgrößen sich in welcher Weise auf ein System auswirken. Im Unterschied zu vorgegebenen Simulationen ist der Lernaufwand für die Gestaltung, aber auch die Bedienung der Modelle größer und daher eher für die Sekundarstufe II zu empfehlen.

Erklär- oder Lernvideos im Biologieunterricht

Erklär- oder Lernvideos sind didaktisch aufbereitete Videos zur Darstellung von Informationen zu einem definierten Themenfeld (Wolf 2015). Für die Nutzung von Erklärvideos im Biologieunterricht lassen sich mehrere Formen unterscheiden, wobei grundlegend zwischen der Auswahl und Rezeption verfügbarer Filme und der eigenständigen Produktion von Videos durch Lernende und Lehrkräfte zu unterscheiden ist (→ Tab. 35-2). Mit den unterschiedlichen Formen der Nutzung gehen jeweils unterschiedliche Zielsetzungen einher: Während die Rezeption verfügbarer Filme vornehmlich der Aneignung von Faktenwissen dient, wird die Medienproduktion als Instrument zur vertieften Verarbeitung von Wissen betrachtet. Sie ist deshalb aus mediendidaktischer Perspektive für die vertiefte Wissensaneignung günstig. Erklärvideos können unterschiedlich produziert werden: zum einen als reale Bilder, die in Echtzeit, in Zeitlupe oder im Zeitraffer abgespielt werden können – etwa, wenn der Flügelschlag von Vögeln oder Insekten dargestellt werden soll; zum anderen können für die Videoproduktion Animationen erstellt werden, z. B. mit Stop-Motion (etwa mit Lego- oder Playmobil-Figuren), per Knetanimation oder als Legetrick (Meier & Kastaun 2019).

Die Auswahl geeigneter Erklärvideos für den Biologieunterricht ist nicht einfach und lässt sich nicht anhand populärer Bewertungssysteme (Daumen hoch oder runter) auf Online-Plattformen beurteilen (Kulgemeyer & Peters 2016). Kulgemeyer (2020) präsentiert hierfür ein an sieben Kernideen orientiertes Bewertungsschema, das der Lehrkraft die Auswahl von Erklärvideos erleichtern kann, welches aber auch Orientierung bei der Erstellung eigener Videos gibt (→ Tab. 35-3).

Nutzung durch Lehrkraft	Nutzung durch Lernende
Auswahl verfügbarer Erklärvideos (z. B. auf Plattformen wie youtube zur Ökologie spezifischer Lebensräume)	Rezipieren eines oder mehrerer durch die Lehrkraft vorgegebener Erklärvideos
Erstellen eigener Erklärvideos für Lernende (z. B. mit Zeitrafferfunktion und Erklärung spezifischer Versuche)	Freie Auswahl und Rezeption von Erklärvideos (z. B. zur Klausurvorbereitung)
	Individuelle oder kollaborative Erstellung von Erklärvideos

Tabelle 35-2: Formen der Nutzung von Erklärvideos im Biologieunterricht

Kernidee	Kriterium	Beschreibung
Adaption	Adaption an Vorwissen, Fehlvorstellungen und Interesse	Das Video bezieht sich auf gut beschriebene Eigenschaften einer Adressatengruppe (wahrscheinliches Vorwissen, Interessen, Schülervorstellungen).
Veranschaulichungswerkzeuge nutzen	Beispiele	Das Video nutzt Besispiele, um das Erklärte zu veranschaulichen.
	Analogien und Modelle	Das Video nutzt Analogien und Modelle, um die neue Information mit bekannten Wissensbereichen zu verbinden.
	Darstellungsformen und Experimente	Das Video nutzt Darstellungsformen und Experimente zur Veranschaulichung.
	Sprachebene	Das Video wählt eine Sprachebene passend zur beschriebenen Adressatengruppe.
	Mathematisierungsgrad	Das Video wählt einen Mathematisierungsgrad passend zur beschiebenen Adressatengruppe.
Relevanz verdeutlichen	Prompts zu relevanten Inhalten geben	Das Video betont, (a) warum das Erklärte wichtig für die Adressdatengruppe ist und (b) es gibt Prompts zu besonders wichtigen Teilen.
	Direkte Ansprache des Adressaten	Das Video involviert die Schülerinnen und Schüler durch Handlungsaufforderungen und direkte Ansprache (statt unpersönlichem Passiv).
Struktur geben	Regel-Beispiele oder Beispiel-Regel	Wenn Fachwissen das Lernziel ist, wird eine Regel-Beispiel-Struktur bevorzugt, beim Lernen von Routinen eine Beispiel-Regel-Struktur.
	Zusammenfassungen geben	Das Video fasst die wesentlichen Aspekte zusammen.
Präzise und kohärent erklären	Exkurse vermeiden	Das Video fokussiert auf die Kernidee, vermeidet Exkurse und hält den cognitive load gering. Insbesondere verzichtet es auf zu viele Beispiele, Analogien, Modelle oder Zusammenfassungen.
	Hohe Kohärenz des Gesagten	Das Video verbindet Sätze durch Konnektoren, insbesondere →weil←.
Konzepte und Prinzipien erklären	Neues und komplexes Prinzip als Thema	Das Video bezieht sich auf ein neues Prinzip, das zu komplex zur Selbsterklärung ist.
in Unterrichtsgang einbetten	Anschließende Lernaufgaben	Das Video endet mit einer Lernaufgabe, mit der das Erklärte selbst vertieft werden kann.

Tabelle 35-3: Kriterien für die Auswahl und Erstellung von Erklärvideos (Kulgemeyer 2020)

Sowohl das Betrachten als auch die Produktion von Erklärvideos erfordern den Austausch zwischen Lehrkraft und Lernenden. Dieser kann z. B. über Aufgaben erfolgen (wie im *Flipped Classroom*) oder über die Reflexion der erstellten Videos, z. B. im klassischen Unterrichtsgespräch, aber auch über digitale Formate wie Foren oder Chats. Die bisher verfügbare und noch nicht allzu ausdifferenzierte Studienlage lässt vermuten, dass sich nur unter dieser Voraussetzung Erklärvideos als lernwirksam erweisen (Altmann & Nückles 2017).

35.5 Leitlinien helfen, Biologieunterricht mit digitalen Medien zu gestalten

Der Einsatz der beschriebenen digitalen Medien, Technologien und Tools im Biologieunterricht sollte nicht als Ausschlussprinzip „entweder analog oder digital" betrachtet werden. Vielmehr ist jede Medienentscheidung fachdidaktisch zu analysieren, also unter der Frage zu betrachten, wann, wozu und wie digitale Medien und Technologien lernförderlich eingesetzt werden können und inwiefern sie den Lernprozess bereichern oder sogar Zugänge zum biologiebezogenen Lernen erlauben, die ohne sie nicht möglich wären. Zusammenfassend können daraus folgende Leitlinien für den Einsatz digitaler Medien gezogen werden:

Leitlinie 1: Beim digital gestützten Biologieunterricht auf die Arbeitsbeziehung achten!
Auch für den Einsatz digitaler Medien gilt: Die Rolle der Lehrkraft im Unterricht ist zentral (Hattie 2009), insbesondere für die instruktionale Unterstützung in Form von Anleitungen, Denkanstößen und anderen Hilfestellungen (Scaffolding). Tritt im Umgang mit digitalen Medien die Rolle der Lehrkraft zu stark in den Hintergrund, kann der Medieneinsatz zur Schwächung der sozialen Strukturen führen und damit auch Lernprozesse schwächen. Wenn die Lernenden z. B. im projektförmigen Biologieunterricht einfach sich selbst überlassen werden, zeigen sie zwar gute Arbeitsergebnisse – aber sie haben nichts oder nur wenig hinzugelernt, weil sie bei der Arbeit überwiegend nur das gemacht haben, was sie schon lange gut konnten (Kirschner, Sweller & Clark. 2006). Zudem gilt es, alle Ebenen der Schule (Leitung, Lehrkraft, Lernende und Eltern) sowohl bei der Beschaffung von Hard- und Software als auch bei der Planung der Arbeit mit digitalen Medien mit zu bedenken.

Leitlinie 2: Kognitiv und sozial aktivierende Aufgabenformate entwickeln!
Durch digitale Technologien, Medien und Werkzeuge können Arbeitsprozesse beschleunigt und zum Teil sogar erst ermöglicht werden (z. B. bei der Datenerfassung, der Artbestimmung, der Simulation von Prozessen oder der Auslagerung von Phasen der Wissensaneignung über Erklärvideos). Die Qualität des Biologieunterrichts hängt davon ab, dass die Nutzung der digitalen Medien begleitet wird von kognitiv und sozial aktivierenden Aufgaben, die

zur vertieften Auseinandersetzung mit den Unterrichtsinhalten herausfordern (vgl. ICAP-Modell).

Leitlinie 3: Mediendidaktische Kriterien beachten!
Beim Einsatz digitaler Medien ist neben pädagogischen und fachwissenschaftlichen Kenntnissen zusätzlich technologisches Wissen notwendig (TPCK-Modell; DiKoLAN). Neben der Schaffung einer entsprechenden Infrastruktur an den Schulen sind daher sowohl Lehrkräfte als auch Lernende mit der Technik vertraut zu machen. Hierzu müssen Vorurteile und Ängste abgebaut werden. Didaktische Planungs- und Entscheidungshilfen für die Integration digitaler Medien in den Biologieunterricht sollten bekannt sein (vgl. SAMR-Modell, Kriterien zur Auswahl von Erklärvideos; → Tab. 35-3; MiU-Modell; → Tab. 35-4).

Leitlinie 4: Das selbstregulierte Lernen mit digitalen Medien stärken!
Insbesondere mit der „Selbstbestimmungstheorie der Motivation" von Edward Deci und Richard Ryan (1993) sind drei zentrale Bedingungen für die Stärkung des selbstregulierten Lernens bekannt: Kompetenzerfahrungen, Autonomieerlebnisse und Solidaritätserfahrungen. Gerade für den Einsatz von digitalen Medien gilt es diese zu stärken, damit deren lernförderlicher Einsatz im Biologieunterricht (besser) gelingt.

Leitlinie 5: Auf leistungsschwächere Lernende im Biologieunterricht achten!
Bestehende Studien zeigen, dass insbesondere leistungsschwächere Lernende beim Einsatz von digitalen Medien durch folgende Faktoren (noch) benachteiligter sind: schlechtere technische Ausstattung, geringere Hilfestellung (insbesondere im Elternhaus) und eine größere Gefahr des Abdriftens in Medienkonsum (siehe MiU-Modell; → Tab. 35-4). Daher gilt es, gerade beim Einsatz von digitalen Medien noch stärker auf leistungsschwächere Lernende im Biologieunterricht zu achten.

Leitlinie 6: Chatbots und KI nicht aussperren, sondern mit Regeln integrieren!
Chatbots und KI sind mittlerweile im Schulalltag angekommen und werden von den Lernenden insbesondere zum Verfassen von Zusammenfassungen, Referaten und auch bereits zur Programmierung von kleinen Programmen genutzt. Für diese Aufgaben kann es durchaus sinnvoll sein, sich Texte vorzustrukturieren oder komplexe biologische Sachverhalte in einfachen Punkten erklären zu lassen – ein Bot kann aber niemals die menschliche Denkleistung ersetzen. Entsprechend muss eine Kompetenz zum Umgang vermittelt und die Glaubwürdigkeit der Texte hinterfragt werden. Daher sollten Chatbots im Biologieunterricht nicht ignoriert oder verboten werden. Vielmehr sollte der Umgang gemeinsam erlernt und Regeln zur Integration entwickelt werden.

Aufbauend auf den genannten Leitlinien können Leitfragen, wie sie etwa im MiU-Modell (→ Tab. 35-4) formuliert werden, die Planung des Einsatzes eines digitalen Mediums unterstützen (Ropohl et al. 2018). In diesem Modell werden zwei Leitfragen der Sicht- oder Oberflächenstruktur (Welches Medium soll eingesetzt werden? Wie wird das Medium im Unterricht eingesetzt?) kombiniert mit zwei Fragen zur Tiefenstruktur der Unterrichtsstunde (Wie passt das Medium zu den Zielsetzungen des Unterrichts und wie kann die geplante Einsatzidee die Erreichung der Ziele unterstützen?). In die möglichst umfassende Beantwortung der Fragen zur Tiefenstruktur kann dann das ICAP-Modell integriert werden. Die Frage zu den Funktionalitäten des Mediums erfordert den Rückgriff auf das SAMR-Modell.

	Eigenschaft des Mediums (Was?)	Eigenschaft des Medieneinsatzes (Wie?)
Oberflächenstrukturmerkmale	(A) Welches Medium wird verwendet? → Beschreibung des Mediums und seiner Eigenschaften, beispielsweise: • Welche Art von Medium ist es? (z. B. gegenständliches Modell, Computersimulation) • Welche Eigenschaften hat es? (z. B. analog – digital, Grad der Interaktionsmöglichkeiten, statisch – dynamisch) • Gibt es limitierende technische Aspekte? (z. B. Lizenzen)	(B) Wie wird der Einsatz methodisch realisiert? → Beschreibung des Medieneinsatzes und seiner Merkmale, beispielsweise • Wer steuert das Medium? (z. B. Lehrkraft, Lernende) • In welcher Sozialform wird es eingesetzt? (z. B. Einzelarbeit, Gruppe) • Gibt es limitierende Voraussetzungen in Bezug auf Arbeitsweisen? (z. B. kollaboratives Arbeiten)
Tiefenstrukturmerkmale	(C) Wie passen die Funktionalitäten des Mediums zur Intention? → Beschreibung des fachlichen Gehaltes eines Mediums mit Bezug zum intendierten Zweck, beispielsweise: • Können durch das Medium die Ziele inhaltlich abgebildet werden? (z. B. Passung einer Visualisierung. Anschlussfähigkeit an Schulunterricht) • Welche Funktionalitäten sollen konkret genutzt werden oder könnten hinderlich sein? (z. B. Funktionsumfang, Usability)	(D) Wie unterstützt der Einsatz die intendierten Zielsetzungen? → Beschreibung der Passung zwischen dem konkreten Medieneinsatz und den Zielsetzungen, beispielsweise: • Warum ist diese Art des Einsatzes für den Zweck passend? • Welche Unterstützungsmaßnahmen oder zusätzlichen Arbeitsaufträge eignen sich zur Differenzierung?

Tabelle 35-4: Das Rahmenmodell des Medieneinsatzes (Härtig et al. 2019)

Arne Dittmer & Jürgen Langlet

36 Kultur der Naturwissenschaften

Lernende begegnen im Biologieunterricht zahlreichen biologischen Phänomenen und deren theoretischen Grundlagen. Sie werden an die biologischen Arbeitsweisen herangeführt, indem sie beispielsweise Experimente durchführen, Tiere beobachten oder auf Exkursionen Pflanzen bestimmen. Biologieunterricht vermittelt also Wissen über biologische Phänomene und biologische Theorien sowie Wissen über naturwissenschaftliche Arbeitsweisen. Naturwissenschaftliche Bildung umfasst aber auch Wissen über Wissenschaft als kulturelle und soziale Institution sowie Kenntnisse darüber, was Wissenschaftlichkeit und wissenschaftliches Wissen auszeichnet. Eine Reflexion der *Kultur der Naturwissenschaften* steht im Zentrum dieses Kapitels.

36.1 Die Förderung eines Wissenschaftsverständnisses ist ein Bildungsanspruch

Eine Reflexion des Wesens und der Bedeutung der Biologie hat unmittelbare Bezüge zur *Geschichte und Struktur der Biologie* (→ 38), zur *Wissenschaftsethik und Bioethik* (→ 39) und dient insbesondere als Reflexionsrahmen für die Durchführung naturwissenschaftlicher *Arbeitsweisen im Biologieunterricht* (→ 21 bis 29). Es ist ein Bildungsziel, dass Lernende im Biologieunterricht langfristig auch ein informiertes Wissenschaftsverständnis erwerben (→ Abb. 36-1) und sich mit zentralen Merkmalen der Naturwissenschaften und des naturwissenschaftlichen Wissens auseinandersetzen.

Der Erwerb eines Wissenschaftsverständnisses durch Biologieunterricht bezieht sich auf eine Reflexion des Wesens der Biologie als Naturwissenschaft mit der historisch gewachsenen Vielfalt biowissenschaftlicher Disziplinen. Im Hinblick auf die Bildungsstandards ist die Förderung eines Wissenschaftsverständnisses ein grundlegendes Anliegen des Kompetenzbereichs Erkenntnisgewinnung (→ 10). Der Erwerb eines Wissenschaftsverständnisses ist zugleich eng mit den Kompetenzbereichen Kommunikation (→ 11) und Bewerten (→ 12) verknüpft, da Wissenschaft kommunikative Handlungen erfordert und naturwissenschaftliche Forschung auch eine ethische und politische Dimension hat.

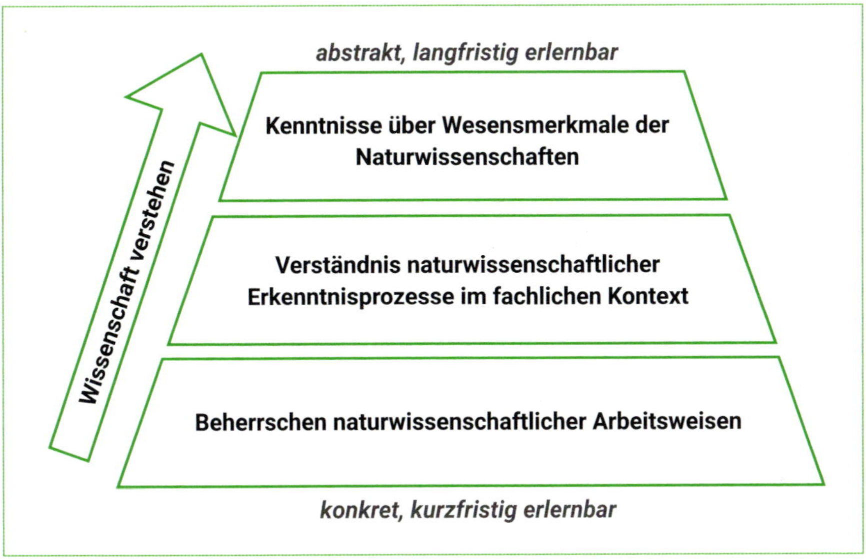

Abbildung 36-1: Vom Erwerb der Arbeitsweisen hin zu einem Wissenschaftsverständnis (nach Mayer & Ziemek 2006)

36.2 Wissenschaftspropädeutik zielt auf ein informiertes Wissenschaftsverständnis

Im deutschsprachigen Raum wird das Bildungsziel, bei Lernenden ein Wissenschaftsverständnis zu fördern, traditionell als Wissenschaftspropädeutik gefasst. Heute gilt dies für alle Schularten und Jahrgänge. Früher wurden wissenschaftspropädeutische Lerninhalte und Bildungsziele nur auf das Gymnasium und hier insbesondere auf die gymnasiale Oberstufe bezogen (Habel 1990). Zwei Gründe sprechen gegen die ausschließliche Verortung der Wissenschaftspropädeutik in der gymnasialen Oberstufe: Zum einen verlassen viele Lernende nach der 9. oder 10. Klasse die Schule und müssen dennoch in der Lage sein, sich in einer wissenschafts- und technologiegestützten Gesellschaft zu orientieren. Zum anderen werden wissenschaftspropädeutische Kompetenzen kumulativ erworben und langfristig aufgebaut. Daher gibt es zunehmend Stimmen, die den Beginn wissenschaftspropädeutischer Reflexionen bereits im Primarbereich ansetzen (Möller et al. 2002; Grygier 2008; Nevers 2009).

Propädeutik war im mittelalterlichen Lehrbetrieb die Vorschule, der auf die höheren Künste vorbereitende Unterricht (gr. pro: vor, paideuein: unterrichten), und Wissenschaftspropädeutik bezeichnet sinngemäß die Hinführung zu einem Verständnis von Wissenschaft (Falkenhausen 1985; Langlet 2001 a). Nach 1945 ist es u. a. Wilhelm Flitner (1954), der die Entwicklung der gymnasialen Wissenschaftspropädeutik maßgeblich beeinflusst. Flitners allgemeine Konzeption der Wissenschaftspropädeutik folgt zwei Zielen: Sie dient der Persönlichkeitsentwicklung sowie dem Ziel der Hochschulreife (Flitner 1969). Zu einem prominenten Leitbegriff gymnasialer Bildung wurde die Wissenschaftspropädeutik 1972 mit den Vereinbarungen der Kultusministerkonferenz (KMK 1972). Wissenschaftspropädeutik wird hier als ein didaktisches Prinzip formuliert, welches den Unterricht im Sinne eines Leitbildes strukturiert. Über die Heranführung an die Inhalte des Faches hinaus sollen auch dessen wissenschaftliche Methoden und die Förderung kritischen Denkens einbezogen werden. Mit der Wissenschaftspropädeutik wird in Bezug auf die jeweilige Wissenschaft eine *Metaebene* eingenommen. Bis heute zählt sie neben der Studierfähigkeit und der vertieften Allgemeinbildung zu der Trias der Ziele der gymnasialen Oberstufe (KMK 2018). Zentrale wissenschaftspropädeutische Bildungsziele sind:

- Kenntnis wesentlicher Strukturen und Methoden von Wissenschaften und Verständnis ihrer komplexen Denkformen;
- Erkennen von Bedeutung und Grenzen wissenschaftlicher Aussagen;
- Einsicht in das Zusammenwirken von Wissenschaften und von Wechselwirkungen zwischen Wissenschaft und Gesellschaft.

Ein wissenschaftspropädeutischer Unterricht setzt sich mit grundlegenden Fragen über Wissenschaft auseinander: Welche Fragen können Naturwissenschaftlerinnen und Naturwissenschaftler beantworten und welche nicht? Worauf gründet naturwissenschaftliches Wissen und welche Haltbarkeit und Reichweite hat es? Was unterscheidet die naturwissenschaftliche Sicht auf die Welt von beispielsweise religiösen oder künstlerischen Sichtweisen? Wie beeinflussen naturwissenschaftliche Konzepte und Technologien unseren Alltag? Für ein Nachdenken über Wissenschaft bieten sich diejenigen Themenbereiche an, bei denen wissenschaftstheoretische oder ideologische Aspekte besonders nahe liegen, wie dies bei der Evolutionsbiologie, Ethologie oder Molekular- und Humangenetik der Fall ist (Langlet 2001 a; Dittmer & Zabel 2019). Zu den genannten Bereichen gibt es unterrichtsbezogene Übersichtsartikel (vgl. Kattmann 2004; 2005; 2009).

36.3 Naturwissenschaften sind kulturelle Institutionen mit spezifischen Praktiken

Wissenschaftspropädeutische Bildungsinhalte werden international unter dem Terminus *Nature of Science* diskutiert. Dieser steht für einen naturwissenschaftsdidaktischen Forschungs- und Lernbereich, in dem u. a. das Wissenschaftsverständnis von Lernenden und Lehrenden an Schulen und Hochschulen sowie effektive Vermittlungsansätze empirisch untersucht werden (Lederman & Lederman 2014; Höttecke 2017 a; Heering & Kremer 2018). Ferner beinhaltet *Nature of Science* den Bildungsanspruch, ein adäquates Wissenschaftsverständnis zu fördern. Hierbei geht es auch darum, naturwissenschaftlichen Mythen entgegenzuwirken. Solche Mythen wurden von McComas (1998) beschrieben, wie beispielsweise Vorstellungen, dass Erkenntnisse direkt aus Daten abzuleiten seien, Modelle die Realität widerspiegeln oder naturwissenschaftliche Forschung an feststehende Methoden gebunden sei. Aus dieser Perspektive steht der naturwissenschaftliche Unterricht in der Kritik, durch eine starke Stofforientierung und eine Dominanz kochrezeptartiger Schulversuche ein naives Wissenschaftsverständnis zu fördern: Lernende führen vornehmlich nach Anleitung naturwissenschaftliche Arbeitsweisen durch, aber sie durchdringen sie weder methodenkritisch noch thematisieren sie Wesensmerkmale von Forschungsprozessen. Kenntnisse über das Wesen der Naturwissenschaften bilden aber das Fundament naturwissenschaftlicher Bildung im Sinne einer *Scientific Literacy* (→ 8). Studien zeigen, dass allein die korrekte Anwendung naturwissenschaftlicher Arbeitsweisen und naturwissenschaftlicher Konzepte noch zu keinem informierten Wissenschaftsverständnis führen (Abd-El-Khalick & Lederman 2000; Abd-El-Khalick 2005).

In der deutschsprachigen Literatur wird *Nature of Science* häufig als *Natur* oder *Wesen der Naturwissenschaften* übersetzt (Hofheinz 2010). Die für dieses Kapitel gewählte Formulierung *Kultur der Naturwissenschaften* betont ein Verständnis von Naturwissenschaft als kulturelle Institution und Praxis (Latour & Wolgar 1979; Knorr-Cetina 1981; Höttecke 2017 b). Es gibt eine Vielfalt naturwissenschaftlicher Disziplinen, und das Wesen einer wissenschaftlichen Disziplin ist durch die Art und Weise geprägt, wie Wissenschaftlerinnen und Wissenschaftler ihre Wissenschaft praktizieren und durch ihr Handeln Fachkulturen gestalten.

Angesichts der Pluralität und Vielschichtigkeit der Naturwissenschaften besteht eine Herausforderung für Biologielehrkräfte darin, Lernende einerseits durch abstrakte wissenschaftsphilosophische Zusammenhänge nicht zu überfordern, andererseits die Darstellung von Wissenschaft nicht holzschnittartig zu vereinfachen. Der Biologieunterricht wird nicht zum Philosophieunterricht, sollte sich aber darum bemühen, Merkmale der Naturwissenschaften adäquat zu vermitteln. So ist die *Nature of Science*-Diskussion in weiten Teilen durch das Bestreben geprägt, einen Konsens darüber zu erzielen, was Lernende *über* Naturwissenschaften wissen sollen (Lederman & Lederman 2014). Hierbei geht es im Kern um den *naturwissenschaftsdidaktischen Mindestanspruch*, den Erwerb eines naiven oder szientistischen Wissenschaftsverständnisses zu vermeiden (Zeyer 2005) und den Lernenden den Prozesscharakter und den gesellschaftlichen und historischen Kontext naturwissenschaftlicher Institutionen und deren Wissensbestände bewusst zu machen (Shamos 1995). Norman Lederman (2006) hat die sogenannte *Common Sense* Auffassung geprägt, in der zentrale Merkmale der Naturwissenschaften beschrieben werden, die im Unterricht explizit und kontinuierlich berücksichtigt werden sollten, nämlich dass

- naturwissenschaftliches Wissen vorläufig ist,
- Kreativität in der Forschung eine große Rolle spielt,
- Beobachtungen und Interpretationen unterschiedliche Aktivitäten sind,
- wissenschaftliche Aussagen von einem spezifischen theoretischen Standpunkt getätigt werden, sie in diesem Sinne also immer auch subjektiv sind,
- ein Unterschied zwischen Theorien und Gesetzen besteht – ein Aspekt, der sich leichter in der Physik verorten lässt, da die Rolle von Naturgesetzen in der Biologie kontrovers diskutiert wird (vgl. Lange 2013),
- Naturwissenschaften in einem sozialen und kulturellen Kontext eingebettet sind und
- naturwissenschaftliche Aussagen stets auf empirischen Daten beruhen (Lederman 2006).

Auch wenn die Darstellungen dieses *Common Sense* Ansatzes variieren (vgl. Hofheinz 2010; Lederman & Lederman 2014), sind diese Auflistungen stets auf wenige Merkmale reduziert. Aus Sicht von Kritikern ist eine solche Auflistung zu statisch. Einen mehr kontextorientierten und mehrperspektivischen Ansatz verfolgt Allchin (2011) mit seinem *Whole Science*-Ansatz. Bei diesem Ansatz soll anhand von historischen Fallbeispielen Wissenschaft als Ganzes in den Blick genommen werden. Ausgehend von historischen Situationen versetzen sich Lernende in die Rollen von Wissenschaftlern oder Wissenschaftlerinnen und planen deren Forschungsaktivitäten. Lernende treffen dabei im historischen Kontext Entscheidungen für das jeweilige methodische Vorgehen, und abschließend werden Merkmale naturwissenschaftlicher Arbeitsweisen sowie die kulturellen, ökonomischen oder auch biografischen Einflussfaktoren auf Forschung gemeinsam reflektiert.

Um der enormen Diversität wissenschaftlicher Disziplinen gerecht zu werden, schlagen Irzik und Nola (2011) in Anlehnung an den Philosophen Ludwig Wittgenstein (1889–1951) vor, die Wesensmerkmale der naturwissenschaftlichen Disziplinen als variierende Familieneigenschaften (*Family Resemblance Approach* / Familienähnlichkeitsansatz) zu beschreiben. Aus dieser Perspektive ist jede Disziplin durch spezifische Aktivitäten gekennzeichnet, und bei der Beschreibung dieser Aktivitäten können übergreifende Wesensmerkmale identifiziert werden. So gehen alle wissenschaftlichen Disziplinen fachspezifisch geprägten Forschungspraktiken nach; sie orientieren sich dabei an wissenschaftlichen Zielen und Werten (z. B. intersubjektive Nachvollziehbarkeit, Genauigkeit, Ehrlichkeit). In jeder wissenschaftlichen Disziplin gibt es fachspezifische Methoden und methodologische Regeln, und jede Disziplin hat ihre fachkulturell geprägte Art und Weise, wie Wissen dargestellt und verbreitet wird und wie sich eine Wissenschaftsgemeinschaft institutionell organisiert. Die Familieneigenschaften beschreiben Kategorien, die bei allen Disziplinen vorzufinden, aber von Disziplin zu Disziplin unterschiedlich ausgeprägt sind. Der *Familienähnlichkeitsansatz* wurde von Erduran und Dagher (2014) weiterentwickelt und ausdifferenziert, insbesondere in Hinblick auf ein Verständnis der Naturwissenschaften als soziale Institutionen, in denen Wissenschaftlerinnen und Wissenschaftlern Zertifikate verliehen werden, sie durch unterschiedliche Quellen finanziert werden und in politische Strukturen involviert sind (→ Abb. 36-2).

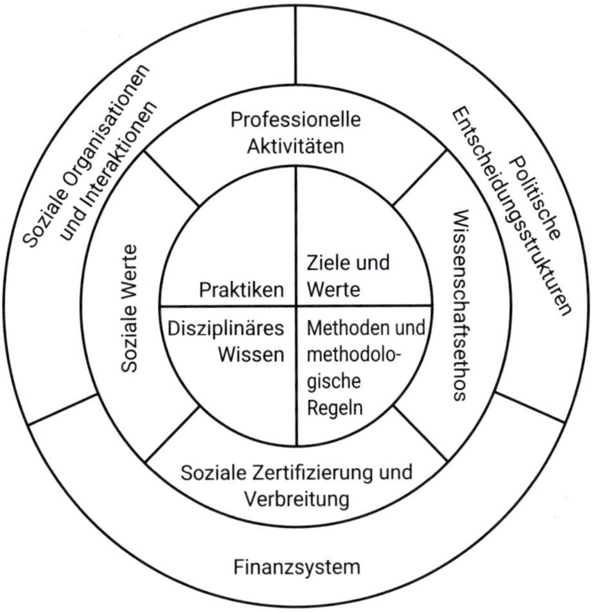

Abbildung 36-2: Kategorien des Familienähnlichkeitsansatzes wissenschaftlicher Disziplinen (nach Erduran & Dagher 2014)

Familieneigenschaften beschreibt ebenfalls der Wissenschaftsphilosoph Hoyningen-Huene (1999), wenn er fünf Aktivitäten nennt, die kennzeichnend für Wissenschaft sind:

- *Wissenschaft beschreibt systematisch*: Das exponentiell wachsende Wissen ist nur brauchbar, weil es systematisiert und geordnet vorliegt.
- *Wissenschaft erklärt*: Erklärungen werden in der Wissenschaft auf der Grundlage von Theorien formuliert, die mögliche Ursachen formulieren und verallgemeinern.
- *Wissenschaft etabliert Wissen durch Fehlerausschluss*: Kritische Einwände und Skepsis sind im Prozess der Wissenschaft wichtiger als Wissensbehauptungen. Von dieser Bereitschaft zur Fehlerkorrektur hängt u. a. die moralische Integrität von Wissenschaft ab. Höttecke (2017 b, 23) nennt diese systematische Selbstkritik „organisierten Skeptizismus".
- *Wissenschaft erweitert Wissen*: Aus vorhandenem Wissen wird neues Wissen erzeugt. Auch Technologien entwickeln sich auf einer breiten und spezialisierten Wissensgrundlage, und im Gegenzug gibt die Entwicklung von neuen Technologien, Maschinen, Apparaten der Wissenschaftsentwicklung oft einen gewaltigen Schub. Bei der Wissenserweiterung spielt aber auch der Zufall eine Rolle, wie beispielsweise bei der Entdeckung des Penicillins.
- *Wissenschaft kommuniziert Wissen*: Wissenschaftliche Ergebnisse müssen kommuniziert werden, um sie prüfen und gesellschaftlich nutzen zu können.

36.4 Ein Verständnis der Wissenschaftskommunikation ist für öffentliche und politische Debatten bedeutsam

Wissenschaft erfordert kommunikatives Handeln, denn als soziale Institution ist sie dadurch gekennzeichnet, dass Wissenschaftlerinnen und Wissenschaftler in Gruppen arbeiten und ihre Befunde in wissenschaftlichen Zeitschriften publizieren, auf Tagungen präsentieren und sie auf diesem Wege einer Wissenschaftsgemeinschaft zur Diskussion stellen (Nielsen 2013; Höttecke 2017 b). Ergebnisse von Studien erhalten ihre Geltung über den Weg der kritischen und diskursiven Prüfung: schriftlich über Gutachterverfahren der Publikationsorgane und mündlich über Diskussionen auf Tagungen. Kommunikation spielt im Erkenntnisprozess eine zentrale Rolle und sie ist idealerweise durch Kooperation geprägt, aber auch stark durch Konkurrenz, da Wissenschaftlerinnen und Wissenschaftler um Forschungsressourcen oder auch um die Fortführung der eigenen Berufsmöglichkeiten konkurrieren. Mit Blick auf die enorme Bedeutung der Kommunikation in der Wissenschaft wird beispielsweise gefordert, Lernenden das Leitbild einer Erkenntnisgemeinschaft (*community of inquiry*, Sprod 2014) zu verdeutlichen und mit ihnen explizit das Argumentieren (Osborne et al. 2001; Erduran & Jiménez-Aleixandre 2007) und verständnisorientiertes Diskutieren (Kelly 2007) zu üben. Kooperative Sozialformen im Unterricht haben somit nicht nur eine lernpsychologische Bedeutung, sie können zugleich verdeutlichen, dass wissenschaftliches Vorgehen ein kritischer, kreativer und partizipativer Prozess der Wissenschaftskommunikation ist.

Schäfer et al. (2015) verstehen Wissenschaftskommunikation als „alle Formen von auf wissenschaftliches Wissen oder wissenschaftliche Arbeit fokussierter Kommunikation, sowohl innerhalb als auch außerhalb der institutionalisierten Wissenschaft, inklusive ihrer Produktion, Inhalte, Nutzung und Wirkungen" (ebd. 13). Im öffentlichen Raum ist Wissenschaftskommunikation von besonderer Relevanz, wenn naturwissenschaftsbezogene Problemlagen in journalistischen oder sozialen Medien dargestellt und diskutiert werden. So verdeutlichen die öffentlichen Diskussionen über Umweltverschmutzung, Klimawandel oder Pandemien, dass der Erwerb eines Wissenschaftsverständnisses eng mit dem Erwerb eines Verständnisses von Wissenschaftskommunikation in journalistischen und sozialen Medien verknüpft ist. In diesem Zusammenhang hat die Auseinandersetzung mit der Kultur der Naturwissenschaften auch Bezüge zu einer Förderung von Medienkompetenz und politischer Bildung.

Wissenschaftskommunikation im öffentlichen Raum ist stark von einer engen Verzahnung von Wissenschaft, Politik und Medien geprägt, wenn Wissenschaftlerinnen und Wissenschaftler bei der öffentlichen Darstellung wissenschaftlicher Studien politische Implikationen ableiten, Politikerinnen und Politiker ihre Forderungen mit ausgewählten wissenschaftlichen Befunden begründen und journalistische Medien Informationen an Schlagzeilen orientiert selektiv auswählen (Weingart et al. 2000). Besonders brisant wird es, wenn in sozialen Medien Zusammenhänge erfunden oder wissenschaftlich belegte Zusammenhänge ignoriert werden (Weingart et al. 2017; Höttecke & Allchin 2020).

Biologieunterricht kann einen Beitrag dazu leisten, dass Schülerinnen und Schüler lernen, welche Bedeutung Kontroversen in wissenschaftlichen Diskursen haben und dass der Umgang mit Nichtwissen und ungewissen oder widersprüchlichen Prognosen und Modellierungen zur Wissenschaft dazugehören. Bei vielen bereits in den Lehrplänen etablierten naturwissenschaftsbezogenen, gesellschaftlichen Problemlagen (*socio-scientific issues*, Ratcliffe & Grace 2003; Hodson 2011) zeigt sich, dass Lernende auch etwas über die Kultur der Naturwissenschaften wissen müssen, wenn sie beispielsweise die Risiken von Gentechnik oder Klimaeffekten ethisch bewerten sollen (Karisan & Zeidler 2017). Dass Forschung vor allem Fragen generiert und auch Ungewissheit erzeugt bzw. Wissensgrenzen und Kontroversen in wissenschaftlichen Diskursen eine zentrale Rolle spielen und Wissenschaftlerinnen und Wissenschaftler gleichzeitig nach methodischen Regeln zuverlässige Aussagen produzieren können, kann auch im Sinne politischer Bildung einen Beitrag dazu leisten, dass Lernende ein Vertrauen in Wissenschaft entwickeln und kontroverse Diskurse auszuhalten lernen (Freise 1994; Rehm 2007).

36.5 Wissenschaftliches Wissen beansprucht Geltung, nicht Wahrheit

Kenntnisse darüber, *was die Welt im Innersten zusammenhält,* befriedigen die menschliche Neugier und das Bedürfnis nach Sicherheit und Voraussagbarkeit von Ursachen und Wirkungen. Im Alltag suchen Menschen nach Wahrheiten. Aber Wahrnehmungen sind – anders als es das Wort nahe zu legen scheint – nicht *wahr*. Dies kann man sinnesphysiologisch verdeutlichen: Reize wie elektromagnetische Strahlung mit bestimmten Wellenlängen lösen an Sinneszellen wie den Zapfen Erregungen aus, die völlig anders sind als die Reize. Die weitergeleitete neuronale Erregung führt dann in bestimmten Gehirnarealen zur Wahrnehmung z. B. einer Farbe. Während die Erregung bestimmter Gehirnareale mit der Wahrnehmung einer Farbe recht eng verknüpft ist, ist die des Sinnesreizes mit der mentalen Repräsentation weit weniger eng verbunden.

Die Subjektivität und Begrenztheit der Wahrnehmung und unserer Erkenntnismöglichkeiten brachte der Philosoph Thomas Nagel mit dem Titel seines Aufsatzes auf den Punkt: „Wie ist es, eine Fledermaus zu sein?“ (Nagel 1974). Es gibt keinen objektiven Standpunkt, von dem aus die „wirkliche“ Welt wahrgenommen werden kann. Alle Wirklichkeiten der existierenden Organismen haben sich in der Evolution bewährt und Wirklichkeit konstruierende Gehirne sind wie alle anderen Körperteile Überlebensorgane. Für den Alltag ist unser naiver Realismus aber lebensnotwendig, da unsere subjektiven Wirklichkeiten den Alltag bestimmen.

Der Frage nach der Realität muss sich auch Wissenschaft stellen. Wissenschaft will Irrtümer ausschließen. Dabei muss sie sich der Grenzen unserer Erkenntnisfähigkeit bewusst sein:

- Wir nehmen nur einen winzigen Ausschnitt der Welt wahr: die Welt der mittleren Dimensionen, den „Mesokosmos“ (Vollmer 1975, 161). Zwar hat der Mensch die Dimensionen der für ihn erkennbaren Welt dank technischer Instrumente enorm erweitert, er kann aber die Grenzen seiner Wahrnehmung nicht überschreiten.
- Unsere Wahrnehmung ist immer fehlbar.
- Es gibt keine objektive Instanz der Wahrheit.

Insofern vermeidet Wissenschaft den Wahrheitsbegriff. Wissenschaftliches Wissen wird intersubjektiv bestätigt. Es gilt das, was von der Mehrzahl der Wissenschaftlerinnen und Wissenschaftler nach dem aktuellen Stand der Forschung als am wahrscheinlichsten angesehen wird, aufgrund empirischer Daten und überzeugender Argumentation konsensfähig ist und in Begutachtungsprozessen und Expertendiskursen Bestand hat (Withold 2009; Oreskes 2019). Wissenschaft bezieht sich daher auf Geltung: „Wie sicher und fest Aussagen der Naturwissenschaft auch erscheinen mögen, objektive Wahrheiten zu sein, können sie nicht beanspruchen. [...] Was Naturwissenschaftler bestenfalls tun können, ist ein Gebäude von Aussagen zu errichten, das hinsichtlich der empirischen Daten und seiner logischen Struktur für eine bestimmte Zeitspanne ein Maximum an Konsistenz aufweist" (Roth 1994, 313). Diese konstruktivistische Sicht hat Folgen für den Umgang mit *Alltagsvorstellungen,* die Anwendung von Erkenntnismethoden sowie die Deutung von Untersuchungsergebnissen im Unterricht (→ 13, 37).

36.6 Wissenschaftstheorie untersucht das naturwissenschaftliche Vorgehen

Wissenschaftstheorie und Wissenschaftsforschung analysieren aus einer Metaperspektive Wissenschaft, wobei die Naturwissenschaften traditionell im Zentrum der wissenschaftstheoretischen Literatur stehen. Eine prominente Abgrenzung von Wissenschaft gegenüber Glaubenssätzen (Dogmen) hat Popper (1984) vorgenommen. Beeindruckt von Albert Einsteins Arbeiten kam er „zu dem Schluss, dass die wissenschaftliche Haltung die kritische war; eine Haltung, die nicht auf Verifikation (Bestätigung) ausging, sondern kritische Überprüfungen suchte: Überprüfungen, die die Theorie falsifizieren (widerlegen) konnten, aber nicht verifizieren. Denn sie konnten die Theorie nie als wahr erweisen" (Popper 1984, 48). Dieses Vorgehen bezeichnet man als *Falsifikation* und die wissenschaftstheoretische Position als *Kritischen Rationalismus.* Diese Position wird von vielen Naturwissenschaftlerinnen und Naturwissenschaftlern geteilt, und sie ist im Kern eine Antwort darauf, welche Beziehungen zwischen empirischen Daten und verallgemeinerten theoretischen Aussagen besteht.

Induktive, deduktive und spekulative Schlussfolgerungen

Unter Laien wie auch unter Biowissenschaftlerinnen, Biowissenschaftlern und Biologie-Lehrkräften findet sich häufig die Vorstellung, das Vorgehen der Naturwissenschaften bestünde darin, durch vorurteilsfreies Beobachten und Experimentieren Fakten und Daten zu sammeln, diese sorgfältig auszuwerten und dann aus den so ermittelten Ergebnissen Gesetzmäßigkeiten abzuleiten. Von vielen erfassten Einzelfällen soll dabei auf das Allgemeingültige (die Regel, Gesetzmäßigkeit) geschlossen werden. Einen solchen Schluss vom Besonderen auf das Allgemeine nennt man in der Logik *Induktion*. Aus den Beobachtungen, dass ausgewachsene Schwäne ein weißes Gefieder haben, könnte man durch Induktion schließen: „Alle Schwäne sind weiß". Damit wird zwar ein Zugewinn an Erkenntnis (Wissen) angestrebt, aber die Gültigkeit des Schlusses bleibt stets unsicher: In diesem Fall erweist sich die Verallgemeinerung „Alle Schwäne sind weiß" durch die Entdeckung schwarzer Trauerschwäne als falsch (→ Abb. 36-3).

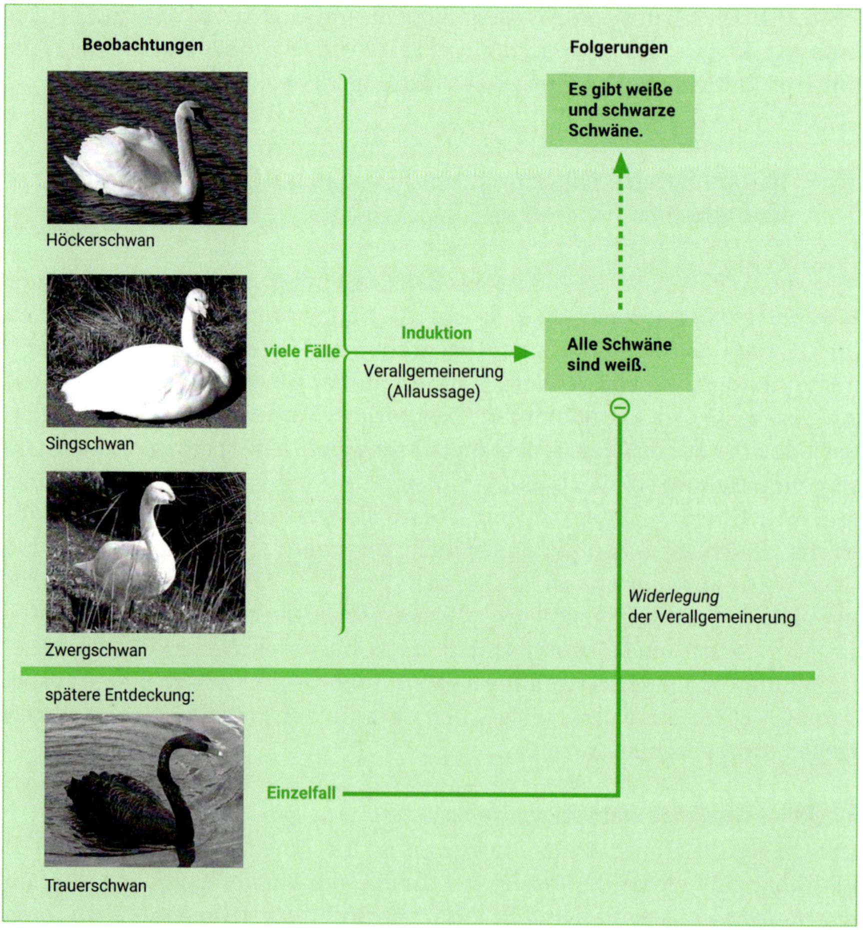

Abbildung 36-3: Logik der Forschung: Rolle der Induktion

Unsere erfahrungsbedingten Vorannahmen ermöglichen und beeinflussen unsere Wahrnehmungen. Wenn ich keine Kenntnisse verschiedener Vogelstimmen besitze, bietet mir die morgendliche Vogelexkursion nur ein diffuses Stimmengewirr. Wenn Lernende kein Verständnis eines Experiments haben, sind Experimente für sie nichts anderes als erkenntnisfreie Motivationsgelegenheiten, in denen sie selten das sehen, was die Lehrkraft erwartet, und sie selten wissen, warum sie experimentieren. Die wissenschaftstheoretische Einsicht, dass jede Beschreibung ein Vergleich mit unseren Vorerfahrungen bzw. mit Hypothesen ist (Hacking 1999), ist auch von biologiedidaktischer Relevanz: Die klassische dogmatische Forderung an den Biologieunterricht „Erst beschreiben, dann deuten!“ ist eine Illusion (Tetens-Jepsen 1992). Keine Beobachtung ist voraussetzungslos, keine Beschreibung ist deutungsfrei (→ 22).

Am Anfang naturwissenschaftlichen Arbeitens und Forschens, auch im Unterricht, stehen keine voraussetzungslosen Beobachtungen, sondern auf Vorerfahrungen und Vorkenntnissen basierende Vermutungen, *Hypothesen,* die in einem kooperativen Forschungsprozess geprüft und diskutiert werden (→ Abb. 36-4). Eine wissenschaftliche Hypothese ist eine Annahme (Vermutung) über einen bisher unbekannten Zusammenhang, mit deren Hilfe bestimmte Ergebnisse von Beobachtungen und Experimenten vorhergesagt und erklärt werden können. Den Schluss vom Allgemeinen (Hypothese, Theorie) auf das Besondere (Phänomen) nennt man *Deduktion* und das hypothesengeleitete Vorgehen *hypothetisch-deduktives Verfahren.*

Hypothesen können auch einen spekulativen oder intuitiven Anteil enthalten (Falkenhausen 1985). Auf dieses kreative Element bei der Formulierung von Hypothesen wird im naturwissenschaftlichen Unterricht selten eingegangen. In der Wissenschaftstheorie wird die begründete und eine neue Sichtweise postulierende Zusammenhangsvermutung auch unter dem Begriff der *Abduktion* (Peirce 1957) diskutiert, dem intuitiven „Schluss auf die beste Erklärung“ (Schurz 2017, 416).

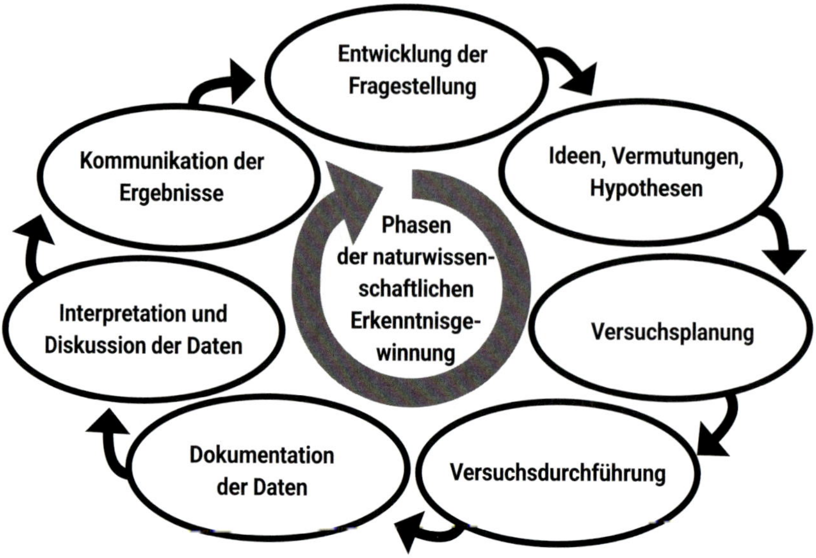

Abbildung 36-4: Phasen eines wissenschaftlichen Forschungsprozesses (nach Marquardt-Mau 2011, verändert)

Wissenschaftliche Hypothesen werden meist alternativ formuliert: die *Alternativhypothese* [A] entsprechend der Erwartung, die *Nullhypothese* [N] entgegen der Erwartung. Damit sind Folgerungen aus ihnen, d. h. *Prognosen*, durch Beobachtungen oder Experimente überprüfbar und prinzipiell widerlegbar (→ Kasten). Kriterien und Indikatoren sind für die Bestätigung der einen bzw. Widerlegung der anderen Hypothese anzugeben (vgl. Hammann et al. 2006). Die Prognosesicherheit hängt entscheidend von der Variablenvielfalt ab. Durch Vergleich mit den Prognosen können die Ergebnisse von Beobachtungen und Experimenten Hypothesen entweder bestätigen oder widerlegen, niemals aber verifizieren, d. h. eine Hypothese kann niemals bewiesen werden. Das unterscheidet wissenschaftliche *Geltung* von der Alltagsidee einer *Wahrheit*. Widersprechen die Ergebnisse den Prognosen, so wird die zugrunde liegende Hypothese entweder verworfen oder aber so abgewandelt, dass ihre Vorhersagen mit den Ergebnissen in Einklang stehen und durch weitere Experimente geprüft werden können.

Mehrere Hypothesen, die in sich möglichst widerspruchsfrei und durch empirische Überprüfungen abgesichert sind, können zu einer *Theorie* (gr. theoria, Anschauung) zusammengefasst werden. Theorien sollen:

- Phänomene erklären;
- mit anderen anerkannten Theorien verträglich sein;
- widerspruchs- und zirkelfrei sein;
- prüfbare Prognosen ermöglichen (Langlet 2001 a).

Auch eine als gesichert geltende Theorie kann durch neue Ergebnisse ganz oder in Teilen widerlegt werden. Eine naturwissenschaftliche Theorie behält also stets Hypothesencharakter. Der hypothetische bzw. kritische Rationalismus Popper'scher Prägung setzt durch die Eliminierung (Entfernung) der widerlegten Hypothesen auf einen bescheidenen wissenschaftlichen Fortschritt.

Naturwissenschaftliches Arbeiten am Beispiel von Saatversuchen mit Ringelblumen

Vorerwartungen/Klärungsbedarf

Ringelblumen wachsen bei Düngerzugabe besser!

Begründung der Vorerwartung durch Darlegung der theoretischen Grundlagen

Dünger enthält Mineralsalzionen, die die Pflanze über die Wurzelhaare aufnimmt. Diese Ionen sind entscheidende (Co-)Faktoren in Enzymen, die wachstumsfördernde Stoffwechselwege katalysieren.

Formulierung der Hypothesen

[A]: Gedüngte Pflanzen wachsen besser.

[N]: Gedüngte und ungedüngte Pflanzen wachsen gleich gut.

Ableitung der Prognose(n) unter Angabe der Kriterien und Indikatoren

Prognose: Gedüngte Blumen sollten deutlich besser wachsen.

Kriterium: Längenwachstum der Pflanzen

Indikator: Im Durchschnitt 5 cm längere Ringelblumen als im Kontrollversuch [N]

Versuchsdurchführung

In zwei getrennte Blumentöpfe werden in Quarzsand gleich viele Ringelblumensamen gegeben. Nach einer Woche werden die Ringelblumen eines Blumentopfs gedüngt.

Versuchsergebnis: Beantwortung der Hypothesen/Prognosen anhand des Indikators

Tatsächlich wachsen gedüngte Ringelblumen um mehr als 5 cm höher als ungedüngte. Damit ist [A] bestätigt und [N] widerlegt.

Paradigmen: Theorien und Konzepte, durch die hindurch wir die Welt sehen

Gegen die fortschrittspositive Auffassung von Wissenschaft des kritischen Rationalismus wandten sich seit den 1950er Jahren Wissenschaftstheoretiker wie Thomas S. Kuhn oder Paul Feyerabend. Gegen die „Logik der Forschung" (Popper 1934/1976) blickten sie in die Wissenschaftsgeschichte und in die

Wissenschaft als soziales Phänomen. Das Werk mit dem größten Aufsehen und der weitreichendsten Wirkung war Kuhns „Die Struktur wissenschaftlicher Revolutionen" (1962). Kuhn greift das Konzept des *Denkstils* des polnischen Mikrobiologen Ludwik Fleck (1935/1980) auf, der sich in seinem Ansatz darauf bezieht, dass Entdeckungen auf einem Wissensfundus beruhen – den ein *Denkkollektiv* im Laufe seiner Geschichte angesammelt hat – und führte den Begriff *Paradigma* (lat. Beispiel) in die wissenschaftstheoretische Diskussion ein. Das Paradigma bezeichnet das Muster, mit dem eine Disziplin ihren Forschungsgegenstand strukturiert und konzeptualisiert. Es umfasst die Überzeugungen und das aktuelle Wissen der jeweiligen Forschungsgemeinschaft. Das Paradigma leitet die Wissenschaftlerinnen und Wissenschaftler an, was und wie geforscht wird und welche Phänomene, Probleme und Ergebnisse als relevant angesehen werden. Die Wissenschaftsgeschichte weist eine Reihe radikaler Richtungswechsel auf, die keineswegs immer einer linearen Entwicklung folgten. Umwälzungen dieser Art werden solange wie möglich vermieden, indem bestehende Theorien erweitert werden und nicht erklärbare Phänomene als Anomalien (Abweichungen von der Regel) beiseitegeschoben werden.

Werden diese Widersprüche (Anomalien) irgendwann in einem anderen Forschungsansatz (Paradigma) für bedeutend gehalten, kann es zu einer Krise in der Wissenschaft kommen, aus der sie sich durch die Bildung eines neuen Paradigmas rettet. Dabei ist der Wechsel in den Grundannahmen und Deutungsmustern häufig so radikal, dass die alten und neuen Theorien nahezu unvereinbar (inkommensurabel) sind. Hatte Kuhn Beispiele für solche *Paradigmenwechsel* allein aus der Physikgeschichte gewonnen (z. B. von Newton zu Einstein), so ließen sich in den letzten Jahrzehnten auch in den Biowissenschaften einschneidende Paradigmenwechsel beobachten. So führten Entwicklungen in der Epigenetik (Nicolosi & Ruivenkamp 2011) oder die Entwicklung der Genschere CRISPR cas9 (Gurumurthy et al. 2016) zu paradigmatischen Neuorientierungen in der biologischen Forschung (→ Kasten).

Noch einen Schritt weiter als Kuhn ging Paul Feyerabend (1976) mit seiner Forderung nach methodischem Pluralismus: *„Anything goes!"*. Angesichts der großen kreativen Neuerungen von Kopernikus bis Einstein, die durch kühne, provozierende Hypothesenbildung unter Verletzung anerkannter wissenschaftlicher Regeln zustande kamen, formulierte Feyerabend (1980) den Wissenschafts-Imperativ: Habe Mut, dich deines eigenen Verstandes ohne Rücksicht auf die Normen der wissenschaftlichen Autoritäten zu bedienen!

Ein Paradigmenwechsel in der Genetik

Ein junges Forschungsfeld in der Genetik ist die Epigenetik. Sie wird in wissenschaftsjournalistischen Publikationen gerne als ein Paradigmenwechsel dargestellt, da die epigenetische Forschung die Vorstellung korrigiert, dass die DNA eines Individuums unveränderlich ist. Jedoch steuern Gene nicht nur Prozesse, sondern sie können durch Enzyme auch ein- oder ausgeschaltet werden. Diese epigenetische Regulation führt zu einer größeren Flexibilität und ist daher aus einer evolutionären Perspektive auch plausibel. Im Sinne einer wissenschaftlichen Revolution stellt sie ein Dogma in Frage, nämlich dass Umweltangepasstheiten an die kommende Generation nicht weitergegeben werden können. Die vertraute Gegenüberstellung, dass Darwin die erfolgreiche Idee hatte und Lamarck aus einer zeitgenössischen Perspektive nur zu belächeln sei, wurde mit der Epigenetik neu diskutiert (Nicolosi & Ruivenkamp 2011).

36.7 Biologische Phänomene erfordern spezifische Beschreibungs- und Erklärformen

Das grundlegende Ziel naturwissenschaftlicher Forschung ist, allgemeingültige Gesetze und Wirkmechanismen zu beschreiben; es handelt sich generell um einen nomothetischen Forschungsstil (griech. nomos: Gesetz, thesis: setzen, aufstellen). Das Wesen der Biologie ist jedoch dadurch gekennzeichnet, dass biologische Phänomene hochgradig divers sind und auf komplex interagierende, kausale Prozesse zurückgehen, in die viele Faktoren hineinwirken (Potochnik 2013). Die Komplexität und Variabilität biologischer Phänomene schränken die Reproduzierbarkeit und Prognosesicherheit ein. Zudem beschäftigt sich die Biologie nicht nur mit gegenwärtigen Phänomenen, sondern auch mit der Evolution des Lebens und Entwicklungen von Organismen, Populationen und Ökosystemen (Krohs & Toepfer 2005; Kampourakis 2013, Leopoldina 2017). Die Biologie ist – wie Geologie und Kosmologie – auch eine historische, idiographische Wissenschaft (griech. idios: eigen, graphein: beschreiben), die sich mit zeitlich und räumlich einzigartigen Phänomenen beschäftigt. Sie untersucht die Geschichte biologischer Phänomene im Lichte der Evolutionstheorie. Für den Status der Evolutionstheorie als naturwissenschaftliche Theorie ist es entscheidend, ob sie – zumindest in wesentlichen Teilen – empirisch überprüfbar, das heißt ihre Aussagen falsifizierbar sind. Historisch sind aus der Theorie oder einzelnen Hypothesen keine Prognosen ableitbar (die ja die Zukunft betreffen), wohl aber (widerlegbare) Aussagen über die Vergangenheit. Überprüft werden können evolutionsbiologische Hypothesen daher nur eingeschränkt mit Hilfe von Daten aus Beobachtungen und Experimenten, sondern insbesondere auch durch die auf Grundlage der Analyse von materialen Dokumenten (u. a. Fossilien) erstellten *Rekonstrukte*, mit denen sie bestätigt oder widerlegt werden. Beispielweise kann vermutet werden, dass *Tyrannosaurus rex* nicht ein Räuber, sondern ein Aasfresser war. Diese Aussage kann anhand der Rekonstruktion des Schädels mit Gebiss bestätigt oder widerlegt werden.

Biologie will nicht nur die Phänomene erfassen, also *was* es gibt, sondern auch erklären, *wie* ein Phänomen zustande kommt und darüber hinaus die Fragen beantworten, *warum* und *wozu* etwas entstanden ist:

Was gibt es? In der Fülle des Lebendigen ist es ein Ziel, einen systematischen Überblick zu gewinnen: Eigenheiten und Unterschiede zwischen den existierenden Formen zu erkennen und Strukturen zu identifizieren.

Wie kommt etwas zustande? Aus dem Zusammenwirken biologischer Phänomene resultieren neue Phänomene, und die Biologie versucht, von der Struktur (Nahursache) auf die Funktion zu schließen und umgekehrt. Die der funktionalen Betrachtung zugrunde liegende Erklärung ist die sogenannte mechanistische Erklärung (Schlosser & Weingarten 2002), die insbesondere in den klassischen morphologischen und physiologischen Disziplinen wie auch in der Molekularbiologie von Bedeutung ist. So kann das Überleben von (grampositiven) Bakterien auf einem Nährboden, der mit dem Antibiotikum Penicillin versetzt ist, folgendermaßen erklärt werden: Unter bestimmten Randbedingungen (z. B. Besitz der Penicillinase, Temperatur) kann ein Bakterium das Penicillin abbauen und die Hemmung seiner Zellwandsynthese verhindern (Enzym-Substrat-Passung). Solche Erklärungen nennen wir *aktual kausal* bzw. *proximat* (lat. proxima: das Nächste).

Wie ist etwas zustande gekommen? (*Warum* ist etwas entstanden?) Das Überleben gerade dieser einen Bakterienkolonie auf dem mit Penicillin versetzten Nährboden kann auch *historisch kausal* erklärt werden: Unter bestimmten Randbedingungen (z. B. Besitz des Penicillin-Resistenzgens und damit der Penicillinase, Temperatur) kann genau dieses Bakterium überleben und eine Kolonie bilden, aber alle anderen nicht. Das zu erklärende Phänomen (Überleben) ist aus den historischen Voraussetzungen zu erklären: Ein Bakterium besaß anfänglich das Resistenz-Gen (Voraussetzung) und traf damit auf eine Umwelt mit Penicillin (Ereignis). Alle anderen Bakterien, die dieses Resistenz-Gen nicht besaßen, wurden ausselektiert, das resistente Bakterium bildete eine Kolonie (Selektions-Prozess). Diese *historischen Erklärungen* (Krohs 2004) sind u. a. charakteristisch für die Biologie. Sie betreffen die Evolution und damit Fernursachen. Sie sind *ultimate Erklärungen* im strengen evolutionären (historisch-kausalen) Sinn. Fragt man nach der Geschichte des Lebens, so sind neben theoretischen (regelhaften) Grundlagen (Selektionstheorie) einmalige Ereignisse und singuläre Voraussetzungen stets mit enthalten. Angesichts der Bedeutung solcher naturhistorischen Erklärungen wäre es sinnvoll, die Evolutionstheorie im Unterricht als durchgehendes Erklärungsprinzip einzusetzen (vgl. Kattmann 1995; Zabel & Gropengießer 2015; Harms & Reiss 2019).

Wozu dient es? Wenn gefragt wird, warum etwas in der Natur ist, dann bezieht sich dies auf den *Zweck* biologischer Phänomene (Langlet 2002): *Wozu gibt es das? Welche Funkion hat es?* Beispiel: Wozu besitzt der Eisbär weißes Fell? Aus evolutionsbiologischer Perspektive sind dies Fragen nach der Angepasstheit von Organismen. Die Antworten auf die Frage *Wozu?* werden auch funktionale Erklärungen genannt (Wouters 2013). Funktionale Erklärungen sind insbesondere auf Strukturen und Prozesse anzuwenden, die ihr „Zielgerichtetsein dem Wirken eines Programms“ (Mayr 1979, 207) verdanken. Solche auf einem regulierenden Programm basierenden Strukturen und Prozesse nennt man auch teleonomisch (Teleonomie, von gr. telos: Ziel, nomos: Gesetz; Mayr 1979). Bei Organismen beruht das „Programm“ auf genetischer Information, d. h. organismischen Strukturen, deren Anlagen vererbt werden und teilweise oder überwiegend durch erlernte Informationen ergänzt werden können. Funktionale Erklärungen werden in der Literatur kontrovers diskutiert, da es u.a. zu einer Vermischung von wissenschaftlicher Analyse und anthropomorpher Interpretation kommen kann.

Frage	Erkenntnisstrategie	Forschungsgegenstand	Disziplin
Was gibt es?	Kategoriengeleitete Beschreibung und Systematisierung	z. B. Phänomene, Strukturen, Organismen (Arten)	z. B. Morphologie, Systematik
Wie kommt etwas zustande?	mechanistische (aktual-kausale, proximate) Erklärung	z. B. Struktur- und Funktionszusammenhänge	z. B. Physiologie, Molekularbiologie
Wie ist etwas zustande gekommen? (Warum ist etwas entstanden?)	historische (ultimate) Erklärung	z. B. Populations- und Individualentwicklung	z. B. Evolutionsbiologie
Wozu dient es?	funktionale Erklärungen	z. B. Angepasstheiten, teleonomische Strukturen	z. B. Verhaltensbiologie, Entwicklungsbiologie
Welches Ziel wird verfolgt?	teleologische Erklärung	z. B. zielgerichtetes, bewusstes Handeln	z. B. Psychologie, Soziologie

Tabelle 36-1: Biologische Fragen und Erklärformen

Welches Ziel wird verfolgt? Zuletzt lässt sich für Menschen und einigen anderen Lebewesen, denen Absichten zugeschrieben werden können (z. B. manchen Primaten und Rabenvögeln), eine weitere Erklärung unterscheiden: *Teleologische Erklärungen* sind auf bewusstes, zielgerichtetes Handeln beschränkt, bei dem das angestrebte Ziel ein bewusstes Handlungsmotiv ist.

36.8 Die Gegenstände der Biologie erfordern systemisches Denken

Ein System wird definiert als eine Gruppe von Elementen, die miteinander in Wechselbeziehungen (Interaktionen) stehen (vgl. von Bertalanffy et al. 1977; Kuhlmann 2007). Die Grenzziehung von Systemen ist nicht natürlich vorgegeben, sondern unterliegt der interessengeleiteten Entscheidung des Menschen: Soll z. B. nur die See-Oberfläche untersucht werden – bis zu welcher Tiefe? – oder der gesamte Wasserkörper – unter Einbeziehung des Bodens oder/und der Atmosphäre?

In der Biologie kommen nur *offene Systeme* vor. Offene Systeme sind solche, die Stoffe und Energie mit ihrer Umgebung austauschen (Fließgleichgewichte). Unter bestimmten Umständen sind offene Systeme in der Lage, sich selbst zu organisieren und sich selbst zu erhalten. Es handelt sich um Selbstorganisationsprozesse von Systemen fernab vom thermodynamischen Gleichgewicht. Viele ökologische Verhältnisse können als Zyklen von Populationswachstum und Zusammenbruch dargestellt werden. Die Bedeutung des systemischen Denkens für das Verstehen der Biologie wird durch Studien belegt, die dessen Modellierung sowie Einflussfaktoren untersuchten, die die Entwicklung der Kompetenzen in diesem Bereich fördern bzw. verhindern (Harms & Sommer 2010; Riess & Mischo 2010; Schneeweiß & Gropengießer 2019).

Wenn Biologinnen und Biologen neurobiologische Prozesse bis hin zum Denken erklären wollen, unterscheiden sie zwischen verschiedenen Erklärungsebenen, die sie sukzessiv aufeinander beziehen und wechseln zwischen der Ionen-Ebene am Neuron und der mentalen Ebene zur Erklärung geistiger Tätigkeiten: „So ist die Fähigkeit, zwischen den Organisationsebenen zu wechseln, eine der Kernkompetenzen des Biologieunterrichts" (MNU 2001, 3).

Kann man beim Wechsel zwischen den Ebenen die obere mit den Gesetzmäßigkeiten der darunter liegenden vollständig erklären? Kann die obere also auf die untere reduziert werden? Ein solcher *Reduktionismus* ist ein Erklärungsversuch, bei der ein komplexes Ganzes (z. B. Organismus) in leichter zu untersuchende Teile (z. B. Organe, Gewebe, Zellen, Moleküle) zerlegt wird. Aus dem analytisch gewonnenen Verständnis der Teile soll daraufhin das Ganze (die darüber liegende Ebene) verstanden werden. Bahnbrechende

Entdeckungen im 17. Jahrhundert, wie die durch William Harvey (Blut zirkuliert nach physikalischen Prinzipien) und Friedrich Wöhler (Laborsynthese von Harnstoff), stützten die Anschauung, dass biologische Phänomene sich grundsätzlich und vollständig mit den damals bekannten chemischen und physikalischen Prozessen erklären lassen. Philosophen formulierten auf dieser Basis die *Maschinentheorie* des Organismus (René Descartes 1641/1972), eine Anschauung, die zusammenfassend als *Mechanismus* bezeichnet wird.

Dagegen wandten sich die Anhänger des *Vitalismus*. Sie nahmen als dem Leben immanent einen „Lebensstoff" oder eine „Lebenskraft", „vis vitalis", an, d. h. eine zielstrebige und gestaltende Größe, die die Entwicklung eines Organismus lenkt (aristotelische „Entelechie"). Vitalistische Anschauungen erwiesen sich in der Forschung als überflüssig und mechanistische als zu einfach. An die Stelle traten systemtheoretische Deutungen, wonach sich auf jeder Ebene neue Systemeigenschaften zeigen. Systemeigenschaften sind aus den unteren Ebenen nicht ableitbar, wie in reduktionistischen Vorstellungen gemeint wird (Wimsatt 2000).

Durch die systemtheoretische Auffassung wird es vielmehr überflüssig, nach besonderen Teilen oder Faktoren im Organismus zu suchen, die die Lebensprozesse hervorrufen könnten: „...die besondere Form natürlicher Vorgänge, die wir als Leben im physiologischen Sinne bezeichnen, ist das Resultat des Zusammenwirkens der für sich leblosen Faktoren" (Bünning 1959, 130). Dieses Argument ist auch anzuführen, wenn versucht wird, Gene oder die DNA als entscheidende Teile der Zellen oder Lebensträger und damit gleichsam als den – von den Vitalisten gesuchten – Lebensstoff anzusehen, wenn biologische Phänomene auf genetische Dispositionen reduziert werden.

Reduktionistischen Ansätzen ist entgegenzuhalten, dass die Biologie eine Wissenschaft ist, in der die Gesetze der Physik und Chemie gelten, aber sie ist nicht auf Physik und Chemie reduzierbar (Langlet 2001 b). Die Autonomie der Biologie gründet in ihrer Besonderheit, Populations- oder evolutionäres Denken zur Erklärung heranzuziehen und historische Analysen durchzuführen (von Wahlert 1975; Mayr 2002). So stellen insbesondere Organismen komplexe Systeme mit zahlreichen emergierenden Eigenschaften dar (Mayr 1998). Man spricht von sogenannten Emergenzen (lat. emergere, auftauchen). Damit sind Systemeigenschaften gemeint, die nur dem ganzen System eigen sind, nicht aber seinen Teilen.

36.9 Biologieunterricht kann exemplarisch die Kultur der Naturwissenschaften verdeutlichen

Leitidee eines wissenschaftspropädeutischen Unterrichts und einer kontinuierlichen Beschäftigung mit der Kultur der Naturwissenschaften ist, dass

Lehrkräfte – im Sinne eines didaktischen Prinzips – immer wieder im Unterricht Gelegenheiten situativ aufgreifen, mit Lernenden explizit die Vorgehensweisen des naturwissenschaftlichen Arbeitens zum Lerngegenstand machen (*Warum unterscheiden sich die Ergebnisse unserer Keimungsexperimente?*) und auch auf tagesaktuelle Meldungen eingehen (*Wer hat gestern die Nachrichten zur aktuellen Klimaprognose gesehen?*). Neben dieser den Fachunterricht begleitenden Auseinandersetzung mit Wesensmerkmalen der Biologie ist es sinnvoll, auch gezielt Stunden zu gestalten, bei denen wissenschaftsphilosophische Reflexionen im Mittelpunkt stehen. Zwei Beispiele:

Black Box: Forscherteams untersuchen eine _Black Box_ und präsentieren und diskutieren ihre Interpretationen

Die Arbeit mit einer *Black Box* veranschaulicht verschiedene Phasen des Forschungsprozesses und insbesondere die theoriegeleitete und hypothetische Modellierung. Wenn Lernende eine *Black Box* untersuchen (→ Abb. 36-5), können sowohl der Erkenntnisprozess (*Hypothese nach einem Hörexperiment: Es befinden sich Büroklammern und Murmeln in der Box*) als auch Formen der Wissenschaftskommunikation (*Gruppen präsentieren und diskutieren ihre Strukturmodelle der Black Box als Forscher in einem Rollenspiel*) reflektiert werden (Frank 2005).

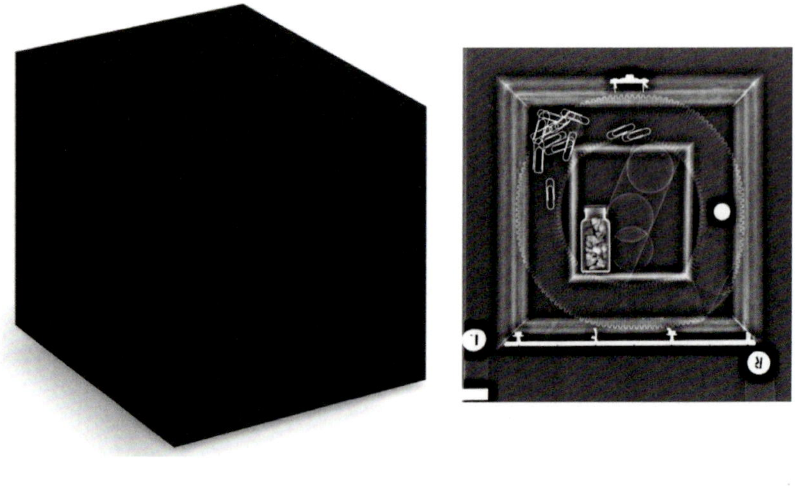

Abbildung 36-5: *Black Box* mit Röntgenbild

Spuren im Schnee: Lernende interpretieren und diskutieren eine Bildersequenz (theoriegeleitete Interpretation)
Lernende erhalten nacheinander Darstellungen von Spuren im Schnee bzw. Zeichen auf weißem Papier (→ Abb. 36-6) und werden aufgefordert, die Bilder zu interpretieren: Was sehen wir und was ist in der Bildsequenz geschehen? Auch hier kann die theoriegeleitete Beobachtung sehr gut veranschaulicht werden, da Lernende auf der Grundlage ihrer Vorkenntnisse und Vermutungen unterschiedliche Geschichten erfinden werden.

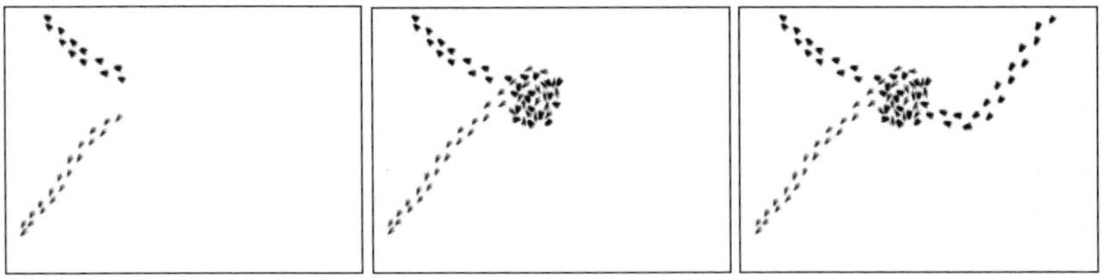

Abbildung 36-6: *Tricky Tracks* (nach Lederman & Abd-El-Khalick 1998, verändert)

Lernaufgabe 36-1: Gewissheiten naturwissenschaftlicher Aussagen
In einer wissenschaftlichen Debatte äußert sich ein Teilnehmer: „Ich glaube an den Klimawandel!"

Handlungsaufforderung 36-1: Kommentieren Sie die Aussage aus der wissenschaftstheoretischen Perspektive von Karl Popper!

Jörg Zabel & Alexander Bergmann-Gering

37 Erkenntnistheorie und Lernen

„Aber ich sehe doch, dass die Pflanze *grüne* Blätter hat! “ seufzt die Schülerin, als es im Unterricht um die Rolle der Carotinoide bei der Photosynthese geht. Die Grundannahme unserer Alltagswahrnehmung ist: Die Welt ist so beschaffen, wie ich sie wahrnehme. Dieser *alltägliche Realismus* gilt auf den ersten Blick auch in der Biologie und im Biologieunterricht. Tiere, Pflanzen und viele andere Erscheinungen des Lebendigen (Phänomene) können wir schließlich mit unseren Sinnen wahrnehmen und erklären sie deshalb für real. Wissenschaftliche Erkenntnismethoden und Geräte erweitern unser Wahrnehmungsspektrum sogar noch in den Mikrokosmos, die Welt unsichtbarer Strahlen oder unhörbarer Töne. Warum sollten wir also an dem so gewonnenen Wissen zweifeln?

37.1 Erkenntnis ist ein schöpferischer Akt

Zweifeln sollten wir, weil wir inzwischen vieles über unseren eigenen „Erkenntnisapparat“ wissen. Biologie, Psychologie und Neurowissenschaften beschäftigen sich mit den Mechanismen der Sinneswahrnehmung und untersuchen die Funktionsweise unserer Gehirne. Dabei wird immer neu bestätigt, was Philosophen und Gelehrte schon seit Jahrhunderten wissen: Unser alltäglicher Realismus ist ein naiver Trugschluss. „Was kann ich wissen?“ – ist die vom deutschen Philosophen *Immanuel Kant* (1724–1804) formulierte, zunächst simpel anmutende Grundfrage der Erkenntnistheorie. Dieser Zweig der Philosophie, auch Epistemologie genannt, fragt danach, wie und unter welchen Voraussetzungen Wissen entsteht und welche Gültigkeit es beanspruchen kann. *Kant* (1998) wusste bereits: Nicht nur die Gegenstände bestimmen die Erkenntnis, sondern auch unsere Erkenntnisfähigkeit bestimmt die Gegenstände, also das, was wir als „Wirklichkeit“ betrachten. Zu *Kants* Lebzeiten stritten sich die Gelehrten: Erkennen wir kraft unserer sinnlichen Wahrnehmung, der *Empirie*, oder dank des Verstandes, der *Ratio*? Kants Lösung des Problems lautete: Sowohl als auch, denn alle menschliche Erkenntnis fängt „mit Anschauungen an, geht von da zu Begriffen und endigt mit Ideen“. Mit „Begriffen“ sind hier allerdings nicht Wörter gemeint, sondern die dahinterliegenden Vorstellungen: „Doch ein Begriff muss bei dem

Worte sein!" wendet der Schüler in Goethes Faust verunsichert ein, als Mephisto ihm ganz „teuflisch" empfiehlt, sich doch einfach an Worte zu halten. Auch Goethe war klar, dass die Sprache alleine ohne Sinn bleibt, wenn der Sprechende sich noch keinen Begriff davon gemacht hat, was das von ihm benutzte Wort bezeichnet. Für Kant sind Begriffe *a priori* durch den Verstand gegeben, also primär nicht von der sinnlichen Erfahrung abhängig. Die Anschauung der Sache füllt dann aber einen „leeren" Begriff mit Erfahrung.

Diese epistemologische Einsicht widerspricht dem *alltäglichen Realismus* der Lernenden und wirft die Frage auf, inwieweit die Biologie uns ein objektives Wissen über die Welt ermöglicht und wo ihre Grenzen sind (→ 36). Wir Lehrenden müssen zudem unsere Vorstellungen von Lernprozessen hinterfragen, ja vielleicht sogar die Art, wie wir schulisches Lernen traditionell organisieren. Denn wenn für das Verstehen biologischer Zusammenhänge Begriffe und Ideen wichtig sind, die unser Verstand schon selber „mitbringt", dann kann Lernen nicht einfach nur Informationsaufnahme sein. Wir Menschen nehmen die Welt „in ganzheitlicher und interpretierender Form" wahr. Beim Verstehen und Behalten von Texten beispielsweise werden „Reizinformationen [...] nicht passiv aufgenommen, repräsentiert und verarbeitet. Sie werden vielmehr schemageleitet von Beginn an aktiv verarbeitet und in sehr subjektiver Weise transformiert" (Hasselhorn & Gold 2013, 63 f.). Piaget zufolge organisiert der Verstand die Welt, indem er sich selbst organisiert (1937, 311). Das schulische Lernen muss auf den Prüfstand, wenn Verstehensprozesse tatsächlich „ganzheitlich und interpretierend" sind, also ein schöpferischer Akt und nicht (nur) Informationsaufnahme. Dann benötigen wir auch eine andere Sprache für Lernprozesse (→ 37.5).

37.2 Der Konstruktivismus ist eine breit gefächerte erkenntnistheoretische Position

Im 20. Jahrhundert entwickelte sich eine weit gefächerte Idee aus vielen Forschungs- und Anwendungsdisziplinen heraus zur führenden erkenntnistheoretischen Position, die man Konstruktivismus nennt. Von Beginn an haben nicht nur Neurobiologie, Psychologie und Hirnforschung, sondern auch Philosophie, Pädagogik, Entwicklungspsychologie und Soziologie zu dieser Position ihren Beitrag geleistet (einen Überblick gibt Reich 2004, 35-37). „Den" Konstruktivismus gibt es nicht, er ist eher als eine interdisziplinäre Position mit einem gemeinsamen Kern, aber vielen Strömungen und Facetten zu verstehen. Den gemeinsamen Kern könnte man mit der „Gemachtheit der Tatsachen" (Hug 2011) beschreiben: Jede Erkenntnis ist unweigerlich an eine Perspektive gebunden.

Der radikale Konstruktivismus (z. B. von Glasersfeld 1997; von Foerster 1981; von Foerster & Pörksen 2001; Watzlawick 1976) geht von der Grundthese aus, dass Menschen zu einer wie auch immer beschaffenen Realität außerhalb ihrer Wahrnehmung keinen Zugang haben. Vielmehr existieren auf der Welt so viele Wirklichkeiten wie Gehirne. Neurobiologisch begründet wurde diese Position durch die biologische Systemtheorie von Maturana und Varela (1987, vgl. auch Maturana & Pörksen 2002). Interessant ist in diesem Zusammenhang der Prozess der *Transduktion* in unseren Sinneszellen. Transduktion ist die Voraussetzung für jede Sinneswahrnehmung und trennt die Welt der Reize von der Welt der Erregungen. Diese Erregungen sind „an sich bedeutungsfrei und inhaltsneutral“ (Riemeier 2007, 71), sie enthalten keine verlässlichen Informationen über die Umwelt (zu einer konstruktivistischen Sehtheorie vgl. Gropengießer 1997, 107). Das Gehirn erzeugt die Bedeutungen dieser Erregungen vielmehr selbst, indem es Erregungsmuster vergleicht, kombiniert und anhand interner Kriterien und des Vorwissens überprüft: „Dies sind die Bausteine der Wirklichkeit. Die Wirklichkeit, in der ich lebe, ist ein Konstrukt des Gehirns“ (Roth 1997, 21). Das, was das Gehirn konstruiert, ist nicht „objektiv“ wahr, sondern nur brauchbar für das Überleben, es ist viabel. Das gilt auch für naturwissenschaftliche Erkenntnisse: „Wie sicher und fest Aussagen der Naturwissenschaft auch erscheinen mögen, objektive Wahrheiten zu sein, können sie nicht beanspruchen. [...] Was Naturwissenschaftler bestenfalls tun können, ist ein Gebäude von Aussagen zu errichten, das hinsichtlich der empirischen Daten und seiner logischen Struktur für eine bestimmte Zeitspanne ein Maximum an Konsistenz aufweist“ (Roth 1997, 350 f.). Ist also auch in der Naturwissenschaft alles relativ? Roth (1997) argumentiert, dass ja ein reales Gehirn die Wirklichkeit hervorbringen müsse, in der wir leben, daher sei diese Wirklichkeit letztlich Teil der Realität - der einzige, zu dem wir Zugang haben. Durch diesen *ontologischen Realismus* werden im Rahmen des Konstruktivismus auch naturwissenschaftliche Untersuchungen wieder sinnvoll (Gropengießer 1997, 106).

Konstruktivistisch zu denken heißt auch nicht, dass alle anderen Individuen lediglich Einbildungen darstellen. Eine Ko-Konstruktion von Wirklichkeit in sozialen Kontexten ist durchaus möglich. Der russische Psychologe Lew Vygotsky (1934) geht beispielsweise davon aus, dass alle Lernprozesse aus sozialen Situationen entstehen. Auch aus soziologischer Sicht ist die „gesellschaftliche Konstruktion der Wirklichkeit“ bereits lange Zeit eine weithin akzeptierte Grundannahme (Berger & Luckmann 1972).

37.3 Konstruktivistische Ansätze begründen eine fachdidaktische Sicht auf das Lernen

Eine zentrale Frage für die Lehr-/Lernforschung ist, wie Menschen lernen können, wenn ihre Gehirne doch semantisch abgeschlossene Systeme darstellen, die bedeutungsvolle Information stets selbst konstruieren müssen. Der auf das Lernen konzentrierte Konstruktivismus heißt auch „moderater" Konstruktivismus (Reinmann-Rothmeier & Mandl 2006) oder treffender *konstruktivistische Lernauffassung*. Diese Lernauffassung lässt sich zusammenfassend durch folgende Postulate kennzeichnen (nach Riemeier 2007, 71):

- Lernen ist selbstdeterminiert, kann also nicht von außen gesteuert oder kontrolliert werden.
- Lernen ist individuell, wobei auch emotionale Aspekte eine wichtige Rolle spielen.
- Lernen ist sozial, denn es findet im Rahmen von sozialen Interaktionen statt, in denen Ideen und Konzepte kommuniziert und ausgehandelt werden.
- Lernen ist situiert, d. h., das konstruierte Wissen ist mit dem inhaltlichen und sozialen Kontext der Lernsituation verbunden.

Lernende müssen Wissen folglich aktiv konstruieren anstatt es als „Information" passiv aufzunehmen. Entsprechend verfehlen „instruktionistische" Ansätze (vgl. Terhart 1999, 637), die auf Vermittlung und Wissensaufnahme zielen, ihre eigentlichen Adressaten. Im englischen Sprachraum hat sich für diese Konstruktion bedeutungsvollen Wissens der Terminus *meaning making* eingebürgert (z. B. Bruner 1996; Falk & Dierking 2000; Mortimer & Scott 2003). Aus sozialkonstruktivistischer Perspektive ist dabei die Ko-Konstruktion von Wissen bereits mitgedacht. Die Naturwissenschaftsdidaktiker Eduardo Mortimer und Phil Scott (2003) verstehen unter *meaning making* dementsprechend vor allem das unmittelbare Aushandeln neuer Bedeutungen durch das Klassengespräch. Die Autoren gründen ihre didaktische Position vor allem auf Vygotsky (1934). Erst im Gespräch kann ein Lernender demnach seine eigenen Vorstellungen mit anderen, mehr oder weniger davon abweichenden Konzepten in Beziehung setzen und dabei sein individuelles Denken entwickeln. Der letzte Schritt dieses Bedeutung erzeugenden Dialogprozesses findet dabei stets im Kopf des Lernenden statt.

Im Mittelpunkt des Unterrichtsgeschehens stehen in einem konstruktivistisch orientierten Klassenraum deswegen entdeckendes, erfahrungsbasiertes und handlungsorientiertes Lernen in kooperativen Lehr-/Lernumgebungen (Terhart 1999; Reich 2004). In der Naturwissenschaftsdidaktik zeigt sich die konstruktivistische Lernauffassung insbesondere im Fokus auf die Alltagsvorstellungen von Lernenden (→ 3; 13).

37.4 Verstehendes Lernen besteht in der Änderung von Vorstellungen

Im Sinne der konstruktivistischen Lernauffassung wird Lernen als Veränderung von Vorstellungen definiert. Was ist damit gemeint? Als Vorstellungen werden „subjektive gedankliche Konstruktionen“ (Gropengießer & Marohn 2018, 51) verstanden, über welche Lernende in Bezug auf einen spezifischen Gegenstandsbereich verfügen. Vorstellungen stammen größtenteils aus ihrer Lebenswelt und haben sich dort oft schon seit langer Zeit bewährt, sind also im Regelfall nicht naiv und spontan, sondern *viabel*. Sie weisen unterschiedliche Komplexität auf und sind in der Regel aufeinander bezogen (diSessa 2002; Park 2007).

Lernende konstruieren in der Auseinandersetzung mit einem Lerngegenstand neue Vorstellungen auf Basis der bereits verfügbaren Vorstellungen. Drieschner (2006, 155) definiert den Prozess des Verstehens aus konstruktivistischer Sicht deswegen auch als „eine aktive, lebensgeschichtlich geprägte und selbsttätige Erfindung von Sinn und Bedeutung, die zur Erzeugung eigener, ‚viabler‘ Wirklichkeiten führt.“

Die Wirklichkeiten der Lernenden entsprechen den fachlichen Vorstellungen allerdings häufig nicht. So ist es aus lebensweltlicher Sicht absolut nachvollziehbar, wenn sich Lernende im Evolutionsunterricht unter Anpassung zunächst einmal einen individuellen, zielgerichteten Prozess vorstellen, wie zum Beispiel Muskelwachstum durch Training.

Gelingt es nicht, im Unterricht an die lebensweltlichen Wirklichkeiten anzuknüpfen, erweist sich deren Viabilität als Lernhindernis. Aus dieser Perspektive wird dann auch zuweilen von Fehlvorstellungen der Lernenden gesprochen (→ 13). Dieser Terminus steht jedoch im Widerspruch zum Erkenntnispluralismus, den der Konstruktivismus impliziert. Kattmann (2005) weist zudem darauf hin, dass (anthropomorphe) Vorstellungen der Lernenden wichtige Brücken zu einem fachorientierten Verstehen sein können, auch wenn sie fachlich zunächst unangemessen erscheinen.

Um Lernhindernisse zu reduzieren und die bereits verfügbaren Vorstellungen der Lernenden als Potenzial für die Initiation von Verstehensprozessen zu nutzen, werden diese themenspezifisch erforscht (Duit 2006; Amin, Smith & Wiser 2014) und als Ausgangspunkt für die Gestaltung von Lernprozessen im naturwissenschaftlichen Unterricht genutzt (Hammann & Asshoff 2014; Kattmann 2015). Das Modell der didaktischen Rekonstruktion bildet die Grundlage für den gegenseitigen Vergleich zwischen der Schülerperspektive und der fachlichen Sichtweise. Daraus können Strategien für eine erfolgversprechende Neu-Konstruktion des Lerngegenstandes abgeleitet werden (Duit et al. 2012; Komorek & Kattmann 2008) (→ 4).

Lernen wird aus Perspektive der konstruktivistischen Lernauffassung in der Naturwissenschaftsdidaktik als eine Veränderung von lebensweltlichen hin zu fachwissenschaftlich angemessenen Vorstellungen (bzw. Konzepten) aufgefasst. Der *Conceptual Change*-Ansatz (Posner et al. 1982; Strike & Posner 1992) beschreibt diesen Veränderungsprozess als einen Konzeptwechsel, in Analogie zur Akkommodation in der geistigen Entwicklung des Kindes (Piaget 1992, 174 f.) sowie zu Kuhns (1976) Paradigmenwechsel in der Wissenschaft (Krüger 2007, 81). Seit den 1980er Jahren hat sich ein umfangreicher Diskurs darüber entwickelt, was genau unter Vorstellungsveränderung zu verstehen ist und wie diese im Rahmen des naturwissenschaftlichen Unterrichts gefördert werden kann (Amin, Smith & Wiser 2014; Gropengießer & Marohn 2018).

Mittlerweile wird *Conceptual Change* nicht mehr als ein radikaler Wechsel von der alten „Fehlvorstellung“ hin zu einer fachlich angemessenen Vorstellung verstanden, sondern vielmehr als eine schrittweise Reorganisation vorhandener Vorstellungen (Krüger 2007, 82 f.). Da die Vorstellungen von Lernenden netzwerkartig organisiert sind und unterschiedliche Komplexitätsebenen aufweisen, muss für eine Vorstellungsänderung in der Regel das gesamte konzeptuelle Netzwerk reorganisiert werden. Kattmann (2008, 8) bevorzugt für diesen Prozess deshalb den Terminus *Conceptual Reconstruction*. Für eine wirklich umfassende Änderung von Vorstellungen braucht es ausreichend Zeit und die Gelegenheit, die reorganisierten Vorstellungen in neuen Anwendungskontexten zu erproben (vgl. Clark 2006; Clark & Linn 2003). Nur wenn diese sich dort als fruchtbar erweisen, erfolgt die Vorstellungsänderung nachhaltig.

Dem klassischen *Conceptual Change*-Ansatz wurde noch eine einseitig kognitive Ausrichtung vorgeworfen, er ignoriere motivationale und affektive Aspekte des Lernens (Krüger 2007, 83 ff.). Das Modell der didaktischen Rekonstruktion (Duit et al. 2012) spricht allerdings umfassender vom Erfassen der Schülerperspektive und meint damit mehr als nur kognitive Vorstellungen. Neuere Ansätze berücksichtigen neben den kognitiven Vorstellungen auch die Rolle von Emotionen, Werturteilen, epistemischen Überzeugungen sowie der gemeinsamen Aushandlung von Bedeutung im Lernprozess (vgl. Amin et al. 2014). Als geeignete Strategien zur Förderung der Vorstellungsveränderung kommen insbesondere die Reflexion der eigenen Vorstellungen, kollaborative Argumentationen, Auseinandersetzung mit unterschiedlichen Standpunkten und abweichenden Daten sowie gemeinsames Schlussfolgern und Bewerten von Evidenzen in Frage (Gropengießer & Marohn 2018, 58). Auch wird diskutiert, inwiefern Lernprogressionen dazu beitragen können, die Lernenden in der Entwicklung fachlich angemessener Vorstellungen zu unterstützen (Duschl et al. 2011). Lernprogressionen beschreiben effiziente Wege und Zwischenschritte, um, aufbauend auf ursprüngliche Vorstellungen, durch geeignete Interventionen neue Vorstellungen in das individuelle konzeptuelle

Netzwerk zu integrieren. Oftmals fokussieren derartige Lernprogressionen auf zentrale Theorien und Wissensbestände einer Disziplin, wie beispielsweise das Verständnis der Evolution (Zabel & Gropengießer 2011; Neubrand et al. 2016) oder der Genetik (Duncan et al. 2016).

Verstehen im Sinne von Begreifen ist aus der Perspektive der Erkenntnistheorie zentral. Aber weil dieser Begriff eher in eine geisteswissenschaftliche Tradition gehört und schon wegen seiner Komplexität empirisch weniger gut messbar ist als z. B. Fachwissen und Kompetenz, wird er in der aktuellen fachdidaktischen Forschung selten als empirische Größe benutzt. Gebhard, Höttecke und Rehm (2017) stärkten den Verstehensbegriff und legten auch Modelle vor, die Ausprägungen des Verstehens messbar machen sollen (Rehm 2015). Dabei stützen sie sich u. a. auf phänomenologische (Husserl) und pädagogische Traditionen (Dewey, Wagenschein). Ein *sinnkonstituierendes Verstehen* geht demnach immer mit einer vom Lernenden selbst als bedeutsam empfundenen Lernerfahrung einher, bei der eine Beziehung zum Lerngegenstand aufgebaut wird.

37.5 Lernen wird gerne metaphorisch beschrieben

Vorstellungen vom Lernprozess drücken sich oft in prägnanten sprachlichen Bildern aus. Demnach kann Wissen in Form von „Informationen“ oder gar „Stoff“ zwischen Menschen „übertragen“ werden. Geradezu grotesk erscheint heute die Analogie des „Nürnberger Trichters“, mit dem den Lernenden das Wissen quasi direkt in den Kopf gefüllt wird. Aber auch die aktuelle Lernpsychologie nutzt noch gerne Metaphern wie „Wissenserwerb“ und „Informationsaufnahme“, während sie gleichzeitig betont, dass wir beim Lernen nicht „den äußeren Reizen und den inneren Verarbeitungsmechanismen ‚hilflos‘ ausgeliefert“ seien (Hasselhorn & Gold 2013, 62). Verraten Metaphern und Analogien wie der „Nürnberger Trichter“ das dahinterstehende Verständnis vom Lernen und Lehren? Nach der *Conceptual Metaphor Theory* (Lakoff 1990; Lakoff & Johnson 2000) dienen Metaphern als Verstehenswerkzeuge: Wir übertragen unsere Erfahrung in einem direkt erfahrbaren Ursprungsbereich, z. B. mit einem Trichter, auf einen abstrakteren Zielbereich des Lehrens, um ein Verständnis dieses komplizierten Vorgangs zu erlangen (vgl. auch Gropengießer 1997). Jede Metapher betont bestimmte Aspekte des Lehrens und Lernens und verdeckt andere. Wer vom Lehren und Lernen als „Eintrichtern“ spricht, dessen Denken und didaktisches Handeln wird durch diese konzeptuelle Metapher möglicherweise beeinflusst. Marsch (2009) untersuchte, mit welchen Metaphern Lehrende über das Lehren und Lernen sprechen. Die empirisch gefundenen Metaphern ordnete sie danach, inwieweit sie mit der konstruktivistischen Lernauffassung im Einklang stehen. Günstig sei es demnach, wenn der Lernprozess als „Bauen und Konstruieren" oder als „Gehen und Reisen" konzeptualisiert wird, weniger günstig z. B. als „Geben und Nehmen" oder „Arbeiten und Leisten". Metaphern des Lehrens und Lernens eignen sich gut als Reflexionsgrundlage in der Lehrerbildung.

Die fachdidaktische Forschung hat versucht, eine am Konstruktivismus orientierte Unterrichtspraxis näher zu beschreiben (z. B. Marsch et al. 2009; Widodo 2004; Widodo & Duit 2005). Dabei geriet die Instruktion zwischenzeitlich zu Unrecht unter den Generalverdacht einer veralteten Unterrichtsmethode. Alleine ein Zurücknehmen der instruktionalen Komponente macht noch keinen konstruktivistischen Unterricht, wenn dieser denn überhaupt existiert. Der Konstruktivismus ist für sich genommen keine Lerntheorie und liefert deshalb auch keine direkten Gestaltungsanweisungen für den Unterricht. Dazu kommen seine vielen Facetten – manche davon fokussieren auf das lernende Individuum, andere eher auf die soziale Konstruktion von Wirklichkeit im Klassenraum. Es bleibt also nach wie vor schwierig, konstruktivistische Lernumgebungen umfassend zu definieren und einen dauerhaften Vorteil für das fachliche Lernen empirisch zu belegen. Als erkenntnistheoretischer Rahmen hat die konstruktivistische Grundidee jedoch zahlreiche Theorien des Lernens und Verstehens nachhaltig geprägt, und damit bis zu einem gewissen Grad auch die Praxis von Lehrerbildung und Unterrichtsplanung (→ Abb. 37-1).

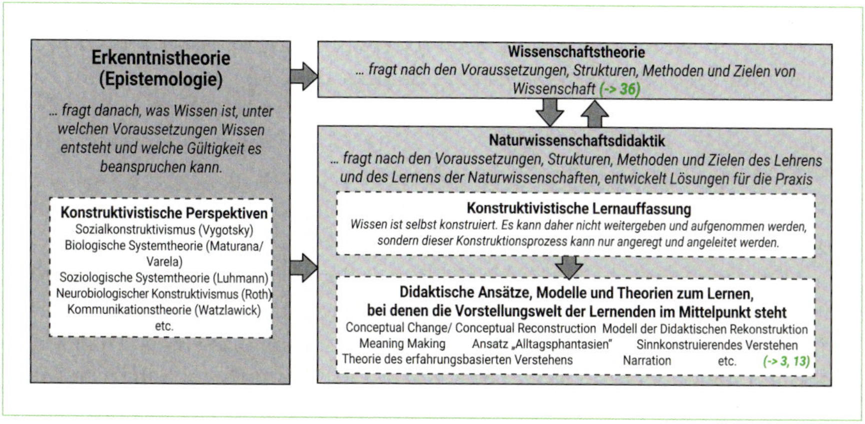

Abbildung 37-1: Die konstruktivistische Erkenntnistheorie und ihre Bezüge zur Wissenschaftstheorie und Naturwissenschaftsdidaktik

37.6 Erkenntnistheorie verändert die Unterrichtspraxis

Die konstruktivistische Grundidee hat seit vielen Jahrzehnten die aktive Rolle der Lernenden unterstrichen, was in der Lehreraus- und -fortbildung nicht ohne Wirkung blieb und einschlägige Lerntheorien inspirierte. Das wurde aber erst möglich, als sich der Konstruktivismus von einigen seiner neurobiologischen Prämissen und anderem „theoretischem Ballast" befreit hatte. Die Neurowissenschaften haben sich ihrerseits in den vergangenen drei Jahrzehnten rasant weiterentwickelt und vieles zum Verständnis der Struktur und Funktion des menschlichen Gehirns beigetragen. Unter dem Schlagwort „Neuroeducation" oder „Neurodidaktik" wird diskutiert, wie schulisches und außerschulisches Lernen auf Basis neurobiologischer Erkenntnisse gestaltet werden kann (Battro et al. 2010). Vereinzelt wird die Hoffnung ausgedrückt, der Unterricht könne im Lichte neurobiologischer Erkenntnisse über Lernprozesse bald völlig revolutioniert werden. Bislang hat der aktuelle Aufschwung der Gehirnforschung jedoch kaum zur Weiterentwicklung des naturwissenschaftlichen Unterrichts beigetragen. Das liegt zum Teil an zu materialistischen und reduktionistischen Grundannahmen, die die Komplexität des unterrichtlichen Lernens nicht abbilden können. Viele Forderungen der Neurodidaktik sind zudem im Kern nicht neu, sie waren auch unter pädagogischen und lernpsychologischen Gesichtspunkten schon gut begründbar. Konzepte wie Handlungsorientierung, entdeckendes Lernen und problemorientiertes Vorgehen fördern schließlich eine aktive Rolle der Lernenden, die auch bisher schon hoch im Kurs stand. Vielversprechend für die zukünftige Entwicklung des Fachunterrichtes erscheinen deshalb interdisziplinäre Forschungsansätze, die die Erkenntnisse der Neurowissenschaften mit den theoretischen Grundlagen der Fachdidaktik und der Lernpsychologie zusammenbringen und in praxisnahen Situationen neue Vermittlungsstrategien erproben.

Lernaufgabe 37-1: Habt ihr das verstanden?

Eine Lehrerin erläutert ihrer 8. Klasse zum Abschluss der Stunde über Nerven und Sinne noch einmal die Transduktion, also den Vorgang, bei dem ein Reiz an einer Sinneszelle Erregung auslöst. Anschließend fragt sie in die Klasse: „Habt ihr das verstanden?"

Aber dann fällt ihr auf, dass diese gutgemeinte Nachfrage an die Klasse nicht zur konstruktivistischen Idee des Lernens passt, von der sie doch eigentlich überzeugt ist. Hatte nicht ein Biologiedidaktiker dies als „dümmste Lehrerfrage überhaupt" bezeichnet?

Handlungsaufforderung 37-1: Problematisieren Sie die Frage der Lehrerin vor dem Hintergrund der konstruktivistischen Lernauffassung!

Handlungsaufforderung 37-2: Formulieren Sie Impulse oder Aufforderungen, die sich besser als die obige dazu eignen, das Verständnis der Lernenden offenzulegen und ihnen Nachfragen zu ermöglichen!

Ulrich Kattmann

38 Geschichte und Struktur der Biologie

Biologie ist als Wissenschaft und Unterrichtsfach auf dem Hintergrund ihrer Geschichte besser zu verstehen als ohne sie. Die Beschäftigung mit der Geschichte der Disziplin ist daher aktuell: Sie ist Auseinandersetzung mit der Gegenwart.

38.1 Der Begriff Biologie hat eine Geschichte

Die Anfänge der Biologie als „Wissenschaft vom Leben“ sind älter als das Wort Biologie. Die umfangreichen Naturbeschreibungen und -deutungen des Aristoteles (384–322 v. u. Z.) haben die Naturbetrachtung des gesamten Mittelalters geprägt (Arber 1960; Isele in Freudig 2005, 10 ff.).

Bis zur Wende vom 18. zum 19. Jahrhundert bezeichnete man die wissenschaftliche Beschäftigung mit der lebenden *und* der nichtlebenden Natur als *Naturgeschichte*. Carl von Linné, der 1735 mit seinem Werk „Systema naturae per regna tria naturae“ die moderne Systematik der Pflanzen und Tiere begründete, stellte neben die Pflanzen und Tiere als drittes Naturreich die Mineralien. Auf Aristoteles fußend unterschied er

- „Mineralien, die nur wachsen können“ (man denke an Kristalle),
- „Pflanzen, die wachsen und leben“ sowie
- „Tiere, die wachsen, leben und fühlen“.

Als eigenständige Wissenschaft konnte die Biologie erst entstehen, als die Gemeinsamkeiten der Lebewesen gegenüber der nichtlebenden Natur stärker in den Blick kamen. Der Genfer Naturforscher Charles Bonnet (1720–1793) war der Erste, der „unorganische“ und „organische“ Stoffe ausdrücklich gegenüberstellte. Der französische Arzt Xavier Bichat (1711–1802), der als der Begründer der Gewebelehre gilt, unterschied 1801 die „sciences physiologiques“, also die physiologischen Naturwissenschaften (Biologie, Medizin) von den physischen (Physik, Chemie, Geologie). Letztere wurden als *Naturlehre* ausgegliedert und die Bezeichnung *Naturgeschichte* auf die Beschäftigung mit Pflanzen und Tieren beschränkt.

Anstelle von Naturgeschichte wurde das Wort *Biologie* erstmals 1797 von dem Braunschweiger Arzt Theodor G. A. Roose verwendet. Der Mediziner Karl Friedrich Burdach (1776–1847) verwendete zwar das Wort Biologie schon früher, allerdings eingeschränkt im Sinne von Humanbiologie.

In seiner *heutigen Bedeutung* haben den Begriff Biologie 1802 gleichzeitig zwei Naturforscher geprägt: der französische Zoologe Jean Baptiste de Lamarck („Recherches sur l'organisation des corps vivants") und der Bremer Mediziner Gottfried Reinhold Treviranus. Treviranus nannte in seinem Werk „Biologie oder Philosophie der lebenden Natur für Naturforscher und Ärzte" als Ziel der Biologie die „Erforschung der Triebfedern, wodurch jener große Organismus, den wir Natur nennen, in ewiger reger Tätigkeit erhalten wird." Man beoachtete, dass Treviranus das Gefüge der Natur bereits als „Organismus" bezeichnet (→ 38.3: Bioplanet). Er schloss dabei außer Botanik und Zoologie auch angewandte Biologie (Landwirtschaft, Heilkunde) und ökologische Aspekte in die Biologie ein (Leps 1977; Jahn 1990, 298).

38.2 Biologie ist in Teildisziplinen gegliedert

Die Gliederung der Biologie in verschiedene *Teilgebiete* und Aspekte ist weitgehend von der genannten historischen Entwicklung bestimmt. Der Wandel von einer vorwiegend beschreibenden zu einer vorwiegend experimentellen Naturwissenschaft ist dabei deutlich.

Die heutigen Teildisziplinen der Biologie lassen sich zu vier Strängen ordnen: *Spezielle Biologie, Allgemeine Biologie, Theoretische Biologie* und *Metadisziplinen der Biologie* (→ Abb. 38-1).

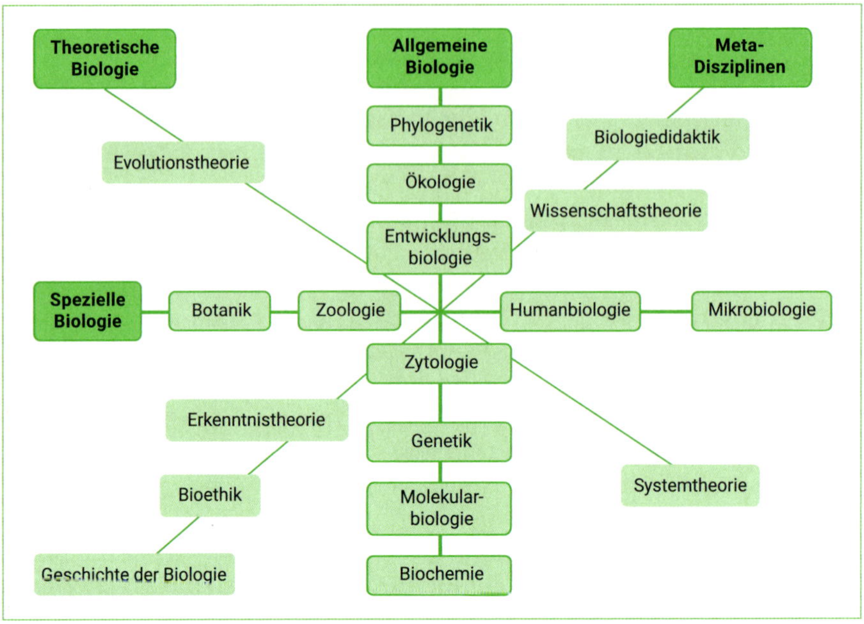

Abbildung 38-1: Teildisziplinen und Metadisziplinen der Biologie

Die älteste Sparte des Faches sind die Teilgebiete der *Speziellen Biologie* (lat. *species*, Art: Artenbiologie). Dazu quer stehen die die Organismengruppen übergreifenden Teildisziplinen. Sie bilden zusammen die *Allgemeine Biologie*.

Daneben werden in neuerer Zeit die molekulare Biologie (vor allem Biochemie, Molekulargenetik) und organismische Biologie (vor allem Systematik, Ökologie, Evolutionsbiologie) unterschieden. Außerdem können diese Teilgebiete der Biologie als Grundlagenwissenschaften oder als Angewandte Biologie betrieben werden.

In der *Theoretischen Biologie* werden allgemeine Theorien formuliert, mit denen die biologischen Phänomene erklärt werden können.

Als *Metadisziplinen* werden die Wissenschaftsgebiete bezeichnet, die zwar nicht selbst Biologie betreiben, aber *über* Biologie Aussagen machen; dazu gehört auch die Biologiedidaktik.

Die Gliederung der Biologie in Teildisziplinen wirft die Frage nach einem Band auf, das die Teildisziplinen verbindet. Der Unterschied von *lebend* und *nichtlebend* begründete im 19. Jahrhundert die Lebenswissenschaft. Heute ist allerdings nicht mehr klar, was tatsächlich der gemeinsame Gegenstand aller biologischen Disziplinen ist (→ Kasten).

Leben, lebendige oder lebende Systeme – Was ist Gegenstand der Biologie?
Wörtlich übersetzt heißt Biologie „Wissenschaft vom Leben" (gr. *bios*, das Leben, *logos*, die Lehre). Insbesondere physiologisch arbeitende Biologinnen und Biologen vertreten jedoch die Auffassung, dass das Wort *Leben* einen *metaphysischen Begriff* bezeichne, der nicht Gegenstand der Naturwissenschaft Biologie sein könne. Biologie sei vielmehr die „Lehre von den lebenden Körpern und den Vorgängen, die sich an ihnen abspielen" (Hartmann 1953, 16).
Entsprechend beziehen sich Definitionen der Biologie nicht auf Leben, sondern zentral auf *Lebewesen* (lebende Dinge, lebende Systeme, Organismen) und deren Gesamtheit, das Lebendige (Czihak, Langer & Ziegler 1990).
Eine andere Auffassung vertreten diejenigen Autorinnen und Autoren, die auch mehrere Ebenen der Biosysteme im Blick haben. In dieser *systemtheoretischen Auffassung* wird naturwissenschaftlich von *Leben* als der Gesamterscheinung aller spezifischen Prozesse in Biosystemen gesprochen. Aufgrund dieser Auffassung, in der *Leben als Gesamtprozess* in umfassendem Sinne definiert ist, wird Biologie wieder (wörtlich) als Lehre vom Leben verstanden: „Biologie ist die Wissenschaft vom Leben" (von Sengbusch 1985, VII; Bünning 1959; Murphy & O'Neill 1997; Reece et al. 2016).

38.3 Evolutionstheorie und Systemanalyse schaffen die Einheit

Der Evolutionsbiologe Ernst Mayr (1979, 186) unterscheidet zwei prinzipiell verschiedene und weitgehend getrennte Gebiete der Biologie: *Funktionsbiologie* und *Evolutionsbiologie*.

Funktionsbiologie befasst sich mit den Wechselbeziehungen und Strukturen innerhalb des Organismus; Evolutionsbiologie fragt nach der Geschichte der Lebewesen und ihrer Umwelt. Die beiden Gebiete sind im Sinne von Mayr keine Gegensätze, sondern ergänzen einander.

Fragestellungen aus diesen beiden Gebieten hat der Evolutionsbiologe Gerd von Wahlert 1977 in der Evolutionsbiologie miteinander verknüpft (→ Tab. 38-1).

Biologie als Lehre von ...	1. Phase Lebewesen	2. Phase Lebenserscheinungen	3. Phase der Biosphäre
orientiert sich an ...	Morphologie	Physiologie	Evolutionsökologie
verhält sich in kognitiver Hinsicht ...	betrachtend	analysierend	geschichtlich-systemisch
affektiver Hinsicht ...	genießend	beherrschend	partnerschaftlich
expressiver Hinsicht ...	beschreibend	experimentell und manipulierend	pflegend-gestaltend

Tabelle 38-1: Drei Phasen der Biologie in ihrer Geschichte (nach von Wahlert 1977, verändert)

Ausgehend von Biologie als Wissenschaft von den Lebewesen und Lebenserscheinungen wird sie in der 3. Phase als Wissenschaft von der *Biosphäre* beschrieben (vgl. von Wahlert 1977, 1981; Kattmann 1980, XXII ff., 143). Diese Definition der Biologie trifft sich mit systemtheoretischen Gliederungen der Biologie. Diese orientieren sich an den *Ebenen biologischer Organisation* (→ 36.8). Der Ökologe Eugene P. Odum (1983, 5 f.) nennt die folgenden Ebenen: Gene, Zellen, Organe, Organismen, Populationen, Biozönosen, Ökosysteme, Biosphäre.

In die gleiche Richtung gehen die vom russischen Biogeochemiker Vladimir I. Wernadsky entwickelten Vorstellungen. Die Biosysteme (→ 36.5) sind Organisationsformen der „lebenden Materie". Erdgeschichte und Lebensgeschichte sind eng verbunden. Biologie und Geologie rücken damit als historische Naturwissenschaften eng zusammen (vgl. Wernadski 1972).

Weiterführend ist eine planetare Sichtweise: Der Planet Erde wird in seiner heutigen Gestalt wesentlich von den Lebewesen bestimmt und kann daher *Bioplanet* genannt werden. Biologie wird so (in Partnerschaft mit der Geologie) zur Lehre vom Bioplaneten Erde und seiner Geschichte (Kattmann 1991; 2004; Krumbein 2004). Auf dieser Grundlage lässt sich eine Struktur der Biologie entwerfen, an der sich das Lernen und Lehren von Biologie orientieren kann. Nach den Relationen zwischen den Elementen der Systeme können drei grundlegende Ebenen herausgestellt werden (Kattmann 1980, → Kasten).

Die systemtheoretische Sicht ist in politischer oder ideologischer Absicht z. B. dazu missbraucht worden, das Individuum durch ein übergeordnetes System (wie Natur, Art, Volk, „Rasse") abzuwerten, wie dies in der nationalsozialistischen Ideologie geschehen ist („Du bist nichts, Dein Volk ist alles"). Ein solcher Missbrauch gründet sich in einer ungeschichtlichen und statischen Sicht, in der die Variabilität sowie die Eigenart und Autonomie der Biosysteme unterschiedlicher Ebenen ausgeblendet sind. Individuen sind also jeweils eigenständig und nicht durch umfassendere Einheiten (wie „Rasse" oder Geschlecht) auf bestimmte Eigenschaften oder Rollen festzulegen (→ 40.5).

Struktur der Biologie als Wissenschaft vom Bioplaneten Erde (nach Kattmann 1980, verändert)

Der hier vorgestellte Entwurf der Struktur der Biologie orientiert sich an Biosystemtheorie und Evolutionstheorie. Darin werden *drei grundlegende Biosysteme* unterschieden:

Die Biosystem-Ebenen sind – wie alle Systeme – nicht einfach in der Natur vorfindlich, ihre Abgrenzung und Auswahl hängt vielmehr von der wissenschaftlichen Perspektive ab, sie sind *Betrachtungsebenen* (Jax 2002). Die Begründung dafür, die drei ausgewählten Ebenen der Biosysteme herauszuheben, ergibt sich aus dem Umstand, dass diese nach biologischen Kriterien deutlich abgrenzbar sind: Sie sind durch drei verschiedene Arten von Relationen charakterisiert:

- Der *Bioplanet* Erde ist das umfassende Gesamtsystem des Planeten; die konstituierenden Beziehungen sind *ökologisch*.
- Die *Art* wird definiert als ein durch die Grenzen des Genflusses charakterisiertes Populationssystem; die Beziehungen sind *generativ*.
- Der *Organismus* ist morphologisch abzugrenzen; die Beziehungen sind *physiologisch*.

Jede Ebene der Biosysteme zeigt eigene *Systemeigenschaften* (Reece et al. 2016; Langlet 2019, 40 f.). Die Relationen in und zwischen Biosystemen müssen daher dialektisch beschrieben werden, sodass eine Systemebene nicht in der anderen aufgeht oder zu deren Gunsten aufgelöst werden kann (Teil-Ganzes-Relationen).

Alle Biosysteme haben eine *Geschichte*. Die Evolution ist daher das übergreifende Lebensgeschehen auf der Erde (Geschichte des Bioplaneten).

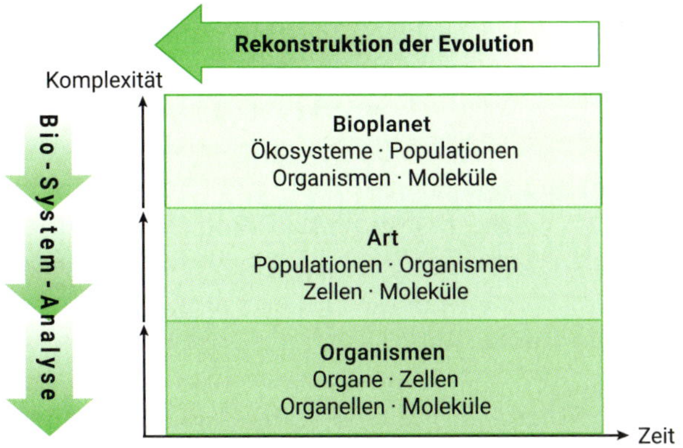

Die drei grundlegenden Biosystem-Ebenen werden in Abhängigkeit von Komplexität und Zeit erfasst. Die entstehende Struktur der Disziplin ist daher charakterisiert durch

- die *Rekonstruktion* der Evolution und
- die *Systemanalyse* auf verschiedenen Ebenen.

38.4 Die Geschichte der Biologie ist für das Lernen zu nutzen

Förderung des Lernens durch Geschichte

Die Geschichte der Biologie hilft im Biologieunterricht beim besseren Verstehen und Lernen von Biologie. In der Geschichte sind Parallelen zu Alltagsvorstellungen der Lernenden erkennbar und für das Lernen zu nutzen.

Dagegen wird bezogen auf die Physik eingewendet, dass die gewonnenen Einsichten in einem Wissenschaftssystem tradiert werden und somit von vornherein leichter und systematischer in unserem heutigen Verstehenszusammenhang zu vermitteln seien. Der historische Gang könne zwar den Lehrenden tiefere Einsichten gewähren, aber diese könne man den Lernenden besser ohne den Umweg über die Historie weitergeben: „Die umfassende These ist dann, dass man den Gewinn an Verständnis, den man durch historische Studien subjektiv erworben hat, immer weitergeben kann, ohne das Historische auch nur als solches zu nennen“ (Jung 1983, 12).

Dieser vom Lehren her gedachten – eher instruktionistischen – Ansicht kann entgegnet werden, dass die Lernenden (wie die Lehrenden) gerade beim Studium der Geschichte wissenschaftlicher Begriffe deren Genese selbst erforschen und damit die Inhalte für sich erschließen können.

Es wird häufig angenommen, dass die historische Genese der Wissenschaft und deren individuelle Aneignung durch die Lernenden grundsätzlich in gleicher Weise oder parallel verlaufen. Dieser Zusammenhang gilt aber nicht streng und muss für das *historisch-genetische Vorgehen* auch nicht vorausgesetzt werden. Lernende wiederholen in ihrer Vorstellungsbildung nicht die Phasen der Wissenschaftsgeschichte. Es kann aber wohl angenommen werden, dass (frühe) Wissenschaftler und die Lernenden ihre Vorstellungen aufgrund ähnlicher Alltagserfahrungen in ähnlicher Weise bilden (vgl. Theorie des erfahrungsbasierten Verstehens, Gropengießer 2007; → 13). Das historisch-genetische Vorgehen erscheint also überall dort angebracht, wo eine Übereinstimmung zwischen vorherrschenden Schülervorstellungen und in der Wissenschaftsgeschichte auftretenden Anschauungen nachgewiesen ist oder naheliegt. In diesen Fällen werden auch als Umwege erscheinende wissenschaftliche Irrtümer und vorläufige Lösungen oder sogar Fälschungen für das Biologielernen fruchtbar (vgl. Puthz 1993; Misgeld u. a. 1994; Schmidt 1984; Koch 1992 f.).

Das historisch-genetische Vorgehen sollte aber nicht überall und vor allem nicht schematisch angewendet werden; es bedarf vielmehr der sorgfältigen didaktischen Begründung. In vielen Fällen können die Lernenden bei geschichtlichem Vorgehen bewusst mit ihren vorunterrichtlichen Vorstellungen lernen. Sie können über den historischen Erkenntnisweg zur heutigen Sicht gelangen, ohne dass dabei eine vollständige Entsprechung zwischen dem Verlauf der Wissenschaftsgeschichte und den Erkenntnisschritten der Lernenden angenommen werden müsste.

Die Geschichte der Biologie sollte ebenso nicht als bloße Abfolge logisch begründeter Erkenntnisschritte bzw. als Wissensakkumulation vermittelt werden. Der *Erkenntnisfortschritt* vollzog sich in vielen Fällen im Zusammenhang mit gesellschaftlich drängenden Fragen. Es sollte herausgestellt werden, welche Fragen in der Wissenschaft verfolgt, welche vernachlässigt wurden, und in welchem Entstehungs- bzw. Verwertungszusammenhang das wissenschaftliche Tun stattfand und stattfindet (vgl. Langlet 2019). In diesen Zusammenhang gehört auch die Geschichte ideologisch-politischer Nutzung der Biologie (→ 40.5).

Ein weiteres Argument für wissenschaftshistorisches Vorgehen im Unterricht besteht darin, gerade die Fremdheit und das Ungewohnte der in der Geschichte auftretenden Anschauungen und Erklärungsversuche didaktisch zu nutzen. Indem eine heute vertraute Erklärung für eine Erscheinung mit einer ganz anderen historisch bedeutsamen Interpretation konfrontiert wird, können Unverstandenes oder nur halb Durchschautes aufgedeckt werden. Hilfreich ist dabei, die *historischen Wurzeln biologischer Begriffe* zu reflektieren (Töpfer 2011). So werden wichtige Elemente für das Verständnis der biologischen Aussagen herausgearbeitet, die bei allzu vertrauten Erklärungen gewöhnlich unbewusst vorausgesetzt werden. Beispielsweise zeigt die Geschichte der Zelltheorie mit der anfänglichen Idee der Zellentstehung durch Kristallisation, dass die Entstehung neuer Zellen durch Zellteilung keineswegs selbstverständlich ist (Kattmann 1998, 313).

Historische Texte sind besonders geeignet, an die originale Gedankenwelt heranzuführen (Quellentexte zur Geschichte der Biologie z. B. bei Falkenhan & Müller-Schwarze 1981; Kattmann & Pinn 1984; Rimmele 1984; Stripf u. a. 1984). Aus den Beispielen für den Biologieunterricht (Tab. 38-2) geht hervor, dass es angemessener erscheint, *Probleme und Ideen* zu studieren und in ihrer Entwicklung zu verfolgen, als geschichtliche Epochen zu charakterisieren. Wissenschaftsgeschichtliche Epochen sind nämlich schwer fassbar und ihre Charakteristika treffen nur auf Teilbereiche wirklich zu (vgl. Jahn 1990, 2000). Darüber hinaus ist auch der Bezug zum übrigen Biologieunterricht beim problemorientierten Vorgehen viel enger als bei einer historisch vergleichenden Sichtweise. Historische Kontroversen sind dabei auch für die Auseinandersetzung mit wissenschaftlich begründeten Ideologien besonders interessant (Rassenkunde, Eugenik, → 40.4 und 40.5).

Rolle der Theorie

Wissenschaftsgeschichte wird häufig nach einem überholten induktivistischen Schema vermittelt. Danach hätte zum Beispiel Gregor Mendel seine Regeln durch bloßes Auszählen bei seinen Kreuzungsexperimenten erhalten (vgl. Götz & Knodel 1980, 61 f.), Charles Darwin die Evolutionstheorie aufgrund der Beobachtungen während seiner Weltreise direkt erkannt und William Harvey den Blutkreislauf anhand von Experimenten und Berechnungen entdeckt. Weder Darwin noch Mendel oder Harvey haben aber ihre Theorien aus Beobachtungsdaten oder Ergebnissen von Experimenten abgeleitet. Vielmehr wurden von ihnen Theorien entwickelt, um gezielt zu beobachten, Experimente durchzuführen und Daten zu erklären: *Theorie* geht den Fakten voraus (vgl. Kattmann 1984 a, 9 ff.; Puthz 1993).

Besonders ahistorisch werden in Biologiebüchern die Arbeiten Mendels behandelt. Mendels Forschungen haben nur mit mathematischer Kombinatorik der *Merkmale*, nicht aber mit Genen zu tun (Kattmann 1995; Frerichs 1999, 26 ff.; Gliboff 1999). Ins Reich der Heldensagen gehört gar die Schilderung, Darwin habe die Evolution auf den Galapagos-Inseln anhand der Schnäbel der Grundfinken erkannt (Sulloway 1982, gegen Lorenz 1964; vgl. Kattmann 1984 a, 10 f.).

Der Biologieunterricht kann mit Hilfe wissenschaftsgeschichtlicher Fallstudien wesentlich zur Einsicht in den naturwissenschaftlichen *Erkenntnisprozess* und dessen methodischen Voraussetzungen beitragen (Langlet 2019), die genauso wie beim eigenen Beobachten und Experimentieren der Lernenden reflektiert werden sollten (→ 22; 24).

Personen machen Geschichte lebendig

Das wissenschaftsgeschichtliche Vorgehen kann pädagogisch schon dadurch gerechtfertigt sein, dass der geschichtliche Charakter der Wissenschaft im Handeln, im Lebensweg und den *Leistungen historischer Persönlichkeiten* deutlich wird (Ostersehlt 2012). Ein solcher Brückenschlag zur menschlichen Seite der Wissenschaft kommt jenen Lernenden entgegen, die sich besonders für die Rolle der Naturwissenschaften im menschlichen Leben interessieren.

Fragen zum Erschließen wissenschaftshistorischer Ereignisse (Jung 1983, 14)

Wie konnte man überhaupt auf ein solches Experiment kommen?
Wie kam man auf diese Erklärung?
Was bedeutet diese Entdeckung für den Entdecker, für sein Leben, für seine Zeit?
Welche Folgen hatte sie für ihn und für andere Menschen, für den Lauf der Geschichte?
Konnte man das nicht voraussehen?

Historische Versuche können die Lernenden zum Nachmachen und Nachdenken motivieren (vgl. Palm 1984 f.; Scharf & Tönnies 1989 f.). Das Herausstellen der persönlichen Leistungen großer Naturwissenschaftler sollte dabei nicht in Gegensatz zur Schilderung der historisch wirksamen gesellschaftlichen Bedingungen gesetzt werden. Wenn auch gezeigt werden kann, dass bestimmte wissenschaftliche Entwicklungen mit gesellschaftlichen Problemen verknüpft sind (z. B. bei der Entwicklung der Zellenlehre, vgl. Jeske 1978), so wird die individuelle Leistung der beteiligten Forscher dadurch nicht aufgehoben.

Ute Harms & Ulrich Kattmann

39 Wissenschaftsethik und Bioethik

Wissenschaftliches Arbeiten beruht auf bestimmten Grundprinzipien. An erster Stelle steht hier die Redlichkeit und die Ehrlichkeit des einzelnen Wissenschaftlers und der einzelnen Wissenschaftlerin gegenüber sich selbst und gegenüber anderen. Diese wissenschaftliche Integrität ist zugleich ethische Norm und Grundlage der Regeln wissenschaftlicher Professionalität, das heißt guter wissenschaftlicher Praxis, mit der die Wissenschaftsethik sich befasst. Diese umfasst auch das Abwägen von Chancen und Risiken neuer Forschungsgebiete und Forschungsergebnisse sowie deren Anwendung. Neben der für alle Wissenschaften geltenden Wissenschaftsethik ist die Bioethik der Teilbereich der Ethik, der sich mit Fragen beschäftigt, die mit biologischen Erkenntnissen und deren Anwendung verknüpft sind. Tierversuche, Gentherapie, Organtransplantation sind Themenbeispiele der Bioethik, die auch im Biologieunterricht bearbeitet werden. In diesem Kapitel werden die hierfür relevanten grundlegenden Begriffe erläutert sowie Hilfestellungen gegeben, ethische Themen im Biologieunterricht zu vermitteln.

39.1 Ethik befasst sich mit Werten, Normen und verantwortlichem Handeln

Embryonale Stammzellen erweisen sich im Tierversuch als wirkungsvolle Mittel, kranke Gewebe und Organe zu heilen. Um embryonale Stammzellen des Menschen zu gewinnen, müssen sie menschlichen Keimen entnommen werden, die dadurch getötet werden. Die in Forschung und Praxis Beteiligten stehen dadurch vor zahlreichen Problemen:

- Darf ein menschlicher Keim, der sich zu einem Kind entwickeln könnte, zum Zweck der Heilung zerstört werden?
- Wird mit der Verwendung des Keims die Menschenwürde verletzt?
- Darf man unrechtmäßig (z. B. ohne Einwilligung von Eizell- und Samenspendern) erzeugte Keime verwenden?
- Darf man die Forschung unterlassen, wenn unheilbare Krankheiten zukünftig auf Basis ihrer Ergebnisse sicher geheilt werden könnten?

Die genannten Probleme beziehen sich alle auf *Normen*: Was darf man, was darf man nicht, und auf *Werte* wie die Menschenwürde oder ein rechtmäßiges Vorgehen im Wissenschaftsbetrieb. Ein verantwortliches Handeln in diesen Zusammenhängen setzt das Reflektieren von Normen und Werten sowie das Bedenken der Folgen des Handelns voraus.

Der Begriff des *Wertes* bezieht sich auf die Fähigkeit des Menschen zu bewerten, d. h. Handlungen, Ziele oder Objekte als wertvoll zu begreifen. Der Begriff beschreibt keine Eigenschaft von Objekten, sondern er steht für eine Zielorientierung, für ein vom Menschen als wertvoll erachtetes Gut. Gesundheit (und damit verbunden Heilung) gilt z. B. als ein hoher Wert.

Der Begriff der *Norm* (Richtschnur, Maßstab, Vorschrift der Bewertung) steht für das handlungsbestimmende Prinzip, das die Realisierung des angestrebten Wertes ermöglicht. Durch die Norm „Du sollst nicht töten!“ wird z. B. der Wert Leben umgesetzt. Ethik beschäftigt sich demzufolge mit *normativen Fragen*, mit dem, „was sein soll“, mit Fragen der Gesinnung und der Verantwortung. Von der Ethik wird die *Moral* als das System von gesellschaftlich anerkannten Normen unterschieden (vgl. Harms & Runtenberg 2001).

Verantwortliches Handeln ist gleichbedeutend mit Entscheidungen, bei denen Werte und Normen reflektiert sowie die Folgen des Handelns beachtet werden. Ethisch gerechtfertigt heißt also verantwortlich zu handeln.

Grundlegende ethische Normen sind solche, die allein aus Vernunftgründen abgeleitet werden können. Hierzu zählt, dass allgemeine menschliche Verhaltensregeln für alle Menschen gelten (*Universalität* des gebotenen Verhaltens), dass eine Verhaltensregel Gültigkeit bei Vertauschen der Rollen hat (*Gegenseitigkeit*) und das Gebot des Eintretens für den anderen – selbst gegen das eigene Interesse (*Solidarität*). Alle drei Normen sind aus *der Gleichwertigkeit aller Menschen* hergeleitet. Mit der Annahme eines Eigenwerts der Natur können sie dementsprechend auf die gesamte Natur ausgedehnt werden (→ 43.3).

39.2 Wissenschaftliche Verantwortung ist Gegenstand der Wissenschaftsethik

Wissenschaftlich forschendes Handeln ist mit ethischen Fragen verbunden. Diese betreffen zwei Bereiche der Wissenschaftsethik, die wissenschaftsinterne und die wissenschaftsexterne. In der *wissenschaftsinternen* Ethik geht es um gute wissenschaftliche Praxis, also um das konkrete wissenschaftliche Handeln des einzelnen Wissenschaftlers, von Arbeitsgruppen oder ganzen Institutionen. Zentraler Gegenstand dieses Bereichs ist die Beschreibung und Sicherung eines allgemein anerkannten Wissenschaftlerethos. Es betrifft den Umgang mit Wissen, Ergebnissen und Konzepten innerhalb der

Gemeinschaft der Wissenschaftler und Wissenschaftlerinnen und des Wissenschaftsbetriebs. Wissenschaftsethik identifiziert und beschreibt wissenschaftsinterne Normen. Hierzu gehören unter anderem:

- *Universalismus*: Wissenschaft soll unabhängig sein von Nation, Religion, Weltanschauungen und persönlichen Vorlieben;
- *Skeptizismus*: Es ist eine grundlegende skeptisch-kritische Haltung der eigenen wissenschaftlichen Arbeit gegenüber einzunehmen;
- *Gemeinschaftsorientiertheit*: Die Forschung soll relevant für die Gemeinschaft sein;
- *Toleranz und Ehrlichkeit*: Andere Meinungen sind zu respektieren, Fälschungen aufzudecken (vgl. Morton 1985).

Die Deutsche Forschungsgemeinschaft (DFG), die zentrale Organisation zur Förderung der Forschung an Hochschulen und öffentlich finanzierten Forschungsinstituten in Deutschland, verfasste in den 1990er Jahren – anlässlich eines besonders schwerwiegenden Falls wissenschaftlichen Fehlverhaltens – ein Papier zur Sicherung guter wissenschaftlicher Praxis (DFG 1998). 2019 wurde von der DFG ein hierauf aufbauender Kodex erlassen, der die Leitlinien guter wissenschaftlicher Praxis festlegt und erläutert (→ Kasten). Universitäten und außeruniversitäre Forschungseinrichtungen entwickelten auf Basis dieser Empfehlungen konkrete Regeln für das wissenschaftliche Arbeiten in ihren Institutionen, die jeweils verbindlich für alle Forschenden gelten und die Selbstkontrolle in der Wissenschaft sichern sollen.

Kodex der DFG zur Sicherung guter wissenschaftlicher Praxis (DFG 2019)

Der Kodex fasst die grundlegenden Standards und Prinzipien guter wissenschaftlicher Praxis in 19 Leitlinien zusammen. Sie bieten allen Wissenschaftlerinnen und Wissenschaftlern eine verlässliche Richtschnur, gute wissenschaftliche Praxis als festen und verbindlichen Bestandteil der Forschung zu verankern. Beispiele hierfür sind:

- *lege artis* zu arbeiten;
- Werte und Normen wissenschaftlichen Arbeitens auf allen Karrierestufen in der Wissenschaft umzusetzen;
- die Verantwortung der Leitung wissenschaftlicher Einrichtungen, die Umsetzung guter wissenschaftlicher Praxis auf allen Arbeitsebenen zu gewährleisten;
- die Arbeit von Wissenschaftlerinnen und Wissenschaftlern insbesondere qualitativ und mehrdimensional zu beurteilen;
- die Rollen und Verantwortlichkeiten der einzelnen Akteure im Forschungsprozess transparent festzulegen;
- in der Regel die erarbeiteten Forschungsergebnisse öffentlich zugänglich zu machen.

In der *wissenschaftsexternen Ethik* geht es um Chancen und Risiken neuer Forschungsgebiete und Forschungsergebnisse sowie ihrer Anwendung. Sie betrifft die grundsätzliche Verantwortung der Wissenschaftlergemeinschaft gegenüber der Gesellschaft und den unmittelbar von Forschung Betroffenen. Hierzu gehört unter anderem die Festlegung und Differenzierung von Legitimationskriterien für Forschungsprojekte, bei denen eine Abwägung von Kosten, Nutzen und Gefahren unerlässlich ist. Wissenschaftlerinnen und Wissenschaftler sind darüber hinaus nicht nur verantwortlich für ihr Handeln, sondern auch für die Konzepte, die sie verfolgen und für deren Wirkungen (vgl. DFG 2019). Bereiche der wissenschaftsexternen Wissenschaftsethik werden manchmal eng an Einzelwissenschaften angeschlossen, sodass sie sich im Laufe der Zeit zu eigenständigen Disziplinen weiter entwickeln können, wie die Bioethik oder – weiter ausdifferenziert – die Umweltethik und die Sexualethik (→ Abb. 39-1). Für die Biologie und ebenso für das Lehren und das Lernen der Biologie ist die Beschäftigung mit ethischen Fragestellungen unerlässlich (→ 12; 39.3–39.8).

39.3 Bioethik ist angewandte Ethik für Entscheidungen im Bereich der Biologie

Die *Bioethik* ist der Teilbereich der Ethik, der sich mit Herausforderungen beschäftigt, die mit biologischen Erkenntnissen und deren Anwendung verknüpft sind. Während der Gegenstand der Naturwissenschaften das „Sein" ist, beschäftigt sich die Ethik mit dem „Sollen" menschlichen Handelns. Entsprechend sind biologische Aussagen beschreibend und erklärend, während ethische Aussagen immer auch normativ, also wertend sind. Auch das wissenschaftliche Vorgehen selbst ist ebenfalls Gegenstand ethischer Reflexion (Wissenschaftsethik, → 39.2). Gebräuchlich ist der Terminus Bioethik insbesondere für Probleme, die durch neue Entwicklungen in der Medizin und den biochemisch orientierten Wissenschaften entstehen bzw. entstanden sind. Diese Probleme entsprechen meist ethischen *Dilemmata*, die sich dadurch auszeichnen, dass jede ihrer denkbaren Lösungen mit ethischen Normen in Konflikt geraten muss. Die Lösung eines ethischen Dilemmas erfordert daher immer eine Werteabwägung. Beispiele für entsprechende Problembereiche sind: Beginn und Ende des menschlichen Lebens, Einsatz von Fortpflanzungstechniken, der Gentechnik und der Stammzellforschung (vgl. Ach & Runtenberg 2002; 2004; Gebhard, Hößle & Johannsen 2005). Fragen der Anwendung von Psychopharmaka, die das Verhalten beeinflussen, zählen ebenso hierzu. In diesem Zusammenhang wird das Wort *Medizinethik* häufig synonym mit Bioethik verwendet.

Ethische Herausforderungen ergeben sich nicht nur aus neuen technischen Möglichkeiten, sondern auch aus den absehbaren Folgen bereits vorgenommener und andauernder Eingriffe des Menschen in die nichtmenschliche Natur. Diese sind meist verbunden mit der Frage nach der Verantwortung des Menschen für seine Mitgeschöpfe. Der Terminus Bioethik wird hier daher in einem umfassenderen Sinne gebraucht und enthält somit u. a. auch die *Umweltethik* (→ Abb. 39-1). Die pädagogischen Überlegungen zur Umwelt- und Tierethik orientieren sich vielfach an der von Albert Schweitzer (1975) begründeten Ethik der „Ehrfurcht vor dem Leben". Zu den mit der Entwicklung der Technik und der Gefährdung der Biosphäre gegebenen ethischen Problemen gibt es mehrere grundsätzliche philosophische Entwürfe (vgl. Altner 1991; Kattmann 1997; Jonas 2003).

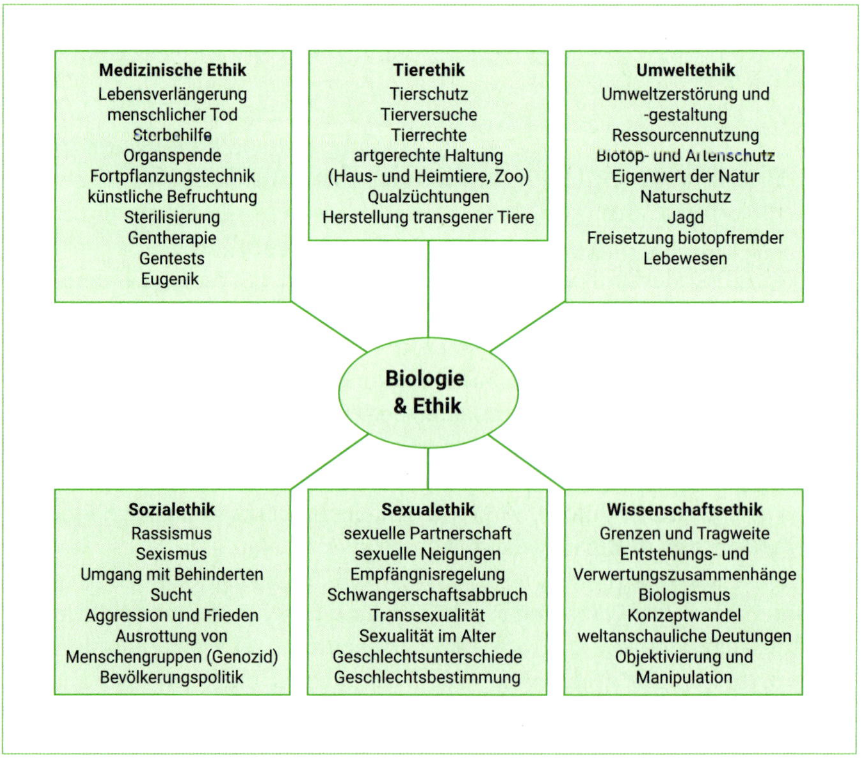

Abbildung 39-1: Für den Biologieunterricht bedeutsame Bereiche der Ethik

39.4 Biologische Aussagen können ethische Implikate enthalten

Die Verknüpfung von biologischen Aussagen und ethischen Überlegungen ist in den genannten Bereichen der Bioethik offensichtlich und meist zwingend gegeben. Ethische Aussagen können aber auch verborgen in biologischen Beschreibungen enthalten sein, so dass sie nicht ohne Weiteres bewusst werden. Solche ethischen Implikate werden als *heimliche Ethik* bezeichnet. Beispielsweise können bei Aussagen zur Evolution des Menschen ethische Aussagen transportiert werden, wenn Aggression und Kampf zwischen „menschlichen Horden" als positiv bewertet werden. Desgleichen ist es fragwürdig, wenn Rollenvorschriften für Männer und Frauen aus Jagd und Kampf (Männer) bzw. dem Sammeln von Nahrung (Frauen) abgeleitet werden" (vgl. Dulitz & Kattmann 1990, 9 ff.). Mit der Vorstellung der Höherentwicklung wird in der Regel eine Überlegenheit des Menschen und Höherwertigkeit über die übrige Natur verknüpft. Heimliche Ethik verbirgt sich ebenso in Denkfiguren, die in der Humanethologie vorherrschen. Mit der dort behaupteten Unangepasstheit des Menschen an die Bedingungen der technisch-industriellen Zivilisation werden kulturpessimistische Anschauungen verbreitet.

Biologische Aussagen sind deshalb im Unterricht darauf zu prüfen, welche heimliche Ethik sie enthalten. Außerdem besteht immer die Gefahr, biologische Tatsachen direkt als ethische Normen zu verstehen. Dies wäre ein logisch unzulässiger Schluss, ein sogenannter *naturalistischer Fehlschluss*. Was als „natürlich" beschrieben wird, wird hier unmittelbar als ethisch gerechtfertigt angesehen; von einem Sein (einem Sachverhalt) wird unmittelbar auf ein Sollen geschlossen. So ist z. B. die Argumentation, dass Formen des Gentransfers ebenfalls zwischen den Organismen vorkämen, der Mensch nur natürliche Vorgänge nutze und *aus diesem Grunde* Gentechnik legitim sei, ein naturalistischer Fehlschluss (vgl. Dulitz & Kattmann 1990; Harms & Runtenberg 2001).

39.5 Die Auseinandersetzung mit ethischen Fragen ist verbindlich für den Biologieunterricht

Mit der Einführung der länderübergreifenden Bildungsstandards in Deutschland (2004, 2020) wurde die Förderung von Kompetenzen im Bereich der Bewertung – nicht nur innerhalb der Naturwissenschaften, sondern auch auf ethischer Grundlage – für den Biologieunterricht verbindlich (→ 12). Diese Aufgabe zu beschreiben, Schwierigkeiten von Lehrenden und Lernenden zu identifizieren und Folgerungen für einen effektiven Unterricht zu geben, ist

Gegenstand empirischer biologiedidaktischer Forschung (vgl. Bögeholz et al. 2004; Harms 2004; Alfs 2012).

Die Behandlung ethischer Fragen im Biologieunterricht ist aufgrund der rasanten Entwicklungen in den Lebenswissenschaften in den 1990er-Jahren betont und als neues Unterrichtsprinzip formuliert worden (u.a. Dulitz & Kattmann 1990; Bayrhuber 1992; Brehmer 1993). Jeder Unterricht, der sich nicht auf beschreibende und erklärende Aussagen beschränkt, sondern normative Fragen einbezieht, läuft Gefahr zu moralisieren und die Lernenden zu bevormunden. Daher hat zum Beispiel das Bundesverfassungsgericht im Zusammenhang mit der Sexualbildung ein *Indoktrinationsverbot* für den Unterricht ausgesprochen. Indoktrination liegt immer dann vor, wenn individuelle Überzeugungen oder Ideale einseitig betont oder für alle verpflichtend gemacht werden sollen. Die Lehrpersonen dürfen Lernenden ihre persönlichen Überzeugungen selbstverständlich nicht aufzwingen oder aufgrund ihrer Rolle in den Vordergrund stellen; denn damit würde es den Lernenden erschwert, sich selbst ethisch zu entscheiden.

Das sich aus der pluralistischen Gesellschaft und der Entscheidungsfreiheit des Einzelnen ergebende Verbot der Indoktrination bedeutet andererseits nicht, dass die persönlichen Entscheidungen rein subjektiv und ethisch beliebig zu begründen seien. Bei den in der Biologie anstehenden Problemen wird es zwar meist mehrere ethisch vertretbare Lösungen geben. Das heißt jedoch nicht, dass jeder beliebige Lösungsvorschlag ethisch zu akzeptieren wäre. Vielmehr sind die vorgeschlagenen Lösungen im Gespräch sachgemäß und vernünftig zu begründen. Die Lernenden sind demnach nicht über eine bestimmte Moral zu belehren, sondern sie sind darin zu unterstützen, ethische Probleme zu erkennen, sich argumentativ mit ihnen auseinanderzusetzen und ethisch vertretbare Lösungen zu finden. Dabei ist nicht entscheidend, ob am Ende ein allgemeiner Konsens über eine Lösung hergestellt wird. Vielmehr geht es darum, dass gelernt wird, ethische Fragen als solche zu identifizieren, und dass die Lernenden unterstützt werden, eine begründete Meinung zu einer ethischen Frage zu entwickeln. Empirische Untersuchungen geben Hinweise darauf, dass ethische Urteilsfähigkeit im Biologieunterricht gefördert werden kann (→ 12). Allerdings zeigen sich Schwierigkeiten seitens der Lernenden, ihre ethischen Positionen argumentativ zu stützen (Garrecht, Reiss & Harms 2021). Ethische Fragen stellen den Kern von Ethik- und Religionsunterricht dar. Fächerübergreifender Unterricht mit diesen Fächern bietet sich daher bei der Behandlung ethischer Fragen zur Entwicklung und Förderung von Kompetenzen im Bereich Bewertung im Biologieunterricht an.

39.6 Ordnungsethik, Gesinnungsethik und Verantwortungsethik leiten die Reflexion ethischer Fragen

Die für die begründeten Entscheidungen nötigen ethischen Reflexionen sollen verhindern, dass Schülerinnen und Schüler durch unerkannte oder unbedacht übernommene Werturteile bzw. Vorschriften und Verhaltensregeln bevormundet werden. In Schülergesprächen sollte angestrebt werden, reflektierte, auf (biologisches und ethisches) Sachwissen gegründete ethisch orientierte *Entscheidungsprozesse* anzustoßen.

Als Orientierungsrahmen können dafür idealtypisch drei Formen unterschieden werden (Dulitz & Kattmann 1990): Ordnungsethik, Gesinnungsethik und Verantwortungsethik. Die drei Idealtypen sind nicht als sich ausschließende Gegensätze, sondern als drei *Reflexions- und Begründungsebenen* zu sehen, die durchlaufen werden und einander so ablösen können, dass die vorhergehende jeweils in der nachfolgenden aufgehoben ist. Die grundlegenden Normen Universalität, Gegenseitigkeit und Solidarität (→ 39.1) werden bei diesem Vorgehen vorausgesetzt.

In der *Ordnungsethik* liefern Tatsachenaussagen und kategoriale Unterscheidungen die Grundlagen für ethische Werturteile. So wird beispielsweise mit der (biologischen) Tatsache, dass der menschliche Keim von Anfang an als solcher erkennbar ist, die kategoriale Aussage verknüpft, dass von der Befruchtung an spezifisch menschliches Leben vorhanden sei. Hieraus wiederum folgt das Werturteil, mit einem gentechnischen Eingriff in einen solchen Keim werde die personale Identität angetastet, mit der Tötung des Keims ein menschliches Leben zerstört. Die Urteile gründen sich auf angenommene Seins-Ordnungen. Abweichungen werden als Verletzungen von Tabus empfunden. Positiv wird das Handeln geleitet durch die in natürlicher Ordnung geltenden Tugenden. Derartige Aussagen haben den Vorzug, eindeutig zu sein. Bei der Orientierung an Ordnungsethik besteht jedoch die Gefahr eines starren Dogmatismus, mit dem andere ethische Entscheidungen rigoros abgelehnt werden. Ordnungsethik kann auf Gefahren aufmerksam machen und helfen, gefährliche Entwicklungen abzuwehren. Sie hindert daran, vorschnell und leichthin über Grenzen hinwegzuschreiten.

In der *Gesinnungsethik* sind die mit einer Handlung verfolgten Absichten und Ziele der Maßstab für die ethische Beurteilung. Gesinnungsethisch wäre z. B. ein gentechnischer Eingriff an einem menschlichen Keim dann gerechtfertigt, wenn damit eine genetisch bedingte Krankheit geheilt oder menschliches Leiden überhaupt abgewehrt werden soll. Die therapeutischen Absichten und Motive können jedoch leicht in gegenteilige Folgen verkehrt werden. Gerade das Ziel, Krankheiten zu verhindern, kann dazu verleiten, ein Gesundheitsideal anzustreben, in dem Leiden, Krankheit und Behinderung keinen Platz haben. Statt des Leidens wird dann der Leidende verhindert. Gesinnungsethik lenkt die Sicht auf Motive und Ziele menschlichen Handelns und ist in dieser Funktion unverzichtbar. Gute Absichten allein sind kein Garant für moralisch einwandfreies Handeln. Im Unterricht ist es daher mit dem Betonen affektiver Unterrichtselemente oder mit emotionalen Appellen nicht getan. Gesinnungsethischer Eifer darf rationale Information über Bedingungen und Folgen des Handelns nicht ersetzen.

Die *Verantwortungsethik* ist dadurch ausgezeichnet, dass mit ihr die absehbaren Folgen einer Handlung einschließlich möglicher Fern- und Nebenfolgen bedacht werden, danach das Handeln an menschlichen Maßstäben ausgerichtet wird und die mit ihm verknüpften Chancen und Risiken abgewogen werden. Zu den menschlichen Maßstäben des Handelns gehören:

- Vorsicht beim Eingreifen in komplexe Lebensgefüge;
- Beschränkung auf fassbare Aufgaben mit überschaubaren Dimensionen;
- langsames Tempo der Entwicklung;
- Rechnen mit menschlichem Versagen (Fehlerfreundlichkeit).

	Ordnungs-ethik	Gesinnungs-ethik	Verantwortungs-ethik
Die Ethik gründet sich normativ auf ...	Ordnung	Gesinnung	Verantwortung
sie wird kognitiv bestimmt durch ...	Werte	Ziele	Folgen
sie wird affektiv beeinflusst durch ...	Tabus	Appelle	Chancen und Risiken
sie wird pragmatisch geleitet durch ...	Tugenden	Motive	Vernunft
ihre Urteile sind im Grundsatz ...	kategorisch und zeitlos gültig	subjektiv herrschend und universell verpflichtend	geschichtlich gebildet und revidierbar

Tabelle 39-1: Kategorien ethischer Reflexion (nach Dulitz & Kattmann 1990)

Da sich die Folgen einer Handlung mit den Bedingungen ändern, sind verantwortungsethische Urteile in dieser Hinsicht immer vorläufig und grundsätzlich revidierbar. Sie stehen unter dem Vorbehalt neuer Situationen und neuer Erkenntnisse. Verantwortungsethische Aussagen sind damit grundsätzlich für vernunftbezogene Nachfragen und Überprüfungen offen. Verantwortungsethisch werden keine unantastbaren Bereiche formuliert, in die der Mensch nicht eingreifen dürfte. Die Schranken ergeben sich aufgrund der Unfähigkeit des Menschen, die Folgen seines

Handelns zu erkennen und zu tragen. Die weitreichenden Konsequenzen moderner Technik für Mensch und Umwelt machen es zur verantwortungsethischen Maxime, das Nichtwissen von Folgen und Nebenfolgen einzugestehen.

39.7 Schemata zur Entscheidungsfindung können das Vorgehen im Unterricht strukturieren

Ein Biologieunterricht, der ethische Fragestellungen einbezieht, muss zunächst einmal für Lernende einsichtig machen, dass zwischen naturwissenschaftlichen und ethischen Aussagen ein qualitativer Unterschied besteht, dass also die deskriptiv-explikative von der normativen Ebene unterschieden werden muss. Auf der normativen Ebene kann schon die Unterscheidung der Formen der Ethik und der Reflexionsebenen die ethischen Vorstellungen der Schüler differenzieren und klären helfen (→ 39.6). Nach dem Modell der *ethischen Analyse* nach Barbara Dulitz und Ulrich Kattmann (1990) sollte im Unterricht so vorgegangen werden, dass bei ethischen Entscheidungsprozessen die drei Reflexionsebenen in der angegebenen Reihenfolge durchschritten und danach die Schlussfolgerungen miteinander verglichen werden. Neben dem genannten Modell existiert eine Vielzahl von Ansätzen und alternativen Unterrichtsverfahren zur Behandlung ethischer Fragen im Biologieunterricht (Übersicht und Systematisierung bei Bögeholz et al. 2004).

Für den Prozess der Entscheidungsfindung schlagen verschiedene Autoren eine konkrete Schrittfolge für den Unterricht vor (Dulitz & Kattmann 1990, 18 ff., → Kasten; vgl. Kattmann 1991; Harms & Runtenberg 2001; Hößle & Bayrhuber 2006).

Sieben Schritte zur Entscheidungsfindung (Kattmann & Dulitz 1990, 20 ff.)

Schritt 1: Wahrnehmung der Entscheidungssituation

Worüber soll entschieden werden? Welche Vorschläge werden gemacht? Welche Bedingungen sind zu berücksichtigen? Wer soll entscheiden? Für wen soll entschieden werden? Wer wäre von der Entscheidung betroffen?

Schritt 2: Auflisten der Handlungsmöglichkeiten

Möglichst viele, nicht nur zwei gegensätzliche (alternative) Möglichkeiten erörtern. Man sollte „aus dem Feld gehen" und nach weiteren Möglichkeiten (phantasievoll) suchen, die nicht so nahe liegen.

Schritt 3: Auflisten der Werte

Es sind alle Werte aufzulisten, die bei der Entscheidung eine Rolle spielen können, z. B. Menschenleben, Wert der Traditionen, Selbstbestimmungsrecht der Betroffenen, Naturerhaltung, Sicherung der Lebensgrundlagen für zukünftige Generationen, Vermeidung von Leid (für Menschen, Tiere).

Schritt 4: Aufstellen einer Rangordnung der Werte

Abwägen der Werte gegeneinander, sofern sie in Konflikt stehen. Keine Mehrheitsentscheidungen, sondern persönliche Rangfolgen (z. B. Rangfolgen bei Eingriffen in die Natur: 1. Menschenleben, Selbstbestimmungsrecht, Naturerhaltung; 2. Naturerhaltung, Rettung von Menschenleben, Selbstbestimmungsrecht).

Schritt 5: Auflisten der Ziele und Motive

Die Ziele und Motive sind für alle Handlungsmöglichkeiten durchzuspielen. Welche und wessen Interessen werden dabei vertreten?

Schritt 6: Analyse der Ziele, Wertentscheidungen und Handlungsmöglichkeiten

Es sind alle drei Aspekte zusammen zu beurteilen:
Wie stimmen Ziele und mögliche Folgen der Handlungen überein?
Wie stimmen Rangfolgen der Werte mit Handlungsmöglichkeiten überein?
Ist die Handlungsmöglichkeit für alle Betroffenen fair?
Würde man dasselbe vorschlagen, wenn man selbst betroffen wäre?

Schritt 7: Auswahl einer Handlungsmöglichkeit

Die anscheinend beste Handlungsmöglichkeit wird ausgewählt und anhand des Ergebnisses von Schritt 6 begründet. Es kann mehrere Handlungsoptionen geben. Ziel ist nicht immer ein Konsens. Vielmehr sollen die Maßstäbe und Folgen des Handelns bewusst werden, sodass die Lernenden ihre (auch abweichenden) Entscheidungen ethisch reflektieren und begründen können.

Bei diesem Vorgehen kommt es zunächst darauf an, die Problemsituationen so anschaulich wie möglich zu machen. Durch Fallstudien können die Lernenden beispielsweise angeregt werden, sich in eine ethische Entscheidungssituation hineinzuversetzen und einen persönlichen Meinungsbildungsprozess zu durchlaufen (vgl. Bayrhuber, Harms & Kroß 2001).

Besonders wichtig für den Unterricht sind das Erkennen der ethischen Probleme oder Dilemmata in einer konkreten Entscheidungssituation sowie die Reflexion der berührten Werte und der möglichen Handlungsoptionen. Durch die ethische Analyse sollen die Lernenden angeregt werden, sich mit möglichst vielen Wertorientierungen auseinanderzusetzen, möglichst viele Handlungsoptionen zu finden und diese argumentativ zu vertreten oder abzulehnen.

39.8 Problemhaltige Unterrichtsmaterialien können die originale Begegnung ersetzen

Lernende authentisch an reale ethische Problemfelder heranzuführen, sodass die ethischen Fragen von der *originalen Begegnung* selbst provoziert werden, ist im Rahmen des Biologieunterrichts kaum möglich. Eine mögliche Herangehensweise, um Situationen im Unterricht zu schaffen, in denen die Schülerinnen und Schüler Entscheidungssituationen erleben und reflektieren können, sind Rollen- und Planspiele. Während im Rollenspiel die Entscheidungssituationen von verschiedenen Positionen her durchgespielt und nahegebracht werden können (Hößle 2001), eignet sich das Planspiel besonders gut dazu, das verantwortungsethische Abwägen von Entscheidungen samt den Folgen zu simulieren.

Die *Materialien für Fallstudien* müssen anschaulich und problemhaltig genug sein, um Betroffenheit herstellen zu können. Dazu eignen sich besonders *Dilemmata*, in die die Lernenden selbst geraten oder in die sie sich leicht hineindenken können. Neben kontroversen Texten aus dem Wissenschaftsbereich können dazu emotional ansprechende Bilder, z. B. Karikaturen, dienen (vgl. Dulitz & Kattmann 1990). Bei jüngeren Lernenden können Anspielszenen, die den Ausgang einer Entscheidungssituation offenlassen, den Einstieg in ein Unterrichtsgespräch erleichtern.

Bei der im Biologieunterricht manchmal noch ungewohnten Textarbeit sollten die Schülerinnen und Schüler dazu angeleitet werden, die Texte auf verborgene ethische Argumente oder Implikationen zu befragen, um so der heimlichen Ethik auf die Spur zu kommen. Das kann auch am eingeführten Biologie-Schulbuch geschehen (→ 34).

Wissenschaftsethik kann besonders auf dem Hintergrund ethisch bedeutsamer Geschehnisse in der Wissenschaftsgeschichte behandelt werden (→ 38).

Zur Bioethik im Unterricht gibt es einige *Sammlungen* von Materialien und Unterrichtsentwürfen (● Tab. 39-2), die z. T. mehrere Themen umgreifen (vgl. Dulitz & Kattmann 1990; Gebhard & Johannsen 1990; Kattmann 1995 a; Bayrhuber, Harms & Kroß 2001; Schroeter & Lücken 2008). *Unterrichtsentwürfe* betreffen vor allem ältere Lernende (Sekundarstufe II).

Ulrich Kattmann

40 Geschichte des Biologieunterrichts

Die Geschichte des Biologieunterrichts zeigt, wie biologisches Wissen gesellschaftlich genutzt oder auch missbraucht werden kann. Die Kenntnis dieser Geschichte hilft, Bildungsaufgaben des Biologieunterrichts zu beachten und historische Fehler zu vermeiden.

40.1 Biologieunterricht orientiert sich an gesellschaftlichen Bedürfnissen

Als Begründer der europäischen Didaktik gilt der böhmische Pfarrer und Lehrer Johann Amos Comenius (tschech. Komensky) (1592–1670). 1632 erschien seine „Magna Didactica". Sie enthält den Entwurf einer umfassenden Schulreform – in seinen Augen der wichtigste Teil eines Planes zur *Erneuerung* der Welt.

Comenius forderte eine öffentliche Schule, in der in der Muttersprache unterrichtet wird. Der Lehrplan sollte neben dem System der antiken und mittelalterlichen Bildung (den „sieben Freien Künsten": Grammatik, Rhetorik, Dialektik, Arithmetik, Geometrie, Musik, Astronomie) auch *Realien* umfassen. Die Lehrer sollten die „Kräfte der Pflanzen und Metalle, den Bau des menschlichen Körpers" kennen. Sein als Lateinbuch konzipierter „Orbis pictus" war für lange Zeit das wichtigste naturkundliche Schulbuch (Comenius 1658).

Unter dem Einfluss von Comenius wurde 1662 der naturkundliche Unterricht in die Gothaer Schulordnung eingeführt. Behandelt wurden vor allem Nutzpflanzen und Nutztiere, Heilkräuter und Landwirtschaft. Die Inhalte wurden also unter dem Gesichtspunkt *nützliches Wissen* ausgewählt. Biologie wurde als *Lebenskunde* betrachtet. Diese Orientierung hatte besondere Bedeutung durch die verheerenden Folgen der großen Kriege auf die Versorgung der Bevölkerungen: Siebenjähriger Krieg (Preußen 1749-1756), 1. und 2. Weltkrieg (1914-1918 bzw. 1939-1945).

So richtete Friedrich Eberhard von Rochow 1776 mit einem „Lesebuch für Volksschulen" den gesamten Unterricht darauf aus, durch die Vermittlung von naturwissenschaftlichem Wissen die Verwüstungen des Siebenjährigen Krieges zu beseitigen (Textbeispiel bei Keckstein 1980, 19). 1854 machten die

Lebenskunde	Unterrichtmethode	Wissenschaft
	Comenius 1632 Magna Didactica 1658 Orbis Pictus	
nützliches Wissen 1657 **Reyher** „Kurzer Unterricht von natürlichen Dingen"	**Salzmann** (1744–1811) Unterricht in freier Natur	
1776 **von Rochow** „Bauernfreund" „Kinderfreund"	Lesebuchtexte	
sinnige Betrachtungsweise 1854 **Roßmäßler** „Flora im Winterkleid" 1864 **Brehm** „Tierleben"	1832 **Lüben** „Naturkörper im Unterricht"	*beschreibend-morphologische Betrachtungsweise* „Leitfaden zu einem methodischen Unterricht" 1869 **Leunis** „Schul-Naturgeschichte"
	1885 **Junge** Untersuchungen von Lebensgemeinschaften	*ökologische Betrachtungsweise* „Der Dorfteich als Lebensgemeinschaft"
	1896 **Schmeil** Experimente im Unterricht	*funktionell-morphologische Betrachtungsweise* „Reformbestrebungen" Lehrbücher **Kraepelin** **Smalian**
nützliches Wissen 1921 **Senner** „Heimische Scholle"	*Arbeitsschulbewegung* 1922 **Schmitt** „Heraus aus der Schulstube" Exkursionen 1921 **Grupe** 1938 „Natur und Unterricht" tätiger Umgang mit der Natur	*synthetische Betrachtungsweise* 1922 **Brohmer** „Naturgeschichtsplan in der Arbeitsschule" „Bauernnaturgeschichte"
1932 Vorschläge des Verbandes Deutscher Biologen	1933 **Steinecke** „Methodik"	1936 **Brohmer** „Deutsche Lebens-gemeinschaften"

Tabelle 40-1: Übersicht zur Geschichte des Biologieunterrichts in Deutschland bis 1945: Um die Hauptentwicklungen kenntlich zu machen, sind die einander ablösenden Betrachtungsweisen drei durchgehenden Strängen zugeordnet.

Preußischen Regularien die praktische Bedeutung zur Norm für alle naturkundlichen Inhalte.

Die Betrachtungsweise des nützlichen Wissens wurde in der Notlage nach dem 1. Weltkrieg vor allem von Anton Senner wieder aufgenommen. Er entwarf eine auf landwirtschaftlich-technische Anwendung gegründete Naturkunde. Dadurch sollte der Biologieunterricht helfen, die landwirtschaftliche Produktion und somit die Versorgung der Bevölkerung zu verbessern. Unterrichtsthemen waren demgemäß vor allem Haustiere, Kulturpflanzen, Schädlinge und Unkräuter (vgl. Grupe 1977, 56).

Der einseitige Nützlichkeitsstandpunkt, der den lebenskundlichen Strang der Geschichte des Biologieunterrichts kennzeichnet, wurde im Biologieunterricht von 1933 bis 1945 im Sinne *nationalsozialistischer Gemeinschaftsideologie* noch gesteigert. Der Biologieunterricht sollte als Instrument in der „Material- und Abwehrschlacht" des 2. Weltkriegs zur Erhöhung der landwirtschaftlichen Produktion dienen, während Rassenkunde und Erblehre die menschenverachtende nationalsozialistische Rassen- und Bevölkerungspolitik durchsetzen sollten (→ 40.5).

Dem nützlichen Wissen kann auch eine weitere Betrachtungsweise zugeordnet werden, die zwischen den Kriegen vorherrschte und unter dem Einfluss dichterischer Naturbeschreibung des 19. Jahrhunderts stand: Die *sinnige Naturbetrachtung* hatte naturbezogene Gemütsbildung zum Ziel. Eindrucksvolle Erzählungen sollten die Gefühle und den Geist gleichermaßen ansprechen und bildendes Naturerleben vermitteln. Damit sollte sich die Persönlichkeit mit entsprechenden Haltungen gegenüber der lebenden Natur herausbilden (vgl. Scheele 1981, 87 ff.). Die sinnige Naturbetrachtung wurde im Nationalsozialismus mit ihrer Betonung emotionaler Aspekte zur Gesinnungsbildung genutzt und antirational ausgedeutet (ganzheitliche Naturbetrachtung, → 40.5).

Neben den romantisierend-emotionalen Absichten hatte die sinnige Naturbetrachtung auch einen aufklärend-politischen Zug und näherte sich damit der Orientierung an der Wissenschaft (→ 40.3). Neben anderen versuchte Alfred E. Brehm (Illustriertes Tierleben, 1864) – z. T. aus sozialpolitischen Motiven – die Biologie zu popularisieren und somit breiten Volksschichten zugänglich zu machen. Dies ist ein Ziel, das sich heute modifiziert in der Umweltbildung wiederfindet (Pädagogik des Naturerlebens, → 43.9).

40.2 Biologieunterricht folgt der Entwicklung der Wissenschaft Biologie

1735 erschien die erste Auflage des Werkes „Systema naturae" des Schweden Carl von Linné. In der 10. Auflage von 1758 wendete Linné zum ersten Mal die bis heutige gültige binäre Nomenklatur konsequent auf Pflanzen- und Tierarten an. Der Einfluss, den die taxonomisch-systematischen Arbeiten von Linné auf Wissenschaft und Unterricht ausübten, war sehr weitreichend. Linné selbst sorgte z. B. dafür, dass in Schweden der naturkundliche Unterricht bereits 1747 an den allgemeinbildenden Schulen eingeführt wurde. Während Linné sehr an praktischen Fragen der Biologie interessiert war und zum Beispiel Vorschläge zur Forstwirtschaft, Kultivierung von Mooren und Unkrautbekämpfung machte, wurde der Biologieunterricht in Deutschland zeitweise ganz auf die von Linné ausgearbeitete Systematik der Pflanzen und Tiere abgestellt. Die *beschreibend-morphologische Betrachtungsweise* beschränkte den Biologieunterricht auf Artbeschreibungen, systematisch-taxonomische Vergleiche und Bestimmungsübungen.

August E. Lüben führte das Linné'sche System in diesem Sinne konsequent in den Schulunterricht ein. Die Beschäftigung mit dem Linné'schen System sollte die formalen Fähigkeiten der Lernenden schulen, vor allem deren Beobachtungsfähigkeit und logisches Denken (vgl. Scheele 1981, 50). Im Sommer wurden Pflanzen, im Winter Tiere nach einem starren Schema (Kopf-Schwanz- bzw. Wurzel-Blüte-Methode) genau beschrieben (Textbeispiel bei Siedentop 1972, 19). Die taxonomischen Kategorien wurden von Lüben nach dem allgemeinen Prinzip „Vom Besonderen zum Allgemeinen" behandelt, zuerst verwandte Arten, danach Gattungen, dann Familien, Ordnungen usw. In der Folgezeit bestimmte dieses Konzept mit nur leichten Abänderungen weitestgehend den Biologieunterricht besonders an Realschulen und Gymnasien. Das zeigen zum Beispiel die sehr verbreiteten Schulbücher von Johannes Leunis. In dessen „Schul-Naturgeschichte" wird das Bestimmen von Pflanzen und Tieren zum Selbstzweck (Textbeispiel bei Siedentop 1972, 19).

Mit diesem extrem schematischen Vorgehen bestimmten lebensferne Inhalte den Unterricht. Emil August Roßmäßler und andere versuchten dagegen zur selben Zeit in ihren populärwissenschaftlichen Schriften, die Natur als geschichtlich gewordenes Gefüge und große Einheit eindrücklich darzustellen. Diese Naturauffassung war von der Anschauung Alexander von Humboldts (1769-1859) beeinflusst, der im Aufdecken der Zusammenhänge die vornehmste Aufgabe der Naturwissenschaften sah. Für das wissenschaftliche Erforschen Organismus-übergreifender Zusammenhänge waren die Arbeiten des Kieler Zoologen Karl August Möbius bahnbrechend. In seiner Abhandlung über „Die Nester der geselligen Wespen" wurden 1856 erstmals die Gesetzmäßigkeiten einer Tiersozietät genau dargestellt. Mit der Arbeit über „Die Auster und die Austernwirtschaft" führte Möbius 1877 den Begriff Biozönose („Lebensgemeinde", heute als Lebensgemeinschaft bezeichnet) in die Biologie ein und verknüpfte ökologische Erkenntnisse zugleich mit ökonomischen.

Regeln zur ökologischen Betrachtungsweise im Unterricht (Friedrich Junge 1907)

Durch die Behandlung von Lebensgemeinschaften ist es ermöglicht, den Stoff im Einzelnen zu beschränken und sich doch zu vertiefen ... Ferner ermöglicht die Betrachtung der Lebensgemeinschaft mehr und mehr das Verständnis des Lebens auf der Erde als einer Gemeinschaft; ... „die Natur in jedem Winkel der Erde ist ein Abglanz des Ganzen", sagt Humboldt.

Daraus ergeben sich die Forderungen:

- Es ist ein klares gemütvolles Verständnis des einheitlichen Lebens in der Natur anzustreben.
- Betrachte jedes Wesen als einen in sich vollkommenen Organismus.
- Betrachte jedes Wesen ... nach seinen Wechselbeziehungen zu anderen in derselben Gemeinschaft, in seiner Beziehung zum Ganzen, nach seiner Abhängigkeit von Wärme, Licht, Luft, Wasser.
- Betrachte die ganze Lebensgemeinschaft als Glied eines höheren Ganzen, speziell in ihrer Beziehung zum Menschen.

Ein Schüler von Möbius, der Lehrer Friedrich Junge, versuchte die neuen Gedanken auf den Schulunterricht anzuwenden (vgl. Brucker 1980; Stipproweit & Ant 1986; Trommer 1986; Schmidt o. J.). Er begründete mit seinem Buch „Der Dorfteich als Lebensgemeinschaft" (1885) die *ökologische Betrachtungsweise*. Der Unterricht sollte sich an den „Gesetzen des organischen Lebens" orientieren, d. h. an den gesetzmäßigen Erscheinungen in Lebensgemeinschaften (→ Kasten).

Junge entwickelte eine *vielseitige biologische Artbeschreibung*, die über taxonomisch wichtige Bestimmungsmerkmale (Leunis) und systematisch-morphologische Bauplanmerkmale (Lüben) weit hinausgeht. Sie enthält anschauliche Angaben über den Lebensort, die Bewegung, Ernährung, Atmung, Sinnesleistungen, Fortpflanzung und Entwicklung. Außerdem wird selbstverständlich die Rolle der Art als Glied der Biozönose hervorgehoben.

Junges Arbeiten wurden in der Curriculumreform um 1970 aufgegriffen. Seine Prinzipien können nicht nur eng ökologisch, sondern *allgemeinbiologisch* ausgelegt werden. Es ist deutlich, dass Junges Gedanken in der Umweltbildung nachwirken (→ 43).

Junges Versuch, die Lebensgemeinschaft und ökologische Beziehungen der Organismen in den Mittelpunkt des Unterrichts zu stellen, war jedoch zu seiner Zeit weitgehend erfolglos. Nur in der Volksschule, wo der Lehrplan wenig einschränkende Bestimmungen machte, wurde das Prinzip des Vorgehens nach Lebensgemeinschaften teilweise verwirklicht. Die meisten Lehrkräfte waren für einen solchen Unterricht nicht hinreichend ausgebildet und die entsprechenden ökologischen Disziplinen noch kaum entwickelt. Zudem waren einige Gesetzmäßigkeiten Junges sehr abstrakt, nur wenig belegt oder daher recht spekulativ.

So war es nicht verwunderlich, dass die Preußischen Richtlinien von 1892 für Realschulen, Realoberschulen und Gymnasien übergreifende ökologische oder allgemeinbiologische Aspekte nur in sehr geringem Ausmaß berücksichtigten. Stattdessen forderten sie weiterhin überwiegend Kenntnisse in der zoologischen und botanischen Systematik und ließen so für Neuerungen nur wenig Spielraum.

Mit diesen Rahmenbedingungen muss daher die Reform des Biologieunterrichts betrachtet werden, die mit dem Wirken von Otto Schmeil verbunden ist (vgl. Schmidt, o. J.). Grundlegend für Schmeils Reformkonzept war seine Kampfschrift „Über die Reformbestrebungen auf dem Gebiete des naturgeschichtlichen Unterrichts" (1896). Mit den Ideen von Junge setzte Schmeil sich gründlich auseinander und übernahm dessen Konzept der vielseitigen Artbeschreibung. Er strebte mit der *funktionell-morphologischen Betrachtungsweise* einen experimentell ausgerichteten Biologieunterricht an, in dem Bau und Funktion der Lebewesen zu einer biologischen Sichtweise verknüpft werden. Die Ausrichtung des Unterrichts auf den Gedanken der Lebensgemeinschaft lehnte er jedoch ab und behielt auf den unteren Klassenstufen (wie es der Lehrplan vorschrieb) das Vorgehen nach dem System der Lebewesen bei. Den Anteil der Menschenkunde vergrößerte er stark.

Grundsätze der funktionell-morphologischen Betrachtungsweise (Otto Schmeil 1896)

- „Die Reformbewegung richtet sich allein gegen die einseitige Herausarbeitung des Systems, nicht etwa auch gegen systematische Gruppierungen ... in Form von Rückblicken, Zusammenfassungen und dergleichen.
- Bau und Lebensweise sollen in ursächlichen Zusammenhang gebracht werden. Es kommt nicht auf ein Aufzählen der ... Eigenschaften, sondern auf eine Einführung in das Verständnis an.
- Für den Schüler gilt es, selbständig, elementar zu forschen; das Eindringen in den kausalen Zusammenhang der Erscheinungen setzt eine viel größere Aufmerksamkeit und ein weit genaueres Beobachten voraus als der rein morphologische Unterricht.
- Nur durch fleißiges Beobachten, durch Selbstschauen und Selbstuntersuchen ist es möglich, den schlimmsten Feind alles geistbildenden Unterrichts aus der Schule zu verbannen: den Verbalismus."

Schmeil verband mit seiner Reform auch eine nationalpolitische Absicht: „Das Volk wird an der Spitze der Völker marschieren, welches mit der höchsten sittlichen Tüchtigkeit die tiefste Kenntnis der Natur in ihren mannigfachen Erscheinungen verbindet." Der Einfluss von Schmeils Konzept war sehr groß. Er erfasste fast alle Schulen und ist bis in die 1970er Jahre spürbar geblieben.

Schmeil lehnte die Behandlung der *Evolution* ab: Der Darwinismus sei „eine durchaus nicht einwandfreie Hypothese. ... Aufgabe [der Schule] kann nur sein, unwiderleglich feststehende Tatsachen zu lehren" (Schmeil 1896, 67). Die revolutionären Theorien Darwins fanden so zunächst keinen Eingang in den Biologieunterricht. Auseinandersetzungen um sie führten in Preußen sogar zum Verbot: Der Blütenbiologe Hermann Müller versuchte 1879 in einer Schule in Lippstadt, Darwins Arbeiten im Unterricht zu behandeln. Eltern, kirchliche Stellen und Journalisten empörten sich. 1882 untersagte der Preußische Kultusminister den gesamten Biologieunterricht auf der Oberstufe der höheren Schulen. Ein Jahr später wurde die Behandlung der Evolutionslehre im Schulunterricht in Preußen vollständig verboten. Erst mit den Richtlinien von 1925 wurde Biologie wieder als Pflichtfach im Oberstufenunterricht eingeführt und die Evolutionslehre in den Lehrplan aufgenommen. Von der Evolutionslehre abgesehen, förderten die Ideen Schmeils die Orientierung des Biologieunterrichts an der Entwicklung der Wissenschaft. Er stieß damit eine Entwicklung an, in der man versuchte, grundlegende biologische Erkenntnisse im Unterricht zu einem einheitlichen Bild zu vereinen. Noch bevor Max Hartmann im Jahre 1924 seine „Allgemeine Biologie" (4. Auflage 1953) veröffentlichte, entwarf Paul Brohmer für den Unterricht das Konzept einer „synthetischen Naturgeschichte" (Der Naturgeschichtsplan in der Arbeitsschule, 1922). Brohmer strebte an, alle bisherige Naturerkenntnis durch eine *synthetische Betrachtungsweise* möglichst lückenlos ineinander zu fügen. 1936 wurde das Konzept dann von Brohmer unter dem Einfluss des Nationalsozialismus aufgegriffen und im Sinne der Gemeinschaftsideologie ausgedeutet (vgl. Trommer 1983 f.).

Die Preußischen Richtlinien von 1924/25 nahmen zwar die Evolutionslehre sowie erstmalig die Genetik in den Stoffplan auf, die Themen aber waren weiterhin nach dem System der Lebewesen angeordnet (teilweiser Abdruck der Richtlinien bei Mostler, Krumwiede & Meyer 1979, 7 f.). Dieser Aufbau sollte sich in der Sekundarstufe I erst mit der *Curriculumreform* und neuen Richtlinien seit Mitte der 1970er Jahre ändern. Darin wurde die Wissenschaftsorientierung verankert und häufig zum leitenden Gesichtspunkt erhoben. Schon vorher war durch amerikanische Curriculumarbeiten die Bedeutung der *Struktur der Disziplin* als Grundlage des Biologie-Lernens und -Lehrens herausgestellt worden (vgl. Bruner 1970; Schwab 1972). Somit wurde die Orientierung an der Systematik durch die an Allgemeiner Biologie abgelöst (→ 38.2).

40.3 Biologieunterricht entwickelt eigene Unterrichtsmethoden

Die Anfänge der Methodik des naturwissenschaftlichen Unterrichts liegen bereits bei Comenius, der anstrebte, die Schüler in naturwissenschaftliche Denk- und Arbeitsweisen einzuführen (→ 40.2). Das Wissen über die Natur sollte nicht von dem Erzählen oder dem Zitieren von Texten und Autoritäten stammen, sondern aus direkter Beobachtung und Schlussfolgerung.

Im Sinne von Comenius gründete der pietistische Theologe August Hermann Francke um 1700 in Halle mehrere Schulen, u. a. auch eine Lateinschule für Bürgersöhne, womit er die Bildungsprivilegien der adeligen Stände durchbrach. In einigen Schulen führte er seit 1721 regelmäßigen naturwissenschaftlichen Unterricht ein. Dieser stand zwar nicht im Lehrplan, diente aber zur Erholung von den Anstrengungen des Sprachunterrichts („Recreationsübungen“). Im Sommer waren jeweils am Mittwoch- und Samstagnachmittag Exkursionen vorgesehen, um Botanik zu lehren. Im Winter sollten anatomische Übungen durchgeführt werden, z. B. das Sezieren von Hunden und das Ausstopfen von Vögeln. Als Ergänzung standen außerdem ein Botanischer Garten und eine Naturaliensammlung zur Verfügung. Nach ähnlichen Grundsätzen war der Unterricht in den Realschulen von Christoph Semler in Halle und von Johann Julius Hecker in Berlin gestaltet.

Der evangelische Pfarrer Christian Gotthilf Salzmann (1744–1811), der von den Erziehungsideen Jean-Jacques Rousseaus beeindruckt war, forderte, den Unterricht in freier Natur durchzuführen, die Lebewesen in ihrer natürlichen Umgebung zu beobachten und Naturaliensammlungen anzulegen.

An den öffentlichen Schulen folgte der *Realienunterricht* jedoch bald anderen Grundsätzen: Naturkundliche Themen wurden nur im Gelegenheitsunterricht angesprochen und zwar als nützliches Wissen z. B. bei einer passenden Bibelstelle oder bei geeigneten *Lesebuchtexten*. Diese Methode hielt sich bis ins 19. Jahrhundert. Daneben scheute man sich nicht, *Lehrexperimente* durchzuführen, bei denen Tiere zu Tode kamen, nur um einfachste Zusammenhänge zu demonstrieren (vgl. Knoll 1994).

August E. Lüben führte seit 1832 die *Naturkörper* nachdrücklich als Anschauungsobjekte ein und begründete mit seinen Anleitungen für den Unterricht eine eigenständige Methodik des naturgeschichtlichen Unterrichts. Den Lesebuchunterricht lehnte er nachdrücklich ab. Neben dem bis dahin üblichen bloßen Beschreiben von Pflanzen und Tieren legte er größten Wert auf das *Vergleichen*, mit dem das Interesse der Lernenden gefördert und zu einem genauen Beobachten und Unterscheiden angeregt werden sollte. Lübens unterrichtsmethodische Prinzipien bedeuteten gegenüber dem Vorlesen aus Büchern einen wesentlichen Fortschritt. Sein Verfahren hat den Biologieunterricht bis heute mitbestimmt (→ 23; 26).

Mit dem Vorgehen Lübens war jedoch nach wie vor die morphologisch-beschreibende Betrachtungsweise verbunden. Diese Ausrichtung führte zu einer Gegenbewegung: Mit der sinnigen Betrachtungsweise der Natur legte man Wert auf erlebnishafte und *gemütvolle Naturerzählungen*. Man bestritt daher den Unterricht wieder mit vorgegebenen und bestenfalls nachempfundenen Texten. In dieser Situation forderte vor allem Otto Schmeil seit 1895 einen auf Beobachtungen, Untersuchungen und Experimente ausgerichteten Biologieunterricht und setzte diesen zum großen Teil gegen den Verbalismus durch (→ 40.3).

Einen Neuanfang machte die im ersten Drittel des 20. Jahrhunderts in Europa vorherrschende *Reformpädagogische Bewegung*. Sie hatte zum Ziel, die Schule vom Kinde aus grundlegend pädagogisch umzugestalten. An der „alten" Schule kritisierte man deren Lebensfremdheit, einseitigen Intellektualismus, autoritären Stil und Methodenschematismus. Den naturwissenschaftlichen Unterricht erreichten solche Ideen vor allem durch die *Arbeitsschulbewegung*. Man wollte den spontanen Drang des Kindes nach selbstständiger und vor allem manueller Betätigung anregen und fördern. Die Arbeit selbst ist dabei nicht nur Mittel zur Bildung, sondern auch selbst bildend durch die gemachten Erfahrungen. Zudem wird das eigene Tun anhand des hergestellten Produkts selbstgeprüft. Innerhalb der Arbeitsschulbewegung kann man drei Richtungen unterscheiden:

- Elementare handwerkliche und andere berufliche Arbeit soll mit herkömmlichen Unterrichtsinhalten verknüpft werden (Georg Kerschensteiner: „Begriff der Arbeitsschule", 1912).
- Der traditionelle Lehrstoff soll zwar weitgehend beibehalten werden, aber der Prozess des Lernens wird als „freie geistige Tätigkeit" verstanden. An die Stelle der Stoffvermittlung soll das selbstständige Lösen von z. T. selbst gestellten Aufgaben treten (Hermann Gaudig: „Freie geistige Schularbeit in Theorie und Praxis", 1928).
- Der Unterricht soll an den Problemen industrieller Arbeit und Produktion orientiert werden (Polytechnischer Unterricht, Pawel P. Blonskij).

Den Biologieunterricht in Deutschland hat die erste Richtung maßgeblich beeinflusst. Die Leitidee der Arbeitsschulbewegung im Biologieunterricht heißt tätiger Umgang mit der Natur: Deshalb forderte man, Pflanzen und Tiere der Heimat in den Mittelpunkt des Unterrichts zu stellen, damit die Lernenden mit der heimatlichen Natur vertraut werden und diese erleben können. In vielem stimmen die Leitideen der Arbeitsschule mit denen des (späteren) Projektunterrichts überein. Im Sinne dieses Arbeitsunterrichts ist es nur konsequent, wenn Cornel Schmitt 1922 mit seinem Buch „Heraus aus der Schulstube" den Biologieunterricht möglichst ganz aus den Schulräumen hinaus verlegen möchte. Schmitt entwickelte eine Methodik der *Exkursionen,* auf denen die Lernenden gezielt biologische Erkenntnisse erarbeiten sollen (Beispiele bei Brucker 1980, 38 f.). Für die praktische Arbeit wurden von Paul Brohmer und Heinrich Grupe *Bestimmungsbücher* verfasst, in denen die Schlüssel nach einfachen Merkmalen bzw. Lebensräumen bis dahin komplizierte Bestimmungsverfahren ersetzen sollten.

Die Bemühungen um eine methodisch vielseitige Gestaltung des Unterrichts sind von Fritz Steinecke (1933, 2. Aufl. 1951) erstmals zu einer „Methodik des Biologieunterrichts" zusammengefasst worden. Diese Grundsätze sind heute – durch vielfältige neue Unterrichtsmittel ergänzt – allgemeiner Teil der Biologiedidaktik geworden (Arbeitsweisen → 21-29; Medien → 30-35; Lernorte → 19, 20).

40.4 Biologie und Biologieunterricht wurden von der NS-Ideologie ausgenutzt

Biologie liefert wissenschaftliche Autorität

Mit der Regierungsübernahme der Nationalsozialisten im Jahre 1933 wurde der Biologieunterricht konsequent in den Dienst ihrer weltanschaulichen Ideen und politischen Absichten gestellt (vgl. Kanz 1990, 83). Die nationalsozialistische Ideologie entstand jedoch nicht aus dem Nichts und verschwand nach 1945 auch nicht spurlos.

Erlass zur Vererbungs- und Rassenkunde

Preußischer Kultusminister (13. September 1933)

„1. In den Abschlussklassen sämtlicher Schulen [...] ist unverzüglich die Erarbeitung dieser Stoffe in Angriff zu nehmen, und zwar Vererbungslehre, Rassenkunde, Rassenhygiene, Familienkunde und Bevölkerungspolitik.

Die Grundlage wird dabei im Wesentlichen die Biologie geben müssen, der eine ausreichende Stundenanzahl – 2 bis 3 Wochenstunden, nötigenfalls auf Kosten der Mathematik und der Fremdsprachen – sofort einzuräumen ist. Da jedoch biologisches Denken in allen Fächern Unterrichtsgrundsatz werden muss, so sind auch die übrigen Fächer, besonders Deutsch, Geschichte, Erdkunde, in den Dienst dieser Aufgabe zu stellen. Hierbei haben sie mit der Biologie zusammenzuarbeiten.

2. In sämtlichen Abschlussprüfungen sind diese Stoffe für jeden Schüler pflichtgemäßes Prüfungsgebiet, von dem niemand befreit werden darf."

Diese Inanspruchnahme bedeutete für den Biologieunterricht einen erheblichen Gewinn an *Prestige,* der sich (allerdings erst 1938/39) in einem auf allen Klassenstufen der weiterführenden Schulen durchgehend zweistündigen Anteil an den Stundentafeln auswirkte (vgl. Kanz 1990, 219 ff.). Die Ausrichtung auf das – jetzt im Sinne nationalsozialistischer Vorstellungen – *nützliche Wissen* drückte sich auch im Namen des Faches aus, das in der Volksschule jetzt offiziell „Lebenskunde" hieß (→ 40.2). Fünf Teilbereiche waren für die Nationalsozialisten geeignet, den Biologieunterricht für ihre Weltanschauung und ihre politischen Ziele zu nutzen (→ Tab. 40-2).

Bezug	Nationalsozialistische Ideologie
Menschliche Erblehre (Humangenetik)	Rassenhygiene (= Eugenik), genetisch „bewusste" Partnerwahl, Zwangssterilisation und Ermordung „Minderwertiger"
Anthropologie, Rassenkunde	Unterscheidung von Rassen mit verschiedenen psychischen und kulturellen Eigenschaften. Überlegenheit der „nordischen", „arischen Rasse", Absonderung von fremden Rassen, Umsiedelung und Versklavung von Bevölkerungen, Ermordung von Juden und „Zigeunern"
Ökologie	Volksgemeinschaft „Blut und Boden", ganzheitliche Auffassung
Ethologie	Abwehr und Ausmerzen „asozialer" Personen mit abweichendem „artfremdem" Verhalten
Einfühlende Naturbeschreibung	Einfügen in „Lebensgesetze", Befolgen der „Stimme des Blutes"

Tabelle 40-2: Bezüge der nationalsozialistischen Ideologie zur Biologie

Menschliche Erblehre. Als Begründer der *Eugenik* (Lehre von der „Erbgesundheit") gilt Francis Galton (1822–1911). 1895 veröffentlichte Adolf Ploetz „Grundlinien einer Rassenhygiene". Das deutsche Wort *Rassenhygiene* ist gleichbedeutend mit Eugenik. Es enthält den Terminus Rasse im Sinne von Volk. Wörtlich übersetzt bedeutet „Rassenhygiene" also etwa „Volksgesundheit" und hatte mit der Einteilung in Rassetypen, also der anthropologischen Rassenkunde, anfänglich wenig zu tun. Mit der Anschauung von der Überlegenheit der „nordischen Rasse" und ihren angeblichen psychischen Eigenschaften wurde die Rassenhygiene jedoch mit der Rassenkunde verknüpft. Bereits 1923 erschien als Standardwerk das Lehrbuch von Ernst Baur, Eugen Fischer und Fritz Lenz „Menschliche Erblehre und Rassenhygiene", das später zur wissenschaftlichen Begründung der nationalsozialistischen Ideologie diente.

Rassenkunde. Als ein Kernstück nationalsozialistischer Weltanschauung sollte die *Rassenkunde* und *Rassenlehre* den Unterricht aller Fächer bestimmen. Letztere hat ihre Wurzeln in den Rassentheorien des 18. und 19. Jahrhunderts. Die Anschauung von der Überlegenheit bestimmter Menschenrassen über andere (Christoph Meiners, 1747–1810) wurde von J. A. Comte de Gobineau (1816–1882) zu einer Geschichtsphilosophie ausgebaut, nach der das historische Schicksal eines Volkes von dessen harmonischer Rassenzusammensetzung abhängt. Rassenmischung führt danach zum geschichtlichen Niedergang von Völkern und Staaten. Diese Rassenvorstellungen sind seit dem Ende des 17. Jahrhunderts in der europäischen Geistesgeschichte sehr verbreitet. Meiners, Gobineau und später noch Houston Stewart Chamberlain (1855–1927) sind nur herausragende Vertreter und Ausläufer dieser allgemeinen europäischen Idee. Von den Nationalsozialisten wird die Überlegenheit der sogenannten „arischen Rasse" postuliert; sie meinen, dass besonders Juden und „Zigeuner" minderwertig seien (*Überlegenheitsrassismus*) und das deutsche Volk in seiner „Rassereinheit" durch Vermischung bedroht sei (*Reinhalterassismus*). Die Rassenlehre wird von den Nationalsozialisten mit der damaligen Rassenkunde der biologischen Anthropologie verbunden. Obgleich aber die Bezeichnung von „Ariern" und „Juden" als „Rassen" schon damals keineswegs mit biologischen Erkenntnissen übereinstimmte, wurden sie auch von biologischen Rassenkundlern als solche behandelt (vgl. Kattmann & Seidler 1989).

Ökologie. In der nationalsozialistischen Weltanschauung bildet die „Volksgemeinschaft" eine durch „Blut" (Verwandtschaft) und „Boden" (Lebensraum) verbundene organismusähnliche Einheit (vgl. Scherf 1989). Ziel der Erziehung soll daher die organische Eingliederung des Einzelnen in die *Lebensgemeinschaft* sein. Das Individuum soll zurücktreten gegenüber dem übergreifenden Ganzen: Volk und Rasse. Dabei erhält die propagierte „ganzheitliche Auffassung" den Zweck, dass sich der Einzelne dem übergeordneten Ganzen zu unterwerfen habe. In diesem Sinne verfasste Paul Brohmer (1936) sein Werk „Die deutschen Lebensgemeinschaften" (→ Tab. 40-1).

Deutsche Lebensgemeinschaften (Paul Brohmer 1936)

„Wollen wir im nationalsozialistischen Geiste erziehen, so müssen wir uns frei machen von der Einzelschau, die dem liberalistischen Geiste entsprach; vielmehr müssen wir die Kinder zu einer Gesamtschau führen. Das gilt natürlich auch für die Betrachtung jedes Einzelwesens, muss jedoch wegen der Notwendigkeit der völkischen Erziehung ebenso für die Behandlung von Lebensgemeinschaften angestrebt werden."

Ethologie. Mit dem Konzept des *arteigenen Verhaltens* steuerte auch die gerade erst entstehende Ethologie ihren Teil zur nationalsozialistischen Gemeinschafts- und Ganzheitsideologie bei. Konrad Lorenz (1940 a) empfahl, gegenüber „asozial gewordenen Mitgliedern“ des Volkes auf angeborene Art und Weise zu reagieren (→ Kasten). Diese Weltanschauung propagierte Lorenz (1940 b) auch für den Biologieunterricht (vgl. Deichmann 1992).

Arteigenes Verhalten (Konrad Lorenz 1940 a, 75)

„Der einzige Faktor, der eine den in Rede stehenden Verfallserscheinungen entgegenwirkende Auslese verursacht, liegt im Vorhandensein bestimmter angeborener Schemata, die bei vollwertigen Menschen nur auf bestimmte, den Solltypus der Art kennzeichnende Merkmale ansprechen, bei deren Fehlen aber eine gefühlsmäßige Abstoßung bewirken. [...] Die wirksamste rassenpflegerische Maßnahme ist daher wenigstens vorläufig sicher die möglichste Unterstützung der natürlichen Abwehrkräfte, wir müssen – und dürfen – uns hier auf die Gefühle unserer Besten verlassen und ihnen die Gedeihen und Verderben unseres Volkes bestimmende Auslese anvertrauen. Versagt diese Auslese, misslingt die Ausmerzung der mit Ausfällen behafteten Elemente, so durchdringen diese den Volkskörper in biologisch ganz analoger Weise und aus ebenso analogen Ursachen, wie die Zellen einer bösartigen Geschwulst den gesunden Körper durchdringen und mit ihm schließlich auch sich selbst zugrunde richten.“

Einfühlende Naturbeschreibung. Die nationalsozialistische Weltanschauung ist geprägt von der Abwehr rational geleiteter Erkenntnis, die als „rationalistisch“ und „liberalistisch“ bezeichnet wird. Wichtiger als verstandesmäßige Einsicht sind die *gefühlsmäßige Einstimmung* („Stimme des Blutes“), die ergreifende Erfahrung der Gemeinschaft und das Einfügen in den von angeblich ehernen Lebensgesetzen bestimmten Naturablauf.

Die Bezugspunkte zur Biologie wurden von den Nationalsozialisten gesucht. Sie ergeben sich nicht zwingend aus der Wissenschaft selber. Grenzüberschreitungen und unbegründete Ausweitung des Geltungsbereichs biologischer Aussagen werden als *Biologismus* bezeichnet (→ 38). Die nationalsozialistische Ideologie enthält biologistische Aussagen in extremer Form:

- Der Rassenhygiene und Rassenkunde der nationalsozialistischen Ideologie liegt eine einseitige *Betonung des Genetischen* zugrunde,
- der Gemeinschaftsideologie eine Überbewertung der Funktion von Systemen, die das Individuum übergreifen. Population, Lebensgemeinschaft, Rasse, Volk und Natur gelten als Schicksal bestimmende *Ganzheiten.*
- Die gesamte nationalsozialistische Weltanschauung durchzieht ein stati-

sches und *ungeschichtliches Naturbild,* in dem jede Veränderung als Bedrohung des gegebenen Zustandes gesehen wird: Sofern eingegriffen werden soll (Auslese), wird angestrebt, den ursprünglichen „natürlichen" Zustand wieder herzustellen. Die nationalsozialistische Ideologie ist somit keine auf Evolution gründende Weltanschauung, sondern ein typologischer (essenzialistischer) *Selektionismus,* mit dem deutsche „Rasse", „Volksgemeinschaft" und „Lebensraum" gegen den angeblich drohenden Verfall geschützt werden sollen.

Trotz (auch damals) fehlender wissenschaftlicher Grundlagen waren Biologieunterricht, Biologinnen und Biologen brauchbare Helfer, diese Ziele umzusetzen.

Biologen wirkten als Experten mit

Die Frage, wie wirksam die nationalsozialistischen Vorstellungen im Biologieunterricht von 1933 bis 1945 waren, lässt sich von den Voraussetzungen her beantworten, auf die sie bci Biologielehrkräften trafen. Einen Einblick vermitteln hierzu die Vorschläge des Deutschen Biologen-Verbandes zur Lehrplangestaltung, die bereits 1932 (also vor der Machtergreifung der Nationalsozialisten) veröffentlicht wurden (zitiert bei Ewers 1974, 58 f.). In Hinblick auf die Entwicklung nach 1933 interessieren die politischen Zielsetzungen (→ Kasten).

Deutscher Biologen-Verband zur Lehrplangestaltung 1932

- „Die Mädchen sind durch die biologische Unterweisung auf den Mutterberuf hin zu erziehen. Auch müssen sie über das Notwendigste der häuslichen Krankenpflege unterrichtet werden.
- Die rassenbiologisch gefährdete Zukunft des deutschen Volkes macht einen gründlichen Unterricht über Vererbungslehre und Eugenik zum dringenden Gebot. Von diesem Unterricht kann die tiefste ethische Wirkung auf die Jugend erwartet werden, die angesichts des Niedergangs der Sittlichkeit im deutschen Volke notwendig erscheint.
- Der biologische Unterricht soll keineswegs nur eine gewisse Menge von Wissen übermitteln, er soll zu biologischem Denken und Handeln erziehen. Zum Beispiel bedeutet eugenischer Unterricht ein höchst bedeutsames Stück staatsbürgerlicher Erziehung. Die vorwiegend sprachlich-historische und formale Bildung, die die höhere Schule bisher vermittelte, berücksichtigt nur die geistige Seite der Volksgemeinschaft. Die biologischen Beziehungen des Einzelnen zur Gesamtheit sind aber nicht minder bedeutsam. Deshalb liegt es im Interesse des Staates, den biologischen Unterricht zu fördern.
- Der weltanschauliche und ästhetische Wert, der biologischen Betrachtungen innewohnt und nicht geringer ist als derjenige geisteswissenschaftlicher Fächer, muss im Unterricht

zum Ausdruck kommen, was allerdings nur möglich ist, wenn hinreichende Zeit dafür zur Verfügung gestellt wird.
- Die praktische, sittliche und staatsbürgerliche Bedeutung der Biologie rechtfertigt die Forderung, biologischen Unterricht den Schülern aller Schulgattungen [...] in genügendem Maße angedeihen zu lassen. Die Biologie ist unter die Kernfächer aller Schulen aufzunehmen."

Wie sehr die Nationalsozialisten an verbreitete Überzeugungen anknüpfen konnten, zeigt auch die Tatsache, dass das Thema Eugenik bereits 1928 bzw. 1932 in die Lehrpläne für die höheren Schulen Hamburgs und Sachsens eingeführt wurde (vgl. Scheele 1981, 272). Im Dokument des Kastens sind neben der Eugenik weitere populäre Vorstellungen enthalten:
- Die Volksgemeinschaft wird biologisch begründet;
- die weltanschauliche Bedeutung der Biologie mit der ästhetischen verknüpft;
- es wird die nützliche Funktion des Biologieunterrichts begründet („praktische, sittliche und staatsbürgerliche Bedeutung"), die aufklärende und wissenschaftlich kritische Aufgabe aber bleibt schon 1932 unerwähnt.

Die sich als Nothelfer anbietenden Biologielehrkräfte konnten allzu leicht durch die nationalsozialistische Form der Lebenskunde genutzt werden (vgl. Kattmann 1979; 1988; Ant & Stipproweit 1986; Bäumer-Schleinkofer 1992). Die Richtlinien von 1938/39 enthielten alle die zur Durchführung eines nationalsozialistisch bestimmten Unterrichts nötigen Angaben. Ab 1937 erschienen entsprechend bearbeitete Schulbücher, in denen die neuen Unterrichtsinhalte didaktisch umgesetzt wurden (Zitate und Bilder bei Kattmann & Seidler 1989). Der Umfang des geforderten „rassenkundlichen Lehrstoffs" war beträchtlich. Das zeigt u. a. das Inhaltsverzeichnis im Menschenkunde-Band der Neubearbeitung des verbreiteten Lehrbuchs von Kraepelin, Schaeffer & Franke (→ Kasten).

Inhalte der Menschenkunde im Schulbuch „Das Leben" (Kraepelin, Schaeffer & Franke, 1942)

- Das deutsche Volk und seine Rassen.
- Die Rassenkreise der Erde und ihre Lebensräume.
- Rassenmischung und die Rassenschutzgesetze.
- Die Minderwertigkeit und ihre Bekämpfung.
- Die Geburtenfrage, eine Schicksalsfrage.
- Die Leistungsfähigkeit des Einzelmenschen als Grundlage völkischen Lebens. (Unter dieser Hauptüberschrift stehen die traditionellen Teile der Menschenkunde: Bau und Funktion des Körpers.)

Am konsequentesten hat der Biologielehrer Jacob Graf die von ihm verfassten Biologie-Schulbücher im Sinne seiner nationalsozialistischen Anschauungen gestaltet und entsprechende „Lebensgesetze" formuliert, in denen die Ausdeutungen der Rassenkunde in allen Gebieten sehr markant hervortreten (Biologie für Oberschule und Gymnasien, 1942, 4. Band, Oberstufe, 393 f.):

- Genetik: „Blutsgemeinschaft des Volks", „Weiterleben der Rasse", „Reinhaltung des Bluts"
- Ökologie: „Fortbestehen der Lebensgemeinschaft"
- Ethologie: „Völker, die durch Entartung den Lebensgesetzen zuwiderhandeln, sind den aussterbenden Arten einer Lebensgemeinschaft gleichzusetzen. „Daraus folgt: „Ausscheidung aller Fremdrassigen aus dem Volkskörper und die Fernhaltung von allem, was nordisch-deutscher Seelenhaltung widerspricht."

Ein Widerstand von Biologielehrkräften gegen die Rassenkunde ist nicht dokumentiert (vgl. Zmarzlik 1966). Trotz eindeutiger Aufgabenstellung im Sinne nationalsozialistischer Ideologie sind die Richtlinien und Schulbücher jedoch nicht ausschließlich unter dem Aspekt des politischen Missbrauchs zu beurteilen. Sie enthalten vielmehr in großem Umfang Inhalte der Allgemeinen Biologie und stellen damit z. T. hohe Ansprüche an Lehrende und Lernende. Das Urteil, dass die umfangreichen didaktisch gut aufbereiteten sachlichen Beiträge ein Gegengewicht gegen die Ideologie darstellten (Klausing 1968, 121; vgl. die Beurteilung der Schulbücher bei Bäumer-Schleinkofer 1992), trifft allerdings nicht zu. Dass die sachlich gehaltenen Kapitel zur Allgemeinen Biologie gegen die Ideologie korrigierend gewirkt haben, ist ebenso zu bezweifeln wie die Annahme, dass eine bessere, rein fachliche Ausbildung der Lehrkräfte den politischen Missbrauch hätte verhindern können (so Klausing 1968, 121). Fachliche Kenntnisse immunisieren für sich genommen nicht gegen Ideologie. Vielmehr waren gerade auch wissenschaftlich arbeitende Biologen nicht gegen die Verführung durch eine in der Konsequenz verbrecherische Ideologie gefeit. Ausgewiesene Fachbiologen begrüßten die nationalsozialistische Politik als „Angewandte Biologie“ (→ Kasten, vgl. Kattmann & Seidler 1989).

Biologie als angewandter Nationalsozialismus

Biologieprofessoren Otto Aichel und Ottmar von Verschuer, Festschrift für den Humangenetiker und Anthropologen Eugen Fischer 1934:

„Der Führer Adolf Hitler setzt zum ersten Male in der Weltgeschichte die Erkenntnisse über die biologischen Grundlagen der Völker – Rasse, Erbe, Auslese – in die Tat um. Es ist kein Zufall, dass Deutschland der Ort dieses Geschehens ist: Die deutsche Wissenschaft legt den Politikern das Werkzeug in die Hand.“

Augenscheinlich haben diejenigen Wissenschaftler und manche Biologielehrkräfte, die sich von den Nationalsozialisten vereinnahmen ließen, dies nicht mit schlechtem Gewissen getan, sondern in gutem Glauben oder gar aus wissenschaftlicher Überzeugung (vgl. Seidler & Rett 1982; 1988; Chroust 1984; Müller-Hill 1984; Becker 1988; Kattmann & Seidler 1989; Bäumer 1990; Deichmann 1992; Preuschoft & Kattmann 1992; Weingart, Kroll & Bayertz 1992; Vogel 1992; Lösch 1997; Kaupen-Haas & Saller 1999; Lüddecke 2000; Kattmann 2003). Die angegebenen Quellen zeigen: Sie haben sich vor 1933 zwar zurückhaltender geäußert, aber dennoch schon im selben Sinne wie später. Sie wurden nicht missbraucht, sondern sie waren gut zu gebrauchen. Viele haben nicht zögernd, sondern aus eigenem Antrieb aktiv mitgewirkt. Sie wurden daher nicht von außen durch eine politische Ideologie genötigt oder verführt, sondern konnten dieser von innen her aus eigener Überzeugung entgegenkommen und mitwirken. Einer solchen Ausnutzung von Wissenschaft durch eine Ideologie sollte künftig im Lernen und Lehren von Biologie durch Aufklärung und kritische Reflexion begegnet werden.

40.5 Die Aufgaben aus der Geschichte sind unerledigt

Nach dem Kriege begann der Biologieunterricht in der Bundesrepublik Deutschland dort, wo er etwa um 1900 nach der Reform von Otto Schmeil gestanden hatte. Folgerungen aus der Beteiligung am Nationalsozialismus wurden nicht oder nur vordergründig gezogen. Die Beziehungen des Biologieunterrichts zum Nationalsozialismus wurden einseitig als politisch aufgenötigter Missbrauch gewertet, die Biologen als Opfer beschrieben, ohne dass die aktive Mitwirkung, die biologistischen Konzepte (Rasse, Erbgesundheit, Lebensgemeinschaft) und die Rolle der Biologen selbst (z. B. durch das Erstellen von Rassengutachten) genannt oder gar reflektiert wurden. Die Kontinuität betraf ebenso die Hochschulen, an denen die Professoren der Rassekunde und Erblehre weiterhin wirkten oder nach kurzer Zeit an sie zurückkehrten. So blieben Probleme ungelöst, was bis heute nachwirkt.

Die *Rassenanthropologie* wurde nach 1945 tabuisiert, aber nicht korrigiert. So konnten Irrtümer und irrige Vorstellungen weiterleben. Bis in die jüngste Vergangenheit befanden sich in Lehr- und Schulbüchern sowie Lexika überholte Darstellungen zur Existenz und Bedeutung von „Menschenrassen“. Dabei ist das Rassenkonzept beim Menschen besonders durch molekularbiologische Erkenntnisse völlig überholt (UNESCO 1996; Jenaer Erklärung 2019; Cavalli-Sforza 1999; vgl. Kattmann 2002; 2013; 2017 a).

Für den Biologieunterricht ergibt sich die Aufgabe, biologische Informationen zur Anthropologie und Humangenetik besonders sorgfältig zu vermitteln und dabei in der Vergangenheit vernachlässigte populationsgenetische und auch kulturgeschichtliche Überlegungen einzubeziehen (Diamond 1998; Unterrichtseinheiten dazu Kattmann 1995 b; 2009 d).

Das Konzept der *Eugenik* wurde nach 1945 nicht tabuisiert, sondern im Gegenteil mit neuer Begründung (Gefahr durch Mutationen) fortgeführt. Heute ist aufgrund humangenetischer Kenntnisse unmissverständlich klarzustellen, dass Eugenik ein pseudowissenschaftliches und ungeschichtliches Konzept ist, das nicht nur unmenschlich, sondern auch unrealistisch und biologisch gegenstandslos ist (vgl. Kattmann 1991, 2009 c, 2014).

Mit den Fortschritten und der zunehmenden Bedeutung der *Ökologie* sind Themen zu Lebensgemeinschaften breit in den Unterricht aufgenommen worden, ohne dass mit ihnen der Gebrauch der Vorstellungen von Lebensraum und Lebensgemeinschaft im Sinne nationalsozialistischer Gemeinschaftsideologie bedacht wird. Ein solches Vorgehen ergibt aber ein völlig unangemessenes Bild von der Rolle der Individuen. Aufgabe des Biologieunterrichts wäre es, die besonderen Beziehungen in den einzelnen Biosystemen höherer Ordnung zu beschreiben und insbesondere die Rolle der Organismen als selbstständige Individuen in den übergreifenden Systemen herauszustellen. Es gibt keinen Grund, das spannungsvolle dialektische Verhältnis zwischen Individuum und übergreifenden Systemen zugunsten einer Seite aufzulösen.

In diesem Zusammenhang ist zu klären, welche Bedeutung eine sogenannte *ganzheitliche Betrachtung* in der Biologie hat. Diese Bezeichnung wurde nach 1945 zunächst auf eine umfassende Beschreibung des Einzelorganismus beschränkt (vgl. Kuhn 1967; 1975 a). In der nationalsozialistisch gedeuteten Biologie sind „Rasse", „Volk" und „Lebensgemeinschaften" das Individuum bestimmende Ganzheiten, die als die übergreifenden Ordnungen aufrechterhalten bleiben müssen. Heute können in systemtheoretischer Beschreibung derartige Vorstellungen in neuem Gewande wieder auftreten. Um eine unkritische Ganzheitsbetrachtung zu vermeiden, sind die mit der Evolution verbundenen Eigenschaften von Biosystemen, d. h. Veränderlichkeit und Geschichtlichkeit, besonders zu beachten (→ 38).

Auch die Rolle der Ethologie mit ihrer Leitfigur Konrad Lorenz und dessen Konzept des *artgemäßen Verhaltens* wurde nicht reflektiert, sondern die Verhaltenslehre zunächst als neues interessantes Thema in den Lehrplan aufgenommen, wobei biologistische Deutungen menschlichen Verhaltens zuweilen nicht vermieden wurden. Die ethologischen Konzepte der Arterhaltung und des artgemäßen Verhaltens sind durch die soziobiologische Kritik obsolet geworden. „Abweichendes" Verhalten muss dadurch ebenfalls einer neuen Bewertung unterzogen werden (vgl. Vogel 1983; Kattmann 1983; 1985).

In der nationalsozialistischen Ideologie wurde die *Evolutionstheorie* mit den Stichwörtern „Selektion" oder „Ausmerze" und „Daseinskampf" als Rechtfertigung von Krieg, Rassenvernichtung und Mord an behinderten Menschen verbrecherisch missbraucht. Tatsächlich wurde Evolution damit ungeschichtlich und typologisch zum Prinzip der „Rassenerhaltung" umgedeutet. Nach 1945 wurde die Evolutionstheorie zunächst nur als Thema in den Abschlussklassen des Gymnasiums vorgesehen. Dieser Umstand verhinderte, dass sie als die wesentliche Grundlage biologischer Erkenntnis auf unteren Klassenstufen vermittelt wurde. Die Randstellung, die der Evolution damit zugewiesen wurde, war jedoch nur teilweise eine Reaktion auf den nationalsozialistischen Missbrauch:

- Vor 1933 hatte die Evolutionstheorie keine große Rolle im Biologieunterricht gespielt, da sie z. B. von Otto Schmeil als spekulativ abgelehnt wurde (→ 40.2).
- In der DDR wurde der Evolution im Unterricht der Klasse 10 breiter Raum gewährt (vgl. Porges 2013). Die Evolution des Menschen wurde jedoch ideologisch einseitig gedeutet, indem z. B. dogmatisch gelehrt wurde, die Menschwerdung sei im Sinne von Friedrich Engels als Produkt von Eiweißnahrung und Arbeitsteilung zu verstehen.
- Von den Anhängern *kreationistischer Vorstellungen* wurde und wird die Evolutionstheorie aufgrund buchstäblicher Auslegung der Schöpfungsberichte der Bibel abgelehnt, wodurch der Biologieunterricht herausgefordert ist, Evolutionstheorie zutreffend zu vermitteln (Kattmann 2008; 2009 a; 2012; 2013 a; Bayrhuber, Faber & Leinfelder 2011; Wasche & Lammers 2011).

Viele Lehrende hatten und haben aufgrund der genannten Umstände historisch bedingte Wissens- und Verständnislücken (van Dijk 2009; van Dijk &

Kattmann 2010). Bis heute gibt es einen völlig unangemessenen Umgang mit der zentralen biologischen Theorie der Biologie. Die Einsicht, dass die Evolutionstheorie der gesamten Biologie zugrunde liegt, wird zunehmend erkannt und sollte daher im Lernen und Lehren von Biologie konsequent beachtet werden (→ 6; vgl. Kattmann 1995 a; Cooper 2002; Harms et al. 2004; EPA 2004; MNU 2005; van Dijk & Kattmann 2008; Kampourakis & Nehm 2014; Leopoldina 2017; Harms & Reiss 2019).

Biologieunterricht diente in einigen Phasen seiner Geschichte vor allem der *Gemütsbildung* und einem einfühlsamen Erleben der Natur (sinnige Naturbetrachtung) und wurde im Nationalsozialismus im Sinne antirationaler Einstellungen und Erziehung zur Volksgemeinschaft missbraucht. An diesen Traditionsstrang knüpfte nach 1945 vor allem der Unterricht an der Hauptschule an, indem er teilweise auf die Ziele *religiöser Erziehung* ausgerichtet wurde. Er sollte anleiten „zur Ehrfurcht vor Gott und seinem Werk" (Richtlinien und Stoffpläne für die Volksschule in Nordrhein-Westfalen, 3. Auflage 1963, 32; vgl. Hörmann 1965; Kuhn 1975, 20; zur Kritik: Werner 1973, 47-52). Obgleich dieser Versuch der Anbindung des Biologieunterrichts an die Religion von den Autoren als Abwehr von Ideologien gedacht war, steht er doch in der Linie jener überwiegend gefühlsmäßigen und irrationalen Erfassung der Natur. Ein Biologieunterricht, der sich auf rationale Erkenntnisgewinnung der Wissenschaft Biologie bezieht, darf sich daher heute nicht mehr von einer einzelnen weltanschaulichen oder religiösen Gruppe beanspruchen lassen, sondern muss sich für mehrere Deutungen offenhalten. Damit ist weltanschaulichen Positionen, die wissenschaftlichen Anspruch erheben, zu widersprechen. Das gilt auch für die Auseinandersetzung mit dem *Kreationismus* (s. o.).

Die Aufgabe rationaler Erkenntnisgewinnung lässt sich aber gerade nicht ohne einen klaren Bezug des Unterrichts zu allgemeinen ethischen Normen erfüllen. Das gilt sowohl im Bereich zwischenmenschlicher Beziehungen, wo der Unterricht den Menschenrechten verpflichtet ist (Grundgesetz der Bundesrepublik Deutschland), wie auch im ökologischen Bereich, wo das Handeln des Menschen ebenfalls menschliche Maßstäbe erfordert. Damit sind auch Erziehungsziele der emotionalen Dimension (Werthaltungen, Erleben) verbunden (→ 12). Naturerleben und Naturverstehen sollten daher nicht gegeneinander gestellt, sondern aufeinander bezogen werden (→ 43).

Die geschilderten Probleme ergeben sich zum großen Teil aus gesellschaftlichen *Anforderungen*, die der Biologieunterricht erfüllen muss, wenn er Biologie in pädagogisch verantwortlicher Weise vermitteln soll. In der Geschichte der Biologie sind die beiden Stränge der „Lebenskunde" und der „Orientierung an der Wissenschaft" weitgehend unverbunden geblieben. Dieses unvermittelte Nebeneinander hat die widerstandslose Nutzung und den unglaublichen Missbrauch des Biologieunterrichts durch eine politisch verbrecherische Ideologie begünstigt. Ein solcher Irrweg wird sich daher auch künftig nicht dadurch verhindern lassen, dass Wissenschaft und Unterricht eng fachlich ausgerichtet werden und politisch abstinent sind. Wissenschaft und Unterricht sollten didaktisch so reflektiert werden, dass die politischen und weltanschaulichen Bezüge in kritischer Distanz bearbeitet werden und damit Totalitätsansprüchen jedweder Ideologie entgegengewirkt wird.

Die Auseinandersetzung mit auf Biologie bezogener Ideologie ist daher ein wichtiges Unterrichtsthema (vgl. Palm 1965/66; Kattmann 1982; 1992; 1999; 2009 b; 2013 b; 2017; 2020; Regelmann 1984; Quitzow 1986; 1988). Aus der Geschichte des Biologieunterrichts ergibt sich die Aufgabe, das Verhältnis von Wissenschaft und gesellschaftlich bedeutsamem Wissen und Handeln zu überdenken und für die Vermittlung von Biologie neu zu bestimmen. Diese Aufgabe wurde in der Bundesrepublik Deutschland mit den Relevanzkriterien in der Curriculumreform seit dem Ende der 1960er Jahre sowie den Strukturierungsprinzipien Mitte der 1970er Jahre angegangen (→ 6.1) und wird mit der gegenwärtigen Kompetenzorientierung fortgeführt (→ 8).

Sarah Dannemann & Julia Arnold

41 Gesundheitsbildung

Täglich sind wir – bewusst oder unbewusst – mit Gesundheitsthemen konfrontiert. Dies reicht von der persönlichen Wahl, wieviel man sich bewegt, über die Entscheidung für oder gegen eine Impfung, bis zur Frage, ob man sich für eine Zuckersteuer einsetzen möchte. Daneben begegnen wir zahlreichen Empfehlungen für das „richtige" gesunde Verhalten, die sich über die Zeit verändern und zum Teil auch widersprechen können. Um solche Situationen beurteilen zu können, ist biologisches Verstehen wesentlich. Dies verweist auf die besondere Bedeutung, die der Biologie als Wissenschaft und Schulfach für den individuellen und gesellschaftlichen Umgang mit hochkomplexen gesundheitsbezogenen Themen zukommt.

41.1 Gesundheit ist positives Erleben – physisch, psychisch und sozial

Gesund(heit) kommt vom mittelhochdeutschen Wort „gesunt" und bedeutet stark oder mächtig (Kluge 1999, 321). Ausgehend von dieser Wortbedeutung ist gesund eine Eigenschaft des Körpers, die ihn physisch beschreibt und als funktionierend bestimmt. Obwohl das Thema Gesundheit eine lange Tradition im Biologieunterricht hat und in den KMK-Bildungsstandards (2005) zentral verortet wird, ist Gesundheit kein biologisches Fachwort. So sucht man in Lexika der Biologie oder in biologischen Fachbüchern vergebens nach diesem Terminus. Auch in Schulbüchern findet sich meist keine Klärung, was Gesundheit aus biologischer Perspektive bedeuten soll, obwohl das Wort „gesund" vielfach genutzt wird – etwa im Kontext der gesunden Ernährung oder Lebensweise. Hierbei stellt Gesundheit keinen Fachterminus dar, sondern eine normative Wertung, die Verhaltensweisen als angemessen oder abträglich kennzeichnet. Im Gegensatz zu Gesundheit wird der Terminus Krankheit in Lexika (z. B. Spektrum Biologie online) aufgenommen, wobei allerdings auf dessen Unschärfe verwiesen wird. Krankheit wird dort definiert als „Begriff für Störungen der körperlichen und geistigen Gesundheit". Dieser wechselseitige definitorische Verweis von Gesundheit und Krankheit findet sich auch im alltäglichen Verständnis von Gesundheit, welche häufig funktionell betrachtet und als die Abwesenheit von Krankheit beschrieben wird (Schaefer 1998). Gesundheit wird in der Regel nicht positiv definiert. Um allerdings die Motivation, konkrete Ziele und Inhalte für Gesundheitsbildung im Rahmen von Schule und Biologieunterricht formulieren und begründen zu können, ist es notwendig, ein tragfähiges Verständnis von Gesundheit zu entwerfen. Unterschieden werden drei grundsätzliche Verständnisse von Gesundheit:

1) Im biomedizinischen Modell und auch im Alltag wird Gesundheit vorwiegend somatisch-funktionell betrachtet und als die Abwesenheit von Krankheit und Störungen eines Individuums beschrieben (Roche 1987). Gesundheit kann diesem Modell nach medizinisch bestimmt werden, indem keine der indizierten Erkrankungen bzw. der pathogenen Veränderungen des Körpers oder der Psyche nachgewiesen werden können. Entsprechend kann eine Person entweder als gesund oder als krank bezeichnet werden.

2) Im Gegensatz dazu betont die Weltgesundheitsorganisation 1946 in ihrer englischsprachigen Verfassung (deutsche Übersetzung zitiert nach WHO 2012, xi): Gesundheit ist der „Zustand des vollständigen körperlichen, seelischen und sozialen Wohlbefindens und nicht nur das Freisein von Krankheit oder Gebrechen." Gesundheit wird hier positiv bestimmt und primär auf die Ebene des subjektiven Empfindens und Erlebens eines Individuums verlagert. Der Sozial- und Gesundheitswissenschaftler Klaus Hurrelmann betont im Anschluss an die Definition der WHO den Einfluss der Wechselwirkungen zwischen einer Person und ihren Lebensbedingungen: „Gesundheit bezeichnet den Zustand des Wohlbefindens einer Person, der gegeben ist, wenn diese Person sich psychisch und sozial in Einklang mit den Möglichkeiten und Zielvorstellungen und den jeweils gegebenen äußeren Lebensbedingungen befindet" (Hurrelmann & Richter 2013, 147). Dabei ist Zustand dynamisch als der jeweils aktuelle Zustand zu verstehen. Entsprechend kann Gesundheit methodisch nicht mehr ausschließlich anhand von fixen Klassifikationssystemen als Eigenschaft einer Person bestimmt werden. Beiden Definitionen ist gemein, dass Gesundheit multidimensional verstanden wird. Sie umfasst physische, psychische und soziokulturelle Facetten. Gesundheit und Krankheit werden nicht mehr als zwei abgrenzbare Zustände verstanden, sondern als Kontinuum gedacht, sodass ein Mensch als eher gesund oder eher krank bezeichnet werden kann.

3) An den Aspekt der Funktionalität anknüpfend, bezeichnet der Soziologe Talcott Parsons Gesundheit als den „Zustand optimaler Leistungsfähigkeit eines Individuums für die wirksame Erfüllung der Rollen und Aufgaben, für die es sozialisiert worden ist" (Parsons 1967, 71). Gesundheit stellt für ihn eine Voraussetzung für das Funktionieren von Gesellschaft dar. Diese Idee einer kollektiven oder gesellschaftlichen Gesundheit findet sich auch in anderen medizin-soziologischen Gesundheitstheorien, mit denen die gesellschaftlichen Bedingungen ins Zentrum der Betrachtung rücken, die Indi-

viduen entweder Möglichkeiten für die persönliche Lebensgestaltung eröffnen oder diese reduzieren. Während in Parsons Theorie Krankheit noch als Störung der Funktionen betrachtet wurde, stehen in neueren soziologischen Ansätzen Gesundheit und Krankheit als soziale Konstruktionen im Zentrum, woraus Zuschreibungen und Stigmatisierungen hervorgehen können (Richter & Hurrelmann 2016). Sind diese Zuschreibungen negativ, kann dies wiederum zu (weiteren) Krankheiten führen.

41.2 Verhaltens- und Verhältnisbestimmungen kennzeichnen Modelle zur Gesundheit

Die Modelle und Ansätze, in denen der Umgang mit Gesundheit konzipiert wird, lassen sich danach unterscheiden, inwiefern sie das Verhalten und/oder die Verhältnisse berücksichtigen. Das Verhalten umfasst individuelle Handlungsweisen (z. B. Ernährungs- und Bewegungsverhalten), während Verhältnisse die jeweiligen sozialen Lebensbedingungen einer Person (z. B. politische Bedingungen, soziales Umfeld, Einkommen, Bildung) bezeichnen, die Gesundheit beeinflussen (Lehmann 2003). In verschiedenen Studien (z. B. BELLA, KiGGS, Shell) wird die Gesundheit von Kindern und Jugendlichen untersucht, um den Einfluss unterschiedlicher Dimensionen und getroffener Maßnahmen zu bestimmen. So wurde in der KiGGS-Studie gezeigt, dass der sozioökonomische Status (Kuntz et al. 2018; Reiss et al. 2019), aber auch Geschlecht und Bildung (Poethko-Müller et al. 2018) relevante Prädiktoren für den Gesundheitszustand und das Gesundheitsverhalten von Heranwachsenden darstellen.

Psychologische Erklärungsansätze

Die meisten psychologischen Modelle zur Erklärung von Gesundheitshandeln nutzen empirisch belegte Faktoren, um Gesundheitsverhalten vorherzusagen. Sie werden als „kontinuierlich“ bezeichnet, weil einer Person eine bestimmte Wahrscheinlichkeit für gesundes Handeln zugeordnet werden kann (Schwarzer 2008). Der Zweck dieser Prädiktionsmodelle ist es, Faktoren zu identifizieren, die mit dem Ziel einer Gesundheitsförderung beeinflusst werden können. Ein prominentes Beispiel ist die Theorie des geplanten Verhaltens (*theory of planned behavior*, Ajzen 2014).

Für den Biologie- bzw. Naturwissenschaftsunterricht wurden diese Modelle aufgegriffen und in Verbindung mit verschiedenen Wissensarten gebracht: Hieraus entstanden das Rahmenmodell für die Gesundheitskompetenz (Zeyer & Odermatt 2009) und das Integrierte Modell der Entscheidungsfindung in

Gesundheitskontexten (Arnold 2018). Diese Modelle stellen einen Bezug zur Bildung her, indem sie konkretes fachliches Wissen integrieren und die Förderung informierter Entscheidungen an die Stelle des Einübens normativer Verhaltensregeln setzen. All diesen Modellen ist gemeinsam, dass sie nur das Verhalten adressieren und die Verhältnisse außer Acht lassen.

Salutogenetisches Modell

Aktuell bildet das ganzheitliche salutogenetische Gesundheitsmodell von Antonovsky (1996) eine vielfach genutzte Grundlage für die Betrachtung und Gestaltung von gesundheitsbezogenen Prozessen, die auch dem 2019 vom deutschen Bundesministerium für Gesundheit herausgegebenen „Wegweiser für Gesundheitsförderung und Prävention" zugrunde liegt (BMBF 2019). Antonovsky beschreibt Gesundheit als dynamischen Prozess, dessen aktuellen oder angestrebten Zustände auf einem Kontinuum zwischen gesund und krank verortet werden können (Blättner 2007, 70). Damit verzichtet er auf die scharfe Unterscheidung von gesund und krank. Antonovskys Modell ist im Gegensatz zum medizinisch-somatischen Modell konsequent an vorhandenen Ressourcen orientiert, die sich durch individuelle Faktoren und die spezifischen Lebensbedingungen sowie ihre Wechselwirkungen ergeben. Zu den individuellen Ressourcen gehören bspw. eine gute Konstitution, kognitive Faktoren (z. B. Wissen, Problemlösefähigkeiten), psychische Faktoren (z. B. Selbstvertrauen, Ich-Identität) und die stabile Einbindung in interpersonale und soziokulturelle Gemeinschaften (z. B. aktive Teilhabe, materielle Sicherheit) (Franke 2015). Durch das wiederholte positive Erleben dieser Ressourcen kann eine Person Kohärenzgefühl entwickeln, das wiederum Ressourcen zur Krankheitsbewältigung bereitstellen kann (→ Abb. 41-1).

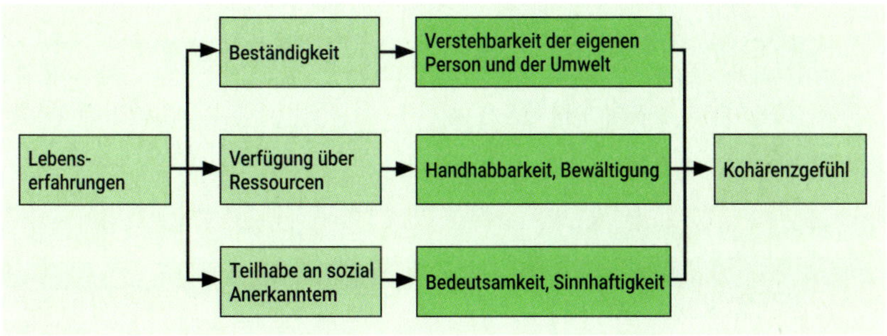

Abbildung 41-1: Die Entstehung des Kohärenzgefühls (nach Blättner 2007, 70, verändert)

Das Kohärenzgefühl kann als die Überzeugung verstanden werden, dass man selbst mit den Herausforderungen des Lebens sinnvoll und gestaltend umgehen kann. Es umfasst drei Facetten: Verstehbarkeit, Handhabbarkeit und Sinnhaftigkeit. Wer ein eher „starkes" Kohärenzgefühl hat, fühlt sich gesundheitsbezogenen Herausforderungen besser gewachsen und befindet sich auf dem Kontinuum eher im Bereich der Gesundheit (Blättner 2007). Antonovsky stellt das Kohärenzgefühl in die Nähe zu Konzepten der Persönlichkeit und Identität und betont, dass die wesentlichen Modifikationen in der Kindheit und Jugend stattfinden (Kolip et al. 2000). Damit stellt Gesundheit einen persönlichen Wert dar, der von jedem Individuum entwickelt werden muss (Gebhard & Kistemann 2016).

Ansatz der Gesundheitsförderung

Orientiert an der salutogenetischen Perspektive wurde 1986 im Rahmen der Ottawa-Charta der soziale und gesundheitspolitische Ansatz der Gesundheitsförderung entwickelt. Gesundheitsförderung wird definiert als „Prozess, der Menschen befähigen soll, mehr Kontrolle über ihre Gesundheit zu erlangen und sie zu verbessern. Durch Investitionen und Maßnahmen kann Gesundheitsförderung einen entscheidenden Einfluss auf die Determinanten für Gesundheit ausüben" (WHO 1997, 1). Entsprechend der Reichweite der Maßnahmen können fünf Handlungsbereiche für Gesundheitsförderung unterschieden werden (→ Abb. 41-2).

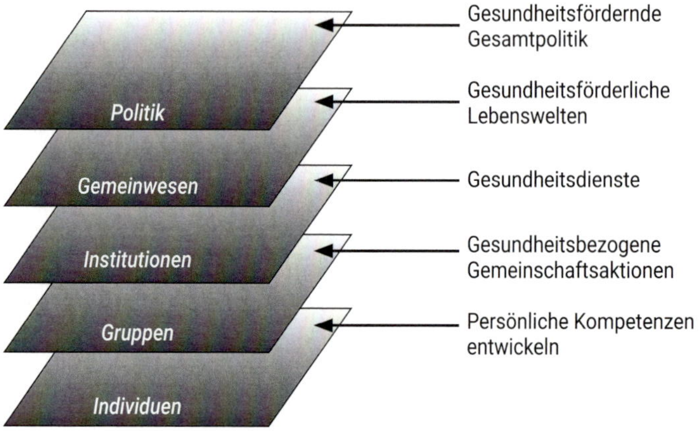

Abbildung 41-2: Mehrebenenmodell der Gesundheitsförderung nach Kaba-Schönstein (2018)

In der Schule können die Ebenen der Individuen, der Gruppen, der Institutionen und (eingeschränkt) des kommunalen Gemeinwesens angesprochen werden. Umgekehrt wird schulische Gesundheitsförderung von Vorgaben der Politik und des Gemeinwesens bestimmt. Zu den persönlichen Kompetenzen gehört die Gesundheitskompetenz. Sie umfasst die funktionale Form (basale Grundfertigkeiten im Lesen und Schreiben zum Verstehen gesundheitsrelevanter Informationen), die interaktive Form (kommunikative Kompetenzen zur Informationsbeschaffung) und die kritische Form (kritische Analyse von Informationen im Sinne einer „verbesserten Lebensbewältigung") (Abel et al. 2018, 583 f.). Die Studie European Health Literacy Survey (HLS-EU-Consortium 2014) zeigte, dass fast 50 % der über 15-jährigen Befragten nur über eine unzureichende Gesundheitskompetenz verfügen.

41.3 Gesundheitsbildung ist die auf Lernen und Entwicklung ausgerichtete Gesundheitsförderung

Gesundheitsbildung wird als der Teil der Gesundheitsförderung angesehen, der sich auf die lebenslangen Lern- und Entwicklungsprozesse bezieht. Mit der Betonung des Bildungsaspekts wird die selbstbestimmte, individuelle Aneignung im Sinne einer Persönlichkeitsbildung betont (Blättner 2018). So grenzt sich die Gesundheitsbildung vom älteren Konzept der Gesundheitserziehung ab, die normativer ausgerichtet ist und meist direkt am Verhalten ansetzt. Entsprechend versteht sich Gesundheitsbildung im Kern als „Prozess der Befähigung und der zunehmenden Entscheidungs- und Handlungsmacht" (Blättner 2018, 216), der es Menschen ermöglicht, gezielt Einfluss auf ihre Lebensweisen und -bedingungen zu nehmen.

Mit Blick auf dieses Verständnis zeigen sich die komplexen Herausforderungen für Gesundheitsbildung als schulische Aufgabe. Sie ergeben sich zunächst durch die Funktion von Schule als Institution: In der modernen Gesellschaft haben Schulen strukturell selektive gesellschaftliche Aufgaben, die dem Prinzip einer selbstbestimmten und reflexiven Persönlichkeitsbildung widersprechen (Drepper & Tacke 2012). Zudem haben Lernende nur sehr eingeschränkt die Möglichkeit, Schule als Lebensraum aktiv mitzugestalten. Eine als Persönlichkeitsbildung verstandene Gesundheitsbildung führt somit zu grundlegenden schulischen Transformationsprozessen, die sowohl Veränderungen der Schulgestaltung als auch des Biologieunterrichts notwendig machen. Schule kann dann ein Ort sein, an dem Gelegenheiten zum Abbau sozialer Ungleichheiten entwickelt und auf die Gesundheit bezogene Alternativen zu den Routinen in der Familie erfahrbar werden (Kuntz 2018). Dann kann sie Anregungen zur Identitätsbildung und für eine (zukünftige) lebenspraktische Gestaltung bieten.

41.4 Schule kann als Lebensraum zur Gesundheitsförderung beitragen

Jugendliche assoziieren Gesundheit oft mit der Abwesenheit von Krankheit (Schaefer 1990) oder mit Verzicht auf Genuss (BZgA 2016). Diese Verständnisse von Gesundheit sind negativ orientiert; die Gesundheit selbst bleibt unbestimmt. Demgegenüber assoziieren Befragte auf den Philippinen und in Jordanien Gesundheit häufig mit Kraft, Nahrung, Sport, Freude oder Schlaf. Eine weitere Perspektive auf Gesundheit wird in der Aussage einer Schülerin der 13. Jahrgangsstufe deutlich: „Gesundheit ist der Zustand der Richtigkeit (was richtig ist, weiß ich nicht)" (Kattmann 2015, 1). Ausgehend von diesen Beispielen alltäglicher Verständnisse können erste Leitideen für die schulische Gesundheitsbildung formuliert werden: Neben dem biologischen Wissen um den menschlichen Körper, Erkrankungen, Ernährung oder Bewegung sollte Schule persönliche positive Erfahrungen und die Reflexion von Gesundheit als normatives Konzept ermöglichen.

Die Schule stellt für Lernende und Lehrende einen zentralen Lebensraum dar (Gropengießer 2013). Hieraus ergibt sich eine besondere Verantwortung, für die Gropengießer und Gropengießer (1985) mit der Gesunden Schule ein biologiedidaktisch fundiertes Konzept entworfen haben. Im Vordergrund steht eine gesundheitsförderliche Schul- und Lernkultur, die gemeinsam mit allen Beteiligten zu entwickeln und zu gestalten ist. Dabei wird betont, dass Lehrpersonen nicht nur als Fachlehrende, sondern insbesondere als Pädagogen gefordert sind, um die Lernenden bei ihren persönlichen gesundheitsbezogenen Entwicklungsaufgaben zu unterstützen. Bei der Gestaltung gesundheitsbezogener Lernprozesse stehen alltägliche persönliche Erfahrungen, konkrete Wege zu gesundheitsförderlichem Verhalten und die Ermutigung zu selbstständigen Entscheidungen im Zentrum (Gropengießer 2013). Mit „Gut Drauf" wurde von der Bundeszentrale für gesundheitliche Aufklärung (BZgA 2020) ein evidenzbasiertes Programm zur Gesundheitsförderung für Schulen und die Jugendarbeit entwickelt (→ Kasten).

Gut Drauf (BZgA 2020)

Gut Drauf zielt darauf ab, bei 5- bis 18-Jährigen einen nachhaltig gesunden Lebensstil zu fördern. Im Handlungsfeld Schule stehen Ernährung, Bewegung und Stressregulation im Mittelpunkt. Ausgehend davon, dass sich Gesundheit in Person-Umwelt-Interaktionen entwickelt, werden sowohl vorhandene Verhältnisse in den Lebenswelten als auch die Einstellungen und das Verhalten der Personen angesprochen. Qualifizierte Multiplikatoren gestalten sowohl konkrete Angebote für und mit den beteiligten Personen als auch Schulentwicklungsprozesse. Bei der methodischen Umsetzung werden altersbedingte Besonderheiten der Zielgruppe berücksichtigt, wie beispielsweise:

- Partizipationsmöglichkeiten über die aktive Mitgestaltung, wodurch Selbstwirksamkeit erfahren werden kann,
- Erfahrungsräume, in denen die Jugendlichen Handlungen ausprobieren und individuell erleben können,
- Angebote, die aktuelle jugendbezogene Trends aufgreifen.

In der „Empfehlung zur Gesundheitsförderung und Prävention in der Schule“ (KMK 2012) werden Prinzipien für eine gesundheitsförderliche Schule als Lebensraum entworfen. Hier wird versucht, die Ansätze von Gesundheitsförderung und Prävention zu verbinden. Allerdings zielen die konkreten Formulierungen weniger auf die Förderung von Begründungs- und Handlungsfähigkeiten. Vielmehr finden sich vielfach normative Vorgaben. So soll die „Stärkung von Lebenskompetenzen“ erfolgen, um „den Einstieg in den Konsum legaler und illegaler Suchtmittel bzw. suchtriskante Verhaltensweisen zu vermeiden bzw. hinauszuzögern“ (KMK 2012, 4). Hiermit wird ausschließlich auf das Verhalten des Individuums gezielt, während die Verhältnisse, wie der legale Verkauf von stark zuckerhaltigen Lebensmitteln, Alkohol und Zigaretten, nicht thematisiert werden.

41.5 Gesundheitsbildung im Biologieunterricht zielt auf eine reflexive Handlungsfähigkeit

Mit dem Modell der reflexiven gesundheitsbezogenen Handlungsfähigkeit wurde eine Konzeption für die schulische Gesundheitsbildung vorgeschlagen, in der sowohl das Individuum als auch dessen schulische und außerschulische Lebensbedingungen in den Blick kommen. Das vom „Arbeitskreis Gesundheit & Biologie im Verband Biologie, Biowissenschaften und Biomedizin in Deutschland“ (AK Gesundheit & Biologie; AK Gesundheit & Biologie 2019 a, b; AK Gesundheit & Biologie 2020) entwickelte Modell entwirft aus biologiedidaktischer Perspektive einen Rahmen für den schulischen Beitrag zur Gesundheitsförderung und den spezifischen Beitrag des Faches Biologie (→ Abb. 41-3). Entsprechend kann es als Orientierung für Fördermaßnahmen dienen, deren Ziel eine reflexive gesundheitsbezogene Handlungsfähigkeit ist. Damit steht nicht das regelkonforme Verhalten im Zentrum des Lehrens und Lernens, vielmehr sollen informierte Bürger reflektierte Entscheidungen treffen können. Orientiert am Modell können spezifische wechselseitige Beziehungen zwischen Individuum und der Schule als Lebensraum analysiert und institutionelle sowie individuelle Fördermaßnahmen für kognitive, motivational-affektive und performative Aspekte (weiter-)entwickelt werden. Im Zentrum des Modells befindet sich das Selbst, das hier orientiert an psychologischen und pädagogischen Bezügen als Kern der Persönlichkeit gedacht wird.

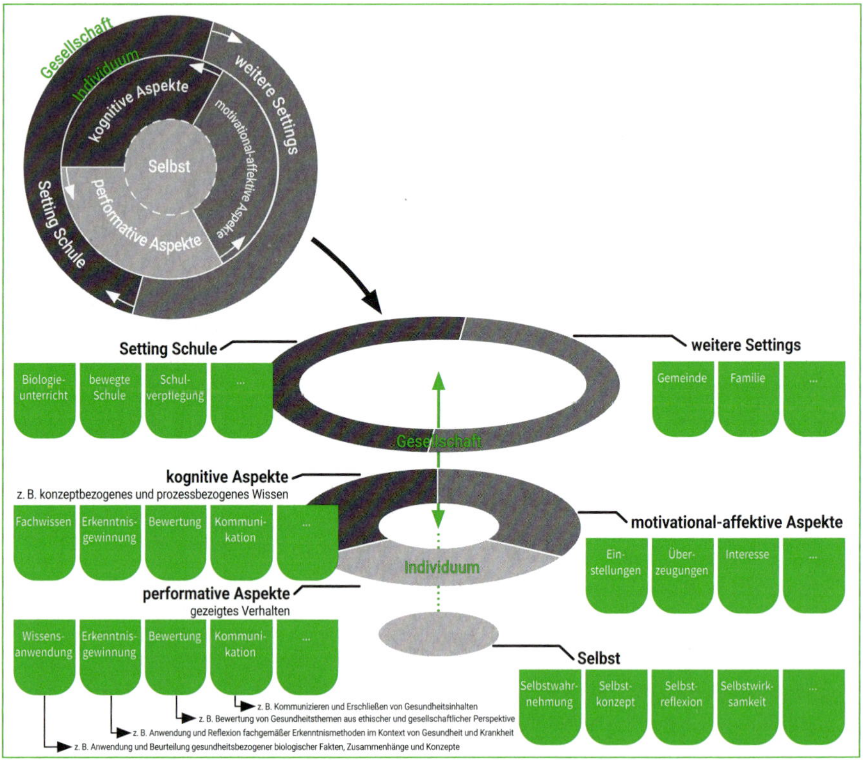

Abbildung 41-3: Modell zur reflexiven gesundheitsbezogenen Handlungsfähigkeit (AK Gesundheit & Biologie 2019 b)

41.6 Das Verstehen biologischer Zusammenhänge kann zu Gesundheit beitragen

Der Beitrag der Biologie zur Gesundheitsbildung wird in der „Empfehlung zur Gesundheitsförderung und Prävention in der Schule" (KMK 2012), den „Bildungsstandards im Fach Biologie" (KMK 2005) und den Curricula der einzelnen Bundesländer umrissen. Ein Blick in die Bildungs- und Lehrpläne des

Faches Biologie zeigt, dass Gesundheit meist im Zusammenhang mit Wissen (z. B. über Organe und Organsysteme, Wechselwirkungen im Organismus) oder handlungsbezogenen Aspekten (z. B. gesundheitsbezogenes Verhalten) thematisiert wird, die lediglich das Individuum betreffen (Schaal et al. 2020). Bestimmte gesundheitsbezogene Normen und Verhaltensweisen werden als angemessen vorausgesetzt, wie etwa: „Schülerinnen und Schüler beurteilen verschiedene Maßnahmen und Verhaltensweisen zur Erhaltung der eigenen Gesundheit und zur sozialen Verantwortung" (KMK 2005, 15). Allerdings zeigen empirische Befunde, dass die bloße Vermittlung von Wissen häufig keinen Einfluss auf gesundheitliche Entscheidungen oder Handlungen hat (Worsley 2002).

Ausgehend von den skizzierten Anforderungen an eine veränderte Gesundheitsbildung kann der Beitrag des Biologieunterrichts bestimmt werden:

- Biologisches Verstehen ermöglicht Erklärungen gesundheitsbezogener Einflussfaktoren und -prozesse: Für die Gesundheitsbildung ist zunächst der Bereich der Humanbiologie relevant. Zu den Fachgebieten, die sich direkt auf die Gesundheit beziehen lassen, gehören Genetik, Physiologie, Anatomie sowie die Immunbiologie. Das exemplarische Betrachten von Wechselwirkungen zwischen sozialen und sozioökonomischen Lebensbedingungen einerseits sowie dem Verhalten des Individuums andererseits kann zur Erklärung gesundheitsrelevanter Prozesse beitragen. Beispiele bieten die Themenfelder Ernährung, Bewegung, die Gestaltung von Lebens- und Arbeitsbedingungen (z. B. Risikofaktoren, Stress) oder das Impfverhalten. Hier ist es wesentlich, die verschiedenen biologischen Systemebenen (vgl. Arnold & Bauer 2021; Hammann 2019) in die Erklärungen einzubeziehen, damit ein systemisches Verstehen der oft komplexen Zusammenhänge möglich wird (beispielsweise zu Coronaviren, AK Gesundheit & Biologie 2020). Biologisches Wissen ermöglicht sowohl bereichsspezifische als auch vernetzende Erklärungen und bezieht die physische, psychische und soziale Dimension von Gesundheit ein. Über neurobiologische und hormonelle Inhalte können auch Emotionen wie Wohlbefinden oder Motivation sowie deren individuelle Unterschiede thematisiert werden, die für das Verständnis einer subjektiven Gesundheit relevant sind (Schaal & Krapp 2013). Zudem bietet die evolutionsbiologische Perspektive einen Ansatz, um Normalitätsvorstellungen von Menschen, wie sie bei Gesundheitsthemen in der Schule und im Alltag zu finden sind, kritisch zu reflektieren (Harms 2018; Nationale Akademie der Wissenschaften Leopoldina 2017; Schaal et al. 2020).
- Gesundheitsbezogene Themen ermöglichen das Verstehen zentraler Erkenntnisweisen der Wissenschaft Biologie: Im Bereich Gesundheit wer-

den Studien durchgeführt, deren Ergebnisse sich medial in teils widersprüchlichen Handlungsempfehlungen niederschlagen. Ausgehend davon kann ein Verständnis von empirischer biologischer Forschung erarbeitet werden: Infolge neuer Daten können sich wissenschaftliche Erkenntnisse verändern.

- Biologie kann zum Entwickeln einer persönlichen Konzeption von Gesundheit beitragen: Ein individuelles Verständnis von Gesundheit zu entwickeln, wird als zentrale Entwicklungsaufgabe für Lernende angesehen. Im Biologieunterricht können sowohl die physische als auch die psychische und die soziale Dimension in erklärender Weise angesprochen und miteinander verbunden werden. Ausgehend von persönlichen Erfahrungen können die Bedeutung und Bedeutsamkeit von Gesundheit für das eigene Leben reflektiert werden. Allerdings ist die biologische Perspektive nicht ausreichend für ein umfassendes Gesundheitsverständnis, da insbesondere die normativen Facetten von Gesundheit zu reflektieren sind. Fächer wie Ethik, Politik oder Soziologie sollten einbezogen und die unterschiedlichen Fachperspektiven miteinander in Beziehung gesetzt werden.

Leitideen für Gesundheitsbildung

Gesundheit als Unterrichtsprinzip: Biologieunterricht kann zur Gesundheitsförderung beitragen; Gesundheitsthemen eignen sich als motivierende Kontexte mit persönlicher Relevanz und Alltagsbezug.

Von den persönlichen Erfahrungen der Lernenden ausgehen: Als Lernanlässe eignen sich die persönlichen Erfahrungen der Lernenden, die sie innerhalb und außerhalb der Schule z. B. mit Bewegung oder Ernährung machen (BZgA 2020; Dannemann & Grimm 2019).

Wissenschaftsverständnis und kritisches Denken fördern: Biologische Grundlagen von Gesundheitsthemen sind oft sehr komplex und häufig nicht hinreichend geklärt, was an sich ändernden Handlungsrichtlinien deutlich wird (Zeyer et al. 2019). Daher ist es entscheidend, Fähigkeiten zum Umgang mit der vorhandenen Informationsvielfalt zu erwerben (Kapitza et al. 2020; Nöckel 2018). Arnold und Bauer (2021) empfehlen zur Förderung reflexiver Handlungsfähigkeit, den Schwerpunkt auf Systemdenken, Wissenschaftsverständnis und die Förderung von kritischem Denken zu legen.

Gängige Normen reflektieren: Gesundheitsbildung hat mit Normen zu tun (Schaal et al. 2020). Häufig wird als gesund Angesehenes als positiv und Ungesundes als negativ beurteilt. Entsprechend geht man davon aus, dass gesundheitsförderliches Handeln das „richtige" Handeln ist. Was jedoch genau unter „gesund" verstanden wird, variiert hochgradig (→ 41.1). Da viele

Menschen dieser Norm nicht entsprechen, kann dieser Wortgebrauch unreflektiert zu Diskriminierung führen. Deshalb plädiert Kattmann (in Arnold et al. 2018) für einen inklusiven Gesundheitsbegriff.

Die gesellschaftliche Perspektive integrieren: Gesundheit wird in Schulbüchern überwiegend als Thema der individuellen Verantwortung dargestellt (Malmberg & Urbas 2019). Aber nicht alle Entscheidungen liegen beim Individuum selbst. Oft setzen bestimmte Rahmenbedingungen (z. B. politische Bedingungen, Bildung, sozioökonomischer Status) hier Grenzen. Deshalb empfehlen Malmberg und Urbas eine Gesundheitsbildung, die die individuelle Perspektive um eine politische ergänzt (→ Abb. 41-2).

Lernaufgabe 41-1: Entwicklung des Kohärenzgefühls bei einer Pandemie
Lernende sollten auch unter den Bedingungen einer Pandemie möglichst die Überzeugung gewinnen, dass sie mit dieser Herausforderung sinnvoll und gestaltend umgehen können.

Handlungsaufforderung 41-1: Erläutern Sie auf der Grundlage der Abbildung 41-1 exemplarisch das Entstehen von Kohärenzgefühl bei Lernenden im Kontext einer Pandemie. Berücksichtigen Sie dabei auch die Bedeutung des Biologieunterrichts.

Karla Etschenberg & Sonja Schaal

42 Sexualbildung

Was ist mit Sexualaufklärung, Sexualerziehung oder Sexualbildung gemeint?
Warum ist Sexualbildung Aufgabe mehrerer Fächer, aber mit einem Schwerpunkt beim Fach Biologie?
Kann ich mich dem Auftrag zur Sexualbildung entziehen?
Wie vereinbare ich Werteorientierung und Indoktrinationsverbot?
Wie gehe ich mit meiner eigenen Meinung um?
Welche Sprache, Medien und Methoden sollten im Biologieunterricht beim Thema Sexualität verwendet werden?
Dürfen Lernende dem Unterricht zum Thema Sexualität auf Wunsch fernbleiben?
Welche Rolle können externe Sexualpädagogen und Sexualpädagoginnen in meinem Unterricht spielen?
Welche Funktion haben Elternabende zum Thema?
Auf solche Fragen finden Sie in diesem Kapitel Antworten.

42.1 Menschliche Sexualität umfasst biologische, persönliche, soziale und kulturelle Aspekte

Ursprünglich ist Sexualität ein biologisches Phänomen, das bei Pflanzen, Tieren und beim Menschen die zweielterliche („sexuelle") Fortpflanzung ermöglicht. Damit einher geht Variabilität und Individualität in der Nachkommenschaft (Urry et al. 2019; Etschenberg 1998). So gesehen könnte man Sexualität als Antwort der Natur auf unterschiedliche und wechselnde Umweltbedingungen sehen, unter denen Lebewesen sich behaupten müssen und Leben weitergeben können. Sie ist Voraussetzung für natürliche Artenvielfalt und ermöglichte vielen Pflanzen und Tieren und dem Menschen die weltweite Verbreitung. Darüber hinaus kann der Mensch sie für die Züchtung von Pflanzen und Tieren nutzen. Menschliche Sexualität darf aber nicht nur aus dieser Sicht im Unterricht behandelt werden.

Der Mensch kann – im Gegensatz zu Vertretern des Tierreichs – sein Sexual- und Fortpflanzungsverhalten reflektieren und instinktreduziert steuern. Er ist deshalb für sein Sexualverhalten verantwortlich. Die meisten Menschen erwarten, erleben und genießen Lust beim sexuellen Handeln. Dies motiviert nicht nur zu Handlungen, die die Fortpflanzung ermöglichen, sondern zu variationsreichen, sogar technisch-medial unterstützbaren autoerotischen, hetero- und homo-, bi- oder pansexuellen Handlungen.

Die für die zweielterliche Fortpflanzung auf „natürlichem Weg“ unabdingbare und für partnerschaftlichen sexuellen Lustgewinn ersehnte Kontaktaufnahme ist Basis für vielfältige Beziehungsformen zwischen Menschen. Diese Beziehungen zwischen verschieden- und gleichgeschlechtlichen Menschen können vom anonymen „One-Night-Stand“ bis zur lebenslangen Bindung zufriedenstellend oder problematisch gestaltet werden. Problematisch ist jede sexuelle Beziehung, wenn sie mit Ausbeutung, Missbrauch und Gewalt gekoppelt ist.

Menschliche Sexualität ist darüber hinaus ein unerschöpflicher Antrieb für gesellschaftliches und kulturelles Leben. Rituale, Feste und Kunstwerke in aller Welt beziehen Themen aus dem Lebensbereich Sexualität. In allen Religionen spielt Sexualität bzw. Sexualverhalten eine zentrale Rolle (→ Kasten).

Funktionen menschlicher Sexualität

- Erhalt von Variabilität (Vielfalt und Individualität)
- Ermöglichen von Fortpflanzung
- Mittel der Selbstverwirklichung und des Lustgewinns
- Beziehung stiftendes bzw. prägendes Element zwischen Partnern
- Anlass und Antrieb für soziale und kulturelle Gestaltungen

Wie ein Mensch Sexualität und ihre Funktionen erlebt, hängt nicht nur von seinen individuellen biologischen Voraussetzungen, sondern weitgehend auch von seiner Lebenssituation einschließlich Alter, seiner Erziehung, den von ihm akzeptierten Normen und seinem sozialen und kulturellen Umfeld ab (Haeberle 1985; Schaal & Schaal 2019, 13 ff).

Die seit den 1970er Jahren getroffene Unterscheidung von Sex und Gender kann beim Sprechen über menschliche Sexualität auch im Biologieunterricht hilfreich sein (→ Kasten).

Sex und Gender

Sex meint schwerpunktmäßig alles, was mit körperlichen biologischen Gegebenheiten von Geschlechtlichkeit und Fortpflanzung zu tun hat (biologisches Geschlecht). Gender bedeutet schwerpunktmäßig das, was mit sozialem Geschlecht, sexueller Identität und Geschlechterrollen zusammenhängt und stark von sozialen und kulturellen Einflüssen bestimmt wird.

Die Entwicklung der sexuellen Identität ist ein lebenslanger Prozess, der Sex und Gender einschließt. Die körperlichen Gegebenheiten (Sex), können mit der subjektiven Geschlechtsidentität übereinstimmen oder auch nicht. Das Wort „Gender" löst mitunter Grundsatzdiskussionen aus über weltanschauliche und politische Implikationen. Die scheinbar „normale" eindeutige Unterteilung in weibliche oder männliche Menschen (heteronormative Klassifizierung) sollte im Biologieunterricht relativiert werden. Sie wird nicht nur von allen Menschen, die sich „geschlechtsuntypisch" verhalten, sondern vor allem durch intersexuelle/intergeschlechtliche Menschen in Frage gestellt, die aus anatomischen, neurologischen, hormonellen oder genetischen Gründen uneindeutigen biologischen Geschlechts sind. Auch transidente bzw. transsexuelle Menschen, die sich dem jeweils anderen biologischen Geschlecht zugehörig fühlen, zeigen, dass eine „heteronormative" Klassifizierung nicht menschengerecht ist.

42.2 Sexualbildung, Sexualerziehung und Sexualaufklärung fördern sexuelle Gesundheit

Definition sexueller Gesundheit

„Sexuelle Gesundheit ist untrennbar mit Gesundheit insgesamt, mit Wohlbefinden und Lebensqualität verbunden" (WHO 2011).

Sexuelle Gesundheit schließt demnach folgende Aspekte ein:

- eine positive, respektvolle Herangehensweise an Sexualität und sexuelle Beziehungen,
- einen bestmöglichen Standard körperlicher Gesundheit, der – wenn gewünscht – sexuellen Lustgewinn und Fortpflanzung ermöglicht,
- Zugang zu sexueller und reproduktiver Gesundheitsversorgung,
- Zugang zu Informationen/Sexualaufklärung,
- das Recht zur Selbstbestimmung.

Sexuelle Gesundheit ist gefährdet

- bei Ängsten, Zwang, Diskriminierung oder Gewalt,
- bei sorglosem Umgang mit Verhütungsmitteln (Schutz vor sexuell übertragbaren Krankheiten und vor ungewollter Schwangerschaft bzw. Elternschaft),
- bei respektlosem Verhalten in Beziehungen.

Gesundheitsförderung und damit auch die Förderung der sexuellen Gesundheit wird als Prozess verstanden, der Menschen befähigen soll, mehr Kontrolle über die eigene (sexuelle) Gesundheit zu erlangen (Etschenberg 1994;

Schaal et al. 2020 a). Dafür müssen sowohl personale Faktoren wie auch gesellschaftliche und strukturelle Bedingungen berücksichtigt werden (→ Abb. 42-1). Auf der strukturellen Ebene greifen beispielsweise gesundheitspolitische Maßnahmen wie Aufklärungskampagnen zur Prävention von sexuell übertragbaren Krankheiten oder die Verfügbarkeit und Finanzierung von Vorsorgeuntersuchungen und Verhütungsmitteln. Auch die Gestaltung von Bildungsplänen und somit die Sicherung des Rechts auf Bildung und Information sind Maßnahmen der Gesundheitsförderung auf der strukturellen Ebene. Sexualbildung, Sexualerziehung und Sexualaufklärung sind Zugänge, die das Individuum mit all seinen Voraussetzungen ernst nehmen, ansprechen und dessen Kompetenzen fördern sollen. Sie verfolgen mit unterschiedlichen Strategien und Methoden dasselbe Ziel und sind inhaltlich nicht eindeutig gegeneinander abgrenzbar (Etschenberg 2019). Alle drei Zugänge sind sinnvoll und sollten in der Schule umgesetzt werden.

Sexualaufklärung hat die Aufgabe der Vermittlung von Wissen über die (menschliche) Sexualität. Sie wird daher traditionell dem Biologieunterricht zugeordnet, da hier objektive Informationen zum menschlichen Körper und zur Fortpflanzung vermittelt werden können. Korrekte biologische Kenntnisse sind eine wichtige Grundlage für eine selbstbestimmte Sexualität und die Erhaltung der eigenen sexuellen Gesundheit bzw. auch der Gesundheit einem anvertrauter Menschen.

Sexualerziehung zielt vor allem auf die Determinanten individuellen Verhaltens ab, zu denen neben Kenntnissen auch Fähigkeiten und Fertigkeiten sowie motivationale Faktoren zählen (Schaal et al. 2020 a). Der Sexualerziehung liegen in der Regel normative Vorstellungen zugrunde, die auf ein werteorientiertes, oft auch konkretes gesundheitsförderliches Verhalten ausgerichtet sind. Beispiele wären die Motivation, Kenntnis und Fertigkeit der korrekten Verwendung von Verhütungsmitteln zum Schutz vor ungewollter Schwangerschaft bzw. Elternschaft oder sexuell übertragbaren Krankheiten.

Sexualbildung fokussiert auf die Fähigkeit zu lebenslangem Lernen auch unabhängig von Sexualerziehung und auf die Fähigkeit zur Selbstbestimmung. Die Lernenden sollen in die Lage versetzt werden, selbstbestimmte, reflektierte Entscheidungen hinsichtlich ihrer Sexualität und ihrer sexuellen Gesundheit treffen und verantworten zu können. Dafür sind neben inhaltlichen auch prozessbezogene Kompetenzen (Erkenntnisgewinnung, Kommunikation, Bewertung) von Bedeutung (Schaal 2020).

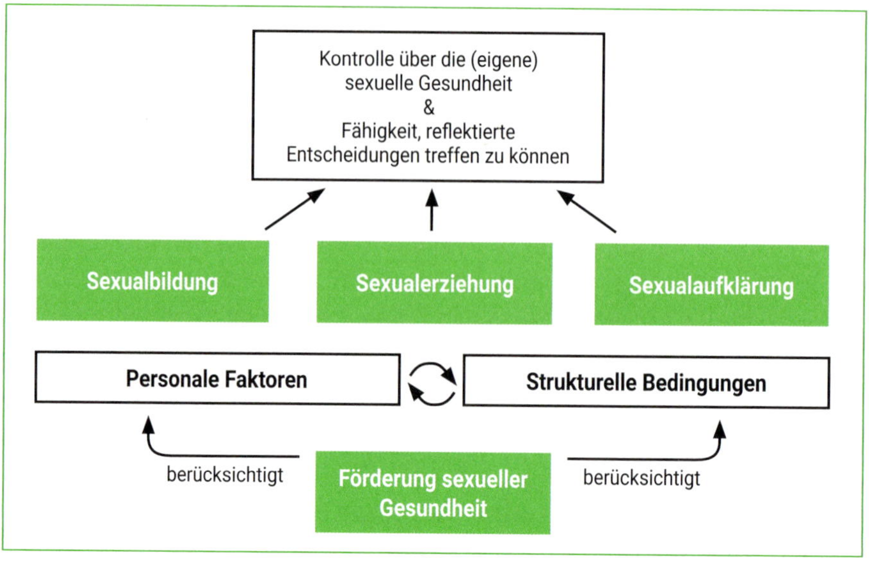

Abbildung 42-1: Facetten der Förderung sexueller Gesundheit (in Anlehnung an Schaal et al. 2020 a)

Die Themen Geschlechtsorgane, Fortpflanzung und Verhütung etc. sind wichtig. Wenn sie jedoch nur unter dem Aspekt ihrer biologischen Funktion betrachtet werden, ist das zu einseitig.

42.3 Sexualerziehung ist unverzichtbarer Teil des Bildungsauftrags von Schule

Seit 1968 gibt es auf der Basis der Empfehlungen der Kultusministerkonferenz Sexualerziehung an Schulen in allen alten Bundesländern (in der ehemaligen DDR bereits seit 1959). Die anfängliche Entwicklung der Sexualerziehung in der BRD wurde geprägt durch den Gegensatz zwischen einer behütenden (repressiven) Sexualerziehung, die sich an traditionellen sexualmoralischen Grundsätzen orientierte, und einer Sexualerziehung, die in ihrem Anspruch befreiend (emanzipatorisch) sein wollte (Kentler 1970, 142 ff.). Die emanzipatorische Sexualerziehung wurde vielfach vermischt mit politischen Zielen, was der Akzeptanz schulischer Sexualerziehung schadete. Die schulische Sexualerziehung, die sich im Laufe der Jahre insbesondere durch das Engagement einiger Biologiedidaktiker und -didaktikerinnen weitgehend konfliktfrei etablierte, kann man als affirmativ sexualfreundlich bezeichnen (Etschenberg 2017, 2). Inzwischen ist schulische Sexualerziehung fester Bestandteil in Regelwerken aller Bundesländer. Das Recht von Kindern und Jugendlichen auf Sexualaufklärung in der Schule ist nur noch umstritten, wenn sie sich ungefragt bereits im Kindesalter mit sexuellen Vorlieben und Verhaltensweisen erwachsener Menschen befassen sollen und dabei die Grenze zwischen diskriminierungsfreier Information und frühzeitigem sexualisierendem Vertrautmachen überschritten wird (Etschenberg 2016). Die Schule wird von den Jugendlichen selbst als wichtiger Ort der Informationsvermittlung angegeben, und vor allem für Jungen sind laut einer Studie der BZgA (2015) die Lehrkräfte wichtige Bezugspersonen in Sachen Aufklärung.

Sexualbildung bezieht sich auf den Umgang mit der eigenen Sexualität, mit der Sexualität anderer und mit Sexualität als kulturell-gesellschaftlichem Phänomen einschließlich medial dargestellter Sexualität. Somit ist es sachgerecht, dass Sexualbildung fächerübergreifend oder fächerverbindend in der Schule zu leisten ist und sich Lernende nicht nur im Fach Biologie, sondern auch in den Fächern Deutsch, Ethik/Religion, Kunst, Musik, Geschichte, Politik und Sport (die Benennungen der Fächer variieren in den Bundesländern und Schulformen) mit dem Thema Sexualität befassen sollen (Etschenberg 2010). Dabei sollte jedes Fach Sexualität mit fachtypischen Schwerpunkten ansprechen, aber den sachlichen und pädagogischen Gesamthorizont nicht aus dem Blick verlieren. Die Erörterung ethischer Fragen, die z. B. mit Sachthemen wie Leihmutterschaft, (anonymer) Samenspende oder Präimplantationsdiagnostik verknüpft sind, tragen zur Entwicklung von Bewertungskompetenz bei. Keinesfalls sollte sich der Biologieunterricht auf die Vermittlung sexualbiologischer Grundkenntnisse beschränken oder beschränken lassen und anderen Fächern oder externen Sexualpädagogen und -pädagoginnen die Fortführung zuweisen.

Wegen der Präsenz von Sexualität in den von Schülerinnen und Schülern konsumierten und interaktiv genutzten Medien ist Sexualbildung nur unter Beteiligung der Medienerziehung sinnvoll (Etschenberg 2011 a).

Dem Fach Biologie kommt eine besondere Bedeutung zu, weil aus der Humanbiologie vieles an Wissen stammt, was Jugendliche und Erwachsene für einen aufgeklärten Umgang mit Sexualität brauchen. Aktuell zeigt sich das beim Thema Geschlechtergerechtigkeit und Entdiskriminierung von Menschen, die physisch, psychisch oder sozial, d. h. auch mit ihrem Sexualverhalten nicht in die binäre Geschlechterordnung passen. Dazu ist es wichtig, die Gemeinsamkeiten biologisch weiblicher und männlicher Menschen bis hin zu den homologen Strukturen der Geschlechtsorgane zu kennen. Intersexuelle Uneindeutigkeiten und Zwischenstufen werden verstehbar. Dass die Fortpflanzung des Menschen grundsätzlich von zwei biologisch verschiedengeschlechtlichen Elternteilen abhängt, wird dabei aus naturwissenschaftlicher Sicht nicht in Frage gestellt. Über den gesellschaftlichen Umgang mit geschlechtlicher Vielfalt kann diskutiert werden.

Auch Sichtweisen aus der Humanethologie und Evolutionsbiologie sind aufschlussreich. Sie können zum Verständnis statistisch ermittelbarer geschlechts„typischer" Verhaltensweisen beitragen. Dabei ist klarzustellen, dass es keine geschlechts„spezifischen", also unabdingbar mit dem biologischen Geschlecht gekoppelte „männlichen" und „weiblichen" Verhaltensweisen gibt – außer den wenigen, die unmittelbar mit der Fortpflanzung zusammenhängen. In höheren Jahrgangsstufen kann eine Diskussion über sogenanntes angeborenes und „sozialisationsbedingtes" geschlechtliches Verhalten angeregt werden. Die früheren Auseinandersetzungen um „heiße Eisen" der Sexualerziehung (Masturbation, Jugendsexualität, Verhütung, Homosexualität) haben sich durch die kontinuierliche Liberalisierung in den letzten Jahrzehnten weitgehend beruhigt (Glück, Scholten & Strötges 1992; Etschenberg 2001). Nicht ausdiskutiert ist aber u. a. das Thema Kindersexualität und der Umgang mit ihr. Widersprüchliche Standpunkte gibt es auch zur Hochschätzung von (heterosexueller) Ehe und Familie und zur ethischen Bewertung z. B. von Schwangerschaftsabbruch und Techniken der Fortpflanzungsmedizin. Bei politisch konnotierten und ethisch „brisanten" Themen muss sich die Lehrperson sorgfältig vorbereiten und achtsam in der Wortwahl sein.

Eine besondere Situation ergab sich für die Sexualerziehung durch das Auftreten der bis heute unheilbaren sexuell übertragbaren Immunschwächekrankheit AIDS seit den 1980er Jahren. Die Befürchtung, dass die Angst vor AIDS das Ende jeder affirmativ sexualfreundlichen Sexualerziehung bedeuten könne (Koch 1992), wurde durch entsprechendes Unterrichtsmaterial weitgehend entkräftet (Etschenberg 1996 a; 1999) Die Zahl sexuell übertragbarer Infektionen (STI), zu denen auch Syphilis, Gonorrhö (Tripper), Hepatitis B, Infektionen mit Chlamydien und Humanen Papillomviren (HPV) gehören, ist in Deutschland (wieder) steigend. Sie können zu schwerwiegenden gesundheitlichen Beeinträchtigungen führen (Bremer et al. 2017). Das Robert-Koch-Institut (RKI) appelliert daher auch an Schulen, für eine gezielte Aufklärung zu sorgen.

Aktuell ist schulische Sexualbildung durch die Allgegenwart von Sex in den Medien und vor allem von Pornografie (einschließlich der Porno-Rapper-Szene) herausgefordert (Matthiesen et al. 2011; Grimm et al. 2010). Um Kinder und Jugendliche vor möglichen negativen Auswirkungen auf ihr eigenes Sexualverhalten zu schützen, sollten Lernangebote konzipiert werden, die junge Menschen darauf vorbereiten, mit pornografischen Texten und Bildern umzugehen (Döring 2011; Etschenberg 2019) Auch die Risiken von Sexting und Cyber-Grooming sind deutlich anzusprechen. Aber nicht jeder sexualitätsbezogene Medienkonsum ist negativ zu bewerten. Sowohl bei der Suche nach Informationen als auch bei Kontaktaufnahmen im digitalen Kontext können positive und förderungswürdige Erfahrungen gemacht werden (Döring 2019). Die Schule sollte daher nicht die Chancen einer digitalen Sexualbildung verpassen.

Eine zusätzliche pädagogische Herausforderung sind die sexuellen Übergriffe und die sexualisierte Gewalt auf und an Kindern und Jugendlichen (auch) durch Kinder und Jugendliche (Freund & Riedel-Breidenstein 2004). „Es ist davon auszugehen, dass ein Teil der Mädchen und Jungen jeder Klasse von sexueller Gewalt betroffen ist" (May 1997, 16). Dabei ist sexuelle Gewalt kein isoliertes Phänomen, sondern tritt auch mit anderen Formen der Gewalt und Vernachlässigung auf (Jud & Fegert 2018). Bei Akzentuierung, Methoden- und Wortwahl ist beim Thema Sexualität zu bedenken, dass in der Lerngruppe möglicherweise sowohl Kinder sind, die bereits Opfer sexueller Gewalt geworden sind, als auch solche, denen Sexualerziehung Kompetenzen vermitteln soll, sich vor einer solchen Erfahrung zu schützen. Auch ist die Tatsache zu berücksichtigen, dass potenziell übergriffige Kinder und Jugendliche bzw. Jungen und Mädchen, die sich später als Erwachsene möglicherweise zu Tätern und Täterinnen entwickeln, angesprochen werden. Wenn von der Lehrperson Missbrauch vermutet oder aufgedeckt wird, ist bezüglich des Vorgehens unbedingt der Rat erfahrener Fachleute einzuholen, da davon nicht nur das weitere Schicksal des Kindes, sondern ggf. einer ganzen Familie abhängt. Es sei daran erinnert, dass sexuelle Übergriffe und pädophiles oder pädosexuelles Verhalten sehr unterschiedlich motiviert und realisiert werden können, und aus der Sicht eines betroffenen Kindes der Begriff „Gewalt" nicht immer anwendbar erscheint.

Übergriffe unter Kindern und Jugendlichen passieren häufig an Orten, die pädagogisch wenig beeinflussbar sind. Werteorientierte Sexualbilldung ist auch hier ein wichtiger Beitrag zur Prävention. Lehrpersonen können und sollten sich durch spezielle Fortbildungsangebote auf das Thema vorbereiten. In die Diskussion um Schutzkonzepte, die auch an Schulen Einzug halten, müssen die Jugendlichen selbst einbezogen und deren jugendkulturelles Milieu beachtet werden, damit sie die gewünschte Wirksamkeit bringen (Strahl, Schröer & Wolff 2017).

Die Auswahl von Themen (→ Kasten) für einzelne Klassenstufen sollte sich nicht nur nach dem Lehr- oder Bildungsplan richten, sondern auch daran orientieren, welche in einem bestimmten Alter oder aus gesellschaftlichen Gründen aktuell bzw. lebenspraktisch relevant sind (Etschenberg 1996 b). Manchmal können Ereignisse im Schulbezirk (z. B. ein Exhibitionist auf dem Sportplatz) oder solche, die über die Medien an Kinder und Jugendliche herangetragen werden, Anlass für die Behandlung eines Themas sein. Zu berücksichtigen ist selbstverständlich auch, was Kinder und Jugendliche bereits (u. a. aus der Grundschule) an gesichertem Wissen oder an korrekturbedürftigen Vorstellungen mitbringen. Diese lassen sich durch einen orientierenden anonymen Vortest in der Lerngruppe eruieren.

Unterrichtliche Themenfelder

Sexualität und Fortpflanzung: Entwicklung, Bau und spezielle Funktionen der Geschlechtsorgane vor und ab der Pubertät; Geschlechtsverkehr; Zeugung; Schwangerschaft; Phasen vorgeburtlicher Entwicklung; Geburt; Fortpflanzungstechnologie; Empfängnisregelung; Infektionsschutz und Hygiene; Schwangerschaftsabbruch; frühkindliche Entwicklung und Pubertät; biologische Ursachen sexuell uneindeutiger Entwicklungen

Sexuelles Erleben vor, in und nach der Pubertät: sexuelle Lust; sexuelle Ängste; Sexualität im Lebensverlauf; Nacktheit; Körpersprache; Selbstbefriedigung; sexuelle Kommunikation; sexuelle Partnerschaft; Hetero-, Bi- und Homosexualität; Transsexualität; Sexualität und Gewalt; Sexualität und Sucht

Geschlechterrollen: Sie wandeln sich im Laufe der Zeit und im Kontext unterschiedlicher Kulturen; Emanzipation und Geschlechtergerechtigkeit; Einstellungen zu Fragen des Sexualverhaltens (u. a. Sex, Liebe, Verhütung, Treue, Trennung); Verhältnis der Geschlechter zu Kindern; Ehe und andere Partnerschaften; Sexualität und Rassismus

Gesellschaftlich bedingte Phänomene: Sexualisierungen und Kommerzialisierung von Sex; Reizüberflutung; Tabuisierungen und Enttabuisierungen; Diskriminierungen und Akzeptanz; Rituale; Schönheitsideale; Pornografie; Mediatisierung von Sex; Formen der sexuellen Ausbeutung einschließlich Prostitution; sexuelle Denunziation

Selbstbestimmung als persönliches Recht sowie Straftaten gegen die sexuelle Selbstbestimmung, wie sexueller Missbrauch, Vergewaltigung und sexuelle Nötigung

42.4 Werteorientierte Sexualbildung gebietet Toleranz und verbietet Indoktrination

Schule als Lebensraum ist auch Ort der sexuellen Sozialisation und Kommunikation. So wird in der Schule nicht nur Sexualwissen erworben, sondern es wird im Schulalltag über Sexualität kommuniziert, Beziehungen werden geknüpft, gelebt und auch wieder gelöst. Das geschieht in jeder Klassenstufe und gleichermaßen im virtuellen wie im realen (Lebens-)Raum. Die Aufnahmen von engen Kontakten zu Gleichaltrigen, das Eingehen stabiler Liebesbeziehungen und die Ablösung von der Familie sind Entwicklungsaufgaben, die im Jugendalter zu bewältigen sind (Hurrelmann & Quenzel 2016). Dazu gehören auch die Identitätsfindung und die Kompetenzen für gesellschaftliche Teilhabe. Das Spannungsfeld zwischen Individualisierung und sozialer Zugehörigkeit ist im Zeitalter der Pluralität und Globalisierung weit. Für Heranwachsende ist es zunehmend schwierig, sich in einer Welt des Wertepluralismus zu orientieren. Die kulturelle Vielfalt in der Gesellschaft führt dazu, dass verschiedene Sexualnormen parallel existieren. Rollenbilder von Mann und Frau und auch das akzeptierte Sexualverhalten können sich beispielsweise innerhalb unterschiedlicher kultureller Gruppen und Subgruppen einer Gesellschaft unterscheiden (Schaal & Schaal 2019). Kinder und Jugendliche können in den verschiedenen Settings, in denen sie sich aufhalten, mit völlig unterschiedlichen Werthaltungen hinsichtlich der Sexualität konfrontiert werden. Eine kultursensible und werteorientierte Sexualbildung (→ Kasten) in der Schule greift mögliche Widersprüche auf. Die offene Auseinandersetzung mit eigenen und fremden Werten (Toleranzgebot) fördert einerseits die Bewertungskompetenz und unterstützt dabei die Lernenden bei der Suche nach der eigenen (sexuellen) Identität. Eine werteorientierte Sexualbildung gibt Anlässe zur Diskussion der individuellen Einstellungen und ermöglicht Perspektivwechsel, um andere Normen, Werte und Einstellungen zu verstehen. Eine Normsetzung im Sinne einer Sexualerziehung, die ein bestimmtes Sexualverhalten anstrebt, ist im Biologieunterricht nicht angebracht. Eine werteorientierte Sexualbildung orientiert sich u. a. am Grundgesetz und an den Menschenrechten, zu denen auch die sexualitätsbezogenen Rechte gehören (IPPF 2009). Die WHO (2011) spricht in ihrer Definition zur sexuellen Gesundheit von einer positiven und respektvollen Haltung zu Sexualität und zu sexuellen Beziehungen und von dem Recht, angenehme und sichere Erfahrungen machen zu können, die frei von Zwang sind. Diese Rechte schließen die Gleichstellung der Geschlechter, Schutz vor Diskriminierung und Gewalt, das Recht zur Selbstbestimmung und Meinungsfreiheit ein. Außerdem besteht das Recht auf Bildung und Information. Sexualnormen oder Sexualverhalten, welche die Rechte anderer missachten (sexuelle Gewalt, Zwangsheirat, Beschneidung von Frauen, Diskriminierung von inter- oder transsexuellen Menschen, Homophobie etc.) sind inakzeptabel. Das kann und muss auch so im Unterricht deutlich gemacht werden.

Wertmaßstäbe der Sexualbildung

- Verantwortungsbewusstsein bezüglich des eigenen sexuellen Verhaltens
- Recht auf Selbstbestimmung (im sozialverträglichen und rechtlichen Rahmen)
- Verpflichtung zu Toleranz und einer respektvollen Haltung gegenüber anderen
- Verpflichtung zum Gewaltverzicht

Eine häufig diskutierte Frage ist, inwieweit man als Lehrkraft seine eigene Haltung und Wertauffassung offenlegen darf. Selbstverständlich hat jede Lehrperson die Freiheit zu einer persönlichen Einstellung und Lebensgestaltung, die so konservativ oder freizügig sein kann, wie bei allen anderen Bürgern und Bürgerinnen dieses Landes. Das Gebot der Kontroversität und das Verbot der Indoktrination fordern von den Lehrkräften, Themen in ihrer Vielschichtigkeit darzustellen und zu diskutieren. Die eigene Meinung und Haltung dürfen den Lernenden nicht als Maßstab aufgedrängt werden. Jedoch ist damit nicht gemeint, sich als Lehrkraft zu jedem Zeitpunkt neutral verhalten zu müssen (Pohl 2015). Es ist wünschenswert, dass Jugendlichen verschiedene Rollenvorbilder zur Verfügung stehen bzw. Menschen mit unterschiedlichen Meinungen und Haltungen als – vielleicht auch kritisch zu betrachtendes – Gegenüber (Schaal 2020).

42.5 Sexualerziehung fordert Lehrende persönlich und pädagogisch heraus

Ist Schule und insbesondere der Biologieunterricht überhaupt ein geeigneter Ort, Sexualerziehung zu leisten? Die Rahmenbedingungen von Schule mit Zwangsgruppen, Leistungs- und Zeitdruck könnten einer Sexualerziehung, die mehr sein will als Wissensvermittlung, im Wege stehen (Müller 1992). Ein Rückzug der Biologie-Lehrkräfte aus der Sexualerziehung in der Schule wäre nicht möglich: Lehrpersonen aller Fächer leisten immer einen Beitrag zur Sexualbildung, sei es durch spontane, evtl. geschlechtsdifferenzierende Interaktionen mit Kindern und Jugendlichen oder durch ihr eigenes modellhaftes Verhalten (Etschenberg 1996 c). Sowohl Körpersprache als auch Wortwahl setzen sexualerzieherische Impulse. In Fortbildungen mit Übungen zur Selbsterfahrung können sich Lehrkräfte solche Impulse bewusst machen. Auch Schwerpunktsetzungen und die Methoden- bzw. Medienwahl sind sexualerzieherisch wirksam. Selbst wenn sich die Lehrperson keine sexualerzieherischen Ziele gesteckt hat: Aus dem individuellen biografischen Kontext und ihrem Vorwissen heraus konstruieren Kinder und Jugendliche persönlich Bedeutsames und leiten Interpretationen und Botschaften ab, von denen die Lehrperson in der Regel nichts erfährt. Spricht man im Biologieunterricht über Sexualität, spricht man nicht nur über Sachverhalte und über von diesen Sachverhalten Betroffene, sondern fast immer mit Betroffenen, auch wenn dies nicht erkennbar ist. Jede Sachaussage kann sich bei Betroffenen aktuell oder in zukünftigen Lebenssituationen positiv oder belastend verhaltensrelevant auswirken. Das macht den Unterricht über Sexualität zu einer pädagogischen Herausforderung, bietet aber zugleich die Chance, ihn bei Lernenden in einem existentiell bedeutsamen Lebensbereich als hilfreich erfahrbar zu machen.

Auch die Lehrperson selbst ist von Sachverhalten des Themas Sexualität betroffen. Sie sollte sich des Risikos einer tendenziösen, eventuell pädagogisch unangemessenen unterrichtlichen Behandlung bewusst sein und bei Vorbehalten oder gar persönlichen Schwierigkeiten den kollegialen Austausch suchen oder ggf. beratende oder therapeutische Hilfe in Anspruch nehmen (vgl. Etschenberg 2000 a, 30-35).

Die Frage, ob Schule bzw. Biologieunterricht einen Beitrag zur Sexualbildung leisten soll oder kann, ist also falsch gestellt. Die Lehrperson kann sich nur fragen, wie pädagogisch reflektiert sie diesen Beitrag leistet.

42.6 Sprache, Methoden und Sozialformen verdienen besondere Aufmerksamkeit

Sprache ist wie Kleidung – sie muss zur Situation passen! Es gibt unterschiedliche Anlässe und Situationen, in denen über Sexuelles gesprochen wird: beispielsweise zu Hause mit Kindern, beim Arzt, im Unterricht, unter Gleichaltrigen in der Freizeit, bei Talkshows in der Öffentlichkeit, in der Pornografie oder beim intimen Zusammensein. Je nach Situation gibt es für die Geschlechtsorgane und den Geschlechtsverkehr viele unterschiedliche Benennungen in der Fach-, Umgangs- und Vulgärsprache, die akzeptiert oder als unpassend empfunden werden. Das männliche Glied wird beispielsweise wie folgt bezeichnet: als Pippimännchen von Eltern gegenüber Kleinkindern, als Latte von Gleichaltrigen in der Pubertät, als Penis beim Arzt und in Sachtexten, als Schwanz in der Pornografie oder als Bengel in der intimen Kommunikation.

Es kann sinnvoll sein, die Sprachebenen gemeinsam zu untersuchen und unterschiedliche Bezeichnungen zu bewerten. Diese Auseinandersetzung ist Teil eines werteorientierten Unterrichts und trägt zur Verständigung zwischen Lernenden mit unterschiedlichem sozio-kulturell geprägten Wortschatz bei. Im Unterricht zum Thema Sexualität werden grundsätzlich korrekte, „neutrale“ Fachbegriffe verwendet, die ein sachliches Sprechen außerhalb des Unterrichts erleichtern.

Wird über Beziehungen und Partnerschaften gesprochen, sind Formulierungen zu wählen, die auch nicht heterosexuell orientierte Menschen einbeziehen. Methodisch sollte es möglichst viele Anstöße zum sozialen Lernen geben. Angemessen sind schülerzentrierte Unterrichtsformen und vor allem Gespräche (Klassen-, Gruppen- und Partnergespräche). Dabei sind Lernende davor zu schützen, Intimes von sich preisgeben zu müssen. In Lerngruppen gibt es auch Taktlosigkeiten und Rivalitäten, die schlimmstenfalls zu Spott und Mobbing führen können. Leistungskontrollen beschränken sich auf Wissensfragen und auf das Begründen von Argumenten, die nicht der eigenen Meinung entsprechen müssen (Beispiel: Wie begründen Gegner und Befürworter des medikamentösen Schwangerschaftsabbruchs ihre Meinung?).

Emotional ansprechende (nicht offenkundig stimulierende) Medien (Filme, Fotos, Comics, Texte, Poster, Musik, Videomitschnitte, Internetseiten) spielen eine wichtige Rolle in der Sexualerziehung, weil sie Betroffenheit erzeugen und Gespräche anstoßen können (Etschenberg 1999; 2009/10; Schaal & Schaal 2019). Die in Texten oder Szenen dargestellten Personen fungieren als Stellvertreter: Jungen und Mädchen, die sich nicht mit intimen Aussagen outen wollen, können in der Aussprache über das Verhalten der Stellvertreter viel Persönliches einbringen. Rollenspiele sind vor allem dann wünschenswert, wenn es um Entscheidungssituationen geht. Auf Sexualität bezogene Themen können ertragreich auch in fächerübergreifenden Projekten bearbeitet werden. Bei der Nutzung des Internets im Unterricht zum Thema Sexualität ist zu erwägen, ausgewählte seriöse Internetseiten vorzugeben.

Es hat sich bewährt, sexualpädagogisch geschulte Fachleute als Gäste in den Unterricht einzubeziehen, insbesondere im Rahmen von Projekttagen. Dies ist aber kein Ersatz für kontinuierliche Sexualbildung im Schulalltag. Wenn Materialien aus der außerschulischen Jugendarbeit eingesetzt oder externe Fachkräfte einbezogen werden, sind die schulspezifischen Rahmenbedingungen zu beachten. Die Lehrkraft bleibt für das Unterrichtsgeschehen verantwortlich, auch wenn sie „vor die Tür" geht. Ich-nahe Methoden, wie z. B. Körperarbeit, Selbstbekenntnisse oder biografisches Arbeiten, sind in der Regel nicht geeignet (Etschenberg 2000 b). Lernangebote, die mit Details aus dem vielfältigen Sexualleben Erwachsener über eine sachliche Information bzw. Beantwortung von Fragen hinaus vertraut machen, können den Eindruck erwecken, der Unterricht trage zur Sexualisierung von Kindern und Jugendlichen bei. Dies wäre der Akzeptanz von schulischer Sexualbildung abträglich (Etschenberg 2019).

Immer wieder aktuell ist die Frage der Koedukation in der Sexualerziehung. Es gibt gute Gründe, in begrenztem Umfang getrenntgeschlechtliche Gruppengespräche anzubieten (Glumpler 2000; Munding 2005), und in kultursensiblen Kontexten sind sie eine wichtige Alternative (Schaal & Schaal 2019). Bei Themen wie Intim- und Monatshygiene oder Selbstbefriedigung fühlen sich Lehrende und Lernende oftmals wohler in geschlechtshomogenen oder frei wählbaren und sogenannten „Wohlfühlgruppen". Da es aber ein wesentliches Ziel von Sexualbildung ist, auch das Verständnis der Geschlechter füreinander zu fördern, sollten alle Themen auch geschlechterübergreifend angesprochen werden.

42.7 Eltern haben ein Recht auf Information über die Sexualerziehung ihrer Kinder

Bei der Sexualerziehung in der Schule hängt viel davon ab, dass die vom Bundesverfassungsgericht (21.12.1977) und von den Richtlinien der Bundesländer vorgeschriebene Information der Eltern über das, was in Sexualerziehung geplant ist (Inhalte, Ziele, Methoden, Medien), als Chance zur Zusammenarbeit genutzt wird. Bei den Eltern kann Verständnis dafür geweckt werden, dass familiale und schulische Sexualerziehung unterschiedliche Aufgaben haben und einander ergänzen sollen. Schulische Sexualbildung hat u. a. die Aufgabe, lebenspraktisch relevantes Wissen über Sexualität und sexuelle Gesundheit zu vermitteln bzw. Wissenslücken auszugleichen und das Bild von Sexualität zu reflektieren, das die Lernenden z. B. durch Werbung und Massenmedien gewinnen. Sie ist Teil schulischer Sozialerziehung (Etschenberg 2011 b) und kann darüber hinaus einen wichtigen Beitrag sowohl zur Integration von Kindern mit Migrationshintergrund leisten als auch zu einem werteorientierten Austausch aller Beteiligten anregen.

Der Elternabend, auf dem als Tagesordnungspunkt die geplanten Aktivitäten zur Sexualbildung stehen, ist als vertrauensbildende Maßnahme zu verstehen, durch die sich Lehrperson und Eltern als Partner bei der Sexualerziehung wahrnehmen können. Eltern bekommen die Chance, das anstehende Thema zu Hause selbst aufzugreifen. Die Erfahrung zeigt, dass die meisten Eltern der schulischen Sexualerziehung gegenüber positiv eingestellt sind. Nur wenige Eltern lehnen die Teilnahme ihres Kindes an unterrichtlichen und außerunterrichtlichen sexualpädagogischen Angeboten der Schule grundsätzlich ab. In solchen Fällen ist der Hinweis auf geltende rechtliche Bestimmungen (Schulgesetz und Richtlinien) nötig, auch wenn – im Interesse des betroffenen Kindes oder Jugendlichen – eine Verschärfung des Konfliktes möglichst vermieden werden sollte.

Lernaufgabe 42-1: Was jede Lehrperson über unterrichtliche Beiträge zur Sexualbildung wissen sollte
Zu Anfang dieses Kapitels wird eine Reihe von Fragen aufgeworfen, die Sie beantworten können sollten, um unterrichtlich zur Sexualbildung beizutragen.

Handlungsaufforderung 42-1: Beantworten Sie die Fragen am Anfang dieses Kapitels!

Handlungsaufforderung 42-2: Formulieren Sie einen Einladungsbrief an die Eltern Ihrer Lernenden vor Beginn des Unterrichts zur Sexualbildung!

Kai Niebert

43 Biologische Bildung für Nachhaltigkeit

Stellen Sie sich folgende Situation im Biologieunterricht vor: Eine engagierte Lehrerin diskutiert unter dem Titel Wassersparen für die Umwelt die Bedeutung des Wassers für Mensch und Natur. Die Rolle des Wassers für Ökosysteme, für die Ernährung und im Haushalt werden thematisiert. Die Lernenden verfolgen das Wasser durch den Wasserkreislauf. Schließlich erarbeitet die Biologielehrerin gemeinsam mit den Lernenden Möglichkeiten, Wasser im Haushalt zu sparen: Spartasten an der Toilette, duschen statt baden, Wasserstopp beim Zähneputzen. Ist dies Bildung für eine nachhaltige Entwicklung? Dieses Kapitel gibt Ihnen aus einer biologiedidaktischen Perspektive einen Überblick über die Debatten zur Nachhaltigkeit und die Bildung für Nachhaltigkeit. Es soll Ihnen helfen, einen nachhaltigkeitsorientierten Unterricht zu gestalten und entsprechende Ansätze einzuordnen.

43.1 Nachhaltigkeit heißt Erhalt der sozialen und ökologischen Lebensgrundlagen

In der wissenschaftlichen Debatte um eine nachhaltige Entwicklung besteht ein Konsens, dass Nachhaltigkeit nur über tiefgreifende Veränderungen in der Wirtschaft und unseren Lebensstilen erreichbar ist. Der Bildung wird deshalb eine wesentliche Rolle auf dem Weg zu einer nachhaltigen Gesellschaft zugeschrieben. Deren Beitrag wird in der Agenda 21, dem Abschlussdokument der ersten Umwelt- und Entwicklungskonferenz der Vereinten Nationen aus dem Jahr 1992, ausdrücklich eingefordert: „Bildung ist eine unerlässliche Voraussetzung für die Förderung einer nachhaltigen Entwicklung und die Verbesserung der Fähigkeit des Menschen, sich mit Umwelt- und Entwicklungsfragen auseinanderzusetzen“ (UN 1992). Bildungsangebote sollen ein Bewusstsein für nachhaltigkeitsrelevante Probleme schaffen, den Erwerb von Wissen über diese Probleme ermöglichen und die erforderlichen Kompetenzen im Umgang mit diesen erschließen (Michelsen et al. 2011). Dieses Kapitel geht der Frage nach, was diese Herausforderungen einer nachhaltigen Entwicklung für den Biologieunterricht bedeuten.

Das Konzept Nachhaltigkeit entstammt der Forstwirtschaft. Es wurde hier im Kontext des Erhalts von Baumbeständen in intensiv forstwirtschaftlich genutzten Wäldern verwendet. Im Anschluss hieran entstand ein Konzept von Nachhaltigkeit, demzufolge Ressourcen so genutzt werden sollten, wie sie sich in gleicher Zeit regenerieren können (Grober 2013). Heute wird Nachhaltigkeit breiter verstanden und ist zu einem globalen Leitbild geworden, welches Einzug in Politik, Wirtschaft und eben auch in Schule und Unterricht gehalten hat. Die wohl bekannteste Definition für nachhaltige Entwicklung stammt aus dem Brundtland-Bericht von 1987. Dieser fordert eine Entwicklung, die den Bedürfnissen der heutigen Zeit nachkommt, ohne zukünftige Generationen darin einzuschränken, ihre Bedürfnisse zu stillen (WCEF 1987).

Die Diskussion um Nachhaltigkeit ist seit den 1990er Jahren gemeinhin geprägt von drei gleichwertigen Säulen: Ökologie, Ökonomie und Soziales (→ Abb. 43-1). Im Laufe der Zeit gab es immer wieder Vorschläge, weitere Nachhaltigkeitsdimensionen wie Kultur oder Politik zu integrieren. Dies hat sich jedoch nicht durchgesetzt. Die drei Dimensionen nachhaltiger Entwicklung werden häufig als Säulen- oder Schnittmengenmodell dargestellt. Die Schnittmengen zeigen den klaren Zusammenhang und die gegenseitige Abhängigkeit der Dimensionen. Angestrebt werden soll dabei eine Balance zwischen den Dimensionen. Das Konzept des Ausbalancierens wird jedoch von verschiedenen Autoren (Griggs et al. 2013; Müller & Niebert 2017; Steffen et al. 2015) als gescheitert angesehen, da es immer zu Ungleichgewichten führte: Im Zweifel werden soziale wie ökologische Bedürfnisse zugunsten ökonomischer Interessen in den Hintergrund gedrängt. Alternativ wird vorgeschlagen, nachhaltige Entwicklung zu verstehen als ein Wirtschaften, das der Erfüllung sozialer Bedürfnisse dient und innerhalb der planetaren Belastungsgrenzen bleibt (Müller & Niebert 2017; Niebert 2018; Ott 2009).

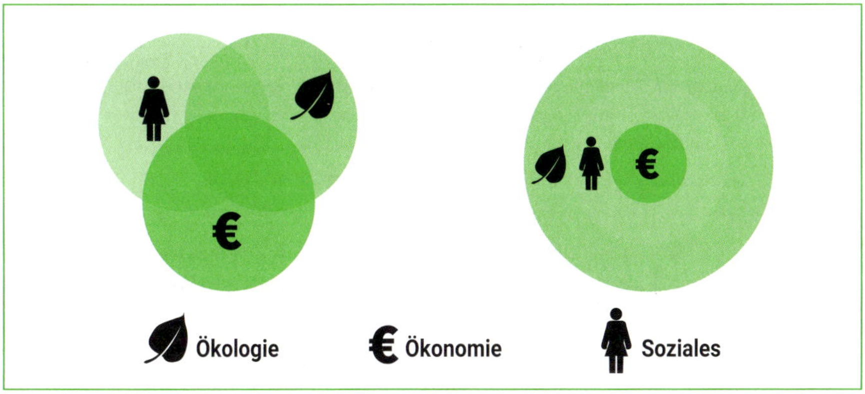

Abb. 43-1: Zwei Nachhaltigkeitskonzepte – Vom Ausbalancieren (links) zum Grenzen-Einhalten (rechts)

Die Ziele der Nachhaltigkeitspolitik haben sich gewandelt, wie sich in den immer wieder zitierten Schlüsseldokumenten zeigt. Neben dem Brundtland-Bericht von 1987 und der Agenda 21 (Rio de Janeiro 1992) ist dies auch der Beschluss der Vereinten Nationen aus dem Jahr 2000, in dem acht Millenniums-Entwicklungsziele verabschiedet wurden. Dabei wurde die gemeinsame Absicht ausgesprochen, bis 2015 weltweit Hunger und Armut zu halbieren, Kindern eine Grundschulausbildung zu ermöglichen, die Gleichstellung der Geschlechter zu fördern, die Rechte von Frauen zu stärken, die Kindersterblichkeit zu verringern, die Gesundheit der Mütter zu verbessern, übertragbare Krankheiten zu bekämpfen, den Schutz der Umwelt zu verbessern und eine weltweite Entwicklungspartnerschaft aufzubauen. Diese Ziele waren stark auf Entwicklungs- und Schwellenländer ausgerichtet. Die Nachhaltigkeitsentwicklungsziele der Vereinten Nationen von 2015 für die Zeit bis 2030 gelten nun auch für die Industrienationen. Unter dem Titel „Agenda 2030: Transforming Our World" einigten sich 193 Länder auf einen Veränderungsprozess hin zu Nachhaltigkeit und auf die Erkenntnis, dass globale Herausforderungen nur gemeinschaftlich lösbar sind. Dargelegt sind die Forderungen der Vereinten Nationen in 17 Nachhaltigkeitsentwicklungszielen (→ Abb. 43-2). Eines davon ist explizit hochwertige Bildung (Ziel 4). Bei vielen anderen Zielen spielt die Biologie eine zentrale Rolle. Dazu gehören besonders die Ziele zu Ernährung (2) und Gesundheit (3), Wasserversorgung (6), sauberer Energie (7), Klimaschutz (13), Leben unter Wasser (14) und Leben an Land (15).

Abbildung 43-2: Die Nachhaltigkeitsentwicklungsziele (United Nations Sustainable Development Goals, https://www.un.org/sustainabledevelopment/, The content of this publication has not been approved by the United Nations and does not reflect the views of the United Nations or its officials or Member States.)

43.2 Die Konzepte Anthropozän und planetare Belastungsgrenzen leiten die Nachhaltigkeitsdebatte

Seit Beginn der 2020er Jahre prägen zwei naturwissenschaftliche Konzepte die Nachhaltigkeitsdebatte: das Anthropozän und das Modell der planetaren Belastungsgrenzen.

Das Anthropozän

Mit stetig wachsenden und sich globalisierenden Wirtschaftstätigkeiten hat der Mensch seit Beginn der Industrialisierung so viele neuartige Materialien in so kurzer Zeit in Umlauf gebracht, wie es die Erde in den 2,4 Milliarden Jahren seit der massenhaften Sauerstoffproduktion durch die Cyanobakterien nicht erlebt hat. Die Nahrungsmittelproduktion ist heute energetisch stärker von fossilen Rohstoffen zur Herstellung synthetischer Dünger abhängig als von der Sonne. Durch den weltweiten Warenaustausch gelangen beispielsweise nicht nur T-Shirts aus den Ausbeutungsbetrieben Bangladeschs nach Europa. Auch diverse Arten überschreiten in Flugzeugen oder auf Schiffen geographische Barrieren und verändern so den Lauf der Evolution. Unter Geologinnen und Geologen ist man sich mittlerweile einig, dass die Menschheit zur größten geologischen Kraft unseres Planeten geworden ist. Der Chemienobelpreisträger Paul Crutzen hat für die neue Erdepoche den Namen Anthropozän, die Menschenzeit, vorgeschlagen (Crutzen 2002).

Die planetaren Belastungsgrenzen

Aus einer biologischen Perspektive ist es nicht ungewöhnlich, dass ein Organismus seine Umwelt verändert. Die Frage ist vielmehr, ab welcher Intensität diese Veränderungen zu einem Kollaps des Erdsystems führen. Hierzu haben Rockström et al. (2015) das Modell der planetaren Belastungsgrenzen (→ Abb. 43-3) entwickelt. Damit wird versucht, ein Maß zu definieren, innerhalb dessen Umweltveränderungen stattfinden können, ohne zu irreversiblen Schäden zu führen. In dem Modell werden neun planetare Belastungsgrenzen identifiziert. Analysen zeigen, dass in vier von neun Bereichen die roten Linien bereits überschritten wurden. Dies sind der Klimawandel, Landnutzungsveränderungen, biologische Vielfalt sowie Stickstoff- und Phosphoreintrag in die Biosphäre. Als weitere Bereiche wurden die Ozonschicht, Wassernutzung, die Versauerung der Ozeane sowie die Aerosolbelastung und chemische Umweltverschmutzung identifiziert. In einigen Bereichen steht die Definition der Schwellenwerte noch aus (z. B. bei chemischer Umweltverschmutzung). Das Zentrum des Modells stellt den „sicheren" Bereich dar. Je weiter die einzelnen Grenzen überschritten werden, desto höher das Risiko und die Unsicherheit für irreversible Schäden am Erdsystem. Im äußeren Bereich sind auch plötzliche, nicht lineare Umweltveränderungen denkbar, d. h. es herrscht ein hohes Risiko für irreversible Schäden.

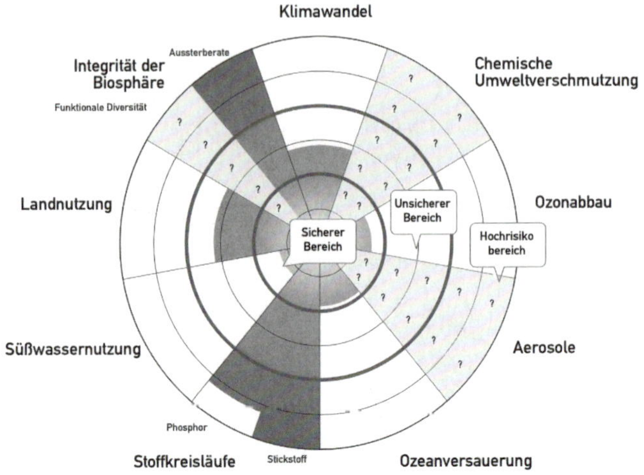

Abbildung 43-3: Die planetaren Belastungsgrenzen (Steffen et al. 2015, adaptiert)

43.3 Bildung für Nachhaltigkeit geht über Umwelterziehung und -bildung hinaus

Klassische Naturschutzthemen wie Naturkunde und Artenkenntnis waren schon in den Curricula des Biologieunterrichts der 1950er-Jahre präsent. In den 1970er-Jahren hielten weitere Umweltthemen Einzug in den Unterricht. Hintergrund war die seit den 1960er-Jahren stärker in der Öffentlichkeit wahrgenommene Gefährdung der Umwelt. Dies veranlasste die deutsche Bundesregierung, in das Umweltprogramm 1971 Grundzüge einer Umweltbildung aufzunehmen: „Das zur Abwehr der Umweltgefahren notwendige Wissen muss in den Schul- und Hochschulunterricht einbezogen werden. Umweltbewusstes Verhalten muss als allgemeines Bildungsziel in die Lehrpläne aller Bildungsstufen aufgenommen werden" (Bundesregierung 1971, 26).

In den 1980er-Jahren wurden zahlreiche Impulse zur Institutionalisierung von Umweltthemen in der Bildung gesetzt: Umwelterziehung wurde zum Unterrichtsprinzip, Umweltthemen wurden in die Lehrpläne vor allem in den Fächern Biologie, Geographie und Sachunterricht integriert und in Schulbücher aufgenommen. Es entstanden verschiedene bildungspolitische Konzeptionen, wie Umwelterziehung, Ökopädagogik, Naturpädagogik, Ökologisches Lernen, Umweltlernen, Umweltbildung, Erlebnispädagogik, Wildnispädagogik, Globales Lernen und schließlich Bildung für Nachhaltigkeit (Michelsen & Fischer 2015). Ein wichtiger Schritt war dabei der Weg von der Umwelterziehung zur Umweltbildung (Unterbruner 1991). Durch den Bericht des Club of Rome „Grenzen des Wachstums" (Meadows et al. 1972), Rachel Carsons Buch „Silent Spring" (2002) und den Brundtland-Bericht (WCED 1987) wurde deutlich gemacht, dass sich die Erde in einem globalen Wandel befindet. Das menschliche Wirken nahm zunehmend globale Ausmaße an und verlangte nach einem verantwortungsvolleren Umgang mit den natürlichen Ressourcen. Deshalb sollte das Ziel der Erziehung nicht mehr die individuelle Aneignung konkreter Verhaltensweisen sein, sondern Bildungsprozesse sollten die Gestaltung gesellschaftlicher Entwicklungen im Sinne der Nachhaltigkeit durch das Individuum ermöglichen.

Bildung für Nachhaltigkeit umfasste schon immer die fächerübergreifenden Aufgaben Globales Lernen, Umweltbildung, Friedenserziehung und Interkulturelles Lernen. Neu an dem Ansatz einer Bildung für Nachhaltigkeit war der Wechsel von Bedrohungs- zu Modernisierungsszenarien (de Haan & Harenberg 1999). Ziel war es somit, Umweltprobleme nicht nur zu benennen, sondern mögliche Auswege zu skizzieren (→ Abb. 4).

Bedrohungsszenarien	→	Modernisierungsszenarien
Moralisierung	→	Werteklärung
Verhaltensvorgaben	→	Kompetentes Entscheiden
Vermittlungsprozesse	→	Verständigungsprozesse
Wissensorientierung	→	Handlungsorientierung

Abbildung 43-4: Von Bedrohungs- zu Modernisierungsszenarien (nach Michelsen & Fischer 2015)

Eine Bildung für Nachhaltigkeit ist entwicklungs-, werte- und kompetenzorientiert, während die klassische Umweltbildung eher konservierend, monovalent (der Schutz der Natur als oberster Wert) und verhaltensorientiert ist (Rost 2002). Die Geschichte der Bildung für Nachhaltigkeit lässt sich durch Meilensteine kennzeichnen:

- 1989 wurden Bildung und öffentliches Bewusstsein als entscheidende Mittel zur Umsetzung nachhaltiger Entwicklung anerkannt und in der sogenannten Agenda 21, dem Aktionsplan der Konferenz der Vereinten Nationen für Umwelt und Entwicklung (UNCED), aufgenommen.

- Ab 1992 entwickelte die UNESCO den konzeptionellen Rahmen für die Stärkung und Neuausrichtung der bestehenden Bildungssysteme, anstatt die Nachhaltigkeitserziehung als weiteres Fach oder eigenständiges Thema hinzuzufügen.
- 2002 wurde auf der Weltkonferenz über nachhaltige Entwicklung in Johannesburg, Südafrika, die UN-Dekade „Bildung für nachhaltige Entwicklung" konzipiert und für 2005–2014 durch eine Resolution der UN-Generalversammlung ausgerufen.
- 2014 verabschiedeten die Bildungsminister auf der Weltkonferenz zur Bildung für nachhaltige Entwicklung in Aichi-Nagoya, Japan, eine Erklärung mit 360 Verpflichtungen und lancierten das Globale Aktionsprogramm (GAP) zur Bildung für Nachhaltige Entwicklung.
- 2015 verabschiedeten die Bildungsminister eine globale Bildungsstrategie zur Umsetzung von Nachhaltigkeitszielen mit dem Titel Bildung 2030. Seitdem steht Bildung für Nachhaltigkeit im Mittelpunkt der 17 Nachhaltigkeitsziele (Sustainable Development Goals, SDGs) für eine nachhaltige Zukunft.

Über die Bedeutung und Formen von Nachhaltigkeit in Schule und Unterricht läuft ein fortgesetzter Diskurs (Berryman & Sauvé 2012).

43.4 Bildung für Nachhaltigkeit fußt auf naturwissenschaftlichem Grundverständnis

Bildung für Nachhaltigkeit sollte den Erwerb von zukunftsgerichteten Kompetenzen zum Ziel haben. Im Hinblick auf diese Herausforderung wird das von de Haan und Harenberg (1999) entwickelte Konzept der Gestaltungskompetenz häufig zitiert. Damit wird die Fähigkeit bezeichnet, Wissen über Nachhaltigkeit anzuwenden und Probleme nicht-nachhaltiger Entwicklung erkennen zu können. Die internationale Debatte zusammenfassend, gibt Riekmann (2018) einen Überblick für die UNESCO und arbeitet dabei die folgenden Schlüsselkompetenzen heraus:

- Systemische Kompetenz: die Fähigkeit, Beziehungen zu erkennen und zu verstehen, komplexe Systeme zu analysieren und mit Unsicherheiten umzugehen
- Normative Kompetenz: die Fähigkeit, die Normen und Werte zu verstehen und zu reflektieren sowie Prinzipien und Ziele in einem Kontext von Interessenkonflikten auszuhandeln
- Strategische Kompetenz: die Fähigkeit, gemeinsam innovative Maßnahmen zu entwickeln und umzusetzen, die die Nachhaltigkeit auf lokaler Ebene und im weiteren Umfeld fördern

- Kollaborative Kompetenz: die Fähigkeit, Bedürfnisse, Perspektiven und Handlungen anderer zu verstehen und zu respektieren und mit Konflikten in einer Gruppe umzugehen
- Vorausschauende Kompetenz: die Fähigkeit, Zukunftsszenarien zu verstehen, zu bewerten und zu entwickeln und die Folgen von Maßnahmen zu bewerten
- Kritisches Denken: die Fähigkeit, Normen, Praktiken und Meinungen zu hinterfragen und die eigenen Werte, Wahrnehmungen und Handlungen zu reflektieren
- Selbstreflexionskompetenz: die Fähigkeit, die eigene Rolle in der lokalen Gemeinschaft zu reflektieren sowie mit den eigenen Gefühlen und Wünschen umzugehen
- Integrierte Problemlösekompetenz: die Fähigkeit, unterschiedliche Problemlösungen auf komplexe Probleme anzuwenden und eine tragfähige, inklusive und gerechte Lösung zu entwickeln

Auch wenn Gestaltungskompetenz in ihrer Zieldefinition Fähigkeiten beschreibt, nicht-nachhaltige Entwicklungen zu erkennen und Wissen für Nachhaltigkeit zu erlangen, handelt es sich bei den Teilkompetenzen um eine Sammlung von nachhaltigkeits-unspezifischen Fähigkeiten. Ohne eine thematische Verankerung und Operationalisierung könnte diese Liste gleichsam das Anforderungsprofil für die Vorsitzende des Nachhaltigkeitsrates oder den Leiter eines Rüstungskonzerns sein. Kruse (2013) stellt in einer Analyse fest, dass viele Beiträge, die sich auf das Konzept der Gestaltungskompetenz beziehen, nicht eine einzige Referenz auf typisch biologische Begriffe wie Umwelt, Natur oder Lebensgrundlagen enthalten und sich häufig auch nur abstrakt auf die veraltete Drei-Säulen-Metaphorik der Nachhaltigkeit beziehen.

Ein weniger auf Kompetenzen und stärker auf Inhaltsbereichen basierendes Konzept wird vom Wissenschaftlichen Beirat der Bundesregierung Globale Umweltveränderungen (WBGU) vorgeschlagen: In seinem Hauptgutachten von 2011 hat der WBGU ein Bildungskonzept formuliert, mit dem er den Herausforderungen des Anthropozäns begegnen und eine gesellschaftliche Transformation in die Nachhaltigkeit ermöglichen will (WBGU 2011). So soll Folgendes erreicht werden:

- ein Verständnis über das Erdsystem und die Wechselwirkungen seiner Kompartimente (Klima, Wasserkreislauf, Boden, Biodiversität usw.);
- Wissen an den Schnittstellen zwischen Ingenieur-, Erdsystem- und Sozialwissenschaften;
- ein Grundverständnis komplexer Systeme, wie globale Umweltprobleme und Transformationsprozesse;
- ein Verstehen, wie Wissenschaft Wissen erlangt.

Die Erkenntnisse zu den planetaren Belastungsgrenzen, die Identifikation der globalen Umweltveränderungen und auch die vom WBGU formulierten Anforderungen an das Wissen in einer partizipativen Wissensgesellschaft verdeutlichen die Notwendigkeit eines naturwissenschaftlichen Grundverständnisses.

43.5 Schulprogramme zur Bildung für Nachhaltigkeit zeigen sich beschränkt wirksam

In Deutschland gibt es seit 1999 bundesweite Initiativen zur Implementierung von Nachhaltigkeit in Schulen: Das Programm Bildung für eine nachhaltige Entwicklung (BLK-Programm 21) erreichte rund 200 Schulen, am Nachfolgeprogramm Transfer-21 beteiligten sich rund 4.000 Schulen. Von den knapp 2.000 Projekten im Rahmen der UN-Dekade Bildung für Nachhaltigkeit waren etwa 20 % der Projekte im Schulbereich angesiedelt. Nach wie vor gibt es neben Fallstudien nur eine eingeschränkte Zahl an groß angelegten, meist internationalen Studien, die die Wirkungen von Auszeichnungs- und Zertifizierungsprogrammen in größerem Umfang untersuchen:

- Hallfredsdottir (2011) konnte in isländischen Schulen, die an einem Öko-Programm teilnahmen, zeigen, dass das Wissen über Umweltfragen zunahm. Es zeigte sich jedoch kein positiver Effekt für die Entwicklung von Nachhaltigkeitseinstellungen. Gleiches fanden Krnel und Naglic (2009) an slowenischen Umweltschulen.
- Ozsoy (2012) bestätigt die kognitiven Auswirkungen der Teilnahme am Öko-Schulprogramm in der Türkei und konnte dort auch positive Handlungsabsichten finden.
- Boeve-de Pauw und Van Petegem (2011) untersuchten 50 Schulen in Flandern, die Hälfte davon seit vielen Jahren als Eco-Schools zertifiziert. Diese Studien bestätigen die kognitive Wirkung, konnten aber keine positiven Effekte auf Haltung und Verhalten finden.
- Eine groß angelegte Studie zur Wirkung eines Zertifizierungsprogramms für nachhaltige Schulen in Kanada zeigten keine Auswirkungen auf das Umweltverhalten von Lernenden (Legault & Pelletier 2000).
- In groß angelegten Studien in Schweden (Berglund, Gericke & Chang Rundgren 2014) wurden kleine positive Effekte hinsichtlich des Nachhaltigkeitsbewusstseins in den Klassenstufen 6 und 12 in dafür zertifizierten Schulen beobachtet, aber negative Effekte für Lernende der Jahrgangsstufe 9.
- Cincera und Krajhanzl (2013) zeigten, dass nicht die Teilnahme von Schulen an einem Zertifizierungsprogramm einen Einfluss hat, sondern die

Partizipation der Lernenden an den jeweiligen Entscheidungsprozessen. Bögeholz (1999) stellte fest, dass der Einfluss einer schulischen Umwelterziehung auf Umwelthandeln gering ist. Untersuchungen zur außerschulischen Umweltbildung in Nationalparks und Waldheimen zeigen hingegen teilweise positive Effekte auf Einstellungen, Wissen und Verhalten bei den Lernenden (vgl. Bogner & Wiseman 2004; Lude 2005).

- Garrecht et al. (2020) konnten Effekte der Teilnahme an dem in allen deutschen Bundesländern durchgeführten Bundesumweltwettbewerb (BUW) auf die Bewertungskompetenz der Teilnehmenden nachweisen.

Während ein Teil der Studien zu positiven Befunden in Bezug auf das Wissen über Nachhaltigkeit kommen, sind die Ergebnisse zu Einstellungs- und Handlungsänderungen sehr heterogen. Dies ist insofern auch wenig verwunderlich, als dass eine groß angelegte Metaanalyse von Einflussfaktoren auf gelingendes Lernen zeigt, dass nicht das Schulprogramm über den Erfolg von individuellen Bildungsprozessen entscheidet: Für 50 % der Einflussfaktoren auf gelingende Bildung sind die Lernenden selber verantwortlich, weitere 30 % beeinflussen Lehrende, die restlichen 20 % teilen sich Schulleitung, Eltern, Bildungspolitik etc. (Hattie 2013). Für den Biologieunterricht lässt sich schlussfolgern, dass es weniger entscheidend ist, an welcher Schule er stattfindet, als was im Unterricht geschieht. In ihrem internationalen Literatur-Review zeigen Garrecht, Bruckermann und Harms (2018), dass das Potenzial außerschulischer Lernorte zur Förderung von Bewertungskompetenz im Kontext der Bildung für Nachhaltigkeit noch lange nicht ausgeschöpft ist. Gebhard (2020) zeigt darüber hinaus bedeutende Auswirkungen naturnaher Erlebnis- und Bildungsangebote auf die psychische Entwicklung insbesondere von Kindern.

43.6 Mehr Wissen über Nachhaltigkeit führt nicht direkt zu angemessenen Handlungen

Die Einstellungen junger Menschen (15 bis 24 Jahre) werden seit einigen Jahren im sogenannten Nachhaltigkeitsbarometer erfasst. Die Daten der repräsentativen Befragungen zeigen, dass junge Menschen ein hohes Bewusstsein für Nachhaltigkeitsfragen haben. Gefragt nach den Grundprinzipien von nachhaltiger Entwicklung, finden sich breit geteilte positive Einstellungen. Aus der repräsentativen Studie (Michelsen et al. 2016) lassen sich fünf Typen der Nachhaltigkeitsorientierung benennen. Die Übersicht (→ Tab. 43-1) zeigt, mit welchen generellen Orientierungen bei Lernenden zu rechnen ist.

Nachhaltigkeitsorientierung	Beschreibung	Anteil
Nachhaltigkeitsaffine Jugendliche	Jugendliche mit hoher Handlungsmotivation; sie gelten als potenzielle Gestalter.	32 %
Nachhaltigkeitsrenitente Jugendliche	Jugendliche, die nicht für Umwelt- und Nachhaltigkeitsthemen zu begeistern sind.	16 %
Nachhaltigkeitsaktive Jugendliche	Jugendliche, die ohne explizit bewusste Motivation nachhaltig handeln.	16 %
Nachhaltigkeitsinteressierte Jugendliche	Jugendliche mit hoher Motivation und Intention, die jedoch kaum Verhaltenskonsequenzen haben.	20 %
Nachhaltigkeitslethargische Jugendliche	Jugendliche mit der Absicht, nachhaltig zu handeln, die sich jedoch nicht dazu motivieren können.	15 %

Tabelle 43-1: Nachhaltigkeitsorientierungen bei Jugendlichen (Michelsen et al. 2016, verändert)

Die fünf Orientierungen zeigen, dass das Bewusstsein für Nachhaltigkeit bei jungen Menschen inzwischen weit verbreitet ist. Allerdings folgt daraus bislang noch keine Handlungskonsequenz. In der zum zweiten Mal durchgeführten Studie beobachteten die Autoren sogar ein steigendes Engagement der jüngeren Generation. Lediglich 16 % der Befragten zeigt gar keine Formen des Engagements. Sie konnten jedoch auch aufzeigen, dass dort, wo nachhaltigkeitsbezogener Unterricht stattfindet, er oft nicht den Grundprinzipien einer Bildung für Nachhaltigkeit entspricht. Nach wie vor wird Nachhaltigkeit eher am Rande behandelt und nicht als integraler Bestandteil des naturwissenschaftlichen Unterrichts (Burmeister et al. 2011).

Ähnliche Studien, wie die Erhebungen des Bundesumweltministeriums zum Umweltbewusstsein, zeigen, dass junge Menschen ökologische Fragen in Verbindung mit sozialen und wirtschaftlichen Fragen betrachten. Insbesondere Umwelt- und Klimaschutz stellen sie dabei in den Kontext anderer politischer Herausforderungen. Das Umweltbewusstsein zeichnet sich bei ihnen sehr deutlich durch eine globale und langfristige Perspektive aus (UBA 2019). Die Autoren sehen bei jungen Menschen einen Übergang des Umweltbewusstseins in ein Nachhaltigkeitsbewusstsein. Die Umweltqualität schätzen junge Menschen dabei pessimistischer ein als der Durchschnitt der deutschen Bevölkerung. Sie nehmen für die Zukunft eine deutliche Verschlechterung der ökologischen Situation an (Gossen et al. 2018; Unterbruner 2011). Dies führt dazu, dass viele junge Menschen einen grundlegenden Wandel von Wirtschaft und Gesellschaft als notwendig ansehen und hier den Staat in die Pflicht nehmen. Von ihm erwarten sie gezielte gesetzliche Maßnahmen für den Schutz der Umwelt. Bezüglich ihres eigenen Verhaltens sind sie widersprüchlich: Einerseits wollen sie ökologisch und sozial verantwortlich handeln, andererseits wollen sie im Konsum häufig keine Abstriche machen. Insbesondere Elektro- und Unterhaltungstechnik (vor allem Smartphones) sowie Kleidung stellt für viele eine wichtige Quelle für Teilhabe und soziale Anerkennung dar und deren Verzicht ist häufig undenkbar (UBA 2016).

Verhaltensänderungen hin zu einem nachhaltigeren Lebensstil sind Prozesse, die in den Sozialwissenschaften und auch der biologiedidaktischen Forschung ausgiebig untersucht wurden (Ajzen & Madden 1986; Diekmann & Preisendörfer 1992; Hines, Hungerford & Tomera 1987; Martens & Rost 1998; Schlüter 2007). Als wesentliche Merkmale werden Einstellungen und Wissen zu den jeweiligen Themen herausgearbeitet. In Bezug auf Nachhaltigkeitsthemen zeigt sich allerdings ein komplexes Bild. Mehr als 9 von 10 Europäern (94 %) erachten den Schutz der Umwelt für sie persönlich als wichtig, und mehr als die Hälfte (56 %) der Befragten halten ihn für sehr wichtig (EU 2017). Es gibt auch eine hohe öffentliche Unterstützung für nachhaltiges Handeln: 93 % der Bundesbürger sind sich einig, dass die Natur nur so genutzt werden darf, dass die biologische Vielfalt gesichert ist und die Natur für künftige Generationen erhalten bleiben muss (BfN 2016). Diese Ergebnisse deuten darauf hin, dass zumindest in Europa bereits ein hohes Maß an Umweltbewusstsein vorhanden ist. Die Menschen sind sich der ökologischen Herausforderungen bewusst, sie haben umwelt- und nachhaltigkeitsfreundliche Einstellungen und sie unterstützen politische Handlungen für eine nachhaltige Zukunft. Die Herausforderung ist jedoch eine andere: Folgt das Umwelthandeln dem Umweltbewusstsein? In einer repräsentativen Studie hat das Umweltbundesamt (UBA 2016 b) den Ressourcenverbrauch und das Umweltbewusstsein der Menschen untersucht. Die Befragten wurden anhand ihres Einkommens, Lebensstils und ihrer Werte in verschiedene Milieus gruppiert (→ Tab. 43-2).

	Ausgewählte gesellschaftliche Milieus		
	Mainstream	Kritisch-Kreative	Einkommensschwache
Umwelteinstellungen	0,92	1,20	0,87
Ressourcennutzung	1,01	1,11	0,82

Tabelle 43-2: Ressourcenverbrauch und Umweltbewusstsein (UBA 2016 b). Werte >1: überdurchschnittliche; <1: unterdurchschnittliche Umwelteinstellungen bzw. Ressourcennutzung

Zu erwarten wäre, dass einem hohen Umweltbewusstsein ein geringerer Ressourcenverbrauch folgt. Die Daten zeigen jedoch einen eher negativen Zusammenhang zwischen umweltbewussten Einstellungen und umweltbewusstem Verhalten. Aus den Ergebnissen lässt sich ableiten, dass Strategien zur Senkung des Ressourcenverbrauchs in den sozialen Milieus der gut gebildeten Mittel- und der Oberschicht ansetzen sollten, da dort die Reduktionspotenziale besonders hoch sind. Um den Ressourcenverbrauch und die Treibhausgasemissionen zu senken, reicht es nicht, an die Verantwortung gegenüber Umwelt und Mitmenschen zu appellieren (Moser & Kleinhückelkotten 2018). Offensichtlich scheinen es nicht in erster Linie Einstellungen, Bewusstsein oder Wahrnehmungen zu sein, die unser Umweltverhalten beeinflussen. Es stellt sich somit die Frage: Was sollte dann das Ziel der Bildung für Nachhaltigkeit sein?

43.7 Grundlegendes Verstehen von Umweltproblemen ermöglicht politische Teilhabe

Während klassische Umweltbildung das Ziel der persönlichen Verhaltensänderung im Blick hatte, versucht Bildung für Nachhaltigkeit vielmehr, einen systemischen Blick einzunehmen. Dies geht einher mit Analysen zu den Mechanismen wirksamer Verbesserungen der Umweltqualität. Anhand der Ausdünnung stratosphärischen Ozons, der Atompolitik und der Luftverschmutzung zeigt sich, dass die großen ökologischen Herausforderungen nicht durch individuelle Verhaltensänderungen oder durch „ökologisch-verantwortungsvollen“ Konsum gelöst wurden, sondern durch politische Entscheidungen (Niebert 2019). Es sind nicht individueller Verzicht auf FCKW-haltige Deodorants, nicht individueller Wechsel des Stromanbieters von Atom- zu Ökostrom und nicht unsere individuelle Entscheidung, ein Elektroauto statt eines fossil betriebenen Autos zu kaufen, die Umweltprobleme lösen. Politische Entscheidungen benötigen in demokratischen Gesellschaften Unterstützung. Allgemeine Umweltängste reichen aber nicht aus, um politische Maßnahmen zu unterstützen; vielmehr ist ein zumindest grundlegendes Verstehen der den ökologischen Herausforderungen zugrunde liegenden Konzepte notwendig (O'Connor et al. 1999).

Umfragen zeigen, dass Themen wie Klimawandel und Umweltschutz einen hohen Stellenwert in der Bevölkerung haben (s. o.). Gleichzeitig zeigt sich, dass zentrale naturwissenschaftliche Aspekte nicht nachhaltiger Entwicklungen kaum verstanden werden:

- Laien haben große Schwierigkeiten, das Ozonloch vom Klimawandel zu unterscheiden. Die Ursachen der globalen Erwärmung werden durch die Vorstellung von künstlichem versus natürlichem CO_2 erklärt (Niebert & Gropengiesser 2014). Darüber hinaus beschränken sich Diskussionen über den globalen Klimawandel meist auf die Folgen für Pflanzen und Tiere (Kelley et al. 2015).
- Selbst Studierende der Naturwissenschaften halten häufig eher Umweltverschmutzung und sauren Regen statt CO_2 für die Ursache der Versauerung der Ozeane (Danielson & Tanner 2015).

- Studien zeigen, dass Lernende sich die Landwirtschaft in Form von Stereotypen wie „Bauer auf grüner Wiese mit freilaufenden Kühen, Hühnern und Ziegen“ vorstellen (Vallera & Bodzin 2016). Lernende haben meist naive Vorstellungen von der Landwirtschaft, sie denken kaum an industrielle, intensive Landwirtschaft (Fröhlich et al. 2013).
- Die Vorstellungen von Lernenden zur Biodiversität sind von anthropozentrischen Sichtweisen geprägt und sie legen eher ästhetische als ökosystemare Schutzkriterien an (Menzel & Bögeholz 2008). Die am häufigsten genannten Gründe für den Verlust der Biodiversität sind Umweltverschmutzung, globale Erwärmung, Jagd, Chemikalien, Zerstörung von Lebensräumen wie z. B. Entwaldung (Kilinc et al. 2013).
- Im Zusammenhang mit der Süßwassernutzung zeigt sich, dass Lernende Schwierigkeiten haben, die physikalischen Dimensionen von Wassersystemen (Oberflächenwasser, Grundwasser, atmosphärisches Wasser, Wasser in biotischen Systemen usw.) zu verstehen (Sadler et al. 2017; Ben-ziv-Assarf & Orion 2005).
- Sowohl Wissenschaftler als auch Lernende sehen den Menschen als Haupttreiber und Beschleuniger von Umweltveränderungen (Lampert & Niebert 2018; 2019). Lernende haben Schwierigkeiten, wirksame Strategien zur Verringerung der menschlichen Einflüsse auf Umweltveränderungen wie dem Klimawandel zu entwickeln (Niebert 2015).

Um Nachhaltigkeit fruchtbar und nachhaltige Lebensstile attraktiv zu machen, braucht es sicher mehr, als sich auf reine Wissensvermittlung zu fokussieren. Kaiser, Roczen und Bogner (2008) konnten empirisch zeigen, dass Umweltwissen nur einen geringen Anteil an umweltschonendem Verhalten hat. Wirksam wird Wissen für nachhaltige Handlungen aber dann, wenn die unterschiedlichen Wissensbereiche Systemwissen, handlungsorientierendes Wissen und effektspezifisches Wissen nicht einzeln, sondern gemeinsam adressiert werden (z. B. Gresch et al. 2013).

Neben dem Verstehen spezifischer Konzepte ist auch das Verstehen der Mensch-Natur-Beziehung bedeutsam:

- Gebhard (1997) konnte in der Argumentation der Jugendlichen vier Naturkonzeptionen unterscheiden: „die gute Natur“, „die beseelte Natur“, „die naturwissenschaftliche Natur“ und vor allem „die gefährdete Natur“.
- Brämer, Koll und Schild (2010) beschreiben, wie Natur von Jugendlichen verniedlicht wird. Sie müsse vor dem Menschen geschützt werden und stehe für Harmonie, für das Gute und Schöne („Bambi-Syndrom“). Bäume zu pflanzen und zu schützen wird bejaht, sie zu fällen strikt abgelehnt („Schlachthaus-Syndrom“). Naturnutzung wird verdrängt und denunziert.

- Kattmann (1997) kritisiert, dass sich in den Biologieschulbüchern vorrangig eine Kombination von bedrohter und beherrschter Natur findet.

Für ein fachlich angemessenes Verstehen ist jedoch die Doppelrolle des Menschen (Kattmann 1997) zu verstehen, in der der Mensch mit seinem technischen Können der Natur als Gestalter und Veränderer gegenübersteht und doch zu jeder Zeit und unentrinnbar als Lebewesen ein Teil von ihr bleibt. Dieses Konzept wird auch von Niebert (2019) unterstützt, der beschreibt, dass sich der Mensch als integrativer Bestandteil der Natur auffassen sollte. Um die Integration des Menschen in die Umwelt zu verdeutlichen, plädiert er für die Nutzung des Begriffs Unswelt. Auf diesem Hintergrund sollten sich Lehrpersonen klar machen, welches Verständnis von Natur sie in ihrem Unterricht bewusst oder unbewusst transportieren. Eine Bildung für Nachhaltigkeit muss den Nutzungsaspekt explizit thematisieren.

Wissen ist eine notwendige, aber keine hinreichende Bedingung für nachhaltiges Handeln. Es reicht nicht aus, immer mehr Wissen zu vermitteln und dann auf entsprechendes Handeln zu warten, oder Einstellungen zu beeinflussen und auf eine Konsistenz von Einstellung und Verhaltensweisen zu hoffen. Kruse (2013) schlägt deshalb vor, eher Strategien einzuschlagen, die vom Handeln zum Wissen führen statt umgekehrt. Hinzu kommt die Frage, ob trotz falschen Wissens nicht doch nachhaltiges Verhalten gesteigert werden kann. Müssen der Strahlungshaushalt, die Elektronentransportkette in der Photosynthese, Transpirationskoeffizienten oder auch das Absorptionsspektrum von CO_2 verstanden sein, um den planetaren Belastungsgrenzen zu begegnen? Nicht zwingend. Bedeutsam ist jedoch ein zumindest grundlegendes Verstehen der basalen Konzepte globaler Umweltveränderungen. Bord, O'Connor und Fischer (2000) konnten zeigen, dass ein grundlegendes Missverstehen verschiedener Umweltveränderungen und deren Ursachen dazu führt, dass die Unterstützung in der Bevölkerung für eine engagierte Umweltpolitik sinkt: Wenn z. B. der Klimawandel auf das Ozonloch zurückgeführt wird, dieses sich aber gerade schließen könnte, warum sollte dann noch Klimaschutz betrieben werden? Gleiches gilt für die Landwirtschaft. Solange naive Vorstellungen von der Landwirtschaft das öffentliche Bewusstsein prägen, werden Stickstoff- und Phosphatbelastungen, die auf eine industrielle Landwirtschaft und Massentierhaltung zurückzuführen sind, politische Legitimation behalten. Ein zumindest grundlegendes Verstehen von nachhaltigkeitsrelevanten Themen ist somit vermutlich weniger wichtig hinsichtlich der persönlichen Entscheidungen als hinsichtlich der Ermöglichung von politischer Partizipation.

43.8 Bildung für Nachhaltigkeit kann und muss curricular eingebunden werden

In allen deutschsprachigen Bildungsplänen ist Bildung für Nachhaltigkeit mittlerweile als fächerübergreifende Aufgabe und zum Teil auch in den Fachlehrplänen festgeschrieben. Doch wie kann die Umsetzung aussehen? Leinfelder (2015) fordert, dass Bildung für Nachhaltigkeit Interesse wecken, ein Verständnis des wissenschaftlichen Vorgehens, geeignetes Faktenwissen sowie Wissen um Szenarien und Handlungsoptionen vermitteln muss. Die Vielschichtigkeit und Vernetzung der Umweltveränderungen, besonders aber auch der verursachenden menschlichen Handlungen, lässt den klassisch-sektoralen Schulunterricht wie auch die sektorale universitäre Ausbildung (auch von Lehramtsstudierenden) an ihre Grenzen geraten. Burmeister et al. (2012) haben vier verschiedene Modelle für die Integration von Bildung für Nachhaltigkeit in den naturwissenschaftlichen Unterricht vorgeschlagen:

Modell 1: Übernahme von Nachhaltigkeitsprinzipien in fachgemäße Arbeitsweisen
Ziel ist es, den Unterricht möglichst ressourcenschonend zu gestalten. Schülerexperimente können von der Makro- auf die Mikroebene verlagert werden, gefährliche Substanzen können durch weniger giftige Alternativen ersetzt werden und zur Stimulation von Reaktionen können Katalysatoren eingesetzt werden. Die Schülerinnen und Schüler können lernen, wie Forschungsprogramme und Industrie versuchen, den Ressourcenverbrauch zu minimieren, die Produktionseffekte zu maximieren und gleichzeitig die Umwelt zu schützen.

Modell 2: Inhaltliche Integration von Nachhaltigkeitsstrategien
Bei diesem Ansatz werden grundlegende, nachhaltigkeitsorientierte technologische Prinzipien als Themen innerhalb des Lehrplans bearbeitet. Beispiele hierfür sind die Entwicklung effizienter industrieller Prozesse in der Landwirtschaft, die Prinzipien der Bioökonomie oder die grüne Gentechnik. Die Stärke dieses Ansatzes liegt darin, dass er das Lernen der biologischen Prinzipien, die sich hinter alltäglichen Prozessen und Produkten verbergen, hervorhebt.

Modell 3: Integration gesellschaftlicher Debatten in den Unterricht
Im dritten Modell wird der Biologieunterricht durch sogenannte *socioscientific issues,* also Themen mit gesellschaftlicher und naturwissenschaftlicher

Relevanz (→ 12), gerahmt. Die Fähigkeit, gesellschaftliche Debatten zu verstehen und geeignete Fähigkeiten zu entwickeln, um sich aktiv an ihnen zu beteiligen, wird systematisch in die Unterrichtspläne eingebaut, z. B. über die Kontroverse zur Verwendung von Biokraftstoffen.

Modell 4: Nachhaltiger Biologieunterricht als Teil der Schulentwicklung

Das vierte Modell integriert den nachhaltigkeitsorientierten Biologieunterricht in die Entwicklung der Schule als Ganzes. Alle Akteure im Schulsystem sind aufgefordert, zukünftige Herausforderungen zu erforschen, Werte zu klären und sowohl über das Lernen als auch über die aktive Teilnahme an der Gesellschaft im Lichte von Nachhaltigkeit nachzudenken. Beispiele sind die Gestaltung von Schülerfirmen, eine Cafeteria mit Bioverpflegung oder die Begrünung des Schulhofs.

Die vier Modelle haben ganz unterschiedliche Potenziale für eine Bildung für Nachhaltigkeit oder um direkt einen Beitrag für Nachhaltigkeit zu leisten. Eine zentrale Forderung in politischen Papieren wie Konzepten zur Förderung von Nachhaltigkeit in Bildung und Unterricht ist das Ziel der Bildung für verantwortungsbewusste Staatsbürgerschaft (*responsible citizenship*). Mit dieser Forderung einher geht bei vielen Autoren der Ruf nach einer Überarbeitung von Curricula und Bildungsstandards, um der Herausforderung Nachhaltigkeit begegnen und interdisziplinäre Ansätze besser berücksichtigen zu können (z. B. BMBF 2017). Besonders mit Sicht auf naturwissenschaftlichen Unterricht lassen sich jedoch auch in bestehenden Curricula oft durchgehend Anknüpfungspunkte für nachhaltigkeitsrelevante Themen setzen. Im Folgenden wird am Beispiel globaler Nachhaltigkeitsziele und planetarer Belastungsgrenzen aufgezeigt, wie eine curriculare Einbindung von Nachhaltigkeitsthemen im Biologieunterricht aussehen kann:

Curriculare Verankerung am Beispiel des Ziels „Kein Hunger“

Mit dem Ziel 4 Hochwertige Bildung aus den Nachhaltigkeitsentwicklungszielen soll bis 2030 sichergestellt werden, dass alle Lernenden die notwendigen Kenntnisse und Qualifikationen zur Förderung nachhaltiger Entwicklung erwerben (UN 2016). Die UNESCO (2017) beschreibt für die Umsetzung Lernziele in drei Dimensionen (kognitiv, sozial-emotional und handlungsorientiert). Die Umsetzung des Ziels „Kein Hunger“ für den Biologieunterricht wird hier beispielhaft beschrieben (→ Tab. 43-3).

Dimension	Lernziele
kognitiv	Die Lernenden können physische und psychische Auswirkungen von Hunger und Unterernährung auf das menschliche Leben sowie bestimmte gefährdete Gruppen benennen.
sozial-emotional	Die Lernenden können über die Themen und Zusammenhänge zwischen der Bekämpfung des Hungers und der Förderung einer nachhaltigen Landwirtschaft und einer verbesserten Ernährung kommunizieren.
handlungsorientiert	Die Lernenden sind in der Lage, lokale Maßnahmen zur Bekämpfung des Hungers und zur Förderung einer nachhaltigen Landwirtschaft zu bewerten und umzusetzen.

Tabelle 43-3: Lernziele zum Nachhaltigkeitsentwicklungsziel „Kein Hunger"

Diesen Lernzielen zufolge werden Lehrende als *change agents* verstanden, die den Wandel aktiv ein- und anleiten sollen. Bezogen auf den Biologieunterricht ergeben sich daraus Anforderungen, sich etwa intensiv mit den Themen Landwirtschaft, gesunde Ernährung und Verteilungsfragen auseinanderzusetzen.

Curriculare Verankerungsmöglichkeiten am Beispiel planetarer Belastungsgrenzen

Mögliche curriculare Verankerungen des Anthropozänkonzepts und der planetaren Grenzen im Kompetenzbereich Fachwissen sind in Tabelle 43-4 zusammengefasst.

Die basalen Konzepte planetarer Belastungsgrenzen sowie das Verständnis zur Zeitversetztheit von Handeln und Auswirkungen erscheinen für die Vermittlung systemischen Denkens von besonderer Bedeutung. Eine erfolgreiche Vermittlung von Nachhaltigkeit, wie hier am Beispiel der planetaren Belastungsgrenzen dargestellt, sollte dabei nicht an Fächergrenzen haltmachen, sondern interdisziplinär wirken. Verlässt man die Ebene der Rahmenlehrpläne und geht auf Ebene von Schulcurricula, wird deutlich, dass dies möglich ist, jedoch ein hohes Maß an Kooperation und Teamfähigkeit der beteiligten Lehrpersonen erfordert.

Bereich	Relevantes Fachwissen
Klimawandel	Wechselwirkungen, Stoff- und Energieumwandlung, gestörte Gleichgewichte, Systeme, Evolution, abiotische Faktoren, Energie, Angepasstheit, Energieerhaltungssatz
Ozeanversauerung	Säure-Basen-Chemie, Gleichgewichte, Löslichkeit, Variabilität und Angepasstheit, Reproduktion, Steuerung und Regelung, abiotische Faktoren
Abnahme stratosphärischen Ozons	Gleichgewichte, Krankheit und Gesundheit, Struktur-Eigenschafts-Beziehungen, Katalysatoren, zwischenmolekulare Wechselwirkungen
Stickstoff- und Phosphorkreisläufe	Stoff- und Energieumwandlung, Eutrophierung, Stickstoffkreislauf, Phosphorkreislauf, Umkehrbarkeit chemischer Reaktionen, geschlossene Systeme
Süßwassernutzung	Löslichkeit, Gleichgewichte, Struktur-Funktionsbeziehungen, Stoff- und Energieumwandlung, geschlossene & offene Systeme
Aerosole in der Atmosphäre	Struktur-Eigenschafts-Beziehungen, zwischenmolekulare Wechselwirkungen, Umweltgifte, Krankheit und Gesundheit
Chemische Umweltverschmutzung	Struktur-Eigenschafts-Beziehungen, energetische Betrachtung bei Stoffumwandlungen, Umweltgifte, Abwägung konkurrierender Ansprüche
Biodiversitätsverlust	Lebendige Systeme, Variabilität und Angepasstheit, Entwicklung, Geschichte und Verwandtschaft, Artenkenntnis, Struktur und Funktion, Populationsgröße, genetische Variabilität
Landnutzung	Lebendige Systeme, Variabilität und Angepasstheit, Entwicklung, Geschichte und Verwandtschaft, Struktur und Funktion, Stoff- und Energieumwandlung

Tabelle 43-4: Die planetaren Belastungsgrenzen im Kompetenzbereich Fachwissen

Auswahl gesellschaftsrelevanter Unterrichtsinhalte

Osborne und Dillon (2008) wiesen darauf hin, dass naturwissenschaftlicher Unterricht in Europa häufig eher darauf ausgerichtet ist, Lernende auf einen universitären Naturwissenschaftsabschluss vorzubereiten als ihnen eine naturwissenschaftliche Bildung zu ermöglichen, die eine kritisch-informierte Gestaltung von Gesellschaft ermöglicht. Um diese umzusetzen, haben Marks und Eilks (2009) Kriterien zur Auswahl gesellschaftsrelevanter Unterrichtsinhalte erarbeitet. Die Inhalte müssen demnach authentisch, relevant, im Hinblick auf eine gesellschaftliche Frage ergebnisoffen und offen diskutierbar sein, und sie müssen einen Bezug zu Naturwissenschaft und Technik aufweisen (→ Tab. 43-5).

Kriterium	Anforderung	Beispiel
Authentizität	Ein Thema ist authentisch, wenn es aktuell in der Gesellschaft diskutiert wird (z. B. Präsenz in Zeitungen, Social Media und Fernsehen).	Klimawandel und Energiewende spielen in Medien wie auch Debatten von Lernenden eine große Rolle.
Relevanz	Das Thema weist einen unmittelbaren Bezug zur Lebenswelt der Lernenden auf.	Die Auswirkungen des Klimawandels sind für die Lernenden im Alltag spürbar und können durch politische Entscheidungen wie auch persönliche Konsumentscheidungen beeinflusst werden.
Ergebnisoffenheit	In der Kontroverse gibt es verschiedene Positionen, die jeweils nicht als eindeutig richtig oder falsch klassifizierbar sind.	Insbesondere der Ausbau der Windenergie mit den Konkurrenzen im Naturschutz (sogenannter Vogelschlag) werden kontrovers diskutiert. Dabei sind verschiedene Alternativen zur Lösung denkbar.
Diskutierbarkeit	Das Thema muss für verschiedene Perspektiven und Meinungsäußerungen offen sein.	Unterschiedliche Meinungen zum Wert einer bedrohten Art wie auch landschaftsästhetische Fragen können diskutiert werden.
Bezug zu Wissenschaft und Technik	Das Thema dreht sich um eine naturwissenschaftlich-technische Sachfrage, bei deren Verständnis naturwissenschaftliche Zusammenhänge und Fakten wesentlich sind.	Grundlagen, Funktion und umwelt- sowie gesundheitsrelevante Effekte des Klimawandels sind originär naturwissenschaftliche Fachinhalte.

Tabelle 43-5: Kriterien zur Auswahl gesellschaftsrelevanter Unterrichtsinhalte (nach Marks & Eilks 2009)

Im Biologieunterricht werden gesellschaftspolitisch relevante Fragestellungen oft im Zuge der Förderung von Bewertungskompetenz (→ 12) adressiert. Ergänzend hierzu empfiehlt Sadler (2009), den naturwissenschaftlichen Unterricht nach dem Ansatz der *socioscientific issues* (SSI) auszurichten. Dies geschieht durch die Einbettung von sozial relevanten Themen, die das Verstehen der Zusammenhänge zwischen Wissenschaft, Technologie und Gesellschaft erfordern. Diese häufig offenen Probleme ohne klare Lösung sind meist kontroverse, komplexe Fragen, wie z. B. die Energiewende oder grüne Gentechnik (Zeidler et al. 2005).

43.9 Bildung für Nachhaltigkeit braucht Begegnung in der Umwelt

Der Naturerfahrung wird gemeinhin eine große Bedeutsamkeit für die Entwicklung nachhaltiger Einstellungs- und Handlungsmuster zugesprochen (Bögeholz 1999). Berck und Klee (1992) beispielsweise stellten fest, dass Mitglieder von Naturschutzorganisationen sich nicht nur durch größeres Interesse und höhere Natur- und Umweltschutzaktivitäten, sondern durch ökologischere Handlungen ausweisen. Bei 12- bis 17-Jährigen fand man, dass häufiger Naturkontakt in der Kindheit sowohl zu einer positiven Naturbeziehung wie auch zu einer Aufgeschlossenheit für Umweltthemen führt (Bixler et al. 2002).

Naturerfahrung ist ein wesentlicher Bedingungsfaktor für die Genese umweltbewusster Einstellungen und vor allem von Handlungsbereitschaft (Röll 2007). Dies kann auch von Kruse-Graumann (1999) belegt werden, die aufzeigt, dass durch Naturerfahrungen gebildete Werthaltungen und ein daraus entstehendes Interesse am Schutz der Natur eine große intrinsische Motivierung für nachhaltige Verhaltensmuster darstellen.

Neben der Bedeutung für die Vermittlung hat die Naturerfahrung auch eine deutlich grundlegendere Bedeutung für die Entwicklung von Kindern und Jugendlichen. Grundsätzlich lässt sich festhalten:

- Naturerleben stärkt unser Wohlbefinden und Konzentrationsvermögen (vgl. z. B. Mitchell & Popham 2008).
- Mehrere Studien bestätigen einen Zusammenhang zwischen Grünräumen und Gesundheit: In einem Review von Beiträgen zur Wohngebietsgestaltung erscheinen Grünanlagen als Hauptfaktoren der Gesundheit (Kaplan & Austin 2004).
- Menschen leiden nachweislich umso weniger unter Zivilisationskrankheiten und Depressionen, je grüner ihr Wohnumfeld ist (Maas u. a. 2009).
- Die kognitive, soziale, motorische und emotionale Entwicklung von Kindern profitiert von Naturkontakten (Health Council 2004).
- Natur hat einen positiven Effekt auf kognitive Funktionen wie Aufmerksamkeit, Konzentration und Selbstdisziplin (Health Council 2004; Cackowski & Nasar 2003).

Neben den psychischen Faktoren der Naturbegegnung spielt insbesondere das nachhaltigkeitsbezogene Agieren in und mit der Umwelt eine zentrale Rolle für die Ausbildung nachhaltigkeitsrelevanter Kompetenzen. Hier kommt insbesondere den außerschulischen Lernorten (→ 20) und vor allem Umweltbildungszentren und Museen eine tragende Rolle zu. Daneben wurde in den letzten Jahren auch verstärkt das Modell des *service learning* für eine Bildung für Nachhaltigkeit entwickelt. Beim Service-Lernen beteiligen sich Lernende an Aktivitäten, die auf die gesellschaftlichen Bedürfnisse ausgerichtet sind (z. B. Eröffnung eines Repair Cafés, Renaturierung eines Baches), verbunden mit strukturierten Lernmöglichkeiten (Jacoby 1996). Viele Elemente des Service-Lernens werden als wesentliche Merkmale von Bildung für Nachhaltigkeit angesehen. Zu diesen Elementen gehören die Schaffung eines Mehrwerts für die Gemeinschaft, die Integration lokaler Bedürfnisse in globalere Betrachtungen, die Bedeutung, die der Entwicklung eines sozialen Bewusstseins beigemessen wird, und der erfahrungsorientierte Charakter des Lernens. Es handelt sich um das Lernen an realen Problemen, welches die Problemlösung, das Lernen aus der Erfahrung und den Umgang mit sozialen, ökologischen globalen Fragen integriert. Somit erscheint Service-Lernen als eine angemessene Erweiterung des Konzepts außerschulischer Lernorte um reale Problemsituationen, verknüpft mit strukturierten Lerngelegenheiten (Mitz et al. 2013).

43.10 Nachhaltigkeitsorientierter Unterricht ist auf aktuelles Wissen angewiesen

Die Welt ist komplexer, unsicherer und riskanter als es Schulunterricht die Lernenden meist glauben lässt. Um Lernende auf die Komplexität einer sich wandelnden Welt vorzubereiten, sollte auch der Biologieunterricht unsichere, inter- und transdisziplinäre Herausforderungen und Risiken integrieren. Im Gegensatz zu Disziplinen der Biologie, die eine jahrhundertelange Forschungstradition haben, wie die Zellbiologie, Genetik oder die Evolution, sind aktuelle Probleme nicht nachhaltiger Entwicklung wie der Klimawandel häufig auch in der Forschung noch stark im Fluss. So sind besonders in diesen Bereichen Modelle und Prognosen nicht frei von Unschärfen: Im vierten Sachstandsbericht des IPCC (2007) wurde beispielsweise der Rückgang des Gletschereises im Himalaya in Teilaspekten falsch berechnet, was unter dem Stichwort climategate zu einem zunehmenden Wissenschaftsskeptizismus in der Öffentlichkeit geführt hat. Nun sollte von Lernenden nicht erwartet werden, fachliche Fehler in wissenschaftlichen Publikationen aufdecken zu können. Jedoch sollten sie in die Lage versetzt werden, zu reflektieren, warum sich gerade in der Wissenschaft Modelle verändern können. Ein wesentliches Hindernis in der Implementierung von Nachhaltigkeit in den Unterricht ist, dass die Unterrichtsinhalte meist anderen Paradigmen unterliegen als Nachhaltigkeitskontexte. Während Schulunterricht oft auf Lehrbuchwissen aufbaut, kommen die Erkenntnisse zu aktuellen Nachhaltigkeitsherausforderungen oft aus dynamischen Teildisziplinen, die besser als Wissenschaft im Entstehen (*science in the making*) beschrieben werden (Latour 1987): Während Lehrbuchwissen das scheinbare Endprodukt des wissenschaftlichen Untersuchungsprozesses darstellt, ist der aktuelle Stand eines fortwährenden Forschungsprozesses für Unterricht zur Nachhaltigkeit ebenso relevant (→ Tab. 43-6). Insofern scheint für ein Verstehen – nicht nur – des gesellschaftlichen Nachhaltigkeitsdiskurses ein Verständnis der Kultur der Naturwissenschaften (→ 36) notwendig. Monk und Osborne (1996) bringen die Aufgabe des Unterrichts hier auf die Formel, dass Lernende nicht nur verstehen müssen, was wir wissen, sondern insbesondere wie wir wissen.

Schulbuchunterricht (*textbook science*)	Nachhaltigkeitsorientierter Unterricht (*science in the making*)
Diskrete disziplinäre Grenzen	Interdisziplinarität, Transdisziplinarität
Gesellschaftliche Aspekte werden aus motivationalen Aspekten eingebunden	Wissenschaft soll einen Beitrag leisten, gesellschaftliche Probleme zu lösen.
Wissen ist ziemlich sicher	Teile des Wissens sind vorläufig und unsicher.
Lernen ist die Aneignung statischen Wissens von etablierten Konzepten und Gesetzen	Lernen heißt, Möglichkeiten und Wahrscheinlichkeiten einzuschätzen; es gibt nicht die einzige Lösung.
Risiko und Unsicherheit sind nicht Teil wissenschaftlicher Argumentation	Unsicherheit und Risiken sind Teil der Lösung.

Tabelle 43-6: Schulbuchunterricht und nachhaltigkeitsorientierter Unterricht

Nachhaltigkeitsorientierter Unterricht sollte Wissenschaft als die Suche nach evidenzbasierten Erklärungen begreifen, die jedoch immer wieder einer Revision unterzogen werden können.

Um hier beim Aufbau von Kompetenzen zu helfen, schlägt der WBGU vor, auch Laien wie z. B. Lernende mit in den Forschungsprozess einzubinden (WBGU 2011). Dies kann das Verstehen der notwendigen Wissensgrundlagen fördern, macht den Forschungsprozess über Partizipation transparent und bindet Lernende aktiv ein. Insbesondere aus der Biodiversitätsforschung sind eindrückliche Beispiele gelungener Umsetzung bekannt (z. B. Naturgucker, Evolution-Megalab etc.). Im sogenannten *Citizen Science*-Ansatz begleiten Lernende Forschungsprozesse, z. B. durch das Sammeln oder Auswerten von Daten. Aufgrund seiner Brückenfunktion zwischen Gesellschaft, Politik und Wissenschaft innerhalb der schulischen Bildung wird ihm großes Potenzial beigemessen (Bonn et al. 2016). Die frühe Förderung bereits in der Schule scheint dabei vorteilhaft, um eine Brücke zwischen Jugendlichen und wissenschaftlicher Erkenntnis zu bauen und die Nachvollziehbarkeit der hieraus abgeleiteten Entscheidungen zu fördern (Devictor et al. 2010).

43.11 Biologieunterricht muss Bildung für Nachhaltigkeit mit Leben füllen

Es ist eine zentrale biologiedidaktische Aufgabe, die Kompetenzmodelle und Ansätze zur Bildung für Nachhaltigkeit mit Leben zu füllen. Alle Bewertungen, Reflexionen, Perspektivwechsel und Erkenntnisse finden immer in konkreten Kontexten statt. Die Übersichten in diesem Kapitel sollen helfen, geeignete Kontexte für den Unterricht aufzubereiten.

Die Analyse von Lerngelegenheiten und Lernvoraussetzungen zur Nachhaltigkeit ist eine wichtige Grundlage für die Gestaltung erfolgreicher Bildungsprozesse. So können die Kompetenzen, Vorstellungen und Interessen der Lernenden gleichberechtigt zu fachlichen Aspekten in den Unterricht aufgenommen werden. In der kritischen Analyse der Fachinhalte stellt insbesondere die Nachhaltigkeitsrelevanz der Unterrichtsinhalte eine bedeutsame Frage dar, die es ermöglicht, die curricular vorgegebenen fachbezogenen Kompetenzen und Basiskonzepte zu rekontextualisieren. So können in bestehenden Bildungsstandards nachhaltigkeitsrelevante Kompetenzen curriculum-kompatibel gefördert werden.

Bleibt die Frage, ob Bildung für Nachhaltigkeit nicht Lernende überwältigt und Bildung für politisch-ökologische Zwecke missbraucht, wenn sie sie für eine nachhaltige Gesellschaft erziehen will. Es käme einer Instrumentalisierung gleich, wenn Bildung lediglich der Umsetzung konkreter Ziele diente. Der Autor dieses Kapitels geht konform mit Jickling (1992) in seiner Sichtweise, dass eine Bildung für Nachhaltigkeit nicht zu einer Funktionalisierung missbraucht werden darf. Die in diesem Kapitel vorgestellten Ansätze sollen helfen, Unterrichtsgestaltung kritisch zu reflektieren. Bildung für nachhaltige Entwicklung, wie sie aus einer biologiedidaktischen Perspektive verstanden werden kann, soll zu methodischen und inhaltlichen Innovationen im Biologieunterricht beitragen. Sie ist nicht Instrument zur Umsetzung vorgegebener Ziele, sondern befähigt zu der Auseinandersetzung mit ihnen. So soll sie nicht der Instrumentalisierung dienen, sondern – im Gegenteil – eine Ent-Zweckung von Bildung ermöglichen. Die empirischen Befunde sowohl aus der Bildungsforschung als auch aus der Ökologie zeigen, dass ein nachhaltiger Lebensstil Ziel von Bildung für Nachhaltigkeit sein kann. Bedeutsamer für die Verbesserung der Umweltqualität sind jedoch politisch gesetzte Leitplanken, wie Klimaziele oder Obergrenzen für den Düngemitteleinsatz. Der Biologieunterricht kann hier einen Beitrag zur politischen Partizipationsfähigkeit von Lernenden leisten, indem er sie befähigt, die Mechanismen, die zu einer Überlastung der planetaren Belastungsgrenzen geführt haben, zu hinterfragen und Handlungsalternativen aufzuzeigen.

Lernaufgabe 43-1: Wassersparen für die Umwelt
Am Beginn dieses Kapitels wird ein Unterrichtsbeispiel Wassersparen für die Umwelt skizziert.

Handlungsaufforderung 43-1: Erörtern Sie den Bildungswert des Unterrichtsbeispiels aus Perspektive der Nachhaltigkeit unter Berücksichtigung der im Kapitel vorgestellten Konzepte!

Handlungsaufforderung 43-2: Zeigen Sie alternative Herangehensweisen auf!

Harald Gropengießer

44 Biologiedidaktische Quellen

Wenn Sie zu einem Thema Biologieunterricht planen, sollten Sie auf Anregungen und Vorarbeiten anderer Lehrkräfte und biologiedidaktische Forschungserkenntnisse zurückgreifen. Schließlich werden die meisten Themen nicht zum ersten Mal unterrichtet. Wo Sie diese Quellen finden können, erfahren Sie hier.

44.1 Fachdidaktische Quellen sind ein wesentliches Hilfsmittel für eine gründliche Unterrichtsplanung

An Biologie-Lehrende richten sich Zeitschriften, Bücher und Buchreihen für die Gestaltung von Unterricht. In Zeitschriften, die sich an Lehrkräfte verschiedener Schulstufen und Schularten wenden, werden vor allem neuartige Unterrichtssequenzen, die teilweise auf neuen fachdidaktischen Konzeptionen oder fachdidaktischen Forschungserkenntnissen beruhen und im Unterricht erprobt sind, veröffentlicht (→ Tab. 44-1).

Biologieunterricht	Unterricht in Naturwissenschaften
Biologie 5-10	Der mathematische und naturwissenschaftliche Unterricht
BU praktisch – Das Online-Journal für den Biologieunterricht	School Science Review
Unterricht Biologie	Science Scope
The American Biology Teacher	The Science Teacher

Tabelle 44-1: Zeitschriften-Quellen für Unterrichtsplanung und -gestaltung (Auswahl)

Zu Biologie-Schulbüchern gibt es meist umfangreiche Lehrerbegleitbücher (→ 34). Weiterhin kann die Suche im Internet erfolgreich sein, beispielsweise bei learn line NRW oder am IPN – Leibniz-Institut für die Pädagogik der Naturwissenschaften und Mathematik, Didaktik der Biologie.

Um bei der Planung, Durchführung und Reflexion von Biologieunterricht die Alltagsvorstellungen der Lernenden zu berücksichtigen, eignen sich die folgenden Bände:

- Hammann, M. & Asshoff, R. (2017). Schülervorstellungen im Biologieunterricht: Ursachen für Lernschwierigkeiten. Seelze: Klett Kallmeyer.
- Kattmann, U. (2015). Schüler besser verstehen. Alltagsvorstellungen im Biologieunterricht. Hallbergmoos: Aulis.
- Kattmann, U. (Hrsg.). (2017). Biologie unterrichten mit Alltagsvorstellungen. Didaktische Rekonstruktion in Unterrichtseinheiten. Seelze: Klett Kallmeyer.

Schließlich finden sich in wissenschaftlichen Zeitschriften und Handbüchern der Fachdidaktik empirisch erprobte Unterrichtskonzepte und -beispiele (→ 44.2).

44.2 Wissenschaftliches Arbeiten ist auf Quellen angewiesen

Ein Zwerg, der auf den Schultern eines Riesen steht, kann weiter sehen als der Riese selbst. Sogar auf den Schultern ganz normaler Wissenschaftler lässt sich das eigene Forschungsfeld besser überblicken. Und so sind Sichtung, Durcharbeitung, Einordnung und Klärung des Forschungsstandes zum gewählten Thema ein Muss. Für die Gutachter und Herausgeber einer Zeitschrift ist die mangelnde Berücksichtigung des Forschungsstandes ein wesentlicher Grund, ein Manuskript nicht zur Publikation anzunehmen. Quellen sind für wissenschaftliches Arbeiten und für die Publikationen der Ergebnisse unentbehrlich. Das Wissen der Biologiedidaktik lässt sich aus vielen unterschiedlichen Quellen schöpfen:

- wissenschaftliche Zeitschriften (nationale und internationale),
- wissenschaftliche (Buch-)Reihen,
- Hochschullehrbücher,
- internationale Handbücher.

Am Anfang einer Recherche stellt sich allerdings die Frage, wie einschlägige und möglichst alle relevanten Artikel zu finden sind. Spezielle Bibliografien erleichterten in der Vergangenheit die Literaturrecherche. Große Verdienste hat sich hier Reinders Duit mit seiner bis 2009 gepflegten Bibliography – STCSE Students' and Teachers' Conceptions and Science Education erworben, die online frei verfügbar ist. Ausgehend von den so gefundenen Forschungsartikeln (*research papers*) oder besser noch von Überblicksartikeln (*reviews*) lassen sich die bis zu diesem Zeitpunkt relevanten Papiere im Literaturverzeichnis der Überblicksartikel identifizieren. Heute stehen Internet-Suchmaschinen für die Literaturrecherche wissenschaftlicher Dokumente zur Verfügung. Die bekannteste ist Google Scholar. Daneben lohnt es sich, Fachdatenbanken zu nutzen, wie FIS

Fachportal-Paedagogik.de oder Search ERIC Educational Information Resource Center.

Einige Zeitschriften konzentrieren sich ausschließlich oder hauptsächlich auf wissenschaftliche Artikel zur Biologiedidaktik. Andere schließen die Didaktik weiterer naturwissenschaftlicher Fächer ein, manchmal zusätzlich die Didaktik der Mathematik und die der Technik.

Biologiedidaktik	Didaktik der Naturwissenschaften
Zeitschrift für Didaktik der Biologie	Zeitschrift für Didaktik der Naturwissenschaften
Bioscene – Journal of College Biology Teaching	International Journal of Science Education
CBE–Life Sciences Education (LSE)	Journal of College Science Teaching
Environmental Education Research	Journal of Research in Science Education
Evolution: Education & Outreach	Journal of Research in Science Teaching
International Electronic Journal of Health Education	Research in Science Education
International Journal of Biology Education	Science Education
Journal of Biological Education	Science & Education
Journal of Microbiology and Biology Education	Studies in Science Education

Tabelle 44-2: Zeitschriften-Quellen für Biologiedidaktik (Auswahl, die Reihenfolge ist innerhalb der deutschen und danach der englischen Titel alphabetisch)

Wissenschaftliche Buchreihen umfassen jeweils eine Serie von Bänden, die fachdidaktische Dissertationen oder Forschungsbeiträge von fachdidaktischen Tagungen enthalten (Auswahl):

- Beiträge zur Didaktischen Rekonstruktion. Schriftenreihe zur fachdidaktischen Lehr-Lernforschung. Oldenburg: Didaktisches Zentrum; Hohengehren: Schneider Verlag
- Didaktik in Forschung und Praxis. Hamburg: Verlag Dr. Kovac
- Erkenntnisweg Biologiedidaktik. Beiträge der Frühjahrsschulen der Fachsektion Didaktik der Biologie im VBIO
- Fachdidaktische Forschungen. Waxmann Verlag
- Lehr- und Lernforschung in der Biologiedidaktik. Innsbruck: Studienverlag

Lehrbücher der Didaktik der Biologie für die Hochschule und die Lehrerbildung sind als Sekundärquellen zu nutzen, um einen Überblick über den Forschungsstand zu bekommen.

Neben der hier vorliegenden Fachdidaktik Biologie gibt es mehrere deutschsprachige Lehrbücher zur Biologiedidaktik, die sich vor allem in der Forschungsorientierung unterscheiden:

- Graf, E. (Hrsg.). (2024). Biologiedidaktik für Studium und Unterrichtspraxis. Donauwörth: Auer Verlag.
- Berck, K.-H. & Graf, D. (2018). Biologiedidaktik. Grundlagen und Methoden. Wiebelsheim: Quelle & Meyer Verlag.
- Gemballa, S. & Kattmann, U. (Hrsg). (2024). Didaktik der Evolutionsbiologie. Berlin: Springer Verlag.
- Gropengießer, H., Kattmann, U. & Krüger, D. (2024). Biologiedidaktik in Übersichten. Köln: Aulis.
- Killermann, W., Hiering, P. & Starosta, B. (2020). Biologieunterricht heute. Donauwörth: Auer Verlag.
- Krüger, D. (Hrsg.). (2012). Biologie erfolgreich unterrichten. Köln: Aulis.
- Labudde, P. (2019). Fachdidaktik Naturwissenschaften. 1.–9. Schuljahr. Bern: Haupt.
- Spörhase-Eichmann, U. & Ruppert, W. (Hrsg.). (2018). Biologie-Didaktik. Praxishandbuch für die Sekundarstufe I und II. Berlin: Cornelsen Verlag Scriptor.
- Weitzel, H. & Schaal, S. (Hrsg.). (2021). Biologie unterrichten: planen, durchführen, reflektieren. Berlin: Cornelsen Verlag Scriptor.

International werden zur Orientierung auf den Gebieten fachdidaktischer Forschung Handbücher genutzt:

- Abell, S. & Lederman, N. (Eds.). (2010). Handbook of Research on Science Education. New York: Routledge.
- Fraser, B. & Tobin, K. (Eds.). (2003). International Handbook of Science Education. Part 1 & 2. Dordrecht: Kluwer.
- Fraser, B., Tobin, K. & McRobbie, C. J. (Eds.). (2012). Second International Handbook of Science Education. Part 1 & 2. Dordrecht: Springer.
- Jorde, D. & Dillon, J. (Eds.). (2012). Science Education Research and Practice in Europe. Rotterdam: Sense Publishers.
- Vosniadou, S. (Ed.). (2013). International Handbook of Research on Conceptual Change. New York: Routledge.

45 Literaturverzeichnis

Den ausführlichen Nachweis der Literatur finden Sie in den Materialien zum Download (, s. Downloadcode auf Seite 2, über dem Impressum).

Sie können das Literaturverzeichnis dort als PDF-Datei herunterladen.

Die Literaturquellen sind für jedes Kapitel des Buchs gesondert aufgelistet. Über die Suchfunktion können Sie jede Quelle durch Eingabe der Autorin, des Autors oder eines im Titel enthaltenen Wortes finden.

46 Autor:innen und Herausgeber:innen

Dr. Julia Arnold, Professorin für Naturwissenschafts- und Technikdidaktik, Pädagogische Hochschule FHNW, Zentrum Naturwissenschafts- und Technikdidaktik

Dr. Alexander Bergmann-Gering, Wissenschaftlicher Mitarbeiter in der Arbeitsgruppe Biologiedidaktik, Universität Leipzig, Institut für Biologie

Dr. Susanne Bögeholz, Professorin für Didaktik der Biologie, Georg-August-Universität Göttingen, Fakultät für Biologie und Psychologie, Albrecht-von-Haller-Institut für Pflanzenwissenschaften, Abteilung Didaktik der Biologie

Dr. Sarah Dannemann, Professorin für Didaktik der Biologie, Martin-Luther-Universität Halle-Wittenberg, Institut für Biologie

Dr. Arne Dittmer, Professor für Didaktik der Biologie, Universität Regensburg, Fakultät für Biologie und Vorklinische Medizin

Dr. Karla Etschenberg, Professorin (i. R.) für Biologie und ihre Didaktik mit dem Schwerpunkt Humanbiologie und Gesundheitserziehung, Universität Flensburg, Institut für Biologie und ihre Didaktik

Dr. Ulrich Gebhard, Professor für Erziehungswissenschaft, Seniorprofessor Universität Bielefeld, Fakultät für Erziehungswissenschaft

Dr. Harald Gropengießer, Professor (i. R.) für Biologiedidaktik, Leibniz Universität Hannover, Institut für Didaktik der Naturwissenschaften

Dr. Jorge Groß, Professor für Biologiedidaktik, Institut für Didaktik der Naturwissenschaften (IDN), Leibniz Universität Hannover

Dr. Marcus Hammann, Professor für Didaktik der Biologie, Westfälische Wilhelms-Universität Münster, Fachbereich Biologie, Zentrum für Didaktik der Biologie

Dr. Ute Harms, Professorin für Didaktik der Biologie an der Christian-Albrechts-Universität zu Kiel, Direktorin am IPN – Leibniz-Institut für die Pädagogik der Naturwissenschaften und Mathematik, Abteilung Didaktik der Biologie

Dr. Ulrich Kattmann, Professor (i. R.) für Didaktik der Biologie mit dem Schwerpunkt Humanbiologie, Carl von Ossietzky Universität Oldenburg, Institut für Biologie und Umweltwissenschaften

Dr. Dirk Krüger, Professor für Didaktik der Biologie, Freie Universität Berlin, Institut für Biologie

Jürgen Langlet, OStD. a. D. mit den Fächern Biologie, Chemie, Philosophie, Werte und Normen, ehemals Schulleiter, Schulinspektor und Fachleiter

Dr. Jürgen Mayer, Professor für Didaktik der Biologie, Universität Kassel, Institut für Biologie

Susanne Meyfarth †, Akademische Mitarbeiterin, Didaktik der Biologie, Freie Universität Berlin, Institut für Biologie

Dr. Andrea Möller, Professorin für Didaktik der Biologie, Leiterin des Österreichischen Kompetenzzentrums für Didaktik der Biologie (AECC Biology) an der Universität Wien

Dr. Kai Niebert, Professor für Didaktik der Naturwissenschaften und der Nachhaltigkeit, Universität Zürich, Institut für Erziehungswissenschaft

Dr. Birgit J. Neuhaus, Professorin für Didaktik der Biologie, Ludwig-Maximilians-Universität München, Fakultät für Biologie, Lehrstuhl für Didaktik der Biologie

Dr. Christoph Randler, Professor für Didaktik der Biologie, Eberhard Karls Universität Tübingen, Fachbereich Biologie

Dr. Carolin Retzlaff-Fürst, Professorin für Fachdidaktik Biologie, Universität Rostock, Institut für Biowissenschaften

Dr. Sonja Schaal, Akademische Rätin, Pädagogische Hochschule Ludwigsburg, Institut für Biologie

Dr. Steffen Schaal, Professor für Biologie und ihre Didaktik, Pädagogische Hochschule Ludwigsburg, Institut für Biologie

Dr. Annette Scheersoi, Professorin für Fachdidaktik Biologie, Rheinische Friedrich-Wilhelms-Universität Bonn, Fachgruppe Biologie

Dr. Kirsten Schlüter, Professorin für Biologie und ihre Didaktik, Universität zu Köln, Institut für Biologiedidaktik

Dr. Philipp Schmiemann, Professor für Didaktik der Biologie, Universität Duisburg-Essen, Biology Education Research and Learning Lab

Dr. Annette Upmeier zu Belzen, Professorin für Fachdidaktik und Lehr-/Lernforschung Biologie, Humboldt-Universität zu Berlin, Institut für Biologie

Dr. Holger Weitzel, Professor für die Didaktik naturwissenschaftlichen Lernens, Pädagogische Hochschule Weingarten, Abteilung Biologie und ihre Didaktik

Dr. Jörg Zabel, Professor für Biologiedidaktik, Universität Leipzig, Institut für Biologie

Ehemalige Autorinnen und Autoren

Dr. Dieter Eschenhagen †, Professor für Didaktik der Biologie, Carl von Ossietzky Universität Oldenburg, Institut für Biologie und Umweltwissenschaften

Dr. Karl-Heinz Gehlhaar, Professor (i. R.) für Biologiedidaktik, Universität Leipzig, Institut für Biologie

Ilka Gropengießer, Hauptseminarleiterin und Fachleiterin für Biologie (i. R), Landesinstitut für Schule Bremen

Dr. Frank Horn, Professor (i. R.) für Fachdidaktik Biologie, Universität Rostock, Institut für Biowissenschaften

Dr. Georg Pfligersdorffer, Professor (i. R.) für Didaktik der Bio- und Geowissenschaften, Universität Salzburg, School of Education, Didaktik der Naturwissenschaften

Dr. Dieter Rodi, Professor (i. R.) für Biologie und ihre Didaktik, Pädagogische Hochschule Schwäbisch-Gmünd, Abteilung Biologie

Dr. Ulrike Unterbruner, Professorin (i. R.) für Didaktik der Bio- und Geowissenschaften, Universität Salzburg, School of Education, Didaktik der Naturwissenschaften

Dr. Isolde Weber, Wissenschaftliche Mitarbeiterin (i. R.) für Sachunterricht und Schulgartenarbeit, Martin-Luther-Universität Halle-Wittenberg, Institut für Grundschulpädagogik